Eine Arbeitsgemeinschaft der Verlage

Böhlau Verlag · Wien · Köln · Weimar
Verlag Barbara Budrich · Opladen · Toronto
facultas.wuv · Wien
Wilhelm Fink · München
A. Francke Verlag · Tübingen und Basel
Haupt Verlag · Bern
Verlag Julius Klinkhardt · Bad Heilbrunn
Mohr Siebeck · Tübingen
Nomos Verlagsgesellschaft · Baden-Baden
Ernst Reinhardt Verlag · München · Basel
Ferdinand Schöningh · Paderborn · München · Wien · Zürich
Eugen Ulmer Verlag · Stuttgart
UVK Verlagsgesellschaft · Konstanz, mit UVK / Lucius · München
Vandenhoeck & Ruprecht · Göttingen · Bristol
vdf Hochschulverlag AG an der ETH Zürich

Annett Baumast
Jens Pape (Hrsg.)

Betriebliches
Nachhaltigkeitsmanagement

68 Abbildungen
19 Tabellen

Verlag Eugen Ulmer Stuttgart

Dr. Annett Baumast studierte Wirtschaftswissenschaften an der Universität Hannover sowie ESC Rouen, Frankreich. Promotion an der Universität St. Gallen (Schweiz) mit einer Arbeit über Umweltmanagementsysteme und kulturelle Unterschiede in Deutschland, Großbritannien und Schweden. Forschungsaufenthalt an der London School of Economics, Großbritannien. Nach langjähriger Tätigkeit als Nachhaltigkeitsanalystin einer Schweizer Bank seit 2011 selbstständige Expertin, Beraterin, Projektleiterin, Dozentin und Autorin an der Schnittstelle zwischen Kultur und Nachhaltigkeit.

Prof. Dr. Jens Pape studierte Agrarwissenschaften an der Justus-Liebig-Universität Gießen und der Universität Hohenheim. Dort Promotion mit einer Arbeit zur Umweltleistungsbewertung. Seit 2008 Professor an der Hochschule für nachhaltige Entwicklung Eberswalde (FH) für das Lehrgebiet Nachhaltige Unternehmensführung in der Agrar- und Ernährungswirtschaft. Seit 1999 Mitglied im Umweltgutachterausschuss beim Bundesumweltministerium sowie Mitarbeiter im Normenausschuss Grundlagen des Umweltschutzes beim DIN.

Bibliografische Information der Deutschen Nationalbibliothek
Die Deutsche Nationalbibliothek verzeichnet diese Publikation in der Deutschen Nationalbibliografie; detaillierte bibliografische Daten sind im Internet über http://dnb.d-nb.de abrufbar.

© 2013 Eugen Ulmer KG
Wollgrasweg 41, 70599 Stuttgart (Hohenheim)
E-Mail: info@ulmer.de
Internet: www.ulmer.de
Lektorat: Helen Haas, Caroline Kleine (Lektorat Lesart)
Herstellung: Jürgen Sprenzel
Umschlaggestaltung: Atelier Reichert, Stuttgart
Umschlagfoto: Annett Baumast, Lenzburg (CH)
Satz und Repro: primustype Hurler GmbH, Notzingen
Druck und Bindung: Pustet, Regensburg
Printed in Germany

UTB Band-Nr. 3676
ISBN 978-3-8252-3676-2

Inhalt

TEIL II: Nachhaltige Entwicklung in der betrieblichen Praxis

3 Nachhaltigkeit in Unternehmen – Konzepte zur Umsetzung 58

von Julia Ackermann, Martin Müller und Nicole Dickebohm

4 Standards und Zertifikate im Umweltmanagement, im Sozialbereich und im Bereich der gesellschaftlichen Verantwortung 79

von Martin Müller, Alexander Moutchnik und Ines Freier

9 Integrierte Managementsysteme 175

von Anette von Ahsen

10 Umweltmanagementansätze 190

von Enrico Thomas, Ines Freier und Jens Pape

TEIL V: Messung und Steuerung nachhaltiger Leistungen von Unternehmen

11   Nachhaltigkeitscontrolling 208
von Anette von Ahsen

12   Ökobilanzierung und Stoffstrommanagement 225
von Romy Morana, Stefan Seuring und Silke Mollenhauer

13   Nachhaltiges Management von Wertschöpfungsketten   245
von Stefan Seuring und Martin Müller

**TEIL VII: Auf dem Weg zu einem umfassenden Nachhaltigkeits-
management – Stand und Perspektiven**

**19 Perspektive Nachhaltigkeit – Effizienz, Konsistenz
und Suffizienz als Unternehmensstrategien** 360
        von Annett Baumast

**20 Das Doktoranden-Netzwerk Nachhaltiges
Wirtschaften e.V. (DNW)** 374
        von Gerrit Mumm, Ramona Trommer und Steffen Wellge

Vorwort

Die Politik hat die nachhaltige Entwicklung zum Ziel ihres Handelns erkoren. Gleichzeitig ist nachhaltige Entwicklung eine gesellschaftliche Gestaltungsaufgabe und ihre Umsetzung vom Zusammenspiel aller gesellschaftlichen Akteure abhängig. Staaten, (Bundes-)Länder, Unternehmen, Verbände, Verwaltungen – national wie international – bekennen sich zu den Prinzipien nachhaltiger Entwicklung und gehen diese Aufgabe an: Sie haben Nachhaltigkeitsstrategien aufgelegt, starten Nachhaltigkeitsprojekte und/oder veröffentlichen Nachhaltigkeitsberichte.

Die Notwendigkeit der Beteiligung einer Vielzahl verschiedener Akteure und der „systemische Ansatz", der eine nachhaltige Entwicklung kennzeichnet, machen deutlich, dass nachhaltige Entwicklung nicht als ein Projekt verstanden oder durch die Optimierung einiger Stellschrauben des Managements erreicht werden kann. Sie stellt vielmehr eine strategische Querschnittsaufgabe und Herausforderung dar, die sich den unterschiedlichsten ökologischen, gesellschaftlichen und ökonomischen Entwicklungen und Ansprüchen stellen sowie kontinuierlich weiterentwickelt und vorangetrieben werden muss.

Die Lösung von Nachhaltigkeitsproblemen setzt dabei ein Denken in Zusammenhängen voraus, das fachliche Grenzen überschreitet, Fristigkeiten notwendiger Maßnahmen vorausschauend umsetzt und die Komplexität von Natur und Gesellschaft berücksichtigt. Zugleich geht es um ethische Fragen – etwa mit Blick auf den Wert und die Begrenztheit natürlicher und gesellschaftlicher Ressourcen.

Strategisches Nachhaltigkeitsmanagement – verstanden als die Planung, Umsetzung und Kommunikation übergreifender Prozesse als Beitrag zu einer nachhaltigen Entwicklung – kann somit eine Organisationsentwicklung im Sinne einer lernenden Organisation initiieren.

Nachhaltige Entwicklung verstehen wir als systemischen Ansatz, der charakterisiert ist von der Überzeugung, dass die Funktionstüchtigkeit und Widerstandsfähigkeit des globalen Ökosystems Voraussetzung für menschliches Leben und Wirtschaften ist. Eine nachhaltige Entwicklung kann aus dieser Perspektive daher nur dann erreicht werden, wenn gesellschaftliche Entwicklung (dies schließt die wirtschaftliche Entwicklung mit ein) stets die Funktionsweise und Leistungsfähigkeit des globalen Ökosystems gewährleistet, wobei menschliches Handeln ökologische Systeme nachweislich ständig beeinflusst und verändert. Ökologische und soziale Systeme sind mithin komplexe Systeme, die sich jeweils eigenständig entwickeln (Ko-Evolution), sich jedoch gegenseitig beeinflussen. Ziel nachhaltiger Entwicklung muss es somit sein, ökologische und soziale Systeme nach dem Vorsorgeprinzip funktions- und entwicklungsfähig zu halten, so dass beide langfristig widerstandsfähig gegenüber Störungen bzw. Veränderungen sind (Resilienz) und dass „Nebenfolgen" vermieden werden.

Doch Handeln im Sinne nachhaltiger Entwicklung lässt sich nicht direkt aus diesem systemaren Ansatz ableiten, dieser gibt lediglich die Rahmenbedingungen vor. Gesellschaften, Organisationen und Einzelpersonen tragen die Verantwortung für die Ausgestaltung der Gesellschaft und deren Einfluss auf Ökosysteme. Wo die ökologischen Grenzen jeweils liegen, wie eine gerechte Gesellschaft aussehen soll und wie die Lebensqualität verbessert werden kann, muss auf einer wissenschaftlichen Grundlage nach ethisch-normativen Gesichtspunkten begründet, ausgehandelt und entschieden werden.

In diesem Kontext hat Nachhaltigkeitsmanagement die Aufgabe, eine Organisation langfristig auf die sich ändernden systemischen Bedingungen einzustellen und dafür Lern- und Entwicklungsprozesse innerhalb der Organisation zu gestalten.

Das vorliegende Lehrbuch richtet sich vor allem an Studierende, die durch ihr Studium befähigt werden sollen, als Vordenkende, Analytikerinnen und Analytiker, Umsetzende sowie Kommunikatorinnen und Kommunikatoren die Entwicklung von Unternehmen und Organisationen in Richtung Nachhaltigkeit zu steuern. Studierende sollen ihre Fähigkeiten erweitern können, um komplexe Sachverhalte zu erschließen, ihr Fach- und Methodenwissen als Problemlösungskompetenz nutzbar zu machen und darüber hinaus in Unternehmenskultur und Führungsstil zu integrieren und zur zielgerichteten Kommunikation einzusetzen. Als „Nachhaltigkeitsmanagerinnen und -manager" sind sie durch die Kenntnisse der systematischen Zusammenhänge in der Lage, langfristige Ziele nachhaltiger Entwicklung für ihre Organisation zu erkennen und wissenschaftlich fundierte, ethisch begründete Richtungsentscheidungen zu treffen. Um diese Ziele umzusetzen, können sie Strategien für die Organisation entwickeln, kommunizieren und diese durch den Einsatz geeigneter Managementinstrumente schrittweise umsetzen.

Neben Studierenden verschiedener Fachrichtungen bilden auch Praktikerinnen und Praktiker die Zielgruppe für dieses Buch. Einer fundierten Einführung in jedem Kapitel folgt die Vertiefung relevanter Aspekte, die jeweils mit einem oder mehreren anschaulichen Praxisbeispielen abgerundet werden. Die weiterführende Literatur am Ende jedes Kapitels birgt einen Fundus auch für die praktische betriebliche Anwendung.

Vor 300 Jahren formulierte der Oberberghauptmann Hans Carl von Carlowitz das Prinzip der Nachhaltigkeit in seiner „Sylvicultura Oeconomica". Heute geht der Begriff weit über die Forstwirtschaft hinaus. Das vorliegende Buch zeigt relevante Aspekte in Unternehmen und Organisationen auf: „Betriebliches Nachhaltigkeitsmanagement" folgt dem

Lehrbuch „Betriebliches Umweltmanagement – Nachhaltiges Wirtschaften im Unternehmen", das in vier Auflagen über zehn Jahre erfolgreich im Ulmer Verlag erschienen ist. Die Beiträge beider Werke wurden von Mitgliedern des Doktoranden-Netzwerk Nachhaltiges Wirtschaften e.V. (DNW) verfasst, die sowohl ihre Lehrerfahrung als auch ihr Spezialwissen aus den jeweiligen (wissenschaftlichen) Fachgebieten, ihrer Praxiserfahrung bzw. ihrem Berufsfeld haben einfließen lassen, um ein umfassendes, aber gleichzeitig zugängliches Lehrbuch für das Themenfeld Betriebliches Nachhaltigkeitsmanagement vorzulegen.

Wir möchten daher abschließend allen Mitautorinnen und -autoren für ihr Engagement, für ihre Mühe und die pünktliche Manuskriptabgabe danken. Für die verlegerische Betreuung beim Ulmer Verlag bedanken wir uns bei Frau Haas, Frau Mann und Herrn Sprenzel sowie bei Frau Kleine, Lektorat Lesart, für das Lektorat und die Erstellung des Manuskripts.

Wir wünschen allen Leserinnen und Lesern eine fruchtbare Lektüre!

Annett Baumast und Jens Pape
Lenzburg und Berlin, im August 2013

DNW
Doktoranden-Netzwerk
Nachhaltiges Wirtschaften e.V.

Abkürzungsverzeichnis

Abb.	Abbildung
ACCA	Association of Chartered Certified Accountants
AG	Aktiengesellschaft
AIDS	Acquired Immune Deficiency Syndrome
AMS	Arbeitsschutzmanagementsystem
Aufl.	Auflage
B2B	Business-to-Business
B2C	Business-to-Consumer
BaFin	Bundesanstalt für Finanzdienstleistungsaufsicht
BDEW	Bundesverband der Energie- und Wasserwirtschaft e. V.
BDI	Bundesverband der Deutschen Industrie e. V.
BfW	Brot für die Welt
BIP	Bruttoinlandsprodukt
BMBF	Bundesministerium für Bildung und Forschung
BMLFUW	Bundesministerium für Land- und Forstwirtschaft, Umwelt und Wasserwirtschaft
BMU	Bundesministerium für Umwelt, Naturschutz und Reaktorsicherheit
BR	Bundesregierung
BSC	Balanced Scorecard
BSI	British Standard Institute
BUND	Bund für Umwelt und Naturschutz Deutschland
BX	Berne Exchange
bzgl.	bezüglich
bzw.	beziehungsweise
C2C	Cradle-to-Cradle
ca.	circa
CC	Corporate Citizenship
CEO	Chief Executive Officer
CEP	Council on Economic Priorities
CERES	Coalition for Environmentally Responsible Economies
CH_4	Methan
CNPC	China National Petroleum Corporation
Co.	Company
CO_2	Kohlendioxid
CO_{2e}	CO_2-Äquivalent(e)
COLSIBA	Coordinadora Latinoamericana de Sindicatos Bananeros y Agroindustriales (Latin-American Coordination of Banana Workers Unions)
COPOLCO	Consumer Policy Commitee
COSY	Company oriented Sustainability
CSD	Commission on Sustainable Development
CSM	Centre for Sustanability Management
CSP	Corporate Social Performance
CSR	Corporate Social Responsibility
DAU	Deutsche Akkreditierungs- und Zulassungsgesellschaft für Umweltgutachter mbH
DEFRA	Department for Environment, Food and Rural Affairs
DEG	Deutsche Investitions- und Entwicklungsgesellschaft mbH
DGQ	Deutsche Gesellschaft für Qualität
d.h.	das heißt
DIN	Deutsches Institut für Normung e. V.
DJSI	Dow Jones Sustainability Index
DNK	Deutscher Nachhaltigkeitskodex
DNW	Doktoranden-Netzwerk Nachhaltiges Wirtschaften e.V.
dt	Dezitonne
d.V.	des Verfassers
DVFA	Deutsche Vereinigung für Finanzanalyse und Asset Management
ebd.	ebenda
EEG	Erneuerbare Energien Gesetz
EFA	Effizienz-Agentur Nordrhein-Westfalen
EFAS	European Federation of Financial Analysts Societies
EFQM	European Foundation for Quality Management

EG	Europäische Gemeinschaft	HwK	Handwerkskammer
EK	Enquête-Kommission	ICC	International Chamber of Commerce
EKAS	Eidgenössischen Koordinationskommission für Arbeitssicherheit	ICTI	International Council of Toy Industries
EMAS	Eco-Management and Audit Scheme	i.d.R.	in der Regel
EN	Europäische Norm	IdU	Institut der Umweltgutachter
EP	Environmental Performance	IDW	Institut der Wirtschaftsprüfer in
ESG	Environmental Social Governance		Deutschland e.V.
et al.	et alii (und andere)	i.e.S.	im engeren Sinne
etc.	et cetera (und so weiter)	Ifu	Institut für Unfallanalysen
EU	Europäische Union	Hamburg	Hamburg GmbH
EUR	Euro	IG	Interessensgemeinschaft
EWS	Elektrizitätswerke Schönau GmbH	IG CPK	Industriegewerkschaft Chemie-
FAZ	Frankfurter Allgemeine Zeitung		Papier-Keramik,
FH	Fachhochschule	IHK	Industrie- und Handelskammer
FiBL	Forschungsinstitut für biologischen Landbau Deutschland e.V.	IIRC	International Integrated Reporting Council
FMEA	Fehlermöglichkeits-und -einflussanalyse	ILO	International Labour Organization
		IMS	Integriertes Managementsystem
FNG	Forum Nachhaltige Geldanlagen e.V.	Imug	Institut für Markt-Umwelt-Gesell-
FP	Financial Performance		schaft e. V.
FSC	Forest Stewardship Council	insbes.	insbesondere
FWF	Fair Wear Foundation	IÖW	Institut für ökologische Wirtschafts-
GaBi	Ganzheitliche Bilanz		forschung
GEMIS	Globales Emissions-Modell integrierter Systeme	IP	Indicator Protocol
		IPCC	Intergovernmental Panel on Climate
ggf.	gegebenenfalls		Change
GHG	Greenhouse Gas	IPO	Initial Public Offering
GIZ	Deutsche Gesellschaft für Internationale Zusammenarbeit GmbH	ISEAL	International Social and Environmental Accreditation and Labeling
GmbH	Gesellschaft mit beschränkter Haftung	ISO	International Organization for Standardization
GoN	Grundsätze ordnungsmäßiger Nachhaltigkeitsberichterstattung	IT	Informationstechnik
		Kap.	Kapitel
GoU	Grundsätze ordnungsmäßiger Umweltberichterstattung	kg	Kilogramm
		KG	Kommanditgesellschaft
GRI	Global Reporting Initiative	KgaA	Kommanditgesellschaft auf Aktie
GTZ	Deutsche Gesellschaft für Technische Zusammenarbeit GmbH	kJ	Kilojoule
		km	Kilometer
GWP	Global Warming Potential	KMU	kleine und mittlere Unternehmen
H.	Heft	KPI	Key Performance Indicator
HBS	Heinrich-Böll Stiftung	KVP	kontinuierlicher Verbesserungs-
HFC	Fluorkohlenwasserstoff		prozess
HGB	Handelsgesetzbuch	kWh	Kilowattstunde
HIV	Human immunodeficiency virus (Humanes Immundefizienz-Virus)	l	Liter
		LCA	Life Cycle Assessment
HNE	Hochschule für Nachhhaltige Entwicklung Eberswalde (FH)	LCC	Life Cycle Costs
		LCI	Life Cycle Inventory
HR	Human Resources	LCIA	Life Cycle Impact Assessment
Hrsg.	Herausgeber	m^2	Quadratmeter

m^3	Kubikmeter	QuH	Qualitätsverbund umweltbewusster
MCDM	Multiple Criteria Decision Making		Handwerksbetriebe
MDG	Millennium Development Goals	RFID	Radio Frequency Identification
MIPS	Material Input per Unit of Service	RKW	Rationalisierungs- und Innovations-
MNU	Multinationale Unternehmen		zentrum der Wirtschaft e.V.
MSC	Marine Stewardship Council	RNE	Rat für Nachhaltige Entwicklung
Mt	Matthäus	ROE	Return on Environment
MUV	Ministerium für Umwelt und Verkehr	ROI	Return on Investment
	Baden-Württemberg	RPZ	Risikoprioritätszahl
N2O	Distickstoffmonoxid	s.	siehe
NA	Normenausschuss	S.	Seite
NAGUS	Normenausschuss Grundlagen des	SA	Social Accountability
	Umweltschutzes	SAI	Social Accountability International
NAI	Natur-Aktienindex	SAM	Sustainable Asset Management
NBSC	nachhaltigkeitsorientierte Balanced	SBSC	Sustainability Balanced Scorecard
	Scorecard	SCM	Supply Chain Management
NGO	Non Governmental Organisation	SEFA	Stoff- und Energieflussanalyse
NP	New Proposal	SETAC	Society of Environmental Toxicology
Nr.	Nummer		and Chemistry
NRW	Nordrhein-Westfalen	SF6	Sulphurhexaflourid
o.ä.	oder ähnliche(s)	SFI	Sustainable Forestry Initiative
OECD	Organisation for Economic Co-opera-	SGE	Strategische Geschäfteinheit(en)
	tion and Development	SHE	Safety, Health and the Environment
OHSAS	Occupational Health and Safety	SLF	Siemens Leadership Framework
	Assessment Series	sog.	sogenannte(s)
ÖIN	Österreichisches Institut für	SRI	Socially Responsible Investments
	Nachhaltige Entwicklung	SRU	Sachverständigenrat für Umwelt-
o.J.	ohne Jahr		fragen
PAS	Public Available Specification	SWOT	Strenghts, Weaknesses, Opportuni-
PBF	Product Biodiversity Footprint		ties, Threats
PBSC	produktbezogene Balanced Scorcard	t	Tonne
PCF	Product Carbon Footprint	Tab.	Tabelle
PCR	Product Category Rules	TC	Technical Committee
PEFC	Pan European Forest Certification	TGA	Trägergemeinschaft für Akkreditie-
PET	Polyethylenterephthalat		rung
PFC	polyfluorierte Kohlenwasserstoffe	TIAA-CREF	Teachers Insurance and Annuity
PIK	Potsdam-Institut für Klimafolgenfor-		Association – College Retirement
	schung		Equities Fund
PIUS	Produktintegrierter Umweltschutz	TP	Technische Protokolle
PR	Public Relations	TQM	Total Quality Management
ProBas	Prozessorientierte Basisdaten für	u.a.	unter anderem
	Umweltmanagement-Instrumente	u.ä.	und ähnliche
PROSA	Product Sustainability Assessment	UAG	Umweltauditgesetz
PRUMA	Profitables Umweltmanagement	UBA	Umweltbundesamt
PVC	Polyvinylchlorid	UGA	Umweltgutachterausschuss beim
PwC	PricewaterhouseCoopers		Bundesumweltministerium
PWF	Product Water Footprint	UN	United Nations
QuB	Qualitätsverbund umweltbewusster	UNCED	United Nations Conference on
	Betriebe		Environment and Development

UNCTAD	United Nations Conference on Trade and Development	VDA	Verband der Automobilindustrie
UNDP	United Nations Development Programme	VDI	Verein deutscher Ingenieure
		vgl.	vergleiche
UNEC	United Nations Conference on Environment and Development	VO	Verordnung
		WBCSD	World Business Council for Sustainable Development
UNEP	United Nations Environment Programme	WCED	World Commission on Environment Development
UNESCO	United Nations Educational, Scientific and Cultural Organization	WFN	Water Footprint Network
		WRI	World Resources Institute
UNO	United Nations Organisation	WWF	World Wide Fund For Nature
USA	United States of America	z.B.	zum Beispiel
VA	Verfahrensanweisung	z.T.	zum Teil
v.a.	vor allem		

Teil I: Betriebliches Nachhaltigkeits- management – Einführung

1 Nachhaltige Entwicklung – Die gesellschaftliche Heraus- forderung für das 21. Jahrhundert

von Helga Kanning

Kapitelausblick

Das Kapitel bettet die Rolle der Unternehmen und des Nachhaltigkeitsmanagements in das Leitprinzip der nachhaltigen Entwicklung ein,
dessen Umsetzung nicht zuletzt vor dem Hintergrund der wachsenden
Weltbevölkerung die zentrale gesellschaftliche Herausforderung für
das 21. Jahrhundert darstellt.

Hierzu werden einleitend Entwicklungsetappen und wesentliche
Grundzüge des Leitbildes der nachhaltigen Entwicklung (*Sustainable
Development*) skizziert, wie sie 1992 in Rio de Janeiro von der internationalen Staatengemeinschaft mit einem globalen Aktionsprogramm
vereinbart wurden.

Seither haben sich langsam einige theoretische Fundamente und kon-
sensuale Prinzipien für den Weg zu einer nachhaltigeren Entwicklung
herauskristallisiert. Diese bewegen sich auf einem allgemeinen
Niveau, wie die Effizienz-, Suffizienz- und Konsistenzstrategie.

Im Einzelnen muss jede Gesellschaft für sich die wesentlichen Handlungsfelder identifizieren und Gestaltungsansätze entwickeln. In ihren
jeweiligen Handlungsarenen müssen alle gesellschaftlichen Akteure
geeignete Beiträge leisten. Neben dem Staat, der auf den verschiedenen politischen und administrativen Ebenen die Rahmenbedingungen
schaffen und Richtungen vorgeben muss, haben die Unternehmen
eine besondere Verantwortung und nehmen eine Schlüsselposition
ein: Sie gelten als die eigentlichen Motoren für die notwendigen Innovationen auf dem Weg zur Nachhaltigkeit.

Insgesamt bleiben die Erfolge heute noch weit hinter den Zielsetzungen zurück, so dass die Gestaltung einer nachhaltigen Entwicklung
eine gesamtgesellschaftliche Daueraufgabe bleibt, die eine Zukunfts-
strategie für das 21. Jahrhundert werden kann, wenn die Herausforderungen von allen Akteuren angenommen werden.

Lernziele

1. Hintergründe, Entwicklung und Meilensteine des Nachhaltigkeitsleitbildes kennen lernen.
2. Kernidee und Dimensionen des Nachhaltigkeitsleitbildes erkennen.
3. Einblicke in theoretische Fundamente und diskussionsprägende Konzepte gewinnen.
4. Herausforderungen kollektiver Gestaltungsprozesse und Handlungsmöglichkeiten der verschiedenen gesellschaftlichen Akteure erkennen.

1.1 Einführung

Die größte globale Herausforderung für das 21. Jahrhundert besteht in der Umsetzung einer nachhaltigen Entwicklung, deren Kernproblematik das folgende Zitat aus dem Memorandum der Heinrich-Böll-Stiftung für den Weltgipfel in Johannesburg 2002 treffend umschreibt:

„Die Preisfrage des 21. Jahrhunderts lautet: Wie kann man der doppelten Zahl an Menschen auf der Erde Gastfreundschaft gewähren ohne die Biosphäre in den Ruin zu treiben? Die Antwort liegt in unseren Augen darin, zügig die industrielle Wirtschaft, die mit der Natur verschwenderisch und mit Menschen unwirtschaftlich umgeht, hinter sich zu lassen und eine regenerative Wirtschaft aufzubauen, die klug mit der Natur umgeht und mehr Menschen Arbeit gibt" (HBS 2002).

Lexikon der
Nachhaltigkeit

Als Lösungsansatz hat sich die internationale Staatengemeinschaft 1992 dem Leitbild der nachhaltigen Entwicklung verpflichtet, das etwa 20 Jahre später sowohl Leitbild als auch Lehrformel ist. Die folgenden Kapitel sollen einige Facetten aus dem Diskussionsfeld beleuchten, ergänzend sei zur Übersicht auf das Internet-Lexikon der Nachhaltigkeit (www.nachhaltigkeit.info) verwiesen.

1.2 Geschichte und Meilensteine der Leitbildentwicklung

Konflikt Ökonomie –
Ökologie

Etwa seit Mitte des 20. Jahrhunderts ist das Bewusstsein darüber gewachsen, dass der Mensch mit seiner Lebens- und Wirtschaftsweise die Umwelt und damit letztlich auch sich selbst schwerwiegend belastet. Seit den 1970er Jahren ist zudem die globale Dimension der Umweltprobleme ins Blickfeld geraten, wozu auch die Erfolge der Raumfahrt beigetragen haben, denn die von der US-Raumkapsel Apollo bei der Umkreisung des Mondes aufgenommenen Bilder vom „blauen Planeten" veranschaulichten, dass die Erde ein ganzheitliches Ökosystem ist und ihr Schutz Sache der gesamten Menschheit sein muss. So lautete auch das Motto des ersten Erdgipfels, der Umweltkonferenz der Vereinten

Nationen (UN) 1972 in Stockholm: „Only one Earth". Zwar waren die Ergebnisse nicht bahnbrechend, weil die Vertreter der Entwicklungsländer in dem Bemühen der Industrieländer für eine bessere Umwelt vor allem eine Einschränkung ihrer eigenen wirtschaftlichen Entwicklung sahen. Dennoch ist mit der Stockholm-Konferenz das weltweite Umweltgewissen erwacht.

Erster Erdgipfel der Vereinten Nationen (UN) 1972 in Stockholm

Wie sehr das von den Industrienationen bereits erzielte und das von den Entwicklungsländern angestrebte Wirtschaftswachstum auf Kosten der Umwelt und damit letztlich auch auf die des Menschen geht, veranschaulichte der gleichfalls 1972 erschienene Bericht an den *Club of Rome* „Die Grenzen des Wachstums" (Meadows et al. 1972). Hierin wurde mit einem Weltmodell und mathematischen Berechnungen erstmals aufgezeigt, dass die natürlichen Ressourcen endlich sind und die Erde ein ständiges Bevölkerungs- und materielles Produktionswachstum langfristig nicht trägt, sondern die Menschheit sparsamer mit den Ressourcen umgehen muss.

„Die Grenzen des Wachstums"

Vor diesem Hintergrund beschäftigten sich Wissenschaftler und Umweltverbände schon seit Ende der 1970er Jahre mit der Frage nach einem neuen wirtschaftlichen Leitbild, das letztlich bereits die heute aktuellen Nachhaltigkeitsthemen in sich trug, ohne dass hierfür jedoch der Begriff des *Sustainable Development* geprägt wurde. Seinerzeit brachte das populäre Schlagwort vom „qualitativen Wachstum" die Debatte auf den Punkt.

Qualitatives Wachstum

Den wichtigsten Beitrag zur Verbreitung des Begriffes *Sustainable Development* und den wesentlichen Anstoß zur Problematisierung politischer Aspekte leistete schließlich die von der damaligen norwegischen Ministerpräsidentin Gro Harlem Brundtland geleitete Weltkommission für Umwelt und Entwicklung (WCED) mit ihrem 1987 veröffentlichten Abschlussbericht „Our Common Future" (WCED 1987) („Brundtland-Bericht"). Wenngleich dieser ein weltweites, wirtschaftliches Wachstum befürwortete – und deshalb bis heute nicht kritiklos ist (z. B. Luks 2007) –, zeigte er Wege zu nachhaltigen Formen der Entwicklung auf.

Brundtland-Bericht

Internationale politische Vereinbarungen hierfür wurden schließlich auf dem zweiten Erdgipfel getroffen, der Konferenz für „Umwelt und Entwicklung" der Vereinten Nationen (UNCED) vom 3. bis 14. Juni 1992 in Rio de Janeiro. Eines der wichtigsten Dokumente, das aus der UNCED hervorging, ist das von mehr als 170 Staaten verabschiedete Aktionsprogramm für das 21. Jahrhundert, die Agenda 21 (BMU o.J.), mit deren Unterzeichnung die internationale Staatengemeinschaft die Selbstverpflichtung eingegangen ist, den Übergang zu einer nachhaltigen Entwicklung sowohl in den Industrie- als auch in den Entwicklungsländern zu fördern. Hierfür werden in den 40 Kapiteln der Agenda 21 die maßgeblichen Politik- und Handlungsbereiche angesprochen sowie jeweils entsprechende Ziele und Maßnahmen aufgeführt. Weitere rechtsverbindliche Beschlüsse, die heute noch eine tragende Rolle spielen, sind die Klimarahmenkonvention und das Übereinkommen zur biologischen Vielfalt.

Zweiter Erdgipfel der Vereinten Nationen (UNCED) 1992 in Rio de Janeiro

Agenda 21

Nationale Aktionspläne

Nachhaltigkeits-
strategie Deutschland
2002

Rio+10-Konferenz/
Jo'burg-Gipfel 2002

www.nachhaltig-
keitsrat.de

www.bne-portal.de

Darüber hinaus sind alle Staaten dazu aufgerufen worden, eigene Strategien zu entwickeln und nationale Aktionspläne zur Umsetzung der UNCED-Ergebnisse zu erstellen. Diesem Aufruf sind die einzelnen Staaten mit unterschiedlichem Engagement gefolgt. So ist die nationale Nachhaltigkeitsstrategie für Deutschland erst 2002 – zehn Jahre später – rechtzeitig zur Rio+10-Konferenz in Johannesburg erarbeitet worden. Zwar enthält diese keine verbindlichen Rahmenvorgaben und konkreten Umsetzungshinweise für die verschiedenen administrativen Ebenen und gesellschaftlichen Akteure, doch werden „21 Umweltindikatoren für das 21. Jahrhundert" (s. BR 2002b) sowie darauf bezogene Ziele als „Wegmarken der Politik" (s. BR 2002a) benannt, an denen die Entwicklungen seither gemessen werden. Mit der Entwicklung der Nachhaltigkeitsstrategie hat die Bundesregierung zudem im Jahr 2001 den Rat für Nachhaltige Entwicklung (RNE) berufen, der sie seitdem in ihrer Nachhaltigkeitspolitik berät und den gesellschaftlichen Dialog zur Nachhaltigkeit fördern soll (www.nachhaltigkeitsrat.de).

International stand der vorletzte und größte jemals abgehaltene Weltgipfel für Nachhaltige Entwicklung 2002 in Johannesburg im Zeichen der Globalisierung. Zwar wurde die Verpflichtung zur nachhaltigen Entwicklung erneuert, kritischen Stimmen von Vertreterinnen und Vertretern aus Nichtregierungsorganisationen (NGOs) und Entwicklungsländern zufolge ist jedoch der Geist von Rio, der eine Art Aufbruchsstimmung für die Gestaltung einer umwelt- und sozialverträglichen wirtschaftlichen Entwicklung entfacht hatte, in Johannesburg gestorben. Als ein Erfolg von Johannesburg lässt sich jedoch der Beschluss anführen, die Bildung für nachhaltige Entwicklung zu stärken, um Gedanken und Strategien nachhaltiger Entwicklung besser als bisher in der Gesellschaft zu verankern. So finden derzeit im Rahmen der „UN-Dekade Bildung für nachhaltige Entwicklung" 2005–2014 international und national zahlreiche Projekte statt, die insbesondere Kinder und Jugendliche für nachhaltige Entwicklungen sensibilisieren (zur Übersicht s. www.bne-portal.de).

Im Großen und Ganzen sind aber die Erfolge bisher weit hinter den Zielsetzungen zurückgeblieben. Für Deutschland lässt sich dies aus dem Fortschrittsbericht der Bundesregierung (2008) herauslesen, mit deutlicher Kritik stellen dies sowohl der RNE in seinem „Ampelbericht" (2008) als auch die zweite Studie für ein „Zukunftsfähiges Deutschland in einer globalisierten Welt" (BUND et al. 2008) heraus. Erfolge können bisher insbesondere beim Ausbau der erneuerbaren Energien sowie bei relativen Indikatoren verzeichnet werden, wie etwa der Steigerung der Ressourceneffizienz. Absolut betrachtet werden letztere aber durch Produktionszuwächse und damit verbundenen vermehrten Ressourcenverbrauch wieder aufgebraucht (sog. *Rebound*-Effekt). In der Studie von BUND et al. (2008) wird daher ein radikaler Kurswechsel gefordert.

Diese Entwicklungen führen in der Wissenschaft und bei Umweltverbänden zu einer Renaissance der Kritik am materiellen Wirtschaftswachstum und münden heute, etwa 40 Jahre nach „Die Grenzen des

Wachstums" in Forderungen nach einer Postwachstumsökonomie bzw. -gesellschaft (Paech 2009, Seidl und Zahrnt 2010).

Postwachstums-ökonomie

Hiermit verbunden flammt auch die Kritik am Indikator zur Messung des Wirtschaftswachstums, dem Bruttoinlandsprodukt (BIP), erneut auf. Ähnlich wie der französische Staatspräsident Sarkozy es 2009 veranlasste, hat die Bundesregierung 2010 mit der Einsetzung einer Enquête-Kommission „Wachstum, Wohlstand, Lebensqualität – Wege zu nachhaltigem Wachstum und gesellschaftlichem Fortschritt in der Sozialen Marktwirtschaft" reagiert. Diese „Wohlstandsenquête" soll nach Möglichkeit einen neuen Indikator entwickeln, der das BIP ergänzt und konkrete politische Handlungsempfehlungen für ein nachhaltiges Wirtschaften erarbeiten.

Wohlstandsenquête

International wurde 20 Jahre nach Rio neue Hoffnung in die Rio+20-Konferenz gesetzt, die 2012 auf höchster politischer Ebene mit den Staats- und Regierungschefs – wiederum in Rio de Janeiro – abgehalten wurde. Die Bilanz der Konferenz ist ambivalent: Während Politiker lobende Worte finden, sprechen Umwelt- und Naturschützer von einem kolossalen Scheitern und bemängeln insbesondere klare Ziele und verbindliche Fristen. Neue politische Impulse durch den Weltgipfel 2012 sind damit ausgeblieben.

Rio+20-Konferenz in Rio de Janeiro

1.3 Definition und Dimensionen des Nachhaltigkeitsleitbildes

1.3.1 Nachhaltigkeitsbegriff

In den frühen Diskussionen ging es zunächst um die adäquate Übersetzung des Adjektivs *„sustainable"*. Aus der bunten Palette der Übersetzungsvorschläge von „dauerhaft aufrechterhaltbar" über „tragfähig" und „zukunftssicher" haben sich die Bezeichnungen „nachhaltig" und „zukunftsfähig" durchgesetzt.

Nachhaltig
Zukunftsfähig

Sprachlich wird der Terminus „nachhaltig" hauptsächlich im Zusammenhang mit der Ressourcenbewirtschaftung (z. B. nachhaltige Wasserwirtschaft) und der Begriff „zukunftsfähig" zur Kennzeichnung von Gesellschaftssystemen (z. B. Kommune, Region, Staat oder Weltengemeinschaft) oder Politiken verwendet (s. Jüdes 1997).

Uneinheitliche Vorstellungen bestehen jedoch nach wie vor über deren inhaltliche Präzisierung. Zwar hatten sich anfangs viele Wissenschaftler bemüht, die Erwartungen an den Begriff zu begrenzen und auf den ursprünglichen, beschränkten Verwendungszusammenhang in der Forstwirtschaft hinzuweisen (s. z. B. Nutzinger und Radke 1995). Dort steht der Nachhaltigkeitsbegriff für das Gebot, die Bewirtschaftung des Waldes in Abhängigkeit von dessen Regenerationsbedingungen und -zeiten zu gestalten, d.h. in einem bestimmten Zeitraum nur so viel zu ernten, wie auch wieder nachwächst.

Doch führt der Begriff ein Eigenleben und sorgt für „nachhaltige Sprachverwirrung" (s. Jüdes 1997). Kritiker sprechen sogar von einer problematischen Entwicklung, da der Nachhaltigkeitsbegriff willkürlich und inflationär verwendet werde, so dass seine Allgegenwart gepaart mit der Bedeutungsunschärfe auch selbst als Ursache für die nach wie vor bestehende Umsetzungsproblematik gesehen wird (s. z.B. SRU 2002). So kann der Begriff Leitbild und Lehrformel zugleich sein.

1.3.2 Dimensionen einer nachhaltigen Entwicklung

Zum Verständnis des gesellschaftlich-politischen Leitbildes einer nachhaltigen Entwicklung liegt der allgemeine Konsens immer noch auf der abstrakten Ebene, der im Brundtland-Bericht vorgeschlagenen Definition:

Nach der Brundtland-Definition ist eine Entwicklung dann nachhaltig, wenn sie „die Bedürfnisse der Gegenwart befriedigt, ohne zu riskieren, dass künftige Generationen ihre eigenen Bedürfnisse nicht befriedigen können" (Hauff 1987).

Hiermit sind vier wesentliche Erkenntnisse verbunden:

Bedürfnisorientierung

1. Der Schlüssel für die Gestaltung nachhaltiger Entwicklungsprozesse liegt in der Auseinandersetzung mit den menschlichen Bedürfnissen (Bedürfnisorientierung), sowohl

Intergenerative Gerechtigkeit

2. der gegenwärtiger als auch der zukünftiger Generationen (intergenerative Gerechtigkeit).

Intragenerative Gerechtigkeit

3. Gleichzeitig ist hiermit die ethische Forderung nach einem Ausgleich zwischen Industrie- und Entwicklungsländern verbunden (intragenerative Gerechtigkeit) und

Integrativer Aspekt

4. die Einsicht verknüpft, dass ökonomische, soziale und ökologische Entwicklungen notwendig als eine innere Einheit zu sehen sind (integrativer Aspekt).

Diese Forderungen klingen zunächst trivial, in der Umsetzung liegt jedoch eine erhebliche Brisanz, weil zum einen die Bedürfnisse künftiger Generationen heute kaum abschätzbar sind und zum anderen ökonomische, ökologische und soziale Interessen häufig nicht zielkonform sind.

Für die Umsetzung schließt sich hier insofern die Frage an, ob alle Dimensionen gleichrangig zu betrachten sind oder einzelne als vorrangig angesehen werden müssen. Im politischen Raum hat sich in der Nachhaltigkeitsdiskussion diesbezüglich früh das „Nachhaltigkeitsdreieck" (s. z.B. van Dieren 1995, vgl. Abb. 1.1) bzw. das „Drei-Säulen-Modell" (EK 1998) durchgesetzt.

Nachhaltigkeitsdreieck

Beide gehen davon aus, dass alle drei Dimensionen, d.h. wirtschaftliches Wachstum, ökologische Verträglichkeit und soziale Sicherheit, als gleichberechtigte Ziele zu betrachten sind, die miteinander in Balance zu bringen sind.

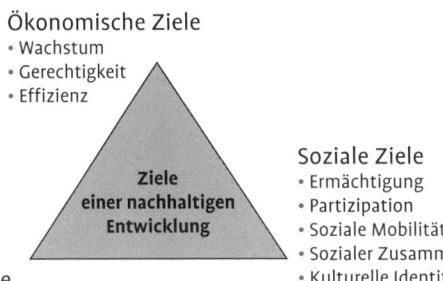

Ökonomische Ziele
• Wachstum
• Gerechtigkeit
• Effizienz

Ziele einer nachhaltigen Entwicklung

Soziale Ziele
• Ermächtigung
• Partizipation
• Soziale Mobilität
• Sozialer Zusammenhalt
• Kulturelle Identität
• Institutionelle Entwicklung

Ökologische Ziele
• Unversehrtheit des Ökosystems
• Belastbarkeit des Ökosystems
• Biologische Vielfalt
• Globale Sachverhalte

Abb. 1.1 Ziele einer nachhaltigen Entwicklung (Quelle: Van Dieren 1995, S. 120 – leicht verändert in Kanning 2005, S. 24).

Wird aber die Nachhaltigkeitsvision ernst genommen, d.h. soll es langfristig darum gehen, die Lebensgrundlagen auch für nachkommende Generationen zu wahren, ist diese Gleichrangigkeit wissenschaftlich nicht haltbar (s. z. B. SRU 2002) und so habe – kritischen Stimmen zufolge – das „Nachhaltigkeitsdreieck (...) die Diskussion in eine Sackgasse geführt" (BfW et al. 2009).

Theoretische Begründungen für die fundamentale Bedeutung der ökologischen Dimension sowie der damit untrennbar verbundenen sozialen Dimension finden sich insbesondere im Bereich der Ökologischen Ökonomie, die im Folgenden ausgeleuchtet wird. Daneben werden die ethischen Grundlagen der Nachhaltigkeit weiterführend in Kapitel 2 dargestellt.

1.4 Theoretische Fundamente

Noch lässt sich eine nachhaltige Entwicklung weder aus den Gedankengebäuden der Naturwissenschaften noch aus dem Fundus der Wirtschafts- oder der Sozialwissenschaften umfassend ableiten, wie es Renn und Kastenholz (1996) bereits in einem frühen Beitrag herausgearbeitet haben. So fehlt bis heute eine konsistente, integrierte theoretische Fundierung einer nachhaltigen Entwicklung.

Umfassende Theorie fehlt

Die weitreichendsten theoretischen Beiträge finden sich im Bereich der Ökologischen Ökonomie, die etwa Ende der 1980er Jahre in den USA mit der Zielsetzung entstanden ist, die ökologischen und ökonomischen Wissenschaften wieder zusammenzubringen. Denn insbesondere in der durch die neoklassische Ökonomie gewachsenen Trennlinie zwischen den beiden Disziplinen wird eine Ursache für die mangelnde Nachhaltigkeit der modernen Gesellschaften gesehen (s. Costanza et al. 2001; van den Bergh 2000). So hat sich die Ökologische Ökonomie von Anfang an als „the science and management of sustainability" bzw. die „Wissenschaft von der Nachhaltigkeit" (Costanza et al. 1991; s. Lerch, Nutzinger 1998) verstanden, deren gemeinsame normative Basis das

Theoriebausteine der Ökologischen Ökonomie

Leitbild der nachhaltigen Entwicklung darstellt (s. z. B. van den Bergh 2000; Biesecker und Schmid 2001). Auf internationaler Ebene ist die Ökologische Ökonomie v. a. aus dem naturwissenschaftlichen Bereich heraus entstanden, im deutschsprachigen Raum spielt daneben die sozio-ökonomische Perspektive eine stärkere Rolle (s. z. B. Majer 1999; Busch-Lüty 2000).

Noch umfasst die Ökologische Ökonomie aber kein geschlossenes, allgemein geteiltes Paradigma fest gefügter Prämissen und Theorien. Vielmehr kann die für eine Theorierichtung noch recht junge Erscheinung als eine Disziplin im Entstehen begriffen werden, die sich gleichfalls weiter ausdifferenziert und weiter entwickelt. So sind die Beiträge, die international und national unter dem Label der Ökologischen Ökonomie oder – v. a. im deutschsprachigen Raum – auch mit der Erweiterung Sozial-ökologische Ökonomie firmieren, äußerst vielfältig und sowohl hinsichtlich der vertretenen Konzeptionen als auch der Methoden bewusst pluralistisch angelegt. Jedoch können einige grundlegende, richtungweisende Gemeinsamkeiten und Erkenntnisse herausgestellt werden, die sie von der Mainstream-Ökonomie fundamental unterscheidet. Die Ökologische Ökonomie wird deshalb auch als heterodox – d. h. von der herrschenden neoklassischen Lehrmeinung abweichend – charakterisiert (weiterführend s. Kanning 2005).

Voranalytische Vision Als zentrales, gemeinsames Merkmal der Ökologischen Ökonomie kann die als „voranalytisch" bezeichnete Vision hervorgehoben werden, das sozio-ökonomische System als Subsystem des übergreifenden ökologischen Systems zu betrachten, von dessen Produktiv- und Wertschöpfungskraft alles menschliche Wirtschaften lebt und auf das es sich auswirkt (s. Busch-Lüty 2000). Das sozio-ökonomische System wird also als in das ökologische System eingebunden und damit als von ihm abhängig betrachtet (Ökosystem-Konzept, vgl. Abb. 1.2).

Während dieses Verständnis für die meisten Wissenschaften keine neue Erkenntnis ist, bedeutet es für Ökonomen einen fundamentalen Wandel im Denken, denn die auch heute noch in allen Hochschulen vor-

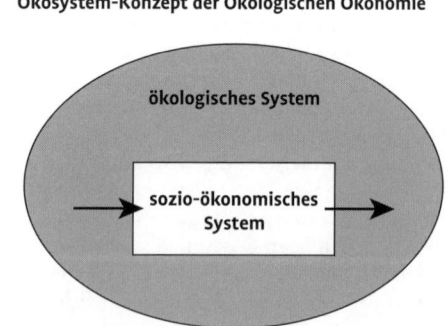

Abb. 1.2 Umweltkonzept der neoklassischen Umweltökonomie und das Ökosystem-Konzept der Ökologischen Ökonomie (Quelle: Gabler 1998, leicht verändert in Kanning 2005, S. 57).

herrschende, aus der Mitte des 19. Jahrhunderts stammende, neoklassische ökonomische Lehre geht von der Vorstellung aus, das ökonomische System sei autonom.

Für die Nachhaltigkeitsdiskussion ist diese voranalytische Vision also von einem Wert, der in den Worten von Vertretern der Ökologischen Ökonomie „hinsichtlich seiner Bedeutung kaum überschätzt werden [kann]. Er impliziert eine grundlegend veränderte Wahrnehmung der Probleme der Ressourcenallokation und ihrer Lösungen. Insbesondere bedeutet er eine Verlagerung des analytischen Schwerpunkts von Ressourcen, die auf Märkten gehandelt werden, zu den biophysischen Grundlagen interdependenter ökologischer und ökonomischer Systeme" (Costanza et al. 2001).

Mit diesem „neuen" voranalytischen Verständnis lässt sich also die vorstehend aufgeworfene Frage nach der Gleichrangigkeit der drei Dimensionen leicht beantworten: Ohne die Funktionsfähigkeit und produktiven Kräfte des ökologischen Systems ist das sozio-ökonomische System nicht überlebensfähig.

Darüber hinaus lassen sich in den Ansätzen der Ökologischen Ökonomie drei grundlegende Weltbilder erkennen, von denen die verschiedenen Beiträge beeinflusst sind und aus denen unterschiedliche, sich gegenseitig ergänzende Erkenntnisse für den Weg zur Nachhaltigkeit gewonnen werden können.

Weltbilder

Insbesondere die frühen Ansätze sind vom physikalischen Weltbild der Thermodynamik geprägt, das mit dem ersten Hauptsatz, dem Energieerhaltungssatz, bereits in den traditionellen Beiträgen der neoklassischen Umwelt- und Ressourcenökonomie die Basis für die „haushälterische" Betrachtung von Stoff- und Energieströmen und damit die Effizienzstrategie (s. Kap. 1.4.3) liefert. Vertreter der Ökologischen Ökonomie ziehen hieraus eine weitere entscheidende Erkenntnis: Mit dem zweiten Hauptsatz, dem Entropiegesetz, lässt sich erklären, dass Prozessum-

Weltbild der Thermodynamik

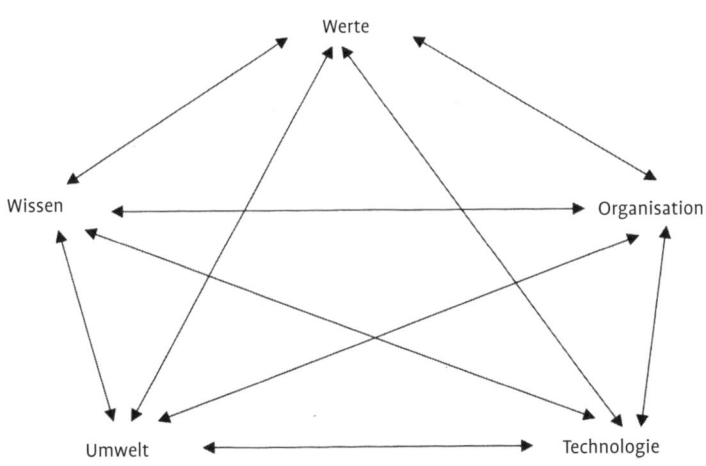

Abb. 1.3 Der Prozess der ko-evolutionären Entwicklung (Quelle: Norgaard 1994, S. 27, in: Costanza et al. 2001, S. 79).

Physikalisch
begründete Grenzen
des materiellen
Wirtschaftswachstums

wandlungen irreversibel sind, da die Entropie nur zunehmen oder gleich bleiben, jedoch niemals abnehmen kann (s. Daly 1990, 1994).

Dieses stellt einen entscheidenden Bruch gegenüber dem traditionellen ökonomischen, unbegrenzten Wachstumsdenken dar, denn hiernach sind dem materiellen wirtschaftlichen Wachstum physikalisch begründete absolute Grenzen gesetzt.

Allerdings sagen die physikalischen Gesetze noch nichts darüber aus, wann ein nachhaltiges Niveau des Material- und Energiedurchsatzes (*Sustainable Scale*) erreicht wird. Dieses kann letztlich nur auf der Basis der ökologischen Tragekapazität bzw. der Leistungs- und Funktionsfähigkeit der natürlichen Umwelt ermittelt werden, die sich wiederum nicht mit rein naturwissenschaftlichen Methoden bestimmen lässt, so dass sich hier eine weitere Unbekannte findet.

Weltbild des
Lebendigen

Weitere Erklärungsbeiträge liefern die Ansätze, die vom biologischen Weltbild des Lebendigen geprägt sind, das im 20. Jahrhundert einen Paradigmenwechsel in der Wissenschaft eingeleitet und heute alle Disziplinen erreicht hat. Mit der Verbreitung der aus der Biologie begründeten Allgemeinen Systemtheorie (Bertalannfy 1968) hat sich die Vorstellung, dass alles determiniert ist und Entwicklungsprozesse exakt wie Maschinen berechenbar sind, als Fiktion erwiesen. Vielmehr erschließen sich Systeme nur durch einen ganzheitlichen Blick. Die Eigenschaften der konstitutiven Elemente sind nicht an ihnen selbst ablesbar, sondern resultieren aus ihrer Konfiguration. Die kausal wechselwirkenden Elemente bilden einen Funktionszusammenhang höherer Ordnung, der auf jedes einzelne Element zurückwirkt (s. z. B. Müller 1996). So ist der Ablauf evolutorischer Prozesse zwar logisch und nachvollziehbar, jedoch nicht determiniert und damit nicht prognostizier- oder gar zentral steuerbar.

In dieser biologisch begründeten Gedankenwelt findet sich eine weitere naturwissenschaftliche Erklärung dafür, dass der Entwicklung des ökonomischen Systems ökologisch bedingte Grenzen gesetzt sind. Denn allein das ökologische System ist aufgrund der ihm eigenen Produktivität in der Lage, negentropische, d.h. geordnete und nutzbare Strukturen aufzubauen. Die Ökonomie dagegen kann diese nicht selbst produzieren, sondern nur verbrauchen. Zusätzlich zu den mit dem klassischen thermodynamischen Weltbild begründeten absoluten Grenzen des materiellen Wachstums wird hiermit der Blick auf die selbstorganisierenden Reproduktionskapazitäten der ökologischen Systeme gelenkt, die eine lebensnotwendige Voraussetzung sind, ohne die eine Ökonomie langfristig nicht denkbar ist.

Selbstorganisierende
Reproduktions-
kapazitäten der
ökologischen Systeme

Gegenüber anderen Ansätzen der Evolutorischen Ökonomie, die sich im Allgemeinen nur auf das sozio-ökonomische System beziehen, legen Vertreter der Ökologischen Ökonomie mit dem ebenfalls aus der Biologie entnommenen Leitbild der ko-evolutionären Entwicklung den Betrachtungsschwerpunkt zudem auf die Interaktionen zwischen sozioökonomischen und ökologischen Systemen (Norgaard 1994; Costanza et al. 2001).

Als entscheidend für das Verhältnis von Wirtschaft, Gesellschaft und Ökologie wird angesehen, dass sich die Teilsysteme Werte, Wissen, soziale Organisation, Technologie und die Umweltsituation jeweils selbstorganisierend weiterentwickeln und sich dabei gleichzeitig gegenseitig beeinflussen. Dieses lenkt den Blick darauf, dass Innovationen für den Weg zur Nachhaltigkeit nicht isoliert von einzelnen Unternehmen entwickelt werden können, sondern nur in und aus den jeweiligen Systemzusammenhängen heraus.

Neben den beiden naturwissenschaftlichen Weltanschauungen scheint in einigen deutschen Beiträgen ein weiteres philosophisch und ökonomietheoretisch geprägtes Weltbild durch, das sich zwischen Naturalismus und Humanismus bewegt und dementsprechend auch von einer anderen Begriffswelt geprägt ist. Begrifflich lässt sich dieses (noch) nicht präzise fassen, vereinfacht sei es im vorliegenden Beitrag als ‚naturorientiertes' Weltbild angesprochen, da es „um eine intelligente Orientierung an der Natur" (Biesecker und Schmid 2001, S. 271; vgl. auch Isenmann 2003) geht und mit dem Leitbild der (Re-)Produktion theoretisch gefasst wird (Biesecker und Hofmeister 2010).

,Naturorientiertes' Weltbild

Leitbild der (Re-) Produktion

In diesen Beiträgen unterscheidet sich die Natur, die Wirtschaft und Gesellschaft umgibt, von dem naturwissenschaftlichen Ökologie- bzw. Ökosystemverständnis durch einen ganzheitlicheren Lebensbegriff, der auch den Menschen und das ‚gute Leben' umfasst. Das Nachhaltigkeitsprinzip wird hier als ein komplexes Lebensprinzip in seiner Funktion von Raum und Zeit verstanden, in dem alle Lebewesen miteinander in Beziehung verbunden sind und in dem die Produktivität des Lebendigen den Suchprozess der evolutionären Bewährung antreibt und steuert (s. Busch-Lüty 2000).

Philosophisch begründet ist der Mensch dabei einerseits Teil der Natur, andererseits kann er diese aber auch bewusst gestalten (dialektisches Verhältnis von natura naturans (Naturproduktivität) und natura naturata (Naturprodukt)) (s. Immler 1989). Hiermit sind zwei wesentliche Erkenntnisse verbunden:

Erstens lässt sich die Natur nicht schematisch in Quellen und Senken unterscheiden, wie es das (neo)klassische Input-Output-Denken impliziert, sondern die Prozesse stellen eine Einheit dar: So ist die „Produktion" von natürlichen Ressourcen (Quellenfunktion) untrennbar mit der eigenen „Reproduktion", d.h. den natürlichen Prozessen der Wiederherstellung und damit auch dem Abbau anthropogener Abfallprodukte (Senkenfunktion) verbunden. Hier findet sich also auch eine theoretische Begründung für das Prinzip der Kreislaufwirtschaft.

Zweitens bedingt jede ökonomische Handlung zugleich eine Veränderung der natürlichen Prozesse. Wirtschaftsakteure sind also gleichzeitig Gestaltende von Natur. Dieses wird über die physischen Dimensionen, d.h. die Stoff- und Energieströme, mit Hilfe eines (Re-)Produktionsmodells abgebildet (Immler und Hofmeister 1998; Biesecker und Hofmeister 2010).

Zur Gestaltung dieser Prozesse können Menschen und ihre Ökonomien zwar von Ökosystemen und ihren Organisationsprozessen lernen, was sie aus diesem Gelernten aber in welcher Art auf ihre eigenen ökonomischen und sozialen Organisationen übertragen, ist Sache sozialer Bewertungsprozesse. Eine Balance ist naturwissenschaftlich nicht vorgegeben, sondern diese ist vielmehr immer wieder durch neue gesellschaftliche Such- und Bewertungsprozesse herzustellen (Biesecker und Schmid 2001). Insgesamt ist die ökologische Dimension also untrennbar auch mit der sozialen verbunden.

Stark vereinfacht lassen sich aus den vorstehend blitzlichtartig skizzierten Theoriebausteinen zusammengefasst einige Schlüsselbotschaften zur Gestaltung nachhaltiger Entwicklungsprozesse extrahieren:

Schlüsselbotschaften zur Gestaltung nachhaltiger Entwicklungsprozesse

- Die physischen Dimensionen des Wirtschaftens, d.h. die Stoff- und Energieströme, sind die Brücke zwischen Natur/Ökologie und Wirtschaft/Gesellschaft.
- Ein unbegrenztes materielles Wachstum ist physikalisch begründet nicht möglich.
- Ökonomie ist ohne die Funktions-/Reproduktionsfähigkeit der Natur nicht lebensfähig.
- Das Verhältnis von Wirtschaft, Gesellschaft und Natur wird durch die ko-evolutionäre Entwicklung der Teilsysteme bestimmt, die sich jeweils selbstorganisierend weiterentwickeln und dabei gleichzeitig gegenseitig beeinflussen.
- Natur kann nicht schematisch in Quellen (Input) und Senken (Output) unterschieden werden, Produktion und Reproduktion stellen eine Einheit dar.
- Wirtschaftsakteure/Unternehmen sind auch Gestalter von Natur.
- Weder sind die Reproduktionsleistungen der Natur naturwissenschaftlich vorgegeben, noch ist es die Balance zwischen ökologischen, sozialen und ökonomischen Prozessen. Letztere muss durch gesellschaftliche Bewertungs- und Verständigungsprozesse kontinuierlich raum- und zeitspezifisch ausgehandelt werden.

1.5 Orientierungen zur Gestaltung nachhaltiger Entwicklungsprozesse

Die grundlegenden konzeptionellen Beiträge zum Nachhaltigkeitsleitbild sind im Wesentlichen in den 1990er Jahren erarbeitet worden und sollen in den folgenden Abschnitten skizziert werden.

1.5.1 Nachhaltigkeitskonzepte

In den Wirtschaftswissenschaften sind sowohl im Rahmen der neoklassischen Umwelt- und Ressourcenökonomie als auch der vorstehend skizzierten Ökologischen Ökonomie populäre Nachhaltigkeitskonzepte entwickelt worden, die sich mit der Beziehung zwischen natürlichen Beständen (Naturkapital) und (künstlichem) Kapital befassen. Dabei bestehen insbesondere unterschiedliche Auffassungen darüber, inwieweit Naturkapital durch (künstliches) Kapital substituiert werden darf, so dass die Spannweite der Konzepte vom nachhaltigen Wirtschaftswachstum bis zu Nachhaltigkeitsvorstellungen reicht, die jedweden Eingriff in die globalen Ökosysteme ausschließen (zur Übersicht s. z. B. Gawel 1996; SRU 2002; Kanning 2005).

Ausgehend von der Unkenntnis über Bedürfnisse und Wünsche künftiger Generationen argumentiert die neoklassische Ressourcen- und Umweltökonomie, dass es unerheblich ist, in welcher Form – ob natürlich oder menschengemacht – das „Gesamtkapital" weitergegeben wird, solange sein aggregierter Geldwert nicht abnimmt. Mit dieser Interpretation, die auch als schwache Nachhaltigkeit (*Weak Sustainability*) bezeichnet wird, kann z. B. ein unveränderter Verbrauch an fossilen Energieträgern mit dem Hinweis gerechtfertigt werden, dass der Energiebedarf zukünftiger Generationen mit Solarenergie gedeckt werden könne, obwohl die technischen Voraussetzungen dafür derzeit noch nicht in ausreichendem Maße vorhanden sind (s. Nutzinger und Radke 1995). Schwache Nachhaltigkeit

Demgegenüber steht eine Interpretation des Begriffes, die keinerlei Substitution von natürlichem durch menschengemachtes Kapital zulässt. Dieses Konzept der sogenannten strikten oder starken Nachhaltigkeit (*Strong Sustainability*) bedeutet, keine nicht-regenerierbaren Ressourcen zu benutzen und regenerierbare Ressourcen nur unterhalb ihrer Assimilationskapazität einzusetzen (s. Nutzinger und Radke 1995). Starke Nachhaltigkeit

Da beide Konzepte erhebliche Nachteile haben, wird von den Vertretern der Ökologischen Ökonomie ein weiterer Weg diskutiert, der auch als (kritische) ökologische Nachhaltigkeit bezeichnet wird. Diese Sichtweise erkennt die Notwendigkeit einer Substitution natürlicher Ressourcen kurz- bis mittelfristig an, jedoch darf dabei niemals ein kritischer natürlicher Ressourcenbestand unterschritten werden. Dieses zu beurteilen, erfordert eine differenzierte Betrachtung des Naturkapitals, getrennt nach erneuerbaren und nicht erneuerbaren Ressourcen sowie den Umweltmedien hinsichtlich ihrer Aufnahmefähigkeit für Schadstoffe (s. Nutzinger und Radke 1995). (Kritische) ökologische Nachhaltigkeit

In der Nachhaltigkeitsdiskussion dominiert der letztgenannte Ansatz der (kritischen) ökologischen Nachhaltigkeit und findet sich in den sogenannten Managementregeln wieder.

1.5.2 Managementregeln der Nachhaltigkeit

Über die abstrakte Ebene der Brundtland-Definition hinaus lassen sich die aus dem Konzept der ökologischen Nachhaltigkeit abgeleiteten „Managementregeln der Nachhaltigkeit" als konsensual herausstellen:
1. „Regeneration: Erneuerbare Naturgüter (z. B. Holz oder Fischbestände) dürfen auf Dauer nur im Rahmen ihrer Regenerationsfähigkeit genutzt werden, anderenfalls gingen sie zukünftigen Generationen verloren. Regeneration

Substitution

Anpassungsfähigkeit

2. Substitution: Nicht-erneuerbare Naturgüter (z. B. Mineralien und fossile Energieträger) dürfen nur in dem Maße genutzt werden, wie ihre Funktionen durch andere Materialien oder durch andere Energieträger ersetzt werden können.

3. Anpassungsfähigkeit: Die Freisetzung von Stoffen oder Energie darf auf Dauer nicht größer sein als die Anpassungsfähigkeit der Ökosysteme – z. B. des Klimas, der Wälder und der Ozeane" (BMU 1998).

Darüber hinaus werden auch weitere Regeln benannt. So wird – bezugnehmend auf die grundlegenden Arbeiten der Enquête-Kommission 1994 – häufig die Beachtung der zeitlichen Dimension als vierte ökologische Grundregel angeführt. Ergänzend fügte die Enquête-Kommisson 1998 noch eine fünfte Regel zur Stärkung der sozialen Dimension hinzu (ebd. S. 51). Auch in der deutschen Nachhaltigkeitsstrategie werden weitergehend zehn „Managementregeln der Nachhaltigkeit" u. a. für die verschiedenen Akteure und Handlungsbereiche benannt (s. BR 2002a). Die meisten Arbeiten beinhalten jedoch die eingangs hervorgehobenen drei Managementregeln, so dass darüber vom Grundsatz her Konsens besteht (s. Atmatzidis et al. 1995; BR 1997).

Allerdings erfordert die Anwendung dieser für die globale Ebene formulierten Grundregeln räumlich differenzierte Betrachtungen. Insbesondere zur Beachtung der Regenerationsfähigkeit (Regel 1) sowie der Anpassungsfähigkeit (Regel 3) müssen die jeweiligen standörtlichen Spezifika einbezogen werden, was bisher allenfalls in Bezug auf einzelne Substanzen oder Substanzgruppen geleistet werden kann. Die Managementregeln können deshalb zwar als grobe Orientierung dienen, sie reichen aber nicht aus, um hieraus konkrete Handlungsanweisungen für einzelne Akteure abzuleiten. Ein wesentliches Problem liegt zudem in dem rein materiellen Verständnis von Gesellschaft als stoffliches und energetisches Input-Output-System, in das sich immaterielle Faktoren wie die Kommunikation als wesentlicher Bestandteil gesellschaftlichen Lebens nur schwerlich integrieren lassen (s. Fischer-Kowalski 1997). Auch gehen die in der Agenda 21 formulierten Handlungsbereiche weit über diese ressourcen- bzw. stoffbezogenen Grundregeln hinaus, so z.B. die in Kapitel 15 geforderte Erhaltung der biologischen Vielfalt (s. BMU o.J.).

1.5.3 Nachhaltigkeitsstrategien

Neben den Managementregeln sind für den Weg zu einer nachhaltigen Entwicklung drei Strategien richtungweisend:

Effizienz

↗ Die Effizienzstrategie wird vornehmlich von Ökonomen, zunehmend aber beispielsweise auch in der aktuellen Energiepolitik angeführt. Zur Reduzierung des übermäßigen Stoff- und Energieverbrauchs sowie den damit verbundenen Umweltbelastungen geht es – im klassischen ökonomischen Sinne – darum, die Ressourcenproduktivität zu steigern, d.h. Leistungen auf sämtlichen Stufen der Wertschöpfungskette mit dem geringstmöglichen Einsatz an Stoffen und Energie zu erfüllen und damit die Wirtschaftsaktivitäten zu „dematerialisieren" (s. Schmidt-Bleek 1994).

Relativ gesehen ist dies ein wichtiger Schritt auf dem Weg zu einer nachhaltigen Entwicklung. Absolut betrachtet wird hierdurch allein jedoch das Problem des ständig steigenden Ressourcenverbrauchs – bedingt durch Produktionssteigerungen (*Rebound*-Effekt), das Konsumverhalten und das Anwachsen der Bevölkerung – nicht behoben.

Ergänzend wird deshalb vor allem von Nichtregierungsorganisationen (NGOs) die Suffizienzstrategie angeführt. Ausgehend von der Tatsache, dass sich das Konsumverhalten der industrialisierten Welt aufgrund der aufgezeigten Wachstumsgrenzen nicht auf die gesamte Menschheit übertragen lässt, ist hiermit die Forderung nach Genügsamkeit verbunden und erfordert letztlich vor allem in den Industrieländern eine Änderung der Lebensstile. *(Suffizienz)*

Dieses ist jedoch problematisch, weil die Forderung nach Konsumverzicht konträr zu den vorherrschenden wirtschaftlichen Interessen nach materiellem Wachstum steht und auch die Akzeptanz in der Bevölkerung gering ist. Insofern bedarf es noch eines längerfristigen Bewusstseinswandels, bevor diese Strategie spürbare Wirkungen entfalten kann. Welche Wege dorthin führen können, wurden beispielsweise bereits in der ersten Studie „Zukunftsfähiges Deutschland" (s. BUND und Misereor 1996) aufgezeigt. Auch in der zweiten Studie werden in Zeitfenstern anschaulich Visionen für 2022 dargestellt (BUND et al. 2008).

Die Konsistenzstrategie – von Huber wegen der Wortverwandtschaft zu den beiden erstgenannten als solche bezeichnet (s. Huber 1996; von Gleich et al. 1999) – wird ergänzend vornehmlich von ökologisch orientierten Vertreterinnen und Vertretern eingebracht. Während sich die Effizienz- und Suffizienzstrategie ausschließlich auf die Reduzierung des Mengendurchsatzes an Stoff- und Energieströmen konzentrieren, bezieht diese dritte Strategie die qualitativen Aspekte der Stoffe mit ein. Damit wird bewusst ein Kontrapunkt zu der Auffassung gesetzt, anthropogene Stoff- und Energieströme seien unter Nachhaltigkeitsgesichtspunkten per se zu minimieren. Vielmehr müsse es darum gehen, sie so umzugestalten, dass eine Rückführung in die natürlichen Stoffkreisläufe gewährleistet ist (vgl. Kap. 1.3). Als Beispiel wird u.a. die Nutzung der Solarwasserstoff-Technologie angeführt, die nach heutigem Wissen nicht zu gravierenden Umweltproblemen führt, obwohl sie sehr materialintensiv ist. Insofern zielt die Konsistenzstrategie vor allem auf Basisinnovationen ab, die grundlegend neue Pfade der Technik- und Produktentwicklung eröffnen (s. Huber 1996). *(Konsistenz)*

Zusammengefasst betrachtet handelt es sich jedoch nicht um alternative Strategien, nur der „Dreiklang" aus Effizienz, Suffizienz und Konsistenz führt in eine nachhaltige Entwicklung (s. BUND et al. 2008; von Gleich et al. 1999).

Allerdings bestehen in dieser komplementären Sicht noch erhebliche Umsetzungsdefizite. Vielmehr sind die zu Beginn des 21. Jahrhunderts mit großen Hoffnungen verbundenen technologischen Innovationen, die sowohl die Wettbewerbsfähigkeit als auch die nachhaltige Entwicklung sichern sollen, vornehmlich von der Effizienzstrategie geprägt (s. z. B. Petschow 2007).

1.5.4 Entwicklung von Leitorientierungen

Darüber, in welcher Art und Weise Richtungsvorgaben entwickelt werden sollen, gehen die Ansichten auseinander. Hier lässt sich stark vereinfacht eine Zweiteilung erkennen (s. Kanning 1998; Kopfmüller et al. 2001).

Quantitative vs. regulative Sichtweise

Auf der einen Seite gehen mit dem in der ökonomischen Umwelttheorie vorherrschenden naturwissenschaftlich-technischen Begriffsverständnis in der Regel Forderungen nach möglichst konkreten, quantitativen Umweltzielen einher. Dabei sind in den 1990er Jahren besonders drei Ansätze populär geworden,

- der *„ecological footprint"* (Rees und Wackernagel 1992),
- das Konzept des „Umweltraums" (Friends of the Earth Netherland 1994) und
- das MIPS-Konzept (*Material Input per Unit of Service*) (Schmidt-Bleek 1994, vgl. Kap. 9).

Trotz der recht unterschiedlichen methodischen Ansätze kamen die Autoren zu vergleichbaren Ergebnissen, „d.h. zur Forderung nach einer Reduzierung des durchschnittlichen Umweltverbrauchs um einen Faktor vier bis zehn" (Spangenberg 1996).

So ist es verständlich, dass auf der anderen Seite viele Beiträge ohne genauere Messungen davon ausgehen, dass der Ressourcenverbrauch und Schadstoffausstoß westlicher Gesellschaften generell zu hoch ist, und sie deshalb eine pragmatischere, handlungsorientierte Vorgehensweise wählen. Dabei wird der Nachhaltigkeitsbegriff eher als regulative Idee verstanden und gerade in der relativen Unbestimmtheit die Möglichkeit gesehen, ihn individuell auszufüllen und zum Gegenstand gesellschaftlicher Diskurse zu machen. Zur Umsetzung werden „weiche" Steuerungsinstrumente wie Information der Beteiligten, Partizipation, Diskussionsrunden, Koordination, Kooperation etc. bevorzugt. An die Stelle quantitativer Zielsetzungen treten dabei zumeist Leitbilder, die motivieren und Vorstellungen davon vermitteln sollen, wie eine nachhaltige Lebens- und Wirtschaftsweise aussehen kann.

Auf theoretischer Ebene sind die beiden Herangehensweisen erstmals in der Studie „Zukunftsfähiges Deutschland" (BUND und Misereor 1996) in größerem Stil zusammengeführt worden. Ausgehend vom Konzept des Umweltraums werden aus statistischen Analysen quantitative nationale Zielgrößen abgeleitet sowie handlungsfeldbezogene Leitbilder formuliert. Jedoch haben die anspruchsvollen Vorschläge v. a. eine diskussionsfördernde Wirkung gehabt, wie es die in 2008 gezogene Bilanz auch statistisch belegt (BUND et al. 2008).

1.5.5 Partizipative Gestaltungs-/*Governance*-Prozesse

Konsens besteht darüber, dass eine nachhaltige Entwicklung nur als partizipativer Prozess gestaltet werden kann. Dieses findet sich sowohl in den theoriegeleiteten Beiträgen (s. Kap. 1.3) als auch in den politischen Dokumenten. So zieht sich der Ruf nach einer Stärkung und Beteiligung der verschiedenen gesellschaftlichen Gruppen bereits wie ein roter Faden durch die Agenda 21. Darüber hinaus werden explizit neun verschiedene Gruppen hervorgehoben, die einer besonderen Stärkung bedürfen. Hierzu gehört u.a. die Privatwirtschaft, die in der sozialen und wirtschaftlichen Entwicklung eines jeden Landes eine zentrale Rolle spielt (Agenda 21, Kap. 30, in: BMU o.J.).

Beteiligung der verschiedenen gesellschaftlichen Gruppen

Diese explizite Ausrichtung der Agenda 21 auf den gesellschaftlichen Diskurs trägt sowohl dem offenen Nachhaltigkeitsleitbild wie auch der begrenzten Fähigkeit zur Analyse komplexer systemischer Zusammenhänge Rechnung und macht deutlich, dass jede Gesellschaft für sich selbst beantworten muss, was eine nachhaltige Entwicklung konkret für sie bedeutet und wie sie erreicht werden kann. Die Umsetzung muss daher auf den verschiedenen gesellschaftlichen Ebenen (Nation, Land, Region, Gemeinde etc.) durch kontinuierliche zukunftsbezogene, gesellschaftliche Such-, Lern- und Verständigungsprozesse gekennzeichnet sein (s. EK 1998).

1.5.6 Bedeutung der lokalen und regionalen Ebene

Wenngleich eine nachhaltige Entwicklung globale Lösungsansätze erfordert, wird der lokalen und regionalen Ebene eine Schrittmacherfunktion zugesprochen (s. SRU 1996), denn ökonomische, soziale und ökologische Entwicklungen müssen in einem wechselseitigen Prozess kontinuierlich aufeinander abgestimmt werden.

Für die notwendige Konsensbildung werden kleinräumige Einheiten als besonders geeignet angesehen, was sich durch die räumliche Nähe erklären lässt. Zum einen sind hier die Folgen des individuellen Handelns am ehesten erfahrbar, wodurch das Problembewusstsein und die Handlungsmotivation bei den politischen Akteuren erhöht werden. Zum anderen haben auch die Akteure untereinander im Allgemeinen eine größere Nähe zueinander und sind teilweise sogar über persönliche Netzwerke miteinander verbunden, so dass sich partizipative Lösungsprozesse leichter organisieren lassen (s. Jung et al. 1997).

In der Agenda 21 werden deshalb auch die Kommunen explizit aufgefordert, die notwendigen Konsultationsprozesse zu beginnen und „in einen Dialog mit den Bürgern, den örtlichen Organisationen und der Privatwirtschaft einzutreten" (Agenda 21, Kapitel 28, in: BMU o.J.). Zahlreiche Kommunen sind diesem Aufruf früh gefolgt und die Lokalen Agenda 21-Prozesse sind zu einer weltweiten Bewegung geworden. In Deutschland haben über 2600 Städte und Gemeinden den Beschluss zur Erarbeitung einer Lokalen Agenda 21 gefasst. Allerdings ist eine bun-

Lokale Agenda 21-Prozesse

desweite Koordinierung durch die Auflösung der erst 2002 eingerichteten bundesweiten Servicestelle Lokale Agenda 21 ins Stocken geraten.

1.6 Handlungsfelder der verschiedenen Akteursgruppen

Die kollektive Gestaltung nachhaltiger Entwicklungsprozesse stellt an alle gesellschaftlichen Akteure in ihren jeweiligen Handlungsfeldern große Herausforderungen. Stark vereinfacht lassen sich diese aus den grundlegenden konzeptionellen Beiträgen herausarbeiten, die verschiedene Expertengruppen in den 1990er Jahren erarbeitet haben und die auch heute noch als richtungweisend gelten (s. insbesondere EK 1994, 1997, 1998; SRU 1994, 1996, 1998; UBA 1997; BUND und Misereor 1996, s. auch OECD, UNDP 2002; OECD 2006).

Diese werden im Folgenden für die in der *Governance*-Diskussion herausgearbeiteten drei bedeutsamen Akteursgruppen Staat, Zivilgesellschaft und Wirtschaft/Unternehmen (z. B. Fürst 2001) skizziert, ergänzt um die Gruppe der Wissenschaft.

1.6.1 Staat

In erster Linie ist die Politik als gestaltende und gleichzeitig aktivierende Kraft gefragt, von der Funktionsfähigkeit bzw. Tragfähigkeit der Ökosysteme ausgehend, den Rahmen bzw. die „Leitplanken" vorzugeben, innerhalb derer sich wirtschaftliche und gesellschaftliche Prozesse nachhaltig entwickeln können.

Aufgabe von Politik und Verwaltung ist es daher, entsprechende Ziele zu definieren. So wird auch in der Agenda 21 bereits die Integration von Umwelt- und Entwicklungszielen in politische Entscheidungsfindungen als eine wesentliche Voraussetzung herausgestellt (Kap. 8 in: BMU o.J.).

Grundlegende konzeptionelle Arbeiten zur Ausgestaltung der Zieldiskurse haben die Enquête-Kommissionen des 12. und 13. Bundestages geleistet (EK 1994, 1997, 1998). Diese konzentrieren sich vornehmlich auf den bis dahin am weitesten entwickelten Umweltbereich und sehen u.a. eine systematische Unterscheidung zwischen politischen Umwelt-

Umweltziele
Umweltqualitätsziele
Umwelthandlungsziele

zielen, wissenschaftlich begründeten wirkungs- bzw. schutzgutbezogenen Umweltqualitätszielen und akteurs- bzw. belastungsbezogenen Umwelthandlungszielen vor. Theoretisch wurde hiermit eine konzeptionelle Brücke zu standardisierten Umweltmanagementsystemen geschaffen (s. weiterführend dazu z. B. Kanning 2008), die aber bis heute im Umweltrecht nicht verankert ist und auch in der Praxis kaum ausgefüllt wird.

Indikatoren

Neben den Zielen sollten Politik und Verwaltung geeignete Indikatoren entwickeln sowie die hierfür erforderlichen Daten bereithalten, um den Weg zur Nachhaltigkeit messbar zu machen. In Kapitel 40 der Agenda 21 wird hierzu ein abgestimmtes Vorgehen von der globalen über die nationalen bis zu den regionalen bzw. lokalen Ebenen empfohlen. Auf der internationalen Ebene hat die Kommission der Vereinten Nationen für Nachhaltige Entwicklung (*Commission on Sustainable Development* – CSD) als maßgeblicher Akteur eine Indikatorliste erarbeitet. Daneben findet sich auf nationaler, regionaler und lokaler Ebene eine Vielzahl spezifischer Indikatorkataloge. Bis heute stehen diese aber weitgehend unverbunden nebeneinander. Eine Übersicht über die verschiedenen Diskussionslinien und Beiträge bietet das Lexikon der Nachhaltigkeit (www.nachhaltigkeit.info).

Als weitere Prozesselemente sollten kontinuierliche Monitorings und Evaluierungen dienen, mit denen ebenfalls ein Abgleich mit den gesteckten Zielen erfolgen sollte.

Monitorings und Evaluierungen

Entsprechend liefern für Deutschland die Daten des Statistischen Bundesamtes, des Umweltbundesamtes und schlaglichtartig auch das Umweltbarometer, mit dem kontinuierlich über die Entwicklung ausgewählter Schlüsselindikatoren in Relation zu umweltpolitischen Zielvorstellungen berichtet wird, wichtige Informationen für die Prozessgestaltung.

Die vorstehend aus den Expertenempfehlungen skizzierten Elemente zur Gestaltung nachhaltiger Entwicklungsprozesse sind zwar für die nationale Ebene konzipiert, lassen sich aber prinzipiell auf die regionale und lokale Ebene übertragen (s. z. B. SRU 1998).

Eine inhaltliche Konkretisierung sollte – dem Subsidiaritätsprinzip gemäß – vom Leitbild der nachhaltigen Entwicklung ausgehend mit zunehmender Differenzierung bzw. relevantem Problemfeld auf den jeweils dafür geeigneten Ebenen erfolgen. Gleichfalls sollten die verschiedenen Ebenen natürlich aufeinander abgestimmt bzw. im Gegenstromprozess entwickelt werden, wie es Abbildung 1.4 zusammengefasst darstellt.

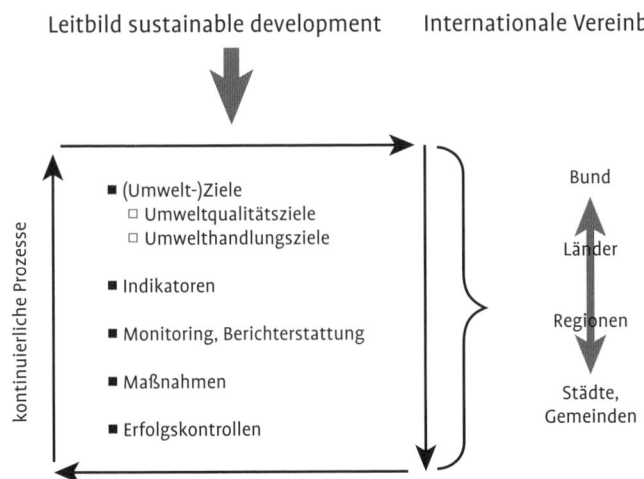

Abb. 1.4 Elemente zur Gestaltung partizipativer Nachhaltigkeitsdiskurse (Quelle: Kanning 2005, S. 169).

In der Praxis findet eine entsprechende systematische Entwicklung heute teilweise auf einzelnen Ebenen statt. Allen voran haben sich zunächst hauptsächlich die Kommunen in Lokalen Agenda 21-Prozessen auf entsprechende Wege begeben und mit unterschiedlichem Engagement auch die Bundesländer, relativ früh z. B. Baden-Württemberg (MUV o.J.). Für die nationale Ebene wurde die Nachhaltigkeitsstrategie mit nationalen Zielen und Indikatoren erst relativ spät entwickelt (BR 2002a, vgl. Kap. 1.1). Was bis heute fehlt, ist eine ebenenübergreifende, koordinierte Entwicklung.

1.6.2 Wissenschaft

Transdisziplinäre
Forschung

Das Nachhaltigkeitskonzept stellt auch die Wissenschaft vor große Herausforderungen. Denn gefragt ist ein neues Wissenschaftsverständnis, das sich nicht mehr auf Werturteilsfreiheit beruft, sondern sich auf die konkreten Probleme der Gesellschaft ausrichtet. Dieses erfordert zum einen das Überschreiten disziplinärer Grenzen und zum anderen einen Paradigmenwechsel in Richtung einer *„Post-normal Science"* (Funtowicz und Ravetz 1993). So bilden sich in der Nachhaltigkeitsforschung neue „transdisziplinäre" (s. z. B. Brand 2000) Ansätze und Förderpolitiken heraus – wie z. B. die sozial-ökologische Forschung (www.sozial-oekolo-

www.sozial-oekolo-
gische-forschung.org

gische-forschung.org) –, die sich unabhängig von einzelnen disziplinären Erkenntniszielen auf die Lösung gesellschaftlicher Problemstellungen richten und dabei auch die jeweils relevanten Akteure aus Staat, Zivilgesellschaft und Wirtschaft einbeziehen.

In diesem Sinne sollte sich die Wissenschaft ebenso an der Entwicklung von Umweltzielen und Indikatoren beteiligen (s. z. B. SRU 1998) sowie insbesondere interdisziplinäre, problemorientierte Forschungen vorantreiben, um die bisher weitgehend isoliert betrachteten ökonomischen, ökologischen und sozialen Dimensionen in die Problemlösungen integrieren zu helfen.

1.6.3 Zivilgesellschaft

Auch die Zivilgesellschaft bzw. jede einzelne Bürgerin und jeder einzelne Bürger ist zu Taten aufgerufen, sei es durch die Beteiligung an den gesellschaftlichen Diskursen im Rahmen der Lokalen Agenda 21-Prozesse oder durch die persönliche Lebensführung.

Letzteres gilt in besonderem Maße für Bürgerinnen und Bürger der Industrieländer, denn unbestritten ist, dass sich das Konsumverhalten der industrialisierten Welt nicht unbegrenzt auf die gesamte Menschheit übertragen lässt. Insofern sollte jeder einzelne sorgsam mit den natürlichen Ressourcen umgehen und gleichzeitig auch deren Verbrauch minimieren helfen (Suffizienzstrategie, vgl. Kap. 1.4.3).

Nachhaltiger Konsum

Hierzu werden im Bereich des nachhaltigen Konsums vielfältige Lösungsansätze und Beispiele für die verschiedenen Bedürfnisfelder aufgezeigt (s. z. B. Belz et al. 2007; Scherhorn, Weber 2002; Schrader, Hansen 2001).

Gleichzeitig zeigt sich in Verbindung mit den Ansätzen aus der Milieuforschung aber auch das Phänomen, dass gerade die Lebensstilgemeinschaften mit der besten Bildung und Einkommenslage und dem höchsten Umweltbewusstsein den höchsten Ressourcenverbrauch aufweisen (Liedtke et al. 2007, zit. in BUND et al. 2008). Insofern bestehen in diesem Bereich noch große Herausforderungen.

1.6.4 Unternehmen

Unternehmen spielen für den Umsetzungsprozess einer nachhaltigen Entwicklung eine Schlüsselrolle, wie es bereits in Kapitel 30 der Agenda 21 hervorgehoben ist.

Auf der einen Seite ist das heutige Wirtschaften in weiten Teilen nicht nachhaltig im wissenschaftlich und gesellschaftspolitisch definierten Sinne. Auf der anderen Seite sind die Unternehmen diejenigen, welche die erforderlichen Innovationen maßgeblich mit entwickeln und umsetzen. Unternehmen tragen daher eine besondere gesellschaftliche Verantwortung (*Corporate Social Responsibility*).

Dabei sind die Einflussmöglichkeiten von Unternehmen auf ihr Umfeld weitreichend. Sie gestalten als wirtschaftliche Kräfte den Markt, nehmen über Verbände und Lobbyarbeit in der Politik Einfluss auf politische Entscheidungen und stehen auch in anderen Beziehungen in ständiger Wechselwirkung mit ihrem Umfeld. Sie haben daher viele Möglichkeiten, ihre Aktivitäten an den Zielen einer nachhaltigen Entwicklung auszurichten und Entwicklungsprozesse mitzugestalten. Dies stellen auch die vielfältigen Beiträge im vorliegenden Buch ausführlich dar.

Über die einzelbetriebliche Ebene hinaus besteht die große Herausforderung, die unternehmensbezogenen Lösungsansätze in gesellschaftliche Entwicklungsprozesse einzubetten. Hierzu wäre auf der instrumentellen Ebene eine systematische Verzahnung des betrieblichen Nachhaltigkeits- bzw. Umweltmanagements mit dem übrigen deutschen umweltpolitischen Instrumentarium hilfreich (s. z. B. Kanning 2008), die aber leider bis heute aussteht. So werden die weitestgehenden Synergien zwischen betrieblichen und gesellschaftlichen Gestaltungsprozessen bisher auf der kommunalen und regionalen Ebene im „rechtsfreien" Raum erzielt.

Wertvolle Hinweise zu den Schnittstellen zwischen Lokale Agenda 21-Prozessen und betrieblichen Umweltmanagementsystemen finden sich beispielsweise im Leitfaden des UBA (2003). Für die regionale Ebene liefert daneben z. B. der Leitfaden „Zukunftsfähiges Wirtschaften" (Frings et al. o.J.) eine praxisorientierte und zugleich theoretisch reflektierte Anleitung. Weitere Beispiele sind die „Nachhaltige Regionalentwicklung" (zur Übersicht s. z. B. Spehl 2005) oder Biosphärenreservate, die als Modellräume nachhaltiger Entwicklung gelten (zur Übersicht s. z. B. UNESCO 2007).

Beispiel Neumarkter Lammsbräu und Agenda 21-Prozesse in Neumarkt

Als Beispiel für eine gelungene Kooperation zwischen Unternehmen, Kommunen und Bürgern lassen sich exemplarisch die Aktivitäten der Stadt und des Landkreises Neumarkt in der Oberpfalz sowie der Neumarkter Lammsbräu anführen. Vorbildhaft hat die Stadt Neumarkt ihren Lokale Agenda 21-Prozess auf der Basis eines partizipativen Planungsansatzes mit ihrer Stadtentwicklungsplanung verbunden, das die in Kapitel 1.5 skizzierten Gestaltungselemente umfasst. In partizipativen Prozessen wurden sechs mittelfristige Leitbilder bis 2025 sowie verschiedene Leitprojekte erarbeitet, die kurzfristig umgesetzt werden sollen (Stadt Neumarkt 2004). Die ortsansässige Brauerei Neumarkter Lammsbräu, die sich seit mehr als 30 Jahren als Ökopionier ausgezeichnet hat (Stahlmann 2006), unterstützt die Lokale Agenda 21-Aktivitäten in Stadt und Landkreis aktiv, z. B. durch Sponsoring im Landschaftspflegebereich bei der Pflege von Streuobstwiesen oder durch aktive Mitarbeit an verschiedenen Projekten, z. B. im Verein zur Förderung regionaler Wirtschaftskreisläufe in der Region Neumarkt (Weiß und Stahlmann 2009; s. weiterführend www.neumarkt.de; www.lammsbraeu.de).

Damit ganzheitlich nachhaltige Entwicklungsstrategien zum Motor für Erneuerung im 21. Jahrhundert werden, müssen noch zahlreiche Unternehmen und Kommunen diesem Beispiel folgen.

1.7 Übungsfragen

1. Ist das Nachhaltigkeitsleitbild eine Erfindung von Rio?
   Welcher Konflikt liegt dem Nachhaltigkeitsleitbild maßgeblich zugrunde?
2. Wie wird nachhaltige Entwicklung definiert und welche Kerninhalte sind damit verbunden?
3. Welche Schlüsselbotschaften liefern die theoretischen Fundamente?
4. Wodurch unterscheiden sich Konzepte schwacher und starker Nachhaltigkeit und welche haben sich in der Diskussion allgemein durchgesetzt?
5. Was versteht man unter Effizienz-, Suffizienz- und Konsistenzstrategien?
   Handelt es sich dabei um alternative Strategien?
6. Lässt sich eine nachhaltige Entwicklung verordnen? Wie können nachhaltige Entwicklungsprozesse gesellschaftspolitisch verankert werden?
7. Welche Rollen spielen verschiedene Akteursgruppen für den Weg zur Nachhaltigkeit?

1.8 Weiterführende Literatur

Bund für Umwelt und Naturschutz Deutschland (BUND), Brot für die Welt, Evangelischer Entwicklungsdienst (Hrsg.) (2008): Zukunftsfähiges Deutschland in einer globalisierten Welt. Ein Anstoß zur gesellschaftlichen Debatte. Eine Studie des Wuppertal Instituts für Klima, Umwelt, Energie, Frankfurt/Main.

Heinrich-Böll-Stiftung (2002): Das Jo'burg Memo. Ökologie – die neue Farbe der Gerechtigkeit. Memorandum zum Weltgipfel für Nachhaltige Entwicklung, Berlin.

Kanning, H. (2005): Brücken zwischen Ökologie und Ökonomie, München.

Kopfmüller, J.; Brandl, V.; Jörissen, J.; Paetau, M.; Banse, G.; Coenen, R. und Grunwald, A. (2001): Nachhaltige Entwicklung integrativ betrachtet, Berlin.

Seidl, I.; Zahrnt, A. (Hrsg.) (2010): Postwachstumsgesellschaft: Neue Konzepte für die Zukunft, Marburg.

2 Ethische Grundlagen des betrieblichen Nachhaltigkeitsmanagements

von Rüdiger Hahn

Kapitelausblick

Begriffe wie nachhaltige Entwicklung und Nachhaltigkeit haben spätestens seit der Konferenz für Umwelt und Entwicklung der Vereinten Nationen 1992 in Rio de Janeiro – wie im vorangegangenen Kapitel dargestellt – einen festen Platz in der öffentlichen Diskussion gefunden. Doch warum sollte überhaupt eine „Nachhaltige Entwicklung" angestrebt werden? Und welche ethischen Gründe kann es speziell für ein betriebliches Nachhaltigkeitsmanagement geben? Das vorliegende Kapitel widmet sich diesen Fragen und gibt eine ethisch-normative Einführung zu Nachhaltigkeit und betrieblichem Nachhaltigkeitsmanagement. Dazu werden zunächst die Ebenen des betrieblichen Nachhaltigkeitsmanagements mit einer nachhaltigen Entwicklung und dem Ziel Nachhaltigkeit zueinander in Beziehung gesetzt. Darauf aufbauend wird eine ethisch-normative Begründung für „Nachhaltigkeit" mit Blick auf die Allgemeine Erklärung der Menschenrechte sowie auf einige grundlegende Gedanken aus den Werken Kants und Rawls' gesucht. Daran anknüpfend wird – erneut an der Menschenrechtserklärung sowie an weiteren Positionen Rawls' und anderen ansetzend – eine ethisch-normative Begründung für ein betriebliches Nachhaltigkeitsmanagement diskutiert. Das Kapitel schließt mit einer konzeptionellen Verknüpfung der gesamtgesellschaftlichen und der unternehmerischen Verantwortungsebene.

Lernziele

1. Den Zusammenhang zwischen betrieblichem Nachhaltigkeitsmanagement, nachhaltiger Entwicklung und Nachhaltigkeit erklären können.
2. Normativ-ethische Begründungen für das gesamtgesellschaftliche Ziel der Nachhaltigkeit reflektieren.
3. Normativ-ethische Begründungen für betriebliches Nachhaltigkeitsmanagement reflektieren.

2.1 Grundlagen zur Frage nach Ethik und Verantwortung von Unternehmen

Bereits seit einigen Jahren wächst in Wissenschaft, Unternehmenspraxis und Öffentlichkeit die Aufmerksamkeit für Fragen unternehmerischer Verantwortung und nachhaltiger Entwicklung (s. z. B. Scherer und Picot 2008). Abgesehen von allgemeinen Absichtserklärungen und zum Teil nur vage formulierten Forderungen der Zuwendung von Unternehmen zu diesen Themengebieten wird eine grundlegende normativ-ethische Begründung der Relevanz von Nachhaltigkeit oder speziell des betrieblichen Nachhaltigkeitsmanagements nur selten gegeben. Gerade im deutschsprachigen Raum erfolgt eine Auseinandersetzung mit ethisch-normativen Argumenten in den Wirtschaftswissenschaften bisher zumeist nur am Rande. Daher soll dieses Kapitel dazu beitragen, mögliche Begründungen für Nachhaltigkeit und betriebliches Nachhaltigkeitsmanagement aus verschiedenen ethisch-philosophischen Grundlagenwerken herzuleiten und damit auch interdisziplinär die Relevanz der jeweiligen Konzepte und Ansätze in den Wirtschaftswissenschaften zu verdeutlichen. Um dies zu ermöglichen, muss zunächst das Verhältnis von Nachhaltigkeit, nachhaltiger Entwicklung und betrieblichem Nachhaltigkeitsmanagement geklärt werden.

Verhältnis von Nachhaltigkeit, nachhaltiger Entwicklung und betrieblichem Nachhaltigkeitsmanagement

In ihrem wegweisenden Bericht charakterisiert die Weltkommission für Umwelt und Entwicklung (*World Commission on Environment and Development* – WCED) im Vorfeld der *United Nations Conference on Environment and Development* (UNCED) 1992 in Rio de Janeiro eine nachhaltige Entwicklung als „eine Entwicklung, die die Bedürfnisse der Gegenwart befriedigt, ohne zu riskieren, daß zukünftige Generationen ihre eigenen Bedürfnisse nicht befriedigen können" (WCED 1987)[1]. Mit diesem Leitmotiv werden in dieser Charakterisierung zunächst noch keine spezifischen Akteure angesprochen, lediglich von einer allgemeinen Entwicklung ist die Rede. Nachhaltige Entwicklung bewegt sich daher zunächst auf einer übergeordneten gesamtgesellschaftlichen Ebene, ohne – zumindest in dieser kurzen Charakterisierung – bereits einen konkreten Bezug zu Unternehmen herzustellen. Jedoch zeigen sich in diesem Verständnis von nachhaltiger Entwicklung bereits einige starke normative Elemente. Während Nachhaltigkeit einen (idealisierten) Zustand darstellt, beschreibt eine „nachhaltige Entwicklung" eher die notwendigen Verhaltensweisen zur Zielerreichung (s. Doppelt 2003). Als Leitprinzip basiert nachhaltige Entwicklung auf zwei grundlegenden Imperativen, welche beide unmittelbar der oben genannten Charakterisierung entnommen werden können. Erstens ist dies der

---

1 In der hier zitierten deutschen Version des WCED-Berichts findet statt des Begriffs „nachhaltige Entwicklung" noch der Begriff „dauerhafte Entwicklung" Verwendung. Dieser hat sich jedoch nicht durchgesetzt. Daneben existieren zahlreiche weitere Übersetzungsmöglichkeiten des englischen Begriffs „*Sustainable Development*", von denen sich jedoch (zumindest bisher) ebenfalls keine durchsetzen konnte.

Intragenerative
Gerechtigkeit

Intergenerative
Gerechtigkeit

Triple-Bottom-Line

Bedeutung des
betrieblichen
Nachhaltigkeitsma-
nagements

Grundsatz intragenerativer Gerechtigkeit (vgl. hierzu ausführlich auch Kapitel 1). Dieser besagt, dass innerhalb der bestehenden Generation internationale und soziale Gerechtigkeit anzustreben sind („eine Entwicklung, die die Bedürfnisse der Gegenwart befriedigt"). Dazu stellt der Bericht der WCED insbesondere heraus, dass die „Grundbedürfnisse der Ärmsten der Welt, [...] überwiegende Priorität haben sollten" (WCED 1987). Hinzu kommt zweitens der Grundsatz intergenerativer Gerechtigkeit. Dieser besagt im Wesentlichen, dass die Umwelt für zukünftige Generationen bewahrt werden soll („ohne zu riskieren, daß zukünftige Generationen ihre eigenen Bedürfnisse nicht befriedigen können"). Dementsprechend wäre Nachhaltigkeit dann erreicht, wenn sowohl intra- als auch intergenerative Gerechtigkeit erreicht ist. In dieser Weise charakterisiert, erweist sich nachhaltige Entwicklung als ein Dachkonzept, unter welchem eine Vielzahl von interdependenten Aspekten aus den Bereichen sozialer, ökologischer und ökonomischer Entwicklung integriert wird. Diese drei Kernbereiche „Ökonomie", „Ökologie" und „Soziales" werden in den Debatten um eine nachhaltige Entwicklung häufig als *„Triple-Bottom-Line"* (z. B. Elkington 1999) bezeichnet, weshalb sie im Mittelpunkt der Bemühungen zur Erreichung von Nachhaltigkeit stehen. Folglich werden vormals als voneinander unabhängig erachtete Problemstellungen wie Bevölkerungswachstum, weltweite Entwaldung und Desertifikation, Armut, Ressourcenverbrauch, Abfallproduktion oder Klimawandel nun zunehmend als zusammenhängend erkannt.

Schon im Bericht der WCED wurde „Die Rolle der Weltwirtschaft" (WCED 1987) als zentrales Element zur Erreichung von Nachhaltigkeit umfassend diskutiert. So gilt es heute als unbestritten, dass Unternehmen zu den wesentlichen Akteuren einer nachhaltigen Entwicklung gehören. Hiermit offenbart sich direkt die Bedeutung des betrieblichen Nachhaltigkeitsmanagements: Unternehmen sind die primären Institutionen marktwirtschaftlicher Wirtschaftssysteme zur Transformation von Ressourcen in Güter und Dienstleistungen. Sie generieren Einkommensmöglichkeiten für ihre Arbeitnehmenden sowie für Zulieferbetriebe, sie ermöglichen die Ausbildung individueller Qualifikationen, sie produzieren Güter und Dienstleistungen und eröffnen ihrer Kundschaft damit Konsummöglichkeiten, sie bringen Innovationen hervor, von denen die Gesellschaft im Allgemeinen profitieren kann und sie zahlen Steuern und Abgaben. Zugleich ist jede unternehmerische Aktivität mit zum Teil erheblichen Ressourcenverbräuchen sowie dem Anfall von Abfallstoffen und Emissionen verbunden und der generierte Wohlstand ist zudem häufig ungleich verteilt. Dies verdeutlicht die Bedeutung des betrieblichen Nachhaltigkeitsmanagements als wesentliches Element zur Erreichung einer nachhaltigen Entwicklung. Neben Nachhaltigkeitspolitik auf staatlicher oder auch trans-staatlicher Ebene (z. B. im Bereich von Umwelt- oder Sozialstandards) sowie einem nachhaltigen Konsum kann betriebliches Nachhaltigkeitsmanagement als zentraler Bereich der gesamtgesellschaftlichen Nachhaltigkeitsbemühungen angesehen werden.

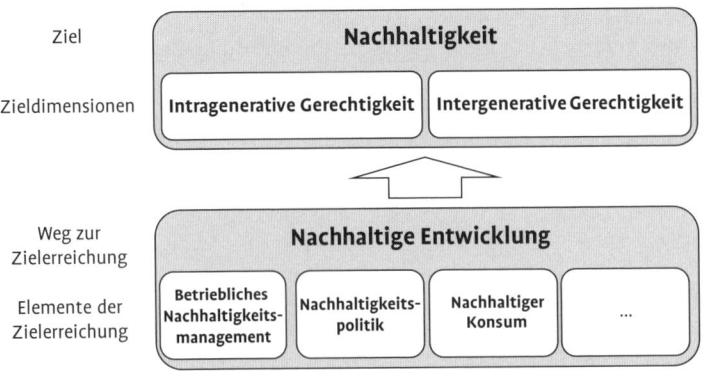

Abb. 2.1 Das Verhältnis von Nachhaltigkeit, nachhaltiger Entwicklung und betrieblichem Nachhaltigkeitsmanagement (Quelle: eigene Darstellung).

Auf Basis dieser Erörterungen sollen im Rahmen dieses Kapitels nun zwei wesentliche Fragen diskutiert werden:

1. Aus welchen (normativ-ethischen) Gründen sollte das Ziel der Nachhaltigkeit angestrebt und eine nachhaltige Entwicklung verfolgt werden?
2. Warum sollen speziell Unternehmen Verantwortung für das gesamtgesellschaftliche Ziel der Nachhaltigkeit übernehmen und welchen Beitrag können und/oder sollen einzelne Unternehmen neben ihrem ökonomischen Auftrag leisten?

Die Beantwortung dieser Fragen erfolgt in diesem Kapitel mit Rückgriff auf eine Reihe von relevanten, themenbezogenen philosophischen Grundlagenwerken. Mit dieser Verortung im Feld anerkannter philosophischer Positionen soll zugleich eine intersubjektiv (wie auch interdisziplinär) nachvollziehbare Legitimations- und Diskussionsgrundlage geschaffen werden, um auf diese Weise nicht der Gefahr einer dogmatischen Argumentation oder eines dogmatischen Werturteils zu unterliegen.

2.2 Ethische Grundlagen und Begründungsansätze

Wie zuvor erwähnt, wird häufig die besondere Rolle von Unternehmen zur Erreichung von Nachhaltigkeit hervorgehoben. Daher werden im Folgenden normativ-ethische Fundierungen dieses Zielkonzepts diskutiert und dessen Bedeutung im unternehmerischen Kontext erörtert. Dazu sei zunächst noch einmal auf die allgemeine Charakterisierung von nachhaltiger Entwicklung verwiesen. Diese konzentriert sich im Wesentlichen auf eine langfristige Nutzung natürlicher Ressourcen (Forderung nach intergenerativer Gerechtigkeit) bei gleichzeitiger Berücksichtigung eines angemessenen Lebensstandards aktueller Generationen (Forderung nach intragenerativer Gerechtigkeit). Jedoch gibt kein Naturgesetz quasi automatisch eine nachhaltige Entwicklung vor.

Es handelt sich vielmehr um eine anthropozentrische (d.h. auf den Menschen zentrierte), normativ-ethische Entscheidung, das Ziel der Nachhaltigkeit zu verfolgen.

2.2.1 Ethische Begründungen zur Nachhaltigkeit

Kantianische Pflichtenethik

Als erste ethisch-philosophische Grundlage kann die ebenfalls anthropozentrische Kantianische Pflichtenethik als Ausgangspunkt der Begründung dienen, warum überhaupt eine nachhaltige Entwicklung verfolgt werden sollte. Der Kategorische Imperativ formuliert: „Handle nur nach derjenigen Maxime, durch die du zugleich wollen kannst, daß sie ein allgemeines Gesetz werde" (Kant 1945, S. 44). Ähnliche Handlungsmaximen finden sich als allgemeine Verhaltensnormen bereits in den Grundlagenwerken verschiedener Glaubensrichtungen, so z. B. bei Konfuzius „Was du selbst nicht wünschest, das tue auch nicht anderen" (15, 24) sowie positiv formuliert in der jesuanischen Bergpredigt „Alles nun, was ihr wollt, das euch die Leute tun sollen, das tut ihnen auch!" (Mt 7, 12) (beide zitiert nach Küng 2005) und als „Goldene Regel" in weiteren theologisch motivierten Normwerken (Sand und Hunold 1995). Bezieht man diese Handlungsvorgabe speziell auf nachhaltige Entwicklung, so ergeben sich mit Blick auf den Aspekt der intergenerativen Gerechtigkeit für zukünftige Generationen folgende Implikationen: Zunächst ist es denkbar, dass vergangene Ressourcennutzung vorheriger Generationen unserer aktuellen Generation schadet, wenn sie auf eine Weise erfolgte, die nicht mit dem Postulat einer nachhaltigen Entwicklung vereinbar ist (also z. B. zu einem dauerhaften Rückgang natürlicher Ressourcen geführt hat). Zugleich werden durch den in den Industrieländern aktuell vorherrschenden Lebensstil die zur Verfügung stehenden ökologischen Ressourcen der Erde bei Weitem übernutzt (s. z. B. WWF 2010). Dieser Lebensstil ist daher weltweit nicht tragbar. Bei entsprechend kurzfristigen Umweltfolgen ist es dementsprechend denkbar, dass unsere aktuellen Handlungen bereits der aktuellen Generation schaden, wenn dieser Lebensstil z. B. zugleich die Entwicklungsmöglichkeiten anderer behindert. Diesem Gedankengang folgend dürfte sich ganz im Sinne des Kategorischen Imperativs demnach niemand wünschen können, dass ein anderes Prinzip als das der nachhaltigen Entwicklung ein universelles Gesetz werde, da dies dann eben dazu führen könnte, dass jeder aufgrund von Entscheidungen Anderer schlechter gestellt würde. Die Forderungen nach einer nachhaltigen Entwicklung erweisen sich entsprechend als konkretisierende Ausformulierungen des Kategorischen Imperativs. Jede Generation fungiert dabei als Zweck für vorhergehende Generationen und ist zugleich das einzige Mittel kommender Generationen zur Sicherstellung der menschlichen Lebensfähigkeit auf der Erde.

Gerechtigkeitstheorie von John Rawls

Auf diesen Überlegungen aufbauend kann – speziell im Zusammenhang mit Überlegungen zu den Postulaten intra- und intergenerativer Gerechtigkeit – die Gerechtigkeitstheorie von John Rawls (1975) zur ethisch-philosophischen Begründung nachhaltiger Entwicklung dienen. Im Folgenden werden daher eben jene aus dieser Theorie generierten ethisch-normativen Grundlagen der Entscheidung, gleiche Lebenschancen für künftige wie auch aktuelle Generationen zu befördern, näher beleuchtet. Rawls (1975) erarbeitet in seinem Werk eine umfassende Theorie der Gerechtigkeit, deren erster Grundsatz besagt: „Jedermann hat gleiches Recht auf das umfangreichste Gesamtsystem gleicher Grundfreiheiten, das für alle möglich ist" (Rawls 1975). Hiermit spricht Rawls unmittelbar unter anderem Aspekte der Mobilität und Flexibilität an, welche sich indirekt auch im Grundsatz intragenerativer Gerechtigkeit wiederfinden. Rawls zweiter Gerechtigkeitsgrundsatz ist darauf aufbauend in jenen Fällen anzuwenden, in denen dieses Postulat nicht erfüllt ist. Mit direkter Relevanz für eine nachhaltige Entwicklung fordert dieser, dass „soziale und wirtschaftliche Ungleichheiten [...] den am wenigsten Begünstigten den größtmöglichen Vorteil bringen [müssen]" (Rawls 1975, S. 336). Insbesondere der zweite Grundsatz postuliert somit einen Gerechtigkeitsaspekt im bewussten Gegensatz zur utilitaristischen Maximierung der gesamtökonomischen Wohlfahrt (plakativ häufig als „das größte Glück der größten Zahl" formuliert) und expliziert deutlich die Förderung intragenerativer Gerechtigkeit. Dieser Grundsatz ist jedoch nicht unumstritten. Er sei, so z. B. Höffe (2006), nur haltbar bei „empirischer Annahme einer pessimistischen Welteinstellung, [...] eher am Boden [...] als an der Spitze der Gesellschaftshierarchie zu leben" (Höffe 2006). Doch bereits ein Blick auf die Situation weiter Teile der Weltbevölkerung lässt diese Annahmen plausibel erscheinen (s. Hahn 2009b): Nimmt man exemplarisch die Armutsdefinition der Europäischen Union als Maßstab, so gelten jene Personen als arm, die gemessen am Einkommen weniger als die Hälfte des Durchschnitts eines Landes zur Verfügung haben (Radermacher 2004). Angewandt auf den gesamten Globus bedeutet dies bei einem weltweiten jährlichen BIP pro Kopf von ca. 10 357 US$ (gemessen in Kaufkraftparitäten, The World Bank 2010, S. 379), dass keinem Menschen weniger als 5 179 US$ pro Jahr oder ca. 14 US$ pro Tag zur Verfügung stehen sollten. Tatsächlich lebt jedoch die Mehrheit der Weltbevölkerung von weniger als 2,5 US$ pro Tag und kann häufig nicht einmal grundlegendste Bedürfnisse befriedigen (Hahn 2009a). Die Lücke in der weltweiten Einkommensverteilung zwischen reichen und armen Staaten hat sich zudem in den letzten Dekaden deutlich vergrößert (z. B. Sachs 2005). Doch Ungleichverteilungen zeigen sich nicht nur im monetären Bereich der Einkommensverteilung. So sind die Emissionen sowie der Ressourcenverbrauch der reichen Bevölkerungsregionen und -schichten um ein Vielfaches höher bei den Ärmsten der Welt, während die hieraus resultierenden ökologischen Folgeschäden oftmals gerade die armen Bevölkerungsteile und Länder treffen (Hahn 2009a). Diese hier lediglich exemplarisch dargestellten Aspekte zeigen den realen Abstand zu einer wirklichen intragenerativen Gerechtigkeit und verleihen diesem Postulat eine besondere Relevanz. Damit zeigt sich, dass auch die Gerechtigkeitstheorie von Rawls dazu geeignet ist, eine ethisch-normative Begründungsgrundlage für eine nachhaltige Entwicklung bzw. für das Streben nach Nachhaltigkeit zu liefern.

Die beiden philosophischen Grundlagenwerke von Kant und Rawls haben einen Einstieg in die Diskussion um eine intersubjektiv nachvollziehbare, allgemeine ethische Begründung für Nachhaltigkeit in den Wirtschaftswissenschaften, aber auch darüber hinaus, geliefert. Dass diese Position Eingang in weltweit verbreitetes und anerkanntes Denken gefunden hat, zeigt exemplarisch die Allgemeine Erklärung der Menschenrechte der Vereinten Nationen (UN 1948). Sie kann als konkrete Ausformulierung solch ethischer Grundpositionen angesehen werden und baut ihrerseits auf einer Reihe ethischer Grundlagenwerke (zumeist aus der abendländischen Tradition stammend, jedoch durchaus einem Welt- und Wirtschaftsethos sehr nahe stehend; siehe dazu Stiftung Weltethos 2009) auf. In der Diskussion um eine nachhaltige Entwicklung wurde schließlich mehrfach die Verknüpfung mit der Allgemeinen Erklärung der Menschenrechte thematisiert. Die UN selbst erklärt, dass „eine nachhaltige menschliche Entwicklung die Wahlfreiheiten aller Menschen – Frauen, Männer und Kinder – erweitern soll und dabei zugleich die natürlichen Systeme als Grundlage allen Lebens zu schützen hat. Indem von einem engen, wirtschaftszentrierten Entwicklungskonzept abgerückt wird, rückt eine nachhaltige menschliche Entwicklung die Menschen ins Zentrum und erkennt diese als Zweck und Mittel der Entwicklung an." (UNDP 1998, S. 2, Übersetzung d. V.). Bereits in dieser kurzen Passage zeigt sich die unmittelbare Verknüpfung mit Elementen aus Kants Kategorischem Imperativ, indem der Mensch sowohl als Mittel als auch als Zweck der jeweiligen Entwicklung bezeichnet wird. Der zentrale Zweck nachhaltiger Entwicklung ist – wie bereits erwähnt – anthropozentrisch begründet und besteht darin, eine Umwelt zu schaffen, in der alle Menschen ein sicheres und würdiges Leben führen können, wie es auch in der Allgemeinen Erklärung der Menschenrechte gefordert wird (s. UN 1948, Präambel, Art. 1, 2, 3, 22 und 25). Trotz ihres nicht-verbindlichen Charakters im Rahmen des Völkerrechts wird die Erklärung weitgehend als Völkergewohnheitsrecht angesehen (Klein 1997; von der Wense 1999), so dass das Streben nach Nachhaltigkeit auch hierdurch seine weithin anerkannte und bindende Unterstützung erfährt.

Auf Basis dieser grundlegenden Begründungen für nachhaltige Entwicklung wird im folgenden Abschnitt nun die spezielle Rolle von Unternehmen beleuchtet.

Allgemeine ethische Begründung für Nachhaltigkeit

Allgemeine Erklärung der Menschenrechte

2.2.2 Ethische Begründungen zum betrieblichen Nachhaltigkeitsmanagement

Gerade im wirtschaftswissenschaftlichen Zusammenhang stellt sich unmittelbar die Frage, warum nun speziell Unternehmen zum soeben diskutierten Ziel der Nachhaltigkeit beitragen sollen. Ausgangspunkt der folgenden Überlegungen ist zunächst erneut die Allgemeine Erklärung der Menschenrechte. Mit ihrem Beitritt zu den Vereinten Nationen erkennen die jeweiligen Staaten die Menschenrechte an. Historisch betrachtet sind es so zunächst die jeweiligen Nationalstaaten (bzw. die relevanten Staatsorgane), die als primäre Institutionen zur Wahrung der Menschenrechte und zugleich als deren größte Bedrohung verstanden wurden. Abgesehen von diesem nationalstaatlichen Fokus gehören Unternehmen jedoch schon seit jeher zu den Adressaten der Allgemeinen Erklärung der Menschenrechte. So erklärt die Präambel, dass „jeder einzelne und alle Organe der Gesellschaft sich diese Erklärung gegenwärtig halten und sich bemühen, [...] die Achtung dieser Rechte und Freiheiten zu fördern [Hervorhebung d. V.]" (UN 1948). Zudem besagt Artikel 29: „Jeder hat Pflichten gegenüber der Gemeinschaft, in der alleine die freie und volle Entfaltung seiner Persönlichkeit möglich ist [Hervorhebung d. V.]." Damit ist es privaten Akteuren, deren Verhalten Einfluss auf den Status der Menschenrechte sowohl für jedes einzelne Individuum als auch für die Gesellschaft als Ganzes hat, nicht möglich, sich einer (Mit-)Verantwortung zur Aufrechterhaltung dieser Menschenrechtsstandards und damit zur Verwirklichung einer nachhaltigen Entwicklung zu entziehen (für umfassende normative-ethische Begründungen siehe z. B. die Arbeiten von Wettstein 2009; Ruggie 2008; Cragg 2010). Dies scheint nun umso relevanter, je mehr Unternehmen durch ihre Handlungen dazu beitragen können, Nachhaltigkeit zu fördern oder zu hemmen. Gerade in Fällen, in denen die Staatsgewalt eine verantwortliche (nachhaltige) Unternehmensführung nicht garantieren kann, ergibt sich daher eine Verschiebung der Verantwortung in den Aufgabenbereich privatwirtschaftlicher Unternehmen. Insbesondere multinationale Unternehmen haben durch ihre grenzüberschreitenden Aktionsmöglichkeiten und die Tatsache, dass sie zumindest teilweise jenseits der Reaktionsmöglichkeiten einzelner Staaten agieren, einen besonderen Einfluss auf die globale Entwicklung. Und gerade dieser Einfluss verdeutlicht nun die verstärkte unternehmerische Verantwortung.

Allgemeine Erklärung der Menschenrechte

Damit stellt sich jedoch die Frage, ob eine moralische Verantwortung für Nachhaltigkeit jenseits von Individuen überhaupt möglich ist. Zur Erörterung dieser Fragestellung bieten sich zwei grundsätzliche Argumentationsstränge an. Der erste betrachtet die Ebene der Individuen in Unternehmen. Hierbei kann grundsätzlich eine individualethische Verantwortung der einzelnen Unternehmensmitglieder als Mitglieder der jeweiligen Gesellschaft konstatiert werden. Unternehmerische Verantwortung kann also auf das jeweilige handelnde Individuum heruntergebrochen werden. Gerade die Zugehörigkeit zu einem Unternehmen eröffnet den einzelnen Individuen ein Set erweiterter Fähigkeiten und vor allem Ressourcen, welche deutlich über die individuellen Möglichkeiten des Einzelnen hinausgehen. Zugleich löst sich jedoch die individuelle Verantwortung des Einzelnen in seiner Eigenschaft als Mitglied von Unternehmen in den dort vorherrschenden komplexen Strukturen immer weiter auf. Komplexe Unternehmensentscheidungen sind zudem immer schwieriger auf Entscheidungen eines Einzelnen zurückzufüh-

Individualethische Verantwortung

ren. Auf der Ebene der Unternehmen als Träger von Verantwortung – als zweitem Argumentationsstrang – lässt sich konstatieren, dass diese z. B. in ihrer Eigenschaft als juristische Personen Empfänger eines kollektiven Vertrauens – von ihrer Kundschaft, von ihren Zulieferern, von ihren Mitarbeitern und anderen – sind. Zwar sind sämtliche Angehörige von Unternehmen als Individuen bereits nach innen wie nach außen rechenschaftspflichtig, doch erst die Zugehörigkeit zu einem Unternehmen oder einer Organisation schafft nach außen jenes Vertrauen, welches individuell nicht postulierbar wäre (kollektive Verantwortung). Des Weiteren werden den Unternehmen sämtliche Verfügungsrechte, welche als Grundlage ihrer Geschäftstätigkeit angesehen werden können, durch die Öffentlichkeit (und speziell durch die rechtsgebenden Organe) zur Verfügung gestellt. Schließlich erwachsen sämtliche Unternehmenshandlungen aus einer kollektiven Ratio, d. h. sie basieren auf unternehmerischen Zielsystemen, sind in einer Unternehmenskultur verankert und bauen auf unternehmerischen Werten und Visionen auf. Damit „sprechen organisationstheoretische Überlegungen dafür, Organisationen höhere Verantwortungsfähigkeit als Individuen zuzumuten" (Kaufmann 1992, S. 83), da für sie angenommen werden kann, „dass sie im Unterschied zu individuellen Personen Entscheidungen rekonstruierbarer, kontrollierbarer und rationaler kommunizieren [[...] und damit auch] eine höher aggregierte Verantwortung leisten" (Hubbertz 2006) können. Folglich kann eine unternehmerische Verantwortung für Nachhaltigkeit sowohl aus der kumulierten Individualverantwortung der Menge ihrer Mitglieder als auch aus den genannten unternehmensspezifischen Charakteristika hergeleitet werden.

Doch wie weit reicht eine solche unternehmerische Verantwortung? Um dieser Frage nachzugehen, sollen die angesprochenen nachhaltigkeitsbezogenen Menschenrechte aus analytischen Zwecken zunächst in so genannte negative und positive Rechte unterschieden werden (Hsieh 2004; Hahn 2009b). Dabei begründen negative Rechte „passive" Pflichten der Akteure zur Vermeidung oder Verhinderung bestimmter Handlungsformen. Hierzu zählt z. B. das Recht auf Leben und körperliche Unversehrtheit, welches durch starke Umweltverschmutzung, den Klimawandel o.ä. für aktuelle wie auch künftige Generationen gefährdet sein kann. Positive Rechte begründen hingegen deutlich weitergehende Verpflichtungen zur „aktiven" Wahrnehmung solcher Rechte. Dies kann geschehen, indem Unternehmen den Betroffenen aktiv eine nachhaltige Entwicklung ermöglichen und z. B. Maßnahmen zum Schutz vor Verarmung (Aufbau von Schulen zur Bildungsförderung, Aktivitäten zur Gesundheitsförderung o.ä.) durchführen. Eine Verantwortungszuordnung im Bereich der negativen Rechte erscheint zunächst unproblematisch, da solche Rechte grundsätzlich einzuhalten sind. Jeder hat die Pflicht, diese Rechte zu schützen, sie gelten für die gesamte Gesellschaft gleichermaßen und auf dieselbe Weise und damit direkt auch für Unternehmen, die diese Rechte ebenfalls nicht verletzen dürfen. Positive Rechte hingegen erzeugen kollektive und für den Einzelnen häufig unvollkommene Pflichten, da sie nicht auf das einzelne Individuum

Marginalien:

Kollektive Verantwortung

Negative und positive Rechte

(oder die einzelne Organisation) heruntergebrochen werden können. Ihre vollständige Realisierung für alle Individuen erfordert Maßnahmen, welche die Möglichkeiten einzelner Akteure übersteigen (so kann z. B. kein einzelnes Unternehmen das Recht auf Arbeit oder einen angemessenen Lohn für die gesamte Bevölkerung garantieren). Damit gelten sie nicht für jeden in derselben Weise und es ist häufig unklar, wer für die Durchsetzung dieser Rechte verantwortlich ist.

Speziell mit Blick auf die Entwicklungsländer, in denen schon der Aspekt der intragenerativen Gerechtigkeit – wie zuvor erörtert – in weiten Teilen nicht erreicht ist, kann in bestimmten Fällen dennoch ein erweitertes Plädoyer für unternehmerische Verantwortung für Nachhaltigkeit auch für positive Rechte hergeleitet werden. Grundlage einer solchen Begründung ist die Tatsache, dass viele der dort tätigen Unternehmen zum Großteil Eigentum von Personen und/oder Institutionen aus entwickelten Ländern sind. In den entwickelten Ländern können diese Unternehmen auf günstigere Rahmenbedingungen aufbauen als dies in weniger entwickelten Ländern der Fall wäre. Auf dieser Basis kann erneut das Werk von John Rawls als ethische Begründungsgrundlage dienen. In seinem Werk „Recht der Völker" argumentiert Rawls, dass „wohlgeordnete Völker [...] eine Pflicht [haben], belastete Gesellschaften zu unterstützen" (Rawls 2002), und dass zugleich die Notwendigkeit zur weiteren Verbesserung der positiven Rechte vor allem in jenen Gesellschaften besteht, in denen „politische und kulturelle Traditionen, das Humankapital, das Knowhow und oft auch die nötigen materiellen und technologischen Ressourcen [fehlen]" (Rawls 2002), um wohlgeordnet zu sein. Diese Zweiteilung von wohlgeordneten und belasteten Völkern kann in vereinfachter Sichtweise in Bezug auf Industrie- und Entwicklungsländer fortgeführt werden. Ausgangspunkt der folgenden Argumentation ist nun der Aspekt, dass die genannten wohlgeordneten Gesellschaften auf staatlicher Ebene tatsächlich der Argumentation von Rawls zu folgen scheinen, da z. B. im Rahmen der Vereinten Nationen eine Zielvereinbarung für Entwicklungshilfeleistungen an solchermaßen belastete Gesellschaften von 0,7 % besteht. Dieses Ziel wird jedoch weltweit zumeist nicht erreicht (OECD 2007). Damit kann die bestehende und auf staatlicher Ebene bereits anerkannte Verantwortung direkt auf die jeweiligen Mitglieder der einzelnen Gesellschaften übertragen werden, da die in Rawls' Werk geforderte Unterstützung auf politisch-staatlicher Ebene in der Regel nicht in ausreichender Weise geleistet wird. Eine spezifische unternehmerische Verantwortung für eine nachhaltige Entwicklung kann entsprechend zum einen daraus abgeleitet werden, dass diese Unternehmen häufig selbst „Mitglieder" wohlgeordneter Völker sind und damit von deren positiven Rahmenbedingungen profitieren können. Zum anderen kann sich eine Verantwortung aus der kollektiven individuellen Verantwortung der jeweiligen Unternehmenseigner ergeben, die ebenfalls oft zu einem überwiegenden Teil Mitglieder wohlgeordneter Völker sind. Blickt man darüber hinaus auf jene Unternehmen mit Sitz und Anteilseignern innerhalb der entsprechenden „belasteten" Länder, so lässt sich auch hier Rawls' Argumentation

John Rawls
„Recht der Völker"

zum Recht der Völker nutzen. Denn in diesen Ländern sind es insbesondere die „wohlgeordneten" Schichten, welche die Geschicke der entsprechenden Unternehmen lenken und die damit – in analoger Argumentation zu Rawls – die Pflicht haben, eine entsprechende Verantwortung zur Entwicklung der „belasteten" Bevölkerung zu übernehmen.

Schließlich wird eine unternehmerische Verantwortung für nachhaltige Entwicklung häufig aus den spezifischen Kapazitäten des privatwirtschaftlichen Sektors hergeleitet. Sowohl die Fähigkeiten als auch die gesammelten Kapazitäten von Unternehmen übersteigen systematisch die Kapazitäten von Individualakteuren (s. mit speziellem Bezug zu Menschenrechten auch Wettstein 2009). Unternehmen hingegen können direkt die Würde der von ihnen abhängigen Menschen (positiv wie negativ) beeinflussen (Hahn 2012), indem sie im Rahmen eines betrieblichen Nachhaltigkeitsmanagements auf intra- und intergenerative Gerechtigkeit einwirken. Folglich steht in diesem Argumentationsstrang die Betonung der „Fähigkeit" zur Problemlösung im Mittelpunkt, und damit stehen eben die Kapazitäten der Unternehmen, zu einer nachhaltigen Entwicklung beizutragen, (vgl. erneut Abbildung 2.1) im Zentrum. Diese Argumentation (ganz ähnlich schon von Hans Jonas als „die Pflicht der Macht" (Jonas 1984) postuliert) findet sich immer öfter und stärker sowohl in der gesellschaftlichen Diskussion als auch in der öffentlichen Meinung und wird zunehmend zu einem Wert, der für die Unternehmen unmittelbar handlungswirksam wird (so argumentieren auch von Oetinger und Reeves 2007 recht plakativ: „Größe verpflichtet").

Kapazitäten von Unternehmen

2.3 Zum Verhältnis von Nachhaltigkeit und betrieblichem Nachhaltigkeitsmanagement in Wirtschafts- und Unternehmensethik

Auf Basis der vorgenommenen normativ-ethischen Fundierung von Nachhaltigkeit im Allgemeinen und betrieblichem Nachhaltigkeitsmanagement im Speziellen können diese beiden Verantwortungsebenen nun erneut – wie in Abbildung 2.2 illustriert – zueinander in Beziehung gesetzt werden.

Verantwortungsebenen des betrieblichen Nachhaltigkeitsmanagements (s. S. 55)

Die erste Stufe der Verantwortung findet sich auf der Ebene der unternehmerischen Ausführung regulärer Geschäftstätigkeiten, d. h. auf der Ebene des unmittelbaren unternehmerischen Einflussbereichs. Im Rahmen eines betrieblichen Nachhaltigkeitsmanagements ist hier zunächst eine aktive Reflexion gegebener Wettbewerbsbedingungen angezeigt, da diese Rahmenbedingungen gegenwärtig einem vollständig nachhaltigen Verhalten häufig (noch) keine Anreize bieten und in einigen Fällen sogar eher ein gegenteiliges Geschäftsgebaren fördern und z. B. extensive externe Effekte zulasten Dritter zulassen (z. B. Ulrich 2008). Ein umfassend verstandenes betriebliches Nachhaltigkeitsmanagement wirkt vor diesem Hintergrund aktiv darauf hin, solche gegebenen Handlungsspielräume, wie z. B. niedrige Umwelt- und Sozial-

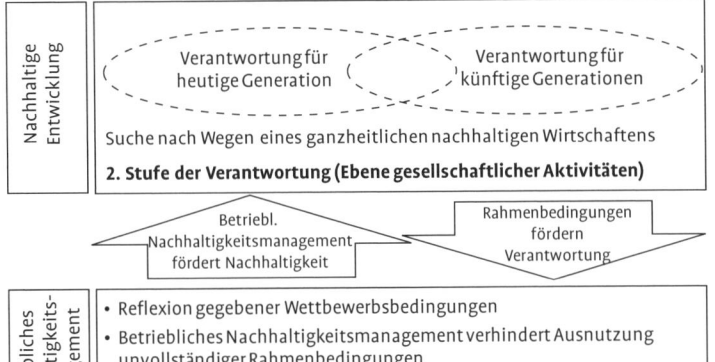

Abb. 2.2 Die Verantwortungsebenen des betrieblichen Nachhaltigkeitsmanagements und einer gesamtgesellschaftlichen nachhaltigen Entwicklung (Quelle: eigene Darstellung).

standards in Entwicklungsländern, nicht auszunutzen. Die zweite Stufe der Verantwortung befasst sich auf einer übergeordneten Ebene mit den gesamtgesellschaftlichen Aktivitäten und schließt neben den Unternehmen auch das nachhaltigkeitsrelevante Verhalten weiterer Akteure, wie Konsumentinnen und Konsumenten, Medien, Nichtregierungsorganisationen (NGOs), Regierungen usw., ein. Grundlegendes Element dieser Stufe ist demnach die gesamtgesellschaftliche Suche nach Wegen verantwortungsvollen Wirtschaftens, ausgerichtet an den Postulaten intra- und intergenerativer Gerechtigkeit. Hiermit ist vor allem die grundlegende Rahmenordnung wirtschaftlicher Gegebenheiten angesprochen. Eine Verknüpfung dieser beiden Ebenen kann nun auf zwei Wegen erfolgen: Zunächst kann betriebliches Nachhaltigkeitsmanagement im Sinne der ersten Stufe unmittelbar das Ziel der Nachhaltigkeit fördern, wenn unternehmerische Nachhaltigkeitsstrategien den drei Dimensionen von Nachhaltigkeit dienlich sind. Jedoch kann ein solches einzelunternehmerisches Handeln Nachhaltigkeit nicht auf gesamtgesellschaftlicher Ebene garantieren, da hierzu die Anstrengungen weiterer Akteure notwendig sind. Genau an dieser Stelle setzt dann die zweite Stufe der Verantwortung an. Wenn es nämlich gelingt, nachhaltigkeitskompatible Zielsysteme und Rahmenbedingungen gesamtgesellschaftlich durchzusetzen, so fördern derartige Rahmenbedingungen direkt ein verantwortliches Handeln der einzelnen Akteure selbst in jenen Fällen, in denen sich diese Akteure ansonsten nicht mit Nachhaltigkeit auseinandersetzen würden. Auch Unternehmen können z. B. im Sinne einer verantwortlichen reflexiven Regulierung (d.h. der aktiven Einbringung in den Entwurf entsprechender Normen, Regelungen und Gesetzesvorgaben) aktiv auf solche Rahmenbedingungen hinwirken.

Zielsysteme und Rahmenbedingungen

2.4 Beispiel unternehmerischer Verantwortungsübernahme und Resümee

In der aktuellen Unternehmenspraxis finden sich bereits mehrfach Beispiele für eine Umsetzung von nachhaltiger Entwicklung in einzelunternehmerischen Zielsystemen und Maßnahmen des betrieblichen Nachhaltigkeitsmanagements. Zur Illustration können die *Millennium Development Goals* (MDG) der Vereinten Nationen dienen (www.undp.org/mdg), welche von verschiedenen Unternehmen als Maßstab unternehmerischer Nachhaltigkeitsverantwortung angesetzt werden. Die MDG bestehen aus acht einzelnen Entwicklungszielen für das Jahr 2015, die im Jahr 2000 von einer Arbeitsgruppe aus Vertretern der Vereinten Nationen, der Weltbank, der OECD und mehreren NGOs formuliert worden sind. Sie können als konkrete gesamtgesellschaftliche Zielformulierung auf dem Weg zu einer nachhaltigen Entwicklung angesehen werden. Verschiedene Unternehmen nutzen diese übergeordnet formulierten Ziele bereits für ihre eigene unternehmerische Zielvorstellung zur Förderung einer nachhaltigen Entwicklung.

Millennium Development Goals

So hat BASF die eigentlich gesamtgesellschaftlichen Ziele auf unternehmerische Ziele heruntergebrochen und mit einem eigenständigen Maßnahmenkatalog unterlegt (www.basf.com/group/corporate/de/sustainability/society/millennium-goals). Für das Ziel Nr. 7 (Sicherung eines nachhaltigen Umgangs mit der Umwelt) identifiziert das Unternehmen in seinem eigenen Verfügungsbereich z. B. die Aspekte „Ökologie", „Biodiversität", „Umgang mit Wasser", *„Responsible Care"* und „CO_2-Bilanz" als konkrete Handlungsbereiche. Diese werden mit eigenen Zielen und Maßnahmen hinterlegt, über die im Rahmen des Nachhaltigkeitsreporting Bericht erstattet wird. Damit erkennt das Unternehmen einen eigenständigen Beitrag zu nachhaltiger Entwicklung auf Makroebene an.

Im Mittelpunkt dieses Kapitels stand die Frage „Warum und wofür sollen Unternehmen Verantwortung übernehmen?". Dieser Frage wurde auf normativ-ethischer Analyseebene nachgegangen. Dies geschah interdisziplinär mit einer Verortung von nachhaltiger Entwicklung und betrieblichem Nachhaltigkeitsmanagement im Kanon relevanter philosophischer Grundlagenwerke. Die zweistufige Inbezugsetzung des Ziels nachhaltiger Entwicklung mit einem dazu beitragenden betrieblichen Nachhaltigkeitsmanagement eröffnete auf dieser Grundlage mögliche Ansatzpunkte einer unternehmerischen Umsetzung und gegenseitigen Einflussnahme beider Konzepte. Das abschließende kurze empirische Beispiel hat schließlich eine Möglichkeit der Übernahme unternehmerischer Verantwortung für eine nachhaltige Entwicklung bereits auf der Ebene des betrieblichen Nachhaltigkeitsmanagements (vgl. erneut Stufe 1 in Abbildung 2.2) illustriert.

Eradicate extreme poverty and hunger

 Archieve universal primary education

 Promote gender equality and empower women

 Reduce child mortality

 Improve maternal health

 Combat HIV/AIDS, malaria and other diseases

 Ensure environmental sustainability

 Develop a global partnership for development

Abb. 2.3 Die *Millenium Development Goals* der Vereinten Nationen (Quelle: www.undp. org/mdg, Abfrage am 11.10.2011).

2.5 Übungsfragen

1. Erörtern Sie das Verhältnis von Nachhaltigkeit, nachhaltiger Entwicklung und betrieblichem Nachhaltigkeitsmanagement.
2. Begründen Sie aus verschiedenen philosophischen Grundpositionen heraus die Relevanz von Nachhaltigkeit.
3. Begründen Sie auf Basis individueller und kollektiver Argumente eine unternehmerische Verantwortung für eine nachhaltige Entwicklung.
4. Geben Sie konkrete Beispiele, wie Unternehmen einer Verantwortung für Nachhaltigkeit nachkommen können.

2.6 Weiterführende Literatur

Crane, A., Matten, D. und Moon, J. (2010): Business Ethics, 3. Aufl., New York.
Diefenbacher, H. (2001): Gerechtigkeit und Nachhaltigkeit, Darmstadt.
Ulrich, P. (2008): Integrative Wirtschaftsethik, 4. Aufl., Bern et al.
Wettstein, F. (2009): Multinational Corporations and Global Justice, Stanford.

Teil II: Nachhaltige Entwicklung in der betrieblichen Praxis

3 Nachhaltigkeit in Unternehmen – Konzepte zur Umsetzung

von Julia Ackermann, Martin Müller und Nicole Dickebohm

Kapitelausblick

Die Umsetzung einer nachhaltigen Entwicklung ist ein globales Problem, sie muss auf lokaler und regionaler, aber auch auf globaler Ebene stattfinden. Unternehmen kommt – wie in Kapitel 1 dargelegt – hierbei eine Schlüsselrolle zu, da sie sowohl Problemverursacher als auch -löser sind. Allerdings bereitet die Umsetzung einer nachhaltigen Wirtschaftsweise den Unternehmen essentielle Probleme. Gleichzeitig wird durch das Drei-Säulen-Konzept der Nachhaltigkeit fast jede Veränderung in einer Dimension der Nachhaltigkeit (sozial, ökonomisch oder ökologisch) als Beitrag zu einer nachhaltigen Entwicklung ausgewiesen (s. WCED 1987).

Vor diesem Hintergrund verfolgt dieses Kapitel das Ziel, Ansatzpunkte aufzuzeigen, wie Unternehmen einen Beitrag zu einer nachhaltigen Entwicklung leisten können, bzw., was das Konzept einer nachhaltigen Entwicklung für einzelne Unternehmen bedeutet. Hierzu soll zunächst dargestellt werden, welche Rahmenbedingungen für Unternehmen existieren, wenn Nachhaltigkeit als unternehmensstrategische Frage verstanden wird. Darüber hinaus wird der Frage nachgegangen, inwieweit eine auf Nachhaltigkeit ausgerichtete Unternehmensverantwortung im Kontext der Globalisierung erreichbar ist.

Ausgehend von den Anforderungen für die Umsetzung des Leitbildes einer nachhaltigen Entwicklung werden bestehende Ansätze aus der Literatur zu einer nachhaltigen Wirtschaftsweise vorgestellt. Abschließend wird anhand eines Beispiels aus der Automobilindustrie gezeigt, wie die Umsetzung eines Nachhaltigkeitskonzepts zur Integration von Umwelt- und Sozialstandards in die Lieferantenbeziehungen eines Unternehmens aussehen und wie dieses in der Realität wirken kann.

Lernziele

1. Einen Überblick über Nachhaltigkeit als Unternehmensstrate erhalten.
2. Einen Überblick über die in der Betriebswirtschaft entwickelten Ansätze zur Umsetzung einer nachhaltigen Entwicklung in Unternehmen bekommen.
3. Umsetzungsmöglichkeiten kennen lernen und ableiten können.

3.1 Rahmenbedingungen für Nachhaltigkeit in Unternehmen

Unternehmen stellen eine gesellschaftlich besonders bedeutsame Akteursgruppe dar, die zum Erfolg des gesellschaftlichen Suchprozesses nach einer nachhaltigen Lebens- und Wirtschaftsweise maßgeblich beitragen kann: Die Bedeutung von Unternehmen in unserer Gesellschaft begründet sich aus den direkten und indirekten Effekten, die von ihnen ausgehen. Zu den direkten Effekten zählen jene Auswirkungen, die durch die von Unternehmen getroffenen Entscheidungen über Produktgestaltung und Produktionstechnik Einfluss auf unser Leben haben, beispielsweise Emissionen oder Abfälle. Zu den indirekten Effekten zählen dagegen z. B. Aspekte wie die Auswirkung sinkender Beschäftigung auf die gesellschaftliche Akzeptanz einzelner Unternehmen. Gleichzeitig besitzt ein Unternehmen eine Sozialisierungsfunktion, da es als Ort gesellschaftlichen Lernens fungiert und deshalb eine Mitverantwortung für Bildung und Entwicklung einer Gesellschaft trägt (vgl. Kurz 1997).

3.1.1 Reichweite von Unternehmensverantwortung

Die Verantwortung für ökologische und soziale Auswirkungen ihrer Geschäftstätigkeit wird Unternehmen vollständig zugewiesen. Sie müssen daher bereit sein, diese auch zu übernehmen (s. Matten und Wagner 1998). Voraussetzung dafür ist, dass ein Unternehmen einen umfassenden Dialog mit seinen Anspruchsgruppen führt, da Gestaltungsmodelle für eine nachhaltige Entwicklung nur in der gemeinsamen Zusammenarbeit gesellschaftlicher Akteure gefunden werden können (s. Schneidewind 2000). Ausdruck der Wahrnehmung unternehmerischer Verantwortung sind oftmals die für die eigenen Aktivitäten gesetzte Selbstverpflichtungen bzw. Standards (*Codes of Conduct* oder Verhaltenskodizes), welche die der Geschäftstätigkeit zugrunde liegenden Verhaltensgrundsätze offenlegen (s. Matten und Wagner 1998).

Codes of Conduct
Verhaltenskodizes

In den letzten Jahren kam verstärkt die Forderung auf, dass multinationale Unternehmen nicht nur Verantwortung für ihr eigenes Handeln, sondern auch für ihre Zulieferketten übernehmen müssten (s. Simpson

2005). Hinsichtlich der Reichweite von Unternehmensverantwortung sowie bezüglich einer möglichen Wahrnehmung derselben werden drei verschiedene gesellschaftliche Auffassungen unterschieden (s. Koplin 2006a):

1. Die erste These geht davon aus, dass die Verantwortung für die Durchsetzung von Umweltschutz und Menschenrechten Aufgabe des Staates ist. In diesem Fall wären Unternehmen nur passive Akteure, welche sich an vorgegebene Regeln zu halten haben. Doch bereits die Allgemeine Erklärung der Menschenrechte aus dem Jahre 1948 sieht Unternehmen stärker in der Verantwortung, was deren Umsetzung betrifft.

2. Darauf aufbauend enthält die zweite These die Forderung an Unternehmen, die niedrigen Umwelt- und Sozialstandards vieler Entwicklungs- und Schwellenländer nicht zu akzeptieren oder gar auszunutzen, sondern vielmehr aktiv daran mitzuarbeiten, dass international anerkannte Standards für Menschenrechte und Umweltschutz Beachtung finden und gesetzlich in jedem Land verankert werden. Diese Forderung bezieht sich auch auf die Zustände in Zulieferketten.

3. Die dritte These verlangt von Unternehmen das aktive Eintreten für eine Verbesserung von Umweltstandards und Menschenrechten gegenüber dem Staat. Diese Extremposition beruft sich auf den Einfluss multinationaler Unternehmen auf die Politik ihrer Gastgeberländer. Denn durch die zunehmende Globalisierung und damit verbundene Entstehung von Machtzentren prägen solche Unternehmen nicht nur über ihre Produktionstätigkeit, sondern auch über ihren Einfluss auf Lebensstile und Konsummuster die Nutzung von Ressourcen sowie die Freisetzung von Stoffen und Energien. Weiterhin wird betont, dass es die Aufgabe multinationaler Unternehmen sei, ökologische und soziale Anforderungen an die Zulieferer weiterzugeben, diese bei der Erfüllung von Umwelt- und Sozialstandards zu unterstützen und nur in wirklich letzter Konsequenz das Geschäftsverhältnis zu beenden, falls keine Bereitschaft zu Veränderungen besteht.

Unternehmen stehen im Spannungsfeld dieser Verantwortungsspannbreite und müssen versuchen, sich unter Beibehaltung ihrer Wettbewerbsfähigkeit in der Weltgesellschaft neu zu positionieren (s. Scherer 2000; Engelhard und Hein 2001). Die Bedeutung von Unternehmen für eine nachhaltige Entwicklung leitet sich einerseits aus ihrer Bedeutung als zentrale Motoren der Globalisierung und andererseits aus ihrer Verpflichtung zur Verantwortungsübernahme für deren Auswirkungen ab. Neben dem Austausch von Waren und Dienstleistungen, dem Kapitalverkehr und dem Fluss von Informationen kommt es zu einer weltweiten Ausbreitung von Werten und Standards (s. Sautter 2003). Multinationale Unternehmen haben durch den Einfluss auf ihre Geschäftspartner die Möglichkeit, in Schwellen- und Entwicklungsländern eigene Verhaltenskodizes oder international anerkannte Normen zu etablieren, um weltweit die Einhaltung von Umwelt- und Sozialstandards zu fördern. Hinzu kommt, dass zukünftige ökologische und soziale Entwicklungen aufgrund ihrer Komplexität und den damit verbundenen hohen Unsicherheiten ein staatlich regulierendes Eingreifen oftmals unmöglich machen. Unternehmen sind deshalb gefordert, flexible Lösungsansätze für eine operative Umsetzung von Nachhaltigkeit innerhalb ihres Wirtschaftens zu finden (s. Epstein und Roy 1998).

3.1.2 Globalisierung – Chancen und Risiken

Die Globalisierung ist in den letzten Jahren zu einem zentralen Thema in Wirtschaft, Politik und Gesellschaft geworden. Sie kann als Prozess der weltweiten Vernetzung ökonomischer, ökologischer und sozialer Aktivitäten definiert werden, bei dem Unternehmen die Hauptakteure sind (s. Kumar und Graf 2000). Die sozialen, wirtschaftlichen und politischen Handlungen überschreiten dabei territorial definierte Staatsgrenzen. Es gibt keine Deckungsgleichheit zwischen dem Raum politischer bzw. staatlicher Regelungen und dem wirtschaftlicher und gesellschaftlicher Interaktionen (s. Zürn 1998). In diesem Zusammenhang werden demokratische Prozesse der Staaten nach und nach durch marktbezogene Austauschprozesse abgelöst, bisherige rahmengebende, politische Handlungsspielräume werden erweitert oder sogar von der Wirtschaft vorgegeben (s. Scherer 2000). Der Einflussbereich der Nationalstaaten verringert sich und die Macht multinationaler Unternehmen wächst. Damit ist die Globalisierung zum Teil mit verantwortlich dafür, dass sich die von der Politik und der Öffentlichkeit zugewiesene Verantwortung der Unternehmen für umweltorientierte und soziale Probleme auf internationale Ebene ausweitet und diese als treibende Kräfte für das Konfliktpotenzial der Globalisierung, wie beispielsweise Umweltzerstörungen und Ausbeutungen, angeprangert werden (s. BMU und UBA 2001). Multinationale Unternehmen stehen daher einer sich ausweitenden Legitimationskrise gegenüber (s. Müller und Seuring 2007; Müller und Nofz 2008).

Konfliktpotenzial der Globalisierung

Insgesamt wird derzeit weltweit – mit unterschiedlichen Positionen – intensiv über die wirtschaftlichen, umweltbezogenen und sozialen Folgen der Globalisierung diskutiert. Diese können in zwei Gruppen differenziert werden: die Globalisierungsgegner und die Globalisierungsbefürworter. Die Globalisierungsgegner weisen auf die Auswirkungen der Globalisierung für den Zusammenhalt und das Funktionieren unserer menschlichen Gesellschaft hin (s. Altvater und Mahnkopf 1996). Sie sind der Meinung, staatliche Politik stehe in der Verantwortung, negativen Konsequenzen der Globalisierung entgegenzuwirken und diese zu reduzieren. Dagegen sind die Globalisierungsbefürworter der Meinung, politische Entscheidungen müssten den Marktkräften stärker untergeordnet werden, um die Effizienz der Ressourcenallokation zu erhöhen. Der nationale Staat stehe in Konkurrenz mit dem internationalen Wettbewerb und besitze kein Recht, sich hinter wettbewerbsbeschränkenden

Globalisierungsgegner Globalisierungsbefürworter

Schutzwällen zu verstecken. Er habe vielmehr die Pflicht, Wettbewerbsschranken abzubauen und zu verhindern (s. Donges 1995, 1998). Im Rahmen der Finanzkrise hat insbesondere in den vergangenen Jahren die Gruppe der Globalisierungsgegner enormen Auftrieb bekommen.

Unternehmen im Mittelpunkt des Spannungsfeldes

Multinationale Unternehmen stehen im Mittelpunkt des Spannungsfeldes dieser konträren Standpunkte und müssen sich innerhalb dieses Rahmens neu positionieren. Dabei werden sie immer wieder kritisiert, z. B. bei ihren wirtschaftlichen Tätigkeiten in Entwicklungs- und Schwellenländern. Besonders die Textil- und Sportartikelindustrie stand für Verletzungen der Menschenrechte bei Zulieferern in Südostasien und Lateinamerika regelmäßig am Pranger. Sie hat in den vergangenen 30 Jahren ihre Produktionsstätten aufgrund wesentlich niedrigerer Lohnkosten aus den klassischen Industriestaaten in Billiglohnländer verlagert (s. Scherer 2000). In der letzten Zeit gibt es jedoch kaum noch eine Branche, die nicht von entsprechenden Kampagnen von NGOs betroffen ist (siehe z. B. makeITfair: http://makeitfair.org/).

Zunehmende Transparenz der Informations- und Kommunikationstechnologien

Hinzu kommt, dass Anspruchsgruppen durch die zunehmende Transparenz der immer besser entwickelten Informations- und Kommunikationstechnologien relativ zeitnah, unbegrenzt und kostengünstig schnell und umfassend über Missstände und Probleme eines Unternehmens jeglicher Art unterrichtet werden können (s. Kearney 1999). Das gesellschaftliche Verhalten von Unternehmen im Rahmen ihrer Geschäftstätigkeit steht somit weltweit unter Beobachtung und Bewertung. Deshalb ist es unter Berücksichtigung sich stetig weiterentwickelnder Nachhaltigkeitsanforderungen wichtig, anpassungsfähige und handhabbare Gestaltungsmodelle zu finden.

Globale Ausbreitung von Werten und Standards

Wie weiter oben dargelegt, kommt es im Zuge dieser Entwicklungen neben dem Austausch von Waren und Dienstleistungen, dem Kapitalverkehr und dem Fluss von Informationen zu einer globalen Ausbreitung von Werten und Standards. Dem versuchen Unternehmen durch das Setzen eigener Standards und deren Einhaltung zu begegnen und damit gleichzeitig einen Weg zur Umsetzung unternehmerischer Nachhaltigkeit zu finden. Mit der Festlegung von Verhaltenskodizes reagieren Unternehmen für sich selbst und für ihre Lieferanten gleichermaßen, um letztere auf die Einhaltung bestimmter Verhaltensstandards verpflichten zu können. Es wird jedoch argumentiert, dass Lieferanten mehr und mehr unter dem Druck stehen, zunehmend einer Reihe vieler einzelner Standards ihrer Abnehmer gerecht werden zu müssen. Deshalb gibt es verstärkt einen Trend zur Herausbildung privater bzw. branchenbezogener Umwelt- und Sozialstandards mit internationaler Gültigkeit, vorangetrieben sowohl von öffentlichen Institutionen als auch von Unternehmen. Auf diese Weise wird versucht, umweltbezogene und soziale Forderungen weltweit zu vereinheitlichen (vgl. die *Business Social Compliance Initiative*: http://www.bsci-intl.org/).

Umwelt- und Sozialstandards

3.2 Operationalisierung einer nachhaltigen Entwicklung

Das Konzept der nachhaltigen Entwicklung stellt für Unternehmen im eigentlichen Sinne „nur" ein Leitbild dar, das die weitere Konkretisierung offen lässt, derer es jedoch für die spezielle Anwendung einer nachhaltigen Entwicklung bedarf. Leitbilder stehen für Visionen und sind die Grundvoraussetzung jeder unternehmerischen Tätigkeit. Mit ihrer Hilfe werden theoretische Konzepte im täglichen Wirtschaften eines Unternehmens operativ umgesetzt. Für Unternehmen ist es wichtig, das Leitbild einer nachhaltigen Entwicklung in die eigene Kultur, Strategie, in Strukturen und Prozesse zu integrieren und daraus ein Gestaltungsmodell abzuleiten. Leider wird dessen Realisierung bisher eher selektiv vorangetrieben, umfassende und strukturierte Konzepte sind dagegen selten (s. Koplin 2006a). Die meisten Ansätze zielen auf die Einführung eines Verantwortlichen oder sogar einer Abteilung für Nachhaltigkeit ab, auf die Veröffentlichung von Nachhaltigkeitsberichten oder eine andere Form der Integration des Themas in die Kommunikationsstrategie des Unternehmens nach außen. Offen bleibt jedoch meist die wirkliche Verbindung und Operationalisierung nachhaltiger Entwicklung mit bzw. in den einzelnen Geschäftsprozessen (s. Dyllick und Hockerts 2002).

Im Folgenden sollen wissenschaftliche Beiträge dargestellt und kommentiert werden, die sich mit der Umsetzung einer nachhaltigen Entwicklung auf Unternehmensebene auseinandersetzen. Hierbei werden Ansätze unterschieden, die am Unternehmen ansetzen, indem sie mit Leitbildern und konkreten Maßnahmen eine Umsetzung anstreben, und andere, welche sich an den Produkten und Prozessen der Unternehmen orientieren. In den ersten Bereich fallen die Ansätze von Meffert und Kirchgeorg (1993) sowie von Fichter (1998). Zum zweiten Bereich gehört das COSY-Konzept von Schneidewind (1994) und der PROSA-Ansatz des Freiburger Öko-Instituts (1999–2007).

Leitbilder als Grundvoraussetzung jeder unternehmerischen Tätigkeit

3.2.1 Der Ansatz von Meffert und Kirchgeorg

Meffert und Kirchgeorg (1993) argumentieren aus einer streng unternehmerischen Sichtweise heraus und identifizieren drei Prinzipien als Kernelemente eines Leitbildes nachhaltiger Entwicklung: das Verantwortungsprinzip, das Kreislaufprinzip und das Kooperationsprinzip.

Im Rahmen des Verantwortungsprinzips sollte sich das Unternehmen einerseits zur Verantwortung für zukünftige Generationen bekennen und im Rahmen einer intergenerativen Gerechtigkeit die verfügbare Ressourcenbasis erhalten. Das heißt, es handelt sich um die Wahrnehmung von Umweltverantwortung im Sinne von Vorsorge und Vermeidung nicht akzeptabler bzw. irreversibler Umweltwirkungen. Andererseits geht es darum, sich zur Verantwortung für die gegenwärtig lebende Generation zu bekennen und darüber hinaus im Rahmen dieser sog.

Verantwortungsprinzip

intragenerativen Gerechtigkeit das Wohlstandsgefälle zwischen Industrie- und Entwicklungsländern abzubauen.

Kreislaufprinzip

Als weiteres Kernelement eines Nachhaltigkeitsleitbildes spielt nach Meffert und Kirchgeorg das Kreislaufprinzip eine Rolle. Dieses Prinzip fußt auf Ansätzen der Ökosystemforschung und der Biologie. Basis dieser Ansätze ist die Vorstellung, ökonomische Prozesse im Sinne eines Kreislaufs abzubilden. Dies erfordert als zentrale Aufgabe des Managements die Beeinflussung von Stoffströmen, wobei die natürlichen Kreisläufe, produktions- und produktbezogene Kreisläufe sowie Verwertungsnetze bzw. Industriesymbiosen zu berücksichtigen sind. Industriesymbiosen sind eine Form der gegenseitig vorteilhaften Zusammenarbeit von Industrieunternehmen z. B. im Hinblick auf überbetriebliches Recycling. Somit wird die Kreislaufwirtschaft durch verschachtelte Regelkreise repräsentiert, in der die Wirtschaft in ökologischen Kreisläufen vollständig integriert ist (s. Zabel 1998).

Kooperationsprinzip

Das Kooperationsprinzip als drittes Kernelement des Leitbildes einer nachhaltigen Entwicklung stellt darauf ab, wie ökonomische Prozesse im Sinne einer Ökologieorientierung verstärkt aufeinander abgestimmt werden können. Das Kooperationsprinzip ist grundlegend für die Gestaltung überbetrieblicher Kreisläufe, da nur so Stoffkreisläufe für die Dauer des gesamten Lebenszyklus eines Produkts gesteuert werden können. Besondere Bedeutung haben in diesem Zusammenhang auch sogenannte Produktionsnetzwerke oder Industriesymbiosen.

Die drei beschriebenen Kernelemente stehen in enger inhaltlicher Verknüpfung zueinander. Das Verantwortungsprinzip bildet den Ausgangspunkt des Konzepts „nachhaltige Entwicklung". Seine Realisierung erfordert jedoch die Verfolgung des Kreislaufprinzips. Um die Kreisläufe zu schließen, bedarf es des Kooperationsprinzips. Neben dieser inhaltlichen Verknüpfung der drei Prinzipien miteinander sollte das Leitbild aber auch eine unternehmensspezifische Einzigartigkeit vermitteln, um nicht losgelöst von der Organisation zu erscheinen. In einem nächsten Schritt müssen Unternehmen daher ihr Leitbild in ihre Kultur, Strategie und Struktur überführen (s. Meffert und Kirchgeorg 1998).

Unternehmenskultur

Dabei ist es für die Unternehmenskultur wichtig, die Prinzipien einer nachhaltigen Entwicklung in den Werten und Normen des Unternehmens zu verankern. Dies kann mit einem leitbildorientierten Kulturmanagement geschehen, welches durch

- ein entsprechendes Führungsverhalten,
- ein ökologieorientiertes Anreizsystem,
- Mitarbeiterinformationen und durch
- die Kommunikation der Unternehmenskultur verwirklicht wird.

Die Leistung eines Unternehmens wird durch die Gesamtheit der Denk- und Verhaltensweisen aller Mitarbeiter geprägt. Hierin liegt ein Schlüsselfaktor für die Generierung umweltorientierter Leistungen. Eine wesentliche Voraussetzung für die notwendigen Innovationsleistungen der Unternehmen auf dem Weg zu einer nachhaltigen Entwicklung besteht darin, die Notwendigkeit des Umweltschutzes in dem Wertesystem eines jeden Mitarbeiters zu verankern und Anreize zu schaffen, kreativ an dem geplanten Wandel mitzuwirken.

Auch auf strategischer Ebene der Unternehmen muss das Leitbild einer nachhaltigen Entwicklung berücksichtigt werden. Konstitutiv bei der Formulierung von Unternehmensstrategien ist die Verknüpfung mit dem Unternehmensleitbild, d.h. die Strategien müssen auf eine Realisierung des Verantwortungs-, Kreislauf- und Kooperationsprinzips gerichtet sein. Auch Wettbewerbsstrategien können unter dem Leitbild nachhaltiger Entwicklung einen besonderen Beitrag leisten, weil die Dynamik des Wettbewerbs zu einer Beschleunigung der ökologischen Innovationskraft führen kann.

Unternehmensstrategie

Die dritte Komponente neben der Kultur und der Strategie, auf die das Leitbild einer nachhaltigen Entwicklung Einfluss nimmt, ist die Unternehmensstruktur. Die Realisierung von Strategien, welche auf eine nachhaltige Entwicklung ausgerichtet sind, bedarf struktureller Veränderungen, um eine nachhaltige Wirtschaftsweise auf Unternehmensebene zu bewirken.

Unternehmensstruktur

Meffert und Kirchgeorg (1998) haben drei zentrale Anforderungen an die Struktur eines Unternehmens für die Umsetzung einer nachhaltigen Entwicklung identifiziert:

Drei zentrale Anforderungen für die Umsetzung einer nachhaltigen Entwicklung

1. Umweltschutz ist als Führungs- und damit als Querschnittsfunktion im Unternehmen zu integrieren, da nur integrierte Lösungsansätze die Anpassungs- und Innovationsfähigkeit der Unternehmen erhöhen (s. Antes 1996).
2. Innovative Lösungen im Umweltschutz verlangen Lernprozesse. Hierbei wird auf das gemeinsame Lernen von sozialen Systemen (*Organizational Learning*) abgestellt. Dadurch soll ein höheres Maß an Fortschritt erzielt werden, als durch die Summe der Lernprozesse von funktional spezialisierten Organisationsmitgliedern.
3. Umweltkoordinatoren müssen als Prozesspromotoren neben den Macht- und Fachpromotoren funktionsübergreifende Innovationsprozesse initiieren und koordinieren, da der klassische Umweltschutzbeauftragte damit überfordert ist.

3.2.2 Der Ansatz von Fichter

Im Rahmen des am Institut für ökologische Wirtschaftsforschung (IÖW) entwickelten Ansatzes zum nachhaltigkeitsorientierten Management, stellt Fichter (1998) u. a. das Entwicklungsprinzip als Strukturmerkmal nachhaltigkeitsorientierter Unternehmen dar. Da sich sowohl die marktbezogenen als auch die rechtlichen Rahmenbedingungen von Unternehmen zunehmend ändern, sind ihm zufolge nachhaltigkeitsorientierte Unternehmen in besonderer Weise gefordert, entwicklungs- und lernfähig zu sein. Fichter (1998) schlägt folgende sieben Prinzipien für ein nachhaltiges Unternehmen vor:

Leistungsprinzip: Leistungen und Innovationen eines nachhaltigen Unternehmens sollen sich nicht nur auf die Steigerung der Ökoeffizienz

Leistungsprinzip

von bestehenden Produkten und Prozessen beschränken, sondern auch auf die Frage bezogen werden, welche gesellschaftlichen Bedürfnisse das Unternehmen am besten erfüllen kann.

Vorsichtsprinzip

Vorsichtsprinzip: Gefahren und unvertretbare Risiken für die menschliche Gesundheit und die natürlichen Lebensgrundlagen sind prinzipiell zu vermeiden. Das nachhaltige Unternehmen muss diesem Umstand Rechnung tragen, in dem es die Umweltauswirkungen seiner zahlreichen Stoffe und Technologien analysiert.

Vermeidungsprinzip

Vermeidungsprinzip: Das nachhaltige Unternehmen vermeidet sowohl Ressourcennutzungen, die über die politisch bestimmten Nutzungsobergrenzen hinausgehen, als auch Nutzungen, die offensichtlich über die Abbaurate erneuerbarer Ressourcen hinausreichen.

Dialogprinzip

Dialogprinzip: Zum Aufbau tragfähiger Verständigungspotenziale in den Beziehungen eines nachhaltigen Unternehmens zu seinen Anspruchsgruppen bedarf es einer dialogorientierten Unternehmenskommunikation.

Entwicklungsprinzip

Entwicklungsprinzip: Ein nachhaltiges Unternehmen ist in diesem Zusammenhang einem dynamischen Prozess der ständigen Neubestimmung zu unterwerfen. Während des Prozesses muss ein Unternehmen seine Entwicklungs- und Lernfähigkeit steigern.

Konformitätsprinzip

Konformitätsprinzip: Es gehört zur Selbstverständlichkeit eines nachhaltigen Unternehmens, dass die gesetzlichen Vorschriften eingehalten werden.

Verantwortungsprinzip

Verantwortungsprinzip: Das nachhaltigkeitsorientierte Unternehmen setzt sich kritisch mit den Leitbildern der Kunden und den Lebensstilen der Verbraucher auseinander und trägt hier nach besten Möglichkeiten zur Beschränkung und Genügsamkeit (Suffizienz) bei.

Im Weiteren identifiziert Fichter (1998) Schritte zum nachhaltigen Unternehmen, welche an Meffert und Kirchgeorg (1998) anschließen. Neben der Kultur, Strategie und Struktur nennt er Information und Kommunikation sowie Beschäftigte und Kooperation als weitere, für ein nachhaltiges Unternehmen bedeutsame Faktoren. Hierbei geht es insbesondere um die Weitergabe ökologiebezogener und sozialer Informationen, die Sicherung der Arbeitsplätze sowie eine Kooperation im Sinne eines Managements von Stoffströmen.

Nach den eher auf Unternehmensebene ansetzenden Konzepten von Meffert und Kirchgeorg (1998) bzw. Fichter (1998), sollen nun zwei Ansätze dargestellt werden, die stärker auf die Prozess- und Produktebene abzielen.

3.2.3 Das *Company oriented Sustainability* (COSY)-Konzept

Das COSY-Konzept (*Company Oriented SustainabilitY*) stellt einen geschlossenen Praxisansatz zur Umsetzung einer nachhaltigen Entwicklung dar (s. Schneidewind et al. 1997). Es unterscheidet vier Bezugsebenen, auf denen Unternehmen zu einer nachhaltigen Entwicklung bei-

Tab. 3.1 Das COSY-Konzept (Quelle: Schneidewind et al. 1997, S. 2).

Ebene	Erläuterung
Bedürfnis	Reflexion über die durch das Unternehmen befriedigten Bedürfnisse und Ableitung von Handlungskonsequenzen
Funktion	Ökologische Optimierung von Funktionsverbünden bei gegebenen Bedürfnissen
Produkt	Ökologische Optimierung von Produktdesigns bzw. von Produktmerkmalen entlang des gesamten Produktlebenszyklus bei gegebenen Funktionen
Prozess	Ökologische Optimierung von Produktionsprozessen bei gegebenem Produktdesign

tragen können: Prozesse, Produkte, Funktionen und Bedürfnisse (vgl. Tab. 3.1).

Nachhaltigkeit liegt auf der Unternehmensebene dann vor, wenn die ökologischen Optimierungspotenziale auf allen vier Ebenen ausgeschöpft sind (Schneidewind et al. 1997).

Die jeweils übergeordnete Ebene bildet im COSY-Konzept die Systemgrenze der unmittelbar untergeordneten Ebene. Mit dem Aufsteigen in der COSY-Hierarchie eröffnen sich für das Unternehmen jeweils neue Dimensionen ökologischer Handlungsmöglichkeiten. So findet bspw. die Prozessoptimierung bei gegebenem Produktdesign statt. Auf der anderen Seite bedeutet ein neues Produktdesign häufig auch eine Prozessänderung. Im Rahmen des COSY-Konzepts erfasst die Prozessebene alle Unternehmensprozesse, die zur Herstellung gegebener Produkte notwendig sind, wobei von einer weiten Definition ausgegangen wird, da auch Logistik- und Transportprozesse sowie Managementprozesse integriert sind. Die ökologische Prozessoptimierung geht von bestehenden Produkten aus und optimiert die Wege zur Herstellung dieser Produkte.   *Prozessoptimierung*

Beispiele für eine Prozessoptimierung in der Textilindustrie könnten ein verringerter Pflanzenschutzmitteleinsatz im Baumwollanbau, energiearme Spinn- und Strickprozesse oder abwasserarme Textilveredelungsverfahren sein. In der Lebensmittelindustrie könnten beispielsweise Energieeinsparungen in der Kühlkette erzielt oder abwasser- und energiearme Herstellungsprozesse eingeführt werden.

Auf Produktebene gibt es zwei Ansatzpunkte für eine ökologische Produktoptimierung. Einerseits kann das Produktdesign gewandelt, auf   *Produktoptimierung* der anderen Seite das Produkt im Hinblick auf seine Belastungen entlang des gesamten Produktlebenszyklus optimiert werden. Produktoptimierungen in der Textilindustrie könnten beispielsweise ungebleichte Textilien darstellen. Verpackungsreduzierte Lebensmittel, Produkte mit Rohstoffen aus ökologischem Landbau oder aus integrierter Produktion

Funktionserfüllung

Bedürfnisreflexion

könnten z. B. für eine Produktoptimierung in der Lebensmittelindustrie stehen. Die Produktoptimierung hinterfragt jedoch nicht, wie das betrachtete Produkt eine bestimmte Funktion erfüllt. Auf der Funktionsebene werden daher neue Formen der Funktionserfüllung gesucht. Dabei ist jede Stufe des Produktlebenszyklus zu betrachten. Bei der Hinterfragung der Funktionserfüllung im Textilbereich sind Konzepte wie Kleidermiete oder Waschzentren zu diskutieren. Im Lebensmittelbereich geht es um ökologische Menüs in der Gastronomie oder Ertragsversicherungen für Landwirte beim Rohstoffanbau.

Die letzte Stufe des COSY-Konzepts dient der Bedürfnisreflexion. Hier wird die Frage gestellt, ob die heute befriedigten Bedürfnisse in gleichem Umfang auch in Zukunft befriedigt werden sollten oder ob alternative Formen der Bedürfnisbefriedigung gefunden werden müssen. In diesem Zusammenhang könnte es in der Textilindustrie z. B. um persönlichkeitsstil- statt saisonorientierte Kleidung gehen, in der Lebensmittelindustrie um vegetarische, saisonale oder regionale Lebensmittelangebote. Das COSY-Konzept verkörpert ein Innovationskonzept, da auf jeder Ebene nach Innovationen gesucht wird.

3.2.4 Das Product Sustainability Assessment (PROSA)-Konzept

Das PROSA-Konzept (*PROduct Sustainability Assessment*) wurde vom Freiburger Öko-Institut im Rahmen der Nachhaltigkeitsinitiative „HoechstNachhaltig" für die Firma Hoechst AG erarbeitet und seitdem mehrfach überarbeitet. Das PROSA-Konzept soll weniger als Informations- und Rechtfertigungsgrundlage für die kritische Öffentlichkeit fungieren, als vielmehr eine Entscheidungshilfe für die Unternehmensführung sein bezüglich der zukünftigen Entwicklung von Produkten sowie zur Beeinflussung von Konsummustern. Die Anwendung des Konzepts verläuft in fünf Schritten (s. Grießhammer et al. 2007).

1. Schritt: Zielsetzung
Am Beginn eines PROSA-Projekts stehen die Konkretisierung der Aufgabenstellung (z. B. die Auswahl prioritärer Produktfelder) sowie die Festlegung der finanziellen und personellen Kapazitäten. Weiterhin sollte ein klar terminierter Ablaufplan erstellt werden. Im Mittelpunkt dieser Phase stehen die Durchführung einer internen und externen Akteursanalyse sowie die Klärung des Einbezugs von internen und externen *Stakeholdern*. Als Hilfsmittel für die Akteursanalyse dienen eine Systempyramide und eine Checkliste, welche unterschiedliche Länder- und Akteursbezüge aufzeigt. Denn insbesondere bei großen und internationalen Unternehmen besteht die Gefahr, dass relevante interne Akteure nicht adäquat einbezogen werden (siehe hierzu ausführlich Grießhammer et al. 2007).

2. Schritt: Markt- und Umfeldanalyse

In der Markt- und Umfeldanalyse erfolgt zunächst eine Untersuchung des gesamten Produktumfeldes in seinem systematischen Zusammenhang. Ausgehend davon sollen Zusammenhänge geklärt und die Komplexität verständlich abgebildet werden. Zur besseren Systematik greift das PROSA-Konzept auf vier Betrachtungsebenen zurück:

* Produktebene: Produkte, Dienstleistungen inklusive Vorketten
* Produkt in der Produktlinie: Produkt inklusive Weiterverarbeitung/ Distribution
* Produktlinie in der Anwendung: Funktionaler Einsatz des Produkts
* Produkt und Anwendung auf Ebene der Bedürfnisebene hinterfragen

In dieser Phase sollen Daten erhoben, Zusammenhänge geklärt, zukünftige Entwicklungen antizipiert und Alternativen mit der gegenwärtigen Situation verglichen werden. Dabei wird sowohl die ökologische als auch die gesellschaftliche (soziale) Dimension betrachtet. Dieser Schritt eröffnet zugleich den Blick für notwendige Indikatoren, die in der Bewertung Anwendung finden.

3. Schritt: Ideenfindung

In dieser Phase erfolgen die Sammlung von Visionen, Ideen, Produkt- oder Systemalternativen sowie eine Indikatorenauswahl. Hierbei sollen Informationen über die regional-, zeit- und anwendungsspezifischen Bezüge des Produkts erfasst werden. Damit wird der Tatsache Rechnung getragen, dass nachhaltige Entwicklung zwar eine globale Herausforderung ist, jedoch aufgrund der differenzierten Nachhaltigkeitsanforderungen regional- und anwendungsspezifisch umgesetzt werden muss. In dieser Phase kommt es darauf an, aus den Nachhaltigkeitsbezügen abgeleitet eine Indikatorenauswahl zu treffen und eine grundsätzliche Aussage über die Nachhaltigkeit des Produkts zu treffen.

4. Schritt: Nachhaltigkeitsanalyse

Der vierte Schritt soll Aussagen darüber treffen, ob das Produkt im regionalen Kontext grundsätzlich zu einer nachhaltigen Entwicklung beiträgt und ob seine Auswirkungen im Gebrauch sowie in der Anwendung im Sinne einer nachhaltigen Entwicklung eher positiv oder negativ einzuschätzen sind. Zudem liefert diese Phase Hinweise auf die Positionierung des Produkts bezüglich der Auswirkungen im Vergleich zu anderen Konkurrenzprodukten und -systemen. Des Weiteren wird analysiert, wie das Produkt im Spannungsfeld „Beitrag zur Befriedigung bisher unbefriedigter Grundbedürfnisse und Umweltvorteile gegenüber Konkurrenzprodukten und -systemen" (s. Öko-Institut 1999, S. 75) einzuordnen ist. Als Hilfsmittel dienen dabei Checklisten, Ökobilanzen, Sozialbilanzen und Lebenszykluskostenanalysen (s. Grießhammer et al. 2007).

5. Schritt: Ableitung konkreter Handlungsoptionen

Aus den bisher erarbeiteten Schritten erfolgt die Ableitung von Handlungsoptionen für das Unternehmen. Diese sind somit abhängig von der

Positionierung der Produkte in Bezug auf Nachhaltigkeit, von den Rahmenbedingungen und vor allem von den jeweiligen Entwicklungspotenzialen. Ausgehend von den im vorherigen Arbeitsschritt gebildeten Szenarien bieten sich dem Unternehmen Entwicklungspfade, die umgesetzt werden können. Aus den Optionen werden, wiederum gegliedert nach den Betrachtungsebenen, konkrete Maßnahmen erarbeitet. Die Handlungsoptionen sollten einen definierten Zeitbezug haben und Handlungsebenen sowie Kostenabschätzungen über die Umsetzung enthalten (s. Grießhammer et al. 2007).

Im Folgenden soll, anknüpfend an die hier dargestellten Konzepte, eine Fallstudie präsentiert werden. Diese Fallstudie setzt nicht unmittelbar eines der dargestellten Konzepte um, allerdings sind die Anleihen an den dargestellten Ansätzen unverkennbar.

3.3 Fallstudie „Nachhaltigkeit in den Lieferantenbeziehungen"

Mit dem Begriff der Globalisierung ist für multinationale Unternehmen in den vergangenen Jahren eine neue Qualität, Dynamik und Komplexität wirtschaftlichen Handelns erwachsen. Firmen erschließen zunehmend Beschaffungs- und Absatzmärkte in Schwellen- und Entwicklungsländern. Die Anzahl an Lieferanten, auf die ein Unternehmen für den Bezug seiner Rohstoffe bzw. Vorprodukte zurückgreifen kann, ist auf Basis dieser Entwicklungen stark gestiegen.

Diese weltweite Ausdehnung der Beschaffung birgt neben vielen Vorteilen auch neue ökonomische, umweltbezogene und soziale Verantwortlichkeiten und Risiken, die sich auf nationaler sowie globaler Ebene sich in einer Vielzahl von Nachhaltigkeitsberichten wiederfinden (s. Roloff 2006; Stark 2008; Förstl et al. 2009). Unternehmen bekennen sich damit öffentlich zur Einhaltung und Durchsetzung internationaler Umwelt- und Sozialstandards (s. Hahn und Scheermesser 2004; Heid 2006; ICC 2007; Steinkirchner u. a. 2007; Winterstein 2007).

Konzepte und Mechanismen zur Integration und Kontrolle umweltbezogener und sozialer Standards in Wertschöpfungsketten nehmen somit an Bedeutung immer mehr zu und sind mittlerweile bei vielen multinationalen Unternehmen implementiert. Angesichts der aktuellen Skandale (z. B. in der IT-Industrie bei Foxconn) ist anzunehmen, dass Umsetzungsdefizite in den beschriebenen Konzepten bestehen. Beispielsweise wurde für die Sicherstellung ökologischer Produktkonzepte von Clausen, Keil und Jungwirth (2002) aufgezeigt, dass diese Systeme keine ausreichende Reichweite besitzen. Die Übertragung dieser Feststellung auf das Thema Nachhaltigkeitskonzepte im Gesamten liegt nahe.

Die im Folgenden dargestellte Fallstudie beschreibt die Entwicklung eines Nachhaltigkeitskonzepts für das Beschaffungsmanagement der Volkswagen AG und unterzieht dieses anschließend einer kritischen

Wirkungsanalyse in der Praxis, auf Basis der Darstellung von Optimierungspotenzialen für die einzelnen Konzeptelemente.

3.3.1 Zielsetzung und Aufbau

Das erste Forschungsprojekt „Nachhaltigkeit in den Lieferantenbeziehungen" der Volkswagen AG wurde 2003–2005 in Kooperation mit der Universität Oldenburg durchgeführt. Ziel war die Entwicklung eines systemübergreifenden Konzepts zur Integration und Kontrolle umweltbezogener und sozialer Anforderungen im globalen Beschaffungs- bzw. Lieferantenmanagement des gesamten Konzerns. Das Forschungsprojekt kann in vier Projekteinheiten gegliedert werden (Koplin 2006a):
1. Vorbereitende Analysen zu den Herausforderungen für Unternehmen, die sich durch umweltbezogene und soziale Aspekte innerhalb der Lieferantenbeziehungen im Zusammenhang mit Nachhaltigkeit ergeben,
2. Projektteamtreffen und Workshops zum Diskurs der gesammelten Daten sowie zur Reflexion des jeweilig vorherrschenden Forschungsstandes,
3. Bestandsaufnahme der Strukturen und Prozesse (Ist-Analyse) der Volkswagen AG zur Entwicklung verschiedener Lösungspfade für das Gestaltungsmodell eines Nachhaltigkeitskonzepts und
4. Einbeziehung mehrerer Lieferanten der Volkswagen AG als externe Anspruchsgruppe des Unternehmens und direkt Betroffene für die Prüfung der Umsetzbarkeit des Gestaltungsmodells in der Praxis.

Das Nachhaltigkeitskonzept der Volkswagen AG erhebt grundsätzlich den Anspruch einer globalen Umsetzung an weltweit allen Konzernstandorten. Aus diesem Grund wurde nach der Implementierungsphase in den Jahren 2007–2009 in Kooperation mit der Universität Ulm ein weiterführendes Forschungsprojekt zum Ausbau der Internationalisierung durchgeführt. Dieses hatte zum Gegenstand, den Institutionalisierungsgrad des Konzepts im gesamten Volkswagen Konzern aufzuzeigen und zusätzlich Handlungsempfehlungen für die erfolgreiche weltweite Umsetzung des Nachhaltigkeitskonzepts abzuleiten.

Ziel war eine weltweite Wirkungsanalyse des Konzepts „Nachhaltigkeit in den Lieferantenbeziehungen der Volkswagen AG". Dabei lassen sich zwei wesentliche Projektphasen unterscheiden:
1. Ermittlung des weltweiten Implementierungsstandes des Nachhaltigkeitskonzepts auf Basis von Interviews mit allen Beschaffungsstandorten und *Regional Sourcing Offices* bezüglich Bekanntheit, Funktionalität, Zweckerfüllung und Verbesserungsmöglichkeiten,
2. Revalidierung der gesammelten Daten in der ausgewählten Pilotregion China anhand der Volkswagen Group China als Konzerngesellschaft im Rahmen eines weiteren Aktionsforschungsprozesses.

3.3.2 Elemente des Nachhaltigkeitskonzepts

Die folgenden Elemente des entwickelten Nachhaltigkeitskonzepts beschreiben die erarbeiteten konzeptionellen Ergebnisse des ersten Forschungsprojekts:

1. Inhaltliche Anforderungen

Als erstes wurden „Anforderungen des Volkswagen Konzerns zur Nachhaltigkeit in den Beziehungen zu Geschäftspartnern" (Nachhaltigkeitsanforderungen) definiert, die Volkswagen an seine Geschäftspartner richtet. Diese basieren inhaltlich einerseits auf internen Aussagen der VW Umweltpolitik, den daraus abgeleiteten Umweltzielen und Umweltvorgaben, der Qualitätspolitik sowie der „Erklärung zu den sozialen Rechten und den industriellen Beziehungen bei Volkswagen". Andererseits orientieren sie sich extern an der Allgemeinen Erklärung der Menschenrechte der Vereinten Nationen, den Prinzipien des *Global Compact*, den ILO-Kernarbeitsnormen, den OECD-Leitlinien sowie der ICC-Charta. Die Lieferantenanforderungen zur Nachhaltigkeit stellen eine wichtige Basis für die erfolgreiche Zusammenarbeit von Volkswagen und seinen Lieferanten als Grundlage einer gemeinsamen nachhaltigen Entwicklung dar.

2. Früherkennung

Ein zweiter Schritt ist der Aufbau eines umfassenden Früherkennungs-, Informations- und Kommunikationssystems auf unternehmensinterner sowie zwischenbetrieblicher Ebene. Es dient der vorausschauenden Identifikation und der Vermeidung von umweltbezogenen und sozialen Schwachstellen bei Lieferanten. Volkswagen gewinnt entsprechende Informationen sowohl durch ein internationales Medien-*Screening* als auch durch die internen Fachbereiche, die im stetigen Kontakt mit den Lieferanten stehen und von möglichen Problemen erfahren können (z. B. Einkauf, Qualitätssicherung). Für das externe internationale Issue-Monitoring wird die vorhandene Früherkennung im Umweltschutz – das Umweltradar – um internationale Informationen, spezielle lieferantenbezogene Umwelt-Issues und das Monitoring von speziellen Institutionen (z. B. *Watchdogs*) erweitert. Zusätzlich ist das Monitoring von Sozial-Issues erforderlich.

Die interne Früherkennung erfolgt durch eine Informationspflicht aller Fachfunktionen hinsichtlich möglicher Risiken im Bereich der Lieferantenkette. Interne und externe Informationen der Früherkennung werden zentral erfasst und nach ihrer Relevanz für Volkswagen bewertet.

3. Beschaffungsprozess

Als drittes Element müssen die vorhandenen Beschaffungsstrukturen und -prozesse des Unternehmens für die Berücksichtigung der Nachhaltigkeitsanforderungen den eigenen VW-internen Entscheidungsfindungen angepasst werden. Generell ist von allen Lieferanten sicherzustellen, dass ihre eigenen Zulieferer geeignete Maßnahmen gewährleisten. Deshalb müssen alle Lieferanten die Nachhaltigkeitsanforderungen der Volkswagen AG zur Kenntnis nehmen. Mit Hilfe einer zur Verfügung gestellten Erläuterung kann der Lieferant einen Selbstcheck durchführen, um so seinen Status hinsichtlich der Anforderungen der Volkswagen AG zu ermitteln. Lieferanten, die erkennen, dass sie die Nachhaltigkeitsanforderungen aktuell nicht erfüllen können, wird direkte Hilfe angeboten. Eine Kontaktstelle für Nachhaltigkeit, welche speziell für Lieferanten eingerichtet wurde, unterstützt diese bei der Umsetzung der Anforderungen bzw. der Lösung von Problemen im Bedarfsfall durch ein Ad-hoc-Expertenteam der verschiedenen Fachbereiche Umweltschutz, Personalwesen, Arbeits- und Gesundheitsschutz, Beschaffung sowie Qualitätssicherung.

4. Monitoring und Lieferantenentwicklung
Ein vierter Punkt ist die Entwicklung adäquater, unabhängiger Mess-, Bewertungs- und Kontrollsysteme, einschließlich geeigneter Anreiz- und Belohnungs- sowie Qualifikationssysteme für ein Monitoring sowie die Qualifizierung von Lieferanten. Das Monitoring bei Volkswagen umfasst fallbezogene Stichproben beim Lieferanten vor Ort. Lieferanten, welche die umweltbezogenen und sozialen Anforderungen nicht erfüllen können, sind dazu angehalten, einen eigenen Verbesserungs- und Entwicklungsprozess mit Nachweispflichten über die einzelnen Schritte, den Zeitplan und die jeweiligen Ergebnisstände zu initiieren. Informationen darüber sind dem Auftraggeber vom Lieferanten selbst zeitnah zur Verfügung zu stellen. Im Gegenzug kommuniziert die Volkswagen AG alle Anforderungen zum Thema Nachhaltigkeit für Lieferanten und Geschäftspartnern über ihre *Business-to-Business*-Lieferantenplattform (www.vwgroupsupply.com). Neben ausführlichen Informationen und fallbezogener Unterstützung sind allgemeine Schulungsangebote für Geschäftspartner ein wichtiges Instrument, die gemeinsame Zusammenarbeit zu vertiefen. Durch Veranstaltungen in der Seminarreihe „Priorität A – Partner für Umwelt und Nachhaltigkeit" wird Lieferanten die Möglichkeit gegeben, sich bezogen auf Nachhaltigkeitsthemen im Rahmen von Workshops und Seminaren weiterzubilden. Dadurch soll die Kooperation mit und das Vertrauen in Lieferanten gestärkt werden.

3.3.3 Weltweite Umsetzung von Nachhaltigkeitskonzepten

Grundsätzlich kann auf Basis der Forschungsergebnisse festgestellt werden, dass es für die weltweite Umsetzung von Nachhaltigkeitskonzepten keine universelle Strategie gibt. Trotzdem lassen sich Faktoren ableiten, die – im Rahmen des zweiten Forschungsprojekts aufgrund ihrer Nennungshäufigkeit und vergleichenden Gegenüberstellung sowohl in der Evaluations- als auch Aktionsforschungsphase – ein Indiz dafür sind,

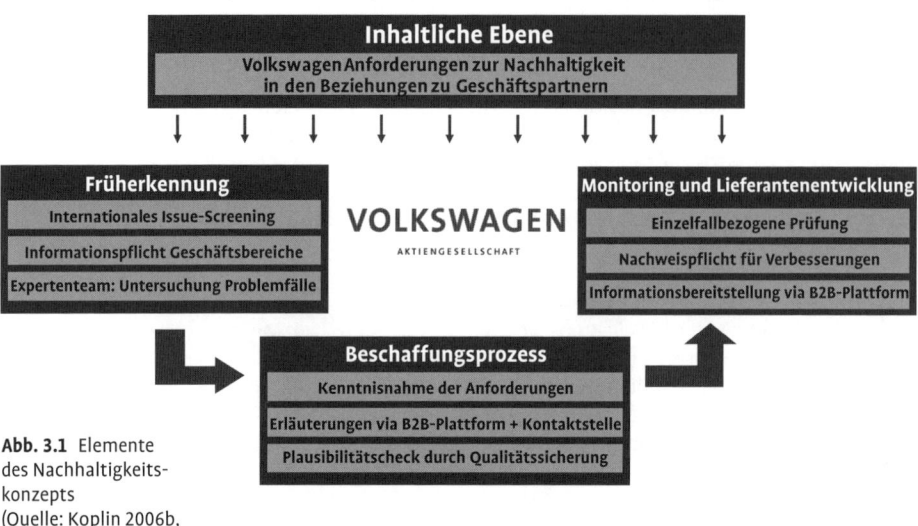

Abb. 3.1 Elemente des Nachhaltigkeits- konzepts (Quelle: Koplin 2006b, S. 43).

wie die Internationalisierung eines Nachhaltigkeitskonzepts erfolgreich gestaltet werden kann. Diese Faktoren werden anhand der Elemente des Volkswagen Nachhaltigkeitskonzepts dargestellt.

1. Inhaltliche Anforderungen (normative Ebene)

Dreh- und Angelpunkt der inhaltlichen Anforderungen an das Konzept sind der kulturelle Aspekt sowie das Angebot dieser Inhalte in verschiedenen Sprachen. Darüber hinaus werden vom Lieferanten Zertifikatsinformationen erbeten, die freiwillig in die *Business-to-Business*-Lieferantenplattform eingetragen werden können. Für eine Optimierung dieses Elements ist es wichtig, die Nachhaltigkeitsanforderungen für Lieferanten in allen wesentlichen Weltsprachen für Regionen und Marken anzubieten. Mögliche Sprachbarrieren, die das Verständnis der Anforderungen erschweren, könnten so überwunden werden.

Im Hinblick auf die Zertifikatsabfrage über die *Business-to-Business*-Lieferantenplattform ist die Übersetzungsleistung hingegen kein Garant dafür, dass sich das Ausmaß der Nutzung automatisch erhöht. Eine umfassende Zertifikatsabgabe setzt die selbstinitiative Nutzung der *Business-to-Business*-Plattform durch die Lieferanten voraus. In diesem Zusammenhang wäre es deshalb wichtig, sich in den jeweiligen Regionen und Marken ein Bild von der Kultur und dem Werte- und Normenverständnis zu machen. Unsichtbare Hürden, wie z. B. die Tatsache, dass elektronische Plattformen von Lieferanten nur selten oder gar nicht genutzt werden und vielmehr der persönliche, direkte bilaterale Kontakt Erfolg versprechend für die Transferierung von neuen, unbekannten Inhalten ist, können damit erkannt und abgebaut werden. Der intensive Austausch mit den internen regionalen Akteuren vor Ort kann dazu beitragen, dass diese den Lieferanten gegenüber als Multiplikatoren der Inhalte fungieren. Der Erwartungshaltung von Volkswagen bezüglich der Einhaltung der Nachhaltigkeitsanforderungen als Basis der Geschäftsbeziehungen kann damit verstärkt Ausdruck verliehen werden. Die Einhaltung der Anforderungen durch die Lieferanten bedarf einer intensivierten Kommunikation zum Thema „Nachhaltigkeit in den Lieferantenbeziehungen" und gleichzeitig der Auseinandersetzung mit der jeweiligen Kultur in den einzelnen Regionen und Marken. Dem internen Akteur der Beschaffung kommt dabei eine zentrale Rolle zu, weil er im direkten Kontakt mit den Lieferanten die Schlüsselrolle innehat, um das Thema mit Nachdruck regelmäßig zu platzieren.

2. Früherkennung

Das internationale Medien-*Screening* benötigt neben einem umfassenden zentralen Medientool zur Unterstützung ebenso lokale Informationspools. Dazu müssen die jeweils vor Ort ansässigen Kommunikationsabteilungen separat eingebunden werden. Grundlage dafür ist die Integration von Nachhaltigkeit in die Definition weltweiter „Schlüsselbegriffe", mit dem Ziel, durch das Scannen von Medien frühzeitig auf mögliche Risiken in der Wertschöpfungskette aufmerksam zu werden. Bei Bedarf kann das Unternehmen somit direkt in einen Dialog mit den betroffenen Lieferanten treten.

Für den Aufbau eines weltweiten internen Früherkennungssystems – auf Basis der Informationspflicht aller Fachfunktionen – ist eine verstärkte interne Vernetzung aller Marken und Regionen des Konzerns notwendig. Der erfolgskritische Faktor ist dabei besonders die langfristige Intensivierung fachbereichsübergreifender Kontakte, unabhängig von einzelnen Personen. Klare Verantwortlichkeiten und deren Aufgabenverantwortung an jedem einzelnen Standort sind genau festzulegen und zu dokumentieren. Nur, wenn alle Konzeptelemente und Prozessabläufe bekannt sind, kann eine umfassende Anwendung und damit Funktionalität des Nachhaltigkeitskonzepts gewährleistet werden.

3. Beschaffungsprozess

Grundsätzlich haben einzelne Akteure und deren Einstellung zum Thema Nachhaltigkeit, abgeleitet von individuellen Kulturen und Normen, eine hohe Relevanz bei der weltweiten Umsetzung von Nachhaltigkeitskonzepten. Grundlegende Voraussetzung für die wirksame Integration von Nachhaltigkeit in die vorhandenen Beschaffungsstrukturen und -prozesse ist somit die Gründung eines Beschaffungsnetzwerks inklusive regionaler und markenbezogener Ansprechpartner innerhalb der Beschaffungsorganisation. Dies erzeugt zusätzlich eine Multiplikatorenwirkung seitens der Lieferanten vor Ort, welche sich positiv auf die Umsetzung der Kenntnisnahme der Nachhaltigkeitsanforderungen sowie den Selbstcheck auswirken können. Eine Kontaktaufnahme zum Lieferanten aus der eigenen Region heraus erzeugt eine größere Hebelkraft hinsichtlich der Aufklärung, des Verständnisses und der Akzeptanz des Nachhaltigkeitskonzepts durch Lieferanten. Trotzdem ist auch hier die Frage nach einer angepassten Kommunikation des Konzepts entsprechend der kulturellen Rahmenbedingungen entscheidend.

4. Monitoring und Lieferantenentwicklung

Neben der Notwendigkeit des Einblicks in die Tiefenstrukturen der Lieferantenbeziehungen ist aufgrund der Vielzahl an Lieferanten des Volkswagen Konzerns auch die Breitenwirkung entscheidend. Mit Workshopreihen im Rahmen allgemeiner Schulungsangebote für Geschäftspartner kann jedoch nur ein Bruchteil an Lieferanten direkt erreicht und intensiv über das Thema Nachhaltigkeit informiert werden. Darüber hinaus wäre ein digitales Tool in Form einer Lernplattform (*E-Learning*) in verschiedenen Sprachen eine Möglichkeit, bei Lieferanten eine größere Breitenwirkung bezüglich der Kenntnis und Berücksichtigung des Nachhaltigkeitskonzepts zu erzielen. Auf Basis des bereits erwähnten, internen Nachhaltigkeitsnetzwerks besteht dann die Chance, einzelne Lieferanten auf Empfehlung der Regionalverantwortlichen zusätzlich an den Workshopreihen teilnehmen zu lassen. Für die Einheitlichkeit des Prozesses müssen im Vorfeld identische Auswahlkriterien definiert werden. Somit besteht stärkerer Einfluss auf die Seminarteilnehmer, ebenso Zugang zu wichtigen Detailinformationen der jeweiligen regionalen Märkte. Für die weltweite Umsetzung solcher Workshopreihen ist auch die Unterstützung durch eine externe Organisation denkbar.

Darüber kann als Ergebnis der Wirkungsanalyse festgehalten werden, dass folgende allgemeine Faktoren den Erfolg einer Strategie zur Umsetzung von Nachhaltigkeit in Lieferantenbeziehungen unterstützen:

1. Proaktive Kommunikation von Konzeptinhalten und deren Auswirkungen auf das tägliche Handeln mit betroffenen Akteuren,
2. Komprimierte Informationen,
3. Regionale Ansprechpartner,
4. Weltweite Schulung interner Mitarbeitender,
5. Berücksichtigung kultureller Werte und Normen
6. Erhöhung verbindlicher Handlungszwänge und
7. Regionale Workshops mit Lieferanten.

Diese sollten vor dem Hintergrund eigener interner Prozesse und Strukturen sowie regionalen Gegebenheiten für jedes Unternehmen untersucht und bei der Entwicklung entsprechender Nachhaltigkeitskonzepte für Lieferanten berücksichtigt werden.

3.4 Schlussbetrachtung

Die Umsetzung des Konzepts einer nachhaltigen Entwicklung auf Unternehmensebene ist von hoher Unsicherheit und großer Komplexität geprägt und stellt für jedes Unternehmen eine Herausforderung dar. Daher sind Ansätze erforderlich, die ein schrittweises Lernen und Vorgehen ermöglichen. Am Beginn steht immer die Problemidentifikation. Welche Probleme verursachen die Produkte und Dienstleistungen des Unternehmens in Bezug auf eine nachhaltige Entwicklung? Was kann das Unternehmen tun? Eine institutionalisierte Reflexion über die Schritte auf dem Weg zu einer nachhaltigen Entwicklung ermöglicht es Unternehmen und Anspruchsgruppen, die Unsicherheit und Komplexität in den Griff zu bekommen. Die Antwort auf die Frage, wie ein Unternehmen nachhaltig wirtschaftet, ist demnach von der individuellen Situation des Unternehmens abhängig.

Trotz zahlreich entwickelter Konzepte zur Umsetzung von Nachhaltigkeit in Lieferantenbeziehungen ist keines – bis auf das Konzept der Volkswagen AG – bisher einer umfassenden Wirkungsanalyse unterzogen worden. Dabei geht es zum einen um den weltweiten Gesamtüberblick der Wirkungsweise des Konzepts als auch um die detaillierte Tiefenanalyse in einer beispielhaften Pilotregion zur Revalidierung der Daten, um anschließend praxisbezogene Handlungsempfehlungen ableiten zu können. Nur so besteht die Chance, den Ursachen von Skandalen trotz vorhandener Nachhaltigkeitskonzepte entgegenzuwirken.

Schließlich muss betont werden, dass jede Nachhaltigkeitsbetrachtung im hohen Maße pfadabhängig ist. Das Ergebnis wird stark von den gesetzten Determinanten, Vorstellungen und den beteiligten Personen beeinflusst. Insbesondere von Bedeutung sind hierbei die der Arbeit zugrunde liegende Gewichtung der drei Dimensionen der Nachhaltigkeit sowie die gewählten Anspruchsgruppen. Eine stärkere Betonung einer einzelnen Nachhaltigkeitsdimension oder eine andere Zusammensetzung der Beteiligten hätte sicher auch ein anderes Ergebnis zur Folge. Es muss hierbei bedacht werden, dass insbesondere bei der Definition der sozialen und ökologischen Dimension nachhaltiger Entwicklung und somit auch bei der Analyse und der Bewertung der Auswirkungen einer Branche auf Nachhaltigkeit eine Orientierung nur über gesellschaftliche bzw. kulturelle Wertvorstellungen möglich ist. Diese wiederum differieren abhängig vom sozialen Kontext und unterliegen einem stetigen Wandel.

3.5 Übungsfragen

1. Welche Probleme treten für Unternehmen bei der Umsetzung einer nachhaltigen Wirtschaftsweise auf?
2. Stellen Sie das PROSA-Konzept dar.
3. Wie müssen die Module eines betrieblichen Umweltmanagementsystems ausgestaltet sein, damit eine Ausrichtung auf eine nachhaltige Entwicklung möglich ist?
4. Wenden Sie das COSY-Konzept auf die Automobilindustrie an und entwickeln Sie Beispiele für jede Stufe des Konzepts.
5. Nehmen Sie zu folgender These Stellung: „Maßnahmen für eine nachhaltige Entwicklung haben lediglich kostenerhöhende Wirkungen, sind also möglichst zu vermeiden".

3.6 Weiterführende Literatur

Clausen, J.; Mathes, M. (1998): Ziele für das nachhaltige Unternehmen, in: Fichter, K.; Clausen, J. (Hrsg.): Schritte zum nachhaltigen Unternehmen: zukunftsweisende Praxiskonzepte des Umweltmanagements, Berlin u. a., S. 27–44.

Grießhammer, R.; Buchert, M.; Gensch, C.-O.; Hochfeld, C.; Rüdenauer, I. (2007): Produkt-Nachhaltigkeits-Analyse (PROSA/PLA) – Methodenentwicklung und Diffusion, Freiburg, Darmstadt, Berlin.

Huber, J. (1995): Nachhaltige Entwicklung – Strategien für eine ökologische und soziale Erdpolitik, Berlin.

Koplin, J. (2006): Nachhaltigkeit im Beschaffungsmanagement – Ein Konzept zur Integration von Umwelt- und Sozialstandards, Wiesbaden.

Scherer, A. G. (2000): Zur Verantwortung der multinationalen Unternehmung im Prozeß der Globalisierung, in: Knyphausen-Aufseß, D. zu (Hrsg.): Globalisierung als Herausforderung der Betriebswirtschaftslehre, Wiesbaden, S. 1–17.

Schneidewind, U. (1994): Mit COSY (Company Oriented Sustainability) Unternehmen zur Nachhaltigkeit führen. IWÖ-Diskussionsbeitrag Nr. 15, St. Gallen.

4 Standards und Zertifikate im Umweltmanagement, im Sozialbereich und im Bereich der gesellschaftlichen Verantwortung

von Martin Müller, Alexander Moutchnik und Ines Freier

Kapitelausblick

In den letzten Jahren haben Standards und Zertifikate im Umweltmanagement, im Sozialbereich und im Bereich der gesellschaftlichen Verantwortung immer mehr an Bedeutung gewonnen und immer breitere Anerkennung in Unternehmen, Politik und Gesellschaft bekommen. Die Anzahl regionaler, nationaler, internationaler und globaler Standards, Zertifikate und Labels erhöhte sich allerdings auch immer mehr. Dies führte einerseits zur Möglichkeit einer differenzierteren Bewertung und Markierung relevanter Prozesse, Produkte, Entscheidungen und Aktivitäten. Andererseits führte diese Vermehrung zur Unübersichtlichkeit, Redundanz und einer damit verbundenen Verwässerung und einem Wirkungsverlust mancher Standards, Zertifikate und Labels.

Zu Beginn des Kapitels werden eine Klassifizierung sowie ein Überblick über die Umweltmanagement- und Sozialstandards gegeben. Anschließend werden die wichtigsten Managementstandards mit ihren jeweiligen Zertifizierungssystemen beschrieben. Zu diesen zählen die Umweltmanagementnorm ISO 14001, das *Eco-Management and Audit Scheme* (EMAS), *Social Accountability* (SA 8000), die OHSAS 18001 (*Occupational Health and Safety Assessment Series*), die *Fair Wear Foundation* (FWF), der *Forest Stewardship Council* (FSC) sowie der ISO-Leitfaden zur gesellschaftlichen Verantwortung (ISO 26000). Diese Normen, Standards sowie der Leitfaden befinden sich im Mittelpunkt der wissenschaftlichen und praxisorientierten Diskussion über die optimale Ausgestaltung von nachhaltend wirkenden, ethisch verantwortlichen Managementsystemen und -prozessen. In Zusammenhang mit Umwelt- und Sozialstandards spielt die Berücksichtigung und Auseinandersetzung mit Anspruchsgruppen (*Stakeholder*) einer Organisation eine zentrale Rolle, weshalb abschließend eine Darstellung des *Stakeholder*-Ansatzes – u.a. nach ISO 26000 – erfolgt.

Lernziele

1. Den Hintergrund und die Entstehung von Umwelt- und Sozialstandards kennen lernen.
2. Einen Überblick über Ziele einzelner Standards und Zertifikate gewinnen.
3. Den Aufbau und Ablauf von ISO 14001, EMAS, SA 8000, *Fair Wear Foundation*, OHSAS 18001, FSC und ISO 26000 rezipieren können.
4. Die Fähigkeit erlangen, Standards im Umwelt- und Sozialbereich kritisch zu beurteilen.
5. Den *Stakeholder*-Ansatz kennen und diesen im Kontext von Umwelt- und Sozialstandards beurteilen können.

4.1 Klassifizierungen von Umweltmanagement- und Sozialstandards

Die Standardisierungsansätze weisen verschiedene Verbindlichkeiten, Inhalte und Anwendungsfelder wie z. B. genauere Handlungsanleitungen oder Normierungsverfahren auf. So werden Produktstandards, Prozessstandards und Verhaltensstandards unterschieden.

Die Produktstandards behandeln Merkmale von Produkten wie Inhaltsstoffe, Größe und Form. So wird der Blaue Engel, das Umweltzeichen für besonders umweltschonende Produkte und Dienstleistungen, vom Umweltbundesamt seit 1978 vergeben.

Die Prozessstandards – wie z. B. im Umweltbereich (die ISO 14001) und im Sozialbereich (der *AccountAbility* 1000) – beziehen sich auf Vorgaben für Produktionsprozesse, die Auswirkungen auf das Endprodukt haben können. Die konkrete Ausgestaltung der Umsetzung einzelner Standards wird aber dem Unternehmen überlassen. Diese setzen sich selbst unternehmensbezogene Ziele und führen notwendige Strukturen für deren Erreichung ein.

Die Verhaltensstandards bzw. Leistungsstandards – wie z. B. *Forest Stewardship Council*, der SA 8000 und der *„Workplace Code of Conduct"* der *Fair Labour Association* – beinhalten Handlungsanleitungen für ein bestimmtes Verhalten, welches sich in den internen Betriebsabläufen widerspiegeln sollte. Sie definieren, was ein Unternehmen tun bzw. nicht tun darf, wie beispielsweise ein Verbot der Kinderarbeit.

Eine weitere Einteilung betrifft branchenabhängige und branchenunabhängige Standards. So sind Standards und Normen wie die ISO 14001, OHSAS 18001 oder der SA 8000 in jeder Branche anwendbar, während beispielsweise der Standard des *Marine Stewardship Council* (MSC) oder der des *International Council of Toy Industries* (ICTI) branchenspezifisch ausgerichtet sind.

4.2 Die Entstehung und Entwicklung von Umweltmanagement- und Sozialstandards

Umweltmanagement- und Sozialstandards wurden als freiwilliges Instrument geschaffen, um die Umsetzung sozialer Aspekte, des Gesundheits- und Arbeitsschutzes sowie des Umweltschutzes in Unternehmen und anderen Organisationen zu fördern. Bei der Entstehung kann man grob zwischen ISO-Standards bzw. -Normen und weiteren Standards unterscheiden. Erstgenannte werden durch die *International Organization for Standardization* (ISO) entwickelt. Die Nicht-ISO-Standards werden von privaten Organisationen ausgearbeitet. Eine Reihe von Standards wurde in der Dachorganisation ISEAL-*Alliance* zusammengefasst, die *Codes of Good Practice* zur Entwicklung von Umwelt- und Sozialstandards veröffentlicht hat.

Die Europäische Gemeinschaft hat sich 1993 in ihrem 5. Umweltaktionsprogramm für eine dauerhafte und umweltgerechte Entwicklung ausgesprochen. Dieses Programm wurde zu einer wichtigen Etappe in der langfristig angelegten Strategie für die Verbesserung des Schutzes der Umwelt und der Lebensqualität innerhalb der lokalen und globalen Gemeinschaft. Ein wichtiges Ergebnis des Programms ist die EMAS-Verordnung, die seit ihrer Einführung im gleichen Jahr einen Rahmen für Umweltmanagementsysteme und deren Überprüfung primär in europäischen Organisationen und Unternehmen bietet.

Auch im Rahmen der privaten Normungsorganisationen existiert seit mehr als zehn Jahren eine Norm für Umweltmanagementsysteme. Die wichtigste internationale Trägerorganisation für Normung ist die 1946 gegründete *International Organization for Standardization* (ISO) mit Sitz in Genf, ein Zusammenschluss von 160 nationalen Normierungsinstitutionen, an denen die Wirtschaft und teilweise auch der Staat sowie gesellschaftliche Gruppen beteiligt sind. Hauptaufgabe der ISO ist die Erarbeitung internationaler Normen. Darüber hinaus trägt sie zur Koordination und Harmonisierung nationaler Normen bei. Der Beginn der Normungsaktivitäten im Bereich „Umweltmanagementsysteme" lässt sich für die ISO auf eine entsprechende Anfrage des *World Business Council for Sustainable Development* (WBCSD) zurückführen. Demnach sollten Umweltmanagementnormen erstellt werden, welche die Privatwirtschaft unterstützen, effektive Umweltmanagementsysteme sowie flankierende Instrumente einzuführen, um durch die Verbesserung des Umweltmanagements einen Beitrag für eine nachhaltige Entwicklung zu leisten. Daraus entstand die Normenreihe 14000ff. Die im Jahre 1996 zum ersten Mal verabschiedete, 2004 und 2009 überarbeitete ISO 14001 ist jedoch die einzige Norm, welche als Spezifikation, d.h. als zertifizierungsfähige Norm, ausgestaltet ist. Im Jahre 2012 hat die Novellierung der Normen DIN EN ISO 14001 und DIN EN ISO 14004 (Allgemeiner Leitfaden über Grundsätze, Systeme und unterstützende Methoden für Umweltmanagementsysteme) begonnen. Normenreihe 14000ff.

Neben den umweltbezogenen Normen wurden auch Normen entwickelt, die die gesellschaftliche Verantwortung von Unternehmen im Fokus

SA 8000

haben. Ein Beispiel dafür ist der *Social Accountability Standard* SA 8000. Dieser Standard (vgl. http://www.sa-intl.org/) wurde 1997 vom *Initiative Council on Economic Priorities* (CEP) entwickelt. Heute unterliegt der SA 8000 der Verantwortung von *Social Accountability International* (SAI). In diesem *Council* sind Unternehmen sowie eine Vielzahl von Nichtregierungsorganisationen (NGOs) vertreten. Ziel war es, einen Standard für ein sozial-ethisches Management eines Unternehmens zu entwickeln, welcher weltweit konsensfähig sein sollte. Allerdings waren auch ökonomische Gründe ausschlaggebend für die Entstehung des Standards. So wird u.a. darauf hingewiesen, dass durch den SA 8000 Konsumentenboykotte oder Schadenersatzforderungen abgewendet werden sollen.

Die *Fair Wear Foundation* (FWF) wurde 1999 in den Niederlanden vom Verband des Einzelhandels, dem Verband der Bekleidungsfirmen, Gewerkschaften und Nichtregierungsorganisationen mit dem Ziel gegründet, die Arbeitsbedingungen in der Bekleidungsindustrie in den Produktionsländern zu verbessern. Mit ihrem Beitritt verpflichten sich die Unternehmen, den FWF-Verhaltenskodex bei ihren Zulieferbetrieben durchzusetzen. Der FWF-Verhaltenskodex richtet sich nach den Kernar-

ILO-Standards

beitsnormen der Internationalen Arbeitsorganisation (ILO) und weiteren ILO-Standards (sowie dem Verhaltenskodex der *Clean Clothes Campaign*).

Die FWF kooperiert in den Produktionsländern mit lokalen Akteuren und entwickelt ein Beschwerdesystem. Die Unternehmen müssen ihre Produktion selbst überprüfen (internes Monitoring) und werden zusätzlich von der FWF kontrolliert (externe Verifizierung). Im Gegensatz zu vielen anderen Siegeln werden bei der FWF alle Produkte eines Unternehmens zertifiziert.

OHSAS 18001

Der Standard für Management der Arbeitssicherheit (*Occupational Health and Safety Assessment Series*) OHSAS 18001 wurde im Jahre 1999 veröffentlicht und ist von der *British Standards Institution* gemeinsam mit internationalen Zertifizierungsgesellschaften entwickelt worden.

FSC

1993 fand in Toronto die Gründungsversammlung des *Forest Stewardship Councils* (FSC) statt. 130 Vertreterinnen und Vertreter der Holzwirtschaft, NGOs sowie Regierungsvertreter und Zertifizierungsinstitutionen aus 25 Ländern kamen dort zusammen, um eine gemeinsame Erklärung zu verfassen, in der die Wege und Möglichkeiten, die Interessen der Beteiligten gebündelt sowie die ökonomischen, sozialen und ökologischen Ziele im Bereich der Waldwirtschaft als eine einheitliche und in sich konsistente Strategie formuliert wurden. Die offizielle Einführung des FSC-Standards folgte im Jahre 1996.

4.3 Die Norm DIN EN ISO 14001

Die weltweit gültige ISO-Norm bezieht sich auf Organisationen, die als „Gesellschaft, Körperschaft, Betrieb, Unternehmen, Behörde oder Institution oder Teil oder Kombination davon, eingetragen oder nicht, öffentlich oder privat, mit eigenen Funktionen und eigener Verwaltung" (DIN EN ISO 14001:2009) definiert werden. Weltweit haben inzwi-

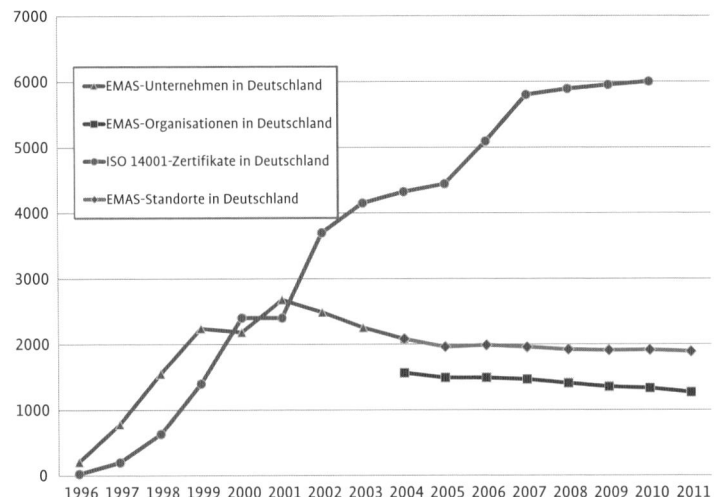

Abb. 4.1 Deutschland-Trend von EMAS-Standorten und -Organisationen sowie von ISO-14001-Zertifikaten (Schätzung) (Quellen: EMAS-, und ISO 14001-Daten 1996-2003 – persönliche Kommunikation von Reinhard Peglau (Umweltbundesamt), EMAS-Daten 2004–2011 – EMAS 2011, ISO 14001-Daten 2004–2011 – ISO Survey 2011; Moutchnik (2012), S. 123–134).

schen mehr als 220 000 Organisationen ihr Umweltmanagementsystem nach den Anforderungen der ISO 14001 ausgerichtet und – als Bestätigung dieser Übereinstimmung – ein Zertifikat erhalten (siehe Abbildung 4.1).

Die ISO 14001 enthält allgemeine Vorgaben für den Aufbau eines Umweltmanagementsystems und zielt darauf ab, dass durch die Anwendung eines entsprechenden Systems Umweltbelastungen verhindert werden. Ein Umweltmanagementsystem umfasst – als Teil des Managementsystems – eine Organisationsstruktur, Planungsaktivitäten, Verantwortlichkeiten, Praktiken, Verfahren, Prozesse und Ressourcen (DIN EN ISO 14001:2009, 3.8, Anm. 2).

4.3.1 Der Ablauf der ISO 14001

Zur Implementierung des in der ISO-Norm beschriebenen Umweltmanagementsystems sind fünf Schritte notwendig.

Ausgangspunkt der ISO 14001 ist die Festlegung einer Umweltpolitik, in der die Organisation den Rahmen für ihre umweltbezogenen Ziele absteckt. Neben einer Verpflichtung zur Einhaltung der relevanten umweltrechtlichen Vorschriften ist die oberste Führungsebene insbesondere zur ständigen Verbesserung des Managementsystems verpflichtet. In dieser – und auch in den weiteren Anforderungen der Norm – kommt die besondere Rolle der Unternehmensleitung zum Ausdruck. Damit wird in der ISO 14001 nicht nur die „operative", sondern auch – und zwar vor allem – die „strategische" Bedeutung des Umweltmanagements betont. Die ständig steigenden Umweltrisiken aller Art haben insbesondere in den letzten Jahren eine neue Dimension der Management-

Festlegung

verantwortung geschaffen, denn fast alle Bereiche unternehmerischer Tätigkeit sind inzwischen eng mit der Umweltproblematik verbunden und bedürfen einer umfassenden und kompetenten Herangehensweise seitens der Unternehmensführung.

Planung

Der zweite Schritt der ISO-Norm ist die Planung. Diese fordert vom obersten Führungsgremium, Verfahren einzuführen, um ihre relevanten Umweltaspekte sowie gesetzliche und andere Anforderungen zu ermitteln. Auf dieser Grundlage ist es erforderlich, dass die Organisation für jede relevante Funktion und Ebene innerhalb ihrer Organisationsstruktur konkrete, möglichst messbare Zielsetzungen festlegt. Weiterhin sind im Rahmen der Planung Umweltprogramme zur Verwirklichung der umweltbezogenen Zielsetzungen zu erstellen, die sowohl die Verantwortlichkeiten als auch die Mittel und den Zeitrahmen für die Zielerreichung festlegen.

Verwirklichung und Betrieb

Der dritte Schritt der ISO-Norm – Verwirklichung und Betrieb – bezieht sich auf die Organisationsstruktur und die Verantwortlichkeiten, die Schulung und Kompetenz der Mitarbeiter, die interne und externe Kommunikation, die Dokumentation des Umweltmanagementsystems sowie die Lenkung der Dokumente. Das oberste Führungsgremium wird verpflichtet, zur Erfüllung ihrer Umweltpolitik und ihrer umweltbezogenen Zielsetzungen die dazu notwendigen Abläufe zu planen. Dieses Element der ISO-Norm soll sicherstellen, dass die Organisationen ihre Umweltpolitik und Umweltziele tatsächlich umsetzen.

Überprüfung

Inwieweit diese Ziele erreicht werden, wird im Rahmen der Überprüfung (Schritt vier) ermittelt. Hierfür sind insbesondere Überwachungsaufgaben und Messungen sowie eine interne Überprüfung (Audit) des Umweltmanagementsystems vorgesehen. Ein solches Audit ist ein systematischer, unabhängiger und dokumentierter Prozess zur Erlangung von Auditnachweisen und zu deren objektiver Auswertung, um zu ermitteln, inwieweit die von der Organisation festgelegten Auditkriterien des Umweltmanagementsystems erfüllt sind (DIN EN ISO 14001:2009, 3.14). Für die Organisationsleitung ist es erforderlich, ein Programm zur regelmäßigen Auditierung des Umweltmanagementsystems aufzustellen.

Neben dem regulären internen Audit fordert die ISO 14001 von der obersten Leitung der Organisation, das Umweltmanagementsystem in festgelegten Abständen zu bewerten (Schritt fünf), um seine fortdauernde Eignung, Angemessenheit und Wirksamkeit sicherzustellen. Dieser zyklische Managementprozess soll zu einer ständigen Verbesserung des Umweltmanagementsystems und damit der Umweltleistung des Unternehmens führen.

Anforderungen für die Durchführung der Zertifizierung oder die Erteilung eines Zertifikats sind in der ISO 14001 nicht zu finden. Hierzu sind andere Normen der ISO heranzuziehen wie z.B. DIN EN ISO 19011:2011 – Leitfaden für Audits von Qualitätsmanagement- und/oder Umweltmanagementsysteme.

Die ISO 14001 enthält nur solche Anforderungen, die objektiv auditiert werden können. Sie legt keine absoluten Anforderungen für die

Umweltleistung fest, die über die Verpflichtungen in der betrieblichen Umweltpolitik hinausgehen. In der Einleitung zu dieser Management-norm ist festgelegt, dass „zwei Organisationen, die ähnliche Tätigkeiten ausüben, aber unterschiedliche Umweltleistung zeigen, dennoch beide die Anforderungen (der Norm) erfüllen können" (DIN EN ISO 14001:2009, Einleitung).

4.3.2 Die Zertifizierung des Umweltmanagementsystems nach DIN EN ISO 14001:2009

Das Zertifizierungssystem besteht aus den für die Überprüfung der Normkonformität und die Vergabe der Zertifikate verantwortlichen Zertifizierungsstellen sowie den für die Akkreditierung und Überwachung der Zertifizierungsstellen zuständigen Akkreditierungsstellen. In Deutschland existiert zusätzlich die 1990 gegründete Trägergemeinschaft für Akkreditierung (TGA).

Akkreditierungsstelle

Die Zertifizierungsstelle führt bei der Organisation ein Zertifizierungsaudit durch. Dieses findet prinzipiell am Standort der Organisation statt. Dabei wird überprüft, ob das Umweltmanagementsystem der Organisation alle anwendbaren Forderungen der ISO 14001 – d.h. Regeln, Ziele und Verfahren der Norm – befolgt. Anschließend erstellen die externen Auditoren einen Bericht, der eine genaue Definition des Auditgegenstandes, eine Darstellung der wichtigsten Beobachtungen in Bezug auf Umsetzung und Wirksamkeit des Umweltmanagementsystems sowie ein zusammenfassendes Ergebnis beinhaltet.

Zertifizierungsstelle

Auf der Grundlage des Auditberichts entscheidet die Zertifizierungsstelle, ob sie der Organisation ein Zertifikat erteilt. Damit räumt die Zertifizierungsstelle der Organisation das Recht ein, ihr Zeichen oder Logo für die Zertifizierung eines Umweltmanagementsystems zu benutzen. Die Organisation darf keinesfalls das Zeichen der ISO oder der Akkreditierungsstelle verwenden.

Werden während des externen Audits Abweichungen von der Norm festgestellt, wird dem Unternehmen zunächst eine Frist von drei Monaten gestellt, innerhalb derer Maßnahmen ergriffen werden müssen, die die festgestellten Mängel beseitigen. Geschieht dies nicht, wird kein Zertifikat erstellt bzw. es erfolgt eine Aussetzung des vorher erstellten Zertifikats. Ein Entzug oder eine Annullierung eines Zertifikats ist ebenfalls möglich, u.a. wenn Korrekturmaßnahmen nicht ergriffen werden, wenn ein Unternehmen Straftatbestände bei seiner Tätigkeit erfüllt oder wenn es die Objektivität und Neutralität der Auditergebnisse beeinflusst hat.

Damit das Zertifikat, welches die Zertifizierungsstelle ausgibt, von den interessierten Kreisen, d.h. von Person(en) oder Gruppe(n), „die sich mit der umweltorientierten Leistung einer Organisation befasst oder davon betroffen sind" (DIN EN ISO 14001:2009, 3.13), als Nachweis der Normkonformität anerkannt wird, bedarf es einer Kontrolle der Zertifizierungsstellen durch eine übergeordnete Instanz. Eine solche Kontrolle wird im ISO-System durch die Akkreditierung gewährleistet. Diese ist, genau wie die Zertifizierung, freiwillig und signalisiert den Verwendern des Zertifikats, dass die Zertifizierungsstelle bestimmte Anforderungen erfüllt und dies auch kontrollieren lässt. Um festzustellen, ob die Bedingungen für die Akkreditierung dauerhaft erfüllt werden, müssen sich die akkreditierten Zertifizierungsstellen mindestens einmal jährlich einer Überwachung durch die TGA unterziehen. In diesem Zusammenhang werden zum einen Überprüfungen in der Geschäftsstelle durchgeführt und zum anderen Mitarbeiter der Zertifizierungsstelle bei der Zertifizierung einer Organisation begleitet.

4.4 Die EMAS-Verordnung

Am System der EMAS-Verordnung kann jede Organisation teilnehmen, die ihre betriebliche Umweltleistung verbessern möchte. Allerdings gilt hier – im Gegensatz zur ISO 14001 – der Standort als die kleinste validierungsfähige Einheit. Für Organisationen mit mehreren Standorten (die auch in verschiedenen Ländern liegen können) wurde die Möglichkeit zur Beantragung einer Sammelregistrierung geschaffen (www.umweltschutz-bw.de). Der Geltungsbereich der im Januar 2010 inzwischen in dritter Auflage in Kraft getretenen Verordnung (EMAS III) beschränkt sich nunmehr nicht nur auf die EU-Mitgliedsstaaten und assoziierte Länder, sondern gilt auch für außerhalb der EU ansässige Organisationen. Gemäß Art. 1 Abs. 2 besteht das Ziel der EMAS-Verordnung darin, kontinuierliche Verbesserungen der Umweltleistung von Organisationen zu fördern, indem die Organisationen Umweltmanagementsysteme errichten und anwenden, die Leistung dieser Systeme einer systematischen, objektiven und regelmäßigen Bewertung unterzogen wird, Informationen über die Umweltleistung vorgelegt werden, ein offener Dialog mit der Öffentlichkeit und anderen interessierten Kreisen geführt und die Arbeitnehmenden der Organisationen aktiv beteiligt werden und eine angemessene Schulung erhalten.

4.4.1 Der Ablauf einer Zertifizierung nach EMAS

Umweltprüfung

Bei der erstmaligen Teilnahme ist es erforderlich, dass die Organisation eine Umweltprüfung durchführt. Es handelt sich dabei um eine erste Untersuchung umweltbezogener Fragestellungen und Auswirkungen des betrieblichen Produktions- und Managementprozesses an einem Standort (sog. Bestandsaufnahme). Hierbei sollen die Umweltaspekte und Auswirkungen der Tätigkeiten, Produkte und Dienstleistungen, die einschlägigen Rechtsvorschriften sowie die bereits angewandten Techniken und Verfahren des Umweltmanagements ermittelt werden.

Auf der Grundlage der Ergebnisse der Bestandsaufnahme entscheidet die Organisation über die Beibehaltung oder Änderung des bestehenden Umweltmanagementsystems am Standort (sofern bereits ein solches System existiert, sonst muss es erst aufgebaut werden). Darüber hinaus enthält die Verordnung Zusatzanforderungen, welche von den teilnehmenden Organisationen eingehalten werden müssen. Hierbei handelt es sich um

- die Einhaltung aller einschlägigen Umweltvorschriften (*„legal compliance"*),
- eine quantifizierbare und messbare Verbesserung der Umweltleistung in stofflicher und energetischer Hinsicht,
- die aktive Einbeziehung der Arbeitnehmenden
- sowie das Bekenntnis zu einer aktiven externen Kommunikation.

Nach der Einrichtung des Umweltmanagementsystems erfolgt eine durch interne und/oder externe Betriebsprüfer durchgeführte Umweltbetriebsprüfung (Audit). Die Umweltbetriebsprüfung wird nach den Kriterien des Anhangs II durchgeführt. Ziel einer solchen Prüfung ist die Bewertung der Funktionsfähigkeit des bestehenden Managementsystems. Dabei ist insbesondere zu berücksichtigen, ob dieses mit der Umweltpolitik und dem Umweltprogramm der Organisation vereinbar ist und ob die einschlägigen Umweltvorschriften eingehalten werden. Anhand der Ergebnisse dieser Betriebsprüfung ist ein Umweltprogramm aufzustellen, in dem die Umsetzung von Korrekturmaßnahmen festgelegt wird. *(Umweltbetriebsprüfung)*

Der nächste Schritt ist die Erstellung einer Umwelterklärung. Diese wird für die Öffentlichkeit und andere interessierte Kreise verfasst. Dies stellt einen wesentlichen Unterschied zur ISO 14001 dar, in der kein entsprechendes Instrument zur Information der Öffentlichkeit vorgesehen ist. Die Umwelterklärung hat unter anderem eine Beschreibung der Organisation und des Umweltmanagementsystems, der selbst gesetzten Umweltziele und der tatsächlichen Umweltleistung zu enthalten. Die in der Umwelterklärung veröffentlichten Informationen und Daten sollen so dargestellt werden, dass sie einen Vergleich über mehrere Jahre und verschiedene Organisationen ermöglichen. Weiterhin wird gefordert, dass die Informationen in der Umwelterklärung einmal jährlich (für kleine und mittlere Unternehmen einmal in zwei Jahren) aktualisiert werden. Eine wichtige Neuerung in EMAS III betrifft die Ermittlung der sogenannten Kernindikatoren für die Umweltleistung sowie die Veröffentlichung dieser Daten in der Umwelterklärung. Die Kernindikatoren beziehen sich auf die Umweltleistung in den Bereichen „Energieeffizienz", „Materialeffizienz", „Wasser", „Abfall", „biologische Vielfalt" und „Emissionen". *(Umwelterklärung)*

Nach erfolgreicher Prüfung durch einen Umweltgutachter wird die Organisation bei der zuständigen Stelle (in Deutschland sind dies die Industrie- und Handelskammern sowie die Handwerkskammern) – für maximal drei Jahre – in ein Verzeichnis eingetragen. Das Verzeichnis aller eingetragenen Standorte der Europäischen Gemeinschaft wird jährlich im Amtsblatt der Europäischen Gemeinschaften veröffentlicht. Mit der Eintragung in das Verzeichnis ist die Organisation berechtigt,

EMAS-Zeichen

EMAS

GEPRÜFTES
UMWELTMANAGEMENT

Abb. 4.2 EMAS-Zeichen
(Quelle: EMAS-Verord-
nung 2010).

Umweltgutachter

das EMAS-Zeichen für Werbezwecke zu verwenden. Das Logo darf aller-
dings nicht auf Produkten und deren Verpackung abgebildet werden.
Damit ist für die Organisation die erste Teilnahme abgeschlossen.
Entschließt sich die Organisation zur fortgesetzten Teilnahme, so ist die-
ser Zyklus alle drei Jahre (für KMU alle vier Jahre) zu durchlaufen; die
Neufassung der Umwelterklärung ist i.d.R. jährlich zu validieren. Einen
Überblick über den beschriebenen Ablauf der EMAS-Verordnung stellt
Abbildung 4.3 dar.

4.4.2 Das Validierungssystem von EMAS

Die Zulassung und Kontrolle der Umweltgutachter wurde an die Deutsche Akkreditierungs- und Zulassungsgesellschaft für Umweltgutachter
mbH (DAU) delegiert, die eigens zu diesem Zweck gegründet wurde.
Die Registrierung der Organisationen wurde den Industrie- und Handelskammern (IHK) und den Handwerkskammern (HwK) übertragen
(„zuständige Stellen", s. oben).

Ergänzend wurde ein pluralistisch zusammengesetzter Ausschuss,
der Umweltgutachterausschuss (UGA), eingerichtet. Seine wesentlichen
Aufgaben bestehen darin, der DAU Richtlinien für die Zulassung und
Aufsicht der Umweltgutachter an die Hand zu geben und das Bundesumweltministerium (BMU) in allen Zulassungs- und Aufsichtsangele-
genheiten zu beraten. Das deutsche Zulassungs-, Aufsichts- und Regist-
rierungssystem wurde im Umweltauditgesetz (UAG) und den ergänzenden Rechtsverordnungen gesetzlich verankert.

Das in Deutschland etablierte Zulassungs- und Aufsichtsverfahren ist
so ausgestaltet, dass neben Umweltgutachterorganisationen auch natürliche Personen, sogenannte Einzelgutachter, als Umweltgutachter zuge-
lassen werden können. Ziel der Zulassungs- und Aufsichtsverfahren ist
es, sicherzustellen, dass die Gutachter über die in der EMAS-Verordnung
und dem UAG geforderte Fachkunde, Zuverlässigkeit und Unabhängigkeit verfügen. Der Ablauf der Verfahren ist durch das UAG, die ergänzenden Rechtsverordnungen und die Richtlinien des UGA vorgegeben.

Aufgabe des Umweltgutachters ist es, zu prüfen, ob die Organisation,
die die Aufnahme in das EMAS-Register anstrebt, ein funktionsfähiges
Umweltmanagementsystem eingerichtet, eine Umweltbetriebsprüfung
durchgeführt und eine Umwelterklärung erstellt hat, die den Vorschriften der EMAS-Verordnung entsprechen. In Bezug auf die Umwelterklärung ist dabei sowohl die Vollständigkeit als auch die Richtigkeit der
enthaltenen Auskünfte und Daten zu kontrollieren. Darüber hinaus
gehört es zu den Pflichten des Umweltgutachters, sich zu vergewissern,
dass die Organisationen Verfahren etabliert haben, die die Einhaltung
der umweltrechtlichen Vorschriften sicherstellen können.

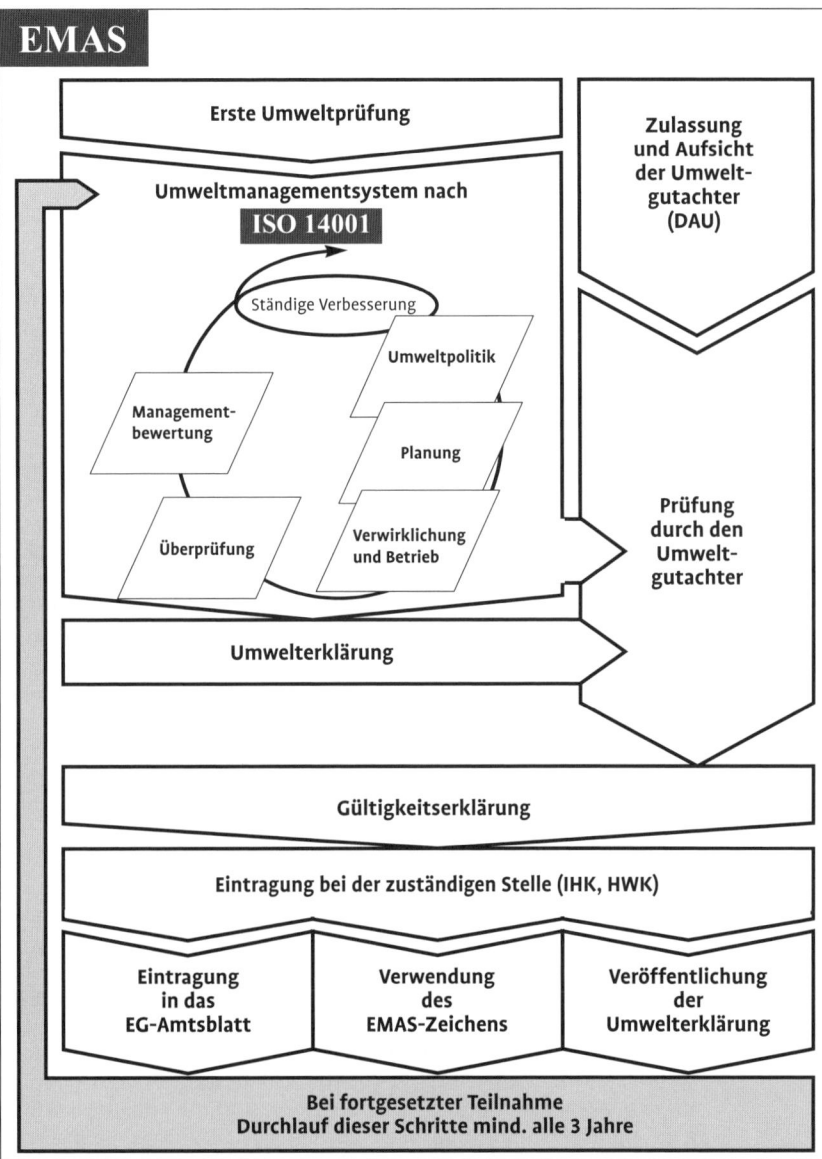

Abb. 4.3 Ablauf der EMAS-Verordnung (eigene Darstellung) mit dem Modell des Umweltmanagementsystems nach ISO14001 (Quelle: DIN EN ISO14001:2005, S. 7).

4.5 *Social Accountability* 8000 (SA 8000)

Arbeitsbedingungen
und Rechte von
Mitarbeitern

Gegenstand der SA 8000 sind die Arbeitsbedingungen und Rechte von Mitarbeitern. Hierbei orientiert sich der Standard an der *International Labour Organization* (ILO), welche wiederum hauptsächlich auf die UN-Konventionen zu den Menschenrechten beruht. Die SA 8000 bezieht sich auf Unternehmen, die definiert werden als „Organisation oder geschäftliche Entität, die für die Umsetzung der Erfordernisse dieser Normen verantwortlich ist, unter Einschluss von allen Angestellten" (III Nr. 1 der SA 8000). Der Geltungsbereich der SA 8000 ist weltweit.

Zielsetzung

Die Zielsetzung der Norm ist es, von den Unternehmen zu verantwortende bzw. zu beeinflussende soziale Probleme zu bewältigen. Zu diesem Zweck legt die SA 8000 unter Abschnitt IV Erfordernisse für soziale Bewertungsregeln fest. Diese beziehen sich auf Kinderarbeit, Zwangsarbeit, Gesundheit und Sicherheit, Vereinigungsfreiheit und das Recht zu Kollektivverhandlungen, Fragen der Diskriminierung, Disziplinarmaßnahmen, Arbeitszeit und Löhne. Diese Bewertungsregeln sind imperativistisch formuliert und legen den inhaltlichen Mindeststandard fest. So heißt es beispielsweise unter Arbeitszeit im Abschnitt 7.1 der SA 8000, dass „das Unternehmen die anwendbaren Gesetze und Industrienormen über Arbeitszeit beachten wird; auf keinen Fall wird von der Belegschaft verlangt, dass regelmäßig über 48 Stunden pro Woche gearbeitet wird und das Personal erhält mindestens einen freien Tag in jeder siebentägigen Periode".

4.5.1 Der Ablauf der SA 8000

Soziale Bewertungs-
regeln

Unter dem Punkt Managementsysteme wird die Umsetzung der sozialen Bewertungsregeln beschrieben. Zuerst ist es erforderlich, dass die oberste Unternehmensleitung eine Politik definiert, in der sich das Unternehmen verpflichtet, alle Erfordernisse der SA 8000 sowie die nationalen und anderen anwendbaren Gesetze einzuhalten, kontinuierliche Verbesserungen anzustreben und diese effektiv zu dokumentieren, mitzuteilen und umzusetzen. In einem nächsten Schritt muss das Unternehmen gewährleisten, dass die Erfordernisse der Norm auf allen Ebenen der Organisation verstanden und berücksichtigt werden. Weiterhin findet eine Überprüfung der Zulänglichkeit, Angemessenheit und fortwährenden Wirksamkeit der Verfahren und Leistungen des Unternehmens bezüglich der Erfordernisse der Norm statt. Abschließend erfolgt eine „Berichterstattung, um allen beteiligten Parteien regelmäßig Daten und andere Informationen über die im Zusammenhang mit der SA 8000 relevanten Handlungen des Unternehmens zugänglich zu machen". Besonders hervorgehoben wird noch, dass die Unternehmen ihre Lieferanten ebenso zur Erfüllung der Norm verpflichten sollen. Insgesamt orientiert sich der Ablauf der SA 8000 stark am Ablauf der ISO 14001 (s. Kap. 4.3.1).

4.5.2   Das Zertifizierungssystem der SA 8000

Das SA 8000-Programm besteht aus genau abgegrenzten Verfahren, denen sich ein Unternehmen unterziehen kann, um zu gewährleisten und seinen Kunden zu versichern, dass es Produkte unter menschenwürdigen Arbeitsbedingungen herstellt. Wenn sich die Geschäftstätigkeit des Unternehmens auf den Einzelhandel bezieht, kann das Unternehmen direkt SA 8000-Mitglied werden. Ist das Unternehmen hingegen Hersteller oder Lieferant, muss es sich um die SA 8000-Zertifizierung bewerben. Für Unternehmen, die sowohl verkaufen als auch produzieren, eignet sich eine Mitgliedschaft in Verbindung mit der Zertifizierung.

Beide Wege setzen sich aus einem dreistufigen Verfahren zusammen: Der Annahme, der Implementierung und der Leistungsmessung. Im Rahmen einer SA 8000-Mitgliedschaft ist die Anerkennung der Richtigkeit der SA 8000-Bestimmungen, die Aufstellung eines Zeitplans zur Implementierung der Norm sowie der Nachweis über die Einhaltung der nationalen Bestimmungen sicherzustellen. Anschließend entwirft das Unternehmen ein Programm zur Realisierung seiner individuellen Ziele, informiert seine Lieferanten über die angestrebte Implementierung der SA 8000 und fordert diese auf, dem Standard ebenfalls zu entsprechen. Zur Implementierung gehört auch ein Zeitplan zur allmählichen Beendigung der Geschäftstransaktionen mit den Lieferanten, die dem Standard nicht entsprechen. Im letzten Schritt veröffentlichen SA 8000-Mitglieder jährlich einen Bericht über ihre Zielsetzungen und die Fortschritte beim Erreichen dieser Zielsetzungen.

Dreistufiges Verfahren

Im Rahmen einer SA 8000-Zertifizierung verpflichtet sich das Unternehmen, die SA 8000-Bestimmungen einzuhalten und die Zertifizierung innerhalb eines Jahres bei einem akkreditierten Zertifizierer zu beantragen. Nach erfolgter Implementierung der Norm kann eine erste Beurteilungsprüfung vorgenommen werden. Bei bestandener Prüfung kann sofort Schritt drei, die Zertifizierung, erfolgen. Der Zertifizierer wird sich mit den örtlichen Behörden und NGOs in Verbindung setzen, um Informationen über das Unternehmen zu sammeln. Weiterhin werden Befragungen der Mitarbeiter und eine Prüfung der Unterlagen des Betriebs vorgenommen. Bei erfolgreicher Prüfung wird dem Unternehmen ein SA 8000-Zertifikat ausgestellt. Dieses Zertifikat ist grundsätzlich drei Jahre gültig. Alle sechs Monate findet jedoch eine Inspektion durch den Zertifizierer statt. Spätestens nach drei Jahren sollte das Unternehmen eine Verlängerung der Gültigkeit des Zertifikats beantragen.

4.6   „Code of Labour Practices" der *Fair Wear Foundation* (FWF)

Die *Fair Wear Foundation* (FWF) ist 1999 aus einer Initiative niederländischer Branchenverbände der Textilwirtschaft, Gewerkschaften und Nichtregierungsorganisationen entstanden. Die FWF hat sich zum Ziel gesetzt, weltweit faire, gesetzliche und menschenwürdige Arbeitsbedingungen in Betrieben zu fördern, die bislang vor allem für den niederländischen Markt Bekleidung herstellen. Die Arbeitsbedingungen sollen den jeweiligen Mindeststandards der Internationalen Arbeitsorganisation (ILO) sowie den örtlichen Gesetzen und Vorschriften entsprechen.

Die FWF nahm 2001 ihre Arbeit auf und startete in Zusammenarbeit mit fünf Bekleidungsherstellern die ersten Pilotprojekte in Indien, Rumänien und Indonesien, um den sogenannten *Code of Labour Practices* auf Umsetzbarkeit zu testen.

Code of Labour Practices

Der FWF macht die Einhaltung von Kriterien zum Thema Kinderarbeit, existenzsichernde Entlohnung, soziale Absicherung, Mitspracherechte im Unternehmen, Arbeitszeiten, Gesundheit und Sicherheit am Arbeitsplatz und eine umweltfreundliche Produktion zur Bedingung einer Zertifizierung. Die Arbeitsstandards der FWF basieren auf den ILO-Übereinkommen, einschließlich der sogenannten Kernarbeitsnormen, sowie auf der UN-Menschenrechtsdeklaration.

Auf die regelmäßige Kontrolle und Transparenz des Standards wird großen Wert gelegt. Einmal jährlich überprüft ein internes Gremium der Mitgliedsunternehmen die Einhaltung der Arbeitsstandards (internes Monitoring). Alle drei Jahre führt die FWF eine externe und unabhängige Kontrolle über die Umsetzung der Arbeitsbedingungen durch. Auch die Umsetzung der Anforderungen in den Managementsystemen der jeweiligen Mitgliedsunternehmen wird überprüft, um eine wirksame Umsetzung des FWF-Verhaltenskodex sicherzustellen. Die Mitglieder müssen Jahresberichte veröffentlichen und der FWF eine Liste der Zulieferer zukommen lassen. Die FWF selbst gibt jährliche Verifizierungsberichte und Infoblätter heraus. Entscheidungen über Mitgliedschaften werden auf der Homepage der FWF – unter Angabe von Name und Marke des Unternehmens, Anzahl und Herkunft der Zulieferer und Anzahl der durch die FWF extern überprüften Zulieferer – veröffentlicht.

Mittlerweile hat die FWF über 45 Mitgliedsfirmen nicht nur in den Niederlanden, sondern auch in Dänemark, Deutschland und der Schweiz, und ist darüber hinaus in Bangladesch, Bulgarien, China, Indien, Litauen, Mazedonien, Polen, Portugal, Rumänien, Thailand, Tunesien, Türkei, der Ukraine und in Vietnam aktiv.

4.7 Standard für Arbeitsschutzmanagement (OHSAS 18001)

OHSAS 18001

Arbeitsschutzmanagementsystem

OHSAS 18001 (*Occupational Health and Safety Assessment Series*) ist ein internationaler Standard zur Bewertung und Zertifizierung eines Arbeitsschutzmanagementsystems (AMS). Diese Norm gilt für alle Unternehmen, unabhängig von Branche und Größe der Sektoren, für Industrie, Dienstleister, soziale Einrichtungen und öffentliche Verwaltungen. Sie spezifiziert die Mindestanforderungen an das AMS und lehnt sich in ihrer Struktur, Zielsetzung und Ausführung sehr stark an die ISO 14001 an.

Nach OHSAS 18001 ist die oberste Leitung verpflichtet, eine Arbeitsschutzpolitik für das Unternehmen zu definieren und diese auch struk- Arbeitsschutzpolitik
turiert und konsequent umzusetzen. Ausgehend von einer umfassenden
Gefährdungsbeurteilung und Risikobewertung von Prozessen, die
Arbeiterschutz betreffen, werden im Rahmen des AMS entsprechende
technische, organisatorische und persönliche Schutzziele festgelegt.
Aus diesen Schutzzielen leitet die Unternehmensführung die technischen Anforderungen an die Arbeitsmittel, an die fachlichen und arbeits-
schutzrechtlichen Anforderungen, an die eigenen Mitarbeiter sowie Vertragspartner ab. Die Unternehmensleitung entwickelt Prozesse und
Werkzeuge für die Durchführung, Dokumentation, Überwachung und
die Bewertung der Einhaltung dieser Schutzziele. Darüber hinaus werden auch entsprechende Szenarien und Verhaltensmuster für Notsitua-
tionen erstellt und eingeführt. Die ständige Weiterbildung der Mitarbeiter ist eines der wichtigsten Anforderungen an ein erfolgreiches AMS.
Dabei spielt die Kommunikation für die ständige Verbesserung des AMS
eine besonders große Rolle. Dieses System wird durch regelmäßige
interne und externe Audits überprüft. Die Organisation kann auch ein
Zertifikat bekommen, das die Übereinstimmung des eingeführten und
funktionierenden Systems mit den Anforderungen von OHSAS 18001
bestätigt.

Mit der Zertifizierung nach OHSAS 18001 kann ein Unternehmen
gleichzeitig die Anforderungen anderer Regelwerke erfüllen wie es z. B.
in der Schweiz mit der von der Eidgenössischen Koordinationskommis-
sion für Arbeitssicherheit verabschiedeten EKAS-Richtlinie 6508 der
Fall ist.

Elemente von OHSAS 18001 können in Kombination mit ISO 9001
(Norm für Qualitätsmanagementsysteme) und ISO 14001 zu einem
umfassendem bzw. integrierten Managementsystem ausgebaut werden.

4.8 *Forest Stewardship Council*

Ziel des *Forest Stewardship Council* (FSC) ist das verantwortliche
Management von Wäldern, das soziale, wirtschaftliche und ökologi-
schen Kriterien umfasst. Die sozialen Kriterien beziehen sich auf die
Unterstützung der lokalen Bevölkerung sowie der Gesellschaft bei der
Erhaltung der Wälder und einem verantwortlichem langfristigem
Management. Die wirtschaftlichen Kriterien sollen die ausreichende
Profitabilität der Unternehmen sicherstellen, ohne auf Kosten des Waldes, des Ökosystems oder der Bevölkerung Gewinne zu machen. Die
ökologische Dimension umfasst den Erhalt der Biodiversität, der Produktivität und der ökologischen Prozesse im Wald. Es können nur holz-
basierte Produkte wie Papier oder Möbel zertifiziert werden.

Der Standard beruht auf zehn Prinzipien: Zehn Prinzipien
1. Einhaltung der nationalen Gesetzgebung und der FSC-Prinzipien,
2. Eigentums- und Besitzrechte und Verantwortlichkeiten,
3. Respekt der Rechte indigener Völker,

4. Bezug zu den lokalen Gemeinschaften und den Rechten der Arbeiter,
5. Verwendung des Gewinns aus der Waldnutzung,
6. Umweltwirkungen,
7. Managementplan,
8. Monitoring und Bewertung,
9. Erhalt hochwertigen Waldes sowie
10. Plantagen.

Der FSC ist ein internationales Netzwerk aus mehr als 50 nationalen Initiativen. Derzeit sind mehr als 1 000 Unternehmen aus 80 Ländern zertifiziert. Weiterhin ist der FSC bis heute die einzige Initiative im Bereich Wald, die einen globalen Anspruch hat. Hieraus ergibt sich die Schwierigkeit, realistische Bewertungsmaßstäbe für das verantwortungsvolle Management von Wäldern zu entwickeln, die global gültig sind. Aus diesem Grund hat der FSC ein mehrstufiges Verfahren entwickelt.

Der FSC International mit Sitz in Bonn akkreditiert Zertifizierer, nationale FSC-Initiativen und Standards. Die nationalen Initiativen entwickeln nationale und subnationale Standards und operationalisieren die allgemeinen Prinzipien, um den lokalen Gegebenheiten gerecht zu werden. In Deutschland ist die Arbeitsgruppe Deutschland e.V. des FSC für die Überarbeitung des nationalen Standards zuständig.

Der FSC beauftragt unabhängige Organisationen, welche er zuvor akkreditiert hat, mit der Zertifizierung der Unternehmen. Die Akkreditierung der Zertifizierer dauert 9–12 Monate und besteht aus Vor-Ort-Prüfungen bei der Zertifizierungsorganisation. Im Rahmen dieses Akkreditierungsvorgangs wird sichergestellt, dass die Prüfungsorganisationen über ausreichendes Know-how verfügen, so dass die FSC-Standards überprüft werden können und Auditoren verfügbar sind, die die Prüfung vor Ort tatsächlich durchführen können. Zurzeit sind 25 überregional tätige Prüfstellen akkreditiert, die jährlich auf die Qualität ihrer Zertifizierungen hin überprüft werden. Auf diese Weise wird sichergestellt, dass die Zertifizierer weltweit nach einheitlichen Maßstäben arbeiten.

Chain of Custody-Zertifikat

FSC-Siegel

Nur von diesen unabhängigen Zertifizierern geprüfte Unternehmen dürfen das FSC-Siegel verwenden. Dabei unterscheidet der FSC zwischen zwei Typen von Zertifikaten: Dem *Forest Management*-Zertifikat für Forstbetriebe und dem *Chain of Custody*-Zertifikat für Verarbeitungsbetriebe und den Handel. Kleine Unternehmen können ein Gruppenzertifikat anstreben, um die Kosten zu senken. Es besteht auch die Möglichkeit, ein kombiniertes Zertifikat zu erwerben. Das FSC-Siegel wird auf dem Produkt platziert.

4.9 DIN ISO 26000-Leitfaden zur gesellschaftlichen Verantwortung

Im Januar 2011 wurde die Norm DIN ISO 26000 als Leitfaden zur gesellschaftlichen Verantwortung verabschiedet. Der Leitfaden zeigt Unternehmen, Organisationen und Institutionen Richtungen auf, in die sie ihr gesellschaftlich verantwortliches Verhalten lenken können sowie Möglichkeiten, gesellschaftliches Ansehen durch die zielgerichtete Kommunikation dieser Aktivitäten an *Stakeholder* zu gewinnen.

Erste Leitfäden und Ansätze zu *Corporate Social Responsibility* (CSR) entstanden in den 1990er Jahren durch den *World Business Council of Sustainable Development* (WBCSD), die *United Nations Intergovernmental Working Group of Experts and International Standard of Accouting and Reporting* und die *New Economics Foundation* aus Großbritannien. 2001 veröffentlichte die Europäische Kommission in ihrem Grünbuch eine eindeutige Definition von CSR und entwickelte zu deren Umsetzung ein Konzept als Vorlage für Verordnungen und Richtlinien, mit dem Zweck, auf diesem Gebiet eine öffentliche und wissenschaftliche Diskussion herbeizuführen und grundlegende politische Ziele zu definieren. Für die ISO wurde von Verbraucherseite der Anstoß zur Erarbeitung einer internationalen Norm für „gesellschaftliche Verantwortung" gegeben, was zur Gründung des verbraucherpolitischen Komitees der ISO, dem *Consumer Policy Committee* (COPOLCO) führte, das während eines Treffens in Trinidad und Tobago 2002 einen Bericht mit dem Titel „The Desirability and Feasibility of ISO Corporate Social Responsibility Standards" erarbeitete. Als Ergebnis der langwierigen Diskussionen über diesen Bericht entstand die neue Idee, unter Mitwirkung 435 internationaler Expertinnen und Experten aus 91 Ländern und 190 stimmrechtsloser Beobachter eine freiwillige Vereinbarung über gesellschaftliche Verantwortung erarbeiten zu lassen.

Corporate Social Responsibility

Der als ISO 26000 veröffentlichte „Leitfaden zur gesellschaftlichen Verantwortung" soll allen Unternehmen sowie nichtstaatlichen Organisationen im öffentlichen und im gemeinnützigen Sektor, unabhängig von Größe und geografischem Standort, eine Orientierung zum Thema „gesellschaftliche Verantwortung" bieten und das Verständnis darüber in wirtschaftlichen sowie gesellschaftlichen Bereichen fördern. Mit ihren Vorschlägen zur Entwicklung, Umsetzung und Verbesserung durch sogenannte *Social Responsibility*-Instrumente (SR-Instrumente) lehnt sich die ISO 26000 an das CSR-Konzept der unternehmerischen gesellschaftlichen Verantwortung an. Sie unterscheidet sich jedoch durch das Auslassen des „C" für „*Corporate*" davon, so dass in der Norm ausschließlich „SR" (gesellschaftliche Verantwortung) Verwendung findet

Social Responsibility-Instrumente

Der Leitfaden beruht auf Freiwilligkeit und beschreibt kein Managementsystem, das einer externen Prüfung oder Zertifizierung unterzogen werden kann und vertragliche Anwendungen vorsieht. Vielmehr ist die ISO 26000 als Erweiterung zertifizierbarer Qualitäts- und Umweltmanagementsysteme nach ISO 9001 und ISO 14001 gedacht.

Die ISO 26000 gliedert gesellschaftlich verantwortliches Verhalten in sieben Prinzipien:

1. Rechenschaftspflicht – Rechenschaft gegenüber Auswirkungen auf Gesellschaft und Umwelt ablegen;
2. Transparenz – Transparenz zeigen in Entscheidungen und Aktivitäten, welche Gesellschaft und Umwelt beeinflussen;
3. Ethisches Verhalten – Ethisches oder moralisches Handeln zu jeder Zeit;
4. *Stakeholder*-Orientierung – Interessen der *Stakeholder* respektieren, beachten und durchsetzen;
5. Gesetzestreue – Rechtsverbindliche Gesetze akzeptieren und respektieren;
6. Internationale Verhaltensstandards – Respektieren internationaler Verhaltensnormen mit Berücksichtigung der Gesetze;
7. Menschenrechte – Respektieren der Menschenrechte und Verständnis für deren Wichtigkeit sowie Allgemeingültigkeit.

Darüber hinaus unterscheidet die ISO 26000 sieben Kernthemen, die für eine Umsetzung „gesellschaftlicher Verantwortung" zu berücksichtigen sind und zwar:

1. Organisationsführung – Unternehmenswerte, Strategie, Managementsysteme und Controlling, interne und externe Kommunikation (Aktionärsrechte, Teilnahme an Entscheidungen, Information von und an *Stakeholder* usw.);
2. Menschenrechte – Mitarbeitende sowie Arbeitsrechte und Menschenrechte in der Zulieferkette (Gewerkschaftsfreiheit und kollektive Verhandlung, Nichtdiskriminierung, Kinder- und Zwangsarbeit usw.);
3. Arbeitsbedingungen – Interessen der Mitarbeitenden, Arbeitsbedingungen und Menschenrechte in der Zulieferkette (Arbeitssicherheit und Gesundheit, Löhne, Arbeitszeit, Restrukturierung, Disziplinarmaßnahmen, sexuelle Belästigung usw.);
4. Umwelt – Betrieblicher Umweltschutz, Umweltschutz der Zulieferkette (Vermeidung von Umweltverschmutzung, Treibhausgasproblematik, nachhaltige Bodennutzung, Schutz von Ökosystemen usw.);
5. Anständige Handlungsweisen und Umgangsformen von Organisationen – Faire Handels- und Geschäftspraktiken (Fairer Wettbewerb, Anti-Korruption, Geldwäscherei, Schutz der Privatsphäre, Schutz des geistigen Eigentums usw.);
6. Konsumentenfragen – Verbraucherschutz und Kundeninteresse (Information, Gesundheit, Verträge, Werbung und Kinder, Produktkennzeichnung, überlebensnotwendige Produkte usw.);
7. Regionale Einbindung und Entwicklung des Umfelds – Bürgerliches Engagement und Unterstützung gesellschaftlicher Entwicklung (Beschäftigung, Ausbildung, Technologietransfer, Steuern, Ressourcenbenutzung, Volksgesundheit, Kulturelles Erbe, Infrastruktur, Philanthropie).

Abb. 4.4 Übersicht der Norm DIN ISO 26000:2011 (Quelle: DIN ISO 26000:2011).

Seine besondere Bedeutung gewinnt der Leitfaden zur gesellschaftlichen Verantwortung nicht nur durch die Präzisierung von Begriffen aus dem CSR-Vokabular und die umfangreichen Listen mit Beispielen freiwilliger Initiativen und Werkzeuge für die gesellschaftliche Verantwortung, sondern auch durch den besonderen Ansatz für die Ausgestaltung der *Stakeholder*-Kommunikation in Organisationen. Dabei gilt es, die *Stakeholder*-Dialoge vor allem mit jenen *Stakeholdern* zu führen, die hauptsächlich gesellschaftliche und nicht die eigenen Interessen repräsentieren.

Die Norm ISO 26000 unterscheidet zwei Arten von *Stakeholdern*. Die ersten stellen zwar einen Teil der Gesellschaft dar, können aber ein Interesse haben, das mit den Erwartungen der Gesellschaft nicht übereinstimmt. Solche *Stakeholder* haben eigene Interessen in Bezug auf die Organisation, die sich von den Erwartungen der Gesellschaft an gesellschaftlich verantwortliches Verhalten in Bezug auf ein bestimmtes Handlungsfeld unterscheiden können. Zum Beispiel kann das Interesse eines Lieferanten, bezahlt zu werden, und das Interesse der Gesellschaft an beglichenen Verträgen verschiedene Sichtweisen auf dasselbe Handlungsfeld darstellen. Die anderen *Stakeholder* stellen einen Teil der Gesellschaft dar und haben Interessen, die mit den Erwartungen der Gesellschaft völlig übereinstimmen. In dieser Hinsicht könnte von „*Stakeholder Social Responsibility*" gesprochen werden und von einer Vision, dass sowohl ein Unternehmen als auch seine *Stakeholder* gemeinsam gesellschaftliche Interessen verfolgen.

Arten von *Stakeholdern*

Abb. 4.5 Beziehung zwischen einer Organisation, ihren Anspruchsgruppen und der Gesellschaft (Quelle: DIN ISO 26000:2011, § 5.2.1).

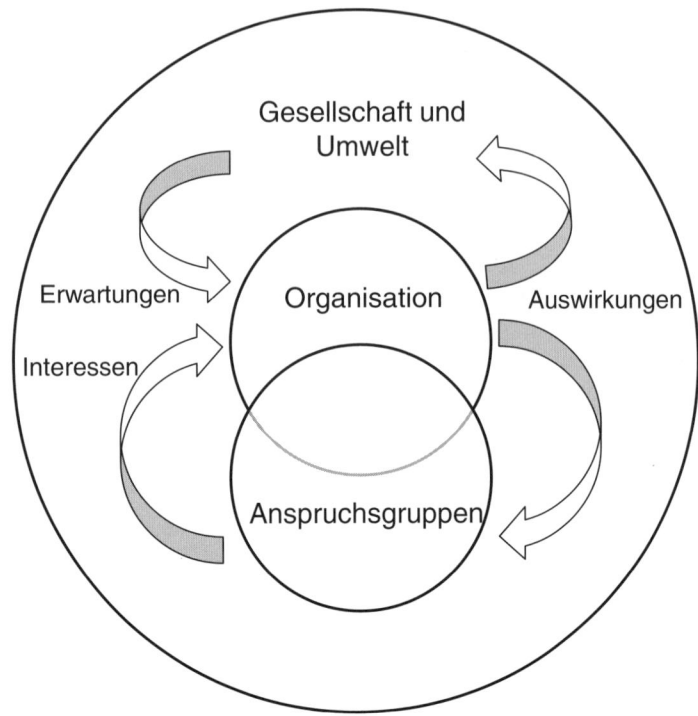

4.10 *Stakeholder*-Dialoge als Grundlage für Umwelt- und Sozialstandards

In diesem Abschnitt wird beschrieben, wie der sogenannte *Stakeholder*-Ansatz zur Verbreitung von Umwelt- und Sozialstandards beitragen kann.

Stakeholder-Konzept

Im Gegensatz zur neoklassischen Theorie, die auf dem Kapitalbesitz als einziger Legitimationsbasis der Unternehmung basiert, baut das *Stakeholder*-Konzept auf der Koalitionstheorie auf, wobei an Stelle des Kapitalbesitzes die Betroffenheit durch das unternehmerische Handeln tritt. Damit werden aber nicht mehr nur die Interessen der Eigentümer gesehen, sondern auch die Interessen aller, die von den Unternehmerhandlungen betroffen sind. Als *Stakeholder* werden alle Personen und/oder Gruppen bezeichnet, die ein Interesse an dem Verhalten eines Unternehmens haben, weil sie von der Zielerreichung der Unternehmen berührt werden oder umgekehrt diese beeinflussen können. Der Begriff „*Stakeholder*" leitet sich vom Begriff „*Stockholder*" („Aktienhalter") ab, entsprechend ist der *Stakeholder* derjenige, der ein „*stake*", ein Interesse an der Unternehmung „hält". Nach Edward Freemann (1984, S. 38) sind

Stakeholder „those groups who can affect and are affected by a firm's objective". Diese Definition macht deutlich, dass es hierbei nicht nur um vertraglich fixierte Ansprüche geht, sondern auch um implizite Ansprüche, denen keine vertragliche Beziehung zugrunde liegt. Das *Stakeholder*-Management basiert auf der Annahme, dass Unternehmen für die Leistungserstellung darauf angewiesen sind, Ressourcen, aber auch Legitimität gegenüber der Öffentlichkeit zu erhalten. Über diese materiellen und immateriellen Ressourcen verfügen bestimmte Individuen und Gruppen, mit denen das Unternehmen in Beziehung treten muss, wenn es deren Beiträge benötigt. Die Ressourcen werden in materielle wie Kapitalressourcen (Eigen- und Fremdkapital), Realkapital (Grundstücke und Gebäude), Humanressourcen, Naturkapital und immaterielle Ressourcen wie Vertrauen, gesellschaftliche Akzeptanz (soziales Kapital, institutionelles Kapital) sowie Information und Know-how unterteilt. Unternehmen sind in dem Maße, wie sie auf die Ressourcen dieser Gruppe angewiesen sind, abhängig. Der Erfolg einer Unternehmung resultiert in dieser Sichtweise nicht mehr allein aus dem Markterfolg, sondern ist auch von nicht-marktlichen Faktoren abhängig.

In der Literatur wird das *Stakeholder*-Management oftmals in ein strategisches und ein normatives unterschieden. Als „normativ" gilt die Auswahl der *Stakeholder*. Es kommt hierbei auf die Legitimität der vorgebrachten Ansprüche an. Diejenigen *Stakeholder* werden ausgewählt, die einen legitimen Anspruch gegen das Unternehmen vorbringen können, unabhängig von ihrer Verhandlungsmacht. Der strategische oder auch instrumentelle Ansatz des *Stakeholder*-Managements geht hingegen davon aus, dass sich die Auswahl der *Stakeholder* nur nach der Durchsetzbarkeit der Ansprüche der *Stakeholder* richtet.

Eine Durchsetzung gegen die Interessen von *Stakeholdern* ist somit nur mit erheblichen Kosten möglich. Daher ist es für die Unternehmen erforderlich, die Ansprüche der *Stakeholder* zu identifizieren. Aus dem strategischen *Stakeholder*-Management kann daher nicht gefolgert werden, dass jeder Anspruch an das Unternehmen gerechtfertigt ist. Es kann auch dazu kommen, dass unterschiedliche *Stakeholder*-Gruppen gegensätzliche Ansprüche an das Unternehmen stellen. Zusätzlich existieren auch unter den *Stakeholdern* verschiedenartige soziale Beziehungen. Einzelne *Stakeholder* können durchaus mehreren verschiedenen Gruppierungen angehören, die in unterschiedlichsten Beziehungsstrukturen zum Unternehmen stehen. Daher ist es zuerst wichtig für das Unternehmen, die relevanten *Stakeholder*-Gruppen zu identifizieren. In der Literatur finden sich dazu unterschiedliche Vorschläge und Klassifizierungen.

Stakeholder-Dialoge werden eingesetzt, um glaubwürdige Standards zu schaffen. In den Dialogen wird verhandelt, was hinter den Prüfungen und Zertifikaten steht. Im Rahmen eines Zertifizierungssystems werden zahlreiche soziale und/oder umweltbezogene Daten und Informationen erhoben. Eine neutrale Instanz zertifiziert diese Daten und Informationen und schafft damit für die *Stakeholder* eine vertrauenswürdige Basis, um mit den Unternehmen zu interagieren. Weiterhin werden Informa-

Stakeholder-Management

Stakeholder-Dialoge

tionen an einen breiteren Kreis von Interessierten weitergegeben. Unternehmen bringen sich bereits bei der Standardentwicklung ein, um mit *Stakeholdern* zu kommunizieren. Instrumente für die Kommunikation mit *Stakeholdern* sind Berichte und *Tracking*-Systeme, wie der jährliche Bericht der *Fair Labor Association*, der den Erreichungsgrad der einzelnen Punkte des Standards beschreibt und in den sogenannten *Tracking Charts* sehr ausführliche Informationen und Daten bereitstellt. Ebenso ist der FSC hier vorbildlich, da mit der auf jedem FSC-zertifiziertem Produkt angegebenen Nummer über die Homepage des FSC der Herkunftsort des Holzes identifiziert werden kann.

4.11 Ausblick

Umwelt- und Sozialstandards werden von Konsumenten und Unternehmen stark nachgefragt wie das Wachstum an zertifizierten Produkten auf dem Markt beweist (Courville 2010). Wegen der Vielzahl an Standards wird es für Konsumenten und Unternehmen zunehmend wichtiger, eine Marktübersicht über die einzelnen Standards zu erhalten. Dazu dienen Internetseiten wie Kompass Nachhaltigkeit (http://kmu.kompass-nachhaltigkeit.de), auf denen verschiedene Standards vorgestellt werden. Diese Übersicht soll Kommunen sowie kleinen und mittleren Unternehmen Beschaffungsentscheidungen erleichtern. Die Intransparenz auf dem Markt führt aber auch dazu, dass Standards mit sehr geringen Anforderungen geschaffen werden, die gängige, nicht nachhaltige
Greenwashing
Verfahren fortschreiben (*Use of Good Practice*) und dem „*Greenwashing*" von Unternehmen dienen. Als Beispiel können Standards aus dem Forstbereich dienen: So sind z. B. die zum FSC in Konkurrenz stehenden Standards *Pan European Forest Certification* (PEFC) und die *Sustainable Forestry Initiative* (SFI), welche wesentlich geringere inhaltliche Anforderungen stellen, weiter verbreitet als der FSC.

Unternehmen erkennen die Bedeutung von Standards als Instrument für das Management nachhaltiger Lieferketten. Wegen der Vielzahl an Standards gehen große Unternehmen inzwischen dazu über, ihre Produkte mehrfach zertifizieren zu lassen (z. B. fair und bio) oder eigene Marken einzuführen z. B. REWE „Pro Planet".

4.12 Übungsfragen

1. Was waren die wesentlichen Gründe für die Entwicklung von Umwelt- und Sozialstandards?
2. Was sind die Ziele der einzelnen hier dargestellten Standards?
3. Stellen Sie die Abläufe der ISO14001 und der EMAS-Verordnung dar!
4. Worin unterscheiden sich der SA 8000, der OHSAS 18001 und der *Standard der Fair Wear Foundation* voneinander?
5. Welche Sachverhalte regelt der Leitfaden gesellschaftlicher Verantwortung DIN ISO 26000?
6. Welche Rolle spielen *Stakeholder*-Dialoge für die Ausgestaltung von Standards, Normen und Leitfäden?

4.13 Weiterführende Literatur

Engelfried, J. (2011): Nachhaltiges Umweltmanagement, München.

Förtsch, G., Meinholz, H. (2011): Handbuch Betriebliches Umweltmanagement, Wiesbaden.

Freeman, E. et al. (2010) Stakeholder Theory: the State of the Art. Cambridge.

Freeman, E.; Moutchnik, A. (2013): Stakeholder management and CSR: questions and answers, in: UmweltWirtschaftsForum, Springer Verlag, Vol. 21, Nr. 1.

Moutchnik, A. (2007): Standardization of Corporate Environmental Management. Business case: Multinational Cement Corporation (= Ecology and Economic Research, vol. 78), Marburg.

Müller, M.; Seuring, S. (2007): Legitimität durch Umwelt- und Sozialstandards gegenüber Stakeholdern – eine vergleichende Analyse, in: Zeitschrift für Umweltpolitik und Umweltrecht, Heft 3, S. 257–285.

Teil III: Nachhaltige Unternehmen und ihr Umfeld

5 Nachhaltigkeit und Kapitalbeschaffung von Unternehmen

von Annett Baumast und Erich Pick

Kapitelausblick

Neben der Berücksichtigung umweltbezogener und sozialer Aspekte in den Strukturen und Prozessen von Unternehmen ist für ihre Existenz und Entwicklung die finanzielle Ausstattung ein zentraler Faktor. Auf welchem Wege diese sichergestellt werden kann, zeigt dieses Kapitel in einem ersten Abschnitt auf. Es folgt die Betrachtung der Möglichkeiten einer außerbörslichen Finanzierung von Unternehmen bzw. Unternehmensprojekten unter der Berücksichtigung von Nachhaltigkeitskriterien. Aber auch börsennotierte Unternehmen und solche, die einen Börsengang planen, müssen sich mit dem Thema Nachhaltigkeit auseinandersetzen, wie ein weiterer Abschnitt zeigt. Eine Fallstudie rundet das Kapitel ab, in der verschiedene Aspekte einer außerbörslichen und börsenbezogenen Kapitelbeschaffung anhand eines Praxisbeispiels erläutert werden.

Lernziele

1. Die Verknüpfung von Kapitalbeschaffung und Nachhaltigkeit bei kleinen und mittleren Unternehmen (KMU) sowie bei börsennotierten Unternehmen verstehen.
2. Gestaltungselemente der Kapitalbeschaffung bei den Finanzierungsinstrumenten unter der Berücksichtigung von Nachhaltigkeitskriterien kennenlernen.
3. Den Markt nachhaltiger Anlageprodukte sowie seine Auswirkungen auf die Nachhaltigkeitsorientierung von Unternehmen kennen- und einschätzen lernen.

5.1 Finanzierungsmöglichkeiten von Unternehmen: Kapitalbeschaffung

Die Kapitelbeschaffung von Unternehmen, deren Finanzierung eine Grundvoraussetzung für die wirtschaftliche Tätigkeit darstellt, lässt sich aus unterschiedlichen Blickwinkeln einordnen. Eine Möglichkeit ist, zwischen einem langfristigen Kapitalbedarf für Anlagen und einem kurzfristigen Kapitalbedarf für Umlaufgüter zu unterscheiden. Der Gesamtkapitalbedarf hierfür wird mit Hilfe der sogenannten Kapitalbedarfsrechnung bestimmt (s. Behr und Schäfer 2002). Dieses Kapital kann aus unterschiedlichen Bereichen bezogen werden, wobei zwischen einer Innen- und einer Außenfinanzierung differenziert wird (vgl. hierzu Tabelle 5.1).

Langfristiger und kurzfristiger Kapitalbedarf

Weiter lässt sich nach Eigen- und Fremdkapital unterscheiden. Bei der Außenfinanzierung wird Eigenkapital aufgebracht, indem einem Unternehmen durch bisherige (Eigenfinanzierung) oder neue Eigentümer (Einlagen- oder Beteiligungsfinanzierung) zusätzliche Finanzmittel zugeführt werden, z. B. durch Aktienkauf, den Kauf von Gesellschaftsanteilen oder Kapitaleinlagen. Der Auslöser für diese Form der Finanzierung ist meist eine Unternehmensgründung bzw. eine (notwendige) Kapitalerhöhung. Fremdkapital wird von außen durch Gläubiger eingebracht, die kurz- oder langfristig Kapital zur Verfügung stellen. Aktien, Obligationen oder Schuldverschreibungen sind nur einige Beispiele für Fremdkapital, das einem Unternehmen auf sehr unterschiedliche Weise zugeführt werden kann. Handelt es sich um eine verbriefte Überlassung von Kapital, ist es z. T. möglich, bestimmte Papiere an der Börse zu handeln. Der Unterschied zwischen Eigen- und Fremdkapital in der Außenfinanzierung liegt in der Höhe der Kosten für das Kapitel, steuerlichen Auswirkungen sowie – je nach Rechtsform – möglichen Mitspracherechten von Kapitalgebenden. Die Finanzierung aus eigengebildeten Mitteln eines Unternehmens zählt zur sogenannten Innenfinanzierung. Diese kann aus der Selbstfinanzierung stammen, beispielsweise aus einbehaltenen Gewinnen oder aus Rückstellungen, die für bestimmte Zwecke zurückbehalten werden können (s. Altmann 1999).

Eigen- und Fremdkapital

Tab. 5.1 Unternehmensfinanzierung nach Herkunft (Quelle: modifiziert nach Behr und Schäfer 2002, S. 45 sowie Altmann 1999, S. 70f.).

	Kapitalführung	
	Eigenkapital	Fremdkapital
Außenfinanzierung	Eigenfinanzierung Beteiligungsfinanzierung	Kreditaufnahme
Innenfinanzierung	Selbstfinanzierung	Mittelbindung aus Rückstellungsbildung

Mezzanine-Kapital

Eine komplexe „Mischform" von Eigen- und Fremdkapital ist das sogenannte Mezzanine-Kapital, das *Müller-Känel* (2009) wie folgt beschreibt: „Betrachtet man die Passiven einer Bilanz (Finanzierungsseite) als ein Gebäude, kann aus wirtschaftlicher und rechtlicher Perspektive Eigenkapital als *Fundament* resp. als *Erdgeschoss* des Finanzierungsgebäudes verstanden werden. [...] Auf den Finanzierungstyp ‚Eigenkapital' kommt das rechtlich besser geschützte Fremdkapital zu liegen, welches übertragen auf den architektonischen Wortsinn das *Obergeschoss* darstellt. Mezzanine ist somit eine hybride Finanzierungsart, welche von ‚oben' wie *Fremdkapital* und von ‚unten' wie *Eigenkapital* aussieht" (S. 13). Ein praktisches Beispiel für Mezzanine-Kapital ist die Finanzierung der Herstellung eines Produkts oder einer Produktlinie durch den Hersteller, der sich so am Unternehmen beteiligt. Die Abdeckung der Ware geschieht somit nicht durch Fremd-, sondern durch Eigenkapital. Dies dient dem Unternehmen, da es kein Fremdkapital aufnehmen muss, aber auch dem Hersteller, der den Absatz steigern kann.

Im vorliegenden Kapitel liegt der Fokus auf der Außenfinanzierung, bei der ein Unternehmen die Finanzierung über den Geld- oder Kapitalmarkt sicherstellt. Im Zentrum steht die Frage, inwieweit die Auseinandersetzung mit dem Thema Nachhaltigkeit – auf Management-, auf Produktebene, bzw. im gesamten Unternehmen – den Zugang zu Kapital beeinflussen kann.

Dabei besteht nach von Pföstl und Bruckner (2006) kein struktureller Zusammenhang zwischen einzelnen Dimensionen der Nachhaltigkeit, z. B. der *Corporate Social Performance* (CSP) und der *Financial Performance* (FP) bzw. der *Environmental Performance* (EP) und der *Financial Performance* (FP). Unternehmen, die einzelne Aspekte berücksichtigen, haben daher nicht unbedingt einen Vorteil gegenüber konventionellen Unternehmen. Jedoch lassen sich für das umfassende Zusammenspiel aller Bereiche tendenziell, ohne Anspruch auf Signifikanz und Allgemeingültigkeit, zumindest keine negativen Auswirkungen auf die FP beobachten (s. von Pföstl und Bruckner 2006), obwohl häufig das Gegenteil als Argument gegen die systematische Berücksichtigung von Nachhaltigkeit vorgebracht wird. Ein Problem bei dieser Einschätzung an zitierter Stelle ist, dass die verschiedenen Studien zu verschiedenen Zeiten mit unterschiedlichem Datenmaterial, verschiedenen Methoden und Forschungsinteressen erstellt wurden. Eine der ersten Langzeitstudien, die nachhaltig orientierte und nicht nachhaltig orientierte Unternehmen und ihre *Performance* seit Anfang der 1990er Jahre untersucht und vergleicht, kommt allerdings zu dem Schluss, dass Unternehmen, die das Thema Nachhaltigkeit strategisch verankert haben, eine deutlich bessere FP aufweisen, als dies bei nicht nachhaltigen Unternehmen der Fall ist (s. Eccles et al. 2011).

Mit der für Kapitalgebende beruhigenden Aussage, dass nachhaltig orientierte Unternehmen kein strukturelles *Performance*-Defizit aufweisen, lässt sich festhalten, dass im Sinne einer nachhaltigen Entwicklung das gemeinsame Ziel von Gesellschaft und Unternehmen die Zukunftsorientierung ist. Bei Unternehmen besteht diese in den Möglichkeiten zukünftigen unternehmerischen Handelns, aus gesellschaftlicher Sicht sind es die Möglichkeiten für künftige Generationen.

Eine wichtige Rolle in diesem Kontext spielen die *Stakeholder*-Beziehungen zwischen Kapitalgebenden und Kapitalnehmenden. Im Falle einer außerbörslichen Finanzierung können sich diese z. T. deutlich direkter darstellen, als dies beim Handel mit Aktien und Anleihen über die Börse der Fall ist, was jedoch auch von der Anteilshöhe abhängig ist. Je höher der Anteil am Unternehmen, desto eher resultiert daraus ein Mitspracherecht, das im Sinne einer nachhaltigen Entwicklung in Anspruch genommen werden kann. Im Hinblick auf diese Tatsache soll im Folgenden zunächst die außerbörsliche Finanzierung im Licht des Themas Nachhaltigkeit betrachtet werden, gefolgt von einer Diskussion über Nachhaltigkeit und Börsenfinanzierung.

5.2 Kapitalbeschaffung für nachhaltige Unternehmen außerhalb der Börse

Gerade für kleine und mittlere Unternehmen (KMU) sind Instrumente zur außerbörslichen Kapitalbeschaffung wichtig, weil diese häufig nicht an der Börse notiert sind. Es gibt eine Vielzahl an Möglichkeiten, die sehr viele Gestaltungsspielräume zulassen – eben auch, um verschiedene Aspekte der Nachhaltigkeit abzubilden. Im Folgenden werden einzelne Punkte der Ausgestaltungsmöglichkeiten der Finanzierungsinstrumente im Allgemeinen in Zusammenhang mit einzelnen Aspekten der Nachhaltigkeit diskutiert. Hierbei wird auf Risiken und Chancen – aus finanzieller Sicht und in Bezug zur Nachhaltigkeit – eingegangen.

Werden die verschiedenen Finanzierungsarten zur Kapitalbeschaffung nach der Rechtsstellung der Kapitalgeber systematisiert, dann lassen sich Eigenkapital, Fremdkapital und Mezzanine unterscheiden (vgl. Kapitel 5.1). Darüber hinaus lassen sich prinzipiell die Kapitaleinsatzbereiche nach Unternehmens- und Projektfinanzierungen unterteilen. In diesem Zusammenhang sind hier die Vorgänge für Außenfinanzierungen im Bereich Eigenkapital und Mezzanine für Unternehmens- sowie Projektfinanzierungen von besonderem Interesse, ungeachtet der Möglichkeiten für Förderungen z. B. über staatliche, zinsgünstige Kredite. Daher werden hier vor allem die rechtliche Stellung der Kapitalgeber, die Stückelung und die Laufzeit des zu beschaffenden Kapitals diskutiert.

Die genannten Aspekte werden für KMU im Bereich der Erneuerbaren Energien betrachtet, weil hier über die Jahre eine große Bandbreite an Finanzierungsformen genutzt wurde und sich so ein Variantenreichtum entwickelt hat.

5.2.1 Unternehmens- und Projektfinanzierungen

Unternehmens-
finanzierungen

Unternehmensfinanzierungen statten das Gesamtunternehmen mit Kapital aus, um neue Unternehmensbereiche aufzubauen, neue Projekte für bestehende Unternehmensbereiche zu finden oder um Projekte in einem frühen Stadium zu akquirieren und dann weiterentwickeln und ggf. später verkaufen zu können. Im Zentrum steht hier also die Entwicklung eines Gesamtunternehmens oder eines bestimmten Bereichs desselben, bei der die zukünftigen Projekte noch nicht konkret sind, aber eine prinzipielle Ausrichtung des Unternehmens entschieden ist. Die Kapitalaufnahme erfolgt entweder direkt durch die Muttergesellschaft oder durch eigens dafür geschaffene Tochtergesellschaften, die das Kapital einwerben und dann an den entsprechenden Unternehmensbereich oder die Muttergesellschaft gegen eine Kapitalverzinsung weiterleiten. Letztere Variante hat aus Sicht des Unternehmens den Vorteil, dass das mit der Kapitalaufnahme verbundene Risiko in einem eigenen Unternehmen zusammengefasst wird. Die Formen der Kapitalaufnahme variieren dabei z. B. über Kommanditanteile, (Gesellschafter-)Darlehen, stille Beteiligungen, Schuldverschreibungen, Anleihen, Genussrechte oder Genossenschaftsanteile.

Projektfinanzierungen

In Abgrenzung dazu sollen Projektfinanzierungen konkrete Projekte, deren Projektrechte selbstverständlich in Besitz von Unternehmen sind, mit Kapital ausstatten und über mehrere Jahre betreiben. Auch hier kommen diverse Formen der Kapitalüberlassung zum Zuge. Die Anlagen der Projekte können bereits gebaut worden sein oder es liegen schon alle Projektrechte vor, so dass nur noch eine bauliche Umsetzung erfolgen muss. Je weiter das Projekt entwickelt ist, desto geringer das damit verbundene unternehmerische Risiko, weil die Unwägbarkeiten bei der meist langjährigen Projektentwicklung wegfallen.

Risikobündelung

Solche Projekte werden gerne jeweils in eigenen Untergesellschaften, den sog. Projektgesellschaften, „verpackt", weil so die (Betriebs-)Risiken bzw. Chancen jedes einzelnen Projekts gebündelt und im schlimmsten Falle, einer Insolvenz, andere Unternehmensteile nicht in Mitleidenschaft gezogen werden; es wird also eine „Brandmauer" zwischen verschiedenen Projekten bzw. Einzelprojekt und Muttergesellschaft gezogen. Im Bereich der Erneuerbaren Energien sind Beispiele hierfür einzelne Windparkstandorte oder einzelne Biogasanlagen, die über mehrere Jahre – üblich sind 10 bis 20 Jahre – betrieben werden sollen. Die Projektrechte solcher Projekte werden meistens in eine eigens dafür gegründete GmbH & Co. KG eingebracht, bei der die Komplementärin ebenfalls ein Tochterunternehmen des Hauptunternehmens ist. Die einzelnen Projektgesellschaften können wiederum in einer Dachgesellschaft, einer Zwischengesellschaft, die nicht die Muttergesellschaft ist, zusammengefasst werden. Dies kann bei der Einwerbung von Kapital für mehrere Projekte gleichzeitig ein Vorteil sein, weil nur eine Gesellschaft das Kapital einwirbt und sich Anlegerinnen und Anleger nur an einer Gesellschaft beteiligen, was für jene übersichtlicher ist. Dazu wird das eingeworbene Kapital in einem folgenden Schritt pro Anlagebetrag quotal, d.h. zu feststehenden prozentualen Anteilen, an die Untergesellschaften verteilt.

Obwohl in der Vergangenheit bei Projektunternehmen die Unternehmensform GmbH & Co. KG gängig war und damit häufig eine Unternehmensbeteiligung als Mitgesellschafterin oder Mitgesellschafter in Form eines geschlossenen Fonds angeboten wurde, werden aus steuerlichen und rechtlichen Gründen in den letzten Jahren häufiger Genussrechte oder Genussscheine angeboten, die den Mezzanine zuzuordnen sind (siehe unten). Unabhängig von der Form der Beteiligung stellen Projektfinanzierungen vor allem sachwertorientierte Investitionen dar, die aus Anlegersicht gemeinhin als sicherere Anlagemöglichkeiten gelten.

Schließlich ist darauf hinzuweisen, dass es auch Mischformen zwischen Unternehmens- und Projektfinanzierung gibt: So werden z. B. spezielle Tochterunternehmen gegründet, um neue Projektstandorte zu akquirieren, darauf neue Projekte zu entwickeln, in Betrieb zu nehmen und sodann über mehrere Jahre den Betrieb zu führen. Dies hat aus Sicht der Unternehmen den Vorteil, dass keine eigene, von der Projektfinanzierung unterschiedene Unternehmensfinanzierung für die Projektentwicklung aufgebaut werden muss. Aus Anlegersicht spricht man hierbei von Blindpools, weil zum Zeitpunkt der Kapitalüberlassung noch keine konkreten Projekte zur Verfügung stehen, was mit höheren unternehmerischen Risiken verbunden ist.

Durch eine Aufteilung zwischen Projekt- und Unternehmensfinanzierung sowie zwischen verschiedenen Projekten oder Unternehmensbereichen kann aus Sicht der Kapitalgebenden eine Entscheidung getroffen werden, welche Unternehmensbereiche bzw. Projekte gefördert werden und welche nicht. Das heißt, wenn genaue Kriterien zur Projektentwicklung oder die Bedingungen eines konkreten Projekte bekannt sind, können diese detailliert mit den geforderten Kriterien der Nachhaltigkeit abgeglichen werden. So lässt sich bei der Projektfinanzierung z. B. zwischen Fotovoltaik auf Freiflächen, die in Flächenkonkurrenz z. B. mit der Nahrungsmittelproduktion stehen kann, und Fotovoltaik auf Dachflächen von Gebäuden, beide von demselben Solarunternehmen zur Beteiligung angeboten, unterscheiden. Auf Unternehmensebene, z. B. eines Ökostromunternehmens, ließen sich einzelne Unternehmensbereiche differenzieren, beispielsweise die Entwicklung von Biogasprojekten mit bestimmten Kriterien einerseits und die Projektentwicklung von *Offshore*-Windkraft anderseits, mittels verschiedener Beteiligungsangebote am Unternehmenskapital. Eine Unternehmensfinanzierung hingegen, die sich pauschal auf das gesamte Unternehmen bezieht, z. B. über Aktien oder andere unternehmensglobale Finanzinstrumente, ließe diese Unterscheidungsmöglichkeit nicht zu. Wenn das Unternehmen insgesamt den Ansprüchen einer nachhaltigen Entwicklung entspräche, wäre dies kein Problem und nicht notwendig. Doch je nachdem, welches Nachhaltigkeitsverständnis in Zusammenspiel mit verschiedenen Kontexten zugrunde gelegt wird, fallen die Kriterien zur Bewertung von Nachhaltigkeit unterschiedlich aus. Darüber hinaus lassen sich durch differenzierte Maßnahmen zur Kapitalbeschaffung ein-

Mischformen

Abgleich mit Nachhaltigkeitskriterien

zelne Bereiche eines insgesamt eher konventionell orientierten Unternehmens separat von anderen durch nachhaltigkeitsorientierte Kapitalgeber besonders unterstützen und machen damit eine schrittweise Umorientierung des Unternehmens hin zur Nachhaltigkeit möglich.

Um diesem Anspruch gerecht zu werden, müssen für die einzelnen zu emittierenden Kapitalien hinsichtlich ihrer Verwendung klare Nachhaltigkeitskriterien formuliert und die damit zusammenhängenden Risiken und Chancen dargestellt werden.

Für Unternehmen und Anlegende bietet eine differenzierte Finanzierung also Chancen, ist jedoch mit einem höheren Aufwand verbunden, weil die einzelnen Kapitalanteile auf dem Kapitalmarkt als einzelne Anlageprodukte erscheinen und diese rechtlich und steuerlich jeweils separat aufbereitet und vermarktet werden müssen. Das finanzielle Risiko könnte für das Unternehmen insgesamt geringer sein als bei globalunternehmerischen Beteiligungen, da je nach unternehmerischer Handlung und je nach Erfolg bzw. Misserfolg nur einzelne Unternehmensbereiche zur Disposition stehen. Aus Sicht der Anlegenden ist jedoch aufgrund der geringeren Streuung der Projekte, bzw. durch die Einengung auf bestimmte Unternehmensbereiche, von einem höheren finanziellen Risiko auszugehen, weil damit die Risiken weniger gestreut sind. Dieser Punkt wird von Fondsmanagern – z. B. von größeren Aktienfonds – regelmäßig kritisiert. Im Bereich außerbörslicher Kapitalbeschaffung können *Private Equity Fonds*, die kleineren und mittleren Unternehmen Eigenkapital bieten (und meist darüber hinaus Fremdkapital mit einbringen), diese Lücke schließen. Diese Fonds müssen dafür jeweils ein bestimmtes Nachhaltigkeitsverständnis entwickeln und ein Nachhaltigkeitsprofil definieren.

5.2.2 Rechtliche Stellung von Kapitalgebern: Berücksichtigung von Anspruchsgruppen?

Unternehmen haben prinzipiell ein Interesse daran, dass das eingeworbene Kapital handelsbilanziell als Eigenkapital ausgewiesen wird, weil damit die Bonität des Unternehmens gegenüber (institutionellen) Fremdkapitalgebern, z. B. Banken, steigt. Damit sind die Verzinsung und die Rückzahlung des überlassenen Kapitals im Falle eines Verlustes oder einer Insolvenz nachrangig gegenüber Fremdkapitalgebern. Die rechtliche Stellung der Kapitalgeber hingegen – und somit ihr Einfluss auf die Geschäftsführung – ist für die Überlassung in Form von Eigenkapital meist höher. Dieser Einfluss, gerade bei Beteiligungen am Hauptunternehmen, ist seitens der Unternehmensleitung nicht immer gewünscht oder sie erscheint ihr nicht praktikabel. Als Beispiel für die fehlende Praktikabilität sei hier die Vermarktung von Ökostrom aus der Produktion eines Windparks genannt: Im Falle einer Vermarktung des Stroms auf dem freien Strommarkt, eine Option, die das Erneuerbare Energien Gesetz (EEG), auch zeitlich begrenzt, zulässt, müssten die Gesellschafterinnen und Gesellschafter, die eine Kapitalüberlassung in

Form eines Anteils an einer GmbH & Co. KG innehalten, jeweils Beschlüsse bzgl. des Verkaufspreises fassen oder der hauptamtlichen Geschäftsführung durch Vorratsbeschlüsse entsprechende Preiskorridore vorschreiben. Dies erscheint bei einem Markt mit sehr volatilen Preisen kaum möglich.

Zudem werden vom Anleger bzw. von der Anlegerin die Mitspracherechte nicht immer adäquat wahrgenommen, wie die geringe Beteiligung an Gesellschafterversammlungen bei projektbezogenen GmbH & Co. KGs zeigt, oder die Anlegenden können ihre Mitspracherechte mangels Fachkompetenz nicht richtig ausfüllen. Eine Möglichkeit zur Interessenvertretung, wie z. B. die Kritischen Aktionäre (www.kritischeaktionaere.de), gibt es für die diversen Formen an Unternehmensbeteiligungen und die zahlreichen Projekte nicht.

Die oben genannten Aspekte haben dazu geführt, dass sich sogenannte Finanzierungen über Mezzanine etablieren (s. Werner 2007). Diese stehen zwischen Eigen- und Fremdkapital, stellen z. B. bei bestimmten Formen und Ausprägungen bilanziell Eigenkapital dar und geben dem Kapitalgeber teils keine oder nur eingeschränkte Mitspracherechte. Teilweise bieten sie dem Unternehmen daneben den Vorteil, dass sie steuerlich als Fremdkapital bewertet werden und somit die Steuerlast drücken.

Wenn jedoch Mitspracherechte der unternehmerisch Beteiligten ausdrücklich erwünscht sind, dann bietet sich z. B. die Unternehmensform einer Genossenschaft an. Diese ermöglicht es, unabhängig von der Höhe der jeweiligen Kapitaleinlage der Genossen, gleichberechtigt ein unternehmerisches Ziel zu verfolgen oder ein wirtschaftliches Gut zu nutzen. Das heißt, es gilt das Prinzip: ein Genosse bzw. eine Genossin gleich eine Stimme, was einen wesentlichen Unterschied zur Stimmrechtsverteilung anderer Unternehmensformen darstellt. Die Unternehmensform der Genossenschaft wird daher von ihren Befürwortern als eine demokratische Unternehmensform bewertet und häufig dort eingesetzt, wo es darum geht, eine Bürgerbeteiligung an Unternehmen zu ermöglichen. So wurde z. B. 1997, nach zehn Jahren Initiativenarbeit, das Stromnetz der Gemeinde Schönach (Schwarzwald) durch eine bürgerbewegte Genossenschaft übernommen. 2009 übernahm diese das Gasnetz der Gemeinde und Anfang 2011 kamen weitere Stromnetze aus Nachbargemeinden hinzu. Die Netze wurden mit dem Ziel übernommen, Anlagen zur Nutzung Erneuerbarer Energien zu fördern (www.ews-schoenau.de, siehe dort unter EWS Netze).

Doch auch andere Unternehmensformen und Beteiligungsmöglichkeiten lassen erweiterte Mitsprache- oder Informationsrechte zu, weil die Geschäftsordnungen oder Bedingungen der Kapitalüberlassungen über die gesetzlichen Mindestanforderungen hinaus in der Hand der Unternehmen liegen oder einfach, weil auf freiwilliger Basis ohne rechtliche Verpflichtung mehr getan werden kann. Ein Beispiel ist der Genussschein der *Green City Energy* GmbH: Diese Form der eigenkapitalähnlichen Kapitalüberlassung schließt ein Mitspracherecht der Kapitalgebenden aus. Dies muss so sein, will man das Kapital steuer-

Mitsprache- und Informationsrechte

lich als Fremdkapital bewerten lassen. Die *Green City Energy* GmbH, eine 100 %ige Tochter eines Münchner Umweltvereins, gab im Jahr 2009 die dritte Tranche eines Genussscheins heraus. Der Gewinn des Unternehmens, der durch die Aufstellung des Jahresabschlusses festgestellt und durch die Wirtschaftsprüfung bestätigt wird, ist die Grundlage für die Festlegung der Verzinsung der Genussscheine, welche sodann bei den meisten Unternehmen postalisch mitgeteilt wird. Dieses Unternehmen jedoch lädt darüber hinaus alle Genussscheininhaber und -inhaberinnen auf freiwilliger Basis zu einer Informationsveranstaltung ein, auf welcher der Jahresabschluss und die weitere Unternehmensperspektive detailliert erläutert und diskutiert werden (Faul-Seebauer 2011).

Insgesamt ist jedoch leider festzustellen, dass eine systematische und strategische Verschränkung der Berücksichtigung von Anspruchsgruppen mit der Kapitalbeschaffung unter Ausnutzung der rechtlichen Möglichkeiten innerhalb von Geschäftsordnungen und Kapitalanlagebedingungen bisher kaum stattfindet. Eine Einflussnahme im Sinne einer nachhaltigen Entwicklung ist in dieser Form somit nur selten festzustellen.

5.2.3 Aufteilung des Gesamtemissionsvolumen des Kapitals: die Stückelung

Neben den freiwilligen Verpflichtungen oder Aktivitäten der Unternehmen stellt die Stückelung des einzuwerbenden Gesamtkapitals ein Instrument dar, mit dem entschieden werden kann, welche Teile der Gesellschaft sich finanziell beteiligen können. Eine sehr kleine Stückelung des Gesamtemissionsvolumen, z. B. eine Beteiligungsmöglichkeit ab EUR 500,– , bietet vielen Menschen mit verschiedenen gesellschaftspolitischen und finanziellen Hintergründen die Gelegenheit, Mitinhaberin oder Mitinhaber eines Unternehmens zu werden und damit Mitsprachrechte oder zumindest Informationsrechte zu erwerben. Gerade bei Genossenschaften, aber auch bei sehr engagierten Umweltunternehmen, wird daher mit dem Argument der Bürgernähe eine kleine Stückelung des Eigenkapitals gewählt. Jedoch beinhaltet diese geringere finanzielle Schwelle auch ein Risiko: Es geht nicht allein um Mitsprache- oder Informationsrechte, die erkauft werden, sondern es handelt sich bei der Kapitalüberlassung immer auch um eine unternehmerische Beteiligung, die häufig in ihrer finanziellen Risikostruktur nicht zu Kleinanlegerinnen und -anlegern passt. Dies ist vor allem in Zusammenhang mit der schlechteren Handelbarkeit der Unternehmensanteile zu berücksichtigen, denn es besteht im Gegensatz zu Aktien kein geregelter Marktplatz, der es ermöglichen würde, Anteile schnell abzustoßen. Darüber hinaus findet eine Verbriefung der Anteile häufig nicht statt, so dass die Handelbarkeit weiter eingeschränkt ist. Vor diesem Hintergrund ist daher

Soziale Verantwortung · auch eine soziale Verantwortung für nicht-finanzstarke Mitglieder der Gesellschaft zu bedenken, so dass eine kleinteilige Stückelung nicht unbedingt das richtige Instrument ist, viele verschiedene Anspruchsgruppen zu beteiligen.

Unternehmen scheuen zudem manchmal eine kleinteilige Stückelung, weil sie mit ihr einen größeren Verwaltungsaufwand verbinden. Mit einer kleinen Stückelung aber lässt sich die Abhängigkeit von wenigen Kapitalgebern vermeiden. Diese verschiedenen Aspekte sind gegeneinander abzuwägen.

Des Weiteren ist es ebenso Praxis, dass ein Teil des Anlagevermögens eines konkreten Projekts den Bürgerinnen und Bürgern vor Ort zu besonderen Konditionen angeboten wird, um die Akzeptanz zu fördern. Anzutreffen ist dies z. B. in den Bereichen Windkraft und Bioenergie, wo den ansässigen Bewohnerinnen und Bewohnern eine Windkraftanlage eines Parks oder den Landwirtinnen und Landwirten ein Teil des einzuwerbenden Kapitals für die Biogasanlage direkt angeboten wird.

Neben der Berücksichtigung von Bürgerinnen und Bürgern bei den Energieanlagen vor Ort sollten die Mitarbeitenden des Unternehmens einbezogen werden. Dies wird im ökologischen Energiebereich häufig über eine sogenannte „Mitarbeiter-Anlage" vollzogen, z. B. bei einer Fotovoltaikanlage, an der sich die Mitarbeitenden gegen Kapitaleinlage beteiligen können. Das Mitmachen bei einer Umweltanlage berücksichtigt jedoch noch keine sozialen Aspekte, d. h. die Berücksichtigung derselben ist damit nicht systematisch im Management des Unternehmens verankert.

5.2.4 Laufzeiten der Kapitalüberlassung

Nachhaltigkeit bedeutet, dass gerade der weiter entfernt liegenden Zukunft eine große Bedeutung beigemessen wird. Dies, so Schmidheiny (1996), scheine dem kurzlebigeren Finanzmarkt zu widersprechen, weil dort Zukunftswerte stark diskontiert werden (siehe die von Schmidheiny 1996 formulierte Eingangsthese, S. 38, und deren abschließende Bewertung S. 254ff.). Aus Letzterem würde folgen, dass auf dem konventionellen Finanzmarkt aus Sicht der Kapitalgeber eher eine kurze Laufzeit der Kapitalüberlassung (mit hohen Renditen) erwartet wird. So wurden in der Vergangenheit Eigenkapitalgeber über *Private Equity Fonds* gerne als „Heuschrecken" bezeichnet. Dass jedoch auch hier ein Umdenken in Richtung Nachhaltigkeit begonnen hat, belegt eine jüngere Studie von PricewaterhouseCoopers (2010).

Die Laufzeit der Kapitalüberlassung kann in Verbindung mit anderen Aspekten der Nachhaltigkeit zu einem wichtigen Punkt bei der Ausgestaltung des Nachhaltigkeitsverständnisses eines Unternehmens und dessen argumentativer Darstellung gegenüber Kapitalgebenden werden.

Aufgrund des Anspruchs der Nachhaltigkeit für eine langfristige Verantwortung würde eine langfristige Kapitalüberlassung bedeuten, dass diese für die Kapitalgebenden mit der Chance verbunden ist, über einen längeren Zeitraum finanziell stabile Erträge zu erzielen. Und auch für das Unternehmen ist eine langfristige und stabile finanzielle Perspektive attraktiv, um erfolgreich zu bleiben. Im Bereich der Unternehmensfinanzierung hieße eine solche Herangehensweise, dass dem Unternehmen mehr Zeit gegeben wird, Bereiche und Technologien zu entwickeln, um sie mit Nachhaltigkeitskriterien in Übereinstimmung zu bringen und mit den Forderungen von Anspruchsgruppen abzugleichen. Im Bereich der Projektfinanzierung könnte dies für die Kapitalgeberin bzw. den Kapitalgeber bedeuten, dass man über die gesamte Lebensdauer eines Projekts bzw. des Wirtschaftsguts Verantwortung zeigt. Kürzere Laufzeiten dieser bei Projekten angebotenen Finanzprodukte werden zudem meist durch einen geplanten Verkauf mit einem prognostizierten Verkaufspreis realisiert. Eine längere, der Projektlebensdauer entsprechenden Laufzeit hat den Vorteil, dass das Risiko, das durch die Bestimmung eines prognostizierten Verkaufspreises entsteht, umgangen wird und keine Käuferschaft gefunden werden muss.

5.2.5 Kapitalbeschaffung und Kommunikation

Rechtliche Verordnungen

Für nicht-börsennotierte Unternehmen gibt es keinen öffentlichen Marktplatz in der Größe einer Börse, die aufgrund der dort besonderen Publizitätspflichten von Unternehmensdaten in Geschäftsberichten für viele Marktteilnehmende und Interessierte eine größere Zugänglichkeit und auch Informationsdichte erzeugt. Daher müssen nicht-börsennotierte Unternehmen – und gerade kleine Unternehmen, weil sie einige Erleichterungen hinsichtlich der gesetzlich vorgeschriebenen Publizitätspflichten erhalten – mehr Eigeninitiative zeigen, um Kapital einzuwerben und dabei ihre Vorteile gegenüber konventionellen Unternehmen darzustellen: So wurde zwar auf EU-Ebene der Artikel 46 der vierten Bilanzrichtlinie um nicht-finanzielle Leistungsindikatoren, sprich Umweltaspekten und Arbeitnehmerbelangen, erweitert und diese Regelung in die §§ 289 und 315 HGB übersetzt, doch betreffen diese Forderungen vor allem Konzerne und große Kapitalgesellschaften (s. BMU 2009). Für KMU bleibt daher die Möglichkeit bestehen, trotz gesetzlicher Erleichterungen vollumfängliche Geschäfts- und Lageberichte zu veröffentlichen, in denen besondere Kapitel zu ökologischen Fragestellungen und zu sozialen Aspekten entlang der gesamten Produktionskette sowie das Umfeld und die Anspruchsgruppen des Unternehmens aufgenommen werden (vgl. hierzu auch Kapitel 18). Dies gilt insbesondere auch für die von Verkaufsprospekt- (2007) bzw. Wertpapiergesetz- (2005) und den damit zusammenhängenden Verordnungen (Vermögensanlagegesetz vom 06.12.2011) vorgeschriebenen Prospekte zur Kapitalbeschaffung. Diese wiederum werden zwar von der Bundesanstalt für Finanzdienstleistungsaufsicht (BaFin) auf Vollständigkeit und Nachvollziehbarkeit, aber nicht detailliert inhaltlich geprüft. Für eine inhaltliche Prüfung kann das Unternehmen freiwillig eine Prospektprüfung vornehmen lassen (was ein Qualitätskriterium für Anlegende sein sollte).

Sofern ein zertifiziertes Umweltmanagementsystem nach EMAS bzw. ISO 14.001ff. oder ein Qualitätsmanagement nach EFQM (*European Foundation for Quality Management*) bzw. ISO 9001ff. vorliegt, sollten die wichtigsten Ergebnisse hierzu mit in die Verkaufsprospekte aufgenommen und deren Darstellung ebenfalls durch eine Prospektprüfung validiert werden. Bisher ist jedoch zu beobachten, dass eine umfassendere und detailliertere Darstellung der Umweltvorteile und der sozialen Aspekte in den Verkaufsprospekten ausbleibt, weil diese von keiner gesetzlichen Verordnung zur Kapitalbeschaffung gefordert werden. Dazu müssten neben dem Handelsgesetzbuch (HGB) auch die Prospektverordnungen erweitert werden. So bleibt es häufig bei allgemeinen Aussagen, dass z. B. bei einer Projektfinanzierung die Fotovoltaikanlage oder Biomasseanlage den regenerativen Energien zugehörig und damit ökologisch sinnvoll ist. Eine detailliertere Darstellung und Betrachtung des Nachhaltigkeitsverständnisses unterbleibt, mittels der z. B. zwischen verschiedenen Standorten für Fotovoltaikanlagen differenziert, die verschiedenen Auswirkungen der Einsatzstoffe in Biogasanlagen diskutiert oder das Recycling der Anlagen nach Projektablauf ausführlich dargestellt wird. Denn bisher werden die heute etablierten methodischen Ansätze zum Umweltmanagement und *Corporate Social Responsibility* (CSR) im Alltag von kleinen und mittleren Unternehmen zu wenig genutzt, um ein umfassenderes Leitbild zu erstellen und daran ihre Entscheidungen abzugleichen. Wird frisches Kapital benötigt, so sollte doch gerade hier auf die eigenen Vorteile hinsichtlich des vom Unternehmen entwickelten Nachhaltigkeitsverständnisses hingewiesen werden, dies auch vor dem Hintergrund des sinnvollen Einsatzes Erneuerbarer Energien in einer angeheizten Energiedebatte.

Managementsysteme

5.3 Nachhaltigkeit und Kapitalbeschaffung an der Börse

Seit Ende der 1990er Jahre, seitdem die ersten nachhaltigen Indizes, wie z. B. der Natur-Aktienindex (NAI) und der Nachhaltigkeitsfonds für Privat- und institutionelle Anlegende auch im deutschen Sprachraum auf dem Markt erschienen und damit an bestehende Entwicklungen im englischen Sprachraum anknüpften (s. z. B. Baumast und Busch, 2005), ist das Thema Nachhaltigkeit auch für börsennotierte Unternehmen von Interesse. In den letzten Jahren haben die Zahl und das Volumen nachhaltiger Anlageprodukte, die an der Börse gehandelt werden und beispielsweise Aktien von Unternehmen bündeln, welche im Vergleich zu anderen als nachhaltiger eingestuft werden, deutlich zugenommen (s. FNG, 2011). Dies legt nahe, dass sich auch Unternehmen beim Börsengang (*Initial Public Offering* – IPO) oder einer Kapitalerhöhung, also bei der Beschaffung von Kapitel über die Börse sowie in der kontinuierlichen *Investor Relations*-Arbeit Gedanken zum Thema Nachhaltigkeit machen (müssen).

Nachhaltige Indizes

Nach einer kurzen Einführung zur Entwicklung und Struktur nachhaltiger Anlagen im deutschen Sprachraum soll zunächst betrachtet werden, wie Unternehmen, die bereits börsennotiert sind, das Thema Nachhaltigkeit in die Kapitalbeschaffung integrieren können. Anschließend wird ein Blick auf Unternehmen beim Börsengang geworfen und erläutert, wie schon zu diesem Zeitpunkt das Nachhaltigkeitsengagement eines Unternehmens eine wichtige Rolle spielen kann. Abschnitt 5.3 konzentriert sich dabei ausschließlich auf nachhaltige Anlagen, die über die Börse gehandelt werden.

5.3.1 Eine kurze Geschichte nachhaltiger Anlagen

Nachhaltige Anlagen gehen zurück auf ethische Investitionsentscheide US-amerikanischer Quäker in den 1920er Jahren. Aus moralischen Überlegungen schlossen sie bestimmte Aktivitäten aus ihren Investments kategorisch aus, wie z. B. Geschäfte mit Sklavenhändlern. Es folgten entsprechende Fondsprodukte in den USA, die vor allem soziale Verantwortung in den Mittelpunkt stellten, daher auch die heute noch gängige Bezeichnung *Socially Responsible Investments* (SRI) in den angelsächsischen Ländern. Im deutschen Sprachraum waren es vor allem Investitionen in Umwelttechnologieunternehmen, welche die Entwicklung nachhaltiger Anlageprodukte in den 1980er Jahren vor dem Hintergrund von Umweltverschmutzung und Waldsterben angestoßen haben. Mit der Entwicklung des NAI (vgl. www.nai-index.de) im Jahr 1997 und der weltweiten Lancierung des *Dow Jones Sustainability Index* durch den Schweizer Anbieter *Sustainable Asset Management* (SAM) zwei Jahre später, begann das Segment nachhaltiger Aktienfonds kontinuierlich zu wachsen.

Volumen nachhaltiger Anlagen

Ende 2011 lag das Volumen nachhaltiger Publikumsfonds, nachhaltiger Vermögensverwaltungsmandate und anderer nachhaltiger Finanzprodukte im deutschen Sprachraum bei 60,6 Milliarden Euro, was eine Zunahme von 8,7 Milliarden im Vergleich zum Vorjahr entspricht (vgl. Abb. 5.1).

Mit Ausnahmen eines Einbruchs während der Finanzkrise hat die – finanzielle – Relevanz nachhaltiger Anlageprodukte in den letzten Jahren somit deutlich zugenommen und eine Stagnation oder Umkehr des Trends ist bislang nicht absehbar. Laut der zitierten FNG-Studie (2011) gehen die befragten Finanzdienstleister auch für die kommenden Jahre von einer Bestätigung des Wachstumstrends bei nachhaltigen Anlagen aus. In anderen Ländern lassen sich ähnliche Entwicklungen feststellen (s. hierzu z. B. Eurosif 2010).

Es wird somit auch für börsennotierte Unternehmen immer wichtiger, sich mit dem Thema Nachhaltigkeit auseinanderzusetzen. Denn nur Titel von denjenigen Unternehmen, die entsprechend aufgestellt sind, finden Eingang in nachhaltige Anlageprodukte.

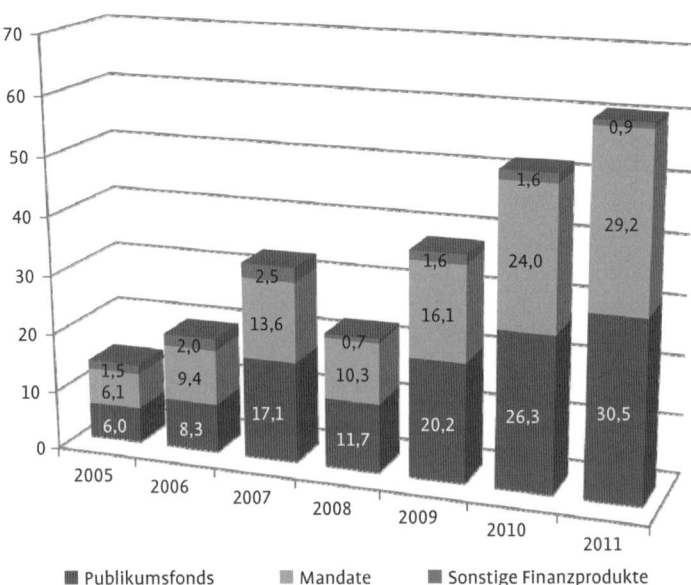

Abb. 5.1 Nachhaltige Publikumsfonds, Mandate und sonstige Finanzprodukte in Deutschland, Österreich und der Schweiz (in Milliarden Euro) (Quelle: FNG 2012, S. 11).

5.3.2 Von *Best-in-Class* bis Themenansatz: Aktien und Anleihen nachhaltiger Unternehmen

Nachhaltige Anlageprodukte decken eine große Bandbreite unterschiedlicher Ansätze ab. Neben den sogenannten Themenfonds, denen sich z. B. Unternehmen aus der Branche Erneuerbarer Energien, aus der Gesundheitsbranche oder einem guten Ausweis im Bereich *Diversity* widmen, werden vor allem sogenannte *Best-in-Class*-Fonds aufgelegt. Bei diesem Ansatz wird die *Performance* börsennotierter Unternehmen nach ökologischen, sozialen und wirtschaftlichen Kriterien beurteilt, was auch als positives *Screening* bezeichnet wird. Die jeweils besten einer Branche werden dann in das sogenannte „nachhaltige Anlageuniversum" eines Anbieters aufgenommen (s. z. B. Baumast und Busch, 2005). Beispiele für entsprechende Kriterien bietet u. a. die *Global Reporting Initiative*, die heute als Quasi-Standard für die nachhaltige Berichterstattung gilt (s. z. B. Baumast 2012 und Kapitel 18). Will also ein Unternehmen Zugang zum Kapital nachhaltig investierender Anlegerinnen und Anleger haben, muss es die entsprechenden Kriterien der nachhaltigen Rating-Agenturen oder -Teams erfüllen.

Positives Screening

Etwas einfacher gestaltet, aber auch Teil der nachhaltigen Produktpalette, sind Fonds, die auf dem sogenannten negativen *Screening* basieren. Hier werden lediglich bestimmte Branchen bzw. Aktivitäten für ein Investment ausgeschlossen, die aus Nachhaltigkeitssicht als negativ eingestuft werden. Dazu zählen zum Beispiel der Waffen-, Alkohol- und

Negatives Screening

Tabaksektor, aber auch Glücksspiel, Pornografie oder Kinderarbeit. Auch Branchen wie die Förderung und Nutzung fossiler Brennstoffe oder die Automobilindustrie können von nachhaltigen Finanzprodukten ausgeschlossen werden. Betrifft ein solches Ausschlusskriterium nicht gerade den Unternehmenszweck, lassen sich entsprechende Maßnahmen seitens der Unternehmen treffen (z. B. die Auditierung der gesamten Wertschöpfungskette hinsichtlich des Einsatzes von Kinderarbeit), um in die auf dem negativen *Screening* basierenden Anlageprodukte aufgenommen werden zu können.

Bei den genannten Maßnahmen geht es dabei nicht primär um die Kapitalbeschaffung, da diese an der Börse bereits anlässlich des IPOs erfolgte, sondern es stehen „Investorenpflege" und „Attraktivitätserhaltung" im Vordergrund, auch im Hinblick auf eine mögliche zukünftige Kapitalerhöhung. Kommt es zu einer solchen Kapitalmarkttransaktion, werden als nachhaltig eingestufte Unternehmen einen einfacheren Zugang zu Kapital haben, das seitens der Kapitalgebenden an gewisse Nachhaltigkeitskriterien geknüpft ist.

„Abstrafung"
nicht-nachhaltigen
Unternehmens-
verhaltens

Auch die „Abstrafung" nicht-nachhaltigen Unternehmensverhaltens wirkt sich auf die Eignung einer Aktie oder Anleihe für nachhaltig orientierte Investorinnen und Investoren aus. So hat beispielsweise der 502 Mrd. US$ schwere, weltweit größte (Stand Februar 2013) *Teachers Insurance and Annuity Association – College Retirement Equities Fund* (TIAA-CREF), ein US-amerikanischer Pensionsfonds für Akademikerinnen und Akademiker, Lehrende, Forschende und Kulturschaffende – ein *Household Name* in der SRI-Szene und richtungsweisend für viele andere nachhaltig orientierte Anlegende – im Jahr 2010 Aktien von Unternehmen abgestoßen (u. a. PetroChina, CNPC Hong Kong und Sinopec), da diese im Sudan aktiv sind, was TIAA-CREF nicht unterstützen will. Viele kleinere Pensionskassen und andere SRI-Akteure haben sich diesem Votum angeschlossen. Auch der staatliche norwegische Pensionsfonds (der weltweit zweitgrößte Pensionsfonds) hat mit seinem Desinvestment von Walmart-Aktien aufgrund sozialer Missstände bei den Beschäftigen im Jahr 2006 nicht nur nachhaltig orientierte Anlegerinnen und Anleger, sondern auch den Aktienkurs entsprechend beeinflusst. Denn die Positionen, welche diese Fonds halten, sind häufig von einem solchen Umfang, dass ein Desinvestition für ein Unternehmen spürbar wird. Wird ein Unternehmen also Ziel eines solchen Desinvestments, kann es durchaus Probleme haben, auf dem Markt nachhaltiger Investments überhaupt noch Kapitalgebende zu finden. Steht dann eine Kapitalerhöhung an, kann dies zu Problemen bei der Kapitalbeschaffung führen.

Nicht vernachlässigt werden sollte zudem der Umstand, dass für börsennotierte Unternehmen bereits einige Pflichten gelten, die ebenfalls dem Thema Nachhaltigkeit zugerechnet werden können (Sorgfaltspflichten etc.). In einigen Ländern wie z. B. Dänemark, ist für börsennotierte Unternehmen auch die Berichterstattung (s. Kapitel 18) zu Nachhaltigkeitsthemen Pflicht. So beeinflusst die Börsennotierung eines Unternehmens – die gängige Ausgangsposition für unternehmerische

Kapitalbeschaffung – bereits die Pflicht von Unternehmen, sich mit dem Thema Nachhaltigkeit auseinanderzusetzen.

Inwieweit Aktieninhaberinnen und -inhaber (*Shareholder*) auf ein Unternehmen einwirken können im Hinblick auf dessen Nachhaltigkeitsengagement, hängt von ihren Anteilen und dem damit verbundenen Ausmaß des Stimmrechts ab. So werden sowohl die Stimmrechtsausübung im Sinne einer nachhaltigen Entwicklung sowie auch der sogenannte Managementdialog zu den Aktivitäten nachhaltiger Anlagefonds gezählt. Prominentes Beispiel ist die Schweizerische Stiftung für eine nachhaltige Entwicklung ethos (www.ethosfund.ch). Anfang 2013 bündelte sie Stimmrechte für ein Vermögen von ca. 1,7 Mrd. Schweizer Franken, nahm im Auftrag Stimmrechte im Sinne einer nachhaltigen Entwicklung wahr und brachte eigene Anträge bei Generalversammlungen Schweizer Unternehmen ein. Wichtige Themen sind Doppelmandate von Geschäftsleitung und Aufsichtsrat (z. B. bei Nestlé) oder die Abstimmung über die Vergütung der Geschäftsleitung von börsennotierten Unternehmen. Die niederländische Pensionskasse ABP (www.abp. nl) kontaktiert im Rahmen eines Managementdialogs die Geschäftsführung von Unternehmen, an denen sie beteiligt ist und versucht so über das Anteilsgewicht in Sachen Nachhaltigkeit auf das entsprechende Unternehmen einzuwirken. Je höher der Anteil am Unternehmen, desto stärker das Gewicht dieses Dialogs. Die Ausübung von Stimmrechten und Einbringung von Aktionärsanträgen sowie den Managementdialog bezeichnet man auch als Engagement von Investorinnen und Investoren in Sachen Nachhaltigkeit.

Ein zentraler Punkt in allen diesen *Stakeholder*-Beziehungen ist der Aspekt der Langfristigkeit. Untermauert durch die in der Brundtlandschen Nachhaltigkeitsdefinition enthaltene intergenerative Gerechtigkeit muss es auch in einer auf Nachhaltigkeit ausgerichteten *Shareholder*-Beziehung eines Unternehmens um eine Zukunftsorientierung und damit Langfristigkeit gehen. Eccles et al. (2011) haben in ihrer Untersuchung nachhaltig orientierter und nicht nachhaltig orientierter Unternehmen festgestellt, dass die nachhaltigen Unternehmen nicht nur selbst langfristig ausgerichtet sind, sondern dass dies ganz deutlich auch bei ihren Investorinnen und Investoren der Fall ist. In den für die Investorinnen und Investoren abgehaltenen *Calls* werden deutlich mehr auf Langfristigkeit ausgelegte Informationen weitergegeben als bei den nicht nachhaltigen Unternehmen (Eccles et al. 2011). Damit wird klar, wie nachhaltig orientierte Kapitelgebende gezielt langfristig orientierte Unternehmen als Investment wählen.

Ist eine neue Kapitalbeschaffung über die Börse – also eine Kapitalerhöhung – notwendig, so können sich nachhaltig orientierte Unternehmen eine zusätzliche Menge an – ebenfalls nachhaltig orientierten – Kapitalgebenden erschließen, zu der nicht nachhaltig orientierte Unternehmen keinen Zugang haben. Dies wird auch von den Vermittlern des Kapitals, den Finanzinstitutionen unterstrichen (s. z. B. Deutsche Bank 2009).

Engagement

5.3.3 Der Börsengang: nachhaltige Kapitalbeschaffung

Während es bei bereits börsennotierten Unternehmen in Bezug auf das Thema Nachhaltigkeit eher um „Bestandserhaltung" geht, treten noch nicht notierte Unternehmen beim *Initial Public Offering* (IPO) erstmals auf und können sich so entsprechend positionieren. Betsch et al. halten dazu fest: Das „Leitmotiv für den Gang an die Börse ist Eigenkapitalmangel. [...] Dabei stellt der Gang an die Börse die Alternative dar, die das größte langfristige Finanzierungspotenzial bietet" (Betsch et al. 2000, S. 360). Auch hier ist also die Langfristigkeit Kernpunkt der Bestrebungen bei der Kapitalbeschaffung. In der sogenannten „Pre-Marketingphase" eines IPOs werden Investorinnen und Investoren durch *Road Shows*, Analystentreffen und Werbekampagnen adressiert (ebenda, S. 361f.). „Im Rahmen der PR-Aktionen für die Platzierung können weitere Stärken des Unternehmens propagiert werden" (ebenda, S. 362). Zu diesen Stärken kann natürlich eine nachhaltige Ausrichtung des Unternehmens zählen, das Management, Strategie und Organisation in die Pflicht nimmt, einen Beitrag zu einer nachhaltigen Entwicklung zu leisten. Gleiches gilt für ein nachhaltiges – umweltorientiertes, soziales – Produkt (wie beispielsweise die im vorangegangenen Abschnitt näher beleuchteten Erneuerbaren Energien). Ist ein Unternehmen entsprechend positioniert, können auch hier wiederum speziell auf Nachhaltigkeit ausgerichtete Investorinnen und Investoren angesprochen werden.

Ist ein Unternehmen, das an die Börse geht, entsprechend dem Leitbild einer nachhaltigen Entwicklung aufgestellt, hat es – je nach Größe – gute Chancen, sofort in nachhaltige Anlagefonds aufgenommen zu werden, die meist einen langfristigen Anlagehorizont haben. Ein erfolgreiches Pre-Marketing sichert hier demnach die Beteiligung langfristig orientierter Kapitalgeber, die nach Unternehmen suchen, die zur Kernausrichtung ihres Fonds passen. Dies können durchaus sogenannte *Best-in-Class*-Fonds mit einem gewissen Volumen sein, bei denen in geringem Rahmen auch die Investition in (neue) *Small*- und *Mid-Caps* und somit eine Beteiligung am IPO eines nachhaltig orientierten Unternehmens möglich ist.

Die Erfahrung zeigt, dass vor allem Unternehmen, die ein nachhaltiges Produkt vertreiben (wie z. B. die Solarbranche) während des Pre-Marketings gezielt solche Investorinnen und Investoren ansprechen, die für ihre nachhaltigen Anlageprodukte und für ihre Möglichkeiten bekannt sind, sich – in einem gewissen Rahmen – an IPOs zu beteiligen. Bei Anlageprodukten, die auf nachhaltigen Indizes wie bspw. dem *Dow Jones Sustainability Index* basieren, ist dies zwar nicht möglich, doch es existieren ausreichend *Best-in-Class*- oder themenorientierte Fonds, die ein Interesse am Börsengang nachhaltig orientierter Unternehmen haben und dafür Kapital zur Verfügung stellen können.

5.4   Fallbeispiel New Value AG

Das Beispiel der in der Schweiz ansässigen New Value AG bietet Einblick in den Umgang mit dem Thema Nachhaltigkeit sowohl als Kapitalgeberin – in Form von Direktinvestitionen in nachhaltige Unternehmen – als auch als Kapitalnehmerin – in Form der eigenen Auseinandersetzung mit Nachhaltigkeit als börsennotiertes Unternehmen.

Die New Value AG (www.newvalue.ch) wurde im Jahr 2000 als Beteiligungsgesellschaft in der Schweiz gegründet und notierte zunächst an der BX Berner Börse (www.berne-x.com), die auf kleine und mittlere Unternehmen spezialisiert ist. 2006 folgte der Gang an die Schweizer Börse, die bis 2008 noch unter *SWX Swiss Exchange* firmierte und seitdem *SIX Swiss Exchange* (http://www.six-swiss-exchange.com) heißt.

Von Beginn an hat sich New Value darauf spezialisiert, Direktinvestitionen in junge, nicht börsennotierte Unternehmen zu tätigen, die innovative Geschäftsmodelle aufweisen und sich in verschiedenen Entwicklungsphasen von der Markteinführung bis hin zum etablierten KMU befinden. Einen Schwerpunkt bei der Auswahl der Unternehmen legt New Value auf ethische Unternehmenskonzepte sowie eine gute *Corporate Governance*. Das Unternehmen definiert seinen Ansatz wie folgt:

„Über die üblichen Ausschlusskriterien hinaus werden positive ethische Kriterien berücksichtigt, die sich an den Werten des Respekts, der Fairness und der Verantwortung orientieren:

- Respekt vor dem Leben und der Würde des Menschen
- Fairness bei der Gestaltung der wirtschaftlichen und gesellschaftlichen Verhältnisse
- Verantwortung für die Umwelt und zukünftige Generationen." (New Value o.J.)

Um diesen Ansatz im Zuge einer Investition berücksichtigen zu können, lässt New Value im Rahmen der *Due Diligence* (also der Überprüfung der Stärken und Schwächen eines Objekts sowie deren Bewertung) eine Ethikprüfung von Partnern durchführen. Das Konzept dieser Prüfung ist in Abbildung 5.2 dargestellt und umfasst eine Analyse der Bereiche Produkte/Dienstleistungen und Produktion, Umweltpolitik, *Stakeholder*-Beziehungen sowie *Corporate Governance*. Wird ein Unternehmen positiv bewertet, erhält es ein „Ethik-Zertifikat", welches zwei Jahre gültig ist (s. New Value o.J. sowie BlueValue AG 2007). Bezüglich der Unternehmen im Portfolio hat New Value außerdem das „Ziel, die Firma über die Haltezeit von 2–5 Jahren zu entwickeln und zu verbessern" (ebenda, S. 2) und zwar im Sinne des Ethik-Ansatzes.

New Value wird als Anteilseignerin eines Unternehmens also aktiv und legt Wert darauf, im Sinne von Nachhaltigkeit und Ethik sowie einer guten *Corporate Governance* auf dieses Unternehmen einzuwirken. Für Beteiligungsunternehmen ist es charakteristisch, sich in die Portfoliounternehmen einzubringen, da sie häufig einen nicht unwesentlichen Teil des Kapitals beisteuern und sie außerdem den Anspruch haben, die Unternehmen weiterzuentwickeln und im Idealfall an die Börse zu bringen.

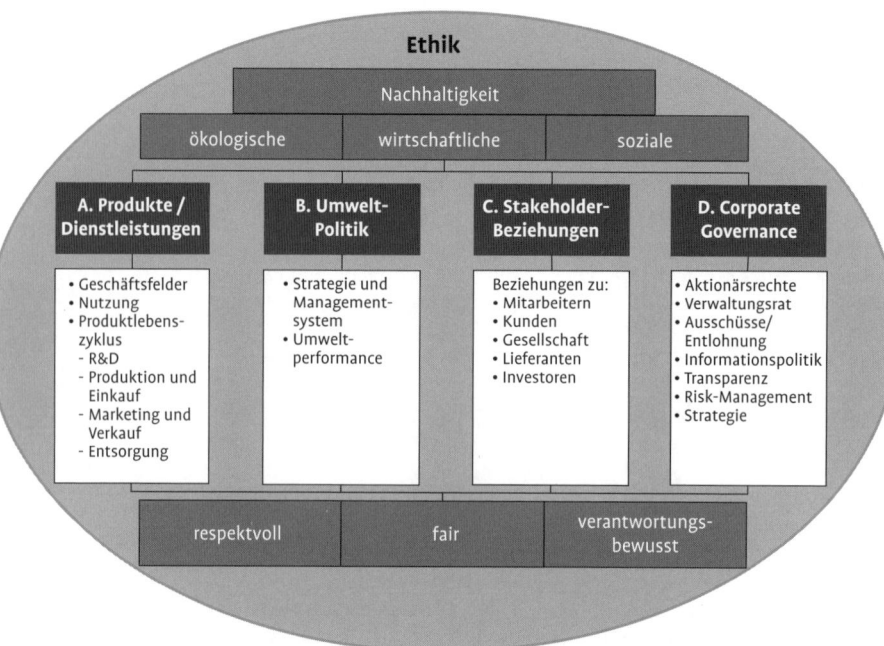

Abb. 5.2 Ethik-Ansatz der New Value AG (Quelle: New Value o. J., S. 2).

In der Ausrichtung auf das Thema Nachhaltigkeit bei den Investitionen erkennt die New Value AG auch in wirtschaftlicher Hinsicht einen ganz klaren Nutzen. Sie geht davon aus: „Geschäftspraktiken, die als unmoralisch beurteilt werden, gelangen dank erhöhter Sensibilisierung und mit Hilfe neuer Technologien rasch und schonungslos an die Öffentlichkeit. Unternehmen, die sich in diesem veränderten Umfeld ethisch integer und glaubwürdig positionieren, generieren nicht nur ökologischen und sozialen, sondern auch wirtschaftlichen Zusatznutzen" (New Value o.J., S. 3, vgl. auch Tabelle 5.2).

Aktuell (Anfang 2012) ist New Value an Unternehmen aus den Bereichen Cleantech und Gesundheit beteiligt (vgl. „Beteiligungen" unter www.newvalue.ch), zu denen unter anderem die Schweizer Unternehmen Natoil (Energieeffiziente Schmierstoffe auf Basis nachwachsender Rohstoffe) und Bogar (Tiergesundheit und -ernährung mit pflanzlichen Inhaltsstoffen) gehören.

Neben eigenen Investitionen in nachhaltig orientierte Unternehmen stellt die New Value AG selbst ein Investitionsobjekt für Externe dar, seitdem ihre Anteile an der Börse gehandelt werden. So legt das Unternehmen Wert auf Glaubwürdigkeit, Transparenz und eine gute *Corporate Governance*:

Tab. 5.2 Steigerung des Unternehmenswertes durch Nachhaltigkeit
(Quelle: New Value o.J., S. 4).

Interner Nutzen	Externer Nutzen
Bessere *Corporate Governance*	Gestärkte Glaubwürdigkeit
Bessere Identifikation der Mitarbeitenden mit den Unternehmenszielen	Gestärkte Marke
Höhere Loyalität und Steigerung der Motivation	*Corporate Identity* wird als *Corporate Integrity* wahrgenommen
Höhere Kompetenz im Umgang mit Konflikten	Pro-aktive Antwort auf externe Anforderungen
Erkennung von Schwachstellen	Vermeidung von Haftung und Strafen
Aufbau einer *Integrity*-Kultur	Dadurch: Steigerung des Unternehmenswertes

„New Value strebt eine hohe Glaubwürdigkeit gegenüber allen *Stakeholdern* an. Transparenz und aktive Kommunikation gegenüber den Aktionären sowie die Einhaltung hoher *Corporate Governance*-Standards sind zentrale Aspekte, sowohl bei New Value als auch bei den Portfoliogesellschaften. Die Pflege langfristig ausgerichteter, auf Respekt, Fairness und Verantwortung basierender Beziehungen zu den Investoren ist integraler Teil des Investment-Verständnisses von New Value" (New Value o.J., S. 5).

Auch wenn das Unternehmen aufgrund der geringen Mitarbeiterzahl keine umfangreichen Managementsysteme für Nachhaltigkeit aufgebaut hat, steht das Thema im Zentrum der Geschäftstätigkeit. New Value fördert Unternehmen mit einer nachhaltigen Ausrichtung und erreicht somit im eigenen Produktbereich eine hohe Bewertung durch Nachhaltigkeitsanalysten. Gleiches gilt für die gute *Corporate Governance* des Unternehmens sowie einen aktiven *Stakeholder*-Dialog. Die laut dem Geschäftsbericht 2010/2011 mit einem Anteil von 19,9 % größte Aktionärin des Unternehmens und einzige mit einem Anteil über 3 % ist die Personalvorsorgekasse der Stadt Bern (PVK, www.pvkbern. ch). Wäre diese bekannt für ihr Engagement im Bereich Nachhaltigkeit, so hielte sie einen ausreichend großen Anteil an New Value-Aktien, um in diesem Sinne auf das Unternehmen einzuwirken. Bislang wird über ein entsprechendes Engagement der PVK jedoch nicht berichtet.

Aufgrund der geringen Größe von New Value ist davon auszugehen, dass klassische *Best-in-Class*-Anlagefonds eher nicht in das Unternehmen investiert sein werden. Bei nachhaltigen Fonds, die auf klein- und mittelkapitalisierte Unternehmen spezialisiert sind, besteht eine höhere Wahrscheinlichkeit.

5.5 Übungsfragen

1. Was sind die Unterschiede zwischen Unternehmens- und Projektfinanzierung bei außerbörslichen Unternehmen?
2. Welche Vor- und Nachteile haben Mischformen dieser beiden Finanzierungsweisen?
3. Welche Möglichkeiten haben nicht börsennotierte Unternehmen, bei der Kapitalbeschaffung das Thema Nachhaltigkeit zu berücksichtigen?
4. Nach welchen Kriterien werden börsennotierte Unternehmen aus Nachhaltigkeitssicht beurteilt? Wie wirkt sich dies auf die Aufnahme in nachhaltige Anlageprodukte aus?
5. Wie lässt sich die Beziehung zwischen nachhaltig orientierten Unternehmen und ihren *Share-* bzw. *Stakeholdern* charakterisieren?
6. Welcher Zusammenhang besteht zwischen der Stückelung der Unternehmensanteile und der Nachhaltigkeit?
7. Welche Möglichkeiten hat ein Unternehmen beim IPO das Thema Nachhaltigkeit zu berücksichtigen?

5.6 Weiterführende Literatur

Faust, M. und Scholz, S. (Hrsg.) (2008): Nachhaltige Geldanlagen – Produkte, Strategien und Beratungskonzepte, Frankfurt/Main.

Pfeifer, B. (2009): Zur Nachhaltigkeitsorientierung von Private Equity-Investoren. Lohmar, Köln.

Schmidheiny, S. und Zorraquín, F. (1996): Finanzierung des Kurswechsels: die Finanzmärkte als Schrittmacher der Ökoeffizienz, Zürich.

Ulshöfer, G. und Bonnet, G. (2009) (Hrsg.): Corporate Social Responsibility auf dem Finanzmarkt: nachhaltiges Investment – politische Strategien – ethische Grundlagen, Wiesbaden.

Werner, T. (2009): Ökologische Investments: Chancen und Risiken grüner Geldanlage, Wiesbaden.

6 *Corporate Citizenship* – Unternehmen als politische Akteure

von Rüdiger Hahn

Kapitelausblick

Im Zuge verschiedener, teils interdependenter Globalisierungserscheinungen wächst in den letzten Jahren die Aufmerksamkeit gegenüber den Rollen, die Unternehmen in der modernen Gesellschaft einnehmen. Sie werden zunehmend als politische Akteure wahrgenommen, die auf unterschiedliche Weise Einfluss auf die (nachhaltige) Entwicklung der Gesellschaft und deren Mitglieder nehmen. Das vorliegende Kapitel widmet sich diesem Thema unter Bezugnahme auf das Konzept von „*Corporate Citizenship*", welches – ähnlich wie Überlegungen zu „*Corporate (Social) Responsibility*" – häufig im Rahmen unternehmerischer Nachhaltigkeitsbemühungen diskutiert wird. Im Mittelpunkt steht dabei eine deskriptiv-explikative Sichtweise von *Corporate Citizenship*, welche dazu dient, die verschiedenen unternehmerischen Rollen in der Gesellschaft zu erörtern. Als Ausgangspunkt der Diskussion werden dazu zunächst verschiedene Globalisierungstendenzen um unternehmerisches Verhalten thematisiert. Da in diesen Debatten die Begriffe *Corporate Citizenship* und *Corporate Social Responsibility* häufig ähnlich verwendet werden, werden diese hier zunächst voneinander abgegrenzt. Dazu werden mit dem „*Limited View of Corporate Citizenship*" und dem „*Equivalent View of Corporate Citizenship*" zwei verbreitete Sichtweisen vorgestellt. Daran anschließend werden auf Basis des *Extended View of Corporate Citizenship* die Rollen, mit denen Unternehmen als politische Akteure verschiedene bürgerschaftliche Rechte beeinflussen können, diskutiert. Eine Reihe von Fallbeispielen illustriert die verschiedenen Verhaltensweisen. Schließlich werden unterschiedliche unternehmerische Einflusssphären thematisiert und der Nutzen sowie die Grenzen des *Extended View of Corporate Citizenship* dargestellt.

Lernziele

1. Gründe für die wachsende Aufmerksamkeit gegenüber unternehmerischen Handlungen in einer globalisierten Welt erörtern können.
2. Nutzen und Grenzen verschiedener Ansätze von *Corporate Citizenship* und *Corporate Social Responsibility* erklären können.
3. Das Konzept des *Corporate Citizenship* zur Kategorisierung verschiedener unternehmerischer Verhaltensweisen nutzen können.
4. Die verschiedenen Rollen von Unternehmen in Bezug zu bürgerschaftlichen Rechten erläutern können.

6.1 Zur Rolle von Unternehmen im Zeitalter der Globalisierung

In den letzten Jahren und Jahrzehnten ist die grundlegende Aufmerksamkeit in der Gesellschaft gegenüber unternehmerischen Verhaltensweisen stetig gewachsen. Begründet wird dies häufig mit verschiedenen, zum Teil interdependenten Globalisierungstendenzen, wie sie in Abbildung 6.1 zusammengefasst sind und im Folgenden erörtert werden.

Wachsender Einfluss von Unternehmen

Ausgangspunkt einer solchen Argumentation ist oftmals ein gerade multinational tätigen Unternehmen zugesprochener wachsender Einfluss. Multinationale Unternehmen (MNU) agieren immer stärker außerhalb territorialer Beschränkungen und ihre Geschäftätigkeiten nehmen vielfach supraterritorialen Charakter an. Gerade große, international positionierte Unternehmen, aber in zunehmendem Maße auch kleine und mittlere Unternehmen, haben dadurch grenzüberschreitende Handlungsoptionen und somit einen stetig wachsenden Gestaltungsspielraum. Die Gründe hierfür sind vielfältig: Das benötigte Kapital kann weltweit aufgenommen und flexibel eingesetzt werden, Fortschritte in der Informations- und Kommunikationstechnologie sowie intensiv vernetzte Transportstrukturen ermöglichen grenzüberschreitende und arbeitsteilige Produktion an verschiedenen Orten. Damit sind materielle wie immaterielle Ressourcen immer einfacher transferierbar und immer weniger standortgebunden. Diese globale Flexibilität ermöglicht es den Unternehmen, sich dem Regelungsbereich von Nationalstaaten zumindest partiell zu entziehen, womit sie zumindest insoweit den einzelstaatlichen gesetzlichen Rahmenbedingungen nicht mehr als Rechtsunterworfene gegenüberstehen und einen zunehmenden Gestaltungsspielraum in Bezug auf nachhaltigkeitsrelevante Aspekte z. B. Umwelt- und Sozialstandards besitzen (s. u. a. Hahn 2009a). Der Bedeutungsgewinn gerade von MNU wird aber auch durch ihre reine Größe und Zahl evident. Mittlerweile existieren mehr als 80 000 MNU mit mehr als 800 000 ausländischen Tochterunternehmen (s. UNCTAD 2010). Sie beschäftigen zum Teil mehrere Hunderttausend Menschen und ein Mehrfaches dessen ist darüber hinaus indirekt wirtschaftlich abhängig, z. B. als Familienangehörige oder als Beschäftigte von Zulieferern. Die Umsätze der größten MNU übertreffen häufig das Bruttoinlandsprodukt vieler Entwicklungsländer, teilweise sogar das mittelgroßer Industrieländer. Zudem kontrollieren MNU viele zentrale Zukunftstechnologien und akkumulieren ein hohes Maß an Know-how. Ungefähr zwei Drittel der weltweiten Ausgaben für Forschung und Entwicklung entfallen auf die Privatwirtschaft, wovon wiederum die Hälfte von nur 700 Unternehmen getragen wird (s. UNCTAD 2005). Mit dieser Konzentration sind häufig Bedenken verbunden, in sensiblen und nachhaltigkeitsrelevanten Bereichen wie z. B. Gen-, Nano-, Informations- und Kommunikationstechnologie in die Abhängigkeit von privatwirtschaftlichen Akteuren zu gelangen. Sie ruft bei Unternehmen jedoch zugleich Erwartungen an positive soziale und ökologische Lösungsbeiträge hervor.

Eine zweite relevante Globalisierungstendenz findet sich in der stetig wachsenden Komplexität moderner Gesellschaften. Der andauernde (technische) Fortschritt sowie der hohe Grad der Arbeitsteilung in der heutigen Gesellschaft führen zu immer komplexer werdenden Problemen und – im Zusammenspiel mit der zuvor genannten Know-how-Akkumulation – zu einer Verlagerung von Problemlösungskompetenz hin zu den Unternehmen. Hochspezialisierte Handlungskomplexe in der ökonomischen, ökologischen, politisch-rechtlichen, soziokulturellen und technologischen Umwelt, welche oftmals durch erhebliche wechselseitige Beeinflussungen und Abhängigkeiten geprägt sind, können von Außenstehenden – wenn überhaupt – nur noch bedingt nachvollzogen werden (s. Sachs et al. 2005). „Konventionelle" politische Akteure sehen sich dadurch immer stärker veränderten Anforderungen und Ansprü-

Wachsende Komplexität moderner Gesellschaften

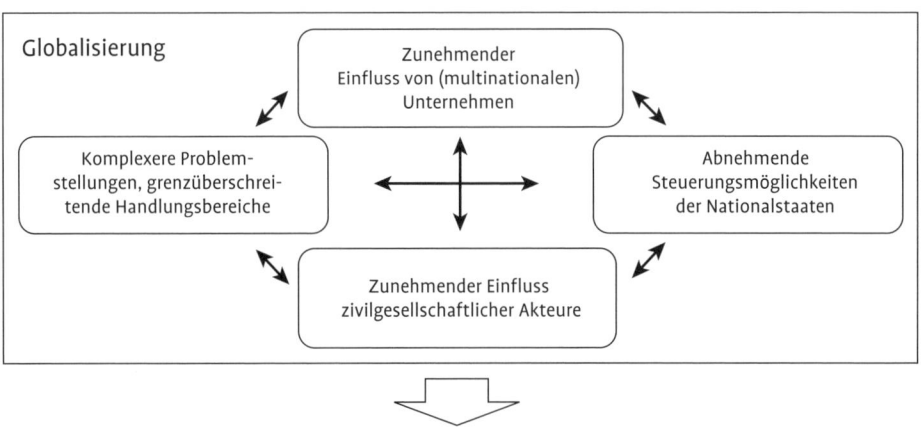

Wachsende Aufmerksamkeit gegenüber unternehmerischem Einfluss auf (nachhaltige) gesellschaftliche Entwicklung

Abb. 6.1 Globalisierungserscheinungen als Begründung wachsender Aufmerksamkeit gegenüber unternehmerischen Handlungen (Quelle: eigene Darstellung).

chen ausgesetzt, zumal viele Probleme grenzüberschreitenden Charakter annehmen oder, sofern diese schon früher grundsätzlich globale Auswirkungen hatten, immer deutlicher als grenzüberschreitend wahrgenommen werden. Während sich noch vor wenigen Jahren z. B. Umweltprobleme häufig auf lokal sichtbare Auswirkungen wie Luftverschmutzung o. ä. beschränkten, stehen in der heutigen Zeit in zunehmendem Maße globale Themenkomplexe wie der Klimawandel im Blickpunkt. Aber auch soziale und technische Fragestellungen wie die AIDS-Pandemie, das Bevölkerungswachstum, weltweite Armut und weltweiter Hunger, der Einsatz gentechnisch veränderter Lebensmittel, supraterritoriale Finanzbeziehungen und andere Themen sind zunehmend in ihren globalen Auswirkungen zu betrachten und verlangen, da sie weitgehend dem Einfluss einzelner Staaten entzogen sind, nach grenzüberschreitenden Lösungsansätzen.

Abnehmende Steuerungsmöglichkeiten der Nationalstaaten

Aus diesen verschiedenen Tendenzen resultiert ein Nachlassen der Einfluss- und vor allem der Steuerungsmöglichkeiten einzelner Nationalstaaten (s. Crane et al. 2008a). Die Kontrolle hoch spezialisierter Handlungs- und Problemfelder durch staatliche Stellen wird zunehmend lückenhaft, da sich das Wissen um einflussnehmende Faktoren bei den Spezialistinnen und Spezialisten in den Unternehmen konzentriert. Viele Probleme innerhalb nationaler Territorien sind zudem extern verursacht und entziehen sich damit dem Regelungseinfluss der betreffenden Staaten. Da die nationalstaatlichen politischen Systeme durch Staatsgrenzen definiert sind, sind solche Phänomene mit grenzüberschreitendem Charakter per se nicht von Einzelstaaten alleine kontrollierbar. Ihnen geht letztlich sowohl aufgrund der Ausweichmöglichkeiten und des Zuwachses an Einfluss von Unternehmen als auch aufgrund sich verändernder Problemlagen die monopolistische Gewalt zur Setzung von Rahmenbedingungen in ihren abgegrenzten Räumen und damit die interne Steuerungsfähigkeit gegenüber den privaten Akteuren verloren. Zugleich sorgen unter anderem mangelnde Bereitschaft oder Fähigkeit der Bürger, dem Staat neue Einnahmequellen bereitzustellen sowie z. B. durch Standortkonkurrenz und Subventionswettläufe überlastete Staatshaushalte vielfach dafür, dass der öffentliche Sektor und die sozialen Sicherungssysteme geschwächt werden. Vor dem Hintergrund weiterhin fehlender globaler Steuerungsinstitutionen kann damit insgesamt eine zunehmende Aufmerksamkeit für privatwirtschaftliche Verantwortlichkeiten begründet werden.

Zunehmender Einfluss zivilgesellschaftlicher Akteure

Parallel zur Privatwirtschaft gewinnen überdies verschiedene zivilgesellschaftliche Organisationen und Akteure an Bedeutung, da auch sie nicht dem Territorialprinzip unterworfen sind. Sie können ihre Handlungsfelder und -orte ebenfalls grundsätzlich frei wählen und damit von den genannten Globalisierungsprozessen profitieren. Diese gestiegene Bedeutung ist überdies vielfach zu einer Notwendigkeit geworden, da ein Großteil der Informationen über lokale Probleme sowie das Wissen um Lösungspotenziale heute oftmals bei den Betroffenen selbst liegt. Insbesondere verschiedene sogenannte Nichtregierungsorganisationen (*Non Governmental Organizations* – NGOs) haben entsprechend dazu beigetragen, ein in vielen Bereichen verstärktes ökologisches und soziales Problembewusstsein zu schaffen. Ebenso wie die Zahl der MNU stetig gewachsen ist, wuchs auch die Zahl der nationalen wie internationalen NGOs in den letzten Jahren stark an (s. Gunn 2004). Sie nehmen häufig die Rolle eines Wächters über die Privatwirtschaft ein und übernehmen damit zum Teil Aufgaben, die vorher fast ausschließlich in der Hand staatlicher Instanzen lagen. Ihr wachsender Einfluss im Verhältnis zur Privatwirtschaft stützt sich auf ihre Möglichkeiten, relevante Anspruchsgruppen (wie Kundschaft, Investoren o. ä.) zu mobilisieren. Ermöglicht wird dies unter anderem durch die zunehmende Verbreitung und weltweite Vernetzung der Informations- und Kommunikationstechnologien sowie durch eine zielgerichtete Ausnutzung massenmedialer Kommunikationsmuster bei zugleich hohem Vertrauen der Bürgerinnen und Bürger in solche Organisationen.

Vor dem Hintergrund dieser Tendenzen stellt sich die Frage, welche Rollen Unternehmen in der heutigen Gesellschaft einnehmen und wie sie mit Blick auf diese wachsende Aufmerksamkeit agieren. Das Konzept des *Corporate Citizenship* (CC), wie es im Folgenden erörtert wird, kann dazu dienen, eben diese vielfältigen Rollen zu kategorisieren und einer systematischen Analyse zu unterziehen. CC wird daher nun zunächst in Abgrenzung zu einer unternehmerischen Verantwortung im Sinne von *Corporate Social Responsibility* (CSR) als deskriptiv-explikatives Konzept charakterisiert. Daran anschließend werden verschiedene Formen unternehmerischen Verhaltens auf Basis von CC erörtert, um die Relevanz und den Erkenntnisbeitrag dieses Konzepts im Rahmen des betrieblichen Nachhaltigkeitsmanagements zu verdeutlichen.

6.2 Begriffsabgrenzung und Charakterisierung von *Corporate Citizenship*

Begriffe wie CSR oder CC haben in der Unternehmenspraxis wie auch in der betriebswirtschaftlichen Forschung eine zunehmende Verbreitung bei der Diskussion des unternehmerischen Beitrags zu einer nachhaltigen Entwicklung gefunden (s. z. B. Matten und Palazzo 2008). Jedoch herrscht bisher keine Einigkeit über Inhalte und Abgrenzungen dieser Konzepte. Stattdessen findet sich eine Vielfalt unterschiedlicher Interpretationen und Charakterisierungen, welche nicht zu einem klärenden Verständnis beitragen (s. Weber 2008; Welzel 2008).

Doch auch, wenn sich vorhandene Charakterisierungsversuche als ebenso vielfältig wie ihre Urheber erweisen, so scheinen sie insbesondere für den Bereich CSR auf einigen einheitlichen Grundcharakteristika aufzubauen (s. Crane et al. 2008b): So wird CSR zumeist als (z. T. freiwilliger) Beitrag zur (nachhaltigen) gesellschaftlichen Entwicklung aufgefasst, welcher über gesetzliche Anforderungen an Unternehmen hinausgeht. Entsprechende Aktivitäten bauen auf den Interessen und Einflüssen interner wie externer *Stakeholder* auf und betonen häufig eine Anpassung der ökonomischen an die gesellschaftliche Verantwor-

Corporate Social Responsibility

tung von Unternehmen. Die meisten Charakterisierungen von CSR enthalten dementsprechend bestimmte (normative) Werte und Verhaltensvorgaben dazu, wie Geschäfte getätigt werden sollten und gehen implizit oder in der Regel sogar explizit über rein philanthropische Aktivitäten hinaus. So enthält z. B. die internationale Norm ISO 26000 als „Leitfaden zur gesellschaftlichen Verantwortung" spezifische Grundsätze in den Bereichen „Rechenschaftspflicht", „Transparenz", „Ethisches Verhalten", „Achtung der Interessen von Anspruchsgruppen", „Achtung der Rechtsstaatlichkeit", „Achtung internationaler Verhaltensstandards" sowie „Achtung der Menschenrechte" (s. DIN/ISO 2011).

Corporate Citizenship   Auch der Begriff CC, wie er in der Wirtschaftspraxis entstanden ist und später in der Wissenschaft übernommen wurde, ist mittlerweile in der Diskussion um gesellschaftliche Unternehmensverantwortung weltweit verbreitet (s. Crane et al. 2008a). In der deutschsprachigen Literatur wird er unter anderem mit unternehmerischem bürgerschaftlichen Engagement, korporativer Bürgerschaft, gesellschaftlicher Verantwortung der Unternehmen oder ähnlich übersetzt. Jedoch scheinen die verschiedenen Sichtweisen von CC nicht solche Übereinstimmungen aufzuweisen, wie sie soeben für CSR herausgestellt wurden. Vielmehr findet sich in der aktuellen Diskussion eine Vielfalt unterschiedlicher Interpretationen und Charakterisierungen, welche zunächst nicht zu einem klärenden Verständnis beitragen.

6.2.1 Der „*Limited*" und der „*Equivalent View of Corporate Citizenship*" im Verhältnis zu *Corporate Social Responsibility*

Zwei mögliche Abgrenzungen von CC beziehen sich entweder implizit oder explizit auf ein normatives Verständnis von CSR, wie es soeben erörtert wurde. Ein erster Ansatz sieht CC zunächst als Teil von CSR (so z. B. Loew et al. 2004). Bezieht man sich auf das weit verbreitete Pyramidenmodell von Carroll (1991), so besteht CSR aus vier Arten unternehmerischer Verantwortung,

1. der ökonomischen Verantwortung, profitabel zu sein,
2. der rechtlichen Verantwortung, die Gesetze der jeweiligen Gesellschaft zu beachten,
3. der ethischen Verantwortung, das Richtige zu tun, selbst wenn es nicht von den rechtlichen Rahmenbedingungen vorgegeben ist, und
4. der philanthropischen Verantwortung, zu verschiedenen Arten sozialer, kultureller u. ä. Ziele beizutragen.

Limited View of Corporate Citizenship   In einer ersten Sichtweise wird CC häufig mit der vierten Stufe dieses Modells gleichgesetzt, d.h. mit den philanthropischen Aktivitäten der Unternehmen z. B. im Rahmen von „*Corporate Giving*" oder „*Corporate Volunteering*". Dies beinhaltet zugleich eine ausgewiesene normative Komponente gesellschaftlicher Erwartungen an „gutes" unternehmerisches Bürgertum. Crane, Matten und Moon (2008) bezeichnen diese

Sichtweise als den *Limited View of CC*, analog etwa zu „CC im engeren Sinne" bei Schrader (2003). Als Teil von CSR ist CC damit etwas, was einerseits – von außen her gesehen – oftmals als (philanthropischer) Beitrag von Unternehmen zur Gesellschaft erwartet wird, während entsprechende Maßnahmen anderseits – von Unternehmensseite her gesehen – in dieser Interpretation häufig aus Eigeninteresse getroffen werden, um z. B. eine positive Reputation aufzubauen oder in ein stabiles Umfeld zu investieren, womit es dann einen speziellen Ansatz zur langfristigen Gewinnmaximierung darstellt. Matten und Crane (2005) kritisieren, dass diese Charakterisierung keine neuen Erkenntnisse hervorbringt, in einem solchen Kontext keine einheitliche Sichtweise zur genauen Abgrenzung des Konzepts vorliegt und zudem keine theoretische Fundierung speziell des Begriffs *„Citizenship"* geliefert wird. Überzeichnet formuliert ist CC in dieser Abgrenzung demnach nicht „mehr als ein Lückenbüßer für fehlende Steuerzahlungen" (Habisch 2003).

In einer zweiten, ebenfalls weit verbreiteten Interpretation wird CC weitgehend mit CSR gleichgesetzt. Dieser etwas breitere Ansatz ist allerdings nicht viel mehr als eine Umbenennung existierender Konzepte, wenn auch mit zum Teil marginal angepasstem Fokus: Gardberg und Fombrun (2006) grenzen CC in diesem Verständnis als die strategischere Vorgehensweise (vergleichbar mit Investitionen im Bereich Forschung & Entwicklung oder Marketing) ab. Diese Sichtweise beinhaltet damit ebenfalls eine Reihe spezifischer normativer Ansprüche an unternehmerisches Verhalten. Neben dem Ausbleiben wesentlicher neuer Erkenntnisse eines solchen *Equivalent View of CC*, d. h. einer synonymen Begriffsverwendung von CC und CSR, bemängeln Matten und Crane (2005) auch hier die fehlende theoretische Reflexion zum Begriffsverständnis unternehmerischen *Citizenships*. Zudem wird durch die bloße Umbenennung von CSR in CC einer verstärkten Skepsis gegenüber beiden Konzepten als vermeintlich flüchtiger betriebswirtschaftlicher Modeerscheinungen Vorschub geleistet. Als normative Konzepte können der *Limited* wie auch der *Equivalent View of CC* jedoch – ganz im Sinne des oben dargelegten Verständnisses von CSR – dazu beitragen, unternehmerische Ziele und Werte über extern an sie herangetragene Ansprüche zu beeinflussen. Aus genau diesem Grund eignen sie sich jedoch nicht für eine objektivierbare Analyse oder als Instrument zur Klassifizierung unternehmerischen Verhaltens.

Equivalent View of Corporate Citizenship

6.2.2 Der *Extended View of Corporate Citizenship* im Lichte bürgerschaftlicher Rechte

Extended View of Corporate Citizenship

Für ihren *Extended View of CC*, greifen Crane et al. (2008a) auf ein Konzept von *Citizenship* als gesellschaftliche Integration umfassender sozialer, ziviler und politischer Rechte nach Marshall (1950) zurück. Soziale Rechte garantieren dem Individuum die Erfüllung seiner grundlegendsten Bedürfnisse und gewährleisten damit die Freiheit zur Teilnahme an der Gesellschaft. Dies umschließt vor allem das Recht auf ein Mindestmaß an wirtschaftlicher Wohlfahrt und Sicherheit sowie verschiedene Rechte in den Bereichen Bildung und Gesundheit. Zivile Rechte schützen die individuelle Freiheit des Einzelnen gegenüber Dritten und beinhalten z. B. die Eigentumsfreiheit, die Redefreiheit, die Freiheit der Person, die Gedanken- und Glaubensfreiheit sowie die Freiheit, gültige Verträge abzuschließen. Politische Rechte gehen schließlich über den bloßen Schutz des Einzelnen hinaus und beinhalten in erster Linie das Recht auf die Teilnahme am Gebrauch politischer Macht. Allgemein charakterisieren diese Rechte den Anspruch des Einzelnen, am Prozess kollektiver Willensbildung in der Öffentlichkeit teilzuhaben.

Historisch betrachtet wurden zumeist die jeweiligen Nationalstaaten als primäre Institution zur Wahrung der genannten bürgerschaftlichen Rechte und zugleich als deren größte Bedrohung verstanden. In zunehmendem Maße übernehmen jedoch auch Unternehmen Verantwortung für den Schutz und die Durchsetzung bestimmter Rechte, und die unternehmerische Beteiligung verschiebt sich vermehrt von einer Form der freiwilligen hin zu einer unvermeidbaren Einbringung in diese gesellschaftlichen Relationen mit dem Resultat eines zunehmend komplexer werdenden Beziehungsgeflechts (s. Matten et al. 2003; Wettstein 2009). Zugleich jedoch ermöglicht eine zunehmende Macht privatwirtschaftlicher Akteure bei schwindenden Kontrollmöglichkeiten staatlicher Organe häufig hemmende oder unterdrückende unternehmerische Einflüsse auf bürgerschaftliche Rechte durch eine Ausnutzung dieser Position der Stärke. Vor diesem Hintergrund zeigt sich, in deutlichem Kontrast zum normativen Verständnis von CSR sowie dem *Limited* und dem *Equivalent View of CC*, die strikt ergebnisorientiert-deskriptive Perspektive des *Extended View*.

Neben einem solchen aktiven (positiven oder negativen) unternehmerischen Einfluss auf die verschiedenen bürgerschaftlichen Rechte und auf eine gesamtgesellschaftliche nachhaltige Entwicklung können Unternehmen jedoch auch eine rein passive Rolle einnehmen. In diesem Fall ignorieren sie, in Orientierung an der von Milton Friedman begründeten Position, dass die gesellschaftliche Verantwortung eines Unternehmens ausschließlich darin liegt, seine Gewinne zu erhöhen („the social responsibility of business is to increase its profits") (Friedman 1970, S. 32), die an sie herangetragene Forderung einer weitergehenden gesellschaftlichen Verantwortung. Ausschließliche Basis der Beziehungen solcher Akteure zur Gesellschaft sind in vielen Fällen die jeweils geltenden Gesetzesgrundlagen, an denen die Geschäftstätigkeit ausgerichtet wird. In diesem Fall würde jegliche Auswirkung auf die genannten bürgerschaftlichen Rechte, welche von den bestehenden Gesetzen abweicht, aus einer solchen passiv-ignorierenden Verhaltensweise ungeplant, unbestimmt und damit letztlich auch rein zufällig erwachsen. Die reine Gesetzestreue wird demnach als passive Grundhaltung angenommen und stellt hier eine konzeptionelle Erweiterung des *Extended View of CC* dar. Tabelle 6.1 systematisiert das vorgestellte Konzept mit einer Kategorisierung unterschiedlicher unternehmerischer Verhaltensmuster.

Tab. 6.1 Kategorisierung von CC anhand bürgerschaftlicher Rechte (Quelle: eigene Darstellung modifiziert und erweitert nach Crane et al. 2008a, S. 70f.).

Unternehmerisches Verhalten		aktiv	passiv	aktiv
Unternehmerische Rolle im Bereich ...	soziale Rechte	Versorger	Ignorierer	Verweigerer
	zivile Rechte	Förderer / Kanalisator		Unterdrücker / Blockierer
	politische Rechte			
Postulierte Auswirkung auf bürgerschaftliche Rechte und nachhaltige Entwicklung		positiv (Stärkung)	unbe-stimmt / ungeplant	negativ (Schwächung)

Auf dieser Systematik aufbauend wird nun eine Reihe von Fallbeispielen aktiven unternehmerischen Einflusses auf die verschiedenen Rechte thematisiert.

6.3 Illustrative Fallbeispiele unternehmerischen Verhaltens

Im folgenden Kapitel werden einige charakteristische Beispiele der sich verschiebenden Bedeutung von privatwirtschaftlichen Akteuren gegenüber einzelnen Nationalstaaten dargestellt. Diese Verschiebung offenbart sich häufig speziell in Entwicklungsländern, in denen staatliche Instanzen zum Teil sogar grundlegende Bedürfnisse und Menschenrechte nicht schützen können (oder wollen).

6.3.1 Unternehmen und soziale Rechte („Versorger" und „Verweigerer")

Oftmals übernehmen Unternehmen in Entwicklungsländern Funktionen, die ursprünglich dem wohlfahrtsstaatlichen Aufgabenbereich zugeordnet wurden (Unternehmen als „Versorger"). Hierunter fallen unter anderem etliche philanthropische Aktivitäten. Zum Beispiel stellt DHL im Rahmen seiner mit freiwilligen Helfern aus dem Unternehmen besetzten *„Desaster Response Teams"* in Koordination mit dem UN-Büro für die Koordinierung humanitärer Angelegenheiten logistische Kapazitäten zur Verteilung von Hilfsgütern zur Verfügung (Deutsche Post DHL 2010). Andere Unternehmen spenden für humanitäre Zwecke oder unterstützen insbesondere in vielen Entwicklungsländern mit dem Bau von Krankenhäusern, Schulen, Kindergärten usw. die zuvor angeführten sozialen Rechte der örtlichen Bevölkerung. Aber auch verschiedene Managementinstrumente wie unternehmerische Verhaltenskodizes können zur Förderung sozialer Rechte führen, wenn die staatlichen Standards hier nicht ausreichen. So wird z. B. häufig befürchtet, dass sich Nationalstaaten im Bemühen um die Sicherung ausländischer Direktinvestitionen im globalisierten Wettbewerb an einem so genannten *Race to the Bottom* mit der Folge des stetigen Abbaus von (Sozial-, Arbeits- oder Umwelt-) Standards beteiligen (s. Hahn 2009a). Vor diesem Hintergrund obliegt es verstärkt den multinational agierenden Unternehmen, solche schwächeren Standards nicht auszunutzen und stattdessen, z. B. durch die Einführung global geltender Verhaltenskodizes, die sozialen Rechte der Betroffenen zu sichern und eine nachhaltige Entwicklung zu fördern (siehe beispielhaft den Verhaltenskodex (*Code of Conduct*) der Henkel AG & Co. KGaA 2009).

Im Kontrast zu solchen die sozialen Rechte fördernden Verhaltensweisen können jedoch ebenso unternehmerische Verweigerungshaltungen gegenüber den Betroffenen beobachtet werden. Dies ist offensichtlich der Fall, wenn soziale Grundrechte nicht eingehalten oder gar gezielt unterlaufen werden oder wenn ein *Race to the bottom* durch gezielte Standortverlagerungen in Regionen mit schwachen Standards aktiv gefördert wird (Unternehmen als „Verweigerer"). Ein besonders prägnantes Beispiel eines (sowohl gesetzliche Vorgaben als auch bestimmte Menschenrechte missachtenden) Verhaltens zeigte das Pharmaunternehmen Pfizer im Jahr 1996 in Nigeria (s. ausführlich Hahn 2009a). Dem Unternehmen wurde (im Rahmen eines Gerichtsverfahrens) vorgeworfen, in dem afrikanischen Land während einer Meningitisepidemie eine medizinische Studie an erkrankten Kindern durchgeführt zu haben, ohne das Wissen der Betroffenen und deren Eltern. Das Unternehmen soll neben ethischen Grundsätzen auch verschiedene nationale wie internationale Vorgaben (z. B. zur Durchführung medizinischer Studien) ignoriert und zudem die gesundheitliche wie auch die wirtschaftliche Notlage der Betroffenen ausgenutzt haben. Insgesamt kann dies als Beispiel aktiven Verhaltens zur bewussten Vermeidung und Umgehung sozialer Rechte charakterisiert werden.

Race to the bottom

6.3.2 Unternehmen und zivile Rechte („Förderer" und „Unterdrücker")

Über den Bereich sozialer Rechte hinaus erstreckt sich der *Extended View of CC* zudem auf unterschiedliche Formen politischer Teilhabe oder Einflussnahme von Unternehmen. Während die zivilen Rechte z. B. in den meisten Industrieländern angemessen sichergestellt sind, wird staatliches Versagen in diesem Bereich insbesondere in vielen Entwicklungsländern evident. Dort zeigt sich besonders prägnant, dass Unternehmen als „Förderer" ziviler Rechte auftreten können, da bereits die bloße Präsenz in diesen Ländern eine Form von einflussnehmender

Beziehung zu den Regierungen annehmen lässt. In diesem Zusammenhang werden zumeist zwei grundlegende Aktionspfade skizziert. Der erste Ansatz stützt sich auf die Annahme, dass durch Desinvestitionen und das Einfrieren wirtschaftlicher Aktivitäten eine Schwächung des jeweiligen Regimes erfolgen kann. Kumuliert sich eine solche (unter Umständen auch durch Handelsembargos, Strafzölle o. ä. geförderte oder gar erzwungene) wirtschaftliche Zurückhaltung in der jeweiligen Region, so kann diese Vorgehensweise dadurch auch politische Wirkung entfalten. Der zweite Ansatz hingegen favorisiert wirtschaftliches Engagement unter der Prämisse, dass hohe Standards der investierenden ausländischen Unternehmen bewusst die Rechte der Bevölkerung stärken können und damit zu einer Verbesserung der Situation beitragen. Ein konkretes Beispiel liefert das Verhalten einiger westlicher MNU während des südafrikanischen Apartheid-Regimes. Diese Unternehmen haben sich bewusst für die Stärkung der Arbeits- und Lebensumstände der schwarzen Bevölkerung eingesetzt und zugleich versucht, diskriminierendes Verhalten in ihren eigenen Unternehmensgrenzen zu unterbinden (s. Kline 2003).

Prominente Beispiele illustrieren jedoch, dass Unternehmen gerade mit einem aktiven wirtschaftlichen Auftreten z. B. in totalitär geführten Staaten auch eine Rolle „Unterdrücker" ziviler Rechte einnehmen können. So wurde Shell in den 1990er Jahren vorgeworfen, eine aktive Rolle bei der Unterdrückung ziviler Rechte indigener Volksgruppen in Nigeria eingenommen zu haben (s. ausführlich Hahn 2009a). Das Unternehmen wurde beschuldigt, Militär- und Polizeieinheiten des Regimes finanziell und logistisch, unter anderem mit Waffenlieferungen, unterstützt zu haben. Besonders drastische Kritik löste bei den internationalen Medien insbesondere die betonte Zurückhaltung von Shell im Fall „Ken Saro-Wiwa" aus. Der nigerianische Umweltaktivist und acht weitere Mitglieder des indigenen Volksstamms der Ogoni wurden 1995 nach jahrelangen Protesten gegen die durch die Erdölförderung ausländischer MNU ausgelöste Umweltzerstörung im Nigerdelta nach einer fingierten Mordanklage von einem Militärtribunal zum Tode verurteilt und gehängt. Das mangelnde Eintreten von Shell – als einem der Hauptverantwortlichen der Umweltzerstörungen – gegen diesen Scheinprozess setzte das Unternehmen weltweit der Vorhaltung aus, Menschenrechtsverletzungen dieser Art nicht nur zu dulden, sondern geradezu zu fördern.

6.3.3 Unternehmen und politische Rechte („Kanalisatoren" und „Blockierer")

In ähnlicher Weise wie bei zivilen Rechten ist zudem denkbar, dass Unternehmen im Hinblick auf die Kategorie der politischen Rechte, insbesondere im Falle von Unvermögen oder Unwilligkeit des betreffenden Staates, eine zentrale Rolle bei Verbesserungen spielen können. Sie nehmen vermehrt eine aktive Stellung in Bereichen vormals nationalstaatlicher Regulierungen ein. Durch Lobbying und ähnliche Aktivitäten kann ihnen ein beträchtlicher (sowohl fördernder als auch blockierender) Einfluss auf politische Prozesse zugeschrieben werden, wodurch sie auch hier zu einem – zumindest inoffiziell – akzeptierten Akteur werden (s. Matten und Crane 2005). Ergänzend zeigt sich in vielen Industrieländern eine gewisse Politikmüdigkeit, wodurch die jeweiligen Regierungen ihre Rolle als (alleinige) Adressaten politischer Willensbildung zu verlieren drohen. Im Gegensatz dazu werden Unternehmen immer häufiger selbst zum Ziel politischer Interessensartikulation der Bürger. Dies drückt sich ganz konkret z. B. in Konsumentenboykotten, Protesten und anderen Formen gesellschaftlicher Aktivitäten aus. Letztlich können Unternehmen damit durch solche direkt an sie herangetragenen Ansprüche eine kanalisierende oder aber blockierende Rolle im Prozess politischer Willensbildung der Bevölkerung besetzen, wenn sie auf diese Weise z. B. im Rahmen von Lobbyingaktivitäten als „Mittler" eine Position zwischen Bevölkerung und politischen Akteuren einnehmen und auf Gesetzgebung, Standards und Regulierung einwirken (Unternehmen als „Kanalisator" oder als „Blockierer"). Hierin zeigt sich, dass Unternehmen durchaus im Sinne strukturpolitischer Akteure agieren und an einem Prozess der Gestaltung gesellschaftlicher Rahmenbedingungen für eine nachhaltige Entwicklung – häufig auch thematisiert mit Begriffen wie *„Global Governance"* (s. zu einem konkreten Beispiel z. B. Hahn 2011) – teilnehmen können.

6.4 Ebenen unternehmerischen Einflusses auf bürgerschaftliche Rechte

Bei der soeben illustrierten aktiven unternehmerischen Einflussnahme lassen sich schließlich verschiedene Ebenen unternehmerischer Kontroll- und Einflussmöglichkeiten skizzieren (s. ähnlich Frankental 2002). Stellt man diese in einem Modell konzentrischer Kreise (Abbildung 6.2) dar, so nimmt die Kontrolle über die Akteure sowie das Ergebnis der unternehmerischen Aktivitäten nach außen hin zusammen mit den Entscheidungsspielräumen tendenziell ab. Im innersten Kreis werden zunächst ausschließlich die direkten Relationen und Entscheidungsparameter innerhalb des jeweiligen Unternehmens betrachtet, während bereits im zweiten Kreis externe Akteure wie Geschäftspartner usw. involviert sind. Die Anzahl der Akteure nimmt in den äußeren Kreisen tendenziell weiter zu. Hier wächst zugleich die Machtdistanz, während die Unmittelbarkeit der Entscheidungen abnimmt, so dass die aggregierten Einfluss- und Kontrollmöglichkeiten in der Mitte des Models im Allgemeinen am höchsten sind.

Wie im Folgenden illustriert wird, kann unternehmerisches Verhalten auf allen vier Ebenen die unterschiedlichen bürgerschaftlichen Rechte beeinflussen. Im innersten Kreis können die meisten Entscheidungen über Unternehmensinterna (z. B. zu Arbeitsbedingungen oder Entlohnung) weitgehend souverän und von Drittparteien unbeeinflusst vorgenommen werden, wenngleich jedoch zum Teil schon ausgehend

Einfluss des Unternehmens auf ...

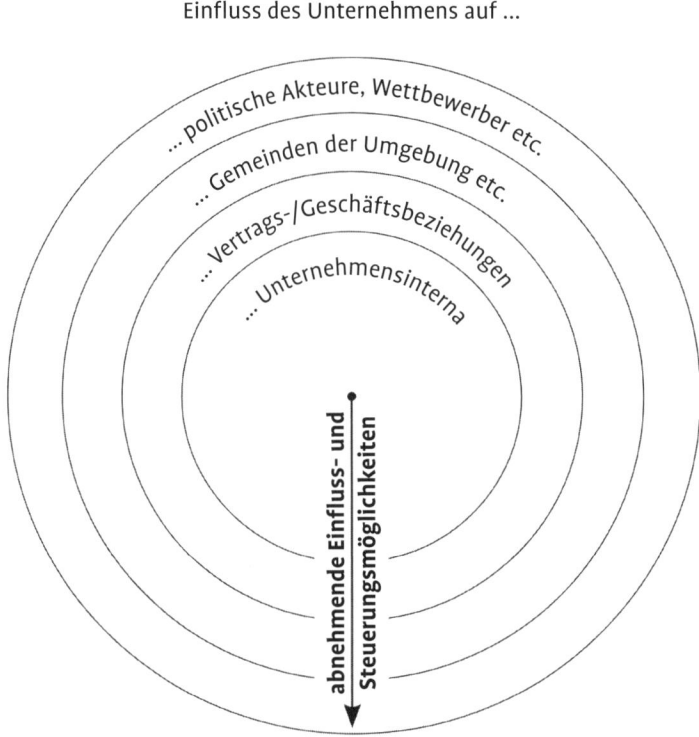

Abb. 6.2 Sphären unternehmerischen Einflusses (Quelle: eigene Darstellung).

von exogen (mit-)bestimmten Rahmenbedingungen wie Tarifverträgen, Arbeitsschutzbestimmungen und Ähnlichem. Ein Unternehmen, welches fördernd auf die sozialen Rechte einzuwirken sucht, kann daher innerhalb seines direkten Einflussbereichs z. B. eine über die gesetzlichen Vorgaben hinausgehende Erfüllung bestimmter Standards (zu Löhnen, Sozialleistungen o. ä.) weitgehend selbstbestimmt vollziehen und damit als Versorger mit sozialen Rechten für die betreffenden Mitarbeitenden (und ggf. deren Familien) auftreten.

Mit Zunahme der Außenbeziehungen nehmen die Einfluss- und Steuermöglichkeiten des Unternehmens jedoch tendenziell immer weiter ab. Schon im zweiten Kreis können solche Entscheidungen nicht ohne Berücksichtigung weiterer unternehmensexterner Parteien, welche ebenfalls einen Einfluss auf die Ausgestaltung der entsprechenden Rechte haben (hier ist z. B. an Zulieferer und deren Einfluss auf die eigenen Mitarbeitenden zu denken), durchgesetzt werden. Selbst bei starken Abhängigkeiten z. B. der zuliefernden Unternehmen liegt die letztendliche Durchsetzung höherer Standards nicht im direkten Einfluss- und Verfügungsbereich des auftraggebenden Unternehmens und kann unter Umständen unterlaufen werden.

Im dritten Kreis fallen zusätzlich häufig die direkte vertragliche Bindung sowie die unmittelbare wirtschaftliche Verbundenheit, wie sie im zweiten Kreis zumeist noch vorliegen, weg. Eine unternehmerische Einwirkung auf die bürgerschaftlichen Rechte kann hier in der Regel nur noch mittelbar erfolgen. Die unternehmerischen Steuerungsmöglichkeiten werden durch eine wachsende Anzahl an Außenbeziehungen und externen Einflussnehmenden weiter beschränkt. Das Absinken des Einflusses setzt sich nach außen zum vierten Kreis hin zumeist fort bis zum lediglich noch indirekten unternehmerischen Einfluss auf politische Akteure. Dies kann neben der genannten (zumeist) wachsenden Anzahl an Einflussgruppen auch durch die abnehmende Unmittelbarkeit unternehmerischer Sanktionsmöglichkeiten wie auch der sinkenden Bedeutung und Auswirkung unternehmerischer Handlungen und Maßnahmen auf die relevanten Bezugspersonen begründet sein.

So kann postuliert werden, dass unternehmerische Anstrengungen zur Förderung sozialer Rechte z. B. für politische Akteure eine geringe persönliche Anreizwirkung materieller Art haben, da diese Gruppen in der Regel bereits einen Lebensstandard besitzen, der deutlich über dem entsprechenden Mindest- oder sogar Durchschnittslebensstandard liegt. Folglich scheinen unternehmerische Aktivitäten zur Verbesserung der verschiedenen Rechte im direkten unternehmerischen Einflussbereich oder unter Umständen in deren weiterer Wertschöpfungskette aufgrund der höheren Unmittelbarkeit der Beziehungen besser durchsetzbar zu sein. Jedoch sind solche Maßnahmen dann bereits von vorneherein genau auf eben diesen engen Einflussbereich und damit einen begrenzten Kreis an Begünstigten beschränkt. Eine umfassendere Implementierung verbesserter bürgerschaftlicher Rechte und damit verbundener Standards auf einer übergeordneten (politischen) Ebene bedarf hingegen substanzieller gemeinsamer Anstrengungen einer Vielzahl von Akteuren (hier sei erneut auf die Diskussion um eine *Global Governance* verwiesen, siehe z. B. Bernstein und Cashore 2007) und liegt damit jenseits des unmittelbaren Handlungsfeldes einzelner Unternehmen.

6.5 Nutzen und Grenzen des Konzepts *Corporate Citizenship*

Kritik an der Nutzung des Begriffs *Citizenship*

Speziell die Nutzung des Begriffs *Citizenship* im unternehmerischen Kontext ist nicht frei von Kritik (s. Néron und Norman 2008). So ist *Citizenship* – oder in deutscher Übersetzung „Bürgerschaft" – in der herkömmlichen Begriffsauffassung ganz im Sinne einer „*Staats*bürgerschaft" nicht von der Zugehörigkeit zu Nationalstaaten zu trennen. Zwar haben auch Unternehmen ihren Sitz grundsätzlich in einzelnen Nationalstaaten, die zuvor diskutierten Globalisierungserscheinungen verdeutlichen jedoch, dass dies mit weniger bindenden Konsequenzen verbunden ist, als es für den einzelnen Humanbürger der Fall ist. Des Weiteren können insbesondere die genannten bürgerschaftlichen (sozialen, zivilen und politischen) Rechte zumeist nicht auf Unternehmen übertra-

Tab. 6.2 Verhältnis und Aussagegegenstand von CC und CSR (Quelle: eigene Darstellung).

	Stärkung bürger-schaftlicher Rechte	Schwächung bürger-schaftlicher Rechte
deskriptiv / explikativ	*Extended View of Corporate Citizenship*	
normativ	*Corporate Social Responsibility*	

gen werden, da z. B. das Recht auf physische Unversehrtheit, das Recht auf Bildung oder das Recht auf Teilnahme am Gebrauch politischer Macht nicht auf künstliche Personen anzuwenden ist. Speziell im unternehmerischen Kontext ist der Terminus *Citizenship* daher eher metaphorisch zu verstehen, da Unternehmen nicht im buchstäblichen Verständnis Bürger sein können oder Bürgerrechte besitzen (s. Moon et al. 2005; Néron und Norman 2008). Sie können vielmehr als „Quasi-Bürger" mit einem – im Vergleich zum „Humanbürger" – weniger umfassenden Status von *Citizenship* verstanden werden (s. Crane et al. 2008a).

Trotz dieser Einschränkung kann das Konzept CC im hier erörterten Sinne einen wesentlichen Beitrag zu einem besseren Verständnis der Rolle von Unternehmen in der heutigen Gesellschaft auf einer deskriptiv-explikativen Erkenntnisebene liefern. Dies wird insbesondere mit einem erneuten Blick auf das Verhältnis von CC und CSR deutlich. CC wird dabei weiterhin im zuvor detailliert erörterten *Extended View* verstanden und liefert damit, wie in Tabelle 6.2 dargestellt, einen grundlegenden, theoretisch fundierten Analyserahmen aus dem Blickwinkel der dargestellten Bürgerrechte. Auf diese Rechte können Unternehmen sowohl einen stärkenden als auch einen schwächenden Einfluss nehmen. Eingepasst in diesen Rahmen können anschließend auf normativer Entscheidungsgrundlage unternehmerische Maßnahmen im Bereich CSR abgeleitet werden, welche nunmehr bewusst eine Stärkung bürgerschaftlicher Rechte und damit eine Besserstellung der Betroffenen intendieren.

Zusammenfassend beschreibt der *Extended View of CC* also die umfassenden (potenziellen und tatsächlichen) Einflussmöglichkeiten von Unternehmen beim Aufbau und der Durchsetzung sowie auch bei der Unterdrückung oder Einschränkung verschiedener bürgerschaftlicher Rechte. Und genau damit zeigt sich erneut, wie Unternehmen als *Corporate Citizens* als strukturpolitische Akteure agieren und damit am Prozess der Gestaltung gesellschaftlicher Rahmenbedingungen teilnehmen können (s. Crane et al. 2008b). Aufgrund seines zunächst rein deskriptiv-explikativen Charakters kann der *Extended View of CC* jedoch nicht dazu dienen, Forderungen an unternehmerisches Verhalten zu explizieren oder eine (nach Möglichkeit weitgehend anerkannte) gesellschaftli-

Beitrag des Extended View of Corporate Citizenship

che Wertebasis zu verbalisieren, wie es dezidiert normative Konzepte wie CSR tun. Stattdessen ermöglicht er im Rahmen des betrieblichen Nachhaltigkeitsmanagements einen umfassenderen Blick auf reales unternehmerisches Verhalten gerade jenseits normativer Forderungen nach einem verantwortlichen unternehmerischen Handeln, wie sie im Rahmen von CSR häufig gestellt werden.

6.6 Übungsfragen

1. Inwiefern verschiebt sich im Zuge der Globalisierung die Bedeutung der unterschiedlichen gesellschaftlichen Akteure?
2. Was bedeutet diese Verschiebung für die Rolle von Unternehmen als politische Akteure?
3. Auf welche Weise können Unternehmen Einfluss auf verschiedene bürgerschaftliche Rechte nehmen?
4. Welche Kritik kann an der Übertragung des Konzepts *Citizenship* (Bürgerschaft) auf Unternehmen geübt werden?
5. Welche Herausforderungen entstehen für Unternehmen aus den unterschiedlichen Ebenen unternehmerischen Einflusses auf andere gesellschaftliche Akteure?

6.7 Weiterführende Literatur

Beiträge in: Business Ethics Quarterly, Bd. 18, Nr. 1, 2008 (Sonderheft zu „Corporate Citizenship: Alternative Perspectives").

Crane, A.; Matten, D. und Moon, J. (2008): Corporations and citizenship: Business, responsibility and society, New York.

Matten, D. und Crane, A. (2005): Corporate citizenship: Toward an extended theoretical conceptualization, in: Academy of Management Review, Bd. 30. Nr. 1, 2005, S. 166–179.

Schrader, U. (2003): Corporate Citizenship – Die Unternehmung als guter Bürger?, Berlin.

Teil IV: Betriebliches Nachhaltigkeitsmanagement in der Praxis

7 Nachhaltigkeit und Strategie

von Ines Freier

Kapitelausblick

Nachhaltigkeit in Unternehmen ist mehr als ein Nachhaltigkeitsbericht oder Produkte mit Fair-Trade-Siegel und Ökolabels zur Erneuerung des Produktportfolios. Die Herausforderung für Unternehmen besteht darin, das Unternehmen langfristig an Nachhaltigkeitskriterien zu orientieren.

Die Wahrnehmung von Chancen und Vermeidung bzw. Verringerung von Risiken gehört zu den strategischen Aufgaben innerhalb eines Unternehmens, so dass die Umsetzung von Maßnahmen für eine nachhaltige Entwicklung als Bestandteil der Unternehmensstrategie gesehen werden kann und muss. Ein von Michael E. Porter (2006) entwickeltes Modell zeigt, dass die konsequente strategische Integration von Nachhaltigkeit in alle Unternehmensbereiche zu Wettbewerbsvorteilen führt.

Einen wichtigen Grundstein dafür bildet das Unternehmensleitbild, in welchem Nachhaltigkeit einen zentralen Stellenwert einnehmen sollte. Ein Schwerpunkt in diesem Kapitel liegt daher auf dem Ziel- und Wertesystem von Unternehmen, das im Leitbild expliziert formuliert wird. In der Unternehmensstrategie wird dieses Leitbild anschließend umgesetzt. Das folgende Kapitel stellt modellhaft und anhand von Beispielen dar, wie Nachhaltigkeit in die Unternehmensstrategie integriert werden kann.

Lernziele

1. Den Zusammenhang von Wettbewerbsfähigkeit, Unternehmensstrategie und Nachhaltigkeit verstehen.
2. Nachhaltigkeitsaspekte in Unternehmensstrategien bewerten können.
3. Nachhaltigkeitsaspekte in Unternehmensleitbild, -vision und -mission bewerten können.

7.1 Nachhaltigkeit in Unternehmensstrategien

Ecopreneure

Zunächst kann man bei der Integration von Nachhaltigkeit in die Unternehmensstrategien zwei Typen von Unternehmen unterscheiden. Der erste Typ sind die sogenannten *Ecopreneure* (Petersen und Schaltegger, 2002). Sie sind die Pionierunternehmen bei der Einführung von Nachhaltigkeit im Unternehmen. Häufig ist Nachhaltigkeit der Unternehmenszweck, d.h. das Unternehmen will mit seinen Produkten und Dienstleistungen bewusst Nachhaltigkeit fördern. Geld verdienen kommt erst an zweiter Stelle. Dazu kann das Unternehmen zunächst Nachteile bei der Wettbewerbsfähigkeit in Kauf nehmen, indem Kosten für die Erschließung von neuen Märkten und die Entwicklung von neuen Produkten getragen werden. Man kann sagen, dass diese Unternehmen Nachhaltigkeit gestalten wollen und auch können, weil es zu ihren Kernüberzeugungen und Kernkompetenzen gehört.

Follower

Der zweite Typ von Unternehmen sind die Mainstream-Unternehmen oder *Follower*. Sie haben sich zunächst wenig mit Nachhaltigkeit beschäftigt und auch nicht unbedingt die Kernkompetenzen in diesem Bereich. Sie bewegen sich in Richtung Nachhaltigkeit, weil es der Markt/die Gesellschaft will, bzw. sie Chancen auf den von den Pionierunternehmen erschlossenen Märkten sehen. Sie stehen vor der Herausforderung, Nachhaltigkeit in ihre Geschäftstätigkeit und Strategie zu integrieren.

Unternehmensspezifische Nachhaltigkeitsinitiativen

Porter und Kramer (2006) entwickeln dafür eine Handlungsanleitung für Unternehmen. Der Kern des Modells besteht darin, *Win-win*-Situationen für das Unternehmen und die Gesellschaft herbeizuführen. Ein Mittel hierzu sind unternehmensspezifische Nachhaltigkeitsinitiativen auf der strategischen Ebene, die sich auf die Bedürfnisse und Kernkompetenzen des Unternehmens konzentrieren. Dabei geht es darum, strategische Bereiche an der Schnittstelle zwischen Gesellschaft und Unternehmen zu identifizieren, um diejenigen Initiativen durchzuführen, welche die größten Wirkungen auf das Ziel einer nachhaltigen Entwicklung entfalten.

Verbindungen zwischen dem Unternehmen und der Gesellschaft identifizieren

Erster Schritt: Verbindungen zwischen dem Unternehmen und der Gesellschaft identifizieren.

Identifikation von Chancen und Risiken

Der Blick von innen nach außen – Identifikation von Chancen und Risiken
Ein erster Schritt ist die Untersuchung der Wertschöpfungskette, um die Auswirkungen des Unternehmens auf Gesellschaft und Umwelt zu bestimmen. Das Ergebnis dieser Analyse ist eine Übersicht über Risiken und Chancen, die sich vor allem auf der operationalen Ebene wiederfinden. Diese müssen bewertet und mit Prioritäten versehen werden, um letztendlich Lösungen für negative Unternehmensauswirkungen zu finden. Dabei können nicht alle Bereiche gleichzeitig behandelt werden. Das Vorgehen erinnert an die Umsetzung von Umweltmanagementsystemen, geht aber darüber hinaus, weil alle Bereiche der Umgebung des Unternehmens, also Gesellschaft und Umwelt, mit einbezogen werden.

Unternehmensumfeld

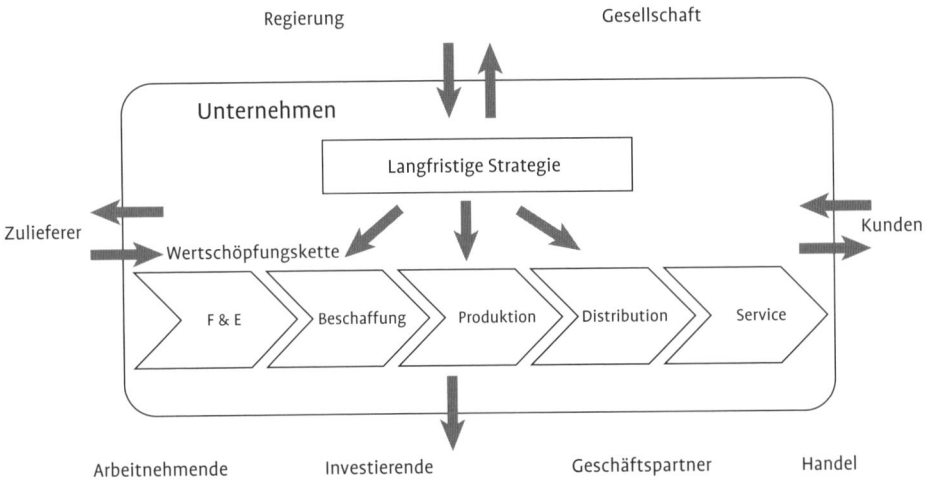

Abb. 7.1 Faktoren für komparative Wettbewerbsvorteile (Quelle: nach Porter und Kramer 2006).

Der Blick von außen nach innen – Analyse der Unternehmensumgebung
Wettbewerbsfähigkeit erfordert auch, den sozialen Kontext, in dem das Unternehmen tätig ist, zu verstehen. Die Verbindungen von außen nach innen, welche die Produktivität und die Umsetzung der Unternehmensstrategie beeinflussen, werden in Porters klassischem Diamanten dargestellt: Input, Wettbewerbssituation, verwandte und unterstützende Branchen sowie lokale Bedingungen der Nachfrage.

Porter und Kramer (2006) argumentieren, dass die folgenden, auf Nachhaltigkeit ausgerichteten vier Unternehmensstrategien, die sich auf die Interaktion mit dem Umfeld beziehen, nicht erfolgreich sein können:

- Der *„License to operate"*-Ansatz: Die Legitimität eines Unternehmens wird weitgehend von verschiedenen, vielfach externen Anspruchsgruppen (*Stakeholdern*) bestimmt. Aus diesem Grund versucht ein Unternehmen, die Ansprüche dieser *Stakeholder*, wie z. B. gesetzliche Anforderungen durch den Staat, zu erfüllen. Ein Unternehmen vergibt mit diesem Ansatz aber die Chance, proaktiv seine Strategie selbst zu gestalten und eigene Ressourcen dafür einzusetzen. Externe Anspruchsgruppen wie Nichtregierungsorganisationen (NGOs) oder der Staat kennen die Wettbewerbssituation oder die Fähigkeiten von Unternehmen meist nicht so gut wie die Unternehmen selbst, können aber auf blinde Flecken in der Selbstwahrnehmung eines Unternehmens hinweisen.

(Randnotiz:) Analyse der Unternehmensumgebung

- Für den „Reputations-Ansatz" gilt prinzipiell dasselbe. Das Unternehmen versucht, seine Reputation durch die Unterstützung von glaubhaften Initiativen zu steigern. In Konsumgüterunternehmen führt dieser Ansatz zu Kampagnen für einen guten Zweck z. B. für karitative Einrichtungen, aber nicht zur langfristigen Wettbewerbsfähigkeit des Unternehmens, in dem die eigenen Aktivitäten umgestellt werden.

- Der Ansatz „Nachhaltigkeitsaktivitäten als Versicherung gegen die Beschränkung des Kerngeschäfts": Unternehmen, die in „ schmutzigen" Branchen wie der Rohstoffgewinnung und -verarbeitung tätig sind, unterstützen gern Nachhaltigkeitsinitiativen, um sich durch diese Aktivitäten gegen Angriffe auf das Kerngeschäft zu wehren. Bei den externen Anspruchsgruppen soll dies die Wahrnehmung fördern, dass ein Unternehmen, das z. B. den Bau eines überdimensionierten Wasserkraftwerks mit weitreichenenden Folgen für Umwelt und Bevölkerung anstrebt, nicht so schlecht sein kann, wenn es Gutes in seinem Umfeld tut, wie beispielsweise Schulen oder Krankenhäuser zu bauen.

- Der Ansatz „langfristiges Engagement im Bereich Nachhaltigkeit": Hier werden Umweltgruppen oder soziale Einrichtungen vom Unternehmen unterstützt, z. B. durch *Corporate Volunteering*. Zwar kann hier das Unternehmen durchaus seine Kernkompetenzen, wie Mitarbeitende, einsetzen, vergibt aber wiederum die Chance, seine Wettbewerbsfähigkeit zu verbessern, denn die eigene Geschäftstätigkeit ist von diesem Engagement nicht berührt.

Bei den vorgestellten Ansätzen bestehen die Interaktionen zwischen dem Unternehmen und seinem Umfeld aus Spannungen, so dass von Porter und Kramer (2006) vorgeschlagen wird, Win-win-Situationen zu schaffen, in denen das Unternehmen durch seine Geschäftstätigkeit die größten sozialen und umweltbezogenen Wirkungen erzielen bzw. die wichtigsten Risiken angehen kann. Unternehmen brauchen ein gesundes Umfeld, in das sie im Zweifelsfall aktiv investieren müssen. Zu diesen Investitionen gehören Gesundheit, Bildung, funktionierende Institutionen und Gesetze. Die Gesellschaft braucht produktive Unternehmen, denn nur Unternehmen schaffen Arbeitsplätze und verbessern die Arbeits- und Lebensbedingungen.

Prioriäten setzen

Zweiter Schritt: Prioritäten setzen

Porter und Kramer (2006) schlagen als weiteres Vorgehen vor, die wichtigsten Themen aus den Beziehungen des Unternehmens zu seiner Umwelt zu identifizieren und Lösungen zu suchen, die sowohl gesellschaftliche Probleme lösen als auch zum Unternehmenserfolg beitragen. Sie unterscheiden

1. allgemeine Themen, die weder für die langfristige Strategie des Unternehmens wichtig sind noch die Tätigkeit des Unternehmens betreffen. Dies wäre z. B. AIDS / HIV in Afrika für ein Unternehmen der Modebranche, das ausschließlich in Europa produziert,

2. Themen, die sich unmittelbar aus der Geschäftstätigkeit des Unternehmens ergeben, z. B. die Rohstoffgewinnung für einen Anbieter von Unterhaltungselektronik und
3. gesellschaftliche Themen, die die Wettbewerbsfähigkeit des Unternehmens an seinen Standorten langfristig beeinflussen, z. B. AIDS/ HIV für ein Unternehmen mit Produktionsstätten in Südafrika, weil die Belegschaft betroffen sein könnte.

Die Priorisierung der Themen geschieht durch das Unternehmen. Ein Thema mag für ein Unternehmen eher in die erste Kategorie fallen, für ein anderes jedoch relevant sein für dessen Wettbewerbsfähigkeit. Die Themen werden den drei Kategorien zugeordnet und einem *Ranking* unterworfen. Es kann sinnvoll sein, sich branchenweiten Initiativen anzuschließen, wenn Themen eine gesamte Branche betreffen.

Dritter Schritt: Eine kleine Anzahl von Nachhaltigkeitsinitiativen umsetzen, welche die größten Wirkungen für das Unternehmen und die Gesellschaft haben

Nachhaltigkeits-initiativen umsetzen

Das Ergebnis der Prioritätensetzung ist eine Agenda mit Nachhaltigkeitsthemen, die das Unternehmen in der Folge proaktiv umsetzt. Die Projekte sollen sichtbar und messbar sein, um Wirkung zu entfalten. Bei internen Initiativen kommt es darauf an, diese genau auf die operative Tätigkeit des Unternehmens zuzuschneiden und Risiken durch die Produktion oder Produkte zu antizipieren.

An dieser Stelle lässt sich der der Übergang zu strategischem Nachhaltigkeitsmanagement verorten. Die Umsetzung von angepassten *Good Practices* in der Wertschöpfungskette, die zu Kostenreduzierungen führen können, muss noch als defensiv bezeichnet werden. Strategisches Vorgehen bedeutet, innovative Produkte, Dienstleistungen und Geschäftsmodelle auf den Markt zu bringen, die gleichzeitig die Wettbewerbsfähigkeit des Unternehmens erhöhen und Nutzen für die Gesellschaft stiften sowie einen Beitrag zu einer nachhaltigen Entwicklung leisten. Hierzu gehören auch strategische Investitionen in das Unternehmensumfeld, die das Unternehmen langfristig stützen, so dass Nachhaltigkeitsinitiativen kaum noch vom Tagesgeschäft des Unternehmens zu unterscheiden sind. Ein typisches Beispiel hierfür sind Unternehmen, die ihre Versorgung mit Rohstoffen wie Kaffee, Kakao usw. sichern wollen und daher in ihre Produzenten, Kleinbäuerinnen und -bauern in Entwicklungsländern, investieren.

Nidumolo, Pralahad und Ragaswami (2009) empfehlen folgendes konkretes Vorgehen:
1. Standards übertreffen
2. Wertschöpfungsketten nachhaltig gestalten
3. Umweltfreundliche Produkte entwickeln
4. Neue Geschäftsmodelle einführen
5. Neue Märkte schaffen

Dieser Ansatz setzt explizit auf die Förderung von Innovationen in Richtung Nachhaltigkeit. Der größte Effekt wird erreicht, wenn das Unternehmen seinem Nutzenversprechen eine nachhaltige Dimension geben kann.

Bottom-of-the-Pyramid-Ansätze

Bottom-of-the-Pyramid-Ansätze (Pralahad und Hart 2002) für die Versorgung der ärmsten Bevölkerungsschichten sind hier ein gutes Beispiel. Multinationale Unternehmen haben arme Bevölkerungsgruppen in Entwicklungsländern bislang oft nicht als Zielgruppe wahrgenommen, da ihr Einkommen zu niedrig war. *Bottom-of-the-Pyramid*-Ansätze entwickeln das trotz Armut vorhandene Marktpotenzial: Diese Bevölkerungsgruppen verfügen über Einkommen, so dass Unternehmen aufgrund der Größe des Marktes (Indien ca. 1 Mrd. Menschen) profitabel arbeiten können. Es sind zahlreiche Fallstudien zu *Bottom-of-the-Pyramid*-Ansätzen dokumentiert (Pralahad 2004; UNDP 2008). Dazu gehören auf der einen Seite die Erschließung von Marktsegmenten nach dem *Bottom-of-the-Pyramid*-Ansatz in Entwicklungs- und Schwellenländern, auf der anderen Seite aber auch der Vertrieb von Produkten, die unter Einhaltung von Umwelt- und Sozialstandards hergestellt werden. Fallbeispiele für den ersten Ansatz sind der Vertrieb von Solarlampen in Indien oder von kostengünstigen Moskitonetzen in Afrika. Fallbeispiele für den zweiten Ansatz sind die *Inclusive Business* Partnerschaften von UNDP: z. B. fördert Cadbury Kleinbauern in Entwicklungsländern, um Rohstoffe zu sichern. So ergibt sich eine *Win-win*-Sitation: Auf der einen Seite erhöht sich die Lebensqualität von Armen durch den Zugang zu Märkten und Produkten, auf der anderen Seite entwickeln Unternehmen neue Märkte und sichern sich ihre Geschäftsgrundlage.

Zusammenfassend lässt sich sagen: „Nachhaltig wirtschaftende Unternehmen erkennen Veränderungen im Unternehmensumfeld wie ökologische, soziale, politische und langfristige ökonomische Herausforderungen und begegnen Ihnen mit Änderungen in der Unternehmensstrategie. Sie erkennen die Chancen für eine verbesserte Wertschöpfung und Innovationen durch neue Produkte, neue Geschäftsmodelle und neue Märkte" (GTZ 2011).

7.2 Nachhaltigkeit im Zielsystem von Unternehmen

Ein anderer Ansatzpunkt für die Umsetzung von Nachhaltigkeit in Unternehmen ist das unternehmerische Zielsystem. Nachhaltigkeit muss sowohl in den strategischen als auch den operationalen Zielen von Unternehmen verankert werden.

Unternehmensleitbild

Zum strategischen Zielsystem gehört das Unternehmensleitbild. Das Unternehmensleitbild legt den normativen Rahmen eines Unternehmens fest. Es wird das Nutzenversprechen des Unternehmens gegenüber seinen Anspruchsgruppen dargelegt.

Beispiel REWE:

„Gemeinsam für ein besseres Leben." (REWE 2010)

Die Unternehmensvision ist das Zukunftsbild des Unternehmens. Das oberste Management gibt die Richtung vor, in der sich das Unternehmen entwickeln soll. Die Unternehmensvision ist die Basis für eine Identifikation aller Mitarbeitenden mit dem Unternehmen. Die Unternehmensvision muss zukunftsweisend auf neue Produkte, Technologien oder Geschäftsmodelle angelegt sein, wenn sie zu „flach" ist, erfüllt sie die Funktion eines „Leitsterns" nicht. Sie spiegelt neben der Identität des Unternehmens seine wichtigsten Werte, seine Ziele und langfristigen Strategien wider. Die Unternehmensvision gibt Antwort auf die Frage: „Was tun wir heute und in Zukunft? Und warum?"

Beispiel Unilever:

„Die vier Säulen unserer Vision legen die langfristige Richtung unseres Unternehmens dar – wohin wir gehen wollen und wie wir dorthin kommen:

1. Wir arbeiten jeden Tag für eine bessere Zukunft.
2. Wir helfen den Menschen, sich gut zu fühlen, gut auszusehen und mehr vom Leben zu haben mit Marken und Leistungen, die gut für sie und gut für andere sind.
3. Wir inspirieren Menschen jeden Tag zu kleinen Taten, die zusammen eine große Wirkung auf die Welt haben können.
4. Wir werden neue Wege für unser Geschäft entwickeln, die es uns ermöglichen, die Größe unseres Unternehmens zu verdoppeln, während wir die Auswirkungen auf die Umwelt verringern." (Unilever, o.J.)

Die Unternehmensmission richtet sich an die Kundschaft des Unternehmens. Sie drückt aus, wie das Unternehmen von Kundinnen und Kunden gesehen werden will. Im besten Fall identifiziert sich die Kundschaft mit dem Unternehmen.   *Unternehmensmission*

Beispiel: Bayer Health Care / Schering:

„Wir verpflichten uns, unsere Kunden ungeachtet aller Umstände jederzeit pünktlich zu versorgen. Wir akzeptieren ohne jede Einschränkung, dass die Erfordernisse des Marktes und nicht unsere internen Abläufe und Notwendigkeiten für die Versorgung unserer Kunden maßgeblich sind." (Bayer Health Care, o.J.)

Sowohl Unternehmensvision als auch Unternehmensmission müssen von Glaubwürdigkeit und Realitätsbezug geprägt sein, um von Mitarbeitenden, Kundinnen und Kunden sowie anderen Anspruchsgruppen akzeptiert zu werden. In Unternehmensgrundsätzen oder *Policies* werden diese konkretisiert. Sie bilden den Rahmen, in dem sich Mitarbeitende und Management mit ihren Entscheidungen bewegen können.

Beispiel Nestlé:

Die zehn Grundsätze unserer Geschäftsführung

Konsumenten:

1. Nutrition, Gesundheit und Wellness
2. Qualitätssicherung und Produktsicherheit
3. Konsumentenkommunikation

Menschenrechte und Arbeitsbedingungen:
4. Menschenrechte in unseren Geschäftsaktivitäten

Mitarbeitende:
5. Führung und persönliche Verantwortung
6. Gesundheit und Sicherheit am Arbeitsplatz

Lieferanten und Kunden
7. Lieferanten- und Kundenbeziehungen
8. Landwirtschaft und ländliche Entwicklung

Umweltschutz
9. Ökologische Nachhaltigkeit
10. Wasser (Nestlé 2010)

Ein solches strategisches Zielsystem ist langfristig (4–6 Jahre) oder mittelfristig (2–3 Jahre) angelegt. Es zeigt der Unternehmensführung, welche Ziele in diesem Zeitraum erreicht werden sollen. Die konkrete Umsetzung der Ziele erfolgt auf der operationalen Ebene.

Nahezu alle großen Unternehmen wie z. B. Daimler, Volkswagen, Unilever oder BASF haben Nachhaltigkeit in ihr Zielsystem für das Kerngeschäft aufgenommen. Die langfristige Wettbewerbsfähigkeit und auch der Zugang zu Ressourcen wie Rohstoffe und Personal spielen dabei eine entscheidende Rolle.

Die Frage ist, wie Nachhaltigkeit verstanden wird und wie weit das Zukunftsbild des Unternehmens reicht. Es kann heute als Konsens gelten, dass Nachhaltigkeit als Erhalt von Lebensgrundlagen für diese und zukünftige Generationen verstanden wird. Deutlich wird auch, dass zum Erhalt von wettbewerbsfähigen Unternehmen ein funktionierendes gesellschaftliches Umfeld, in das Unternehmen im Zweifelsfall strategisch investieren müssen, notwendig ist. Unternehmen dürfen die natürlichen Lebensgrundlagen nicht über ihre Belastungsgrenze hinaus beanspruchen. Hier sind konkrete Angaben zu operationalen Zielen und Maßnahmen notwendig, um einschätzen zu können, inwieweit die strategischen Ziele tatsächlich umgesetzt werden. Ein strategisches Bekenntnis zum Klimaschutz reicht nicht aus, es muss klar werden, inwieweit Klimaschutz in das Umweltmanagementsystem integriert wird z. B. Standards übertroffen werden, in der Lieferkette auf Klimaschutz geachtet wird etc.

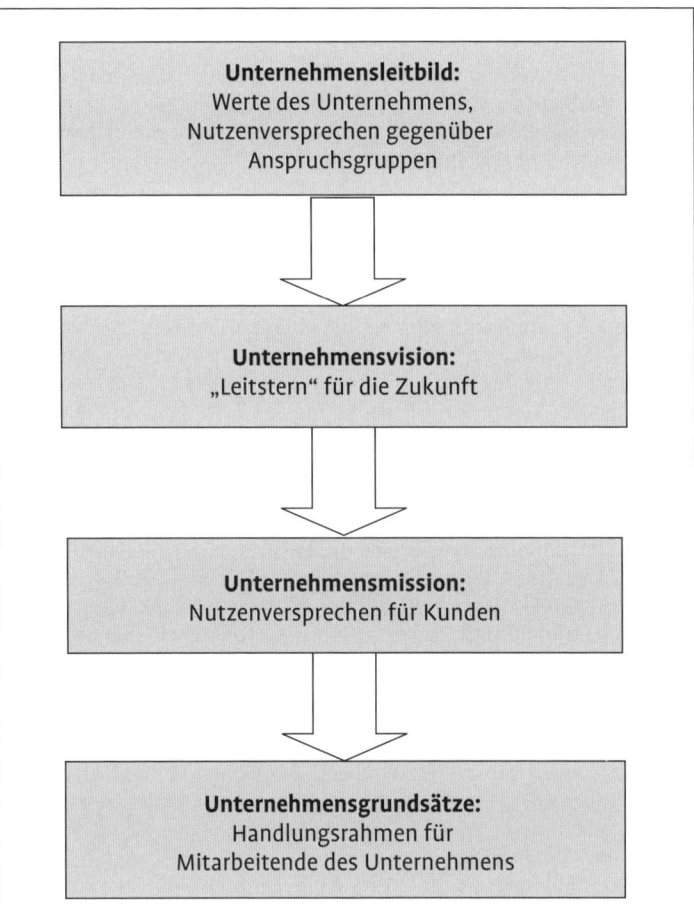

Abb. 7.2 Strategieebenen (Quelle: eigene Darstellung).

7.3 Fallbeispiele

Im Folgenden werden verschiedene Unternehmen vorgestellt, die das Thema Nachhaltigkeit im Unternehmensleitbild verankert haben oder sich aufgrund strategischer Entscheidungen zu einem nachhaltigen Unternehmen gewandelt haben.

7.3.1 Vorreiter Patagonia – Nachhaltigkeit als Unternehmensstrategie

Patagonia ist ein Unternehmen der Outdoorbranche, das zunächst Zubehör für die Kletterbranche fertigte. Mit zunehmendem Wachstum der Branche und der damit einhergehenden Belastung der Natur z. B. durch Metallhaken in den Felsen, wurde das Sortiment auf Bekleidung umgestellt. Nach einer Krise, ausgelöst durch die Wachstumsstrategie des Unternehmens, setzte sich das Unternehmen 2001 ein neues Leitbild:

„Stelle das beste Produkt her, belaste die Umwelt dabei so wenig wie möglich, inspiriere andere Firmen, diesem Beispiel zu folgen und Lösungen zur aktuellen Umweltkrise zu finden." (Chouinard, 2006)

Dieses Leitbild wurde in Richtlinien für Designerinnen und Designer weiter operationalisiert: Dazu gehören Langlebigkeit, Funktionalität und Einfachheit. Für die Funktionsbereiche Entwicklung und Lieferkettenmanagement sowie Marketing und Finanzen enthält es ebenfalls Richtlinien. Diese sind deutlich an Nachhaltigkeitskriterien orientiert wie beispielsweise eine langsame Produktentwicklungspolitik, die enge Zusammenarbeit mit Lieferanten und die Familienfreundlichkeit des Unternehmens. Das Unternehmen muss Gewinne machen, schon allein deshalb, um andere Firmen inspirieren zu können, der Gewinn ist aber kein Unternehmensziel.

Das Leitbild spiegelt die Werte einer Gruppe Kletterer und Surfer wider, die das Unternehmen auf den Weg gebracht haben, wie z. B. den Respekt vor der unberührten Natur und einen funktionalen Minimalismus bei der Ausrüstung. Dazu gehört auch, 1 % des Umsatzes, der Zeit und der Dienstleistungen der Mitarbeitenden kleinen Umweltgruppen zur Verfügung zu stellen. Zur Unternehmensphilosophie gehört ebenfalls, nicht weiter wachsen zu wollen.

7.3.2 Chiquita – Wandel eines Konzerns in Richtung Nachhaltigkeit durch strategische Entscheidungen

Chiquita ist ein Konzern, der Bananen und andere frische Früchte vermarktet. Gegenwärtig ist das Unternehmen in 60 Ländern aktiv und hat 21 000 Mitarbeitende. Das Unternehmen bekennt sich heute zu seiner Verantwortung für Umwelt und Gesellschaft, wie gesunde Ernährung der Konsumenten und Arbeitnehmerrechte, Umweltschutz und Einbindung der lokalen Gemeinschaften in den Produzentenländern. Nachhaltigkeit ist fester Bestandteil der Unternehmensstrategie, was hauptsächlich über die Mitgliedschaft in der *Rainforest Alliance* seit 1992 umgesetzt wird. Die *Rainforest Alliance* ist eine Nichtregierungsorganisation (NGO), die Unternehmen dabei unterstützt, ihre Produktion nachhaltiger zu gestalten, in dem z. B. die Zertifizierung von Plantagen mit dem eigenen Siegel oder die Verbreitung des FSC-Siegels gefördert werden.

Die Firmengeschichte ist durch die Transformation in Richtung Nachhaltigkeit von einer denkbar schlechten Ausgangsbasis aus gekennzeichnet. Der Kapitän Lorenzo Dow Baker verschiffte erstmalig 1870 Bananen von Jamaica nach New Jersey. 1899 wurde er Mitbegründer der *United Fruit Company*, die hauptsächlich in Mittelamerika Bananen anbaute und diese in die USA verschiffte. Dazu waren technologische Innovationen wie Kühlschiffe, drahtlose Kommunikation zwischen den Schiffen und den Firmensitzen in Lateinamerika und die Zucht von krankheitsresistenten Bananensorten erforderlich.

Die *United Fruit Company* besaß große Ländereien und Infrastruktur in Mittelamerika, dominierte die Politik und genoss erhebliche Privilegien wie z. B. Zollbefreiungen. Die Arbeitsbedingungen auf den Plantagen waren schlecht und Streiks wurden brutal niedergeschlagen. Die US-Streitkräfte griffen mehrmals in Mittelamerika in die Politik ein, um die Interessen des Unternehmens zu schützen. Der Sturz der guatemaltekischen Regierung durch CIA-unterstützte Paramilitärs im Jahr machte Enteignungen der *United Fruit Company* rückgängig und war Grundlage für eine fast 40-jährige blutige Diktatur, in der das Unternehmen gut verdiente. Die *United Fruit Company* wurde zum Marktführer für Bananen in Europa und Nordamerika. Ende der 80er Jahre war das Unternehmen, das inzwischen in *United Brands* umbenannt wurde, für den Pestizideinsatz auf seinen Plantagen bekannt. Die Rodung von Regenwald für Plantagen 1990 in Costa Rica erregte internationalen Widerstand. An diesem Punkt erkannte das Unternehmen, dass die Unternehmensstrategie und -kultur nicht mehr mit den Anforderungen seiner *Stakeholder* übereinstimmte. Das Unternehmen änderte seinen Namen in *Chiquita Brands International*, um vom Image seines Produkts zu profitieren, begann einen konsequenten Transformationsprozess und startete 1992 mit der NGO *Rainforest Alliance* das *Better Banana* Projekt.

Die Zertifizierung aller Plantagen in Lateinamerika 2000 durch die *Rainforest Alliance* wird als Meilenstein in der Unternehmensgeschichte dargestellt, ebenso wie die Verabschiedung einer Vereinbarung mit Gewerkschaften *Latin-American Coordination of Banana Workers Unions* (COLSIBA) zu Arbeitnehmerrechten im Jahr 2001. Seit dem Jahr 2000 ist die Norm SA 8000 fester Bestandteil des internen Verhaltenskodex und seit 2002 sind alle Farmen zertifiziert. Im Umfeld der Farmen werden soziale Projekte durchgeführt. Im Jahr 2004 wurde die Bananenproduktion in Kolumbien verkauft. Im Jahr 2005 wurde in Europa das neue Logo von *Chiquita Brands International* vorgestellt: die Miss Chiquita mit dem *Rainforest Alliance* Logo und dem Schriftzug *Certified*. Dieser Transformationsprozess wurde von NGO-Kampagnen kritisch begleitet, die eine Beteiligung von Gewerkschaften und die strengen Kontrollen der Plantagen erreichen wollten.

Das Unternehmen ändert seine Strategie auch bezüglich der eigenen Produkte in Richtung Nachhaltigkeit, indem neu gesunde und frische Produkte wie Bananen, Ananas und Avocado den Mittelpunkt der Produktpalette bilden sowie Produkte mit höherer Wertschöpfung wie *Smoothies* und Salate. Damit stieg das Unternehmen auf dem amerikanischen Markt sehr früh in den Trend zu gesunder Nahrung ein. Es hat sich strategisch neu aufgestellt und einen großen Teil der Firmenkultur innerhalb von kurzer Zeit geändert.

Die Frage ist, mit welchem Maßstab ein solcher strategischer Wandel gemessen wird. Sicherlich nicht an den *Fair Trade*-Kriterien, sondern an dem Weg, den das Unternehmen zurückgelegt hat sowie am Standard innerhalb der Branche (*Best-in-Class*-Ansatz). Das Unternehmen ist eindeutig kein Nachhaltigkeitspionier, sondern ein Mainstream-Unternehmen, dass durch äußere Entwicklungen gezwungen wurde, seine Wettbewerbsfähigkeit durch die Integration von Nachhaltigkeitskriterien zu sichern. Viele NGOs werfen Chiquita *Greenwashing* vor. Dies ist jedoch nicht korrekt, da das Unternehmen Anstrengungen unternimmt, sein Verhalten zu ändern und Schwachstellen auch zugibt. *Greenwashing* dient dazu, mit Marketing- und Werbemaßnahmen einen Wandel im Unternehmen vorzugaukeln, der nicht stattfinden soll.

7.3.3 GIZ – Nachhaltige Entwicklung als Dienstleistung

Die Deutsche Gesellschaft für Internationale Zusammenarbeit GIZ GmbH wurde zum 1.1.2011 aus der GTZ Deutschen Gesellschaft für Technische Zusammenarbeit mbH, dem Deutschen Entwicklungsdienst DED und Inwent fusioniert. Das Unternehmen ist in Bundesbesitz und als Durchführungsorganisation in der internationalen Zusammenarbeit tätig. Es verfügt insgesamt ca. 170 000 Mitarbeitende in 130 Ländern, davon 70 % einheimisches Personal.

Maßnahmen für die Erreichung einer nachhaltigen Entwicklung

Die GIZ setzt sich das Ziel, Maßnahmen für die Erreichung einer nachhaltigen Entwicklung umzusetzen. Zu den Dienstleistungen gehören die Umsetzung von Projekten in vielen Bereichen wie Wirtschaftsförderung, der Aufbau von Staat und Demokratie, Ernährungssicherung sowie Umwelt- und Klimaschutz. Die GIZ betreibt z. B. die Geschäftsstelle des Rates für nachhaltige Entwicklung in Deutschland.

Nachhaltige Entwicklung im Unternehmensleitbild

Die GTZ hat seit 2005 das Ziel einer nachhaltigen Entwicklung im Unternehmensleitbild verankert, welches auch für das fusionierte Unternehmen übernommen wurde. Dabei ist der Begriff nachhaltige Entwicklung als Verbesserung der Lebensbedingungen und Perspektiven von Menschen in Partnerländern definiert. Dazu werden Wirtschaftswachstum, Chancengleichheit und Ressourcenschutz gezählt. Zu diesen Themen berät das Unternehmen seine Partnerländer, wobei der Weg zu einer nachhaltigen Entwicklung als permanenter Aushandlungs- und Lernprozess verstanden wird.

Zu den Maßnahmen im Unternehmen GIZ selbst gehören die Einführung eines Umweltmanagementsystems, HIV-/Aidsprävention am Arbeitsplatz, Förderung von Gleichstellung und Grundsätze für integres Verhalten.

So konsequent wie die GIZ hat sich bisher keine andere Organisation der staatlichen internationalen Zusammenarbeit zu nachhaltiger Entwicklung bekannt. Das Unternehmensleitbild wird in den Dienstleistungen des Unternehmens umgesetzt, wobei das Produktportfolio sehr breit ist. (Gómez, R.; Donner, F. und Helming, S., 2005.

7.4 Schlussfolgerungen

Dass Nachhaltigkeit in die Strategien von Unternehmen integriert werden muss, um deren Wettbewerbsfähigkeit zu sichern, kann als Konsens angesehen werden. Wie Nachhaltigkeit konkret strategisch genutzt wird, ist unterschiedlich und hängt vom jeweiligen Unternehmen ab. Die vorgestellten Unternehmen verfolgen verschiedene Strategien:

Patagonia als inhabergeführtes Pionierunternehmen hat eine starke Wertebasis, die sich auch in der Unternehmensstrategie widerspiegelt. Dazu gehört, dass der erste Strategiewechsel weg von der Kletterausrüstung freiwillig erfolgte, weil das Unternehmen die Folgen des eigenen Handelns reflektiert hat. Der zweite Strategiewechsel erfolgte aufgrund einer Krise, die durch eine Mainstream-Wachstumsstrategie ausgelöst wurde. Das Unternehmen hat durch diese Krise eine sehr starke und individuelle Strategie formuliert, die alle Aspekte der Nachhaltigkeit einbezieht. Sie ist auch deshalb bemerkenswert, weil das Unternehmen beschlossen hat, nicht mehr zu wachsen.

Chiquita als innovatives multinationales Unternehmen mit Sitz in den USA und hauptsächlichen Aktivitäten in Lateinamerika brauchte den Anstoß von außen wie z. B. NGO-Proteste und sich wandelnde Märkte, um sich strategisch in einer Win-win-Situation zu positionieren. Das Unternehmen schafft sowohl einen Wettbewerbsvorteil für sich als auch Nutzen für die Gesellschaft, in dem die Unternehmensstrategie auf gesunde Lebensmittel ausgerichtet wurde. Bemerkenswert ist, dass sich die Unternehmenskultur sehr stark gewandelt hat. An der Ausgangsposition für diesen Wandel sollte man das Verhalten des Unternehmens messen.

Als große Durchführungsorganisation hat sich die GIZ strategisch als Dienstleister für Nachhaltige Entwicklung positioniert. Dieses Nutzenversprechen ist sehr stark und muss auch für Kundinnen und Kunden, Mitarbeitende und die Öffentlichkeit langfristig glaubhaft bleiben.

7.5 Übungsfragen

1. Stellen Sie die Vorgehensweise nach Porter und Kramer bei der Integration von Nachhaltigkeit in das Unternehmen dar.
2. Warum sind Nachhaltigkeitsprogramme wie der Bau von Schulen in der Umgebung eines Schweröl-Kraftwerks in einem Entwicklungsland für eine glaubwürdige Nachhaltigkeitsorientierung nicht zielführend?
3. Was sind Faktoren, die einen Strategiewechsel auslösen können?
4. Wie kann die Integration von Nachhaltigkeit in Unternehmensleitbild, -vision, und -mission erfolgen?

7.6 Weiterführende Literatur

Natrass, B. und Altmare, M. (2002). Dancing with the Tiger: Learning Sustainability Step by Natural Step, New Society Publishers.

Porter, M. und Kramer, M. (2011): Creating Shared Value, in: Harvard Business Review 89, Nr. 1–2 Januar–Februar, S. 63–77.

Prahalad, C. K. (2010): Ideen gegen Armut: Der Reichtum der Dritten Welt, München.

8 *Leadership* für nachhaltiges Wirtschaften

von Kerstin Pichel und Heinrich Tschochohei

Kapitelüberblick

Im nachfolgenden Kapitel werden Aspekte einer nachhaltigen Führung untersucht. Dazu werden Herausforderungen skizziert, die aufgrund konsequenter Nachhaltigkeitsüberlegungen für die formale Führung zwischen Vorgesetzten und Mitarbeitern auf allen Hierarchieebenen entstehen. Dem werden traditionelle Führungsmodelle gegenübergestellt und die Notwendigkeit für ein anderes Führungsverständnis wird aufgezeigt. Als solches wird das Konzept der transformationalen Führung vorgestellt und seine Potenziale für die Förderung nachhaltigen Wirtschaftens thematisiert. Einige konkrete Gestaltungsaspekte im Rahmen der transformationalen Führung werden skizziert, jener der heterogenen Besetzung von Teams wird vertieft. Eine Fallstudie illustriert schließlich das Wechselspiel zwischen sich ändernden externen Anforderungen, Nachhaltigkeit als Geschäftsgrundlage und daraus resultierenden neuen Vorgehensweisen in der Führungskräfteauswahl und -weiterbildung, u.a. mit heterogen besetzten Teams.

> Notwendigkeit für ein anderes Führungsverständnis

Lernziele

1. Führungskonzepte, Dimensionen von Teamdiversität und Komponenten transformationaler Führung kennenlernen.
2. Relevanz von Nachhaltigkeit als komplexe Herausforderung für Teams verstehen, Potenziale und Herausforderungen von Teamdiversität begreifen.
3. Anhand des Fallbeispiels von Siemens externe Einflüsse erkennen, die adaptive Prozesse in der Aufbauorganisation und Führungskräfteausbildung notwendig machen; ihre Auswirkungen auf die Führungskräfteausbildung erkennen.
4. Antworten transformationaler Führung auf Herausforderungen der Diversität/Komplexität analysieren und transferieren.
5. Ein eigenes *Leadership*-Verständnis entwickeln und die Eignung divers besetzter Teams und adaptiver Führung zur Bewältigung von Nachhaltigkeitsanforderungen beurteilen können.

8.1 Definition nachhaltiger Führung

In Anlehnung an Hargreaves und Fink (2003) wird nachhaltige Führung als Führung definiert, die dauerhaften Einfluss auf den Erfolg einer Organisation hat. Sie geht verantwortungsvoll mit menschlichen, ökologischen und finanziellen Ressourcen um und vermeidet negative Auswirkungen auf das gesamte organisationale Umfeld. Nachhaltige Führung interagiert mit in- und externen Anspruchsgruppen und kreiert ein unterstützendes Umfeld für organisationale Diversität. Nachhaltige Führung multipliziert effektive Ideen und erfolgreiche Erfahrungen durch gemeinsames Lernen und die Verbindung gemeinsamer Entwicklung.

Leipprand et al. (2010) sind grundsätzlich der Überzeugung, dass es keine notwendige Bedingung ist, aus einer formalen Führungsposition heraus zu agieren. Wichtig sind vielmehr die Bereitschaft zur Veränderung und der Wille, entsprechende Möglichkeiten wahrzunehmen. Dies erlaubt die Trennung verantwortungsvoller Führung von dem Konzept der Führungsfunktion. Es erlaubt eine partizipative, demokratische Herangehensweise an das Thema Leadership. Derartig eigenverantwortliche Einflussnahme wirft dennoch umso mehr die Frage auf, wie die formale Führung konzipiert und gestaltet werden kann, um Herausforderungen nachhaltiger Entwicklung effektiv und effizient zu begegnen.

Bereitschaft zur Veränderung

Leadership

8.2 Nachhaltiges Wirtschaften und seine Implikationen für ein Führungsverständnis

Nachhaltiges Wirtschaften und die dadurch zu bewältigende Komplexität haben nach Stacey (2000) und Ferdig (2007) mehrere Implikationen für ein Führungsverständnis, die nachfolgend aufgezeigt werden sollen.

Nachhaltiges Wirtschaften wird meist gleichgesetzt mit einer Ausbalancierung von wirtschaftlichem Wachstum, ökologischer Verträglichkeit und sozialer Sicherheit. Bekannt sind der *Triple-Bottom-Line*-Ansatz oder das Nachhaltigkeitsdreieck (vgl. ausführlich Kap. 1). Wollen Führungspersonen die Balance dieser drei Systeme mit ihrem Verhalten unterstützen, sehen sie sich unmittelbar einer hohen Komplexität und einem fortwährenden Abwägungsprozess gegenüber. Alle drei Systeme weisen eine Dynamik auf, deren Kombination zu einer Vielzahl von Kompromissoptionen und weiterhin auch unvorhersehbaren, unplanbaren Ereignissen führt. Die Separierung und Optimierung disziplinärer Teilaspekte stößt an ihre Grenzen. Dies wird in Krisensituationen wie Natur- und technisch bedingten Katastrophen besonders deutlich. Faktisch bringen global miteinander verwobene Wirtschaftssysteme bereits hinreichend viele Herausforderungen für Unternehmen mit sich: Angefangen von komplexen Kapitalmarktströmen bis hin zu weltweit organisierten Wertschöpfungsketten.

Bereits in seinem Jahresgutachten 1993 präsentiert der Wissenschaftliche Beirat für Globale Umweltfragen (WBGU) der Bundesregie-

Ausbalancierung

Hohe Komplexität

rung einen neuen Ansatz für die Analyse von global relevanten Nachhaltigkeitsherausforderungen. Hiernach muss dieser explizit interdisziplinär organisiert sein, um den wichtigsten Elementen im Rahmen des weltweiten Wandels von Natur und Menschheit Herr zu werden. Die Herausforderung besteht nach dem WBGU darin, umfassende interdisziplinäre Lösungsstrategie zu erarbeiten – den sog. Syndromansatz (s. WBGU 1993; Schindler 2005).

Die vom WBGU identifizierten Nachhaltigkeitsherausforderungen sind auf den Ebenen Prävention, Sanierung und Adaption zu diskutieren. Dazu gehören

Nachhaltigkeitsherausforderungen

- der anthropogen verursachte Treibhauseffekt,
- die anthropogen verursachte Süßwasserverknappung,
- der anthropogen verursachte Biodiversitätsverlust,
- anthropogen verursachte Naturkatastrophen,
- die Bevölkerungsentwicklung,
- Übernutzung und Verschmutzung der Weltmeere,
- Gefährdung der Welternährung und -gesundheit und
- globale Entwicklungsunterschiede.

Kern des Ansatzes ist es, sich den komplexen Zusammenhängen über die Beschreibung von Syndromen (im Sinne von Krankheitsbildern) zu nähern und danach Ursache-Wirkungsbeziehungen zu identifizieren. Ziel soll es hier nicht sein, die didaktisch-methodischen Möglichkeiten und Einschränkungen des Syndrom-Ansatzes zu vertiefen. Der WBGU illustriert mit dem interdisziplinären Syndromansatz, dass die Auseinandersetzung mit Nachhaltigkeitsherausforderungen den Austausch unterschiedlich geprägter Menschen wie auch die adäquate Präsentation und Moderation benötigt. Unternehmen, die sich den genannten Herausforderungen stellen, müssen sich hinsichtlich ihrer Führungsprinzipien entsprechend orientieren. Irrelevant ist dabei, ob sie aus sozialer Verantwortung, direkter Betroffenheit oder der Hypothese handeln, ein Geschäftsmodell hierauf aufbauen zu können– die Komplexität ist allen Fällen gegeben und erfordert eine angemessene Ansprache.

Adäquate Präsentation und Moderation

Die zuvor genannten Syndrome bringen Entscheidungen unter Unsicherheit mit sich. Vorhersehbarkeit und Kontrolle sind als Basis von Führungsentscheidungen insofern kaum gegeben. Für Führungskräfte folgt daraus, ihre Mitarbeitenden in die Lage zu versetzen, eigenverantwortlich zu agieren, wenn unvorhergesehene Entwicklungen eine schnelle, individuelle Reaktion im Sinne einer nachhaltigen Unternehmensentwicklung verlangen. Die Förderung von eigenverantwortlichem, unternehmensorientiertem Verhalten per se ist nicht neu (s. z. B. Frese und May 2000). Jedoch erhält sie angesichts komplexer Nachhaltigkeitsherausforderungen nochmals Gewicht, wie Katastrophen aufgrund menschlichen Versagens dramatisch zeigen (Strohschneider 2003).

Entscheidungen unter Unsicherheit

Um den Herausforderungen zu begegnen, schlagen wir die folgenden Anforderungen an Führungsmodelle vor: Um eigenverantwortliches, unternehmensorientiertes Verhalten zu ermöglichen – und um damit den Flexibilitätsanforderungen zu genügen –, ist eine motivierende, ver-

Anforderungen an Führungsmodelle

diskursiver Entwicklungsprozess

ständliche Unternehmensvision und -strategie notwendig sowie die Klarheit über den individuellen Beitrag der Führenden und Geführten dazu. Je diskursiver der Entwicklungsprozess für Vision, Strategie und eigenen Beitrag, desto besser können unterschiedliche Argumente und Aspekte berücksichtigt werden.

Eine weitere Voraussetzung für eigenverantwortliches, unternehmensorientiertes Verhalten ist die Verminderung detaillierter Handlungsanweisungen durch die Führungspersonen und die Förderung von Coaching als Unterstützung. Dabei werden die Aktivitäten der Geführten individuell betrachtet, gefördert, korrigiert und koordiniert.

Coaching als Unterstützung

Die Rolle der Führungsperson kann nicht mehr in der allein verantwortlichen, objektiven Aufbereitung umfangreicher Informationen und in der einsamen, sinnstiftenden Verarbeitung von Komplexität zu einer einzigen Lösung gesehen werden. Stattdessen sollte die Führungsrolle darin gesehen werden, Möglichkeiten für unterschiedliche Personen zu schaffen, ein Problem aus unterschiedlichen Blickwinkeln gemeinsam zu analysieren und eine gemeinsame Komplexitätsbewältigung zu bewerkstelligen. Potenziale und Herausforderungen der verschiedenartigen Ansichten und Erfahrungen gilt es dabei konstruktiv zu managen (vgl. Shaw 2002).

Komplexitätsbewältigung

Verschiedenartige Ansichten sind nicht nur innerhalb des Unternehmens zu berücksichtigen, sondern auch bei unternehmensexternen *Stakeholdern*. Ein Beispiel für die Bedeutung externer *Stakeholder* ist der Boykott der Bio-Supermarktkette Basic durch Kunden bei der Ankündigung eines Verkaufs von Basic an Lidl. Der Verkauf wurde schließlich gestoppt, die Geschäftsführung von Basic entlassen (s. FAZ 2007). Potenziert wird der Stellenwert des Stakeholder-Managements durch eine neue Diskussionskultur, die durch internetbasierte Plattformen

*Stakeholder-*Management

Abb. 8.1 Herausforderungen für die Führung zur Förderung nachhaltigen Wirtschaftens (Quelle: eigene Darstellung).

geprägt ist. Auch diese Entwicklungen müssen Führungspersonen reflektieren.

Die nachfolgende Abbildung fasst die Ausführungen nochmals zusammen. Festzuhalten ist, dass Führungsmodelle einerseits eine Verbindung zur Unternehmensstrategie schaffen, die Ansprüche in- und externer Gruppe integrieren und den Mitarbeiter als wertvolle Ressource begreifen und wertschätzen sollten.

8.3 Traditionelle Führungsansätze und ihre Grenzen für nachhaltiges Wirtschaften

Mit den modernen Sozialwissenschaften kam die Forschung zu Führung und Organisationsentwicklung auf. Die ersten Ansätze der modernen Leadership-Forschung entstanden in den 1930er und 40er Jahren. Im Fokus der damaligen Forschung stand die Suche nach persönlichen Eigenschaften, die die Führungseignung beeinflussen – wie z. B. Charisma, Persönlichkeit, Motive und Werte. Die Theorien lassen sich unter der Überschrift Charakteristiktheorien subsumieren. In dem Gefolge sind z. B. auch die Arbeiten von Likert (1967) zu verorten, deren empirische Grundlagen seit 1947 erarbeitet wurden. Nach seiner Taxonomie ist Führungsverhalten eindimensional beschreibbar und findet auf einem Kontinuum von „autoritär" bis „partizipativ" statt.

Erste Ansätze der modernen Leadership-Forschung

Im nachfolgenden Jahrzehnt wendete sich die Forschung der Frage zu, wie Führungskräfte die Effektivität ihrer Entscheidungen erhöhen können. Der Zugang hierzu sind Verhaltenstheorien. Aus dieser Zeit stammen beispielsweise die ersten Arbeiten zu Zeitmanagement. Insbesondere stellte sich die Herausforderung, zu beschreiben, ob ex- oder intrinsische Anreize zu einem effektiveren Verhalten führen; überzeichnet findet sich diese Grundsatzdebatte in der X-bzw. Y-Theorie wieder (s. McGregor 1966). Nach der X-Theorie ließen sich Menschen besser durch von außen gerichtete Maßnahmen wie etwa Entlohnung effektiver stimulieren. Dem liegt die Überzeugung zu Grunde, dass der Mensch per se versucht, Arbeit zu vermeiden. Im Gegensatz dazu nimmt die Y-Theorie an, dass der Mensch zur Befriedigung seiner Bedürfnisse auch zur Selbstdisziplin neigt. Da insofern aus Arbeit Zufriedenheit resultiert, bestünde die Aufgabe von Führungskräften darin, Mitarbeitende auf der Ebene ihrer inneren Werte zu motivieren.

Verhaltenstheorien

In der weiteren Entwicklung der Leadership-Forschung gewinnt der sog. Macht-Einfluss-Ansatz an Bedeutung. Im Mittelpunkt steht hierbei die wechselseitige Beziehung zwischen Führungskraft und Mitarbeitendem. Diesbezüglich soll die Wirkungsweise von Führung am Grad der Macht und dem des Einflusses der Führungskraft – und der tatsächlichen Nutzung – beschrieben und gemessen werden. Eine der bekanntesten Arbeiten in dem Kontext ist das Managerial Grid nach Blake und Mouton (1964): Danach lässt sich Führungsverhalten mindestens – im Unterschied zu Likert – zweidimensional beschreiben. Einerseits gibt es eine sachorientierte Dimension, andererseits eine sozial-emotionale

Macht-Einfluss-Ansatz

Abb. 8.2 *Managerial Grid* nach Blake und Mouton (Quelle: nach Blake und Mouton 1964).

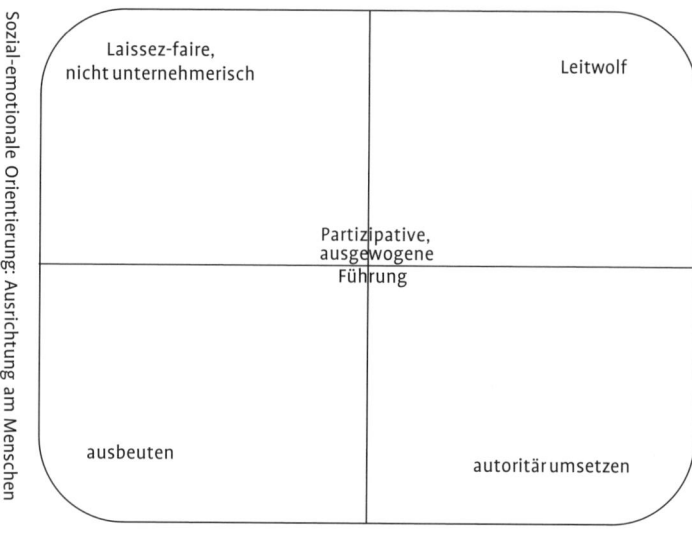

Sozial-emotionale Orientierung: Ausrichtung am Menschen

Laissez-faire, nicht unternehmerisch

Leitwolf

Partizipative, ausgewogene Führung

ausbeuten

autoritär umsetzen

Sachorientierung: Ausrichtung an Produktion

Dimension. Im Wechselspiel der beiden Dimensionen ergibt sich eine spezifische Kombination, die grafisch in einem Koordinatensystem verdeutlicht werden kann.

Partizipativer Führungsstil

Im gesunden Mittelfeld beider Dimensionen findet man die Ausprägung des partizipativen Führungsstils, der von Blake und Mouton auch als effektivste Variante beschrieben wird, da ihrer Ansicht nach die Kongruenz von Unternehmens- und Mitarbeiterzielen hier am höchsten ist.

Situative Führung

Die logische Fortentwicklung dieses Ansatzes ist das Konzept der situativen Führung. Hierbei gewinnt der Kontext an Bedeutung. Dieser wird bestimmt durch die Natur der zu lösenden Aufgabe, die Binnenorganisation und die Zusammensetzung der betroffenen Gruppe. Prominente Stellvertreter dieser Epoche von Führungs- und Organisationsforschung sind die Arbeiten von Hersey und Blanchard (1969). Im Gegensatz zu früheren Theorien wenden sich die Autoren ab von der Vorstellung, dass es die eine effektive Art der Führung gäbe. Vielmehr bestünde die Fähigkeit guter Führungskräfte darin, anspruchsvolle, aber erreichbare Ziele zu setzen, Bereitschaft und Möglichkeiten für deren Erfüllung zu schaffen und in dem Sinne für Einzelpersonen wie auch das Thema entsprechende Entwicklungsmaßnahmen einzuleiten. Dem entsprechendem Verhalten der Führungskraft (anweisen, überzeugen, beteiligen, delegieren) stehen analog Erfahrungsstufen der Mitarbeitenden gegenüber (geringe Vorkenntnisse bis autarker Experte) – aus den resultierenden Kombinationsmöglichkeiten erwachsen unterschiedliche Anforderungen an das Führungsverhalten in der o.g. sachorientierten- bzw. sozial-emotionalen Dimension.

Nachhaltiges Wirtschaften bedeutet, wie oben ausgeführt, einen fortwährenden Abwägungs- und Moderationsprozess sowie hohe Flexibilität und Geschwindigkeit in diesen Vorgängen. Vielschichtiges und eigenverantwortliches Engagement aller Mitarbeiter wird damit aufgewertet und sollte durch Führungsmodelle befördert werden. Angesichts dessen weisen die traditionellen Führungsansätze alle ein ähnliches Problem auf: Führung wird meist mit einer designierten Rolle gleichgesetzt, im Rahmen derer eine Person über den Geführten steht und für sie Informationen verarbeitet, abwägt und Komplexität verarbeitet (Wheatley 2001).

Vor diesem Hintergrund entwickeln sich zwei weitere Richtungen in der Forschung: Die eine fokussiert die Führungskompetenzen (in Abgrenzung zu persönlichen Eigenschaften), abgeleitet aus den Organisationsherausforderungen. Die andere stellt die Idee der transformationalen Führung in den Vordergrund (s. z. B. Burns 1978). Hierbei wird der Führungskraft zugeschrieben, dass sie nicht nur die Bedürfnisse und Motive ihrer Mitarbeitende erkennt und adäquat in Zielvereinbarungen, Verhaltensregeln und Leistungshonorierung einfließen lässt – vielmehr beeinflusst die Führungskraft das Verhalten und das Bewusstsein von Mitarbeitenden in Richtung einer gemeinsamen Vision. Damit steht die Frage der Prozesssteuerung im Vordergrund, die Verhalten im Sinne gemeinsamer Ziele und Ideale auslöst.

Führungskompetenzen

Transformationale Führung

8.4 Transformationale Führung

Führungskräfte und ihre Mitarbeitenden müssen vielschichtige, hoch komplexe Entscheidungen treffen und plötzliche, unplanbare Änderungen beantworten. Dabei wächst der Anspruch, integrierend zu wirken, verschiedene Positionen zu vermitteln und zwischen ökonomischen Zielen, sozialen Belangen und ökologischen Restriktionen abzuwägen. Diese mehrdimensionalen Entscheidungen finden sich regelmäßig bei Standortfragen wieder: Standorte außerhalb der EU sind häufig deshalb in der Kostenstruktur günstiger, weil die ökologischen und sozialen Kosten der Produktion nicht internalisiert sind (Repetto 2001). Mitarbeitende – wie etwa Kaderpersonen verschiedener Standorte – müssen motiviert und befähigt werden, im Rahmen gewisser Leitplanken eigenverantwortlich zu agieren, das Unternehmen nach außen zu vertreten und externe Informationen und *Stakeholder*-Anliegen in das Unternehmen zurückzuspielen. Sie sind in unzähligen großen und kleinen Entscheidungen mit Nachhaltigkeitsthemen wie Korruption oder ökologischen Abwägungen konfrontiert (Transparency International 2008). Es gilt, die Mitarbeitenden in ihren Aktivitäten und ihrem Engagement zu fördern und somit individuell zu unterstützen. In letzter Konsequenz müssen dafür im Diskurs mit den Mitarbeitenden auch ethisch-moralische Grundsätze erörtert werden. Transformationale Führung scheint ein zielführender Ansatz zu sein, um sowohl die binnengerichteten Aspekte der Mitarbeiterführung als auch die außengerichteten Aspekte

Abwägen zwischen ökonomischen Zielen, sozialen Belangen und ökologischen Restriktionen

der ethischen Grundhaltung und Informationsverarbeitung zu bewältigen.

Transformationale Führung geht dabei über die Leitung des üblichen rationalen Austauschprozesses zwischen Mitarbeitenden und Unternehmen hinaus: Die Geführten werden hinsichtlich ihrer Bedürfnisse zur Partizipation, Sinnstiftung und Selbstverwirklichung angesprochen und darin bestärkt, ihren Beitrag zur Unternehmensentwicklung zu leisten. Durch eine klare Vision, eine emotionale Bindung mit den Geführten und die Transformation von Einstellungen, Werten und Motiven der Geführten können diese für Ziele begeistert werden, die über ihr eigenes Interesse hinausgehen (s. Bass und Avolio 1994; Antonakis und House 2002). Transformationale Führung umfasst in diesem Sinne vier Komponenten (s. Bass und Avolio 1994) bzw. Säulen oder Wirkungssäulen:

Beitrag zur Unternehmensentwicklung

Idealisierter Einflusss

1. Idealisierter Einfluss (Charisma): Transformational Führende sind Vorbilder für die Geführten und genießen ein großes Vertrauen, weil sie die Bedürfnisse der Geführten ernst nehmen und teilweise sogar über ihre eigenen Bedürfnisse stellen. Sie haben ein konsequentes, ethisches und moralisches Verhalten und gelten darum als sehr verlässlich.

Inspirierende Motivation

2. Inspirierende Motivation: Durch die Formulierung eindeutiger Erwartungen und die hohe eigene Verpflichtung gegenüber den dahinter stehenden Zielen, vermitteln transformationale Führungspersonen ihren Mitarbeitenden Sinn und Herausforderung ihrer Arbeit. In Kombination mit Zuversicht und Enthusiasmus hinsichtlich der Zielerreichung motivieren sie damit ihre Geführten zu ehrgeizigen Leistungen.

Intellektuelle Stimulierung

3. Intellektuelle Stimulierung: Transformationale Führungspersonen hinterfragen bestehende Annahmen und Gewohnheiten, betrachten alte Probleme in einem neuen Licht und stellen den Status quo in Frage. Sie ermutigen ihre Geführten zu neuen Denkmustern und beziehen sie aktiv in den Prozess der Problemlösung ein.

Individuelle Wertschätzung

4. Individuelle Wertschätzung: Vorgesetzte, die transformational führen, coachen ihre einzelnen Mitarbeitenden, so dass diese ihre Bedürfnisse nach Erfolg und positiver Entwicklung realisieren können. Der Vorgesetzte begleitet dabei seinen Mitarbeitenden und steht mit ihm in direkter Kommunikation, die von beiden Seiten geführt wird. Dabei geht es um Austausch, nicht um Kontrolle.

Ko-evolutive Führung

Mit Heifetz und Linsky (2002) entwickelt sich dieses Modell sogar weiter zum Bild der adaptiven bzw. ko-evolutiven Führung. Die Führungsperson beweist ihrerseits Flexibilität und Anpassungsfähigkeit sowohl an innere Herausforderungen der Organisation als auch an externe Ansprüche. Sie ist dazu in der Lage, da sie in unterschiedlicher Intensität und mit wechselnden Methoden mit ihrem Team arbeitet. Häufig ist dies einerseits in einem umfangreichen Erfahrungsschatz begründet, andererseits mit exzellenter formaler Bildung gepaart.

Adaptive Führung

In der Sprache der Evolution bedarf es folglich einer Anpassung an neue Umgebungsbedingungen. Adaptive Führung befähigt insofern in

Gruppen, Organisationen und Gesellschaften zu Anpassungsprozessen an neue Gegebenheiten. Sie bietet keine linearen Lösungsschablonen. In erster Instanz wirkt sie in Konfliktsituationen nicht entspannend. Wer adaptiv führt, weiß Indikatoren für entstehende Konflikte zu deuten, konfrontiert die Beteiligten mit der Problemstellung und nutzt dadurch die Kapazität aller Beteiligten, eine neue, bisher noch völlig unbekannte Lösung entstehen zu lassen.

Die Herausforderung ist, nachhaltige Lebens- und Gesellschaftsmodelle zu ermöglichen und umzusetzen. Diese Problemstellung ist adaptiver Natur – rein technologische, effizienzorientierte Lösungen ermöglichen nicht den Weg zu einer nachhaltigen Gesellschaft. Es gilt vielmehr, die Effizienz- mit einer Suffizienzdebatte in Einklang zu bringen. Adaptiv Führende handeln nicht beliebig, sondern agieren vor dem Hintergrund eines Wertekanons. Beispielsweise liegt ihnen eine Neuordnung der gesellschaftlichen Werte, des Lebensstils und der Lebenswelt am Herzen; dies bedeutet wiederum, Anpassungsvorgänge zu initiieren. Führungskräfte, die in diesem Sinne wirken wollen, können nicht nur eigene Ideen und Lösungen anbieten. Sie müssen vielmehr Transitionsplattformen schaffen, die es anderen erlauben, dezentral Lösungsansätze zu entwickeln und umzusetzen. Im Vordergrund steht die Befähigung der Mitarbeiter, Lösungen zu erarbeiten. Hierin besteht auch der zentrale Unterschied zur transformationalen Führung: Letztere trachtet zwar danach, durch die Integration verschiedener Sichtweisen Abwägungsprozesse neuartig zu gestalten, stellt aber zentral auf das Charisma und die Impulskraft der Führungskraft ab. Adaptive Führung löst sich von diesem heroischen Verständnis einer Führungskraft und stellt die Befähigung aller Beteiligten zur Lösungsbewältigung in den Vordergrund.

Empirische Beispiele legen die Vermutung nahe, dass transformationale und adaptive Führung sich positiv auf die Nutzung von Nachhaltig-

Die vier Säulen
transformationaler Führung

Abb. 8.3 Die vier Säulen transformationaler Führung (Quelle: eigene Darstellung in Anlehnung an Bass und Aviolo 1994).

Idealisierter Einfluss	Inspirierende Motivation	Intellektuelle Stimulierung	Individuelle Wertschätzung
• Als Identifikationsperson wirken • Ethisch-moralisches Verhalten	• Eindeutige Erwartungen • Zuversicht in Zielerreichung	• Etablierte Denkmuster aufbrechen, • Einbezug der Mitarbeitenden	• Direkte Kommunikation • Begleitung, Coaching der Mitarbeitenden

keitspotenzialen auswirkt (Mosner 2010, Sustainable Leadership Forum 2011). Nachfolgend werden einige Ansätze vorgestellt, die im Rahmen der transformationalen Führung gezielt eingesetzt werden können, um nachhaltiges Verhalten bei den Mitarbeitenden zu fördern. Neben der Skizzierung verschiedener Ansätze zum idealisierten Einfluss und der inspirierenden Motivation wird speziell der Ansatz der heterogenen Teams vertieft.

8.5 Nachhaltigkeitsorientierte Gestaltungsansätze im Rahmen transformationaler Führung: heterogene Teams als Ressource

Nachhaltigkeitsorientierte *Human Resources*-Instrumente

Die etablierte *Human Resources* (HR)- und Führungsliteratur beruft sich für die Förderung nachhaltiger Verhaltens- und Entscheidungsmuster auf Instrumente, welche die Interessen der Mitarbeitenden langfristig ausrichten und mit jenen des Unternehmens in Einklang bringen, um ein nachhaltiges Wachstum sicherzustellen. Derartige *Human Resources*-Instrumente sind etwa *Codes of Conduct* zur Festschreibung gewünschter Verhaltensregeln, langfristig ausgerichtete Vergütungssysteme, auf nachhaltiges Verhalten ausgerichtete Leistungsbeurteilungssysteme und die entsprechende Rekrutierung und Förderung nachhaltigkeitsbewusster Mitarbeitender (Kienbaum 2010, Weissenrieder 2010). Auch auf die Bedeutung von kooperativer Führung, Partizipation und Lernen wird verwiesen (Eberhardt, Winistöfer und Merz 2005). Immer wieder wird hierbei die Notwendigkeit eines idealisierten Einflusses und einer (Zaugg 2009) inspirierenden Motivation (Mosner 2010) betont.

In der Praxis finden sich gemäß einer repräsentativen Befragung unter den 120 größten deutschen Unternehmen bei 72 % der teilnehmenden Organisationen ein nachhaltigkeitsorientiertes Vorschlagswesen, bei 53 % Qualitäts- und bei 44 % Umweltzirkel (Herzig und Schaltegger 2009). Sowohl diese partizipationsfördernden Instrumente als auch Anreizsysteme (von ca. 42 % der befragten Unternehmen genutzt), Weiterbildungen (65 %) oder Arbeitszeitmodelle (61 %) werden als nachhaltigkeitsorientierte Personalmanagementinstrumente eingesetzt (ebenda).

Kommunikationsbasierte Gestaltungsansätze

Für ein inspirierendes, idealisierendes Führungsverhalten, das adaptives und integrierendes Verhalten aller Organisationsmitglieder fördert, sind zudem vor allem kommunikationsbasierte Gestaltungsansätze wichtig, die in der funktionalen Fachliteratur nur vereinzelt zu finden sind (Hargreaves und Fink 2006). Nachfolgend werden einige Ansätze vorgestellt, die sich in der Praxis bewährt haben und unmittelbar anwendbar sind.

Erwartungen an den Beitrag zur gemeinsamen Zielerreichung

Bei der in Abschnitt 8.4 erläuterten Wirkungssäule einer transformationalen Führung, der „inspirierenden Motivation", werden nicht nur individuelle Leistungserwartungen formuliert, sondern vor allem auch die Erwartungen an den Beitrag zur gemeinsamen Zielerreichung. Für eine entsprechende Motivation zum gesamten Zielbeitrag können Führungspersonen erfolgreiche Ereignisse aus der Vergangenheit und Aktivitäten der Gegenwart miteinander verbinden, um den historischen, beständigen, Sinn stiftenden Handlungsrahmen zu verdeutlichen und ein realisierbares Bild der Zukunft zu entwickeln (Shamir et al. 1993). Diesen Aspekt können Führungspersonen durch „Zukunftswerkstätten" (Jungk und Müllert 1989) oder *„Appreciate Inquiry"* (Peelle 2006) unterstützen, indem sie zusammen mit den Teammitgliedern erarbeiten, welche Zukunftsentwicklungen zu vermeiden und welche anzustreben sind. Beide Methoden setzen durch ihre Gestaltung einen Schwerpunkt auf die gemeinsame, inspirierende Konkretisierung der wünschenswerten Zukunft. So wird etwa die Frage gestellt: „Wenn unser Unternehmen in diesen turbulenten Zeiten in 10 Jahren erfolgreicher und anerkannter ist denn je, was ist uns dann in der Zwischenzeit alles gelungen?" Das erweist sich als förderlich für die Motivation, sich für die gemeinsame Zielsetzung zu engagieren und eigenverantwortlich einzubringen. Nachhaltigkeitsorientierte Zukunftswerkstätten werden sowohl auf Branchenebene (Belz, Meyer und Pichel 1999) als auch auf Unternehmensebene eingesetzt (z. B. Allianz 2011).

 Die Wirkungssäule der „intellektuellen Stimulierung" kann durch die bewusste Verwendung von Diskussionsmethoden gefördert werden: Z. B. *„Six Hats"* (s. de Bono 1999) oder „Teufels Advokat" (s. Schweiger, Sandberg und Ragan 1986). Die Methoden inspirieren die Beteiligten, verschiedenartige Sichtweisen einzunehmen und zu vertreten, indem explizit bestimmten, teilweise unbeliebten Denkweisen Platz eingeräumt wird: bei der *Six Hats-* Methode etwa werden sechs verschiedene Denkweisen unterschieden:

1. das reine Zusammentragen von Informationen und Fakten
2. instinktive Reaktionen und Emotionen
3. Analyse von Problemen und Hindernissen
4. Analyse von Vorteilen und Chancen
5. Kreativität und konstruktive Provokationen
6. Moderation und Vermittlung

Die gesamte Gruppe durchläuft gemeinsam nacheinander diese Denkweisen – setzt also jeweils den Hut jeder spezifischen Denkweise auf, je nach Fragestellung in unterschiedlicher Abfolge. Die explizite Trennung der Denkweisen sowie gemeinsame Bearbeitung einer jeden verhindert unkonstruktive Diskussionsreaktionen von Pro- und Contra-Schlagabtäuschen. Stattdessen ermöglicht diese Trennung das Zusammentragen und Anhören verschiedenartiger Argumente und Ansichten. Auch beim „Teufels Advokat" wird einer spezifischen Denkweise explizit Raum und Zeit zugewiesen – der kritischen, provokativen Denkweise, welche im Normalfall zu unmittelbaren Gegenreaktionen und vorschneller Argumentationsverurteilung führt.

 Die Führungssäule der „individuellen Wertschätzung" wirkt sich positiv auf die Motivierung und Befähigung der einzelnen Mitarbeitenden zu eigenverantwortlichem Handeln aus, indem die Teammitglieder

„Appreciate Inquiry"

Diskussionsmethoden
„Six Hats"
„Teufels Advokat"

in ihren individuellen Potenzialen gesehen werden. Sie birgt allerdings auch die Gefahr einer persönlichen Abhängigkeit der Geführten von der wertschätzenden Führungsperson. Das Streben nach Anerkennung kann eine Homogenisierung von Denkstrukturen und Handlungsmustern zwischen Geführten und Führenden zur Folge haben (s. Kark et al. 2003).

Um dem vorzubeugen, wird vielerorts eine nennenswerte Durchmischung von Gruppen angestrebt. Dies gilt als Möglichkeit, vielschichtige, komplexe Entwicklungen im Unternehmen zu beantworten. Seit vielen Jahren wird die Diversität von Institutionen als wichtige Voraussetzung zur nachhaltigen Nutzung komplexer Ressourcensysteme untersucht (s. z. B. Becker und Ostrom 1995).

Diversität als wichtige Voraussetzung

Frau De Saint Pierre, Gründerin der Firma Ethiks & boards, findet, der Verwaltungsrat müsse die Kundinnen und Kunden sowie die relevanten Handlungsfelder eines Unternehmens widerspiegeln und bemängelt: „Schauen sie sich BP an. Im Verwaltungsrat des Ölkonzerns saß keine einzige Person, die Experte in sozialer Verantwortung von Unternehmen oder in Umweltfragen ist. Kann es sich dieses Unternehmen leisten, solche Fragen nicht explizit zu stellen? Wie wir gesehen haben nicht." (Herzog und Dünnenberger 2011) Damit rückt das Diversitätsmanagement als neuer Ansatz zur Förderung von Nachhaltigkeit in das Bewusstsein der Unternehmensführung.

Ursprünglich ist Diversitätsmanagement Ausdruck einer US-amerikanischen Initiative gegen Rassendiskriminierung (s. Cross 2000). In Europa entwickelte sich ca. 10 Jahre später die Forderung nach mehr Integration von Personen, die rein empirisch-quantitativ nicht der „dominanten" Gruppe angehören (Jung et al. 1994) – etwa Behinderte im ersten Arbeitsmarkt, Frauen in der obersten Führungsebene, Menschen mit Migrationshintergrund in Kaderpositionen. In den letzten Jahren ist Diversitätsmanagement eine Blaupause für die ressourcenorientierte, erfolgreiche Integration vielschichtiger Sichtweisen und Denkansätze in einem Unternehmen geworden. Dabei hat sich herausgestellt, dass die Schaffung von Teamdiversität allein nicht erfolgversprechend ist.

Schaffung von Teamdiversität allein nicht erfolgversprechend

Den Potenzialen heterogener Ideen und Erfahrungen stehen Herausforderungen vielschichtiger Werte und Kommunikationsmuster gegenüber, die konstruktiv geführt werden müssen (Bell 2007; Nielsen 2010; Certo et al. 2006; Webber und Donahue 2001). Nachfolgend werden daher Erkenntnisse zu Vor- und Nachteilen sowie relevanten Erfolgsfaktoren für Teams mit hoher Diversität beschrieben. Die daraus resultierenden Anforderungen an die Führung werden den Potenzialen der transformationalen und adaptiven Führung gegenübergestellt.

Nachfolgend werden die Begriffe „heterogen besetzte Teams" und „Teams mit hoher Diversität" synonym verwendet.

8.5.1 Potenziale und Herausforderungen heterogen besetzter Teams

Die Beschreibung und Erforschung heterogener Teams hat sich seit den 1980er Jahren unter dem Begriff der Diversitätsforschung etabliert. Als Diversität wird die Vielfalt in einem Team verstanden. Diese Vielfalt kann sich auf unterschiedliche Dimensionen beziehen, die von Gardenswartz und Rowe (1993) in folgende vier Kategorien eingeordnet werden:

* Organisationale Dimension (u. a. hierarchischer Status, Funktionsbereiche, Betriebszugehörigkeit)
* Externe demographische Dimension (u. a. Familienstand, Kinderzahl, Ausbildung)
* Demographische Kerndimension (u. a. Alter, Geschlecht, Ethnizität, Behinderung)
* Persönlichkeit (u. a. Offenheit, emotionale Stabilität, Werthaltung)

Unterschiede im Hinblick auf Geschlecht, Alter, ethnischen Hintergrund, Dauer der Organisationszugehörigkeit und funktionalen Hintergrund sind am meisten untersuchte Kriterien der Diversitätsforschung (s. Milliken und Martins 1996; Williams und O'Reilly 1998; van Knippenberg und Schippers 2007).

In Geschäftsleitungen und Vorständen findet sich vergleichsweise wenig Diversität hinsichtlich organisationaler und externer demografischer Diversitätskriterien. In Deutschland sind unter durchschnittlich 15 Vorstandsmitgliedern börsennotierter Unternehmen nur zwei aus einem anderen Land und nur eine Frau (Heidrick and Struggles 2011). In Norwegen, Finnland und Schweden ist dieses Verhältnis auf Vorstandsebene – vermutlich wegen der gesetzlichen Auflagen – deutlich anders. Alle drei Länder weisen auf Vorstandsebene eine Frauenquote zwischen 25 und 33 % auf (s. ebd.).

Im Sinne eines nachhaltigen Unternehmenserhalts ist vor allem bei Branchen, die zu Beginn einer Marktöffnung stehen, eine verstärkte – häufig funktionale – Durchmischung der Geschäftsleitung zu beobachten. So werden deutsche Krankenhäuser seit 2003 mit Fallpauschalen vergütet und sehen sich damit einer ungewohnt deutlichen Markt- und Wettbewerbsorientierung ausgesetzt. Die Veränderung des Managements in Ausrichtung und Zusammensetzung gilt als logische Antwort darauf (Eichhorn und Greiling 2003). Ähnlich wird bei deutschen Energieversorgungsunternehmen vermehrt nach weiblichen Fach- und Führungskräften gesucht und es werden neue Führungsrollen diskutiert (Hergenhan 2008).

Verfechter von mehr Diversität für nachhaltigen Unternehmenserfolg vertreten in den letzten Jahren häufig die sogenannte Informations-Entscheidungs-Perspektive, die Diversität als förderlich für organisationale Prozesse und Leistung sieht (sog. *„Value-in-Diversity"*-Hypothese, s. Cox et al. 1991). Dadurch können v.a. nicht-standardisierte Probleme, welche die Integration und Kombination verschiedener Perspektiven und

Informations-
Entscheidungs-
Perspektive

unterschiedlichen Wissens erfordern, besser bearbeitet und gelöst werden, da eine optimale Informationsverarbeitung und Entscheidungsfindung wahrscheinlicher wird (van Knippenberg und Schippers 2007).

Ressourcen-Pools

Die Vorteile eines solchen großen „Ressourcen-Pools" ergeben sich insbesondere bei der Bearbeitung kreativer Aufgaben und der Sicherung nachhaltiger Wettbewerbsfähigkeit (Bantel und Jackson 1989, Ancona und Caldwell 1992, Aretz und Hansen 2003).

Nachteile einer stärkeren Teamdurchmischung

Soziale Kategorisierung

Forschungsergebnisse zeigen aber auch Nachteile einer stärkeren Teamdurchmischung und finden sich im Forschungsansatz der sozialen Kategorisierung gespiegelt (s. Triandis, Kurowski und Gelfand 1994). Dessen Grundannahme ist, dass die Wahrnehmung von Ähnlichkeiten und Verschiedenheiten zu Kategorisierungsprozessen führt, bei denen sich die Individuen selbst und andere entweder in eine ähnliche *In-Group* oder eine unähnliche *Out-Group* einteilen (s. Tajfel 1981; Turner 1987). Als negative Folgen dieser Kategorisierung können unproduktive Konflikte, oberflächliche Einigungen sowie eine verringerte Kommunikation und Auseinandersetzung (s. Jehn et al. 1997; Chatman und Flynn 2001, Chatman und Spataro 2005, Schweiger et al. 1986) bis hin zu erhöhter Fluktuation (Yesckson et al. 1991) festgestellt werden.

Weiterhin zeigt sich in der Forschung, dass keine einheitlichen Ergebnisse zur Wirkung von Diversität ermittelt werden. Entsprechend wird die Teamdiversität auch häufig als „zweischneidiges Schwert" bezeichnet. Die produktive Entfaltung der Vielschichtigkeit eines Teams oder ihre unproduktive Kollision scheint abhängig zu sein von verschiedenen moderierenden Größen (s. Rastetter 2006), etwa

* dem Ausmaß der Diversität: viele Forschende postulieren die besten Diversitätspotenziale bei einem mittleren Umfang der Vielschichtigkeit.
* der Art der Diversität: funktionale Diversität scheint meist produktiv, demografische Diversität scheint meist unproduktiv zu sein.
* den Maßnahmen: durch bedürfnisgerechte Trainings und bewusste Führung kann ein großer Einfluss auf die Arbeitsfähigkeit heterogener Gruppen genommen werden.

8.5.2 Führungsanforderungen in heterogenen Teams und die Potenziale transformationaler Führung

Als wesentlicher Schlüssel einer konstruktiven und erfolgversprechenden Zusammenarbeit heterogener Teams wird die Förderung sachbezogener und die Vermeidung personen- oder wertbezogener Auseinandersetzungen gesehen (s. Gebert et al 2006). Folgende Erfolgsfaktoren scheinen für konstruktive Auseinandersetzungen förderlich (s. Gebert et al. 2006):

Erfolgsfaktoren

Kollektive Identität

* Kollektive Identität: Durch eine gemeinsame Zielsetzung wird ein kooperativer Umgang mit aufgabenbezogenen Auseinandersetzungen ermöglicht, bei dem das Teamwissen geteilt und zur bestmöglichen Lösung eingebracht wird, anstatt es im Sinne eines Wettbe-

werbsgedankens zurückzuhalten. Die Anforderung an die Führung ist es, eine derartige kollektive Identität zu fördern, beispielsweise durch das Schaffen oder Bewusstmachen der gegenseitigen Abhängigkeit für den Erfolg (vgl. Wagemann 2001) sowie die Vermittlung von Hintergrundinformationen zur Erläuterung und Betonung des gemeinsamen Ziels (s. McGrath, MacMillan und Venkatraman 1995). Auch die Förderung und Demonstration der Teamzusammengehörigkeit durch gemeinsame Anlässe und das Wertschätzen der gemeinsamen Teamgeschichte ist eine unterstützende Führungsaktivität.

* Wahrnehmung und Wertschätzung von Individualität: Im Team werden Fähigkeiten und Besonderheiten der einzelnen Gruppenmitglieder wahrgenommen und wertgeschätzt. Führungsaufgabe ist, die Wertschätzung der Individualität zu unterstützen (s. Polzer et al. 2002).

Wahrnehmung und Wertschätzung von Individualität

* Generalistenperspektive: Unterschiedliche Sichtweisen auf ein Thema mit unterschiedlichen Zielfunktionen und Lösungsansätzen erfordern eine umfassende Lösungssuche. Je mehr Personen in einem Team diese unterschiedlichen Perspektiven einnehmen können, umso wahrscheinlicher ist ihre konstruktive Auseinandersetzung über mögliche Lösungsansätze. Derartige Generalistenperspektiven können zwischen verschiedenen Personen existieren – interpersonal oder auch bei den einzelnen Personen selbst – intrapersonal. Interpersonale Generalistenperspektiven können von einer Führungsperson durch die bewusste Zusammensetzung heterogener Teams geschaffen werden. Aber als erfolgversprechend haben sich vor allem die intrapersonalen Generalistensichtweisen erwiesen (Bunderson und Sutcliffe 2002) Eine Führungsperson kann ihren Mitarbeitenden durch Job-Rotation den Einblick in unterschiedliche Sicht- und Lösungsweisen ermöglichen oder durch die Forcierung verschiedenartiger Argumentationsmuster in einer Diskussion.

Generalistenperspektive

Erste Studien legen nahe, dass transformationale Führung deutliche Potenziale für das Management heterogener Teams aufweist. Kearney und Gebert (2009) weisen nach, dass transformationale Führung vor allem die kollektive Teamidentifikation stärkt und dadurch die Nutzung unterschiedlichen Wissens in einem Team positiv zu beeinflussen scheint. Aber auch die Säule der „Intellektuellen Stimulierung" scheint einen unmittelbaren Beitrag zur konstruktiven Heterogenitätsgestaltung zu bieten, adressiert sie doch durch das Aufbrechen tradierter Denkmuster und die Anregung umfassender Argumentationen die Generalistenperspektive als wesentlichen Erfolgsfaktor für heterogene Teams.

Konstruktive Heterogenitätsgestaltung

Die Säule der individuellen Wertschätzung lässt deutliche Parallelen zum gleichnamigen Erfolgsfaktor für heterogene Teams vermuten. Insofern scheint eine transformationale Führung in Kombination mit heterogenen Teams eine geeignete Antwort auf die Herausforderungen nachhaltigen Wirtschaftens zu sein.

8.6 Fallbeispiel Siemens

Siemens erzielte im vergangenen Geschäftsjahr 2009/10 einen Umsatz von rund 76 Milliarden Euro und einen Gewinn nach Steuern von 4,1 Milliarden Euro. Ende September 2010 hatte das Unternehmen weltweit rund 405 000 Beschäftigte (s. für die nachfolgenden Ausführungen zu Siemens Dieser 2009; Feldenkirchen 2003; Maletz et al. 2007; Siemens 2009, 2010a, 2010b, 2010c; Stiftung Neue Verantwortung 2011).

Insbesondere bei einem so großen Konzern stellt sich die Frage, wie Nachhaltigkeit Eingang in das Führungsverständnis und die Führungskräfteentwicklung findet. Die nachfolgenden Ausführungen sollen Indi*Leadership*-Verständnis | kationen liefern, welchem *Leadership*-Verständnis Siemens folgt und wie transformationale Führung hier Anwendung findet. In Anknüpfung an die vorherigen Ausführungen stellt sich weiterhin die Frage, ob es aus Sicht von Siemens Hinweise für eine gestiegene Komplexität gibt, auf die Führungskräfte (etwa unter Anwendung von Diversitätsmanagement) reagieren müssen.

Nachhaltigkeit wird in einem integrierten Technologiekonzern wie Siemens heute als Geschäftschance verstanden. Die Entscheidungen, die hierbei hinsichtlich der Verbesserung der Umweltbilanz, langfristiger Wertschöpfung und Mitarbeiter- sowie Umfeldförderung notwendig sind, können nicht per se frei von Zielkonflikten sein. Insofern bedeutet Nachhaltigkeitsmanagement hier nicht, einem dogmatischen normativen Gesellschaftsverständnis zu folgen, sondern im Dialog mit den Anspruchsgruppen ein gemeinsames Verständnis von Nachhaltigkeit zu erarbeiten. Siemens unterhält dazu beispielsweise seit kurzer Zeit ein *Sustainability Advisory Board*, das mit international führenden Vertreterinnen und Vertretern aus Politik, Wissenschaft und Wirtschaft besetzt ist.

Seit der Firmengründung 1847 gilt diesbezüglich bereits das vom Firmengründer Werner von Siemens ausgegebene Credo „Für kurzfristigen Gewinn verkaufe ich die Zukunft nicht". In heutige Verhältnisse als Basiswert übersetzt spricht Siemens vom Dreiklang „verantwortungsvoll – exzellent – innovativ". Es zeigt sich generell in der FirmengeFirmengeschichte | schichte, dass unterschiedliche Epochen ihre jeweils eigene Ausprägung von Verantwortlichkeit im Sinne Werner von Siemens' hatten. Entsprechend spricht der erste extern gewonnene Siemens-Vorstandschef, Peter Löscher, zu seinem Amtsantritt 2007 auch von *„evolution, not revolution"* (s. Maletz et al. 2007), angesichts der Veränderungsprozesse, die Siemens anzugehen habe.

8.6.1 Die jüngere Entwicklung von Siemens

Siemens hat in den späten 1980ern die Voraussetzung dafür geschaffen, in sich schnell ändernden Märkten agieren zu können: Die bestehenden sieben Unternehmensbereiche wurden in 15 marktnahe Einheiten aufgeteilt. Innerhalb dieser dezentralen Struktur erhielten die operativen

Einheiten mehr Eigenverantwortung. Gegenstand der Restrukturierungen waren eine Erhöhung der Margen durch Kostenreduktion und mehr Kundenorientierung. Die neue Binnenorganisation ist einerseits vertikal auf den Vorstand zugeschnitten, wobei andererseits horizontal an Länderverantwortliche berichtet werden muss. Die besondere Ausrichtung auf Regionalbüros soll neben der technologischen Tradition die internationale Kompetenz des Konzerns betonen. Siemens hat früh weite Teile seines Umsatzes außerhalb Deutschlands erwirtschaftet. Da sich die Wachstumsregionen jedoch regelmäßig verschieben, soll die Organisation dem Rechnung tragen können, um der gesamtwirtschaftlichen Entwicklung schnell folgen zu können.

In den frühen 1990er Jahren folgten einzelne länderspezifische und wachstumsbedingte Schwierigkeiten. Insbesondere galt es, dem Phänomen der Globalisierung in den Kernmärkten unternehmerisch zu begegnen. Siemens entwickelt sich von einem überwiegend auf öffentliche Kunden an regulierten Märkten ausgerichteten Konzern zu einem im weltweiten Wettbewerb stehenden Unternehmen. *Globalisierung in den Kernmärkten*

Heinrich von Pierer, der 1992 *Chief Executive Officer* (CEO) wird, fördert dies zunächst mit einem Umbau des Geschäftsfeldportfolios und mit Einsparmaßnahmen. Der organisationale Wandel wird mit dem Verkauf von wenig gewinnträchtigen Beteiligungen forciert.

Zusätzlicher Druck ergibt sich durch den technologischen Fortschritt und das Auftreten neuer asiatischer Konkurrenten. Dies führt zu Margenerosion, so dass weitere Kostensenkungsmaßnahmen erforderlich werden. Zusätzliche Herausforderungen sind die Orientierung am US-amerikanischen Kapitalmarkt und die allgemeinwirtschaftlichen Turbulenzen an den Finanzmärkten nach dem Platzen der dot.com-Blase. Reaktionen sind z. B. die Bündelung von Dienstleistungseinheiten bzw. die Schaffung von sog. *Shared Services*, also die Einrichtung von internen Kompetenzzentren.

Klaus Kleinfeld übernahm 2005 den Vorstandsvorsitz und trieb die Organisation an, das Geschäft deutlicher auf die sogenannten Megatrends auszurichten. Angesichts der gesamtgesellschaftlichen Entwicklungen rückte die Themen Urbanisierung und demografischer Wandel in den Fokus. Jetzt galt es zu erkennen, dass die Urbanisierung in wirtschaftlich expandierenden Ökonomien zu steigender Nachfrage nach energieeffizienten und nachhaltigen Lösungen, vor allem in den Bereichen Gesundheit, Verkehr sowie Energieerzeugung und -versorgung, führt. *Organisation an Megatrends ausrichten*

Das 2005 bei Siemens aufgelegte Arbeitsprogramm Fit4More fokussierte auf Leistung; Ziel war es, doppelt so schnell zu wachsen wie das weltweite Bruttoinlandsprodukt. Zusätzlich berücksichtigte das Programm die Themen *Operational Excellence*, *People Excellence* und *Corporate Responsibility*.

Die Amtsübernahme von Peter Löscher 2007 war zunächst geprägt von der Aufarbeitung der Korruptionsaffäre: Prinzipien der *Good Corporate Governance* mussten bei Siemens grundlegend neu geordnet werden. Über die Jahrzehnte hatten zuvorderst die rückläufige Wettbe- *Good Corporate Governance* werbsfähigkeit, außerdem die langjährig gewachsene und auf getrennte Geschäftsfelder ausgerichtete Binnenorganisation sowie die gestiegene Änderungsgeschwindigkeit externer Einflüsse zu einem entsprechenden Nährboden für Korruption geführt. Zusätzlich zu den bereits genannten externen Einflüssen war dies eine weitere zentrale Herausforderung für die Organisations- und Personalentwicklung. Peter Löscher hat diesbezüglich sehr prägnant das CEO-Prinzip bei Siemens eingeführt – die eindeutige und klare Zuordnung von Verantwortlichkeiten an einer Stelle. Hierzu gehört außerdem die Schaffung eines eigenen Ressorts für Recht und Compliance zum 1. Oktober 2007. Als Teil des Unternehmensprogramms Fit42010 wurden die bestehenden Geschäftsbereiche in den Sektoren *Energy*, *Industry* und *Healthcare* gebündelt und nicht kongruente Bereiche abgegeben. Anfang 2011 wurde zusätzlich der Sektor *Infrastructure and Cities* mit Wirkung zum 1. Oktober eingerichtet.

Insbesondere galt es, den mit Fit4More definierten Exzellenzanspruch bei Fit42010 noch akzentuierter im Kontext langfristiger Ori-

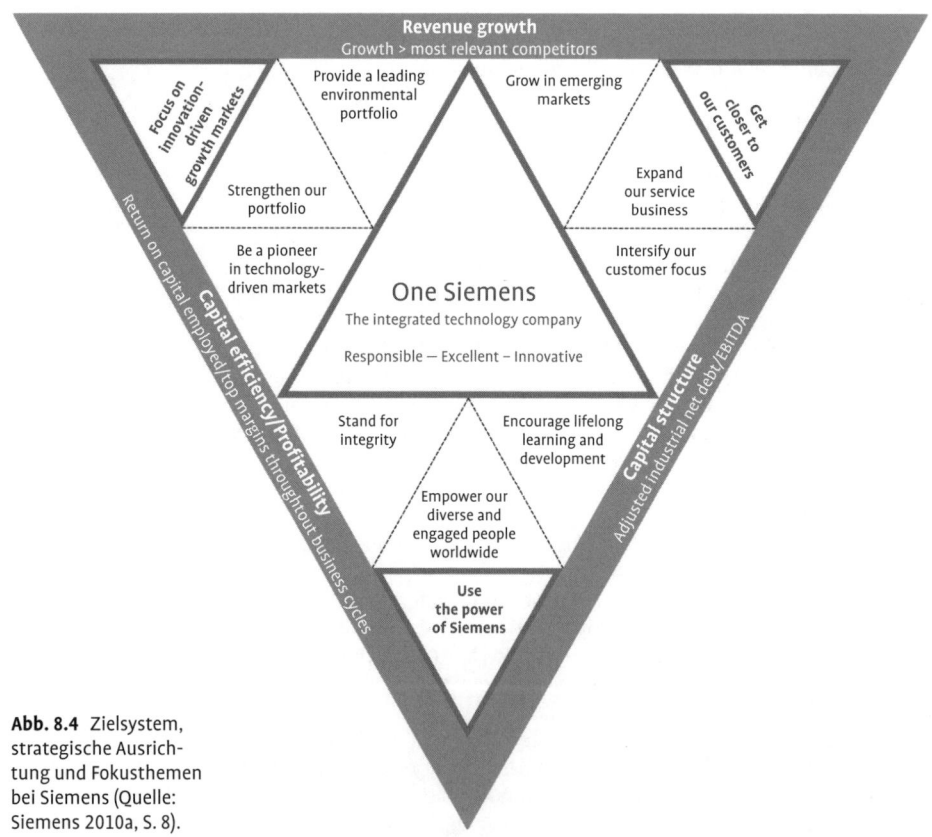

Abb. 8.4 Zielsystem, strategische Ausrichtung und Fokusthemen bei Siemens (Quelle: Siemens 2010a, S. 8).

entierung auf profitables Wachstum zu verstehen – und sich durch die Konzentration auf langfristige Megatrends von der kurzfristigen *Shareholder-Value*-Maximierung zu differenzieren.

8.6.2 Die aktuelle Vision und Strategie von Siemens

Heute spricht Siemens wieder davon, im Geiste des Firmengründers Pionier zu sein. Die aktuelle Unternehmensstrategie gibt dementsprechend vor, was ein heutiges Pionierverständnis sein kann. Die Ziele dabei sind führende Markt- und Technologiepositionen in den einzelnen Geschäftsfeldern, um profitabel zu wachsen und den Wettbewerb anzuführen. *Pionierverständnis* Dabei will Siemens in besonderer Weise von den Megatrends demografischer Wandel, Urbanisierung, Klimawandel und Globalisierung profitieren. Die nachfolgende Darstellung illustriert, wie diese Ziele aus dem Verständnis als verantwortungsvolles Unternehmen abgeleitet werden – die Vision von *One Siemens* ist damit auch ein deutliches Bekenntnis zum integrierten Technologiekonzern. Der offenkundige Anspruch ist es, „die Kraft von Siemens zu nutzen" oder mit anderen Worten: Skalen- und Verbundvorteile durch Größe und Diversifikation zu erzielen, wobei parallel eine Fokussierung auf ausgewählte Wachstumsmärkte erfolgt. Die entsprechenden Leitplanken werden aus Kapitaleffizienz, einer spezifischen Kapitalstruktur und der Absicht zum Umsatzwachstum abgeleitet.

8.6.3 Führung und Diversität bei Siemens

Personalentwicklung bedeutet für Siemens angesichts des proklamierten Exzellenzanspruchs, jene Mitarbeiterkompetenzen kontinuierlich zu identifizieren und zu fördern, die eine Nutzung der komplexen nachhaltigen Geschäftspotenziale ermöglichen. Siemens hat dazu Entwicklungsprogramme aufgelegt, die auf strategisch bedeutende Kenntnisse und Fähigkeiten ausgerichtet sind. Sie gelten an weltweit allen Siemensstandorten einheitlich und sind innerhalb wichtiger Funktionen mit den als erforderlich definierten Kompetenzen im Rahmen des sogenannten Siemens Leadership Framework (SLF) abgeglichen. *Siemens Leadership Framework*
Siemens definiert explizit den effektiven Umgang mit der im Unternehmen vorhandenen Diversität als Ressource, die hilft, nachhaltig wettbewerbsfähig zu sein. Hierzu werden drei Grundsätze formuliert:

- Siemens möchte alle Positionen mit den Besten besetzen, ungeachtet ihrer Abstammung, Herkunft oder ihres Geschlechts.
- Nachwuchskräfte bei Siemens sollen über Ländergrenzen hinweg vielfältige Erfahrungen machen und so ihr gesamtes Potenzial entfalten können.
- Mit der Verankerung von Diversität als Grundhaltung im gesamten Unternehmen möchte Siemens, dass jeder einzelne Mitarbeiter motivierende Wertschätzung erfährt.

Siemens Leadership Excellence-Programm (SLE-P)

Das *Siemens Leadership Excellence*-Programm (SLE-P) soll eine entsprechende Diskussionskultur fördern. Diese soll das Management durch Bereitschaft zum Lernen, wechselseitige Rückmeldungen und offenen Diskurs in die Lage versetzen, dem Pionier- und Exzellenzanspruch von Siemens auf allen Ebenen gerecht zu werden. Bereits unter Kleinfeld galt die Devise, das Topmanagement in die Lage zu versetzen, breiter, holistischer und kreativer zu denken und zu agieren – und das im Team. Es war und ist explizites Ziel, dass Führungskräfte auf Konzernebene mit einer Gesamtsicht für den Konzern denken und agieren sollen. Die Teilnehmenden des SLE-P werden darum bewusst in Gruppen eingeteilt, die regional und hinsichtlich der vertretenen Geschäftsfeldern gemischt sind, um verschiedene Sichtweisen auf eine strategische Fragestellung zu kombinieren und das eigene Ressortdenken zugunsten einer Siemens-weiten Perspektive zu hinterfragen.

Die vier Module der integrierten SLE-Ausbildung machen die so gemischten Teams mit der Siemens-Identität vertraut. Sie sind entlang folgender Fragestellungen aufgebaut:

- „Wer sind wir?" Hier geht es um Geschichte, Identität, Ziele und wettbewerbsrelevante Besonderheiten von Siemens
- „Wie sind wir organisiert?" Die Matrix-Organisation und abteilungsübergreifende Zusammenarbeit wird den Teilnehmenden nähergebracht
- „Wie arbeiten wir?" Instrumente des Strategischen Managements werden in diesem Modul erläutert
- „Wie kommunizieren wir?" In diesem Modul werden die Teilnehmenden vertraut gemacht mit der Führungsphilosophie bei Siemens sowie mit notwendigen Führungs- und Kommunikationsfähigkeiten.

Kommunikatinsfähigkeiten

Anhand interner und externer Fallstudien werden den Teilnehmenden einerseits Grundlagen zu den vier Modulen vermittelt. Andererseits üben sie mit Hilfe angeleiteter Kleingruppen-Übungen Kommunikationsfähigkeiten wie aktives Zuhören ein. Außerdem erhalten die Teilnehmenden mit Hilfe von Videoaufzeichnungen, 360-Grad-Feedback und in persönlichen Coaching-Gesprächen Rückmeldungen zu ihrem persönlichen Führungsverhalten.

Die Erfahrungen mit dem SLE-P sind durchgängig positiv. Die Arbeitsatmosphäre wird als motivierend beschrieben, die einmal gebildeten Teams arbeiten auch außerhalb des Programms weiter zusammen an strategischen Fragen. Ein SLE-Teilnehmer fasst die positiven Erfahrungen mit den Worten zusammen „Die Teilnehmenden haben Verantwortung übernommen."

Parallelen zu den Erfolgsfaktoren für die Arbeit in heterogenen Teams

Teamdurchmischung, Siemens-Erläuterungen, Diskussionsübungen und Feedback zum Teamverhalten weisen deutliche Parallelen zu den Erfolgsfaktoren für die Arbeit in heterogenen Teams auf. Es ist davon auszugehen, dass die Generalistenperspektive, kollektive Identität und Wertschätzung der Individualität durch die SLE-Programme explizit gefördert werden und ihre positive Wirkung in der hohen Motivation unter den SLE-P-Teilnehmenden zum Ausdruck kommt.

Insofern zeigt das Beispiel Siemens, dass Herausforderungen auf dem Weg zu einer nachhaltigen Entwicklung
1. die Grundlage für ein komplexes Geschäftsmodell begründen können und dass
2. das korrespondierende Führungsmodell und das entsprechende *Leadership*-Training mit adaptiven Instrumenten und Methoden besetzt sind.

Die Leserin findet hier zunächst empirische Evidenz für sich ändernde externe Einflüsse, die Organisationen in transformationale Prozesse zwingen. Zwei Dinge fallen besonders auf: Die oben beschriebenen Anforderungen an Führung, wie Moderation von Abwägungsprozessen, steigende Geschwindigkeit von Entscheidungsprozessen und Integration von unterschiedlichen in- und externen Ansprüchen, finden bei Siemens statt. Siemens reagiert darauf mit einer explizit an Transformation ausgerichteten Führungskräfteentwicklung. Weiterhin zeigt das Fallbeispiel, dass ein Umgang mit organisationalen wie gesellschaftlichen Herausforderungen sein kann, mit der Einführung einer transformationalen Haltung den Umgang mit und die Förderung von Diversität als Wettbewerbsfaktor zu identifizieren.

8.7 Neues *Leadership*-Verständnis?

Die bewegte Entwicklung von Siemens zeigt, wie unerwartete externe Einflüsse kurzfristiges Handeln nötig machen, das unerwartete Entscheidungskomplexität auch für einzelne Mitarbeitende erahnen lässt und verdeutlicht, wie erfolgsrelevant die Aktivitäten einzelner Mitarbeitender sind.

Die Ausführungen zeigen, dass Führungspersonen, die nachhaltiges Wirtschaften unterstützen wollen, umfassenden Herausforderungen gegenüber stehen. In der Gesamtbetrachtung fällt dabei die umfassende Veränderung im Rollenverständnis von Führungspersonen auf: Nicht mehr die allein verantwortlichen, komplexitätsbewältigenden Führungshelden scheinen adäquat, sondern die integrierenden, koordinierenden und inspirierenden Personen, die ihren Mitarbeitenden eine Plattform zur Entfaltung des eigenverantwortlichen Verhaltens bieten. Nachhaltige Führung basiert damit auf formalem Wissen, das praktischer Erfahrung einen hohen Stellenwert einräumt. In diesem Kontext gelingt es Führungskräften, heterogen besetzte Gruppe dahingehend zu mobilisieren, adaptive Methoden anzuwenden und holistisch zu urteilen.

8.8 Übungsfragen

1. Welche Herausforderungen ergeben sich durch nachhaltiges Wirtschaften für Führung in Organisationen?
2. Welche Engpässe weisen traditionelle Führungsmodelle für nachhaltiges Wirtschaften auf?
3. Durch welche vier Säulen kann transformationale Führung beschrieben werden?
4. Was sind Potenziale und Herausforderungen heterogener Teams für die Bearbeitung von Nachhaltigkeitsthemen?
5. Welche Herausforderungen stellt eine konstruktive Zusammenarbeit in Teams mit hoher Diversität für eine Führungsperson dar und welche Antworten sind seitens der transformationalen Führung zu erwarten?
6. Erläutern Sie, aufgrund welcher Aktivitäten im SLE-P davon ausgegangen werden kann, dass Diversitätspotenziale bei Siemens effektiv genutzt werden.

8.9 Weiterführende Literatur

Becker, D. und Ostrom, E. (1995): Human ecology and resource sustainability: The importance of institutional diversity, in: Annual Review of Ecology and Systematics, 1995, 26, S. 113–133.

Hargreaves, A. und Fink, D. (2006): Sustainable Leadership, San Francisco, CA.

Kearney, E. und Gebert, D. (2009): Managing diversity and enhancing team outcomes: The promise of transformational leadership, in: Journal of Applied Psychology, Vol. 94(1), Jan 2009, S. 77–89.

Sustainable Leadership Forum (2011): Transformational Leadership for Sustainability, http://sustainableleadershipforum.org/?page_id=134 (letzter Abruf am 07.11.2011).

Weissenrieder, J. und Kosel, M. (2010): Nachhaltiges Personalmanagement in der Praxis, mit Erfolgsbeispielen mittelständischer Unternehmen, Wiesbaden.

9 Integrierte Managementsysteme

von Anette von Ahsen

Kapitelausblick

In vielen Unternehmen kommt standardisierten Managementsystemen eine große Bedeutung zu. So erwarten etwa die Automobilhersteller von ihren Zulieferern durchgängig zertifizierte Qualitäts- und teilweise auch Umweltmanagementsysteme (s. z. B. Ahsen 2006). Durch die Implementierung sowohl von Qualitäts- und Umwelt- als auch zunehmend von Arbeitssicherheitsmanagementsystemen versuchen Unternehmen, die drei Dimensionen der Nachhaltigkeit nicht nur in Form einzelner Projekte, sondern als systematische Ansätze zu realisieren. Im vorliegenden Kapitel werden verschiedene Konzepte zur Integration von Managementsystemen dargestellt und die Vor- und Nachteile diskutiert. Einige Ergebnisse einer umfangreichen empirischen Untersuchung zu integrierten Managementsystemen und zwei Fallstudien aus der Automobilindustrie zeigen, dass in der Unternehmenspraxis durchaus unterschiedliche Einschätzungen zu diesem Thema vorliegen.

Lernziele

1. Einen Überblick über standardisierte Managementsysteme gewinnen.
2. Ansätze zur Integration von Qualitäts-, Umwelt-, Energie- sowie Arbeitssicherheits-/Gesundheitsschutzmanagementsystemen kennen lernen.
3. Ein Verständnis für die Vorteile und Probleme, die mit integrierten Managementsystemen verbunden sind, entwickeln.

9.1 Entwicklung standardisierter Managementsysteme

Für die Implementierung von Managementsystemen, die jeweils eine Dimension der Nachhaltigkeit adressieren, bestehen inzwischen zahlreiche Standards (s. zusammenfassend z. B. Neumann 2008; Schmitt und Pfeifer 2010). Da im Kapitel „Standards und Zertifikate im Umweltmanagement und Sozialbereich" dieses Buches auf die meisten der im Folgenenden genannten Normen ausführlicher eingegangen wird, werden an dieser Stelle lediglich die Anforderungen der ISO 9001 an Qualitätsmanagementsysteme kurz skizziert.

Qualitätsmanagementsysteme

Bereits 1987 wurde die Norm für Qualitätsmanagementsysteme DIN EN ISO 9001 veröffentlicht; 1994, 2000 und 2008 erfolgten z. T. grundlegende Revisionen. In der aktuellen Fassung fokussiert die Norm durch ein prozessorientiertes Qualitätsmanagement insbesondere die Erfüllung der Kundenansprüche sowie die weiterer *Stakeholder*. Zentrale Elemente von Qualitätsmanagementsystemen gemäß ISO 9001 sind die

* Festlegung einer Qualitätspolitik,
* Analyse von Kundenanforderungen,
* Bestimmung von Qualitätszielen und Kontrollprozessen für jedes Ziel sowie von Vorgehensweisen bei Zielabweichungen,
* Bestimmung der qualitätsbezogenen Organisationsstruktur,
* Vorgehensweisen zur Sicherstellung, dass Zulieferer die an sie gestellten Qualitätsanforderungen verstehen und in der Lage sind, sie zu erfüllen,
* Dokumentation des Qualitätsmanagementsystems in einem Handbuch sowie Verfahrens- und Arbeitsanweisungen,
* Auditierung des Qualitätsmanagementsystems.

Durch die Anwendung der Norm sollen eine kontinuierliche Verbesserung des Qualitätsmanagements und eine hohe Kundenzufriedenheit als Voraussetzung für den finanziellen Unternehmenserfolg erreicht werden. In verschiedenen Branchen, z. B. der Automobilindustrie, spielen spezifische Erweiterungen der Norm (in Deutschland ISO/TS 16949 bzw. VDA 6.1) eine wichtige Rolle. Hier sind vor allem der Einsatz von Qualitätsmanagementinstrumenten und die Reportingpflichten gegenüber dem Kundenunternehmen umfassender geregelt.

Über die normierten Qualitätsmanagementsysteme hinaus können sich Unternehmen um Qualitätspreise bewerben, wie z. B. um den *European Quality Award*. Dieser wird auf Basis eines durch die *European Foundation for Quality Management* (EFQM) konzipierten Modells vergeben, in dem zur Hälfte „Potenzialfaktoren" und zur anderen Hälfte „Ergebnisfaktoren" für die Bewertung herangezogen werden (s. Schmitt und Pfeiffer 2010).

Umweltmanagementsysteme

Die DIN EN ISO 14001 für Umweltmanagementsysteme wurde zuerst 1996 veröffentlicht, 2004 und 2009 folgten revidierte Fassungen. Damit steht Unternehmen ein Standard zur Verfügung, dessen Anwendung eine kontinuierliche Verbesserung des Umweltschutzes ermöglichen soll. Alternativ zu einer Zertifizierung nach ISO 14001 können Unternehmen eine Validierung nach EMAS (*Eco-Management and Auditing Scheme*) anstreben (s. EMAS-VO 2009).

2009 wurde mit der DIN EN 16001 ein Standard für Energiemanagementsysteme geschaffen, der später durch die internationale Norm DIN EN ISO 50001 abgelöst wurde. Abgezielt wird hier darauf, dass Unternehmen sowohl Kosten als auch Treibhausgasemissionen reduzieren. Die Anforderungen sind dabei analog zu denen an Umweltmanagementsysteme formuliert.

Energiemanagementsysteme

Ebenfalls im Jahr 2009 erschien der Leitfaden ISO 31000 für den Bereich *Risk Management – Principles and Guidelines*.

Risk Management

Für Arbeitssicherheits- und Gesundheitsschutz-Managementsysteme existiert zwar keine weltweit gültige ISO-Norm, doch findet die britische Norm OHSAS 18001:2007 weltweit zunehmend Verbreitung.

Arbeitssicherheits- und Gesundheitsschutz-Managementsysteme

Nachdem z. B. in Großbritannien, Australien, Frankreich, Mexiko und Japan bereits Standards für die Umsetzung von *Social Responsibility* erarbeitet wurden, veröffentlichte die ISO im Oktober 2010 den Leitfaden *Guidance on social responsibility* (ISO 26000). Hier werden sechs Kernthemen gesellschaftlicher Verantwortung genannt: Menschenrechte, Arbeitspraktiken, Umwelt, faire Betriebs- und Geschäftspraktiken, Konsumentenanliegen sowie Einbindung und Entwicklung der Gemeinschaft. Eine Zertifizierung nach ISO 26000 ist allerdings nicht möglich.

Social Responsibility

Das Qualitätsmanagement fokussiert vor allem das Erreichen hoher Kundenzufriedenheit und ist insofern ökonomisch orientiert. Dagegen stellen Umwelt- und Energiemanagementsysteme (auch) auf die ökologische und Arbeitssicherheits- und Gesundheitsmanagementsysteme sowie die Berücksichtigung der Leitlinien *Social Responsibility* in erster Linie auf die soziale Dimension der Nachhaltigkeit ab.

Zwischen den Managementsystemen bestehen zahlreiche Interdependenzen, die erkannt und berücksichtigt werden müssen, um die nachhaltigkeitsbezogenen Unternehmensziele erreichen zu können. Hierzu können integrierte Managementsysteme einen zielführenden Lösungsansatz darstellen (s. Rocha et al. 2007).

Interdependenzen

Im Folgenden wird unter der Integration des Qualitäts-, Umwelt- und Sozialmanagementsystems verstanden, dass diese interdependenten Systeme, die auf das Erreichen verschiedener Ziele des Unternehmens ausgerichtet sind, so miteinander verknüpft werden, dass Entscheidungen unter Berücksichtigung der unterschiedlichen Zieldimensionen, und zwar entsprechend deren Gewichtung im unternehmerischen Zielsystem, getroffen werden.

Integration

9.2 Integrationsansätze

In der Literatur wie in der Unternehmenspraxis werden verschiedene Ansätze der Integration von Managementsystemen diskutiert (s. Leopoulos et al. 2010). Diese können danach unterschieden werden, ob aufbauend auf einem standardisierten Managementsystem weitere

Managementsysteme integriert werden, oder ob unabhängig von bestehenden (Teil-)Systemen ein übergeordnetes mehrdimensionales System implementiert wird.

9.2.1 Integrationsansätze auf Basis eines standardisierten Managementsystems

Integrierte Managementsysteme können auf Basis jedes standardisierten Managementsystems konzipiert werden. Zunächst stand zur Diskussion, ob sich eher die Struktur eines Qualitätsmanagementsystems gemäß ISO 9001 oder die eines Umweltmanagements gemäß ISO 14001 als Integrationsbasis eignet. Diese Frage ist inzwischen wesentlich weniger relevant, da im Laufe der regelmäßigen Weiterentwicklung der Normen ihre Strukturen in der Vergangenheit immer stärker aneinander angeglichen wurden, um eine Integration zu erleichtern. Die Norm OHSAS 18001 wurde aus diesem Grund explizit analog zu den Standards für Qualitäts- und Umweltmanagementsysteme formuliert. Die Normen enthalten in den Anhängen zudem Matrizen, in denen die Elemente der jeweiligen Norm den Elementen anderer Normen gegenübergestellt werden. Auf Basis einer solchen Gegenüberstellung (vgl. Tabelle 9.1) kann jeweils eine Einordnung sämtlicher Elemente in eine der Strukturen vorgenommen werden.

Deutlich wird, dass die Normen in vielen Bereichen analoge Anforderungen an die jeweiligen Managementsysteme stellen. Da zudem die unterschiedlichen Managementsysteme alle auf dem *Plan-Do-Check-Act*-Kreislauf aufbauen, ist eine Integration gerade der Dokumentation in Handbüchern auf dieser Basis recht einfach möglich. Abbildung 9.1 zeigt die Struktur eines integrierten Managementsystems auf Basis der Elemente eines Umweltmanagementsystems gemäß ISO 14001.

Häufig sehr schwierig und mit Konflikten zwischen den Vertretern der verschiedenen Bereiche verbunden ist die Integration der Verfahrensanweisungen. Erst hierdurch kann es jedoch gelingen, die ggf. vorliegenden widersprüchlichen Anforderungen, die etwa aus umwelt-/energiebezogener Perspektive einerseits und qualitäts- oder arbeitssicherheitsbezogener Perspektive andererseits an ein Produkt oder einen Prozess gestellt werden, umfassend zu erkennen und für alle Beteiligten transparent zu machen. Insofern kommt neben der Integration der Ziele gerade der Integration der Verfahrensanweisungen eine zentrale Bedeutung zu. Abbildung 9.2 zeigt exemplarisch eine Verfahrensanweisung für die mehrdimensionale Bewertung von Zulieferern.

Wie aus der exemplarischen Verfahrensanweisung deutlich wird, sind konkrete Festlegungen über die Durchführung des Prozesses erforderlich. Dies bedeutet z. B. auch, dass sämtliche im Audit zu bearbeitenden Fragen und die Bestimmungen darüber, wie der Lieferant in die ABC-Klassifizierung eingeordnet wird und ob ein Nachaudit erforderlich ist, in einem separaten Dokument (in der Abbildung als VA IMS – 07 – 4 bezeichnet) festgelegt sein müssen.

Integrationsbasis

Plan-Do-Check-Act

Integration der Verfahrensanweisungen

Tab. 9.1 Exemplarische Anforderungen an Qualitäts-, Umwelt- und Energiemanagement- sowie Arbeitssicherheits-/Gesundheitsschutzmanagementsysteme (Quelle: eigene Zusammenstellung aus ISO 9001:2008, ISO 14001:2009, DIN EN 16001 und OHSAS 18001:2007).

Nr.	ISO 9001:2008	Nr.	ISO 14001:2009	Nr.	DIN EN ISO 50001:2011-12	Nr.	OHSAS 18001:2007
...		...	...		...	...	...
5.1	Selbstverpflichtung der Leitung						
5.3	Qualitätspolitik	4.2	Umweltpolitik	3.2	Energiepolitik	4.2	Arbeits- und Gesundheitsschutzpolitik
8.5.1	Ständige Verbesserung						
5.4	Planung (nur Titel)	4.3	Planung (nur Titel)	3.3	Planung (nur Titel)	4.3	Planung (nur Titel)
5.2	Kundenorientierung						
7.2.1	Ermittlung der Anforderungen in Bezug auf das Produkt	4.3.1	Umweltaspekte	3.3.1	Ermittlung und Überprüfung von Energieaspekten	4.3.1	Gefährdungserkennung, Risikobewertung und Festlegung Schutzmaßnahmen
7.2.2	Bewertung der Anforderungen in Bezug auf das Produkt						
5.2	Kundenorientierung						
7.2.1	Ermittlung der Anforderungen in Bezug auf das Produkt	4.3.2	Rechtliche Verpflichtungen und andere Anforderungen	3.3.2	Rechtliche Verpflichtungen und andere Anforderungen	4.3.2	Gesetzliche und andere Forderungen
5.4.1	Qualitätsziele						
5.4.2	Planung des Qualitätsmanagementsystems	4.3.3	Zielsetzungen, Einzelziele und Programm(e)	3.3.3	Strategische und operative Einzelziele und Programm(e)	4.3.3	Zielsetzung und Programm(e)
8.5.1	Ständige Verbesserung						
...	...	...	...	...	...	...	...

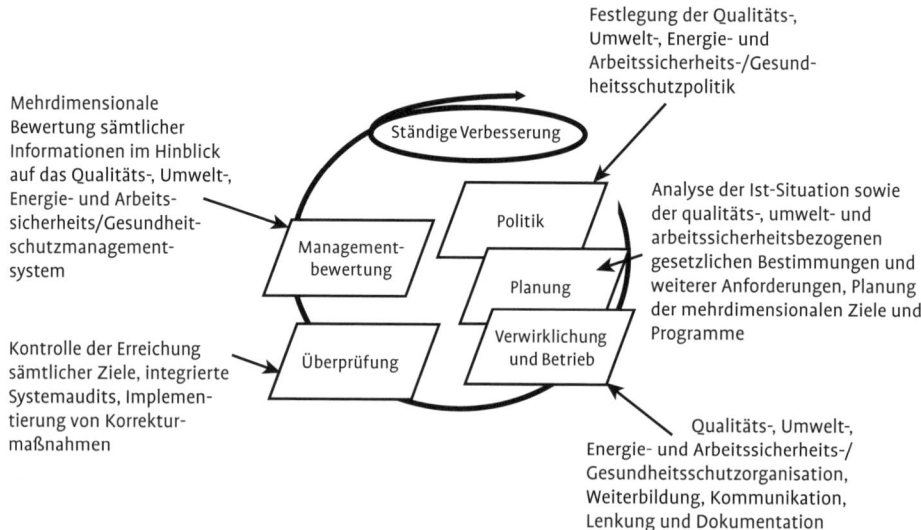

Festlegung der Qualitäts-, Umwelt-, Energie- und Arbeitssicherheits-/Gesundheitsschutzpolitik

Mehrdimensionale Bewertung sämtlicher Informationen im Hinblick auf das Qualitäts-, Umwelt-, Energie- und Arbeitssicherheits/Gesundheitschutzmanagementsystem

Ständige Verbesserung

Managementbewertung

Politik

Planung

Analyse der Ist-Situation sowie der qualitäts-, umwelt- und arbeitssicherheitsbezogenen gesetzlichen Bestimmungen und weiterer Anforderungen, Planung der mehrdimensionalen Ziele und Programme

Kontrolle der Erreichung sämtlicher Ziele, integrierte Systemaudits, Implementierung von Korrekturmaßnahmen

Überprüfung

Verwirklichung und Betrieb

Qualitäts-, Umwelt-, Energie- und Arbeitssicherheits-/Gesundheitsschutzorganisation, Weiterbildung, Kommunikation, Lenkung und Dokumentation

Abb. 9.1 Integriertes Managementsystem auf Basis der Elemente eines Umweltmanagementsystems gemäß ISO 14001 (Quelle: modifiziert nach Ahsen und Funck 2001, S. 170).

Zielkonflikte

Um die nachhaltigkeitsbezogenen Ziele bestmöglich zu erreichen, müssen darüber hinaus Regeln festgelegt werden, wie im Falle des Auftretens von Zielkonflikten vorzugehen ist (s. Ahsen 2006). Auf das Beispiel der Lieferantenbewertung bezogen bedeutet dies z. B., dass geregelt sein muss, welches Gewicht den finanziellen, qualitäts- und umwelt-/ energiebezogenen sowie den sozialen Fragen bzw. deren Beantwortung im Audit der Zulieferer zukommt. Wie in Kapitel 11 skizziert, werden in der Literatur bei widersprüchlichen Handlungsempfehlungen unterschiedliche Möglichkeiten der Entscheidungsfindung diskutiert. Diese reichen von der Zielunterdrückung über die Festlegung eines bestimmten Zielniveaus für die verschiedenen Zieldimensionen bis zu Zielkompromissen, die i. d. R. mittels Verfahren des *Multiple Criteria Decision Making* (MCDM), wie etwa Nutzwertanalysen oder *Scoring*-Modellen, erreicht werden.

9.2.2 Systemunabhängige Integrationsansätze

Die bisher skizzierten Integrationsansätze haben ihren Ausgangspunkt in den Gemeinsamkeiten bereits bestehender und/oder geplanter standardisierter Managementsysteme. Asif et al. (2010) kritisieren hieran, dass ein solches als „*Alignment*" bezeichnetes Konzept auf die Aspekte beschränkt ist, die von den Normen für die einzelnen Teilsysteme gefordert werden. Im Gegensatz hierzu schlagen sie vor, die Anforderungen

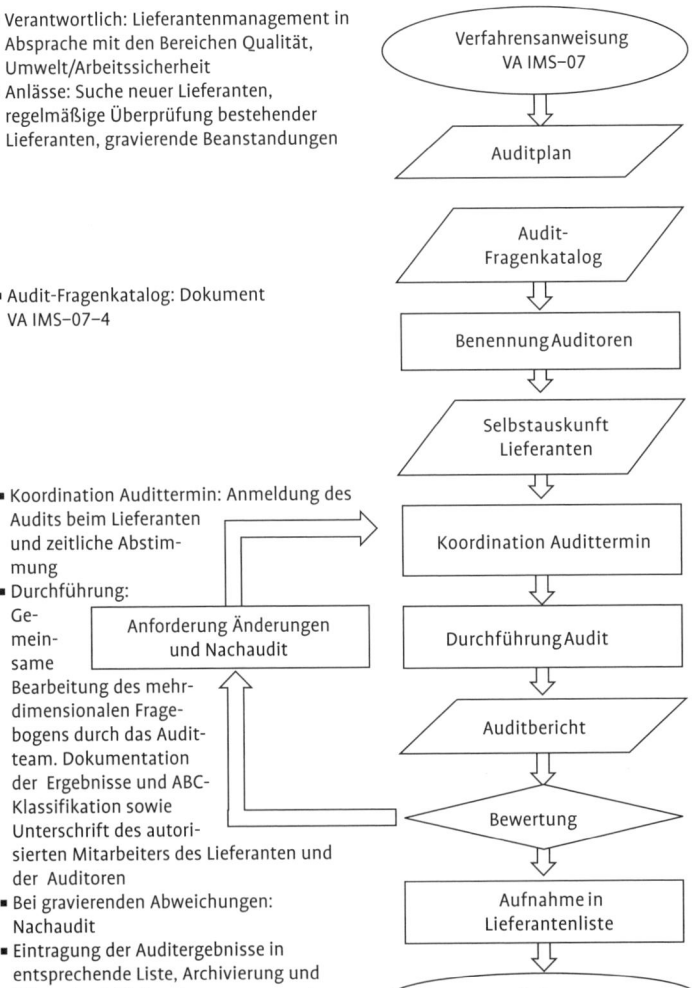

- Verantwortlich: Lieferantenmanagement in Absprache mit den Bereichen Qualität, Umwelt/Arbeitssicherheit
- Anlässe: Suche neuer Lieferanten, regelmäßige Überprüfung bestehender Lieferanten, gravierende Beanstandungen

Abb. 9.2 Verfahrensanweisung zur mehrdimensionalen Bewertung von Zulieferern (Quelle: eigene Darstellung).

Verfahrensanweisung VA IMS–07

Auditplan

Audit-Fragenkatalog

- Audit-Fragenkatalog: Dokument VA IMS–07–4

Benennung Auditoren

Selbstauskunft Lieferanten

- Koordination Audittermin: Anmeldung des Audits beim Lieferanten und zeitliche Abstimmung
- Durchführung: Gemeinsame Bearbeitung des mehrdimensionalen Fragebogens durch das Auditteam. Dokumentation der Ergebnisse und ABC-Klassifikation sowie Unterschrift des autorisierten Mitarbeiters des Lieferanten und der Auditoren
- Bei gravierenden Abweichungen: Nachaudit
- Eintragung der Auditergebnisse in entsprechende Liste, Archivierung und Pflege durch Lieferantenmanagement

Koordination Audittermin

Anforderung Änderungen und Nachaudit

Durchführung Audit

Auditbericht

Bewertung

Aufnahme in Lieferantenliste

Ende

sämtlicher *Stakeholder* zum Ausgangspunkt des integrierten Managementsystems zu machen (vgl. Abbildung 9.3).

Der zentrale Unterschied dieses Ansatzes zu den im vorangegangenen Abschnitt skizzierten Konzepten besteht also darin, dass die Ansprüche der als strategisch relevant eingeschätzten *Stakeholder* zunächst unabhängig von den Anforderungen in Normen und Standards erfasst werden und hierauf aufbauend Managementsubsysteme und Verfahrensanweisungen (die dann genauso wie in Abbildung 9.2 dargestellt aussehen können) entwickelt werden. Die inhaltliche „Reichweite"

Integrationsbasis: *Stakeholder*-Anforderungen

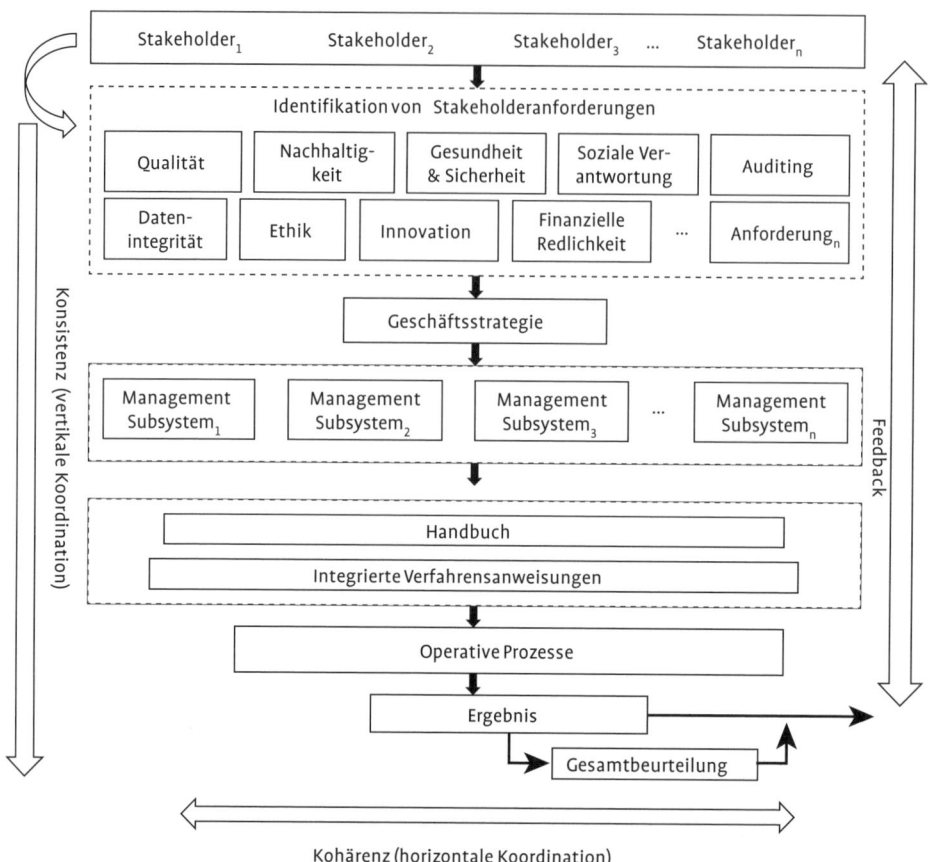

Abb. 9.3 Integriertes Managementsystem auf Basis der *Stakeholder*-Anforderungen (Quelle: modifiziert nach Asif et al. 2010, S. 575).

eines solchen integrierten Managementsystems ist in dem Maße umfassender, in dem *Stakeholder*-Anforderungen, die durch keine Norm gedeckt sind, berücksichtigt werden.

In der Literatur werden neben den Anforderungen der *Stakeholder* als weitere Ausgangspunkte für integrierte Managementsysteme auch die qualitäts- und umweltbezogenen sowie sozialen Risiken diskutiert. Einige Autoren basieren ihren Integrationsansatz auf einem allgemeinen Prozessmodell des Unternehmens und ordnen hier jeweils die Anforderungen aus der Perspektive des Qualitäts-, Umwelt- und Arbeitssicherheits-/Gesundheitsschutzmanagementsystems ein.

Einen sehr umfassenden Ansatz der Implementierung des nachhaltigen Managements entwickelt schließlich Jørgensen (2008). Hier wird neben der Integration der Managementsysteme für Qualität, Umwelt und Arbeitssicherheit/Gesundheitsschutz sowie *Corporate Social Reponsibility* die Relevanz der Einbeziehung des gesamten Produktlebenszyklus und der in den verschiedenen Phasen relevanten *Stakeholder* betont (s. Jørgensen 2008).

Produktlebenszyklus

Dieser Ansatz erscheint umso zweckmäßiger, als die Managementsysteme (abgesehen von Qualitätsmanagementsystemen) vor allem die Prozesse im Unternehmen fokussieren, dagegen weniger den Produktlebenszyklus und die Zulieferkette. Es ist jedoch unstrittig, dass das *Supply Chain Management* für den Erfolg von Unternehmen eine sehr hohe Relevanz hat – und dies gilt für alle drei Nachhaltigkeitsdimensionen (vgl. Kapitel 13: „Nachhaltiges Management von Wertschöpfungsketten"). Auch vor dem Hintergrund des zunehmenden *Outsourcing* hängt die Qualität des Endprodukts in sehr hohem Maße von der Qualität der zugelieferten Teile ab. Seit vielen Jahren nehmen Unternehmen daher etwa in der Automobilbranche weitreichenden Einfluss auf das Qualitätsmanagement ihrer Zulieferer. Zunehmend gilt dies auch für das Umwelt- und Sozialmanagement (siehe die Fallstudie BMW in Abschnitt 9.5.2 dieses Kapitels). So ist beispielsweise die durch das Altfahrzeuggesetz geforderte Recyclingfähigkeit von Fahrzeugen nur mit einer unternehmensübergreifenden Produktplanung und -realisierung zu erreichen. Auch die Gewährleistung, dass ein Produkt etwa nicht durch Kinderarbeit entstanden ist, kann nur unternehmensübergreifend in der gesamten Wertschöpfungskette gewährleistet werden.

Supply Chain Management

9.3 Vor- und Nachteile integrierter Managementsysteme

In verschiedenen empirischen Studien wurde untersucht, welcher Nutzen mit integrierten Managementsystemen verbunden ist (s. z. B. Zeng et al. 2011). Die Ergebnisse weisen dabei große Ähnlichkeiten auf. Folgende Vorteile werden genannt:

- Reduzierter Dokumentationsaufwand: Die verschiedenen Normen stellen umfangreiche Anforderungen an die Dokumentation der Managementsysteme in Handbüchern sowie an Verfahrens- und Arbeitsanweisungen. Bei separater Dokumentation entstehen hier zahlreiche Redundanzen, die durch eine Integration vermieden werden.

Reduzierter Dokumentationsaufwand

- Senkung der Kosten für das Management: Durch die Zusammenfassung von internen Audits, Schulungen, Reviews usw. können Personalressourcen eingespart und die entsprechenden Kosten gesenkt werden.

Senkung der Kosten für das Management

- Ähnlich wie bei internen Audits sind Einsparungen auch durch integrierte externe Audits möglich.
- Durch die Integration wird im Hinblick auf das Erreichen der qualitäts- und umweltbezogenen sowie der sozialen Ziele eine bessere Koordination ermöglicht und damit eine kontinuierliche Verbesserung im Hinblick auf das gesamte Zielsystem unterstützt.

Einsparungen durch integrierte externe Audits

Bessere Koordination

Dieser zuletzt genannte Vorteil ist besonders interessant, da zu Beginn der Diskussionen um integrierte Managementsysteme häufig kritisiert worden war, dass Umweltziele bei auftretenden Zielkonflikten hier eher vernachlässigt werden als qualitätsbezogene Ziele. Eine entsprechende Analyse von Ahsen und Funck (2001) zeigt jedoch, dass der Erfolg des betrieblichen Umweltschutzes aus konzeptioneller Perspektive nicht davon abhängt, ob dieser in integrierten oder in separaten Managementsystemen verwirklicht wird. Entscheidend ist vielmehr der Stellenwert der jeweiligen Ziele im unternehmerischen Zielsystem. In vielen Fällen kann die Integration sogar dazu beitragen, dass der Umweltschutz und auch soziale Aspekte verstärkt werden, da Zielkonflikte früher und deutlicher erkannt werden und ökologische sowie soziale Kriterien von Beginn an etwa in der Produktentwicklung oder Lieferantenauswahl berücksichtigt werden können.

Handlungssicherheit

- Ein weiterer Vorteil, der mit einer Integration verbunden sein kann, ist eine größere Handlungssicherheit: Wenn ggf. vorliegende konfliktäre Vorschriften besser erkannt werden, können Haftungs- und strafrechtliche Risiken vermieden werden. Durch einen entsprechenden *Stakeholder*-Dialog besteht darüber hinaus häufig die Möglichkeit, einen Kompromiss zu finden.

Probleme

Größere Komplexität

Hohe Kosten

Commitment des Managements

Vermehrte Bürokratie

Fehlen einer ISO-Norm

Allerdings sind mit der Integration auch Probleme verbunden: Da die verschiedenen Managementsysteme auf die Erfüllung ggf. widersprüchlicher Anforderungen unterschiedlicher *Stakeholder* ausgerichtet sind, kann eine Zusammenführung mit einer größeren Komplexität verbunden sein, wodurch die Abstimmungsprobleme steigen. Zudem entstehen hohe Kosten: Im Zuge des Integrationsprojekts müssen nicht nur die gesamten Dokumente umformuliert werden. Darüber hinaus sind bei Veränderung der relevanten Normen bzw. Standards auch aufwendige Anpassungen erforderlich. Weiter wird betont, dass nur bei einem vollständigen *Commitment* des Managements ein Integrationsprojekt erfolgreich sein kann. Hinzu kommt, dass integrierte Managementsysteme mit einer vermehrten Bürokratie verbunden sein können. Schließlich wird das Fehlen einer ISO-Norm für integrierte Managementsysteme als Hinderungsgrund eingeschätzt. Inzwischen existieren allerdings nicht nur in einigen Ländern, z. B. Australien, Dänemark und Spanien, solche Standards, sondern auch das Handbuch „*The integrated use of management system standards*" der ISO (2008).

9.4 Integrationsschwerpunkte

Die Integration von Managementsystemen muss nicht alle Systemelemente und alle Prozesse betreffen. Vielmehr werden in der Unternehmenspraxis häufig Integrationsschwerpunkte gesetzt, die mit den eben skizzierten Vor- und Nachteilen zusammenhängen. In einer empirischen Studie unter 432 Unternehmen in Spanien, die mindestens über zertifi-

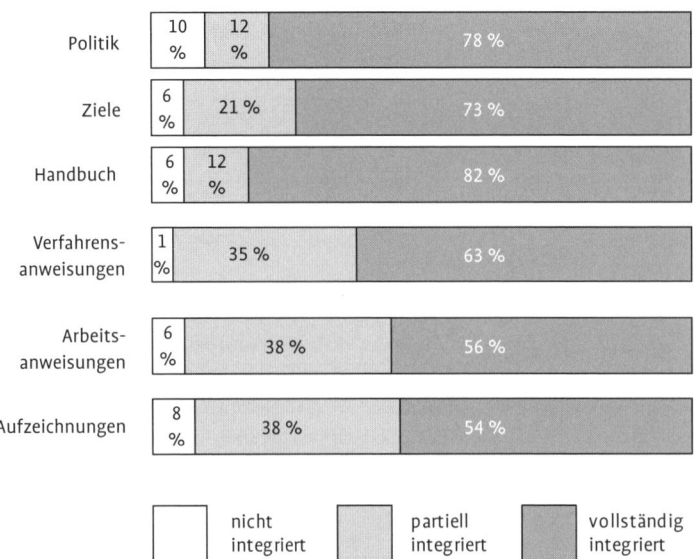

Abb. 9.4 Integrationsschwerpunkte (Quelle: Bernardo et al. 2009, S. 747).

zierte Qualitäts- und Umweltmanagementsysteme, teilweise über Arbeitssicherheitsmanagementsysteme verfügen, gaben 362 der Unternehmen an, ihre Managementsysteme zumindest teilweise integriert zu haben (s. Bernardo et al. 2009). Abbildung 9.4 zeigt, dass die politischen Leitsätze und die Handbücher am häufigsten integriert sind.

Wie in Abschnitt 9.2.1 beschrieben, kommt gerade der Integration der Verfahrensanweisungen in integrierten Managementsystemen eine zentrale Bedeutung zu. Abbildung 9.5 zeigt eine differenziertere Auswertung der Frage, für welche Bereiche die Verfahrensanweisungen in den Unternehmen integriert sind, die an der Studie von Bernado et al. (2009) teilgenommen haben.

Integration der Verfahrensanweisungen

Deutlich wird zum einen, dass in den befragten Unternehmen ein großer Teil der Prozesse integriert gesteuert wird. Zum anderen sind offenbar gerade in den Bereichen der Steuerung der Dokumentation, im Bereich der Aufzeichnungen sowie der internen Kommunikation und bei internen Audits und *Management Reviews* die Verfahrensanweisungen weitgehend integriert.

Abb. 9.5 Integration der Verfahrensanweisungen (Quelle: Modifiziert nach Bernado et al. 2009, S. 747).

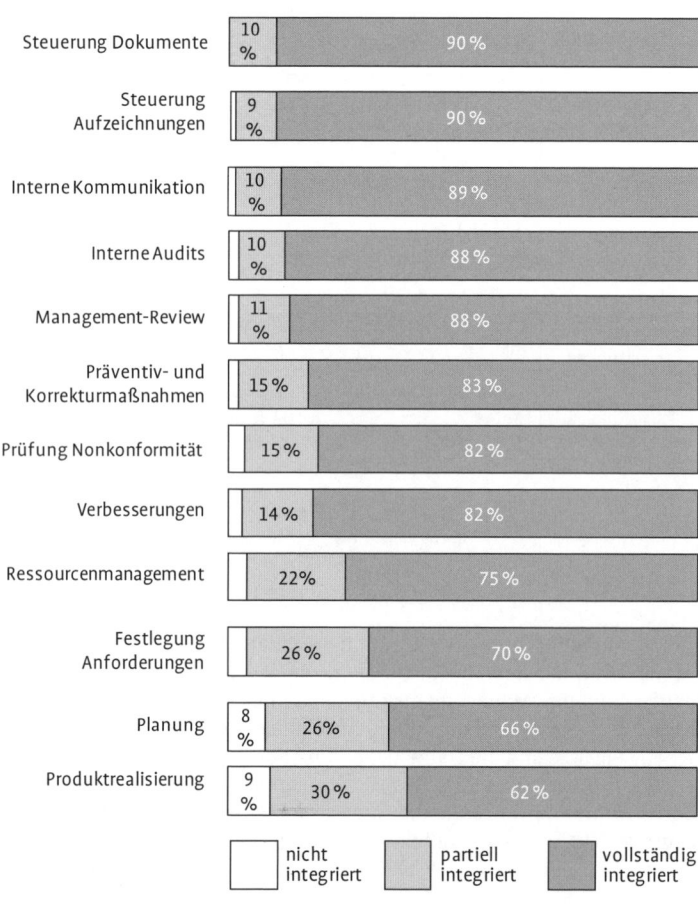

9.5 Fallstudien

Im Folgenden werden zwei Fallstudien vorgestellt (s. Ahsen 2013), die verdeutlichen, dass in der Unternehmenspraxis zwar Einigkeit über die Relevanz des Themas, nicht aber über die Frage besteht, ob letztlich vollständig oder partiell integrierte oder aber separate Managementsysteme zielführend sind.

9.5.1 Volkswagen AG

Die Qualitätsmanagementsysteme der Volkswagen AG sind weltweit gemäß ISO 9001 zertifiziert, teilweise auch gemäß VDA 6.1. Die Umweltmanagementsysteme sind gemäß ISO 14001 zertifiziert, darüber hinaus nehmen sämtliche deutsche Standorte an EMAS teil. 2004 wurde zudem eine Arbeitsschutzpolitik verabschiedet, durch die im gesamten Konzern einheitliche Arbeitsschutzstandards gelten.

Die Managementsysteme sind bei Volkswagen weitgehen separat ausgestaltet. Auch in der Organisation bestehen die Qualitäts- und Umweltabteilungen getrennt voneinander. Letzteres wird damit begründet, dass aufgrund der Unternehmensgröße der Aufbau einer gemeinsamen Abteilung im Unternehmen nicht mit vertretbarem Aufwand zu realisieren sei und zudem bei einer strikten Trennung der Aufgabenbereiche Vorteile für die Leistungsfähigkeit der Systeme gesehen werden. Es werden jedoch regelmäßig Teams mit Mitgliedern aus beiden Bereichen gebildet, um interdependente Problemstellungen zu bearbeiten.

In den letzten zehn Jahren wurden im Rahmen verschiedener Pilot- projekte Ansätze einer Integration des Qualitäts- und Umweltmanage- ments geprüft. So wurde z. B. ein integriertes Qualitäts- und Umwelt- managementhandbuch entworfen. Allerdings zeigte sich dabei, dass durch die weitgehend spezifischen Inhalte und verschiedenen Strukturen der notwendige Umfang der Dokumente erheblich stieg und ihre Handha- bung erschwert wurde. Die Handbücher bestehen bei Volkswagen daher inzwischen wieder separat; sie enthalten aber Querverweise auf die jeweils anderen Dokumente.

Pilotprojekte zur Integration der Managementsysteme

Als weiteres Integrationsprojekt wurden mehrmals integrierte Audits der Managementsysteme durchgeführt. Aufgrund der hohen Komplexi- tät und der spezifischen Anforderungen der Teilsysteme konnten jedoch die erwarteten Synergieeffekte nicht realisiert werden. Zudem kamen die Beteiligten zu dem Ergebnis, dass bei vielen Prüfungsgebieten die Anwesenheit von Auditoren aus beiden Bereichen nicht erforderlich ist. Das Umweltmanagementsystem wird allerdings unternehmensintern durch das Qualitätsmanagement auditiert. In diesem Zusammenhang erfolgt eine regelmäßige Abstimmung zwischen den Bereichen. Unab- hängig hiervon werden an verschiedenen Standorten Arbeitsschutz- Audits durchgeführt.

Insgesamt sind aus Sicht von Volkswagen bei einer Integration des Qualitäts- und Umweltmanagements einige Synergieeffekte möglich. Pilotprojekte, mit denen in der Vergangenheit Integrationsansätze erprobt wurden, haben jedoch zu dem Ergebnis geführt, dass eher eine Kooperation beider Bereiche und lediglich in Einzelfällen eine Integra- tion als zielführend eingeschätzt wird.

9.5.2 BMW Group

Sämtliche Standorte der BMW Group haben gemäß ISO 9001, zum Teil auch gemäß ISO/TS 16949 zertifizierte Qualitätsmanagementsysteme. Zudem wird im Konzern anhand des EFQM-Modells regelmäßig eine Selbstbewertung durchgeführt. In den Jahren 2005 und 2006 gewannen zwei Standorte des Unternehmens den *European Excellence Award*. Die Umweltmanagementsysteme sind an allen Standorten gemäß ISO 14001 zertifiziert; die deutschen und österreichischen Standorte nehmen darü-

Managementsysteme

ber hinaus an EMAS teil. Dem Umweltschutz wird eine im Lauf der Zeit deutlich gewachsene, strategische Relevanz für den Unternehmenserfolg zugeordnet, so dass inzwischen den Qualitätszielen – gegenüber den Umweltzielen – kein grundsätzlich höheres Gewicht mehr zukommt. 2005 ließ BMW als erster Automobilhersteller in Deutschland sein Arbeitssicherheits-/ Gesundheitsmanagementsystem gemäß OHSAS 18001 zertifizieren.

Im Laufe der letzten Dekade wurde im Unternehmen ein weitgehend integriertes Managementsystem entwickelt. Es existieren zudem ein „Managementhandbuch für Qualität, Umweltschutz und Arbeitssicherheit" sowie integrierte Verfahrensanweisungen. Auch die internen Systemaudits finden bei BMW vollständig integriert statt. Die drei Bereiche bestehen zwar in der Aufbauorganisation der einzelnen Werke getrennt. 2008 wurde jedoch auf Gesamtunternehmensebene ein „Nachhaltigkeitsboard" gegründet, bestehend aus dem Gesamtvorstand und geleitet vom Vorstandsvorsitzenden, das die strategische Ausrichtung des Nachhaltigkeitsmanagements integriert festlegt. Zudem entsendet jeder Vorstandsbereich ein Mitglied in den „Nachhaltigkeitskreis", dessen Aufgaben darin bestehen,

- regelmäßig die nachhaltigkeitsbezogenen Chancen und Risiken des Unternehmens zu identifizieren und zu bewerten,
- die nachhaltigkeitsbezogenen Prozesse in der BMW Group zu koordinieren,
- die bereichsübergreifende Kooperation zu fördern,
- Informationen auszutauschen und die
- Nachhaltigkeitsstrategie weiterzuentwickeln.

Insofern bestehen auch innerhalb der Primärorganisation des Unternehmens integrierte Einheiten.

Ausdrückliches Ziel von BMW ist es, sämtliche nachhaltigkeitsbezogene Aspekte über die gesamte Wertschöpfungskette zu betrachten. Daher werden die Zulieferer von der zentralen Beschaffungsabteilung im Hinblick auf finanzielle, qualitäts- und umweltbezogene sowie soziale Aspekte integriert bewertet, ausgewählt und weiterentwickelt. Es besteht eine mehrdimensionale Checkliste für die Audits, wobei in den letzten Jahren die Bedeutung der umweltbezogenen und sozialen Kriterien gestiegen ist; sie können inzwischen ebenso wie qualitätsbezogene Anforderungen Ausschlusskriterien für Zulieferer bilden.

In der BMW Group werden integrierte Managementsysteme als grundsätzlich zielführend eingeschätzt. Als Erfolg der Integration wird insbesondere gewertet, dass der Informationsfluss erheblich verbessert wurde, Redundanzen vermieden sowie eine große Zahl von Schnittstellenproblemen beseitigt worden sind.

Integriertes Managementsystem

Nachhaltigkeitskreis

Wertschöpfungskette

9.6 Übungsfragen

1. Welche zentralen Anforderungen stellt die ISO 9001 an Qualitätsmanagementsysteme?
2. Skizzieren Sie drei Ansätze einer Integration von Qualitäts-, Umwelt- und Arbeitssicherheits-/Gesundheitsmanagementsystemen.
3. Benennen Sie jeweils vier Vor- und Nachteile integrierter Managementsysteme.
4. Skizzieren Sie exemplarisch eine integrierte Verfahrensanweisung für den Prozess „Formulierung der Unternehmensleitsätze".

9.7 Weiterführende Literatur

Asif, M.; Fisscher, O. A. M. und de Bruijn, Erik J. (2010): An examination of strategies employed for the integration of management systems, in: The TQM Journal, Vol. 22 (2010), S. 648–669.

Griffith, A. und Bhutto, K. (2009): Better environmental performance. A framework for integrated management systems (IMS), in: Management of Environmental Quality: An International Journal, Vol. 20 (2009), S. 566–580.

Jørgensen, T. H.; Remmen, A. und Mellado, M. D. (2006): Integrated management systems – three different levels of integration, in: Journal of Cleaner Production, Vol. 14 (2006), S. 713–722.

Karapetrovic, S. und Casadesús, M. (2009): Implementing environmental with other standardized management systems: Scope, sequence, time and integration, in: Journal of Cleaner Production, Vol. 17 (2009), S. 533–540.

Neumann, A. (2008): Integrative Managementsysteme, Heidelberg.

Tarí, J. J. und Molina-Azorín, J. F. (2010): Integration of quality management and environmental management systems. Similarities and the role of the EFQM model, in: The TQM Journal, 22. Jg. (2010), S. 687–701.

10 Umweltmanagementansätze

von Enrico Thomas, Ines Freier und Jens Pape

Kapitelausblick

Die Implementierung betrieblicher Umweltmanagementsysteme kann Vorteile mit sich bringen. Um diese auch kleinen und mittleren Unternehmen (KMU) zugänglich zu machen, denen eine Zertifizierung nach ISO 14001 bzw. eine Validierung nach EMAS zu aufwändig erscheint, wurden seit Mitte der 1990er Jahre – parallel zur Verbreitung der standardisierten Umweltmanagementsysteme – zwei Wege beschritten: Zum einen wurde versucht, Wege aufzuzeigen, die auf eine EMAS-Validierung abzielen, die Umsetzung von EMAS und den Weg zur Validierung aber einfacher gestalten. Zum anderen wurden sogenannte Umweltmanagementansätze entwickelt, die verschiedene Elemente eines Umweltmanagementsystems enthalten, jedoch kein vollständiges Umweltmanagementsystem abbilden. Vielmehr stellen Umweltmanagementansätze bewusst niedrigere Anforderungen an die Unternehmen als standardisierte Umweltmanagementsysteme. Aus diesem Grund werden derartige Umweltmanagementansätze oft als „niederschwellige Ansätze" bezeichnet, was etwa die Anzahl oder Tiefe der umzusetzenden Umweltmanagementelemente oder die Anforderungen an die Dokumentation angeht. Unternehmen, die Umweltmanagementansätze anwenden, erfüllen in der Regel die Anforderungen nicht hinreichend, um eine Zertifizierung bzw. Validierung nach den Normen ISO 14001 bzw. EMAS vornehmen zu können. Gleichwohl werden diese Unternehmen – je nach Ansatz – z.T. registriert, regelmäßig überprüft, erhalten eine Auszeichnung und sind ggf. „auf dem Weg" zu ISO 14001 und EMAS. Letzteres ist für diejenigen, die Umweltmanagementansätze befürworten, der entscheidende Punkt. Kritikerinnen und Kritiker hingegen sehen die entstehende Vielfalt an Ansätzen und damit die Problematik einer zunehmenden Zahl an Labels, Registrierungen und Zertifizierung eher skeptisch.

Neben den standardisierten Umweltmanagementsystemen wie EMAS und ISO 14001 gewinnen diese Umweltmanagementansätze, die ebenso einen Beitrag zur Verbesserung des betrieblichen Umweltschutzes leisten, an Bedeutung. Die Ansätze sind vielfach branchenbezogen (z.B. *„Ecocamping"* für Campingplätze oder das „Bayerische Umweltsiegel für das Gastgewerbe" für Gaststätten und Hotels) oder zielen auf bestimmte Wirtschaftszweige ab, wie etwa das Handwerk.

Außerhalb Deutschlands liegt der Schwerpunkt der geografischen Verbreitung in Skandinavien (z. B. „*Ecolighthouse*" aus Norwegen und „*Green Network*" in Dänemark) und Japan. Wie in diesem Kapitel dargestellt, sind Umweltmanagementansätze i.d.R. weniger auf eine ständige Verbesserung eines umfassenden Umweltmanagementsystems ausgerichtet. Das vorliegende Kapitel zeigt, dass Umweltmanagementansätze für kleine und regional tätige Unternehmen einen geeigneten („niederschwelligen") Einstieg für eine Zertifizierung nach ISO 14001 oder Validierung nach EMAS bieten können oder auf einzelne Elemente bzw. Maßnahmen zur Verbesserung der Umweltleistung ausgerichtet sind. Das Kapitel schließt mit der Diskussion von Erfolgspotenzialen von Umweltmanagementansätzen und einem Praxisbeispiel.

Lernziele

1. Den Begriff Umweltmanagementansatz erläutern können.
2. Unterschiede zwischen Umweltmanagementansätzen und standardisierten Umweltmanagementsystemen aufzeigen können.
3. Vor- und Nachteile von Umweltmanagementansätzen benennen können.
4. Beispiele von Umweltmanagementansätzen beschreiben können.
5. Die Methode EMASeasy erläutern können.

10.1 Umweltmanagementansätze – ein Weg zur vereinfachten Einführung von EMAS

Im Nachgang zur Verabschiedung der EMAS-Verordnung und der ISO 14001 sind seit Mitte der 1990er Jahre zahlreiche Beratungsmodelle für eine standardisierte Einführung von Umweltmanagementsystemen entwickelt worden. Da diese Beratungsmodelle häufig finanziell durch Förderprogramme unterstützt wurden und z.T. noch werden oder als Gruppenberatung den teilnehmenden Organisationen Kostenvorteile bieten, haben sie mittlerweile eine große Bedeutung für die Verbreitung insbesondere von EMAS erlangt. Daher sollen nachfolgend ein Überblick zu diesen Modellen gegeben werden.

10.1.1 EMASeasy

EMASeasy ist ein Beratungsmodell, das für kleine und mittlere Unternehmen (KMU) entwickelt wurde, mittlerweile aber auch von größeren Unternehmen mit Erfolg eingesetzt wird. Im Ergebnis schließt die EMASeasy-Methode mit einer EMAS-Validierung durch einen Umweltgutachter und EMAS-Registrierung ab, weshalb EMASeasy nicht als

EMASeasy – Beratungsmodell für kleine und mittlere Unternehmen (KMU)

„EMASlight" interpretiert werden darf. Allerdings soll der Weg durch das festgelegte Prozedere und die Begleitung leichter (*„easy"*) sein, was in einem speziell auf KMU ausgerichteten Dokumentationssystem ebenfalls zum Ausdruck kommt. Hierfür wird dem Unternehmen ein weitgehend standardisiertes System an Erhebungsbögen, Formularen und Dokumenten mit zahlreichen Vorlagen und Instrumenten zur Verfügung gestellt, das den Aufbau eines Umweltmanagementsystems nach EMAS in 30 Schritten ermöglicht. Durch diese weitgehende Standardisierung der Abläufe wird es möglich, den Aufwand der Einführung eines normierten Umweltmanagementsystems zu reduzieren. Der Slogan von EMASeasy lautet daher *„10 people, 10 pages, 10 days"*.

10 people, 10 pages, 10 days

Begleitet wird der Prozess von einer speziell in der Methode geschulten Beraterin bzw. einem Berater. Sie oder er betreut i.d.R. bis zu 10 Unternehmen parallel bzw. gemeinsam in ca. sechs halb-, z.T. auch ganztägigen Workshops und steht dem Unternehmen außerdem mit drei Tagen individueller Vor-Ort-Beratung (z.B. Unterstützung beim *Ecomapping* (Umweltprüfung) oder internen Audit) sowie mittels telefonischer Unterstützung bei Bedarf zur Seite steht. Zwischen den Workshops haben die Unternehmen die Möglichkeit, die Normanforderungen innerbetrieblich umzusetzen (s. Müssig und Kretzer 2008).

Damit weist die EMASeasy-Methode Charakteristika einer weiteren erfolgreichen Vorgehensweise zur Erleichterung der Umsetzung von EMAS in Unternehmen auf, dem sogenannten „EMAS-Konvoi".

10.1.2 EMAS-Konvoi

Beratungsmodell EMAS-Konvoi

Das Beratungsmodell EMAS-Konvoi hat ebenfalls kleine und mittlere Unternehmen zur Zielgruppe und wird seit dem Jahr 2000 vom Ministerium für Umwelt, Klima und Energiewirtschaft Baden-Württemberg erfolgreich angeboten und gefördert. Bisher wurden rund 35 Konvois und damit insgesamt über 250 Teilnehmende gefördert.

Mit dem Beratungsmodell werden Unternehmen beim Aufbau eines Umweltmanagementsystems nach EMAS unterstützt. Die Beratung wird für eine Gruppe von bis zu zehn Organisationen durchgeführt. Theoretische Grundlagen werden im Rahmen von Workshops und unter Anleitung einer Beraterin bzw. eines Beraters vermittelt. Die Workshops finden mit einem zeitlichen Abstand von ca. sechs Wochen statt, der für die firmeninterne Umsetzung der Workshop-Inhalte vorgesehen ist. Zur Unterstützung erhalten die Teilnehmenden eine Reihe standardisierter Fragebögen, anhand derer die Einhaltung der EMAS-Anforderungen geprüft werden. Die ausgefüllten Fragebögen werden im Rahmen des folgenden Workshops gemeinsam von der Gruppe besprochen und ausgewertet. Zusätzlich unterstützt die Beraterin bzw. der Berater die Unternehmen bei der Umweltprüfung sowie jeweils einen Tag lang für das interne Audit.

10.1.3 Kirchliches Umweltmanagement – der Grüne Gockel

Beim Projekt „Grüner Gockel" wurde angestrebt, kirchlichen Einrichtungen durch eine „branchenspezifische" Beratung die Vorteile von EMAS zugänglich zu machen. Der Grüne Hahn oder Grüne Gockel ist ein Beratungsmodell zur Einführung eines Umweltmanagementsystems nach EMAS oder ISO 14001, das an die speziellen Belange von kirchlichen Einrichtungen angepasst wurde. Beispielsweise basiert es auf ehrenamtlichen Strukturen. Schwerpunkte bilden die Umweltkommunikation sowie indirekte Umweltaspekte. An dem Modell haben deutschlandweit bereits 164 kirchliche Einrichtungen teilgenommen (vgl. KATE 2011). Das Programm wird für Gruppen mit bis zu 15 Kirchengemeinden angeboten. Der bzw. die Umweltbeauftragte erhält Informationen und Handlungsanleitungen im Rahmen von bis zu sechs Workshops. Zusätzlich gibt es standardisierte Leitfäden, Vorlagen und Dokumente für die Umsetzung des Umweltmanagementsystems (z. B. die Vorlage für das Umwelthandbuch). Die Anzahl der Vor-Ort-Beratungen variiert in den Projekten. Teilweise wird die Einführung des Umweltmanagementsystems von den Kirchengemeinden weitestgehend selbstständig umgesetzt. Die Dauer des Programms beträgt bis zu 14 Monate (s. Arbeitsstelle Umweltschutz 2006).

Kirchliches Umweltmanagement – der Grüne Gockel

10.1.4 Stufenweise Einführung eines Umweltmanagementsystems nach ISO 14005

Organisationen, die die vergleichsweise hohen Anforderungen eines normierten Umweltmanagementsystems nicht sofort umsetzen wollen, können dieses auch stufenweise einführen. Der *British Standard* (BS) 8555 *„Guide to the phased implementation of an environmental management system including the use of environmental performance evaluation"* ermöglicht es Organisationen, ein Umweltmanagementsystem in sechs aufeinander aufbauenden Phasen einzuführen. Mit jeder Stufe steigen die Anforderungen an die Organisation. Das Einhalten des jeweiligen Anforderungsniveaus kann durch eine externe Prüfung kontrolliert werden. Mit Erreichen der sechsten Stufe ist die Organisation auf eine Validierung nach EMAS vorbereitet. Die schrittweise Einführung eines normierten Umweltmanagementsystems soll den Organisationen ermöglichen, die Implementierung des Umweltmanagementsystems an die eigenen Bedürfnisse und Fähigkeiten anzupassen.

Die ISO-Norm 14005 „Umweltmanagementsysteme – Anleitung für eine stufenweise Einführung eines Umweltmanagementsystems – Unter Einbeziehung der Umweltleistungsbewertung" aus dem Jahr 2006 baut auf dem BS 8555 auf. Am Beispiel des Bewertungssystems der Umweltleistung zeigt Abbildung 10.1 die schrittweise Vorgehensweise zur Einführung eines Umweltmanagementsystems nach ISO 14005. Die Schrittabfolge orientiert sich am PDCA (*Plan-Do-Check-Act*)-Zyklus. Die Anfor-

Stufenweise Einführung eines Umweltmanagementsystems

Plan-Do-Check-Act

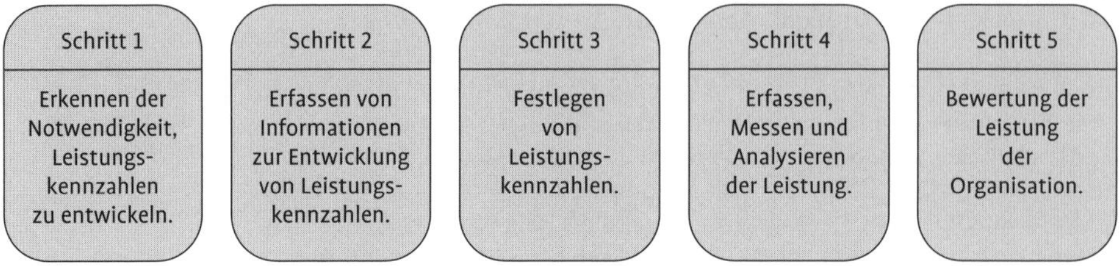

Schritt 1	Schritt 2	Schritt 3	Schritt 4	Schritt 5
Erkennen der Notwendigkeit, Leistungs-kennzahlen zu entwickeln.	Erfassen von Informationen zur Entwicklung von Leistungs-kennzahlen.	Festlegen von Leistungs-kennzahlen.	Erfassen, Messen und Analysieren der Leistung.	Bewertung der Leistung der Organisation.

Abb. 10.1 Schrittweise Einführung eines Systems zur Bewertung der Umweltleistung nach ISO 14005 (Quelle: ISO 14005).

derungen der ISO 14001 werden erst mit der Umsetzung des fünften und letzten Schrittes eingehalten.

In Deutschland wurde die schrittweise Einführung eines Umweltmanagementsystems von dem Beratungsmodell EcoStep aufgegriffen.

Der BS 8555 wurde im sog. *Acorn*-Projekt von Unternehmen getestet. Die Mehrzahl der Unternehmen setzte jedoch nur die dritte Stufe um. Diese Ergebnisse lassen den Schluss zu, dass es Organisationen theoretisch zwar möglich ist, schrittweise die notwendigen Fähigkeiten zur Umsetzung eines Umweltmanagementsystems zu erwerben, dass es aber nicht zwangsläufig zum Durchlaufen aller Stufen kommen muss. Die dritte Stufe des BS 8555 ist vergleichbar mit den Anforderungen des Beratungsprojekts Ökoprofit (s. Kahlenborn und Freier 2006). Dieses gehört zur Gruppe der Umweltmanagementansätze, die im folgenden Abschnitt vorgestellt werden.

10.2 Umweltmanagementansätze – Umsetzung einzelner Elemente betrieblicher Umweltmanagementsysteme

Vielzahl von Umwelt-managementansätzen

In Deutschland gibt es eine Vielzahl von Umweltmanagementansätzen, die – wie eingangs bereits beschrieben – i.d.R. lediglich unterschiedliche Elemente eines normierten Umweltmanagementsystems beinhalten, weshalb von Ansätzen und nicht von Systemen gesprochen wird. BMU/UBA (2005) stellen 16 solcher Ansätze näher vor, die regelmäßig von Unternehmen umgesetzt werden. Dazu zählen branchenspezifische Ansätze wie das Bayerisches Umweltsiegel für das Gastgewerbe, Eco-camping oder der bereits angesprochene Grüne Gockel für kirchliches Umweltmanagement. Daneben gibt es mehrere branchenunabhängige Ansätze wie Ecomapping (das als Methode auch im bereits angesprochen EMASeasy zur Anwendung kommt), EcoStep, das Eppelborner Umweltsiegel, Ökoprofit (Ökologisches Projekt für integrierte Umwelt-Technik), [PIUS] (Produktintegrierter Umweltschutz) und PRUMA (Profitables Umweltmanagement), der Qualitätsverbund umweltbe-wusster Betriebe in unterschiedlichen Bundesländern (Hamburg und Schleswig-Holstein, Thüringen oder Bayern) sowie unterschiedliche

Umweltsiegel, die ebenfalls in verschiedenen Bundesländern (Brandenburg, Mecklenburg-Vorpommern, Sachsen-Anhalt, Sachsen) entwickelt wurden.

Nur wenige dieser Ansätze sind jedoch deutschlandweit nennenswert verbreitet. Viele sind lediglich regional in einem oder in wenigen Bundesländern vertreten oder gar bundesland- spezifisch; andere sind auf bestimmte Zielgruppen bzw. Branchen ausgerichtet. Unmittelbare Konsequenz dessen ist, dass trotz der großen Anzahl von Umweltmanagementansätzen für sehr viele KMU in Deutschland eine Möglichkeit zur Nutzung vieler Umweltmanagementansätze zurzeit noch nicht besteht. Im Folgenden werden ausgewählte Ansätze vorgestellt.

Geringe Verbreitung

10.2.1 Ökoprofit – Ökologisches Projekt für integrierte Umwelt-Technik

Ökoprofit (Ökologisches Projekt für integrierte Umwelt-Technik) wurde in Graz (Österreich) entwickelt und 1998 im Rahmen der München Agenda 21 erstmalig in Deutschland durchgeführt. Es ist der mittlerweile am weitesten verbreitete Umweltmanagementansatz in Deutschland: Inzwischen haben allein in Deutschland über 2900 Unternehmen bzw. Organisationen bis zum Jahr 2010 an Ökoprofit teilgenommen (s. Thomas 2011). Dabei lässt sich keine abgegrenzte Zielgruppe für Ökoprofit identifizieren. Auch wenn es ursprünglich für kleine und mittlere Unternehmen konzipiert wurde, so haben mittlerweile Organisationen jeglicher Größe und Branche an Ökoprofit teilgenommen.

Ökoprofit – Ökologisches Projekt für integrierte Umwelt-Technik

Das Ökoprofitprogramm beinhaltet ein oder zwei Tage Umweltberatung durch ein externes Beratungsunternehmen bei den teilnehmenden Organisationen vor Ort und bis zu zehn begleitende Workshops. Die Unternehmen erhalten zur Unterstützung standardisierte Arbeitsmaterialien. Die Beratung ist eine Gruppenberatung für bis zu 15 Betriebe. Im Zentrum steht zunächst weniger der Implementierung eines Umweltmanagementsystems, sondern – wie der Name Ökoprofit bereits signalisiert – es geht darum, durch die Initialisierung eines „Ökologischen Projekts für integrierte Umwelt-Technik" Stoff- und Energieflüsse zu optimieren sowie Ökologie und Ökonomie durch die Identifizierung von *Win-win*-Situationen zu verbinden. Das Ziel der Vor-Ort-Beratungen ist somit die Entwicklung eines individuellen Maßnahmenprogramms zur Verbesserung des Ressourceneinsatzes im Unternehmen und die Vorbereitung auf die Prüfung. Den Abschluss bildet die Zertifizierung durch die Kommune. Nach bestandener Prüfung erhalten die Unternehmen ein Zertifikat. Das gesamte Programm hat eine Dauer von ca. einem Jahr (s. Landeshauptstadt München 2008).

Ökoprofit ist als dreistufiges Modell gegliedert, wonach die erfolgreiche Teilnahme an dem sogenannten Einsteigerprogramm zur Teilnahme am Ökoprofit Klub berechtigt. Im Rahmen des Klubs sollen die Einsteigerbetriebe ihr Engagement im betrieblichen Umweltschutz weiterentwickeln und vom gegenseitigen Erfahrungsaustausch profitieren. Die

Tab. 10.1   Projektablauf Ökoprofit (Quelle: Landeshauptstadt München 2008).

Workshops	Schwerpunkte der Beratung
■ Umweltpolitik und Umweltteam ■ Abfall ■ Gefährliche Arbeitsstoffe und Wasser ■ Energie ■ Rechtsaspekte ■ Einkauf, Umweltkosten und Umweltcontrolling ■ Abfallwirtschaftskonzept und Mobilität ■ Umweltmanagement ■ Arbeitsschutz ■ Vorbereitung auf die Preisvergabe	■ Bestandsaufnahme, Betriebsrundgang ■ Organisation und Recht ■ Umweltprogramm ■ Umweltprogramm und Energieanalyse ■ Organisation und Vorbereitung der Prüfung

Auszeichnung als ÖKOPROFIT-Betrieb

dritte Stufe bildet das Modul „Vom ÖKOPROFIT zum Öko-Audit", mit dem Unternehmen auf die vollständige Einführung eines Umweltmanagementsystems nach EMAS oder ISO 14001 vorbereitet werden.

10.2.2 PIUS – Produktintegrierter Umweltschutz

PIUS-Check

Der PIUS-Check ist ein Beratungsmodell, das von der Effizienz-Agentur Nordrhein-Westfalen (EFA) entwickelt wurde und mittlerweile u.a. in Nordrhein-Westfalen und Hessen angeboten wird. In Nordrhein-Westfalen wurden bis zum Jahr 2011 mehr als 500 PIUS-Checks durchgeführt und ca. 220 Maßnahmen umgesetzt. Zielgruppe des Umweltmanagementansatzes sind produzierende Unternehmen.

Mit dem PIUS-Check werden Maßnahmen im produktionsintegrierten Umweltschutz (PIUS) identifiziert, anhand derer eine Effizienzsteigerung in der Produktion erreicht wird. Mit dem PIUS-Check werden die Stoffströme und der Stand der Technik in der Produktion analysiert sowie Maßnahmen zur Steigerung der Ressourceneffizienz aufgezeigt. Die Dauer für das Verfahren vom Initialgespräch bis zur Maßnahmenplanung beträgt – in Abhängigkeit von der Betriebsgröße und der Komplexität der Themen – insgesamt sechs bis neun Monate. Die Beratung umfasst zehn bis 16 Beratungstage.

Die Beratung ist gegliedert in folgende Schritte (s. Jahns und Menssen 2010):

Initialgespräch

1. Initialgespräch, mit dem eine Grobanalyse der Ist-Situation des Unternehmens durchgeführt wird, um Verbesserungspotenziale auf-

zudecken. Anhand dieser werden Ziele für den weiteren Beratungs-
ablauf vereinbart.

2. Makroanalyse zur Detailanalyse der Ist-Situation des Unternehmens. Makroanalyse
Es werden die betriebliche Stoffflüsse, das Produktionsverfahren und
betriebliche Abläufe analysiert und mittels Stoffflussdiagrammen
visualisiert. Auf dieser Grundlage werden Verbesserungsmaßnahmen identifiziert. Diese werden hinsichtlich ihrer technischen Reali-
sierbarkeit geprüft.

3. Zwischentermin zur Abstimmung des weiteren Vorgehens. Abstimmung des

4. Mikroanalyse beinhaltet die Detailanalyse von bis zu drei PIUS- weiteren Vorgehens
Ansätzen unter ökologischen und wirtschaftlichen Aspekten. Es wer- Mikroanalyse
den konkrete, auf die betriebliche Situation abgestimmte Maßnah-
menvorschläge entwickelt.

5. Ein Maßnahmenplan wird entwickelt, anhand dessen die Teilneh- Maßnahmenplan
menden die erarbeiteten Maßnahmen umsetzen können.

10.2.3 Qualitätsverbund umweltbewusster Betriebe

Der Qualitätsverbund umweltbewusster Betriebe (QuB) wurde 2005 Qualitätsverbund
gegründet und ging aus dem 1997 in Bayern entwickelten Qualitätsver- umweltbewusster
bund umweltbewusster Handwerksbetriebe (QuH) hervor. QuB ist ein Betriebe
Beratungsmodell für kleine und mittlere Unternehmen (KMU) aus
Handwerk, Industrie und Dienstleistung mit dem Ziel, ein integriertes
Managementsystem für die Aspekte Qualität und Umwelt einzuführen
und die betriebliche Umweltleistung zu optimieren. Das QuB-System
orientiert sich an den bestehenden Managementsystemen ISO 9001,
ISO 14001 und/oder EMAS, um den QuB-Betrieben eine Erweiterung
des QuB-Systems zu ermöglichen. Das Beratungsmodell aus Bayern
wurde in mehreren Bundesländern wie Sachsen, Thüringen oder Hamburg an die dortigen Rahmenbedingungen angepasst. Im Jahr 2011
haben insgesamt 500 Betriebe allein in Bayern am QuB teilgenommen.

Die Beratung kann als Individual- oder Gruppenberatung durchge- Individual- oder
führt werden. Voraussetzung für die Teilnahme am QuB ist die Einhal- Gruppenberatung
tung der gesetzlichen Umweltvorschriften. Theoretische Grundlagen
sowie die Umsetzung der Systemanforderungen werden in begleitenden
vier Workshops à 8 Stunden vermittelt. Die Unternehmen werden von
der Beraterin bzw. vom Berater bei der Einführung und Umsetzung im
Betrieb unterstützt. Die Einführungsdauer beträgt je nach Betriebsgröße
und -art ca. sechs Monate (s. Ehrig et al. 2008).

Die Zertifizierung erfolgt in Bayern durch die LGA InterCert GmbH
oder von der LGA InterCert GmbH autorisierte externe Prüfende. Die
erfolgreichen Teilnehmenden erhalten eine Teilnehmerurkunde, die
zwei Jahre lang gültig ist (s. Ehrig et al. 2008).

10.3 Potenzielle Erfolgsfaktoren von Umweltmanagementansätzen

Implementierungs-
kosten senken

Aus den vorigen Abschnitten wird deutlich, dass ein Hauptziel der dargestellten Umweltmanagementansätze u.a. darin besteht, die Implementierungskosten in Unternehmen deutlich geringer zu halten als bei einem standardisierten Umweltmanagementsystem, so dass auch kleine und mittlere Unternehmen einen Anreiz haben, entsprechende Instrumente einzuführen.

Regionale bzw.
branchenspezifische
Ausrichtung

Ein weiterer Erfolgsfaktor für die Verbreitung von Umweltmanagementansätzen kann deren z.t. regionale bzw. branchenspezifische Ausrichtung und die an eine entsprechende Förderung gekoppelte Umsetzung auf Ebene der Bundesländer darstellen. Die Ansätze sind andererseits aber auch auf bestimmte Zielgruppen (z. B. Grüner Gockel) oder Regionen (z. B. Bayerisches Umweltsiegel für das Gastgewerbe) ausgerichtet. Sie sind so näher an den Organisationen und die (Gruppen-) Beratung, z. B. im Konvoi-Verfahren, kann spezifisch auf die Bedürfnisse der Organisationen zugeschnitten werden. Die Anerkennung der Umweltleistungen erfolgt vor Ort, da die Programme eng an die Gemeinden bzw. Umweltpartnerschaften in den Bundesländern angebunden sind.

Als Beispiel können die Ökoprofit- und PIUS-Check-Projekte herangezogen werden, da für diese Beratungsmodelle regelmäßig empirische Untersuchungen zu den Umwelteffekten durchgeführt wurden. So bieten etwa die Untersuchungen zu Ökoprofit in Nordrhein-Westfalen einen guten Anhaltspunkt, um daraus Abschätzungen für die Effektivität von Umweltmanagementansätzen abzuleiten: Über 1 300 Organisationen aus über 100 Projekten haben knapp 6 000 Umweltschutzmaßnahmen umgesetzt (Stand Mai 2012). Dabei werden nach Angaben des Ökoprofit Netz NRW (Öko-Profit NRW 2012) jährlich über 3,3 Mio. m^3 Wasser, über 43 000 Tonnen Restmüll, 616 Mio. kWh Energie weniger verbraucht und die CO_2-Emissionen um 221 888 Tonnen pro Jahr gesenkt (vgl. Tab. 10.2).

Die Effizienz-Agentur NRW (EFA) bietet in Nordrhein-Westfalen den PIUS-Check an. Seit 2000 haben 548 Unternehmen in Nordrhein-Westfalen an der Beratung teilgenommen. Die Teilnehmenden sind mehrheitlich dem produzierenden Gewerbe zuzuordnen. Dabei konnten durch die 239 umgesetzten Maßnahmen jährliche Kosteneinsparungen von ca. 12 Mio. Euro realisiert werden, knapp 40 Mio. Euro Investitionen wurden vorgenommen. Häufig wurden die Investitionen durch Förderprogramme der öffentlichen Hand unterstützt.

Bei den Ressourcen konnte beispielsweise der Wasserverbrauch pro Betrieb um 5 400 m^3 pro Jahr reduziert werden. Insgesamt wurden jährlich rund 1,2 Mio. m^3 Wasser eingespart (s. Jahns und Menssen 2010).

Tab. 10.2   Ergebnis der Ökoprofit-Projekte in NRW (Öko-Profit NRW 2012).

Themenfeld	Reduzierung pro Jahr
Energie	616 Mio. kWh / Jahr weniger
Wasser	3,3 Mio. m³ / Jahr weniger
Restmüll	43.510 Tonnen / Jahr weniger
CO_2-Emissionen	221.888 Tonnen / Jahr weniger
Investitionen	183 Mio. Euro
Einsparungen	58 Mio. Euro / Jahr

Tab. 10.3   Ergebnis der PIUS-Check-Projekte in NRW (Quelle: Effizienz-Agentur NRW 2012).

PIUS-Check Teilnehmer in NRW	548 Organisationen
Bisher umgesetzte Projekte	239
Energie	62,6 GWh / Jahr weniger
Wasser	1,2 Mio. m³ / Jahr weniger
Investitionen	39,8 Mio. Euro
Einsparungen	12 Mio. Euro / Jahr

10.4   Fallbeispiel: Anwendung von EMASeasy an der Hochschule für nachhaltige Entwicklung Eberswalde (FH)

Der Abschnitt beruht im Wesentlichen auf Auszügen aus der Umwelterklärung 2009 (s. HNE 2009) und der aktualisierten Umwelterklärung 2011 (s. HNE 2011) der Hochschule für nachhaltige Entwicklung Eberswalde (FH), die in weiten Teilen von Kerstin Kräusche, der Umweltmanagerin der Hochschule, verfasst wurden.

10.4.1 Kurzporträt der Hochschule

Die Hochschule für nachhaltige Entwicklung Eberswalde (FH) – kurz HNE –, vor den Toren Berlins gelegen, hat 1992 am traditionellen Forst- und Holzforschungsstandort Eberswalde den Studienbetrieb wieder aufgenommen. Sie ist mit ca. 2 000 Studierenden und 50 Hochschullehrinnen und -lehrern die kleinste Hochschule im Bundesland Brandenburg. Die inzwischen sechzehn Studiengänge in den Fachbereichen Wald und Umwelt, Landschaftsnutzung und Naturschutz, Holztechnik sowie Nachhaltige Wirtschaft besitzen ein sehr eigenständiges, dem nachhaltigen Wirtschaften verpflichtetes Profil.

Bundesweit einmalig ist die Zusammenführung der auf den ländlichen Raum orientierten Fächer wie Forstwirtschaft, Landschaftsnutzung und Naturschutz, Ökolandbau, Holztechnik, Regionalmanagement oder Tourismus. Die sehr gut nachgefragten, zum Teil einzigartigen Studiengänge bringen Studierende aus ganz Deutschland und dem Ausland nach Eberswalde. Die bedarfsgerechte, zukunftsorientierte Ausbildung der einzelnen Studiengänge wird ergänzt durch spezielle Seminare und Coachings zur Förderung der wachsenden Gründerkultur.

Neben den Erfolgen in Studium und Lehre überzeugt die Hochschule durch ihre äußerst erfolgreiche Forschung. In Sachen Drittmittelforschung gehört die HNE Eberswalde (FH) regelmäßig zu den besten Hochschulen in Deutschland.

Im Sommer 2009 wurde die HNE Eberswalde (FH) von rund 3000 Teilnehmenden des grünen Uni-*Rankings* auf dem Onlineportal Utopia gemeinsam mit der Universität Witten-Herdecke zur grünsten Lehrstätte Deutschlands gekürt (s. Utopia 2013).

10.4.2 Leitbild und Umweltleitlinien der HNE Eberswalde (FH)

Leitbild der HNE
Eberswalde (FH)

Die Hochschule hat das folgende Leitbild entwickelt: „Die HNE Eberswalde (FH) versteht sich als demokratisch verfasste, weltoffene Hochschule. Wir gewährleisten die im Grundgesetz verbriefte Freiheit von Wissenschaft, Forschung und Lehre und gewähren im Rahmen der Grundgesetztreue die Vielfalt der Meinungen und Methoden. Wir sind dem Ziel verpflichtet, eine bedarfs- und zukunftsorientierte Ausbildung auf dem aktuellen Stand von Theorie und Praxis unter Berücksichtigung der Prinzipien nachhaltigen Handelns zu vermitteln.

Verantwortung in der Gesellschaft: Auf dem Boden des demokratischen Rechtsstaates bekennt sich die Hochschule zu zwischenmenschlicher Toleranz, Solidarität und gesellschaftlicher Verantwortung von Wissenschaft und Technik. Der Auftrag zur Wahrnehmung von Bildungsaufgaben und zur Pflege angewandter Forschung gründet auf den Anforderungen von Wissenschaft und Gesellschaft. Durch die schöpferische und kritische Erfüllung dieses Auftrages wirken wir am wirtschaftlichen, technischen, sozialen und kulturellen Fortschritt und an der Zukunft des Einzelnen und der Gesellschaft mit.

Tradition und Innovation: Das innovative Entwicklungspotenzial der Hochschule entspringt der Integration lokaler akademischer Tradition in die moderne Wissenschaftsentwicklung. In der Zusammenarbeit der Fachbereiche sehen wir ein wichtiges kreatives Mittel zur Entwicklung der Hochschule. Interdisziplinarität ist eine zentrale Leitlinie unseres Wirkens.

Mit der Natur für den Menschen: Lehre und Forschung sehen sich in der übergreifenden Zielstellung einer Zukunftsfähigkeit verpflichtet, die in der Einheit von Ökologie, Ökonomie und sozialer Verantwortung besteht. Erhaltung der Vielfalt der Natur und deren Nutzung sind für uns kein Gegensatz.

Durch Kooperation zu komplexem Handeln: Wir setzen das Prinzip globaler Verantwortung im lokalen Handeln um durch anwendungsbezogene Forschung in Zusammenarbeit mit Partnern aus Wirtschaft, Politik, Verwaltung und Wissenschaft sowie durch zunehmenden Austausch und Kooperation mit ausländischen Hochschulen und Institutionen. Dazu gehört auch das Bewusstsein politischer Verantwortung für die Kommune. Lehre, Forschung und Praxis werden von Menschen für Menschen gemacht. Persönlichkeitsbildung, interdisziplinäre Offenheit, kollegiale Zusammenarbeit, Verantwortungsbewusstsein, Kommunikations-, Urteils- und Kritikfähigkeit sind für uns unverzichtbar. Wesentlich für die innere Verfasstheit und Kultur der Hochschule sind die Gleichberechtigung der Geschlechter, die Einbeziehung der Studentinnen und Studenten sowie Mitarbeiterinnen und Mitarbeiter in Entscheidungsprozesse und die Transparenz des Verwaltungshandelns" (s. HNE 2012).

Als erste Hochschule Brandenburgs hat die HNE ein umfassendes Umweltmanagementsystem nach der europäischen EMAS-Verordnung eingeführt, eine Umwelterklärung erstellt und sich durch einen unabhängigen Umweltgutachter validieren lassen. Die folgenden Umweltleitlinien wurden im Kontext dieses Prozesses entwickelt und bilden das Gerüst zum Handeln in allen Bereichen von Verwaltung und Lehre:

Umweltleitlinien der HNE Eberswalde (FH)

„An der Hochschule für nachhaltige Entwicklung Eberswalde (FH) fühlen sich Lehre und Forschung ebenso wie die Hochschulverwaltung der übergreifenden Zielstellung des nachhaltigen Handelns verpflichtet. Die Hochschule erbringt mit einem strukturierten Umweltmanagement mehr Umweltleistungen, als es unsere Verpflichtung zur Einhaltung gesetzlicher Vorschriften erfordert.

Konkrete Zielstellungen, Maßnahmenpläne und Projekte führen dazu, dass der Umweltmanagement-Prozess dauerhaft und transparent gestaltet wird. Ziel ist es, sparsam mit Ressourcen umzugehen und negative Umweltauswirkungen, die von der Hochschule ausgehen, zu vermindern. Wir bemühen uns, Energie, Wasser, Flächen und Materialien effizient und umweltschonend zu nutzen. Die Beschaffung erfolgt an der HNE Eberswalde (FH) nach ökologischen Kriterien, die in einer ökologischen Beschaffungsrichtlinie festgelegt sind. Zur Versorgung mit Wärmeenergie nutzen wir Energie aus nachwachsenden Rohstoffen. Elektrische Energie wird soweit wie möglich als zertifizierter Ökostrom eingekauft. Zusätzlich erzeugen wir in mehreren Photovoltaikanlagen grünen Strom.

Wir vermeiden Abfälle und erfassen unvermeidbare Abfälle getrennt, damit eine Verwertung möglich ist. Auch im Einkauf und bei der Vergabe von Dienstleistungsaufträgen tragen wir dafür Sorge, dass Abfälle vermieden und unvermeidbare Abfälle getrennt erfasst werden. In der Hausordnung der Hochschule sind umweltgerechte Verhaltensnormen festgeschrieben. Unsere Vertragspartner beziehen wir in unsere Bemühungen um Verringerung der negativen Umweltauswirkungen u.a. über die Betriebsordnung für Fremdfirmen mit ein. Wir beginnen mit der Bilanzierung unseres Kohlendioxidausstoßes durch Nutzung von Energie und Wasser, durch die Erzeugung von Abfällen sowie bei Dienstreisen, um besonders schädliche Auswirkungen auf das Klima identifizieren und verringern zu können.

In der praxisbezogene Lehre und Forschung zum Umweltschutz werden Umweltmanagement- und Nachhaltigkeitsthemen z. B. durch Vorlesungen und Themenstellung für Abschlussarbeiten einbezogen. Der Einbezug von Mitarbeitenden, Studierenden und Vertragspartnern in den Prozess ist Voraussetzung für eine permanente Weiterentwicklung unseres Umweltmanagementsystems. Durch Information der Öffentlichkeit zum Umweltmanagement an der Hochschule und Weiterbildungsangebote sollen auch andere Institutionen motiviert werden, ebenfalls umweltgerecht zu wirtschaften.

In regelmäßigen Abständen führen wir Umweltbetriebsprüfungen durch und veröffentlichen die Ergebnisse und die daraus abgeleitete Maßnahmen in einer Umwelterklärung."

10.4.3 Ein nicht immer leichter Weg – EMASeasy

EMASeasy an der HNEE

Bereits im Jahr 2004 fand sich eine ehrenamtlich arbeitende Umweltmanagementgruppe zusammen. Angestellte der Verwaltung, Studierende und Dozierende nahmen sich verschiedener Umweltschutzthemen an. Sie organisierten den „Aktionstag Grün", vollzogen erste Schritte zur umweltgerechten Abfallentsorgung, initiierten verschiedene Maßnahmen zum Energiesparen und betrieben eine aktive Öffentlichkeitsarbeit.

Im Jahr 2006 wurde der Antrag auf Förderung des Umweltmanagements an der Hochschule beim Brandenburger Ministerium für Wissenschaft, Forschung und Kultur gestellt, der in eine Zielvereinbarung zur Einführung eines strukturierten Umweltmanagements mündete. Seit 2007 arbeitet eine Umweltmanagerin an der Hochschule. Im April 2007 fasste das Präsidium den Beschluss, das Umweltmanagementsystem nach EMAS aufzubauen und dabei die EMASeasy-Methodik zu nutzen.

Im Dezember 2007 startete der EMAS-Prozess mit der Analyse der indirekten umweltrelevanten Faktoren. Ab März 2008 wurden die direkten umweltrelevanten Faktoren über die Methode *Ecomapping* analysiert. Dabei erfolgte die Umweltanalyse zur Energienutzung, zu Abfällen, Emissionen, Sicherheit, Bodenschutz und Lagerung sowie zu Wasser in allen Räumen der Hochschule (Büros, Hörsäle, Seminarräume, Labore, Werkstätten, Technikum, Sanitärräume, Gewächshäuser, Lager). Die Erfahrungen aus der Durchführung der Umweltanalyse und bei Überführung der gewonnenen Daten in einen Umweltplan mittels der EMASeasy-Methode thematisierten wir in einem Workshop, um auch anderen öffentlichen Einrichtungen den Aufbau eines Umweltmanagementsystems nach EMAS zu erleichtern.

Im Ergebnis bleibt festzuhalten, dass die EMASeasy-Methode in weiten Teilen gut geeignet ist, ein Umweltmanagementsystem an einer Hochschule aufzubauen. Im Juni 2008 fand eine onlinebasierte Befragung der Mitarbeitenden und Studierenden zur Umweltsituation an der Hochschule statt. Es zeigte sich, dass verschiedene Instrumente der EMASeasy-Methode weiterentwickelt und an die Bedürfnisse des öffentlichen Bereichs angepasst werden mussten. Seither wird das Umweltprogramm umgesetzt und es werden regelmäßig neue Umweltziele im Rahmen des Prozesses der kontinuierlichen Verbesserung der Umweltleistung ins Auge gefasst.

Die in der Umwelterklärung beschriebenen Maßnahmen werden kontinuierlich bearbeitet und weiterentwickelt. Ausschlaggebend für die Umsetzung ist ein lebendiges und von vielen Beteiligten getragenes Umweltmanagementsystem der Hochschule.

Das an der Hochschule eingeführte Umweltmanagementsystem umfasst und regelt alle Aspekte des betrieblichen Umweltschutzes. Der Präsident leitet und präsentiert die Hochschule und ist verantwortlich für die Aufrechterhaltung und Weiterentwicklung des Umweltmanagementsystems entsprechend der Leitlinien zum Umweltschutz. Die Delegierung der konkreten Aufgaben im Umweltmanagement erfolgt je nach Tätigkeitsbereich vom Präsidenten oder Kanzler an die Umweltmanagerin, die Dekane der Fachbereiche bzw. die Abteilungsleiterinnen und Abteilungsleiter in der Verwaltung.

Für die Durchführung von Maßnahmen des Arbeitsschutzes bzw. der Notfallvorsorge und Gefahrenabwehr ist der Leiter der Abteilung zentrale technische Dienste und Liegenschaftsnutzung zuständig. Die Bewertung der Einhaltung von Rechtsvorschriften in diesem Bereich obliegt der externen Fachkraft für Arbeitssicherheit. Neben der Dokumentation der Aufbauorganisation werden im Umweltmanagementhandbuch interne Abläufe (Ablauforganisation) wie z. B. die Beschaffung über Routineabläufe geregelt.

10.4.4 EMASeasy – mit *Ecomapping* zum Umweltmanagementsystem

Wesentlicher Grund für die Nutzung der EMASeasy-Methodik ist die Übersichtlichkeit und vielfältige Nutzbarkeit der dokumentierten Daten aus der Umweltanalyse. Der Aufwand an Zeit und Papier für die Aufbereitung der Daten wird durch die *Ecomapping*-Methode minimiert. *Ecomapping* ist ein sofort nutzbares, visuelles Werkzeug, welches sowohl die Dokumentation (auf Grundlage der Gebäudegrundrisse) als auch die Bewertung der gewonnen Umweltdaten ermöglicht. Dabei werden Grundrisse der Organisation (*Maps*) verwendet, um auf diesen Tätigkeiten mit Auswirkungen auf die Umwelt und bestehende Praktiken des betrieblichen Umweltschutzes visuell zu erfassen (*Ecomaps*). Es wurde jeder Raum der Hochschule untersucht. Die *Ecomaps* werden zu verschiedenen Themen, wie etwa Emission, Wasser, Bodenschutz, Sicherheit, Energie und Abfall erstellt. Betriebliche Brennpunkte sind danach leicht zu erkennen.

Aus den Ergebnissen lässt sich ein Aktionsprogramm zur Reduktion von Umweltbelastungen erstellen. Der Nutzen von *Ecomapping* liegt in der einfachen, keine Kosten verursachenden und vielfach nutzbaren Dokumentation, die das Visualisieren eines breiten Spektrums an Umweltauswirkungen und Themenfeldern ermöglicht.

Die Umweltbetriebsprüfung mittels der *Ecomapping*-Methode wurde von Mitarbeitenden aus verschiedenen Abteilungen und unterschiedlichen Standorten der Hochschule (Stadt- bzw. Waldcampus) durchgeführt. Zuvor erfolgte eine intensive Schulung, um die Qualität der Umweltbetriebsprüfung zu sichern und eine Vergleichbarkeit der Analysedaten zu gewährleisten. Anhand einer Checkliste konnten alle *Ecomapping*-Teammitglieder nach der Schulung die Analyse der Umweltsituation an der Hochschule gleichartig durchführen. Im Folgenden werden einige Beispiele aufgeführt.

In der *Ecomap* Wasser werden der Wasserverbrauch und die Abwasserbeseitigung thematisiert, etwa die Sanitäranlagen und deren Zustand (wie z.B. tropfende Wasserhähne). In den Laboren der Hochschule wurde auch der Umgang mit wassergefährdenden Stoffen analysiert.

In der *Ecomap* Bodenschutz und Lagerung wurde in den Laboren, Werkstätten und im Forstbotanischen Garten untersucht, wo und wie Chemikalien gelagert werden und ob diese in ihren Behältern gekennzeichnet sind. Außerdem wird dokumentiert, wie augenblicklich nicht benötigte Möbel und Materialien aufbewahrt werden und sich insgesamt die Lagersituation darstellt.

In der *Ecomap* Energie wird der Energieverbrauch (Wärme und Strom) analysiert. Hierzu gehören die Nutzung elektrischer Geräten (inkl. Gebrauch abschaltbarer Steckerleisten), die Beleuchtung der Arbeitsplätze, die Raumtemperaturen und die Beleuchtung der Fluchtwegschilder.

Die Dokumentation des Umgangs mit Abfällen in der *Ecomap* Abfall umfasst die Situation bei der Abfallsammlung und -trennung. Die Entsorgungswege innerhalb der Hochschule wur- den auch für besondere Abfälle wie CDs oder Tonerkartuschen sowie Sonderabfälle aus Laboren und Werkstätten analysiert.

Die *Ecomap* Emission verzeichnet Gerüche, Staub und Lärm. Dabei geht es auch um Kopierer in den Büros, die Wartung der Ozonfilter, Lärm von Bürogeräten, Vibrationen durch Maschinen und die Qualität der Luft in den einzelnen Räumen.

In der *Ecomap* Sicherheit stehen Unfallrisiken und die daraus resultierenden Umweltgefährdungen im Mittelpunkt der Analyse. Es wird analysiert, ob Rettungs- und Fluchtwege gekennzeichnet sind, ob Feuerlöscher, Brandmelder und Rauchmelder vorhanden sind und ob Alarm-

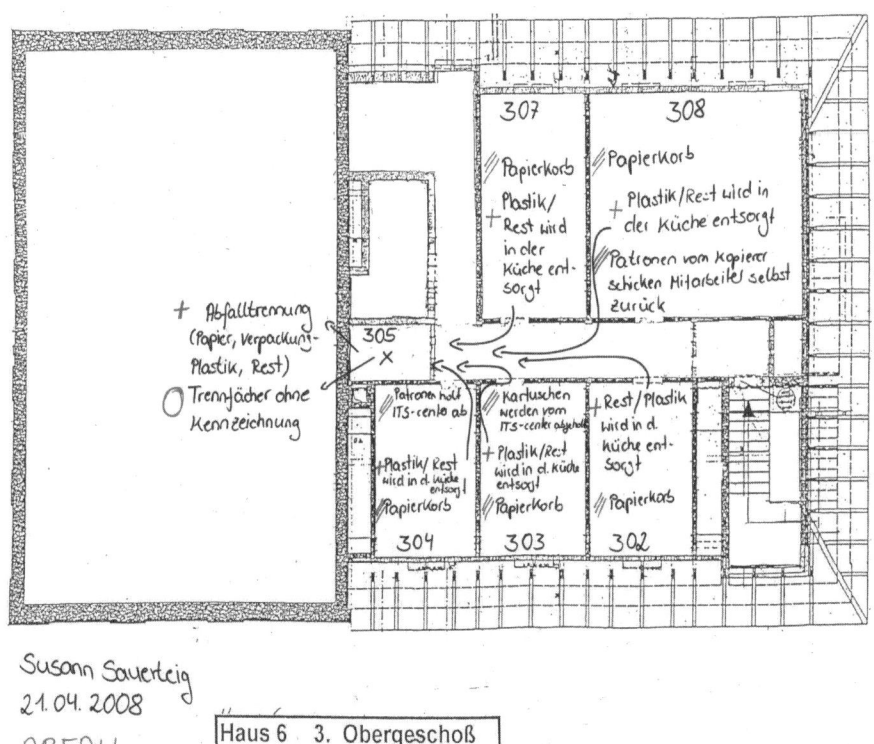

Abb. 10.2 Beispiel *Ecomapping* – *Ecomap* Abfall (Quelle: HNE 2009).

und Notfallpläne aushängen. Des Weiteren wird anhand der Prüfplaketten die Betriebssicherheit der elektrischen Geräte überprüft. Im Labor werden die Notfallduschen anhand der Dokumentation auf ihre regelmäßige Prüfung untersucht. In den Büroräumen wird geprüft, ob die Hochregale mit der Wand verbunden sind und ob eine Steighilfe vorhanden ist.

Das *Ecomapping* unterstützt bei der Identifizierung der relevanten Umweltaspekte, die wiederum Grundlage der Umweltziele und des Umweltprogramms der Hochschule sind, deren Umsetzung zu einer kontinuierlichen Verbesserung der Umweltleistung – mithin das zentrale Ziel betrieblicher Umweltmanagementsysteme – führen soll. *Ecomapping*

Das mittels EMASeasy-Methode erfolgreich implementierte Umweltmanagementsystem wurde von einem akkreditierten Umweltgutachter überprüft und validiert. Als ein Zwischenergebnis und als Wertschätzung der Bemühungen um die systematische Weiterentwicklung des Umweltmanagements kann die Verleihung des europäischen EMAS-

Awards 2010 an die Hochschule (Kategorie „kleine öffentliche Organisationen") betrachtet werden. Mit diesem Preis zeichnet die EU-Kommission seit 2005 Unternehmen und Organisationen für besondere Leistungen im Umweltmanagement aus.

10.5 Schlussbetrachtung

In diesem Kapitel wurde aufgezeigt, was unter Umweltmanagementansätzen zu verstehen ist und welche Ausprägungen und Spezifika zu finden sind. Die Frage, ob die Anwendung eines Umweltmanagementansatzes als Ersatz oder auf dem Weg zu einer EMAS-Validierung oder ISO-Zertifizierung anzuwenden ist, muss individuell entschieden werden; gleichwohl sei abschließend bemerkt, erleichtert eine „Artenvielfalt im Zertifizierungswald" die Kommunikation an Kundschaft, Verbraucherinnen und Verbraucher sicher nicht.

10.6 Übungsfragen

1. Worin ist die Entwicklung der zahlreichen Umweltmanagementansätze begründet?
2. Was unterscheidet Umweltmanagementansätze von standardisierten 1. Umweltmanagementsystemen wie ISO 14001 und EMAS?
3. Warum werden diese Umweltmanagementansätze häufig auch als „niederschwellige Ansätze" bezeichnet?
4. Warum stehen manche Kritikerinnen und Kritiker der bereits existierenden Vielfalt von Umweltmanagementsystemen eher kritisch gegenüber?
5. Wie lassen sich Umweltmanagementansätze systematisieren?
6. Welche Effekte werden durch Umweltmanagementansätze erreicht?
7. Erläutern Sie die EMASeasy-Methode.

10.7 Weiterführende Literatur

BMU/UBA – Bundesumweltministerium / Umweltbundesamt (2005): Hintergrundpapier zur Studie: Umweltmanagementansätze in Deutschland, Berlin.

BMU/UBA – Bundesumweltministerium / Umweltbundesamt (2005): Umweltmanagementansätze in Deutschland, Berlin.

Jahns, P. und Menssen, I. (2010): Ressourceneffizienz in produzierenden Unternehmen – Erfahrungen aus Beratungsprogrammen in NRW, in: UmweltWirtschaftsForum (3/4), S. 165–170.

Kahlenborn, W. und Freier, I. (2006): Environmental management approaches. Preliminary results of two projects financed by the German Environmental Ministry for the Environment / German Agency for Environmental Protection. Report to the ISO TC 207 Committee for environmental management for SMEs.

Thomas, E. (2011): Der Umweltberatungsmarkt in Deutschland, in: Manager 6 (2), S. 171–199.

Teil V: Messung und Steuerung nachhaltiger Leistungen von Unternehmen

11 Nachhaltigkeitscontrolling

von Anette von Ahsen

Kapitelausblick

Um Entscheidungen im Unternehmen nachhaltigkeitsorientiert treffen zu können, ist es erforderlich, dass den Entscheidungsträgern entsprechende ökonomische, ökologische und sozialbezogene Informationen zur Verfügung stehen. Dies zu gewährleisten, ist eine zentrale Aufgabe des Nachhaltigkeitscontrollings. Im vorliegenden Kapitel werden zunächst die Ziele und Themenfelder des Nachhaltigkeitscontrollings skizziert und im Anschluss strategische Aspekte diskutiert. Ausführlichere Diskussionen zu den zentralen Instrumenten des Nachhaltigkeitscontrollings sind in den sich diesem Kapitel anschließenden Kapiteln dieses Buches zu finden – insofern dient dieses Kapitel einer konzeptionellen Einordnung des Nachhaltigkeitscontrollings sowie der Schaffung eines Überblicks über die Instrumente. Eine Fallstudie des Nachhaltigkeitscontrollings bei BMW soll die beschriebenen Inhalte verdeutlichen.

Lernziele

1. Einen Überblick über das Nachhaltigkeitscontrolling gewinnen.
2. Ein Verständnis für die Aufgaben der Koordination und Rationalitätssicherung des Nachhaltigkeitscontrollings entwickeln.
3. Einen vertieften Einblick in die strategische Relevanz und die Handlungsoptionen des Nachhaltigkeitscontrollings erhalten.
4. Instrumente des Nachhaltigkeitscontrollings kennen lernen.

11.1 Ziele und Themenfelder des Nachhaltigkeitscontrollings

Ziele des Nachhaltigkeitscontrollings

Das Ziel des Controllings besteht in der (Entscheidungs-)Unterstützung des Managements hinsichtlich des Erreichens der Unternehmensziele. Verfolgt das Unternehmen ein nachhaltigkeitsorientiertes Zielsystem, das neben ökonomischen auch ökologische und soziale Ziele umfasst, besteht die zentrale Herausforderung darin, zu gewährleisten, dass die relevanten Entscheidungen im Unternehmen entsprechend dieser mehrdimensionalen Ziele, und zwar nach Maßgabe der unternehmensspezifisch festgelegten Gewichtungen, getroffen werden können. Hierzu sind entsprechende Informationen erforderlich: Das Nachhaltigkeitscontrolling umfasst die Ermittlung, Analyse und Kommunikation von entscheidungsrelevanten ökonomisch-, ökologisch- und sozialbezogenen Informationen. Dabei können diese Informationen sowohl finanzieller als auch nicht-finanzieller Art sein (Haasis 2001; Sigma Project 2003).

Die konkrete Ausgestaltung des Nachhaltigkeitscontrollings hängt insbesondere von der Frage ab, welche nachhaltigkeitsbezogenen Themenfelder die Unternehmensführung adressiert (vgl. Abb.11.1).

Nachhaltigkeitsbezogene Themenfelder

Das Nachhaltigkeitscontrolling bezieht sich einerseits auf das Erreichen der jeweils unternehmensspezifisch festgelegten ökonomischen, ökologischen und sozialen Ziele. In der aktuellen Diskussion nimmt dabei im Hinblick auf die ökologische Diskussion die Verminderung des CO_2-Ausstoßes und das entsprechende *„Carbon-Controlling"* in vielen Unternehmen eine besondere Rolle ein (vgl. auch Kapitel 16).

Ökonomische, ökologische und soziale Ziele

Neben den dimensionsspezifischen Herausforderungen bestehen wichtige dimensionsübergreifende Themenfelder des Nachhaltigkeitscontrollings. Zunächst einmal ist hier der *Stakeholder*-Dialog zu nennen: Viele nachhaltigkeitsbezogene Risiken und Chancen wirken nicht direkt, sondern indirekt durch die Wahrnehmung der *Stakeholder*. Dies wird auch an folgendem Beispiel deutlich: Im April 2010 sendete der NDR den Beitrag „Die KiK-Story – die miesen Methoden des Textildiscounters", in dem der Textildiscounter KiK für die Arbeitsbedingungen sowohl in seinen Zulieferbetrieben in Bangladesch als auch in den eigenen Filialen in Deutschland kritisiert wurde. Der Beitrag erreichte hohe Einschaltquoten und erhielt breite Resonanz in den Medien, z.B. bei Spiegel Online und Welt Online. KiK ging zunächst gegen den Beitrag vor. Nachdem dies misslang, änderte das Unternehmen seine Haltung: Es wurden für die in Deutschland beschäftigten Mitarbeitenden Mindestlöhne eingeführt und ein neuer Geschäftsführer für den Bereich Nachhaltigkeitsmanagement und Unternehmenskommunikation einge-

Dimensionsübergreifende Themenfelder

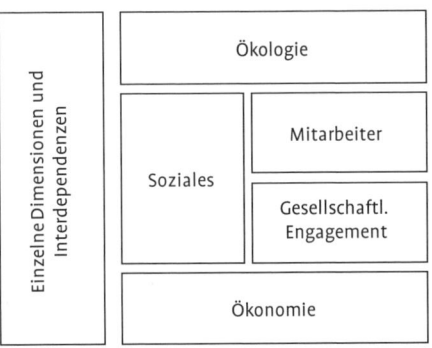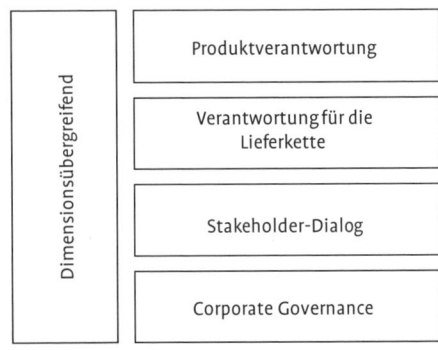

Abb. 11.1 Themenfelder des Nachhaltigkeitscontrollings (Quelle: modifiziert nach Weber et al. 2010, S. 396).

stellt (s. Teevs 2010). Das Beispiel verdeutlicht die Relevanz einer sorgfältigen *Stakeholder*-Analyse und der Nachhaltigkeitsberichterstattung (vgl. Kapitel 18) bzw. der Nachhaltigkeitskommunikation.

Stakeholder-Orientierung des Controllings

Die *Stakeholder* eines Unternehmens stellen einen, wenn nicht den zentralen Ansatzpunkt des Nachhaltigkeitscontrolling dar: Die Ausprägungen des Nachhaltigkeitscontrollings sowohl im Hinblick auf die einzelnen Dimensionen als auch bezüglich der dimensionsübergreifenden Tätigkeitsfelder werden durch die Anforderungen der als strategisch relevant eingeschätzten *Stakeholder* beeinflusst. Aber welche konkreten Konsequenzen ergeben sich daraus? „Angesichts der konsequenten Ausrichtung des Controllings auf das Ergebnisziel [...] erhebt sich die Frage, ob das Controlling auf eine stärkere *Stakeholder*-Orientierung vorbereitet wäre. Welche Konzepte und Instrumente liefert das Controlling, um das Unternehmensgeschehen auf die Ziele anderer Interessengruppen auszurichten?" (Wall und Schröder 2009, S. 4). Diese Fragen sollen im Folgenden beantwortet werden.

Ein weiteres zentrales Tätigkeitsfeld des Nachhaltigkeitscontrollings ist die Wahrnehmung der Produktverantwortung, die sehr vielschichtige Anforderungen an Unternehmen stellt. Diese betreffen beispielsweise die Recyclingfähigkeit und Entsorgung von Produkten oder auch Fragen der Sicherheit bezüglich ihrer Nutzung und ihrer Gebrauchstauglichkeit. Betroffen sind alle Phasen des Produktlebenszyklus. So umfasst die Produktverantwortung z. B. auch, dass Produkte nicht durch Kinderarbeit und zudem umweltschonend hergestellt werden. Dem Nachhaltigkeitscontrolling kommt die Aufgabe zu, die verschiedenen Informationsbedarfe zu analysieren und festzulegen, mittels welcher Instrumente – beispielsweise Ökobilanzen bzw. auch integrierte Produktlinienanalysen – sie zu erarbeiten sind. Schließlich besteht ein dimensionsübergreifendes Tätigkeitsfeld des Nachhaltigkeitscontrollings in der Wahrnehmung der Verantwortung für die Lieferkette (siehe Kapitel 13).

11.2 Konzepte und Aufgaben

Ein nachhaltigkeitsorientiertes Management führt dazu, dass die Konzeptualisierung der Unternehmensleistung und die entsprechenden Messkonzepte von der ausschließlich ökonomischen Dimension zusätzlich auf die ökologische und die soziale Dimension auszuweiten sind.

Interdependenzen

Zudem müssen auch die Interdependenzen analysiert werden. Folgende Beispiele verdeutlichen die Notwendigkeit hierzu:

- Der aus ökologischer Perspektive zweckmäßige Einsatz umweltfreundlicher Verfahren oder Materialien kann im Widerspruch zur Erfüllung von Kundenanforderungen stehen. So kann die lösemittelfreie Lackierung von Knöpfen und Accessoires aufgrund einer ungenügenden Wasch- und Reinigungsmittelbeständigkeit zu Kundenunzufriedenheit führen.
- Ein aus sozialer Perspektive vorzuziehender Produktionsprozess, der etwa mit einer geringeren Unfallgefahr oder besseren Arbeitsbedin

gungen verbunden ist, kann zugleich aus ökonomischer Perspektive weniger effizient oder sogar mit gravierenderen Umweltwirkungen verbunden sein.

- Eine Verbesserung des Umweltschutzes durch Unternehmen kann etwa von Kunden in Abhängigkeit ihres Zufriedenheitsniveaus mit anderen Qualitätsmerkmalen sehr unterschiedlich beurteilt werden.

Offensichtlich ist die Koordination bei einer *Stakeholder*-Orientierung somit wesentlich komplexer als bei der Verfolgung ausschließlich finanzwirtschaftlich orientierter Ziele: Es sind nicht nur mehr Entscheidungen und Pläne verschiedener Unternehmensbereiche abzustimmen, sondern die Teilentscheidungen sind zugleich auf mehrere Ziele hin zu koordinieren (s. Wall und Schröder 2009).

Koordination

Neben der Koordinationsfunktion kommt dem Nachhaltigkeitscontrolling insbesondere die Aufgabe der Rationalitätssicherung zu. Grundüberlegung der rationalitätssichernden Controllingkonzeption (Weber und Schäffer 2011) ist, dass Führung in Unternehmen durch Managerinnen und Manager vollzogen wird. Deren kognitive Fähigkeiten sind jedoch z. B. in dem Sinne begrenzt, dass das menschliche Gehirn nicht in der Lage ist, unbegrenzt Informationen aufzunehmen und zu verarbeiten. Zudem muss davon ausgegangen werden, dass bei den verschiedenen Entscheidungsträgern im Unternehmen divergierende Interessen und Informationsasymmetrien vorliegen, die ggf. opportunistisch genutzt werden können. So betont z. B. Jensen (2001), dass die *Stakeholder*-Theorie den Managerinnen und Managern entgegenkommt, die ihre Interessen gegen die Interessen des Unternehmens durchsetzen wollen und dass es insofern nicht überraschend ist, dass die Theorie bei vielen Managern sehr beliebt ist. Abbildung 11.2 stellt die drei Ebenen der Rationalitätssicherung durch das (Nachhaltigkeits-)Controlling dar.

Rationalitätssicherung

Prüfung eines Modells vor seiner Anwendung (Inputrationalität)
Bei der Verfolgung einer Nachhaltigkeitsstrategie wird z. B. die Bewertung von Investitionen in maschinelle Anlagen einerseits aus der ökonomischen Perspektive, etwa mittels der Kapitalwertmethode, erfolgen. Zudem ist aber auch eine Analyse der ökologischen Auswirkungen sowie der sozialen Konsequenzen für die Mitarbeitenden, die Kundschaft sowie die Gesellschaft vorzunehmen. Diese erfolgt möglicherweise in der Umwelt- oder Nachhaltigkeitsabteilung. Das Controlling veranlasst und koordiniert diese Analysen bzw. wirkt daran mit und bringt entsprechende Methodenkompetenz ein. Ziel ist es letztlich, die Ergebnisse zu einer mehrdimensionalen Entscheidungsgrundlage zu integrieren. Die Instrumente des Nachhaltigkeitscontrollings werden in Abschnitt 4 dieses Kapitels skizziert und in verschiedenen Beiträgen dieses Buches ausführlich erläutert.

Prüfung eines Modells vor seiner Anwendung (Inputrationalität)

Im nächsten Schritt ist zu prüfen, ob in ausreichendem Maße eine Methodenkenntnis vorliegt oder ob etwaige „Könnensdefizite" (s. Weber und Schäffer 2011) auszugleichen sind. Gerade in Unternehmen, die eine Nachhaltigkeitsstrategie neu einführen, stellt es eine wichtige Auf-

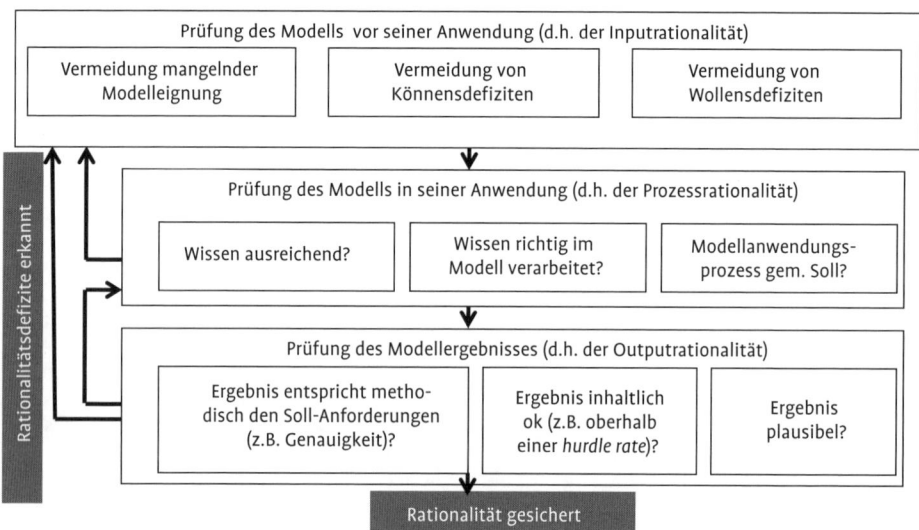

Abb. 11.2 Rationalitätssicherung durch das Controlling (Quelle: modifiziert nach Weber und Schäffer 2011, S. 48).

gabe des Controllings dar, Methodenwissen zu generieren und zu kommunizieren bzw. darauf hinzuwirken, dass ggf. externes Wissen, z. B. durch Unternehmensberatungen, akquiriert wird.

Schließlich gilt es, ggf. vorliegende „Wollensdefizite" (s. Weber und Schäffer 2011) zu vermeiden bzw. zu erkennen und zu vermindern. So können Investitionen in emissionsreduzierende oder seltener zu Unfällen führende maschinelle Anlagen kurzfristig die Ergebnissituation des Unternehmens verschlechtern und dazu führen, dass der erfolgsabhängige Teil der Managervergütung geringer ausfällt. Dies kann dazu führen, dass diese Manager versuchen, eine solche nachhaltigkeitsorientierte Investition zu verhindern. Eine wichtige Aufgabe des Controllings besteht in diesem Zusammenhang darin, adäquate Anreiz- und Kontrollsysteme zu schaffen.

Prüfung eines Modells in seiner Anwendung (Prozessrationalität)

Prüfung eines Modells in seiner Anwendung (Prozessrationalität)

Im Hinblick auf die Prozessrationalität ist es Aufgabe des Controllings zu prüfen, ob im Einzelfall die erforderlichen Informationen zur Modellanwendung in ausreichendem Umfang und mit der erforderlichen Genauigkeit und Sicherheit vorliegen. Gerade im Hinblick auf die Beurteilung von Umweltwirkungen besteht häufig das Problem, dass diese entweder nicht auf dem für das Entscheidungsproblem erforderlichen Aggregationsniveau vorliegen (wenn etwa die Stromverbräuche nicht anlagenbezogen gemessen werden) oder aber die Beurteilung der entstehenden Umweltrisiken schwer möglich ist (weil etwa in der räumlichen Nähe befindliche Anlagen zu zusätzlichen Emissionen führen, mit denen es zu Wechselwirkungen kommen kann). Werden Modelle ohne ausreichendes Wissen eingesetzt, entstehen „scheinrationale Ergebnisse" (Weber und Schäffer 2011). Zudem muss gewährleistet werden, dass das vorhandene Wissen richtig in das Modell eingebracht wird und dass die Modellanwendung – etwa trotz großen Zeitdrucks – zielführend erfolgt. Dies kann z. B. dann problematisch sein, wenn durch das Qualitätsmanagement Vorschläge für veränderte Produktionsprozesse, die mit geringerem Ausschuss verbunden sind, entwickelt werden. Deren Umweltfreundlichkeit und Anfälligkeit für Arbeitsunfälle ist zu prüfen, bevor eine endgültige Entscheidung getroffen wird.

Prüfung der Modellergebnisse (Outputrationalität)
Schließlich ist es Aufgabe des Controllings, die Outputrationalität zu prüfen: Kann davon ausgegangen werden, dass die Ergebnisse so zuverlässig und genau sind, dass eine Entscheidung auf dieser Basis getroffen werden kann? Andersherum gilt aber auch: Ein Controller sollte „misstrauisch werden, wenn bei einer sich auf einen Zeitraum von acht Jahren erstreckenden Investitionsrechnung die Alternativen mit der Genauigkeit von zwei Stellen hinter dem Komma gerechnet werden" (Weber und Schäffer 2011). Das Gleiche gilt für den Fall überraschend genauer oder in ihrer Höhe unerwarteter Umweltwirkungen oder sozialer Aspekte, die für eine Entscheidungsalternative ermittelt werden. Ein Plausibilitätscheck sollte daher vor jeder wichtigen Entscheidung erfolgen.

Prüfung der Modellergebnisse (Outputrationalität)

11.3 Strategisches Nachhaltigkeitscontrolling

Das strategische Nachhaltigkeitscontrolling fokussiert die langfristige Entwicklung des Unternehmens als Ganzes. Um zielführende Strategien entwickeln bzw. beurteilen zu können, müssen sowohl die unternehmensspezifischen Stärken und Schwächen als auch absehbare Entwicklungstendenzen, die sowohl Chancen als auch Risiken umfassen können, im betrieblichen Umfeld berücksichtigt werden. Für solche komplexen Analysen wird der Begriff SWOT-Analyse verwendet: Es geht um die *Strenghts* (Stärken), *Weaknesses* (Schwächen), *Opportunities* (Chancen) und *Threats* (Risiken) (s. Weber und Schäffer 2011; Quick et al. 2011 sowie Kapitel 17).

SWOT-Analyse

Im strategischen Nachhaltigkeitscontrolling besteht die schwierige Aufgabe darin, relevante Veränderungen in allen drei Nachhaltigkeitsdimensionen in der Unternehmensumwelt rechtzeitig zu erkennen, um darauf reagieren oder sie beeinflussen zu können: Diese Veränderungen können die ökologische Situation betreffen, etwa nach einer Katastrophe wie im März 2011 im Atomkraftwerk in Fukushima oder eine veränderte Rechtslage, z. B. nach dem Inkrafttreten neuer umweltrechtlicher oder arbeitssicherheitsbezogener Vorschriften. Weitere Veränderungen können Erkenntnisse der ökologischen Ursachen- und Wirkungsforschung, aber auch veränderte Werthaltungen in der Öffentlichkeit betreffen.

Rechtzeitiges Erkennen der Chancen und Risiken

Im Ergebnis sollten möglichst umfassende Einschätzungen der finanziellen sowie der ökologischen und sozialen Chancen und Risiken vorliegen, aus denen adäquate Handlungsstrategien abgeleitet werden können.

Finanzielle Risiken resultieren etwa aus nicht eingehaltenen rechtlichen Bestimmungen, z. B. umweltbezogenen Grenzwerten oder arbeitsrechtlichen Vorschriften. Ein typisches Marktrisiko besteht darin, dass Kundinnen und Kunden aus Protest ausbleiben – ggf. auch als Folge von Aktivitäten anderer *Stakeholder*-Gruppen, man denke etwa an die Boykottaufrufe gegen Benzin von BP nach der *Deepwater Horizon*-Katastrophe im April 2010 (s. z. B. Weissman 2010). Andererseits können durch die Entwicklung nachhaltiger Produkte Marktchancen entstehen. Die ökologischen und sozialen Risiken und Chancen entstehen – in den entsprechenden Wirkungskategorien – in Form von Veränderungen, etwa in Klimawirkungen oder einer sichereren Arbeit, z. B. gemessen als Unfallhäufigkeit.

Finanzielle, ökologische und soziale Strategien

Aufgabe des Nachhaltigkeitscontrollings ist die Analyse dieser Chancen und Risiken sowie die Erarbeitung entsprechender strategischer Handlungsansätze. Aus der finanziellen Perspektive sind dabei Risiko- und Chancenstrategien zu unterscheiden (s. z. B. Lange et al. 2001). Erstere adressieren die Verminderung der Risiken (etwa durch Investitionen in umweltfreundlichere bzw. sicherere Produktionsanlagen), ihre Überwälzung (z. B. auf Umwelthaftpflichtversicherungen) oder ihre Akzeptanz. Die Chancenstrategien zielen dagegen auf eine Kostensenkung (z. B. durch verminderte Ressourceneinsätze) oder Differenzierung (Abgrenzung von Konkurrenzprodukten durch Nachhaltigkeitsorientierung) ab. Bei Verfolgung ökologischer Unternehmensziele können die Strategieausprägungen der Vermeidung, Verwertung, Beseitigung und Restitution unterschieden werden. Unter Restitution ist dabei die Wiederherstellung des ursprünglichen Zustands, etwa im Sinne einer Wiederaufforstung eines abgeholzten Waldes zu verstehen (s. zur juristischen Perspektive der Restitution Godt 1997). Soziale Strategien fokussieren z. B. die Verbesserung der Arbeitsbedingungen und die Vermeidung von Gesundheitsschäden. Das strategische Nachhaltigkeitscontrolling muss bei der Analyse solcher strategischer Optionen immer auch die jeweiligen Interdependenzen berücksichtigen.

11.4 Instrumente des Nachhaltigkeitscontrollings

Die oben skizzierten Aufgaben des Nachhaltigkeitscontrollings können mit Hilfe geeigneter Planungs- und Kontrollinstrumente sowie einer entsprechenden Nachhaltigkeitskommunikation gelöst werden. In den folgenden Abschnitten wird hierauf näher eingegangen.

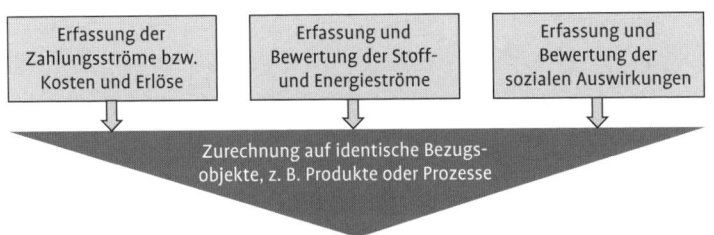

Abb. 11.3 Zurechnung nachhaltigkeitsorientierter Informationen auf Bezugsobjekte und Nutzung durch Controllinginstrumente (Quelle: modifiziert und ergänzt nach Lange und Martensen 2004, S. 19).

11.4.1 Überblick und grundsätzliche Anforderungen

Nachhaltigkeitsorientierte Entscheidungen erfordern es, in einem ersten Schritt entsprechende Informationen zu generieren und auf die jeweiligen Bezugsobjekte zuzurechnen (vgl. Abbildung 11.3).

Ein zentrales Problem der Umsetzung mehrdimensionaler Entscheidungen besteht darin, dass ökologisch- und sozialorientierte Informationen i. d. R. nicht in finanzieller Form vorliegen. So werden etwa Stoff- und Energieflüsse sowie auch ihre potenziellen Wirkungen in Mengeneinheiten abgebildet, Arbeitsunfälle werden i. d. R. ebenfalls mengenmäßig oder anhand von Krankheitstagen erfasst. Viele „weiche" Aspekte – gerade im Gesundheitsschutz – lassen sich überhaupt nur schwer zu messbaren Indikatoren verdichten, so dass es bisher kaum zielführende Mess- und Steuerungsinstrumente gibt: „Die Herausforderung für das Controlling wird sein, sich auf eine interdisziplinäre und innovative Zusammenarbeit mit ,weichen' Wissenschaften einzulassen und die eigene Datenarchitektur im Hinblick auf diese neuen Bedarfe abzustimmen und zu erweitern" (Vogt 2010).

Das Treffen von Entscheidungen bei mehrdimensionaler Zielsetzung ist immer dann unproblematisch, wenn es eine dominante Lösung gibt. Häufig resultieren jedoch aus der ökonomischen, ökologischen und sozialen Perspektive konfliktäre Handlungsempfehlungen. Wall (2009) unterscheidet drei Lösungsansätze, um in solchen Situationen Entscheidungen treffen zu können:

• Zielunterdrückung: Der Entscheidungsträger kann bestimmte Ziele ignorieren. In diese Kategorie ist ein Vorgehen einzuordnen, bei dem anhand einer Rangordnung der Ziele vorgegangen wird: Die Alternativen werden im Hinblick zunächst nur auf das wichtigste Ziel bewertet; sind zwei Alternativen hier gleich vorteilhaft, „greift" das nächste Zielkriterium.

Lösungsansätze mehrdimensionaler Entscheidungsprobleme

- Festlegung eines bestimmten Zielniveaus: Ein Ziel wird als zu maximierend (bzw. minimierend) festgelegt, während für die weiteren Ziele lediglich zu erreichende Zielniveaus bestimmt werden.
- Zielkompromiss: Mittels Verfahren des *Multiple Criteria Decision Making* (MCDM), wie etwa Nutzwertanalysen oder *Scoring*-Modelle, können Zielkompromisse hergestellt werden. Voraussetzung ist ggf. eine konsensfähige Gewichtung der Zieldimensionen.

Diese Ansätze eröffnen den Entscheidungsträgern teilweise große Spielräume. Neben die Analyse der Sachinterdependenzen muss daher die Überlegung treten, ob bei den verschiedenen Entscheidungsträgern divergierende Zielsysteme und Informationsasymmetrien vorliegen.

In den folgenden Abschnitten wird ein Überblick über nachhaltigkeitsorientierte Controllinginstrumente gegeben. Auf die bereits in Abschnitt 3 angesprochenen Instrumente des strategischen Controllings sowie auf die Nachhaltigkeitsberichterstattung und -kommunikation wird nicht mehr eingegangen.

11.4.2 Nachhaltigkeitsorientierte Analyse von Produkten und Prozessen

Grundsätzlich zu unterscheiden sind einerseits Instrumente, die nur auf eine Nachhaltigkeitsdimension abstellen. So werden mittels Ökobilanzen ausschließlich die ökologischen Auswirkungen von Produkten analysiert (siehe hier ausführlich Kapitel 12). Andererseits kann versucht werden, zwei oder auch alle drei Dimensionen in die Analyse einzubeziehen. Dann werden parallel zu einer ökonomischen Analyse die ökologischen und / oder sozialen Aspekte eines Bezugsobjekts untersucht. Tabelle 11.1 zeigt ein Beispiel für eine Produktlinienanalyse (s. ausführlich auch Herrmann 2010):

Die Abbildung umfasst dabei ein stark vereinfachtes Modell, in dem lediglich die CO_2-Emissionen als Umweltwirkungen berücksichtigt werden. Die Punktwerte für die sozialen Folgen umfassen etwa Aspekte wie die Arbeitsbedingungen, Ergebnisse von Crash-Tests etc. Dabei werden die drei Perspektiven der Hersteller, Kundschaft und *End-of-Life*-Akteure unterschieden – es wird deutlich, dass die Vorteilhaftigkeit jeweils durchaus unterschiedlich beurteilt werden kann.

Werden Bezugsobjekte im Hinblick auf alle drei Nachhaltigkeitsdimensionen bewertet, können zwar z. B. in Auswahlentscheidungen für Produktkonzepte sämtliche Informationen einfließen, allerdings muss bei Vorliegen widersprüchlicher Entscheidungsempfehlungen eine Gewichtung der Dimensionen erfolgen oder eine gänzlich neue Alternative gefunden werden.

Audits

Zu den nachhaltigkeitsorientierten produkt- und prozessbezogenen Planungs- und Kontrollinstrumenten zählen auch die verschiedenen Ausprägungen von Audits. Hierauf soll an dieser Stelle nicht näher eingegangen werden, vgl. aber im Hinblick auf umwelt- und sozialbezogene Audits Kapitel 4.

Tab. 11.1 Produktlinienanalyse (Quelle: modifiziert und ergänzt nach Günther und Manthey 2009, S. 937).

	Kosten (€)		CO2-Emission		Soziale Beurteilung als Punktwert	
	Pkw 1	Pkw 2	Pkw 1	Pkw 2	Pkw 1	Pkw 2
Herstellerübersicht/ Produktionsphase						
Rohstoffe	5.500	3.100	8	9,6	4	2
Transporte	1.000	900	1,5	1,8	3	3
Produktion	9.500	8.000	2	3,5	8	7
Summe	16.000	12.000	11,9	14, 9	15	12
Kundensicht/Betrieb						
Anschaffung	20.000	15.000	0	0	0	0
Betrieb	11.716	15.790	30	44,3	2	2
Verkauf	-7.921	-5.545	0	0	0	0
Summe	23.795	25.245	30	44,3	2	2
End-of-Life-Akteur						
Anschaffung	3.000	3.000	0	0	0	0
Demontage	250	250	0	0	1	1
Wiederverwertung	-2.500	-2.000	0	0	0	0
Beseitigung	350	500	0,4	0,43	1	2
Summe	1.100	1.750	0,4	0,43	2	3

11.4.3 Nachhaltigkeitsorientierte Analyse operativer Risiken

In der Literatur zum Nachhaltigkeitscontrolling meist eher weniger beachtet – aber für das Erreichen nachhaltigkeitsbezogener Ziele häufig von großer Bedeutung – sind die Analyse und Handhabung operativer Risiken durch potenzielle Störfälle oder Fehler. Ein Instrument, das hierzu einen wichtigen Beitrag leisten kann, ist die Fehlermöglichkeits- und -einflussanalyse (FMEA).

Ziel der herkömmlichen FMEA ist es, aus der Perspektive der Kundschaft Informationen über potenzielle Fehler an Produkten oder Prozessen sowie über ihre Ursachen und Folgen bereitzustellen (s. DGQ 2008). Für jeden potenziellen Fehler wird gemäß folgender Formel eine Risikoprioritätszahl (RPZ) ermittelt:

$$RPZ = S_A * S_E * S_B$$

mit:

S_A = Score für die Auftretenswahrscheinlichkeit von Fehlern

S_E = Score für die Entdeckungswahrscheinlichkeit von aufgetretenen Fehlern, bevor der Kunde das Produkt erhält

S_B = Score für die Bedeutung der Fehlerfolgen aus Sicht der Kunden

Auf einer Skala von eins bis zehn erfolgt eine Einschätzung der drei Kriterien: Jeweils ein Punkt steht für ein äußerst unwahrscheinliches Auftreten des Fehlers, für eine sehr hohe Entdeckungswahrscheinlichkeit von aufgetretenen Fehlern, bevor der Kunde das Produkt erhält und

Fehlermöglichkeits- und -einflussanalyse

für eine geringe Bedeutung der Fehlerfolgen aus Sicht des Kunden. Zehn Punkte stehen entsprechend für ein sicheres Auftreten, eine geringe Entdeckungswahrscheinlichkeit und eine sehr große Bedeutung der Fehlerfolgen aus Sicht der Kunden. Als Ergebnis liegen somit Bewertungen der Fehlerursachen in Form von RPZ zwischen eins und 1 000 vor. Je höher die RPZ, desto dringlicher ist der Optimierungsbedarf.

Eine aus ökonomischem Blickwinkel zielführende Erweiterung der FMEA besteht darin, nicht nur die Konsequenzen der Fehler, die erst beim Kunden entdeckt werden, zu berücksichtigen, sondern auch die Kosten, die durch unternehmensintern entdeckte Fehler entstehen (vgl. Ahsen 2008).

Aus der Perspektive des Nachhaltigkeitscontrollings greift die einseitige Untersuchung ökonomischer Fehlerrisiken jedoch zu eng. In der Literatur und auch in einigen Unternehmen werden daher seit einigen Jahren umweltbezogene Modifikationen des Instruments diskutiert und z. T. auch erprobt (s. z. B. Ford-Werke AG 2001; Pfeifer und Greshake 2004). Bei solchen Umwelt-FMEAs werden potenzielle Fehler nicht im Hinblick auf ihre ökonomischen, sondern bezüglich ihrer ökologischen Folgen bewertet. Hierzu ist es erforderlich, entsprechende Konvertierungstabellen zu entwickeln, die eine Zuordnung von ein bis zehn Punkten zu den verschiedenen Fehlerfolgen ermöglichen. Die Festlegung auf eine solche Konvertierungstabelle ist allerdings problematisch, weil sie eine Bewertung von Umweltwirkungen auf kardinalem Messniveau erfordert. Entsprechend sollten diese Kriterien begründet und dokumentiert – und damit auch kritisierbar gemacht – werden.

Neben der umweltorientierten FMEA werden auf die soziale Dimension ausgerichtete Modifikationen der Methode diskutiert. Hier geht es v. a. um die Auswirkungen potenzieller Fehler auf die Arbeitssicherheit und Gesundheit der Mitarbeitenden (s. AngloGold Ashanti 2008).

Vor dem Hintergrund, dass ein nachhaltigkeitsorientiertes Controlling immer auch die Interdependenzen zwischen den Dimensionen berücksichtigen sollte, sind Ansätze einer mehrdimensionalen Konzipierung, also zugleich qualitäts- und umweltorientierte FMEAs (s. Ahsen und Lange 2004) oder zugleich sozial- und umweltorientierte Ausprägungen des Instruments (s. Duckworth und Moore 2010) vielversprechende Weiterentwicklungen. Die herkömmliche FMEA wird etwa in Unternehmen der Automobilbranche fast flächendeckend genutzt, zumal die Hersteller hier i. d. R. ihre Zulieferer zur Anwendung dieses Instruments verpflichten. Gerade deshalb könnte eine Weiterentwicklung und verbreitete Anwendung der nachhaltigkeitsorientiert modifizierten FMEA einen wichtigen Beitrag zu einer mehrdimensionalen Verbesserung von Produkten und Prozessen leisten.

11.4.4 Nachhaltigkeitsorientierte Kosten- und Investitionsrechnung

Die Instrumente der Kostenrechnung sind ein zentrales Element des her- | Nachhaltigkeitsorientierte Kostenrechnung
kömmlichen Controllings. Sie ermöglichen es, sowohl vergangenheits-
als auch zukunftsbezogene Informationen über die wirtschaftliche Lage
des Unternehmens bereitzustellen. Im Rahmen des Nachhaltigkeitscontrollings kann eine Differenzierung dieser Instrumente vorgenommen
werden, um etwa zu analysieren, mit welchen Kosten Umweltschutzmaßnahmen oder Maßnahmen zur Verbesserung der Arbeitssicherheit
und des Gesundheitsschutzes – oder auch ihre Unterlassung – verbunden sind. Abbildung 11.4 zeigt eine Systematisierung internalisierter
umwelt- und sozialbezogener Kosten. Als Umweltkosten werden dabei
die Kosten bezeichnet, die entweder durch die von einem Unternehmen
ausgehenden Umweltwirkungen entstehen oder durch Umweltschutzmaßnahmen verursacht sind. Internalisiert sind diese Kosten dann,
wenn sie durch das Unternehmen zu tragen sind, ansonsten stellen sie
externe Umweltkosten dar. Analog sind die sozialen Kosten definiert.

Umweltbezogene Duldungskosten entstehen etwa als Abwasser- oder
Abfallabgaben, Gebühren, Kosten für CO_2-Emissionszertifikate, aber z. B.
auch als Strafen bei der Übertretung von Grenzwerten. Analog sind unter
sozialbezogenen Duldungskosten die Kosten zu verstehen, die etwa durch
Arbeitsunfälle, die hätten vermieden werden müssen, entstehen: Beispielsweise musste kürzlich der Besitzer einer britischen Beleuchtungs-
firma umgerechnet knapp 23 000 € Strafe zahlen, nachdem sich ein Mitarbeiter an einer Maschine verletzt hatte, deren Sicherheitsvorkehrungen
nicht den landestypischen Vorschriften entsprach (s. o. V. 2010).

Das Ziel einer nachhaltigkeitsbezogenen Kostenrechnung ist es letzt- | Ziele der nachhaltigkeitsorientierten Kostenrechnung
lich, für die Entscheidungsträger in den verschiedenen Entscheidungssi-
tuationen die relevanten Informationen bereitzustellen. Dabei können
umwelt- und sozialbezogene Kosteninformationen insbesondere in folgenden Zusammenhängen relevant sein:
* Identifikation von ökologischen oder sozialen Schwachstellen und
  Kostensenkungspotenzialen,
* Abweichungsanalysen,

Internalisierte Umwelt- und Sozialkosten		
Ressourcen-kosten	**„Duldungs-kosten"**	**Kosten für Umweltschutz bzw. verbesserte Arbeitssicherheit/ Gesundheit**
Kosten für die Entnahme natürlicher Ressourcen aus der Umwelt, einschließlich Personalkosten	Kosten für die Hinnahme/ Duldung von Umweltwirkungen bzw. sozialen Missständen, Arbeitsunfällen etc.	Kosten für Maßnahmen zur Verminderung von Umweltwirkungen bzw. sozialen Problemen: ▪ Vermeidungs-/ Verminderungskosten ▪ Verwertungskosten ▪ Beseitigungskosten

Abb. 11.4 Systematisierung internalisierter umwelt- und sozialbezogener Kosten (Quelle: modifiziert nach Lange und Martensen 2004, S. 4).

- Unterstützung bei Entscheidungen bezüglich der Substitution von Einsatzmaterialien, Optimierung von Produktkonzeptionen,
- Unterstützung bei Entscheidungen bezüglich Verfahrensvergleichen, z. B. additive vs. integrierte Umweltschutzmaßnahmen, unterschiedliche Sicherheitsniveaus im Hinblick auf Arbeitsunfälle durch verschiedene maschinelle Anlagen,
- zielsystemorientierte Verhaltenssteuerung.

Investitionsrechnung

Ähnlich wie die Kostenrechnungsansätze können auch die herkömmlichen Instrumente der Investitionsrechnung um ökologische und soziale Aspekte ergänzt werden. Hierzu wird neben der Berechnung etwa eines Kapitalwertes der ökologische und soziale Nutzen eines Investitionsprojekts z. B. mittels der Nutzwertanalyse beurteilt. Die Zusammenführung der mehrdimensionalen Ergebnisse zu einem Entscheidungswert wirft dann die gleichen grundsätzlichen Probleme auf, wie sie weiter oben am Beispiel der Produktlinienanalyse skizziert wurden.

11.4.5 Nachhaltigkeitsorientierte Kennzahlen(-systeme)

Kennzahlen(-systeme) sind zentrale Instrumente zur Gewinnung und Auswertung nachhaltigkeitsorientierter Informationen; die Planung, Steuerung und Kontrolle sämtlicher Themenfelder des Nachhaltigkeitscontrollings kann durch ihren Einsatz unterstützt werden.

Für die ökonomische Nachhaltigkeitsperspektive werden seit Langem Kennzahlen(-systeme) intensiv genutzt. Auch umweltbezogene Kennzahlensysteme finden zunehmend Verbreitung, wobei häufig zwischen Umweltleistungskennzahlen und Umweltzustandsindikatoren unterschieden wird. Erstere sind durch das Unternehmen beeinflussbar – hier wird noch weiter differenziert in operative Umweltleistungskennzahlen – dies sind z. B. Kennzahlen über Ressourcenverbräuche, Emissionsmengen etc. – und Managementleistungskennzahlen, also Kennzahlen, die z. B. über den Umsetzungsgrad der geplanten Verbesserungsmaßnahmen im Umweltschutz Auskunft geben. Umweltzustandsindikatoren informieren über die Umweltbelastung in einem bestimmten geografischen Gebiet. Sie sind i. d. R. durch einzelne Unternehmen nicht beeinflussbar (Ausnahmen sind Störfälle, mit denen ggf. vorübergehend etwa Gewässer oder die Luft extrem belastet werden), stellen aber wichtige Informationen bezüglich der Relevanz von Optimierungsansätzen für das betriebliche Umweltcontrolling dar. Sozialbezogene

GRI

Kennzahlen können z. B. mit der *Global Reporting Initiative* (GRI) in die vier Hauptbereiche *„Labor Practices and Decent Work"*, *„Human Rights"*, *„Society"* und *„Product Responsibility"* unterteilt werden.

Für ein Nachhaltigkeitscontrolling spielen neben Kennzahlen, die sich jeweils auf eine der drei Dimensionen beziehen, auch solche Kennzahlen eine Rolle, die die Interdependenzen zwischen den Dimensionen abbilden und damit z. B. helfen, mehrdimensionale Bewertungen zu einem Entscheidungswert zusammenzuführen. Ein Beispiel hierfür ist der „*Return on Environment*" (ROE) als Kennzahl zur Einschätzung der Vorteilhaftigkeit von Produktkonzeptionen (vgl. Bage und Samson 2003). Der ROE wird als Quotient ermittelt:

ROE = (LCC / Preis) / Skalierte Umweltwirkungen

Dabei werden die *Life Cycle Costs* (LCC), also alle in den gesamten Phasen des Lebenszyklus eines Produkts entstehenden Kosten, zunächst durch den Preis des Produktes geteilt. Das Ergebnis wird dann zu den kardinal skalierten Umweltwirkungen in Beziehung gesetzt.

Ziele des Einsatzes von Kennzahlen sind z. B.

* Beurteilung der Umweltverträglichkeit oder Sozialverträglichkeit von Produkten oder Prozessen,
* Nachhaltigkeitsbezogene Abweichungsanalysen,
* Kommunikation nachhaltigkeitsbezogener Informationen an unternehmensinterne und -externe *Stakeholder*.

Ein zentrales Problem nachhaltigkeitsbezogener Kennzahlen ist die Notwendigkeit der Beurteilung z. B. von Umweltwirkungen oder auch der Arbeitssicherheit auf kardinalem Skalenniveau. Eine Steuerung von Entscheidungen mittels Kennzahlen erfordert zudem die – häufig schwierige – Festlegung von Sollwerten.

Ausführliche Darstellungen und Diskussionen zu Nachhaltigkeitskennzahlen finden sich in den Kapiteln 14 und 15.

Randnotizen:
ROE

LCC

Ziele des Einsatzes von Kennzahlen

11.5 Fallstudie: Nachhaltigkeitscontrolling bei der BMW Group

Die BMW Group ist ein Automobilhersteller mit Hauptsitz in München. Das Unternehmen beschäftigte 2010 knapp 95 500 Mitarbeitende; der Umsatz betrug etwa 60 477 Mio. € bei 1 571 279 verkauften Fahrzeugen.

Wie Abbildung 11.6 verdeutlicht, umfasst das Nachhaltigkeitsmanagement bei BMW sämtliche in Abschnitt 11.2 skizzierten Tätigkeitsfelder (s. zu folgendem auch den aktuellen Nachhaltigkeitsbericht der BMW Group 2008). Den Tätigkeitsfeldern zugeordnet sind jeweils Legenden mit ausgewählten aktuellen Ansatzpunkten.

Bezüglich der drei Nachhaltigkeitsdimensionen (obere Hälfte der Abbildung 11.6) sind jeweils drei bis vier zentrale Ansatzpunkte definiert, für die konkrete Zielvorgaben formuliert werden und die u.a. mit Hilfe von Kennzahlen kommuniziert und kontrolliert werden. Folgende Kennzahlen stehen dabei im Vordergrund:

* Ökologische Nachhaltigkeitsdimension: CO_2-Emissionen, Ressourcenverbrauch
* Soziale Nachhaltigkeitsdimension: Anzahl Mitarbeiter bzw. Auszubildende am Jahresende, durchschnittliche Fort- und Weiterbildungstage je Mitarbeitendem, Unfallhäufigkeitsrate (in Mio. geleistete Arbeitsstunden)

Randnotiz: Nachhaltigkeitsbezogene Tätigkeitsfelder

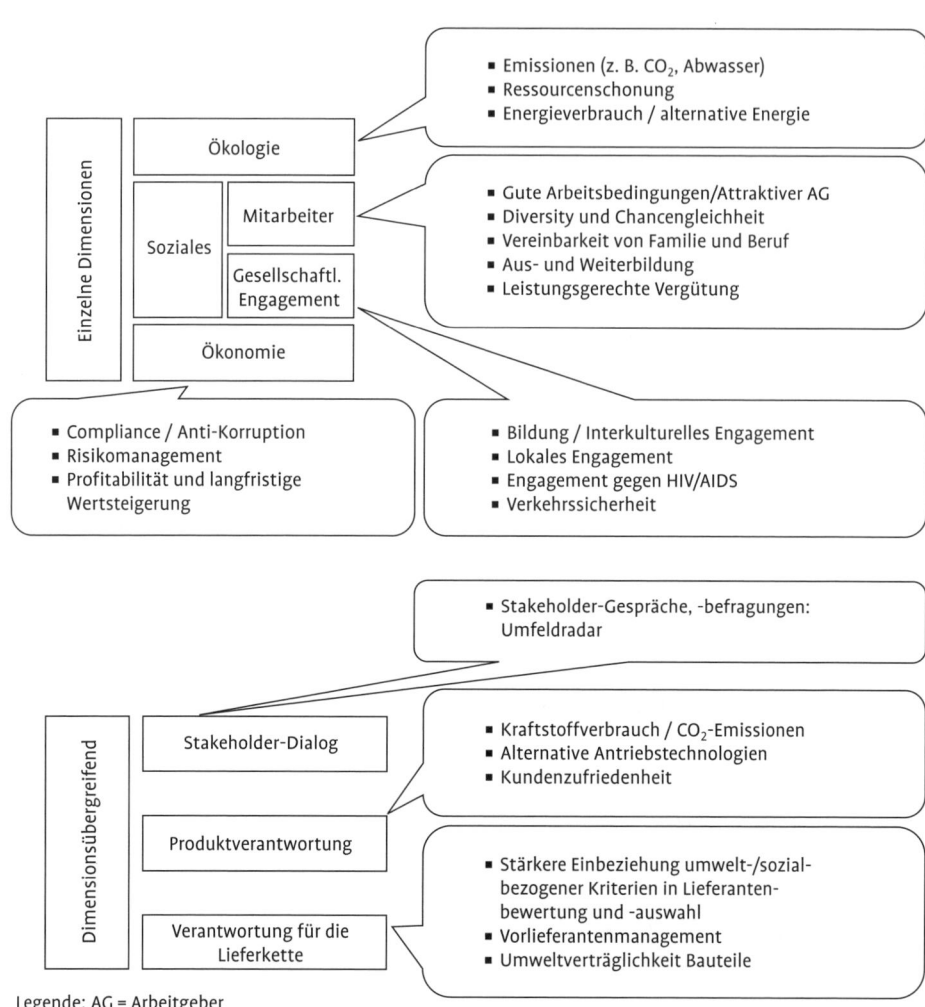

Abb. 11.5 Nachhaltigkeitsbezogene Tätigkeitsfelder bei BMW (Quelle: Informationen zusammengestellt aus dem Nachhaltigkeitsbericht 2008 der BMW Group).

- Ökonomische Nachhaltigkeitsdimension: Umsatz, Ergebnis vor Steuern, *Return on Capital Employed*

Ziele

Für die verschiedenen Bereiche sind Ziele festgelegt. So ist geplant, bis zum Jahr 2012 den Ressourcenverbrauch pro Fahrzeug im Vergleich zum Jahr 2006 um 30 % zu senken. Für die einzelnen Produktionsstandorte wurden entsprechende Zielvorgaben festgeschrieben, so dass sie an dieser Kennzahl gemessen werden können. Zukünftig sollen verstärkt mehr soziale Aspekte als bisher mittels Kennzahlen gesteuert werden.

Große Bedeutung kommt bei BMW auch dem dimensionsübergreifenden Nachhaltigkeitsmanagement und den entsprechenden Controllingansätzen zu (untere Hälfte in Abb. 11.5). Im Hinblick auf die strategische Ausrichtung des Nachhaltigkeitscontrollings besteht ein Schwerpunkt bei BMW in der Früherkennung mittels des „Umfeldradars". Hierbei sollen im Dialog mit verschiedenen *Stakeholder*-Gruppen aus Wirtschaft, Politik und Gesellschaft mittel- und langfristige Herausforderungen möglichst so frühzeitig erkannt werden, dass noch breite Handlungsspielräume zur Anpassung oder ggf. zur Gegensteuerung bestehen.

Bezüglich der Produktverantwortung stehen aus ökologischer Perspektive die Senkung des Kraftstoffverbrauchs und der CO_2-Emissionen im Vordergrund; hinzu kommt die Entwicklung alternativer Antriebstechnologien. Aus ökonomischer Perspektive ist die Hauptzielrichtung eine hohe Kundenzufriedenheit, die durch die drei „Säulen" Produkteigenschaften, Zuverlässigkeit der Fahrzeuge und Kundenbetreuung erreicht werden soll. Um aus ökologischer Perspektive die Produktentwicklung zu optimieren, werden die Umweltauswirkungen verschiedener Fahrzeugbestandteile mittels Ökobilanzen bewertet. Eine direkte Integration mit einer Lebenszykluskostenrechnung und/oder einer sozialbezogenen Lebenszyklusanalyse erfolgt nicht. Jedoch werden die qualitäts- und umweltbezogenen Planungsergebnisse insofern miteinander verknüpft, als Konzeptveränderungen, die aus der qualitätsbezogenen Perspektive resultieren, i. d. R. mittels Stoff- und Energieflussrechnungen im Hinblick auf ihre umweltbezogenen Auswirkungen überprüft werden (s. Ahsen 2013).

Ausdrückliches Ziel von BMW ist es, sämtliche nachhaltigkeitsbezogene Aspekte über den gesamten Produktentstehungsprozess hinweg zu steuern und damit Verantwortung für die Lieferkette zu übernehmen. Die Zulieferer werden im Hinblick auf ökonomische, qualitäts- und umweltbezogene sowie soziale Kriterien hin bewertet und ausgewählt. Dabei ist in den letzten Jahren die Bedeutung umweltbezogener und sozialer Kriterien gestiegen; inzwischen können sie ebenso wie qualitätsbezogene Anforderungen Ausschlusskriterien für Zulieferer bilden. Diese Entwicklung soll zukünftig noch verstärkt werden.

11.6 Übungsfragen

1. Benennen und skizzieren Sie die Themenfelder des Nachhaltigkeitscontrollings.
2. Beschreiben Sie drei Beispiele für Interdependenzen zwischen der ökonomischen, ökologischen und sozialen Zieldimension und Implikationen für die Entscheidungsfindung im Zusammenhang mit der Produkt- bzw. Prozessgestaltung.
3. Inwiefern spielt die Rationalitätssicherung für das Nachhaltigkeitscontrolling möglicherweise eine noch größere Rolle als im herkömmlichen Controlling?
4. Skizzieren Sie drei finanzielle Strategien, mit denen Unternehmen auf soziale und umweltbezogene Risiken reagieren können.
5. Skizzieren Sie drei Ansätze, mit denen bei Vorliegen von Zielkonflikten mehrdimensionale, nachhaltigkeitsorientierte Entscheidungen getroffen werden können.
6. Skizzieren Sie die Ziele, Methodik und Probleme der mehrdimensionalen nachhaltigkeitsorientierten FMEA.
7. Benennen Sie drei Entscheidungssituationen, in denen umwelt- und sozialorientierte Kosteninformationen relevant sein können.

11.7 Weiterführende Literatur

Günther, E. (2008): Ökologieorientiertes Management, Stuttgart 2008.

Dyckhoff, H. und Souren, R. (2007): Nachhaltige Unternehmensführung. Grundzüge industriellen Umweltmanagements, Berlin, Heidelberg.

ISO DIS 26000 (2010): Guidance on Social Responsibility, Genf.

Schaltegger, S.; Herzig, C.; Kleiber, O.; Klinke, T. und Müller, J. (2007): Nachhaltigkeitsmanagement in Unternehmen. Von der Idee zur Praxis: Managementansätze zur Umsetzung von Corporate Social Responsibility und Corporate Sustainability. Hrsg. vom Bundesministerium für Umwelt-, Naturschutz und Reaktorsicherheit (BMU), econsense – Forum Nachhaltige Entwicklung der Deutschen Wirtschaft e. V. und Centre for Sustainability Management (CSM), Berlin.

Seuring, S. und Müller, M. (2008): From a literature review to a conceptual framework for sustainable supply chain management, in: Journal of Cleaner Production. Vol. 16, S. 1699–1710.

12 Ökobilanzierung und Stoffstrommanagement

von Romy Morana, Stefan Seuring und Silke Mollenhauer

Kapitelausblick

Ausgehend von den ersten Arbeiten in den 1970er Jahren haben sich das Stoffstrommanagement und die Ökobilanzierung zu wichtigen Instrumenten in der Umweltpolitik und im betrieblichen Umweltmanagement entwickelt. Neben Betriebs- und Prozessbilanzen haben insbesondere Produkt-Ökobilanzen eine immer größere Bedeutung gewonnen. Mit der ISO-Norm 14040 „Umweltmanagement – Ökobilanz – Grundsätze und Rahmenbedingungen", die 2006 als Überarbeitung der vorhergehenden Normenreihe 14040 bis 14043 erschienen ist, liegen Regelungen zur Erstellung von produktbezogenen Ökobilanzen (*Life Cycle Assessment* – LCA) vor.

Nach einigen kurzen Bemerkungen zur Historie des LCA stellt dieses Kapitel den aktuellen Stand der Normung dar. Insbesondere werden die Schritte des LCA beschrieben (Festlegung des Ziels und Untersuchungsrahmens, Sachbilanz, Wirkungsabschätzung und Auswertung) und mögliche Einsatzfelder vorgestellt.

Anschließend wird kurz auf den Begriff des Stoffstrommanagements eingegangen, der sich in der Weiterentwicklung der Debatte um die Anwendung von Ökobilanzen entwickelt hat. Die nachfolgende Fallstudie rundet das Kapitel ab, indem sie die Kerngedanken reflektiert und den praktischen Nutzen von Ökobilanzen hervorhebt.

Lernziele

1. Einen Überblick über die Grundlagen einer ökologischen Bilanzierung gewinnen.
2. Einen Überblick über mögliche Ansätze zur Erstellung einer Ökobilanz erhalten.
3. Den Begriff des Stoffstrommanagements verstehen.
4. Mögliche Schwachstellen und Probleme bei der Durchführung von Ökobilanzen erkennen.

12.1 Produktbezogene Ökobilanzierung

Die produktbezogene Ökobilanzierung dient der systematischen Erfassung aller durch die Herstellung, Nutzung und Entsorgung eines Produkts (Produktlebenszyklus: *from Cradle to Grave*, also von der Wiege bis zur Bahre) ausgelösten Stoff- und Energieströme. Die Betrachtung umfasst dabei alle Phasen des Produktlebenszyklus inklusive der Transport- und Recyclingvorgänge (ISO 14040:2006).

12.1.1 Entwicklung der produktbezogenen Ökobilanzierung

Da nach Beginn der Diskussion über die produktbezogene Ökobilanzierung die Ausgestaltungen immer vielfältiger wurden, stieg der Bedarf an einer Vereinheitlichung. Zu diesem Zweck veröffentlichte die *Society of Environmental Toxicology and Chemistry* (SETAC) 1992/93 den „Code of Practice", gefolgt vom Deutschen Institut für Normung (DIN), welches Ende 1993 die „Grundsätze produktbezogener Ökobilanzen" verabschiedete (s. SETAC 1993; o.V. 1994). Diese grundlegenden Arbeiten dienten der Internationalen Normungsorganisation ISO im Jahre 1997 dazu, den ISO Standard 14040 mit dem Titel „Umweltmanagement – Ökobilanz – Prinzipien und allgemeine Anforderungen" zu erstellen, der die Grundlagen und den Aufbau einer Produkt-Ökobilanz festlegt. 2006 ist die derzeit gültige Ausgabe der ISO 14040 „Umweltmanagement – Ökobilanz – Grundsätze und Rahmenbedingungen" erschienen, deren Inhalte in den folgenden Abschnitten näher betrachtet werden. Die Grundlagen aus der ISO 14040 sind in der Richtlinie ISO 14044 „Ökobilanz- Anforderungen und Anleitungen" spezifiziert und müssen bei der Durchführung einer Ökobilanzstudie berücksichtigt werden.

12.1.2 Bestandteile einer Produkt-Ökobilanz

Zur Durchführung einer umfassenden Produkt-Ökobilanz müssen vier Phasen durchlaufen werden, die im Folgenden erläutert werden.

Dabei wird auf die Terminologie der Norm ISO 14040 zurückgegriffen, in der es heißt: „Ökobilanz-Studien bestehen aus vier Phasen. [...] die Festlegung des Ziels und des Untersuchungsrahmens, Sachbilanz, Wirkungsabschätzung und Auswertung" (ISO 14040:2006). Diese Phasen sind in Abbildung 12.1 wiedergegeben, die gleichzeitig die wechselseitigen Beziehungen der einzelnen Phasen untereinander betont.

Steht das Ziel einer Ökobilanz (z. B. relevante Umweltaspekte oder die ökologische Optimierung eines Produkts) bzw. des zu bilanzierenden Systems fest, wird eine Ökobilanz nach ISO 14040 in eine Sachbilanz und in eine Wirkungsbilanz aufgeteilt. Die Sachbilanz stellt alle die vom System ausgelösten oder verwendeten Stoff- und Energieströme

Sachbilanz

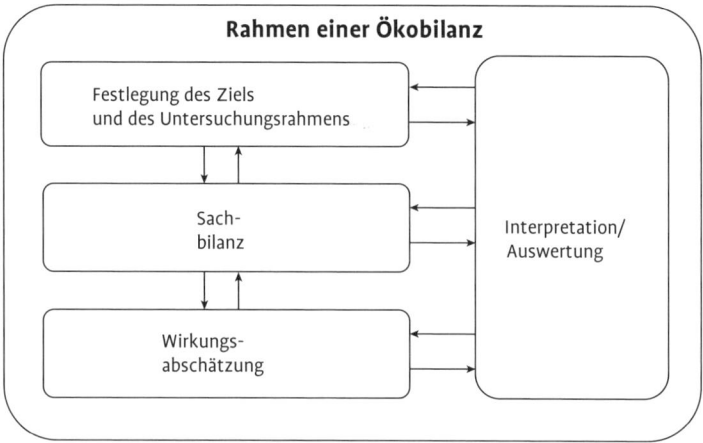

Abb. 12.1 Rahmen einer Produkt-Öko-bilanz (Quelle: ISO 14040:2006, S. 16).

zusammen, ohne diese zu bewerten. Die Wirkungsbilanz versucht im Anschluss daran, die Auswirkungen der Stoff- und Energieströme hinsichtlich der relevanten Umweltthemen zu quantifizieren. Die Wirkungsbilanz muss dabei von der Sachbilanz klar getrennt sein. In einer letzten Phase wird schließlich die Wirkungsbilanz hinsichtlich des Erkenntnisinteresses ausgewertet. Dadurch ist es möglich, dass Ziele zur Verbesserung formuliert und Potenziale aufgedeckt werden können. Im Folgenden wird auf diese vier Hauptschritte näher eingegangen.

Wirkungsbilanz

12.1.3 Definition von Bilanzierungsziel und Umfang

Die Festlegung des Ziels und des Untersuchungsrahmens (*Goal and Scope Definition*) als erster Schritt einer Ökobilanz ist von größter Wichtigkeit. Während dieser Phase muss die Intention der Bilanz ebenso festgelegt werden wie der Untersuchungsumfang (ISO 14040:2006).

Festlegung des Ziels

Bei der Festlegung des Ziels müssen die beabsichtigten Anwendungen, die Gründe für die Durchführung der Studie, die vorherrschenden Zielgruppen und die Frage, ob die Ergebnisse für die Veröffentlichung von vergleichenden Aussagen vorgesehen sind, dokumentiert werden (ISO 14040). Die Festlegung des Ziels definiert die zu bearbeitende Aufgabenstellung und gibt die Tiefe sowie die Genauigkeit der durchzuführenden Studie vor. Dieser Abschnitt wird bei einer kritischen Prüfung als gegeben erachtet und nicht hinterfragt (s. Klöpffer und Grahl 2009).

Der Untersuchungsumfang schließt das System mit seinen Funktionen, die funktionelle Einheit, die Systemgrenzen, verwendete Allokationsverfahren, getroffene Annahmen und Einschränkungen, die Festlegung der Methode für die Wirkungsabschätzung und die Wahl der Wirkungskategorien, die Methoden zur Auswertung, die Art der kritischen

Prüfung, die Art und den Aufbau des vorgesehenen Berichts und die angesetzte Datenqualität mit ein (ISO 14040:2006, siehe Kap. 8.1.4.2).

Festlegung des Untersuchungsrahmens

Zur Festlegung des Untersuchungsrahmens kann eine erste vereinfachte Darstellung des Systems mit Hilfe eines Fließbildes – wie in Abbildung 12.2 zu sehen – hilfreich sein.

Die Systemgrenzen müssen in räumlicher, sachlicher und zeitlicher Hinsicht festgelegt werden (s. Berninger 1992). Dabei spielt der zeitliche Bezug eine besondere Rolle: Aufgrund der lebenszyklusübergreifenden Betrachtung können Maßnahmen und deren Effekte aufgedeckt werden, die bei falschem zeitlichen Bezug eine Schwachstelle nur verlagern, aber nicht beseitigen (s. Schmidt und Schorb 1996).

Sachbilanzanalyse

In der Sachbilanzanalyse werden die getroffen Annahmen weiter spezifiziert, wodurch neue Erkenntnisse gewonnen werden, die eine Anpassung des Ziels und des Untersuchungsrahmens erforderlich machen können. Nach der ISO 14040 ist eine iterative Vorgehensweise erwünscht, sofern die Änderungen dokumentiert werden.

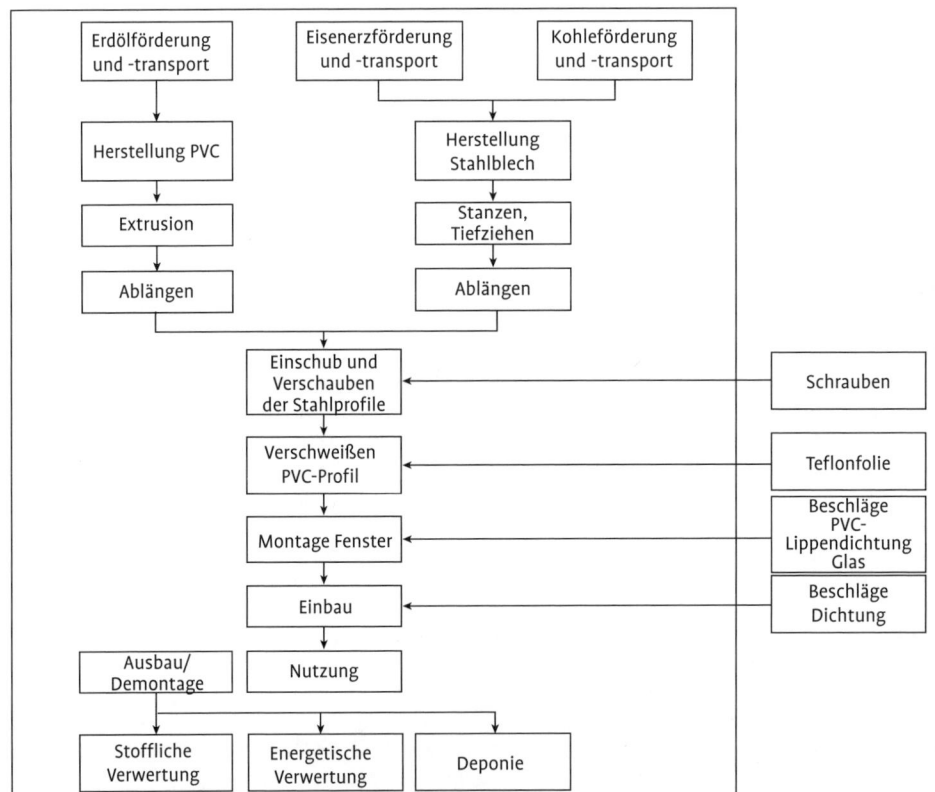

Abb. 12.2 Vereinfachte Systemdarstellung eines PVC-Fensters (Quelle: Klöpffer und Grahl 2009, S. 29).

12.1.4 Sachbilanz

Die Norm ISO 14040 definiert eine Sachbilanz (*Life Cycle Inventory* – LCI) wie folgt: „Sachbilanzen umfassen Datensammlung und Berechnungsverfahren zur Quantifizierung relevanter Input- und Outputflüsse eines Produktsystems" (ISO 14040:2006).

Daraus folgt, dass die Sachbilanz der Bestandteil einer Ökobilanz ist, in dem die Datensammlung und Zusammenstellung durchgeführt wird, d. h. es werden sämtliche Stoff- und Energieströme des Bilanzraums als Input- und Outputströme sowie sämtliche Umweltbeeinträchtigungen erfasst. Bei komplexen Produkten kann es sinnvoll sein, sich auf bestimmte Umweltaspekte, Produktionsabschnitte oder Stoffe zu beschränken, um die Datenmenge und damit den Erfassungsaufwand in Grenzen zu halten.

Da der Erstellung der Sachbilanz für die Ökobilanzierung eine zentrale Bedeutung zukommt, wird hier in einem Exkurs die Durchführung der Stoff- und Energiebilanzierung ausführlicher beschrieben.

Erstellung einer Stoff- und Energieflussanalyse

Erstellung einer Stoff- und Energieflussanalyse

Die Stoff- und Energieflussanalyse (SEFA, auf Englisch oft *Material Flow Analysis* bzw. *Energy Flow Analysis*) ist eine Methode zur Erfassung, Beschreibung und Interpretation von Stoffaustauschprozessen. Die Vorgehensweise ist vor allem naturwissenschaftlich-technisch geprägt, da sie eine Systemanalyse physikalisch-technischer Strukturen ist.

Die Untersuchungsgegenstände dieser Methode sind vielfältig und reichen von betrieblichen Analysen über Produktanalysen (Produkt-Ökobilanzierungen in verschiedenen Ausprägungen) bis hin zu Untersuchungen des regionalen oder nationalen Stoffhaushalts (z. B. für Umweltindikatorensysteme). Die in diesem Kapitel vorgestellte Methode der Stoff- und Energieflussanalyse besitzt allgemeinen Charakter, konzentriert sich aber vor allem auf Produkt- oder Prozessbilanzen in Unternehmen. Im Folgenden wird auf die einzelnen Schritte bei der Durchführung der Stoff- und Energieflussanalyse näher eingegangen.

Die einzelnen Stufen einer Analyse

Die Energie- und Stoffstromanalyse sollte nach dem in Abbildung 12.3 gezeigten Stufenmodell erfolgen. Dabei wird kein methodischer Unterschied zwischen der Bilanzierung von Stoff- oder Energieströmen gemacht.

Zunächst wird auf einer ersten Stufe – analog der Zieldefinition einer Ökobilanz – der Untersuchungsgegenstand festgelegt. Nachdem sich ein Überblick über das zu untersuchende System und die Ströme im Gesamtsystem verschafft wurde, müssen die Systemgrenzen festgelegt werden.

Untersuchungs-gegenstand

Durch die Fülle an Daten, die bei komplexen Produktionsketten heutiger Produkte auftreten und durch den Aufwand, diese Daten zu ermitteln, ist es häufig nicht möglich, alle Prozesse und die dazugehörigen Energie- und Stoffströme zu jeder Zeit an jedem Ort vollständig und lückenlos zu erfassen. Nicht alle Vor- und Nebenstufen eines Produkti-

Abb. 12.3 Stufen der Stoff- und Energiefluss-analyse (Quelle: Berninger 1992, S. 5).

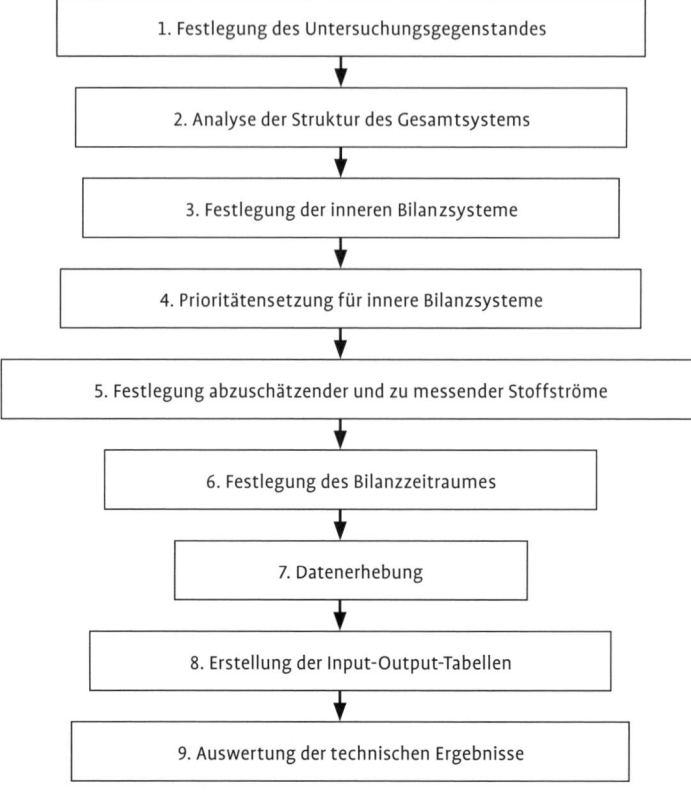

1. Festlegung des Untersuchungsgegenstandes

2. Analyse der Struktur des Gesamtsystems

3. Festlegung der inneren Bilanzsysteme

4. Prioritätensetzung für innere Bilanzsysteme

5. Festlegung abzuschätzender und zu messender Stoffströme

6. Festlegung des Bilanzzeitraumes

7. Datenerhebung

8. Erstellung der Input-Output-Tabellen

9. Auswertung der technischen Ergebnisse

onsprozesses besitzen die gleiche ökologische Relevanz, so dass einzelne Abschnitte der Prozesskette oder einzelne Prozesse – nach sorgsamer Abwägung – vernachlässigt werden können. Hinzu kommt eine teilweise eingeschränkte Zugänglichkeit und Möglichkeit zur Ermittlung der Daten, die es immer wieder nötig machen, abzuschätzen oder Analogieschlüsse zu bereits bekannten Prozessen zu ziehen. Durch diese Einschränkungen und den daraus folgenden Systemgrenzen gelangen Unsicherheiten in eine Bilanz. Daher sollten die Grenzen und Unsicherheiten stets angegeben werden, um eine Vergleichbarkeit und Transparenz der Ergebnisse zu gewährleisten.

Arten von System-grenzen

Systemgrenzen können örtlicher, zeitlicher oder technologischer Natur sein und in Verbindung zueinander stehen. Örtliche Abgrenzungen geben an, ob die Bilanzgröße auf betrieblicher, nationaler oder sogar globaler Ebene betrachtet wird. Zeitliche Systemgrenzen legen fest, inwiefern eine Bilanzgröße zwischen einer reinen Momentaufnahme und einer Langzeitbetrachtung liegt. Momentaufnahmen sind nur selten repräsentativ, da Produktionsprozesse einer Fülle von kurzzeitigen Einflussgrößen unterliegen. Deswegen sind immer über einen

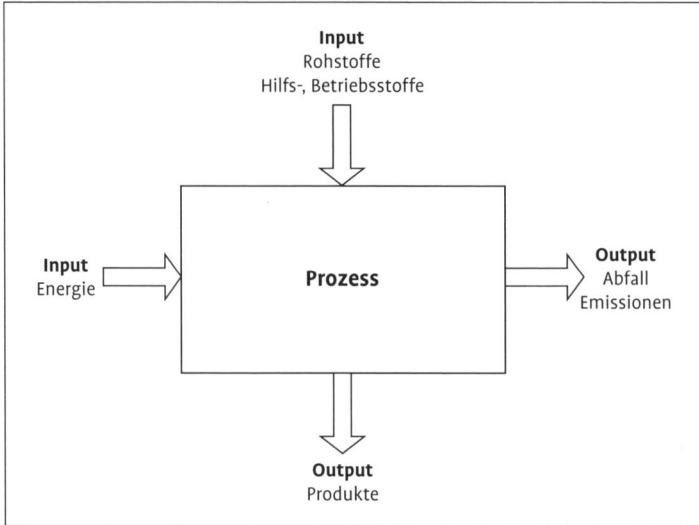

größeren Zeitraum gemittelte Werte anzustreben. Daneben ist zu entscheiden, ob aktuelle Messwerte erfasst oder ob auf historisches Zahlenmaterial, wie z.b. Produktionsstatistiken, zurückgegriffen werden soll. Technologische Grenzen geben die bilanzierte Technologie für einen bestimmten Verfahrensschritt eindeutig an, für den mehrere Technologien oder auch Techniken zur Erreichung des gleichen produktionstechnischen Ziels möglich sind. Grundsätzlich müssen die Systemgrenzen der Fragestellung und der ökologischen Relevanz des (Teil-)Prozesses angepasst werden. Dabei ist wichtig, welches Erkenntnisinteresse (das sich in der Zieldefinition niederschlägt) verfolgt wird.

Unterteilung in Teilprozesse
Auf der zweiten Stufe wird der Aufbau des Gesamtsystems berücksichtigt. Um den oftmals sehr umfangreichen Überblick über den Gesamtprozess zu vereinfachen, wird dieser in einzelne, grobe Prozessstufen aufgeteilt, die zunächst als *Blackbox* betrachtet werden. Dabei kann eine erste, übersichtsartige Analyse der Stoff- und Energieströme mittels eines Flussdiagramms (Input-Output) vorgenommen werden, wie dies in Abbildung 12.4 dargestellt ist (siehe ähnlich ISO 14040:2006).

Die Stoff- und Energieströme werden zunächst nur qualitativ erfasst und enden an den zuvor festgelegten Systemgrenzen. Wird die vertikale Ausrichtung für den Materialinput genutzt, so können aufeinanderfolgende Produktionsschritte untereinander angeordnet werden. Verluste, z. B. auftretende Abwärme oder Verdunstungen in die Atmosphäre, sollten als Outputs betrachtet werden.

Bei der Bilanzierung der Stoff- und Energieströme gelten die physikalischen Gesetzmäßigkeiten der Energie- und Massenerhaltung. Bei

Bilanzprinzip

einem Stoff-Flussdiagramm muss daher die Differenz der Input- und Outputströme die Bestandsveränderung innerhalb des Prozesses ergeben (z. B. ein Lager oder Behälter in einem Prozessabschnitt). Ist die Bestandsveränderung gleich null, so müssen sich die Input- und Outputströme die Waage halten. Analoges gilt für Energieströme. Werden einzelne Stoff- und Energieströme vernachlässigt, ist die Bilanz nicht mehr ausgewogen. Jedoch ist die Überprüfung der Bilanz anhand der Energie- und Massenerhaltung ein gutes Mittel, um festzustellen, ob alle relevanten Ströme erfasst wurden. Hierbei ist es hilfreich, möglichst wenig verschiedene Maßeinheiten zu benutzen, um eine transparente Darstellung zu erhalten und gegebenenfalls eine Aggregation der Stoff- und Energieströme zu ermöglichen.

Funktionelle Einheit Häufig werden die Stoff- und Energieströme bestimmten Produkten, Prozessen oder Dienstleistungen zugeordnet, die eine Leitgröße des Erkenntnisinteresses bzw. der Zieldefinition sind. Diese Leitgröße wird funktionelle Einheit genannt und ist die Bezugsgröße der erstellten Bilanz. Als Beispiel kann die zum Transport von einem Liter Milch benötigte Menge an Verpackung genannt werden. Die Angabe der Funktionalität ist wichtig, sollen zwei Produkte, z. B. von zwei verschiedenen Herstellern, miteinander verglichen werden. Nur wenn beide Produkte das Gleiche leisten, sind die Stoff- und Energiestrombilanzen miteinander vergleichbar (s. UBA 1995).

Allokation Ein großes Problem bei der Produktbilanzierung tritt auf, wenn ein Prozess mehrere Produkte herstellt, wie dies bei Kuppelproduktionen oder Recyclingprozessen der Fall ist. Hierbei ergibt sich die Frage, welche Anteile der Input- oder Outputströme dem betrachteten Produkt zugerechnet (alloziert) werden. Allokationen können anhand der Massenverhältnisse, des Energieanteils, exergetisch (Berücksichtigung der „Qualität" von Energie) oder nach wirtschaftlichen Gesichtspunkten vorgenommen werden. Grundsätzlich schlägt die Norm ISO 14040 vor, Kuppelprozesse so für die einzelnen Kuppelprodukte aufzuteilen und zu bilanzieren, als würden sie unabhängig voneinander hergestellt.

In der nächsten Stufe (Stufe 3) wird das System detaillierter analysiert, z.B. um Abfälle oder Emissionen einer Entstehungsquelle zuzuordnen. Auf der vierten Stufe werden die Prioritäten für die Untersuchung des Subsystems unter Berücksichtigung der erwarteten Umweltauswirkungen abgeschätzt. Dies kann vorab Einschätzungen notwendig machen, die idealerweise erst Bestandteil des letzten Schrittes, der Interpretation, sind.

Datenquellen

Datenverfügbarkeit und Datenqualität Auf der fünften Stufe der Abbildung 12.3 werden die zu erfassenden Material- und Energieströme der Subsysteme ausgewählt. Neben der Datenverfügbarkeit und der Messbarkeit der Daten muss dabei die Datenqualität berücksichtigt werden. Sinnvoll sind auch Fehlerangaben für die erhobenen und gemessenen Stoff- und Energieströme, so dass durch Fehlerrechnung die Bandbreite des Fehlers beim Endergebnis angegeben werden kann.

Als Nächstes sind die zeitlichen Systemgrenzen so festzulegen, dass die Bilanz die aktuelle Situation so genau wie möglich wiedergibt. Eine begleitende Untersuchung des Produktionsprozesses hat den Vorteil, dass während der Datenerfassung Messungen durchgeführt werden können, während die reine Verwendung vorhandener Daten nur ein historisches Bild liefern kann. Trotzdem sind interne Datenquellen wie Produktionsprotokolle, Materiallisten, Einkaufslisten oder Wasser- und Energieabrechnungen von großer Bedeutung bei der Bilanzierung. Auf diese notwendigen, definitorischen Schritte folgt die eigentliche Datenerhebung (Stufe 7). Datenerfassungssysteme können diese unterstützen, so dass Ergebnisse für jedes Subsystem einzeln erhalten werden. Fehlende Größen müssen häufig entweder direkt durch ermittelbare Größen oder durch zusätzliches Treffen von Annahmen berechnet werden (siehe auch weiter oben Allokation).

Datenerfassung

Diese Einzelbilanzen müssen dann zusammengefasst (Stufe 8) und anschließend ausgewertet (Stufe 9) werden. Für die Auswertung wird oft die nachfolgend besprochene Wirkungsbilanz erstellt. In jedem Fall sollten die Stoff- und Energieströme mit gesetzlichen Grenzwerten verglichen und eine Schwachstellenanalyse hinsichtlich Verbleib und Gefährdungspotenzial durchgeführt werden. Die Ergebnisse können durch direkte Auflistung in Tabellen, durch Bildung von Kennzahlen oder als Sankeydiagramm dargestellt werden. Dabei stellt ein Sankeydiagramm die Stoffströme, die die einzelnen Prozesse durchlaufen, mit Hilfe von Pfeilen dar, deren Breite äquivalent zur jeweiligen Menge (z. B. in kg) ist. Die Stoffströme bzw. Energieströme müssen dabei die gleiche Einheit besitzen, da sonst kein Maßstab gebildet werden kann.

Ergebnisdarstellung
Auswertung

Computergestützte Hilfsmittel

Durch den immensen Umfang der zu bilanzierenden Daten und ggf. durch die Komplexität der betrachteten Prozessketten lässt es sich kaum vermeiden, im Rahmen der Ökobilanzierung computergestützte Hilfsmittel einzusetzen. Diese können von einer einfachen Tabellenkalkulation bis hin zur automatischen Betriebsdatenerfassung und flexiblen Ökobilanzierungssoftware reichen. In den letztgenannten Tools sind häufig schon fertige Module für bestimmte Abschnitte von Produktionsvorketten enthalten, die eine Bestimmung der indirekten Umwelteffekte – ausgelöst durch die im Betrieb verwendeten Stoff- und Energieströme – möglich machen. Die kostenlos beziehbare Software GEMIS dient zur Bestimmung der Produktionsvorketten und ist erhältlich beim Öko-Institut e.V. (www.oeko.de/service/gemis/). Andere, kommerzielle Programme bieten weitere Vorteile zur flexiblen Berechnung und Darstellung von Stoff- und Energieflussanalysen und Ökobilanzen. Eine Übersicht über Softwaretools ist zu finden unter www.ecodesign.at/methodik/software/index.de.html.

12.1.5 Wirkungsbilanz

Klassifizierung

Dieser Schritt ist der am meisten diskutierte Bestandteil innerhalb der Theorie der Ökobilanzierung. Die ISO 14040 normt nicht die konkrete Vorgehensweise zur Wirkungsbilanzierung, sondern ihre allgemeine Struktur. Daher existiert eine Vielzahl von Methoden zur Wirkungsabschätzung. Bei der Entwicklung der Methoden, die zum großen Teil schon vor dem Erscheinen der Norm begann, wurde nicht immer klar zwischen Sach- und Wirkungsbilanz getrennt.

Gemäß der Norm ISO 14040 dient die Wirkungsbilanz (*Life Cycle Impact Assessment* – LCIA) „der Beurteilung der Bedeutung potentieller Umweltwirkungen mit Hilfe der Ergebnisse der Sachbilanz" (ISO 14040:2006). Dazu werden die Daten der Sachbilanz verschiedenen Umweltwirkungskategorien zugeordnet (sog. Klassifizierung), die die möglichen Umweltwirkungen aufführen. Wirkungskategorien können z. B. der Treibhauseffekt, der Ozonabbau, die Human- und Umwelttoxizität oder Arbeitssicherheit sein (vgl. Tab. 12.1). Die Auswahl der Kategorien und der anzuwendenden Methoden zur Bestimmung der Umweltwirkung hängt stark vom Untersuchungsziel und vom zu bilanzierenden System ab und sollte daher mit der Zieldefinition erfolgen. Die Norm ISO 14040 benennt die Wirkungskategorien nicht explizit, sondern überlässt ihre Festlegung den Fachleuten.

Vergleichbarkeit

Nach der Zuordnung der Input- und Outputdaten der Sachbilanz zu den einzelnen Wirkungskategorien erfolgt der zentrale Schritt der Wirkungsabschätzung, die sog. Charakterisierung. Hier werden die klassifizierten Daten mit Hilfe eines Modells in Wirkungsindikatoren umgerechnet und aggregiert, z. B. können die Kohlendioxid- und Methanemissionen zu einem Wirkungsindikator Treibhauseffekt zusammengefasst werden. Wahlweise kann nach der Charakterisierung noch eine Normalisierung stattfinden, die die Wirkungsindikatoren bei-

Tab. 12.1 Beispiele für Wirkungskategorien und Methoden zur Charakterisierung (Quelle: eigene Darstellung).

Wirkungskategorie	Stoffströme	Index
Energieressourcen	Energieverbrauch	Primärenergie-Äquivalent. Alle Energieformen auf Primärenergie zurückrechnen, unterschieden in fossile, nukleare und erneuerbare
Deponievolumen	Feste Abfälle	Summenbildung, unterteilt nach vorgegebenen Kategorien der Abfallverordnung z.B. Feststoffdeponie, Hausmülldeponie, Sonderabfalldeponie
Treibhauseffekt	Treibhausrelevante Gase	Umrechnung über *Global-Warming*-Faktoren (GWP) auf CO_2
Photooxidantien	Gase, die zur photochemischen Ozonbildung beitragen	Umrechnung mit Wirkungsfaktoren auf kg Ethylen (C_2H_4)-Äquivalent

spielsweise auf entsprechende nationale oder globale Daten bezieht, um unbedeutendere Kategorien ausfindig zu machen und geringer bewerten zu können.

Da viele verschiedene Methoden zur Wirkungsbilanzierung nebeneinander existieren, lassen sich Studien, bei denen verschiedene Methoden zur Wirkungsbilanzierung angewandt werden, schlecht oder nicht vergleichen.

12.1.6 Auswertung/Interpretation

„Die Auswertung ist die Phase der Ökobilanz, bei der die Ergebnisse der Sachbilanz und der Wirkungsabschätzung gemeinsam betrachtet werden." (ISO 14040:2006). Ziel der Auswertung ist es demnach, zu Schlussfolgerungen und Empfehlungen zu gelangen, die insbesondere im Zusammenhang mit den zuvor festgelegten Zielen und dem Untersuchungsrahmen stehen. Dazu können zusätzlich Schwachstellen- oder Sensitivitätsanalysen durchgeführt werden, um eine Interpretation zu erleichtern.

12.1.7 Streamlining und Screening der Ökobilanz

Die Methodik der Ökobilanzierung hat sich in den letzten Jahren erheblich weiterentwickelt. Besonders auf dem Sektor der Sachbilanzierung haben Entwicklungen stattgefunden, so dass ein methodischer Rahmen zur Verfügung steht. Trotzdem ist die im vorstehenden Text diskutierte Methodik als zu umfassend für betriebliche Anwendungen kritisiert worden.

Ein Grund für diese Einwände sind die enormen Aufwendungen und die notwendige Zeit für die Durchführung einer Sachbilanz. Im Management ist es notwendig, möglichst schnell und effektiv Informationen für die Entscheidungsfindung zu erhalten. Die wesentlichen Aspekte hierbei sind in der Wirtschaftlichkeit und der Begrenzung des zeitlichen Aufwands zu sehen. Diese Forderungen können bei der Durchführung einer umfassenden Ökobilanz oft nicht erfüllt werden. Dies hat zur Entwicklung von Tools zur Vereinfachung von Ökobilanzen geführt, die unter den Begriffen *Streamlining* und *Screening* zusammengefasst werden (s. Weitz et al. 1996).

Streamlining kann als Einschränkung des Untersuchungsumfangs definiert werden, während *Screening* die Anwendung einer Methode innerhalb des Produktsystems bedeutet. Instrumente des *Screenings* tragen dazu bei, sich auf die wichtigsten ökologischen Aspekte zu beschränken und die Schwerpunkte für weitere Analysen herauszufinden. Zum ökologischen *Screening* von Energiesystemen, wie z. B. Windkraft- oder Photovoltaikanlagen, hat sich der kumulierte Energieaufwand durchgesetzt und ist in der Richtlinie VDI 4600 genormt worden (s. VDI 4600 1997).

Screening

Streamlining

Innerhalb des *Streamlinings* liegt das Hauptaugenmerk auf den folgenden Ansätzen (s. Curran und Young 1996):

- Auslassen bestimmter Stufen im Produktlebenszyklus
- Fokussierung der Studie auf bestimmte Umweltwirkungen
- Begrenzung der Analyse auf eine verkürzte Liste von Sachbilanzkategorien
- Auslassen der Wirkungsabschätzung / Wirkungsbilanz
- Nutzung qualitativer oder semi-quantitativer Informationen
- Nutzung von Literaturdaten aus vorangegangenen Studien
- Anwendung von Schwellenwerten, um die Analyse an bestimmten Punkten zu beenden

Fasst man diese einzelnen Techniken zusammen, so wird der Umfang einer Bilanz in vertikaler (Produktlebensstufen) oder horizontaler (Input-Output-Kategorien) Richtung eingeschränkt.

12.2 Weiterentwicklung zum Stoffstrommanagement

Anwendungsfelder

Die Produkt-Ökobilanz nach ISO 14040 dient in erster Linie der Aufdeckung von ökologischen Schwachstellen und deren Beseitigung. Sie liefert Informationen, die eine Beurteilung ökologischer Folgen von Produktion und Konsum eines Gutes (Ware oder Dienstleistung) ermöglichen. Sie kann als ein umfassendes Analyseinstrument gesehen werden, das eine breite Datengrundlage schafft. So liefert sie beispielsweise Informationen über Umweltbelastungen, die während des Lebenswegs eines Produkts entstehen, über die Umweltrelevanz verschiedener Abschnitte eines Produktlebenswegs, über umweltbezogene Verbesserungspotenziale bei der Herstellung eines Produkts sowie über Vor- und Nachteile verschiedener Produkt- und Dienstleistungssysteme mit vergleichbarer Leistung. Die Produkt-Ökobilanz kann somit im Rahmen der strategischen Planung zur Entwicklung und Verbesserung von Produkten eingesetzt werden. Zudem ist ihr Einsatz im Rahmen des Marketings denkbar, wenn Informationen über enthaltene Stoffe o.ä. von Bedeutung sind.

Insbesondere in Deutschland und den Niederlanden hat sich als eine Art Weiterentwicklung der Ökobilanzierung das Stoffstrommanagement herausgebildet. Dieses steht unmittelbar in Bezug zu den drei Dimensionen der Nachhaltigkeit, wie die Definition des Begriffs der Enquête-Kommission „Schutz des Menschen und der Umwelt" (1994, S. 549) aufzeigt: „Unter dem Management von Stoffströmen der beteiligten Akteure wird das zielorientierte, verantwortliche, ganzheitliche und effiziente Beeinflussen von Stoffsystemen verstanden, wobei die Zielvorgaben aus dem ökologischen und dem ökonomischen Bereich kommen, unter Berücksichtigung von sozialen Aspekten. Die Ziele werden auf betrieblicher Ebene, in der Kette der an einem Stoffstrom beteiligten Akteure oder auf der staatlichen Ebene entwickelt."

Es ist wichtig herauszustellen, dass die Definition der Enquête-Kommission (1994) zwei Dimensionen des Stoffstrommanagements hervorhebt, nämlich das Management von Material- und Informationsflüssen (oder -strömen) sowie das Management von Kooperationsbeziehungen zwischen verschiedenen Akteuren. Damit besteht unmittelbar Anschlussfähigkeit an das Konzept des *Supply Chain Management* (s. Kapitel 13). Insgesamt kann Stoffstrommanagement damit als ein durch gesellschaftliche Überlegungen erweitertes Management von Stoff- und Energieströmen verstanden werden. International vergleichbar ist die Entwicklung hin zum *Life Cycle Management* (siehe insbesondere Hunkeler et al. 2003).

Wesentlich sind dabei, wie in der Definition anklingt, drei Ebenen:

1. Betriebliche Ebene: Auf der Ebene des einzelnen Betriebs schließt das Stoffstrommanagement unmittelbar an die Ökobilanz an. Hier können Produkt-, aber auch Prozessbilanzen aufgestellt werden, bei denen Ausschnitte der betrieblichen Tätigkeit, die für die jeweilige Analyse relevant sind, herausgegriffen werden.

2. Überbetriebliche Ebene: Der Blick auf den gesamten Stoffstrom entspricht im Wesentlichen dem Supply Chain Management (Seuring 2004a). Hier wird nicht an der Grenze des einzelnen Unternehmens haltgemacht, sondern die Stoffströme (Stoff- und Energieflüsse) werden unternehmensübergreifend evaluiert und verbessert.

3. Gesellschaftliche Ebene: Schließlich können auf der gesellschaftlichen Ebene z. B. umwelt- und gesellschaftspolitische Rahmenbedingungen und Ziele berücksichtigt werden.

Als Folge der Arbeit der Enquête-Kommission bildet sich in Deutschland eine ausdifferenzierte Forschungslandschaft zum Stoffstrommanagement, in der wesentlich drei Schulen unterschieden werden können (Seuring und Müller 2007): *Schulen des Stoffstrommanagements*

- Material- und Informationsflussschule:
  Hier werden die Bedeutung von Materialflüssen und die damit verbundenen Umweltwirkungen betont. Daher sollen die Materialflüsse vorausschauend geplant und gesteuert werden, wozu auch die Gestaltung der damit verbundenen Informationsflüsse notwendig ist. Als Basis wird dazu auf Überlegungen des Produktions- und Logistikmanagements zurückgegriffen, die zur Analyse, Planung, Steuerung und Kontrolle der Materialflüsse, aber auch der Informationsflüsse dienen (Schmidt und Schorb 1995; Spengler 1998).
- Strategie- und Kooperationsschule:
  Diese Schule betont die strategische Bedeutung des Stoffstrommanagements sowie die Notwendigkeit von Kooperationen zwischen den Akteuren. Diese Zusammenarbeit stellt die Voraussetzung dar, um überhaupt erfolgreich Material- und Energieflüsse steuern zu können (Schneidewind et al. 2003).
- Regionale Industrielle Netzwerkeschule:
  Eine wesentliche Idee besteht darin, den lokalen oder regionalen Austausch von Material- und Energieflüssen zwischen Unternehmen

zu verbessern, um so die Effizienz des Gesamtsystems zu erhöhen. Während die vorstehend beschriebenen Ansätze an vertikalen Stoffstromketten ansetzen, bilden sich regionale industrielle Netzwerke eher horizontal, d.h. mit Unternehmen der gleichen Branche, oder lateral aus, insbesondere in einem regionalen Kontext. So bestanden zwei häufig diskutierte Beispiele, nämlich Kalundborg in Dänemark (Ehrenfeld und Gertler 1997) und das Verwertungsnetzwerk in der Steiermark in Österreich (Strebel und Schwarz 1998), bevor sie von Forschern als solche identifiziert wurden.

Die Grenzen zwischen den Schulen sowie zu anderen Konzepten, insbesondere dem *Life Cycle Management* (Hunkeler et al. 2003), *Sustainable Supply Chain Management* (s. Kapitel 13), aber auch zur *Industrial Ecology* (Ehrenfeld und Gertler, 1997) sind dabei fließend (zum Vergleich dieser Konzepte siehe Seuring 2004b). Ökobilanzen stellen nach wie vor eine zentrale Grundlage für Arbeiten in all diesen Bereichen dar.

12.3 Fallstudie

Seit 1994 bietet die Firma VAUDE unter dem Label ECOLOG verschiedene, zu 100 % recyclingfähige Polyestertextilien an. Die Verbraucherinnen und Verbraucher haben die Möglichkeit, nach Ende der Nutzungsdauer nicht mehr erwünschte Alttextilien bei ihrem Händler zurückzugeben oder diese über den Postweg direkt an VAUDE zu senden. Der Einzelhandel kann die Textilien an VAUDE weiterleiten, welche die Textilien recycelt. Leider hatte dieses Recyclingnetzwerk nicht den erwünschten Erfolg. Um den Absatz und die Rückgabe anzukurbeln, wurde 2008 über einen Relaunch dieses Recyclingnetzwerks nachgedacht. Hierbei wurde neben Marketingaspekten und Praxisnähe auch die Frage der ökologischen Sinnhaftigkeit erneut diskutiert, was zur Durchführung einer Ökobilanz zweier Recyclingvarianten führte.

12.3.1 Zieldefinition

Ziel und Systemgrenzen
Ziel der durchgeführten Ökobilanz ist die Beantwortung der Frage, ob die Rücknahme von 100 % nicht mehr tragfähigen Polyestertextilien und deren Recycling aus ökologischer Sicht heutzutage sinnvoll ist. Im Mittelpunkt der Untersuchung steht hierbei der Energieaufwand, da für ein Recyceln erstens Energie für den Rücktransport und zweites für den Recyclingprozess an sich benötigt wird. Im Gegensatz dazu wird bei der thermischen Verwertung Energie gewonnen. Es handelt sich somit um eine vergleichende Studie, die eine Tendenzaussage über die Umweltauswirkungen eines Kleidungsstücks mit einem konventionellen Produktlebenszyklus (ohne Rücknahme und Recycling) und eines Kleidungsstücks, welches dem Produktkreislauf wieder zugeführt wird, tref-

fen soll. Die Untersuchung konzentriert sich auf die Auswirkungen des Energieverbrauchs. Zu den betrachteten Umweltauswirkungen gehören die Wirkungskategorien Treibhaus-, Säure- und Ozonabbaupotenzial.

Hierfür wurde exemplarisch der Lebenszyklus einer Ganzjahresjacke mit der Bezeichnung „Lhasa", ausgewählt. Nachdem die Funktionen, die diese Jacke zu erfüllen hat, spezifiziert worden waren, wurden die Parameter Jacke, die Kategorie Lhasa und die Konfektionsgröße L als funktionelle Einheit festgelegt mit dem dazugehörigen Referenzfluss von 1,7 kg PET Material. Für die Ökobilanz ist zunächst eine Analyse des Produktlebenszyklus notwendig. Für einen ersten Überblick wurde der Lebenszyklus übersichtlich in einem modular aufgebauten Systemfließbild dargestellt, wie in Abbildung 12.5 zu sehen ist.

Polyestertextilien basieren auf Erdöl, daher beginnt der Produktlebenszyklus des untersuchten Kleidungsstücks mit der Erdölgewinnung. Es folgt die Produktion von Polyestergranulat. Aus diesem Polyestergranulat wird in einem Heiß-Spinn-Verfahren anschließend die Polyesterfaser gefertigt, die Polyesterfläche produziert und als Meterware an den Hersteller geliefert. Da die Produktlebensstufen (1) Herstellung von Polyesterfasern, (2) Polyesterfläche und (3) Endprodukt sowohl für den Lebenszyklus einer Lhasa Jacke mit als auch für den einer Jacke ohne recyceltem Material gleich sind, werden sie in der weiteren Untersuchung nicht differenziert betrachtet, sondern unter den Begriff Produktion als eine Produktlebensstufe zusammengefasst. Das fertige Produkt wird nun an den Handel ausgeliefert, welche die Ware an die Verbraucherinnen und Verbraucher verkauft. Nach der Nutzung bieten sich drei Möglichkeiten für die Entsorgung: Er oder sie kann die nicht mehr benötigten Alttextilien beim Handel abgeben, sie an VAUDE zurücksenden

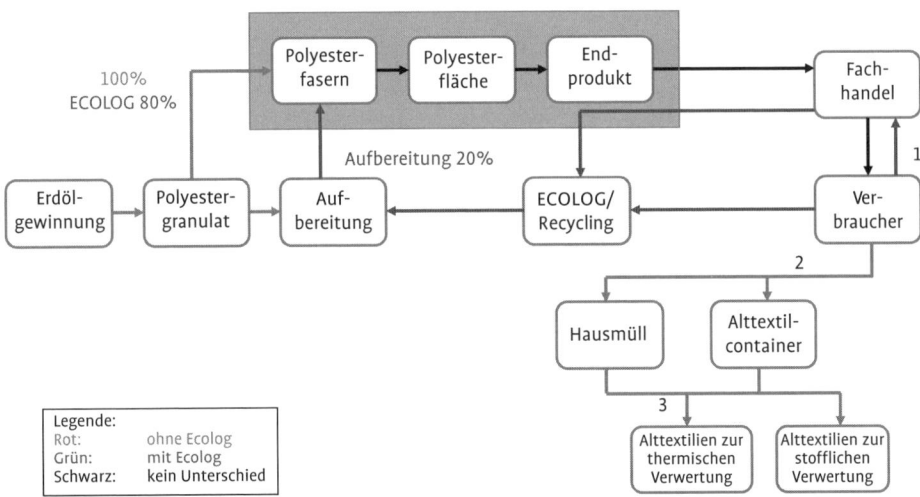

Abb. 12.5 Schematischer Lebensweg eines ECOLOG Produkts (Quelle: Krehahn et al. 2008, S. 29).

oder aber in den Hausmüll bzw. in einen Alttextilcontainer werfen. Alttextilsammelstellen führen nicht mehr tragfähige Alttextilien, genau wie bei der Entsorgung über den Hausmüll, einer thermischen Verwertung zu. Nach der Rückgabe an VAUDE direkt oder über den Handel wird das Produkt einem Aufbereitungsprozess (schreddern und schmelzen) zugeführt und das Rezyklat wird erneut dem Produktionsprozess zugeführt.

Die Alttextilien, die beim Händler abgegeben werden, werden an VAUDE zurückgesandt, um sie dann zur Herstellung des Regranulats an einen deutschen Recyclingbetrieb weiterzugeben. Anschließend wird das Regranulat zur Weiterverarbeitung entweder per Schiff oder per Flugzeug nach Vietnam geschickt. Die dort hergestellten Produkte kommen dann über die konventionellen Transportkanäle wieder zurück nach Deutschland und werden nach einem kurzen Stopp bei VAUDE im Outdoorhandel verkauft.

Um eine gleichbleibende Qualität des Endprodukts zu gewährleisten, gilt es zu beachten, dass aufgrund der Materialeigenschaften des Rezyklats nur 20 % des Granulats durch Regranulat ersetzt werden könnte. Für die verbleibenden 80 % der Gesamtproduktionsmenge, die aufgrund der Materialeigenschaften nicht in den VAUDE-Kreislauf zurückgeführt werden können, bestehen grundsätzlich zwei Möglichkeiten: Entweder werden diese Textilien thermisch entsorgt oder sie werden auch regranuliert und in einem sogenannten Überschusslager gesammelt. Dieses Regranulat könnte an andere Hersteller verkauft werden und würde somit die Systemgrenzen verlassen.

Um die folgenden Berechnungen zu vereinfachen, wurden verschiedene Annahmen getroffen
1. Untersucht wurde nur der Vertriebsraum Deutschland.
2. Der Verbraucher verbindet die Rückgabe von Alttextilien beim Handel mit dem Kauf einer Neuware. Es fallen daher keine zusätzlichen Wege an.
3. Der Weg zum Hausmüllcontainer bzw. zum Alttextilcontainer wird entweder zu Fuß erledigt oder aber mit anderen Einkaufstätigkeiten etc. verbunden, so dass keine zusätzlichen CO_2-Emissionen anfallen.

Der Untersuchungsrahmen bildet die Grundlage für die Modellierung der Energie- und Materialströme. Diese werden im Folgenden für die zwei grundsätzlichen Lebenszyklen in Form sog. Sankeydiagramme dargestellt: Die erste Abbildung zeigt die Materialströme für die Rücknahme und das Recyceln der Polyestertextilien. Für die Berechnung der Ökobilanz wurde weiter angenommen, dass 1,9 Liter Erdöl für die Herstellung von 1 kg PET notwendig ist. Dies entspricht einem Gesamterdölbedarf von 3,3 l/ Jacke (s. Umweltbundesamt und Öko-Institut 2007). Der Energiebedarf zur Herstellung von 1kg PET beträgt 22 000 kJ (s. Umweltbundesamt und Öko-Institut 2007). Für die Berechnung der Umweltauswirkungen durch die Transportvorgänge wurde eine durchschnittliche Entfernung von VAUDE zu den deutschen Händlern von 340 km, von VAUDE nach Vietnam von 9 000 km und von den Entsorgerhöfen zu den Verbrennungsanlagen von 70 km angenommen (s. Umweltbundesamt und Öko-Institut 2007).

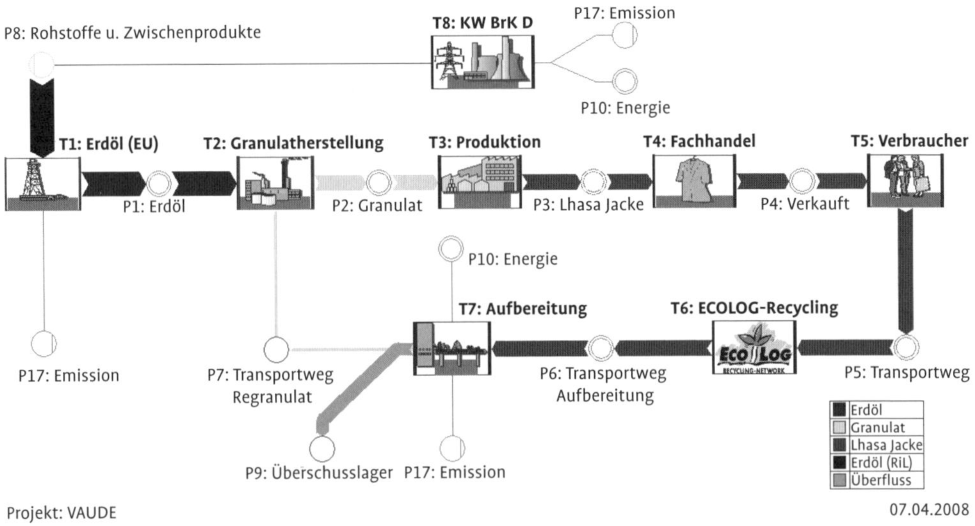

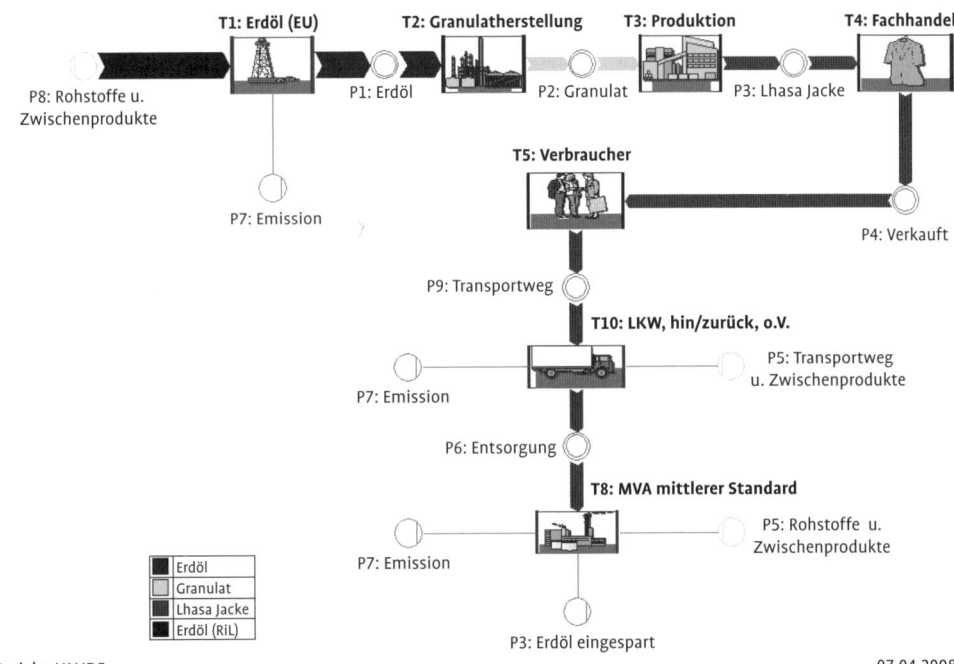

Abb. 12.6 Sankeydiagramm für das Recycling einer ECOLOG Jacke (Quelle: Krehahn et al. 2008, S. 35).

Abb. 12.7 Sankeydiagramm für die Verwertung einer ECOLOG Jacke (Quelle: Krehan et al. 2008, S.39).

Für die thermische Verwertung ergibt sich die folgende Sankeydarstellung. Für die weitere Berechnung des Energieaufwands sowie der energiebedingten Emissionen wird eine Müllverbrennungsanlage mittleren Standards vorausgesetzt.

12.3.2 Sachbilanz und Wirkungsbilanz

Die Modellierung und Erstellung der Sachbilanz erfolgte mit der Bilanzierungssoftware Umberto. In der Sachbilanz wurden als Inputfaktoren der für die Transportprozesse benötigte Energieträger Diesel und für die Herstellung Erdöl betrachtet. Diesen wurden u.a. die CO_2-, Staub-, Partikelemissionen und VOC gegenübergestellt. Als Umweltwirkungskategorien wurden der Ressourcenverbrauch, der Treibhauseffekt sowie das Versauerungspotenzial ermittelt. Die Basis für die Stoffstromdaten bilden die Angaben vom Hersteller und der Stoffdatenbank Probas. Des Weiteren wurde für die Werte Energiegewinnung und Erdölgewinnung die integrierte Klassenbibliothek von Umberto genutzt.

12.3.3 Ergebnisse

Die Ergebnisse für die beiden durchgeführten Ökobilanzen werden in Tabelle 12.2 und in Tabelle 12.3 gegenübergestellt. Es ist zu erkennen, dass unter der Annahme, nur 20 % einer Jacke flössen als Regranulat wieder in den Produktionsprozess zurück und 80 % müssten thermisch verwertet werden, ein Recycling aus energischer Sicht keinen ökologischen Vorteil bringt.

Die Ergebnisse für die Rückgabe in den Hausmüll und die Verwertung einer ECOLOG Jacke bezogen auf den gesamten Lebensweg sehen wie folgt aus:

Auf den ersten Blick ist beim ECOLOG-Kreislauf der Erdöleinsatz bei der Neuherstellung um 20 % reduziert. Rechnet man dagegen, dass bei der thermischen Verwertung einer Jacke auch eine bestimmte Menge an Energie zurückgewonnen wird, ergibt sich daraus eine Erdöleinsparung von 0,20 l mehr gegenüber dem ECOLOG-Kreislauf.

Den größten Unterschied beim Vergleich stellt der Energieaufwand dar, was darauf beruht, dass für die Aufbereitung des Regranulats zusätzliche Energie benötigt wird, wobei bei der thermischen Verwertung Energie zurückgewonnen wird, die bei der Ermittlung des Energieaufwands positiv verrechnet wird. Infolge des höheren Energieaufwands entstehen auch vermehrt CO_2-Emissionen.

Anzumerken ist jedoch, dass in den Bilanzergebnissen das Restgranulat von der Jacke nicht mit berücksichtigt ist, da keine Informationen bzgl. des Verwendungszwecks vorlagen.

Dieses Ergebnis verändert sich zugunsten des Recyclings, wenn mehr Regranulat bei der Polyesterproduktion eingesetzt werden kann, da dann die Erdöleinsparung entsprechend höher ist.

Tab. 12.2 Umweltwirkungen des Recycling einer ECOLOG Jacke (Quelle: Krehan et al. 2008, S. 42).

Treibhauspotential Recycling	Menge in kg CO_2-Äq /kg Stoff
Distickstoffmonoxid (N_2O)	0,1048571304
Kohlendioxid (CO_2)	57,2156568160
Methan (CH_4)	0,0362742200
Gesamt	**57,36**
Versauerungspotential Recycling	**Menge in kg SO_2 Aq. /kg Stoff**
Ammoniak (NH_3)	0,0000001426
Chlorwasserstoff (HCl)	0,0011536931
Fluorwasserstoff (HF)	0,0003862723
Stickoxid (NOx)	0,0767579461
Schwefeldioxid (SO_2)	0,0398169052
Gesamt	**0,12**

Tab. 12.3 Umweltwirkungen der Verwertung einer ECOLOG Jacke (Quelle: Krehan et al. 2008, S. 43).

Treibhauspotential Thermische Verwertung	Menge in kg CO_2-Äq./kg Stoff
Distickstoffmonoxid (N_2O)	0,0002751535
Kohlendioxid (CO_2)	49,0994315279
Methan (CH_4)	0,0083356031
Gesamt	**49,36**
Versauerungspotential Thermische Verwertung	**Menge in kg SO_2 Aq./kg Stoff**
Ammoniak (NH_3)	0,0000001401
Chlorwasserstoff (HCl)	0,0012314115
Flourwasserstoff (HF)	0,0001954556
Stickoxid (NO_x)	0,0923798400
Schwefeldioxid (SO_2)	0,0390441659
Gesamt	**0,11**

Tab. 12.4 Vergleich der Umweltwirkungen zweier Handlungsoptionen (Quelle: Krehan et al. 2008, S. 45).

	ECOLOG 20 %, Verwertung 80 %	Verwertung 100 %
Erdöleinsatz Rohstoffeinsatz in Liter/Jacke	2,63	3,3
Erdöleinsparung in Liter	0,65	0,85
Treibhausgase in CO_2kg/kg	57,36	49,36
Energieaufwand in kJ	603.647,83	496.917,89
Restgranulat in kg	1,36	-

12.4 Übungsfragen

1. Beschreiben Sie die vier Schritte zur Erstellung einer Produkt-Ökobilanz nach ISO 14040.
2. Welche produktbezogenen Einsatzmöglichkeiten bietet eine Ökobilanz?
3. Wann lassen sich Ökobilanzen miteinander vergleichen?
4. Warum ist die Erstellung einer Standortbilanz sinnvoll?
5. Welche Probleme ergeben sich bei der Erstellung einer Ökobilanz?
6. Welche Lösungsmöglichkeiten bieten sich für diese Probleme an?
7. Wie ist das Konzept des Stoffstrommanagements definiert?
8. Welche Schulen des Stoffstrommanagements können unterschieden werden?

12.5 Weiterführende Literatur

Lutz, U. und Nehls-Sahabandu, M. (2001): Praxishandbuch Integriertes Produktmanagement, Prozesse und Produkte optimieren, Potentiale nutzen, Umweltverträglichkeit verbessern, Düsseldorf.

Mahammadzadeh, M. und Biebeler, H. (2004): Stoffstrommanagement, Grundlagen und Praxisbeispiele, Köln.

Schaltegger, S. (1997): Economics of Life Cycle Assessment: Inefficiency of the Present Approach, in: Business Strategy and the Environment, Vol. 6, No. 1, S. 1–8.

Schneidewind, U.; Goldbach, M.; Fischer, D. und Seuring, S. (Hrsg.) (2003): Symbole und Substanzen – Perspektiven eines interpretativen Stoffstrommanagements, Marburg 2003.

13 Nachhaltiges Management von Wertschöpfungsketten

von Stefan Seuring und Martin Müller

Kapitelausblick

Die wirtschaftliche Bedeutung von Wertschöpfungsketten kann heute an fast jeder Industrie deutlich gemacht werden. Selbst im Bereich von Dienstleistungen (z. B. *Call-Center*) werden Leistungen nicht mehr nur von einem Unternehmen erbracht. Regelmäßig sind Lieferanten in den Leistungserstellungsprozess eingebunden. In vielen Branchen, so z. B. in der Automobilindustrie oder im Einzelhandel, werden mehr als 60 % der Wertschöpfung in vorgelagerten Unternehmen erbracht. Damit kommt der Zusammenarbeit mit Lieferanten sowie Kundinnen und Kunden eine entscheidende Bedeutung für die Wettbewerbsfähigkeit eines Unternehmens zu.

War noch vor wenigen Jahren die Beschaffung von Vorprodukten in vielen Unternehmen auf eher regionale Lieferanten beschränkt, so finden sich heute globale Wertschöpfungsketten, in die auch kleine und mittlere Unternehmen umfassend eingebunden sind. So wird vermehrt in sogenannten Billiglohnländern produziert und eingekauft. Allerdings herrschen in diesen Ländern oftmals für die westliche Wertegemeinschaft nicht akzeptable Umwelt- und Arbeitsbedingungen. Nichtregierungsorganisationen (*Non Governmental Organizations* – NGOs) greifen solche Missstände bei Zulieferern bezüglich Kinderarbeit, Diskriminierung oder dem Nichteinhalten ökologischer Mindeststandards vermehrt auf und kritisieren Abnehmer in der Öffentlichkeit, welche um ihre Reputation fürchten müssen. Entsprechende Beispiele reichen von Nike und Adidas über Dole Food bis zu GM und Apple. Insbesondere sind solche Unternehmen betroffen, die mit einer Marke, die oftmals über Jahre hinaus aufgebaut wurde, den unmittelbaren Kontakt zur Endverbraucherin bzw. zum Endverbraucher herstellen. Die Reputation der Marke wird durch solche Kampagnen gefährdet und zieht mögliche Einbußen der Wettbewerbsfähigkeit auf den Absatzmärkten nach sich. Die Unternehmen sind daher bestrebt, dies zu vermeiden und versuchen, ihre Wertschöpfungskette (*Supply Chain*) nicht nur unter ökonomischen sondern auch unter sozialen und ökologischen (nachhaltigen) Aspekten zu gestalten, um solche Kampagnen zukünftig zu vermeiden.

Dieses Kapitel bietet eine Übersicht zum Entwicklungsstand in diesem Themenfeld. Als Ausgangspunkt wird dafür eine Definition des *Supply Chain Managements* gewählt. Daran anschließend werden die Ausgangspunkte sowie zwei wesentliche Normstrategien des nachhaltigen *Supply Chain Managements* dargelegt. Schließlich werden zwei kurze Beispiele vorgestellt, wie diese Strategien in der unternehmerischen Praxis umgesetzt werden können.

Lernziele

1. Begriff und Bedeutung des *Supply Chain Managements* kennen.
2. Überblick über wesentliche Strategien eines nachhaltigen *Supply Chain Managements* gewinnen.
3. Die praktische Bedeutung des nachhaltigen *Supply Chain Managements* für sogenannte fokale Unternehmen verstehen.
4. Die Bedeutung von Umwelt- und Sozialstandards im nachhaltige *Supply Chain Management* einordnen können.

13.1 Begriffliche Grundlage: *Supply Chain Management*

Bevor auf die speziellen Aspekte des nachhaltigen *Supply Chain Managements* eingegangen wird, ist es notwendig, eine allgemeine Begriffsklärung voranzustellen. Dies wird durch die Erläuterung des Begriffs eines fokalen Unternehmens ergänzt.

In der Literatur sind zahlreiche Definitionen für *Supply Chain* und *Supply Chain Management* zu finden, von denen hier eine repräsentative ausgewählt wird:

Supply Chain Management

„*Supply Chains* bestehen aus drei oder mehr Einheiten (Unternehmen und Organisationen), die direkt in die vor- und rückwärts gerichteten Flüsse von Produkten, Dienstleistungen, Finanzen und Informationen von der Quelle bis zum Kunden eingebunden sind." (übersetzt nach Mentzer et al. 2001, S. 3)

„*Supply chain management* (SCM) ist die Integration dieser Aktivitäten durch verbesserte Beziehungen innerhalb der Wertschöpfungskette, um einen nachhaltig wettbewerbsfähigen Vorteil zu erzielen" (übersetzt nach Handfield und Nichols 1999, S. 2).

Das *Supply Chain Management* zeichnet sich durch folgende Eigenschaften aus:

1. „SCM ist ein Systemansatz, der die Wertschöpfungskette als Ganzes betrachtet, so dass die gesamten Flüsse an Gütern von dem Lieferanten bis zum Endkunden betrachtet werden.
2. SCM beinhaltet eine strategische Orientierung hin auf gemeinsame Anstrengungen, um inner- und inter-unternehmerische operative Prozesse und strategische Fähigkeiten zu vereinen.

3. SCM umfasst einen Kundenfokus, der darauf abzielt, einzigartigen und individuellen Kundenwert zu schaffen, der dann Kundenzufriedenheit garantiert." (übersetzt nach Mentzer et al. 2001)

Zusammenfassend kann die Definition des *Supply Chain Managements* auf zwei konstitutive Elemente verdichtet werden. Einerseits ist dies das Management von Material- und Informationsflüssen sowie andererseits das Management von Kooperationen mit Zulieferbetrieben sowie Kundinnen und Kunden.

Ausgangspunkt der Analyse im *Supply Chain Management* sind oft sogenannte fokale Unternehmen, welche die Wertschöpfungskette wesentlich gestalten. Damit wird vereinfacht angenommen, dass solch ein fokales Unternehmen eine führende Rolle für die Wertschöpfungskette übernimmt.

Fokale Unternehmen werden anhand dreier Kriterien beschrieben: **Fokales Unternehmen**

1. Sie stellen den Marktzugang sicher und sind für die Endkunden sichtbar. So fahren Kundinnen oder Kunden ein Auto einer bestimmten Marke, aber nicht das eines bestimmten Händlers.
2. Sie gestalten ganz maßgeblich das Produkt und legen dessen grundsätzliche Eigenschaften und Umweltwirkungen fest.
3. Sie wählen Zulieferbetriebe aus und entscheiden, über welche Stufen und Distributionsformen ihre Produkte zu den Endkundinnen und -kunden gelangen, so dass sie insgesamt die Wertschöpfungskette gestalten und steuern.

In seiner historischen Entwicklung greift das *Supply Chain Management* auf eine Reihe von Disziplinen zurück. Hier sind insbesondere die Logistik, Beschaffung, Produktion, aber auch das Distributionsmanagement zu nennen. In diesem Zusammenhang steht eine bereits Ende der 1950er Jahre von Forrester (1958) gewonnene Erkenntnis, die als *Bullwhip*-Effekt bezeichnet wird. Dieser Effekt beschreibt das Problem einer Aufschaukelung der Nachfrage in *Supply Chains* (Lee et al. 1997). Bei lokal begrenzten Informationen und lokalen Entscheidungen führen kleine Schwankungen der Kundenbedarfe auf jeder weiter vorgelagerten Stufe der *Supply Chain* zu immer größeren Streuungen der Bedarfsmengen. Eine geringe Steigerung der Nachfrage führt zu einem überproportionalen und verzögerten Anstieg der Bestellmengen bei den einzelnen, nachgelagerten Stufen der *Supply Chain*. Die Varianz der Nachfrage wird damit von Stufe zu Stufe größer. Der Effekt ist umso größer, je mehr Stufen die *Supply Chain* hat. Ursächlich für diesen Effekt ist die mangelnde Koordination zwischen den Akteuren. Ist nämlich jedem Akteur nur die Nachfrage seines unmittelbaren Nachfolgers bekannt, so wird mit zunehmendem Abstand vom Endkunden die Gefahr größer, dass die Nachfrage falsch eingeschätzt wird. Hieraus lassen sich drei Grundprinzipien des *Supply Chain Managements* sowie entsprechende Zielgrößen ableiten. Die Analyse der Literatur lässt sich dabei auf drei Prinzipien verdichten, die hier noch etwas ausführlicher erläutert werden (Seuring 2001).

Bullwhip-Effekt

Prinzipien des *Supply Chain Managements*

1. Prinzip der Marketing- bzw. Kundenorientierung:
   Alle Aktivitäten in der Wertschöpfungskette dienen letztlich der Befriedigung eines Kundenbedürfnisses (oder der Generierung eines Kundennutzens). Diesem Prinzip kommt eine zentrale Bedeutung zu, da es ohne die Kundenbedürfnisse keine Wertschöpfungskette und die damit verbundenen Aktivitäten gäbe. Der kundenorientierten Gestaltung von Wertschöpfungsketten kommt insbesondere in gesättigten Märkten eine erhebliche Bedeutung zu, da die Wertschöpfungskette idealerweise durch die Nachfrage selbst gesteuert werden soll. Damit liegt hier ein auf den Output der Wertschöpfungskette gerichtetes Ziel vor, während die beiden folgenden Ziele mehr auf den Input abstellen.

2. Integrations- und Effektivitätsprinzip:
   Die gesamte Wertschöpfungskette ist als eine Einheit zu analysieren und zu gestalten, da der Wettbewerb nicht mehr zwischen Unternehmen, sondern zwischen Wertschöpfungsketten stattfindet. Die so angestrebten Optimierungen leiten zum dritten Prinzip über.

3. Effizienzprinzip:
   Das Effizienzprinzip steht für die konkrete Ausgestaltung der Wertschöpfungskette. Zusammen mit dem Integrationsprinzip soll erreicht werden, dass nicht einzelne Funktionen oder Unternehmen optimiert werden, sondern die gesamte *Supply Chain*. Dadurch sollen suboptimale Lösungen vermieden werden.

Wie bei jeder wirtschaftlichen Tätigkeit sind dabei Kundenorientierung, Effektivität und Effizienz gemeinsam zu gestalten, was zu den Zielgrößen des *Supply Chain Managements* überleitet.

13.2 Zielgrößen des *Supply Chain Managements*

Wie in der betriebswirtschaftlichen Literatur üblich, werden auch im *Supply Chain Management* Sachziele und Formalziele unterschieden.

Formalziel

Formalziele beinhalten dabei abstrakte Formulierungen ökonomischer Ziele, während die Sachziele konkret auf das spezielle Leistungsprogramm ausgerichtet sind. Das Formalziel des *Supply Chain Managements* kann beispielsweise in der folgenden Form formuliert werden: *Supply Chain Management* zielt darauf ab, die Gesamtheit der Ressourcen zu minimieren, die notwendig sind, um Kundenbedürfnisse in einem Segment zu befriedigen. Häufig finden sich auch Formulierungen (Seuring 2001), die auf die geringsten Gesamtkosten bzw. die Sicherung der Wettbewerbsfähigkeit und die Verbesserung der Leistungsfähigkeit in der Wertschöpfungskette abzielen (siehe Integrationsprinzip).

Sachziel

Sachziele werden stärker an den mit Lieferanten sowie Kundinnen und Kunden koordinierten, konkreten Material- und Informationsflüssen festgemacht, so dass minimale Lieferzeiten, geringe Bestände und ein optimaler Servicelevel erreicht werden. Eine Unterteilung der Zielgrößen und der davon abgeleiteten Planungs- und Steuergrößen kann dabei in Anlehnung an die formulierten Grundprinzipien bezüglich des Outputs und des Inputs der Wertschöpfungskette vorgenommen werden, die in gegenseitiger Abhängigkeit zueinander stehen. Hier werden die Maximalausprägung (auf den Output gerichtet) und die Minimalausprägung (auf den Input gerichtet) des Wirtschaftlichkeitsprinzips aufgegriffen.

- Output: Das Ziel der Wertschöpfungskette ist die optimale Befriedigung der Kundenbedürfnisse, z. B. durch eine hohe Lieferbereitschaft, geringe Lieferzeiten oder kundenindividuelle Produkte.
- Input: Das Ziel ist die Minimierung der zur Erstellung einer Leistung notwendigen Ressourcen wie Material, Bestände, Personal und Produktionskapazitäten. Häufig wird dieses Ziel unter der Überschrift möglichst geringer Gesamtkosten zusammengefasst. Gleichzeitig soll eine hohe Flexibilität innerhalb der Wertschöpfungskette erreicht werden. Dies betrifft gleichermaßen sowohl die Produktionskapazität in der Kette vorhandener Produkte als auch die Fähigkeit, veränderte oder neue Produkte anbieten zu können.

Die vorstehend gewählten Bezeichnungen werden jeweils als Optimierungsvorschriften formuliert, d. h. sie sind so angegeben, dass eine eindeutige Zielrichtung für Verbesserungsmaßnahmen (Reduktion des Einsatzes oder Erhöhung der Ausbringung) gegeben ist. Dabei ist selbstverständlich zu berücksichtigen, dass entweder der Minimal- oder der Maximalausprägung des Wirtschaftlichkeitsprinzips gefolgt werden kann, so dass Übereinstimmungen und Konflikte zwischen den Zielen zu berücksichtigen sind.

13.3 Strategien eines nachhaltigen Managements von Wertschöpfungsketten

Nachdem im vorigen Abschnitt kurz auf das *Supply Chain Management* eingegangen wurde, beschäftigt sich dieser Abschnitt mit den Ausgangspunkten eines nachhaltigen Managements von Wertschöpfungsketten (Kap. 13.3.1) sowie zwei wesentlichen Strategien des nachhaltigen *Supply Chain Managements* (Kap. 13.3.2 und 13.3.3).

13.3.1 Ausgangspunkte eines nachhaltigen Managements von Wertschöpfungsketten

Als wichtige Akteure, die im Sinne eines nachhaltigen *Supply Chain Managements* auf Unternehmen einwirken, können insbesondere drei Gruppen identifiziert werden (Seuring und Müller 2008b) (vgl. Abb. 13.1).

Regulierung, Kundenforderungen, Druck von NGOs

Trotz der internationalen Tätigkeit von Unternehmen kommt nationalen Regulierungen eine wichtige Rolle zu. Dies spiegelt sich einerseits in den jeweiligen Regelsetzungen wider, mindestens genauso stark

Abb. 13.1 Ausgangspunkte eines *Sustainable Supply Chain Managements* (Quelle: Seuring und Müller 2008a, S. 1706).

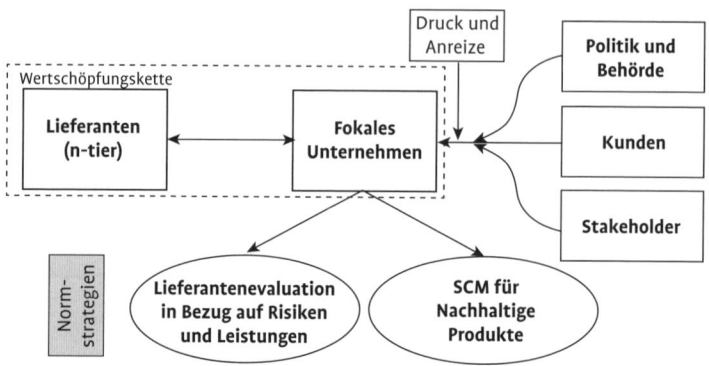

jedoch auch in der Frage, ob die Einhaltung dieser Regeln entsprechend überprüft wird. So existieren in vielen Ländern zwar Vorschriften zu sozialen Fragen, z.B. zu Kinderarbeit, Arbeitszeiten oder Vereinigungsfreiheit, jedoch besteht ein erhebliches Vollzugsdefizit, da untergeordnete Behörden nicht willens oder in der Lage sind, diese Vorschriften wirkungsvoll einzufordern.

Konkrete Ansatzpunkte für Unternehmen finden sich in den Wünschen oder Forderungen von Kunden. Dies gilt insbesondere für Markenhersteller, für die das Zusammenspiel von Kunden und Nichtregierungsorganisationen (NGOs) eine große Herausforderung darstellen kann. Diese auf Umwelt- und Sozialthemen fokussierenden NGOs stellen aus Nachhaltigkeitssicht eine der wichtigsten *Stakeholder*-Gruppen dar, aber auch andere Gruppen (wie beispielsweise Mitarbeitende) können hier relevant sein.

NGOs berichten regelmäßig über Missstände auf den Vorstufen der Wertschöpfungskette, auf denen Umwelt- und/oder Sozialprobleme festgestellt werden. Die Veröffentlichung solcher Ereignisse kann zu einem Einbruch der Absatzzahlen führen, so dass sich die fokalen Unternehmen zum Handeln gezwungen sehen. So standen in den letzten Jahren eine Reihe großer Sportartikel- und Bekleidungshersteller (z.B. Nike, Adidas) in der Kritik, weil in Fabriken in Schwellen- und Entwicklungsländern Mitarbeitende unter sozial untragbaren Verhältnissen beschäftigt wurden (für aktuelle Meldungen siehe z.B. www.csr-asia.com).

Anwendungsbeispiel Starbucks

In der Textilindustrie oder auch dem Kaffeeanbau treten sowohl Umweltprobleme als auch soziale Missstände auf, die regelmäßig thematisiert werden. So standen schon verschiedene Unternehmen im Blickpunkt der Aufmerksamkeit, da insbesondere *Sweatshops*, in denen zumeist Frauen unter manchmal sklavenähnlichen Bedingungen arbeiten, ein regelmäßig wieder aufgegriffenes Problem darstellen.

Im Jahr 2000 startet *Global Exchange*, eine in den USA ansässige NGO, die sich vor allem für Menschenrechte einsetzt (siehe www.globalexchange.org) eine groß angelegte Kampagne in den USA gegen Starbucks. Starbucks eignet sich als Markenunternehmen besonders für solche Aktionen, da auf diese Weise eine hohe Aufmerksamkeit in der Öffentlichkeit erreicht werden kann. So wurde vor Filialen von Starbucks demonstriert sowie eine breite Internetkampagne durchgeführt. Insgesamt haben sich 84 Organisationen an der Aktion gegen Starbucks beteiligt, so dass landesweit 29 große Demonstrationen geplant und durchgeführt werden konnten. (www.globalexchange.org/campaigns/fairtrade/coffee/starbucks.html).

Als Ergebnis erklärte Starbucks am 04. Oktober 2000, dass sie Kaffeebohnen, die *Fair Trade* zertifiziert sind, in allen mehr als 2 300 Filialen landesweit einführen werden. Damit liegt ein eindrucksvolles Beispiel für die Bedeutung der Aktivitäten von NGOs vor, die über die Marktmacht der Bürger Einfluss auf die globale Wertschöpfungskette und Märkte genommen haben.

Es sei auch ein kritisches Wort dazu angemerkt, wie dieser Fall dann weiter aufgearbeitet wurde. Argenti (2004) beschreibt, wie Starbucks aktiv mit NGOs zusammenarbeitet, um entsprechende Ziele zu erreichen. Die Sichtweise von Global Exchange unterscheidet sich davon sehr deutlich.

Dieser Druck auf die Wertschöpfungskette von außen wird in der Innensicht der *Supply Chain* durch das Verhältnis des fokalen Unternehmens zu seinen Partnern ergänzt. In diesem Zusammenhang können fördernde und hemmende Faktoren identifiziert werden. Dazu gehören z. B. die Einführung von Umwelt- und Sozialstandards und entsprechender Managementsysteme (s. Kapitel 2), aber auch die kontinuierliche Zusammenarbeit mit Zulieferern (Koplin 2006). Hemmend wirken sich vor allem steigende Kosten, z. B. für Zertifizierung und Produktnachverfolgbarkeit sowie der gestiegene Kommunikationsaufwand aus (Seuring und Müller 2008a, weiterführend auch Müller et al. 2009). Neben diesen Managementaspekten können aber auch konkrete soziale und ökologische Produkteigenschaften eingefordert werden. Auf der sozialen Seite können beispielsweise fair gehandelte Produkte (*Fair Trade*) benannt werden. Hier liegt der Schwerpunkt darauf, dass die Erzeuger der Rohstoffe einen Absatzpreis erzielen, der deutlich über dem der Weltmärkte liegt, so dass sie einen größeren Anteil der Gesamtwertschöpfung einbehalten können. Oft sind damit Initiativen zur lokalen Entwicklung verbunden.

Mit Blick auf die verschiedenen Argumente können zwei Normstrategien identifiziert werden, wie Unternehmen ein nachhaltiges Management in der Wertschöpfungskette implementieren. Zum einen ist dies die Vermeidung von Risiken und die Sicherstellung von Leistungsfähigkeit in der globalen Beschaffung, zum anderen das pro-aktive Management von nachhaltigen *Supply Chains*. Beide Strategieansätze schließen sich keinesfalls gegenseitig aus, sondern ergänzen sich wechselseitig und sollen im Folgenden näher erläutert werden.

13.3.2 Lieferantenevaluation in Bezug auf Risiken und Leistungsfähigkeit

Neben dem bereits angesprochenen Druck von NGOs auf Unternehmen bedingen auch Aspekte der Versorgungssicherheit beim globalen Einkauf von Vorprodukten, dass viele Unternehmen das Beschaffungsmanagement sehr viel aktiver betreiben (müssen) als in früheren Jahren. Dieser Aspekt wird noch dadurch verstärkt, dass selbst fokale Unternehmen heute in der Regel deutlich weniger als die Hälfte der Wertschöpfung eines Endprodukts selbst erstellen. Im Sinne eines nachhaltigen Managements der Wertschöpfungskette ergibt sich so ein erweiterter Kriteriensatz für die Lieferantenevaluation. Dazu gehört z. B., dass die Zulieferer Umwelt- und/oder Sozialstandards einführen bzw. *Codes of Conduct* (Verhaltenskodizes) einhalten müssen, was wiederum durch die einkaufenden Unternehmen überprüft wird. Neben den damit definierten Mindestanforderungen, die in den Standards oder Kodizes oft einzeln geregelt werden, kommen Selbstauskünften der Lieferanten eine steigende Bedeutung zu. Durch solche Maßnahmen soll der Aufwand für das beschaffende Unternehmen überschaubar gehalten werden, da nicht jeder Lieferant auf jeder Vorstufe entsprechend überprüft werden kann, auch wenn das sicherlich wünschenswert wäre und von einigen Unternehmen auch angestrebt wird.

So streben vor allem die fokalen Unternehmen an, ihre Risiken zu begrenzen und die Leistungsfähigkeit der Kette sicherzustellen, wie aus Abbildung 13.2 ersichtlich ist.

Als Weg zur Umsetzung dieser Strategie können Mindestanforderungen für die Umwelt- und Sozialdimension definiert werden, deren Nicht-Einhaltung im Extremfall dazu führen kann, dass keine weiteren Lieferungen vom Lieferanten bezogen werden. Dies ist ein kritischer Schritt, da dem Lieferanten und seinen Mitarbeitern oft besser dadurch geholfen wird, indem eine Verbesserung der Umwelt- und Sozialleistungen eingefordert wird. Damit stellt sich jedoch die Frage nach der Leistungsfähigkeit oder *Performance* der Kette. Zwischen den drei Dimensionen der Nachhaltigkeit können durchaus Win-win-Situationen ausgemacht

Abb. 13.2 Die Normstrategie „Lieferantenmanagement in Bezug auf Risiko und Leistungsfähigkeit" (Quelle: Seuring und Müller 2008a, S. 1706).

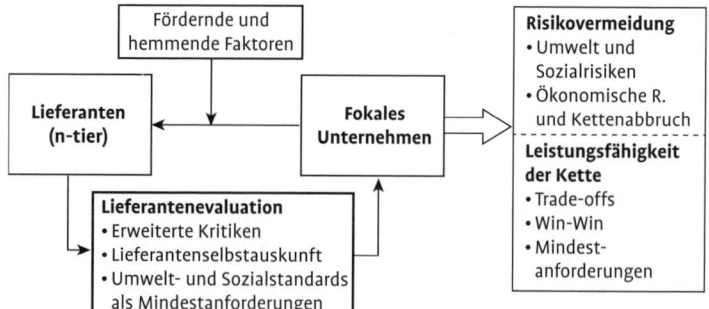

werden, wobei allerdings auch sogenannte *Trade-offs* auftreten können,   *Trade-offs*
bei denen eine Verbesserung der Umwelt- und/oder Sozialleistung nur
zugunsten der ökonomischen Dimension zu erreichen ist. Die beiden
letztgenannten Zielbeziehungen finden sich vielfach in der Nachhaltig-
keitsdebatte. Auch die Rolle von Mindeststandards für den Umwelt- und
Sozialbereich hat erhebliche Aufmerksamkeit erfahren, wobei die konkrete Integration in das Beschaffungs- und *Supply Chain Management*
thematisiert wird (Koplin 2006).

In ihrer Wirkung ist diese Strategie eines nachhaltigen Managements
der Wertschöpfungskette insgesamt als eher reaktiv zu bezeichnen, da
die fokalen Unternehmen hier vor allem darauf abzielen, entsprechende
Risiken und Probleme zu vermeiden. Allerdings wäre es zu einseitig,
allen Unternehmen, die entsprechende Maßnahmen einführen, reakti-
ves Verhalten zu unterstellen. Dies wird im Anschluss an die zweite
Normstrategie aufgezeigt.

Praktische Ausgestaltung – Lieferantenmanagement

Bei der Umsetzung dieser Strategie kommt einer auf Nachhaltigkeit ausgerichteten Ausgestaltung des Beschaffungsmanagements eine zentrale
Bedeutung zu (Koplin 2006). In der Textilindustrie haben viele Unternehmen entsprechende Programme eingeführt. Einerseits werden in
Codes of Conduct Mindeststandards festgelegt (Emmelhainz und Adams
1999). Andererseits werden Lieferanten bezüglich der Umwelt- und
Sozialleistung klassifiziert, so dass den Einkäufern verdichtete Informationen bereitgestellt werden, die bei Beschaffungsentscheidungen zu
berücksichtigen sind. Als Beispiele haben sowohl das Hamburger Ver-
sandhandelsunternehmen Otto als auch das Wattenscheider Textilunternehmen Steilmann entsprechende Maßnahmen implementiert. Konkret werden wichtige Lieferanten von Mitarbeitenden der fokalen
Unternehmen regelmäßig besucht, um die Einhaltung der Umwelt- und
Sozialstandards zu überwachen und kontinuierlich weiterzuentwickeln
(Koplin, 2006). Viele international tätige (Handels-) Unternehmen sind
mittlerweile z. B. in der *Business Social Compliance Initiative* organisiert
(www.bsci-intl.org). Durch solche Initiativen sollen die Anforderungen
für Zulieferer vereinheitlicht und der Kontrollaufwand für beide Seiten
begrenzt werden.

Solche Entwicklungen setzen zumeist an konkreten Produkteigenschaften an. So sind Qualitätsparameter zu erfüllen, während gleichzeitig die Freiheit von gewissen Schadstoffen garantiert werden muss.
Dadurch wird ein Mindeststandard eingehalten, wie er mittlerweile z.B.
durch Öko-Tex 100 (siehe www.oeko-tex.com) weit verbreitet ist. Der   *Öko-Tex 100*
Öko-Tex 100 Standard legt Grenzwerte für Chemikalien und deren Verbleib in verkauften (Bekleidungs-) Textilien fest.

In einem weitergehenden Schritt werden alle Lieferanten bezüglich
ihrer Produktionsprozesse evaluiert. Als Ausgangsbasis dient eine
Selbstauskunft der Lieferanten. So wird eine erste Datenbasis geschaffen, die dann durch Besuche einzelner Produktionsstätten ergänzt wird.
Die vor Ort durchgeführten Audits stellen sicher, dass die Lieferanten

Umweltvorschriften einhalten und unter adäquaten sozialen Bedingungen produzieren. Oft sind die in einem *Code of Conduct* festgelegten Kriterien erheblich strenger als nationales Recht. Zudem stellt die Kontrolle der Lieferanten durch einen wichtigen Kunden eine wesentlich strengere Überprüfung dar, als sie oft durch die nationalen Behörden gegeben ist. Druck und Anreiz, diese Vorgaben einzuhalten, erklären sich insbesondere auch daraus, dass der Kunde sonst die Geschäftsbeziehung beenden könnte. In vielen Fällen sind die Kunden, also z.B. Otto oder Steilmann, sogar bereit, die Lieferanten bezüglich der Optimierung ihrer Produktionsprozesse zu unterstützen, so dass nicht nur Mindestanforderungen eingehalten werden können. Dabei ist es quasi selbstverständlich, dass diese verbesserten Prozesse für die gesamte Produktion genutzt werden, obwohl der initiierende Kunde in aller Regel weniger als 10 % des gesamten Outputs aufkauft.

In der konkreten Ausgestaltung des Lieferantenmanagements haben viele Unternehmen Maßnahmen zur nachhaltigkeitsbezogenen Lieferantenauswahl und -überwachung fest etabliert. So wurde bei Otto der Status eines *„Approved EcoSupplier"* eingeführt. Diese Lieferanten sind umfassend auditiert worden, um sicherzustellen, dass alle Umwelt- und Sozialvorschriften eingehalten werden. Bei der Vergabe von Aufträgen werden diese Lieferanten daher bevorzugt berücksichtigt (Seuring und Goldbach 2006).

13.3.3 *Supply Chain Management* nachhaltiger Produkte

Die zweite Strategie kann als Ergänzung der Risikovermeidungstrategie angesehen werden. Die Debatte um „grüne" oder „nachhaltige" Produkte bedingt, dass fokale Unternehmen, die pro-aktiv entsprechende Produkte vermarkten wollen, sich in vielen Fällen gezwungen sehen, die Wertschöpfungskette umfassender zu managen (Seuring 2011). Dies schließt sowohl die Anzahl der Vorstufen ein als auch die Art und Weise, wie die Unternehmen mit den Unternehmen der verschiedenen Vorstufen kooperieren, so dass ein umfassenderes Netzwerk von Akteuren zu managen ist. So ist es möglich sicherzustellen, dass auch sämtliche Inhaltsstoffe beispielsweise ökologisch sind. Hierzu ist es erforderlich, dass Zulieferer umfassend geschult werden, weil ihnen möglicherweise das Wissen für sozial- und umweltverträgliche Produktionsprozesse fehlt.

Wie Abbildung 13.3 aufzeigt, ist ein zentraler Orientierungspunkt dabei die Nachfrage durch Endkunden als Käufer der Produkte. Eine wichtige Schnittstelle hat das *Sustainable Supply Chain Management* hier zur Ökobilanzierung (*Life Cycle Assessment*). Letztere dient dazu, die Umwelteinwirkungen von Produkten während ihrer gesamten Lebensdauer zu quantifizieren und daraus entsprechende Vorgaben für das Produktdesign abzuleiten. Diese wiederum dienen dem fokalen Unternehmen als Richtlinie für die Auswahl der Lieferanten. Hier steigen die Anforderungen an die Kooperation mit Lieferanten erheblich, da die produktbezogenen Kriterien mit den Lieferanten abzustimmen sind.

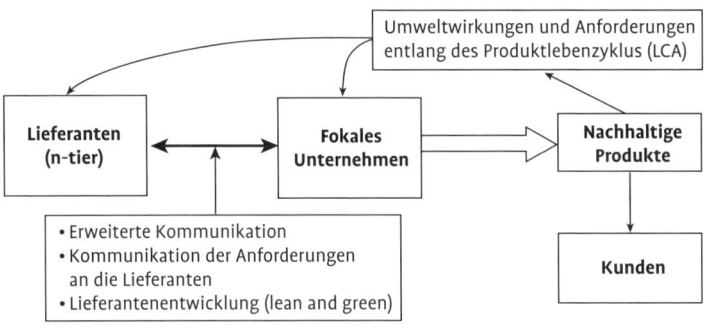

Abb. 13.3 Die Normstrategie „Pro-aktives Management nachhaltiger Wertschöpfungsketten" (Quelle: eigene Darstellung).

In vielen Fällen ist eine aktive Lieferantenentwicklung notwendig, bevor überhaupt auf entsprechende Vorprodukte zugegriffen werden kann (Gold et al. 2010).

Hier kommt das zuvor bereits erwähnte Abgrenzungsmerkmal nachhaltiger Wertschöpfungsketten besonders zum Tragen. Ohne diese notwendige Kooperation aller Akteure, oft bis hin zum Rohstofflieferanten, können die erwünschten umweltfreundlichen oder nachhaltigkeitsorientierten (Vor-)Produkte nicht hergestellt werden. Die dabei definierten technischen Kriterien stellen zwar besondere Anforderungen an die Lieferanten, die zumeist jedoch gut erfüllt werden können. Viel größere Schwierigkeiten bereitet es, die einzelnen Akteure und ihre Aktivitäten in der Kette aufeinander abzustimmen. In der Textilindustrie beispielsweise stützt ein Unternehmen sich oftmals auf hunderte von kleinen Zulieferern. Diese werden zudem häufig saisonweise (halbjährlich) gewechselt.

Daher ist eine umfassende Informations- und Kommunikationsbasis in der Wertschöpfungskette zu gestalten. Diese ist nicht mehr so sehr nur auf die Anforderungen des fokalen Unternehmens ausgerichtet, sondern bindet alle Glieder der *Supply Chain* aktiv ein. Daraus ist leicht ersichtlich, dass es oft einer größeren Stabilität bedarf – z. B. durch eine längerfristige vertragliche Absicherung, als dies in vielen Branchen üblich ist. Erst dann lohnen sich die Investitionen in eine umfassende Lieferantenentwicklung, die in vielen Fällen notwendig ist, bevor überhaupt geeignete Beschaffungswege für die benötigten Rohmaterialien und Produkte bestehen.

Praktische Ausgestaltung – Nachhaltige Produkte
Eine Reihe von Arbeiten zur Wertschöpfungskette für Ökobaumwolle (z. B. Goldbach et al. 2003) stellen das zentrale Problem heraus, dass ein entsprechendes Angebot an Ökobaumwolle erst geschaffen werden musste. So sahen sich die fokalen Unternehmen gezwungen, direkt mit Baumwollbauern zusammenzuarbeiten, was in konventionellen Wertschöpfungsketten nicht der Fall ist und einen erheblichen Aufbau interorganisationaler Ressourcen erfordert (Gold et al. 2010). In konventionellen Ketten wird die Koordination dem Markt überlassen. Diese Her-

ausforderungen haben sich in den letzten 10 Jahren kaum verändert, da Ökobaumwolle nach wie vor ein Nischenprodukt ist, das trotz der immensen damit verbundenen Umweltprobleme (z. B. Austrocknung des Aralsees, hoher Pestizideinsatz) nur knapp 1 % der weltweiten Baumwolle ausmacht.

Entsprechend hat z.b. Otto in die Entwicklung der Lieferanten investiert, um so ein Angebot an Ökorohbaumwolle zur Verfügung zu haben. Dabei lassen sich folgende Problemfelder identifizieren:

Eine umfassende Koordination der gesamten Kette ist notwendig, um die langfristige Funktionsfähigkeit der Geschäftsbeziehung zu gewährleisten. Oft sieht sich das fokale Unternehmen als eine Art „Spinne im Netz", die alle Fäden zusammenhält. Durch die Auswahl oder den Aufbau geeigneter Partner – für Baumwolle sind dies z. B. eine Gin (Entkernung der Baumwolle, so dass die Fasern getrennt vom Kern weiter verarbeitet werden können), eine Spinnerei oder Weberei – wird eine fokussierte Wertschöpfungskette geschaffen, die in der Lage ist, Textilien aus Ökobaumwolle zu einem wettbewerbsfähigen Preis auf den Markt zu bringen. Indem die Anzahl der Lieferanten oft auf nur ein Unternehmen pro Wertschöpfungsstufe begrenzt wird, erfolgt eine Mengenbündelung, so dass auch bei immer noch vergleichsweise geringen Gesamtmengen an Ökobaumwolle eine ausreichende Effizienz erzielt werden kann. Eine wichtige Herausforderung für die Lieferanten besteht darin, dass spezifische Ressourcen vorgehalten werden müssen, um z. B. den Reinigungsaufwand bei einem Wechsel zwischen konventioneller Baumwolle und Ökobaumwolle niedrig zu halten oder besser noch ganz zu vermeiden.

13.3.4 Integration der beiden Normstrategien

Bisher wurden die beiden Normstrategien getrennt voneinander vorgestellt. Dabei ergänzen sich die beiden Ausprägungen eher, als dass sie Alternativen zueinander darstellen. Unternehmen, die auf umweltfreundliche Produkte abzielen, sehen sich gezwungen, die Vorstufen aktiv zu managen. Dazu gehört in der Regel, dass die Lieferanten bezüglich ihrer Umwelt- und Sozialleistung evaluiert werden. Die aktive Vermarktung entsprechender Produkte bedarf damit der Absicherung und Risikovermeidung auf den Vorstufen, woraus sich die Komplementarität der Strategien ergibt. Umgekehrt kann die Risikovermeidungsstrategie schrittweise ausgebaut werden, so dass nachfolgend auch „nachhaltigere" Produkte hergestellt und vertrieben werden. In allen bereits angesprochenen Beispielen haben die Unternehmen beide Strategien verfolgt. So sollen Risiken vermieden, dabei aber gleichzeitig Potenziale erschlossen werden.

Dies gilt auch für branchenspezifische Initiativen: Um die Anforderungen in verschiedenen Branchen sowohl transparent als auch überschaubar und überprüfbar zu machen, sind in mehreren Branchen entsprechende Zertifizierungssysteme und Labels etabliert worden. Beispiele dafür sind das *Marine Stewardship Council* (www.msc.org) für Fischprodukte oder das *Forest Stewardship Concil* (www.fsc.org) für Holzprodukte (s. z. B. Müller et al. 2009).

Marine Stewardship Council (MSC) und *Forest Stewardship Council* (FSC)

13.4 Ausblick

In den letzten Jahren findet sich eine steigende Anzahl von Unternehmen, die sich mit Fragen der Nachhaltigkeit in der Wertschöpfungskette auseinandersetzen (müssen). Für die Zukunft ist zu erwarten, dass das Thema weiter an Bedeutung gewinnt, was durch die anhaltende Tendenz, Vorprodukte immer stärker international und global zu beschaffen, angetrieben wird. Zudem werden auch andere Branchen von einer zunehmenden Sensibilisierung der Verbraucher für soziale und ökologische Fragen erfasst. Neben der Textilindustrie und der Nahrungsmittelindustrie rücken verstärkt Branchen wie die Elektro- und Automobilindustrie in den Fokus von NGOs und einer kritischen Kundschaft. Eine Legitimität gegenüber den *Stakeholdern* entlang der Wertschöpfungskette kann nur durch eine möglichst weitreichende Transparenz über soziale Bedingungen und ökologieverträgliche Stoffe erreicht werden. Herausforderungen bestehen für die fokalen Unternehmen vor allem darin, die notwendigen Strukturen in die „klassische" Beschaffung einzubinden, um so den im Sinne der Nachhaltigkeit erweiterten Kriteriensatz für die Lieferantenauswahl und -entwicklung in alle *Supply Chain* Entscheidungen einfließen zu lassen. Das *Supply Chain Management*, welches eine Transparenz ökonomischer Daten (Qualität, Durchlaufzeiten, Kosten) entlang der Kette anstrebt, bietet hierzu einen hervorragenden Rahmen, um auch ökologische und soziale Informationen weiterzugeben. So wäre es beispielsweise ein Ziel eines *Sustainable Supply Chain Managements*, dass man leicht (eventuell durch entsprechende Informationen auf einem RFID-Chip) als Kundin oder Kunde ermitteln kann, wo und unter welchen Bedingungen ein T-Shirt hergestellt, ob dafür ökologische Baumwolle eingesetzt und welche Stoffe beim Färben verwendet wurden. Einer verbesserten Informationstransparenz kommt daher eine zentrale Bedeutung zu, ohne dass diese regelmäßig als Verkaufsargument eingesetzt werden kann.

Informationstransparenz

Entsprechende Entwicklungen stehen allerdings noch am Anfang und es besteht in diesem Feld noch ein erheblicher Forschungsbedarf. Auf Basis der hier dargestellten Normstrategien können weitere Untersuchungen vorgenommen werden. So spielen Fragen des Vertrauens ebenso eine Rolle wie die Kosten von Kontrollmechanismen. Umwelt- und Sozialstandards, welche häufig als Garant für ein korrektes soziales Verhalten benannt werden, stehen ebenso in der Kritik wie der eigene Handel von umweltfreundlichen oder fair gehandelten Produkten durch NGOs, die oft selbst kaum einer Kontrolle unterworfen sind. Insgesamt existieren zahlreiche Ansatzpunkte für weitere Forschungsarbeiten in diesem noch jungen, sich aber rasant entwickelnden Feld, z.B. die bisher fehlende Verknüpfung zum Thema *Fair Trade*.

13.5 Übungsfragen

1. Erläutern Sie den Begriff des *Supply Chain Managements*.
2. Warum hat das *Supply Chain Management* in den letzten Jahren zunehmend an Bedeutung gewonnen?
3. Welche Ausgangspunkte haben zur Entwicklung des *Sustainable Supply Chain Managements* geführt?
4. Grenzen Sie zwei wesentliche Strategien eines *Sustainable Supply Chain Managements* voneinander ab.
5. Welche Maßnahmen ergreifen Unternehmen, um diese beiden Strategien umzusetzen?
6. Warum kommt der Lieferantenentwicklung eine zentrale Rolle in beiden Strategien zu?

13.6 Weiterführende Literatur

Morana, R. (2006): Management von Closed-loop Supply Chains – Analyserahmen und Fallstudien aus dem Textilbereich, Wiesbaden.

Müller, M.und Nofz, K. (2008): Umwelt- und Sozialstandards am Scheideweg – eine empirische Untersuchung bei NGOs, in: Heft 2, Zeitschrift für Umweltpolitik und Umweltrecht, S. 245–271.

Müller, M. und Seuring, S. (2007): Legitimität durch Umwelt- und Sozialstandards gegenüber Stakeholdern – eine vergleichende Analyse, in: Zeitschrift für Umweltpolitik und Umweltrecht, Heft 3, S. 257–285.

Pagell, M. und Wu, Z. (2009): Building a more complete theory of sustainable supply chain management using case studies of 10 exemplars, in: Journal of Supply Chain Management, 45(2), S. 37–56.

Schneidewind, U.; Goldbach, M.; Fischer, D. und Seuring, S. (Hrsg.) (2003): Symbole und Substanzen – Perspektiven eines interpretativen Stoffstrommanagements, Marburg.

Seuring, S. (2004b): Industrial Ecology, Life Cycles, Supply Chains – Differences and Interrelations, in: Business Strategy and the Environment, Vol. 13, No. 5, S. 306–319.

Seuring, S. (2013): A Review of Modeling Approaches for Sustainable Supply Chain Management, in: Decision Support Systems, Vol. 54, No. 3, S. 1513–1520.

Seuring, S. und Müller, M. (2007): Integrated Chain Management in Germany – Identifying Schools of Thought Based on a Literature Review, in: Journal of Cleaner Production, Vol. 15, No. 7, pp. 699–710.

Zhu, Q.; Sarkis, J. and Geng, Y. (2005): Green Supply Chain Management in China: Pressures, Practices and Performance, in: International Journal of Operations & Production Management, Vol. 25, No. 5, S. 449–468.

14 Nachhaltigkeitskennzahlen und -systeme

von Alexandro Kleine und Jens Pape

Kapitelausblick

Eine Möglichkeit, den Gedanken des Controllings betrieblicher Nachhaltigkeitsleistung umzusetzen, bietet die Verwendung von Nachhaltigkeitskennzahlen und darauf aufbauenden Rechenverfahren. Ausgehend von einer an betriebswirtschaftliche Kennzahlen angelehnten Definition, werden in diesem Kapitel zunächst Arten und Systematisierungsformen betrieblicher Nachhaltigkeitskennzahlen vorgestellt sowie Möglichkeiten, Formen und Voraussetzungen der Bildung von Kennzahlensystemen dargestellt.

Grundsätzlich werden dabei die drei Nachhaltigkeitsdimensionen seit Mitte des vergangenen Jahrzehnts als gleichberechtigt angesehen und umgesetzt. Dieses Kapitel trägt aber auch der Tatsache Rechnung, dass Umweltkennzahlen in Industrieländern die klassische Basis von Nachhaltigkeitskennzahlen und -systemen bilden und erst im Rahmen der Entwicklung hin zum betrieblichen Nachhaltigkeitsmanagement um Wirtschafts- und Sozialaspekte ergänzt worden sind. Hierbei haben sich Kennzahlenkataloge als Basis für die Auswahl und Ermittlung geeigneter Kennzahlen durchgesetzt. Als Beispiele werden in diesem Kapitel die Kennzahlen der *Global Reporting Initiative* (GRI) sowie des Deutschen Nachhaltigkeitskodex (DNK) vorgestellt.

Umwelt- und – in der weiteren Entwicklung – auch die Nachhaltigkeitskennzahlen sind seit den 1990er Jahren eine wichtige Basis der Entwicklung individualbetrieblicher Kennzahlen und Kennzahlensysteme als Antwort von Unternehmen auf der Suche nach Messgrößen und Kommunikationsinstrumenten zum Thema Nachhaltigkeit. Zwar bildet sich durch die zunehmende Standardisierung und den gestiegenen Kommunikationsbedarf ein Konsens über die zu verwendenden Nachhaltigkeitskennzahlen heraus. Dennoch zieht die Komplexität des Themas und die individuelle Anwendbarkeit immer noch eine gewisse Vielfalt nach sich. Somit erfordert jede betriebliche Implementierung nach wie vor eine individuelle Prüfung und Festlegung. Im Rahmen des Praxisbeispiels am Ende dieses Kapitels wird die Anwendung eines GRI-basierten Nachhaltigkeitskennzahlensystems für einen Chemiestandort in China vorgestellt und diskutiert.

Lernziele

1. Einen Überblick darüber erhalten, welche Arten und Systematisierungsmöglichkeiten es für Nachhaltigkeitskennzahlen und Nachhaltigkeitskennzahlensysteme gibt.
2. Beurteilen können, worin Stärken und Schwächen betrieblicher Nachhaltigkeitskennzahlen als Instrument der Nachhaltigkeitsbewertung liegen.
3. Kennzahlen sowie Hintergrund und Systematik der *Global Reporting Initiative* (GRI) sowie des Deutschen Nachhaltigkeitskodex (DNK) erläutern können.
4. Relevante Nachhaltigkeitsaspekte zur Bewertung der betrieblichen Nachhaltigkeitsleistung identifizieren können.
5. Anknüpfungspunkte zur Darstellung der Leistungsbewertung hinsichtlich umweltbezogener, sozialer und wirtschaftlicher Leistungsaspekte kennenlernen.

14.1 Nachhaltigkeitskennzahlen

Neben der Identifizierung relevanter Umweltaspekte traten seit den 1990er Jahren zunehmend soziale Aspekte als Ergänzung des konventionellen betrieblichen Fokus in das Zentrum der Bildung betrieblicher Kennzahlen. Es stand insbesondere die Fragestellung im Vordergrund, wie unternehmerisches Engagement für Umwelt und Gesellschaft mit der wirtschaftlichen Leistungsfähigkeit zusammenhängt, messbar und damit steuer- und kommunizierbar gemacht werden kann. Seit der Jahrtausendwende setzt sich die ausgewogene Umsetzung der drei Nachhaltigkeitsdimensionen Umwelt – Gesellschaft – Wirtschaft verstärkt durch, so dass sich die Umweltleistungsbewertung von Unternehmen und Organisationen zu einer umfassenderen Nachhaltigkeitsbewertung weiterentwickelt. Viele Unternehmen fassen ihre diesbezüglichen Aktivitäten seit etwa 2005 verstärkt unter dem Konzept der *Corporate Social Responsibility* oder weitergehender Ansätze wie Nachhaltigkeitsmanagement oder *Corporate Sustainability* zusammen (s. Kap. 6).

Keine einheitliche Definition

Sowohl für den Begriff der Kennzahl als auch für die dahinterstehende Systematik gibt es in der Literatur keine einheitliche Definition. Für die Bezeichnung „Kennzahl" finden ebenso die Begriffe Kennziffer, Indikator, Kontrollzahl, Messzahl, Ratio, Richtzahl, Schlüsselgröße, Schlüsselzahl, Leistungszahl, *Key Performance Indicator* (KPI), Standardzahl oder Standardziffer Verwendung. Bereits im Umweltbereich, der die Nachhaltigkeitsdiskussion historisch stark prägte, hatte sich eine Differenzierung zwischen den Begriffen Kennzahl und Indikator durchgesetzt (s. Rauberger und Wagner 1997): Indikatoren sind von öffentlich-rechtlichen oder privaten Institutionen erhobene Messgrößen, die im Auftrag der Politik für die Fortschreibung und Bewertung des

Zustands der Umwelt, meist überregional gesehen, verwendet werden. Kennzahlen werden dagegen von Unternehmen selbst erhoben und spiegeln betriebliche Sachverhalte wider. In der Praxis werden „Kennzahl" und „Indikator" zunehmend synonym verwendet, zumal englischsprachige Literatur zu *„Indicators"* in Deutschland zunehmend Einfluss ausübt. In diesem Kapitel wird gemäß der früheren Differenzierung zur Vereinheitlichung der Begriff „Nachhaltigkeitskennzahl" verwendet.

Kennzahlen, die ursprünglich zu Kontrollzwecken eingesetzt wurden, gewinnen in den letzten Jahren zunehmend auch im Rahmen des betrieblichen Nachhaltigkeitsmanagements an Bedeutung, da erkannt wurde, dass für sie eine Vielfalt von Verwendungsmöglichkeiten besteht: So finden Kennzahlen mit Bezug zu Nachhaltigkeitsthemen zum einen insbesondere im Kontext zertifizierbarer Umweltmanagementsysteme (s. Kap. 3 und 4) Verwendung, um für die „Querschnittsaufgabe Nachhaltigkeitsmanagement" auf allen Hierarchieebenen entsprechende Informationen bereitzustellen. Zum anderen werden Nachhaltigkeitskennzahlen durch die Aggregation vieler Informationen zu einer wichtigen Optimierungsgröße. In diesem Zusammenhang unterstützen Nachhaltigkeitskennzahlen insbesondere die Entscheidungsfindung des Managements, indem sie die Planung, Steuerung und Kontrolle von gesetzten Zielen und Maßnahmen konkretisieren. Durch ihre Steuerungs- und Kontrollfunktion im Rahmen des Nachhaltigkeitscontrollings (s. Kap. 11) fördern Nachhaltigkeitskennzahlen die Verbesserung der betrieblichen Nachhaltigkeitsleistungen im Sinne eines kontinuierlichen Verbesserungsprozesses (KVP) und ermöglichen damit gleichzeitig die Überprüfung der Wirksamkeit und die Weiterentwicklung des implementierten Managementsystems.

Allgemein ist zu beobachten, dass die politische Bedeutung von Kennzahlen steigt, seien es Kennzahlen oder Indikatoren für eine nachhaltige Entwicklung, als Informations- und Kontrollinstrument hinsichtlich der Erfüllung gesellschaftlicher und politischer Ziele. Nachhaltigkeitskennzahlen sollen in diesem Zusammenhang insbesondere zur Verbesserung der Information und Kommunikation sowie Analyse genutzt werden, um das Leitbild der nachhaltigen Entwicklung (s. Kap. 1) verständlicher zu machen und als Entscheidungshilfe zu dienen.

Die Umsetzung von Nachhaltigkeitskennzahlen in Anlehnung an die *Balanced Scorecard* kommt dem üblicherweise betriebsintern ausgerichteten Controlling dabei noch am nächsten (s. Kap. 15). Darüber hinaus werden Kennzahlensysteme in zunehmendem Maße für externe Anliegen wie das Monitoring von internationalen Konventionen und Konferenzen eingesetzt, die Prinzipien des *Global Compact* sind hierbei eine führende Selbstverpflichtung. Auch setzen viele – vor allem börsennotierte und in der Öffentlichkeit stehende – Unternehmen die Berichterstattung über ihre Nachhaltigkeitsleistung regelmäßig um und lassen dafür ihre kennzahlengestützte Berichterstattung durch externe Dritte prüfen. Kennzahlen in Verbindung mit quantitativen Zielen dienen darüber hinaus vermehrt strategischen Zielsetzungen („wo will das Unternehmen 2020 stehen?") und zusammen mit Aggregationsverfahren

Marginalien:

Nachhaltigkeitskennzahlen

Wichtige Optimierungsgröße

Steuerungs- und Kontrollfunktion

Umsetzung von Nachhaltigkeitskennzahlen

dem *Benchmarking* von Unternehmen oder wichtigen Produkten („welches Produkt oder Unternehmen ist nachhaltiger?").

14.1.1 Definitionen von Nachhaltigkeitskennzahlen

In der allgemeinen Betriebswirtschaftslehre stellen Kennzahlen im Rechnungswesen oder Controlling seit jeher ein wichtiges Instrument für Planungs-, Steuerungs- und Kontrollprozesse dar. Ein entscheidender Vorteil von Kennzahlen ist die Schaffung von Transparenz, da Entscheidungsträger heute oftmals weniger an Informationsmangel als an einer gezielten Auswahl relevanter Kenngrößen leiden. Die Aufgabe von Kennzahlen ist es daher, „in konzentrierter, stark verdichteter Form auf eine relativ einfache Weise über einen betrieblichen Tatbestand zu informieren" (Hopfenbeck et. al. 1996, S. 196). Gleichzeitig ist dieser Vorteil der Informationsverdichtung zwangsläufig mit Informationsverlusten verknüpft. Die damit verbundenen Restriktionen können ggf. zum Anknüpfungspunkt einer grundlegenden Kritik an Kennzahlen bzw. Nachhaltigkeitskennzahlen werden. Um möglichst aussagekräftige Kennzahlen zu bilden, ist es daher wichtig, sich vor der Bildung einer Kennzahl genau darüber im Klaren zu sein, welcher Tatbestand mit welchen Mitteln wie ausgedrückt werden kann und wo bei einer Kennzahl die Grenzen der Interpretation liegen. Gleiches gilt natürlich auch für ganze Systeme von (Nachhaltigkeits-)Kennzahlen.

In Anlehnung an Meyer (1994) sollen Nachhaltigkeitskennzahlen als Zahlen verstanden werden, die Informationen, d.h. zweckorientiertes Wissen über relevante Tatbestände zum Themenfeld Nachhaltigkeit beinhalten. Durch drei Aspekte wird diese Definition gefasst:
1. Nachhaltigkeitsrelevante Tatbestände,
2. Informationen (zweckorientiertes Wissen),
3. Zahlen.

Ad (1): Nachhaltigkeitsrelevante Tatbestände
Unter nachhaltigkeitsrelevanten Tatbeständen sollen in diesem Zusammenhang solche Tatbestände verstanden werden, die von einem Betrieb oder Unternehmen bzw. einer Organisation durch die Produktion von Waren oder Dienstleistungen unter Einsatz von Produktionsfaktoren entstehen können. Die Relevanz eines Tatbestands ergibt sich aus der Nachhaltigkeitsleistung des Unternehmens. Dabei umfasst der Begriff Nachhaltigkeitsleistung den Prozess der Identifizierung und Bewertung der hierfür relevanten Aspekte sowie die Identifizierung und Bewertung des Resultats der Tätigkeiten, Produkte oder Dienstleistungen.

Am Beispiel der ökologischen Perspektive der Nachhaltigkeit werden etwa unter relevanten Umweltaspekten gemäß EMAS-Verordnung bzw. ISO 14001 (s. Kapitel 4) alle diejenigen Bestandteile der Tätigkeiten, Produkte oder Dienstleistungen einer Organisation verstanden, die in Wechselwirkung mit der Umwelt treten können. Betont wird hier der starke Verursacherbezug: Alle durch die Organisation/das Unternehmen verursachten Einwirkungen auf die Umwelt werden unter dem Begriff Umweltaspekt subsummiert. Dabei werden direkte und indirekte Umweltaspekte unterschieden: Direkte Aspekte sind Umwelteinwirkungen, die unmittelbar vom Unternehmen bzw. der Verursachergruppe ausgehen und in direkten Kontakt mit der Natur treten. Dies sind beispielsweise klassische Luftschadstoffe wie Schwefeldioxide, die lokal bis überregional zur Versauerung von Böden führen. Indirekte Aspekte sind Umwelteinwirkungen, die außerhalb der Kontrolle und damit einer möglichen Einflussnahme des Unternehmens bzw. der Verursachergruppe stehen und somit durch das Handeln Dritter entstehen. Zum Beispiel wirken Fahrzeugnutzer durch Kaufentscheidung, Einsatzhäufigkeit und Fahrweise auf die Umwelt ein, für Automobilhersteller sind dies indirekte Aspekte ihrer Produkte. Die direkten und indirekten Aspekte lassen sich analog auf die soziale/gesellschaftliche und ökonomische Perspektive der Nachhaltigkeit übertragen: Auch hier treten Tätigkeiten, Produkte oder Dienstleistungen einer Organisation direkt oder indirekt in Wechselwirkung mit der Gesellschaft.

Direkte Umweltaspekte

Indirekte Umweltaspekte

Ad (2): Informationen

Zur Leistungserstellung wie auch zur Ableitung umweltrelevanter Tatbestände benötigen die Entscheidungsträger Informationen. Nach Doluschitz et al. (2011) bezeichnet man Information als zweckorientiertes Wissen, „über vergangene, gegenwärtige und künftig erwartete Zustände der Realität und Vorgänge in dieser Realität, wobei der Zweck in der Vorbereitung des (wirtschaftlichen) Handelns liegt". Auch im Zusammenhang mit Fragen des betrieblichen Nachhaltigkeitsmanagements ist diese Zweck- und Verwendungsorientiertheit des Wissens als Kernbestandteil der Information zu betrachten und grenzt somit Wissen von der Information ab. Im Rahmen des Nachhaltigkeitscontrollings (s. Kap. 11) werden Informationen zu den hierfür relevanten Tatbeständen regelmäßig bereitgestellt.

Ad (3): Zahlen

Anhand von Kennzahlen ausgedrückte Tatbestände sind quantitativer Natur und besitzen folglich eine numerische Dimension. Die Quantifizierbarkeit eines relevanten Tatbestands ist eine Voraussetzung für die Anwendung von Kennzahlen. Um jedoch einen Tatbestand quantifizieren zu können, muss er messbar sein.

14.1.2 Arten von Kennzahlen

Kennzahlen können nach den unterschiedlichsten Gesichtspunkten systematisiert und gegliedert werden. Im Folgenden werden einzelne dieser Aspekte näher erläutert.

Eine Einteilung der Kennzahlen nach statistisch-methodischen Gesichtspunkten und damit in Form einer Differenzierung in absolute Zahlen und Verhältniszahlen hat sich sowohl in der Praxis als auch in der Literatur durchgesetzt und ist eines der häufigsten Unterscheidungsmerkmale.

Man unterscheidet demnach die zwei Kennzahlenarten:

Absolute Kennzahlen

1. Absolute Kennzahlen: Zu den absoluten Kennzahlen zählen neben Einzelzahlen, Summen und Differenzen auch Mittelwerte. Im Themenfeld Nachhaltigkeit spielen sie eine wichtige Rolle, denn sie geben z.b. mit Blick auf die ökologische Dimension der Nachhaltigkeit Aufschluss über die tatsächlichen Mengen z.b. an Abfall, Emissionen von Klimagasen, Verbräuchen von natürlichen Ressourcen usw. Die absoluten umweltbezogenen Zahlen haben in der Regel physikalische Größeneinheiten (z.b. kg, t, m², m³, kWh); gelegentlich sind sie in Geldeinheiten erfasst, etwa bei Umweltschutz-Investitionen. Kennzahlen des wirtschaftlichen Feldes sind zumeist monetär gefasst, soziale Aspekte sind vielfach auf Kopf- oder Fallzahlen bezogen.

Verhältniszahlen

2. Verhältniszahlen (Relativzahlen): Als Verhältniszahl bezeichnet man den Quotienten zweier absoluter Zahlen. Dabei wird darauf abgezielt, über die Größe im Zähler eine Aussage zu treffen, weshalb diese Zahl auch als „Beobachtungszahl" bezeichnet wird; die Zahl im Nenner, an der die Beobachtungszahl gemessen wird, wird „Bezugszahl" genannt. Verhältniszahlen lassen sich in Gliederungs-, Beziehungs- und Messzahlen unterteilen (s. Vollmuth 1998).

a) Gliederungszahlen werden durch die Aufteilung einer Gesamtgröße in Teilgrößen gebildet (üblicherweise in Prozent). Die Teilgröße wird zur Gesamtgröße in Beziehung gesetzt, d.h. die Beobachtungszahl ist Teil der Bezugszahl. Somit wird unter einer Gliederungszahl der Anteil an einer Größe verstanden. Beispiel für eine Gliederungszahl ist der Anteil des Wasserverbrauchs einer Anlage am gesamten Wasserverbrauch.

b) Beziehungszahlen drücken das Verhältnis zweier gleichrangiger, aber wesensverschiedener Größen aus, zwischen denen ein sachlicher Zusammenhang besteht. Der Gleichrang wird durch den gleichen Zeitbezug (Zeitpunkt, Zeitraum) hergestellt. Dies ist der Fall, wenn von Quote oder Intensität gesprochen wird. Beispiel für eine Beziehungszahl ist der Wasserverbrauch pro erzeugtes Produkt. Beziehungszahlen zielen häufig auf die Messung der Effizienz ab, wofür sich die Ökoeffizienz als Mittler zwischen Ökonomie und Ökologie etabliert hat. Diese ist definiert als Verhältnis von Wertschöpfung zu sogenannter „Schadschöpfung" (z.b. Gewinn in Euro / Endenergieverbrauch in kWh).

c) Messzahlen (Indexzahlen) sind keine im wörtlichen Sinne gemessenen Größen, sondern zeigen die relative Veränderung bestimmter Größen an. Gebildet wird das Verhältnis zweier gleichgeordneter und gleichartiger Größen, die sich lediglich durch ein Merkmal zeitlicher, räumlicher oder sachlicher Art unterscheiden. Dabei werden die zu vergleichenden Werte auf eine Basiszahl bezogen (meist „100"), so dass zeitliche Entwicklungen und Trends gut erkennbar sind. Beispielsweise ist die Entwicklung von Preisen und Gehältern häufig als Messzahl angegeben, etwa das durchschnittliche Gehalt des Jahres 2000 mit 100 gleichgesetzt und die anderen Jahre darauf indiziert (2005: 107, 2010: 112 etc.).

Anhand von Verhältniszahlen ist es demnach möglich, Zeitreihenvergleiche unter Gesichtspunkten der Effizienz durchzuführen: Absolute Kennzahlen zeigen, wie stark eine Ausprägung ist, relative Kennzahlen hingegen zeigen, ob Maßnahmen des Nachhaltigkeitsmanagements greifen.

Absolute und relative Kennzahlen können sich auf unterschiedliche Unternehmensbereiche beziehen. Ähnlich wie bei der Bilanzierung von Stoff- und Energieströmen (s. Kapitel 12) können Kennzahlen für einzelne Prozesse, einzelne Wertkettenaktivitäten (z.B. nur die Beschaffung), das gesamte Unternehmen oder einen Standort gebildet werden. Absolute Zahlen können je nach Geschäftstätigkeit stark variieren, was die Interpretation erschwert, und sie erlauben aufgrund struktureller und technischer Unterschiede nur bedingt einen Vergleich mit anderen Unternehmen. Daher haben sich Verhältniszahlen für Vergleiche zwischen Standorten oder ähnlichen Unternehmen der gleichen Branche etabliert.

Verhältniszahlen bilden darüber hinaus insbesondere bei Zielfestlegungen das in Unternehmen vorherrschende Effizienzprinzip ab, wonach es um spezifische und relative Verbesserungen gegenüber zeitlich früheren Zuständen geht. Die Diskussion um einen CO_2-Grenzwert für die Fahrzeugflotte eines jeden Automobilherstellers (130 g CO_2/km) macht die vorherrschende Messung von relativen Entwicklungen deutlich: Es existiert keine harte Form der Intervention mit Deckelung der jährlich zu produzierenden Fahrzeuganzahl oder eine absolute Verbrauchsobergrenze für jedes einzelne Fahrzeug; stattdessen wird der schwächere Ansatz mit Einführung von energieeffizienteren Modellen neben weniger sparsamen, etablierten Fahrzeugen gewählt. Eine besondere Problematik hierbei liegt darin begründet, dass effizientere Produkte oftmals zum sogenannten *Rebound*-Effekt führen und gerade sparsamere Produkte zu einem verstärkten Einsatz und somit zu einer zumindest teilweisen Kompensation der ursprünglich angestrebten Entlastung (für eine theoretische Diskussion siehe: von Hauff und Kleine 2009: 77–100).

Mit der ISO 14031 liegt eine Norm zur Umweltleistungsbewertung als frühere Leitdimension des betrieblichen Nachhaltigkeitsmanagements vor: Auch die Norm nutzt Kennzahlen zur Leistungsbewertung und unterteilt diese in operativ orientierte und managementorientierte Kennzahlen: Umweltaspekte, die als direkte oder indirekte Umwelteinwirkungen in Form von Stoff- und Energieflüssen unmittelbar mit der Natur in Kontakt treten, spiegeln die operativen Einwirkungen der Betriebstätigkeit wider (z.B. Abluft- oder Lärmemissionen) und sind damit Bestandteil der operativen Umweltleistung (*Operational Performance*). Managementaktivitäten, anhand derer die operative Betriebstätigkeit und die Handlungsbereiche und damit potenzielle Umweltein-

Umweltleistungsbewertung anhand operativ orientierter oder managementorientierter Kennzahlen

wirkungen gesteuert werden bzw. bedingt werden können, zählen zu den managementorientierten Umweltaspekten und sind Bestandteil der *„Management Performance"* (s. Pape 2001). Auf betrieblicher Ebene lassen sich folglich sogenannte Umweltbelastungskennzahlen (operative Kennzahlen) und sogenannte Umweltmanagementkennzahlen, die managementorientierte Umweltaspekte darstellen, bilden.

14.1.3 Kennzahlensysteme

In einem Kennzahlensystem werden Kennzahlen so zusammengestellt, dass sie einerseits in einer sinnvollen Beziehung zueinander stehen und sich gegenseitig ergänzen sowie andererseits als Gesamtheit den Analysegegenstand ausgewogen und übersichtlich erfassen. Als Kennzahlensystem bezeichnet man dabei eine geordnete Gesamtheit von zwei oder mehreren Elementen (Kennzahlen), die in rechentechnischer Verknüpfung (Rechensysteme) oder in einem sachlichen Systematisierungszusammenhang (Ordnungssysteme) zueinander stehen und Informationen über einen oder mehrere umweltrelevante Tatbestände beinhalten.

Rechensysteme

In Rechensystemen lassen sich einzelne Kennzahlen durch rechentechnische Methoden aus zwei oder mehreren Kennzahlen entwickeln. Berechnungsgrundlage sind die sogenannte Basisdaten, die auch als „Ausgangskennzahlen" bezeichnet werden und regelmäßig der betriebswirtschaftlichen Bilanz entnommen werden oder im Umweltbereich aus Stoff- und Energiebilanzen oder Ökobilanzen (s. Kap. 12) stammen. Bei den betriebswirtschaftlichen Kennzahlensystemen werden i. d. R. Rechensysteme angewandt, die durch einen pyramidenartigen Aufbau gekennzeichnet sind und zur Spitzenkennzahl Rentabilität, *Return on Investment* (ROI) oder dem Unternehmensgewinn führen und somit das übergeordnete Unternehmensziel repräsentieren.

Ordnungssystem

Im Ordnungssystem werden die einzelnen Kennzahlen über einen Sachzusammenhang, nicht jedoch durch eine mathematische Verknüpfung miteinander in Verbindung gebracht. Durch die sachlogische Systematisierung wird im Bereich des Nachhaltigkeitsmanagements dem Umstand Rechnung getragen, dass es eine Vielzahl an Sachverhalten gibt, die sich sachlogisch in Elemente aufspalten lassen, ohne dass man deren Beziehung zueinander sicher quantifizieren könnte. Wenngleich sich somit die Beziehungen zwischen den einzelnen Elementen des Kennzahlensystems nicht quantifizieren lassen, sind Art und Wirkungsrichtung z.B. im Umweltbereich meist aufgrund der betrieblichen Erfahrung bekannt. Durch eine sachliche Aufspaltung und Ordnung können die Sachverhalte transparenter gestaltet werden.

Entwicklung von Kennzahlensystemen im Nachhaltigkeitsbereich

Für die Entwicklung von Kennzahlensystemen im Nachhaltigkeitsbereich gilt, dass hier insbesondere Ordnungssysteme zur Anwendung kommen, da weder eine rechentechnische Verknüpfung unterschiedlicher Nachhaltigkeitsaspekte noch ein pyramidenartiger Aufbau eines Kennzahlensystems allgemein anerkannt ist, noch eine Spitzenkennzahl analog der Rentabilität oder dem ROI wie im betriebswirtschaftlichen Bereich für den Bereich Nachhaltigkeit gebildet werden kann. Dies liegt darin begründet, dass Umwelt- bzw. Nachhaltigkeitskennzahlen verschiedene Stoff- und Energierelationen und damit unterschiedlichste technische, physikalische, biologische oder andere Maßeinheiten besitzen. Damit stehen sie im Gegensatz zu konventionellen betriebswirtschaftlichen Kennzahlen, die Geldgrößen als durchgängige Recheneinheit verwenden. Erst weiterführende Ansätze auf Basis der Ordnungssysteme versuchen eine rechentechnische Verarbeitung von Nachhaltigkeitskennzahlen, wie in Kapitel 14.2 aufgeführt.

Unabhängig von der Art der Systematisierung der Kennzahlen sind grundlegende Anforderungen der Theorie an Kennzahlensysteme zu berücksichtigen. Hierzu zählen folgende Forderungen:

- Quantifizierbarkeit: Kennzahlen sind – wie oben dargestellt – quantifizierte Größen. Dies ist insbesondere dann zu berücksichtigen, wenn nicht unmittelbar quantifizierbare Sachverhalte dargestellt werden, z.b. das Bewusstsein von Beschäftigten hinsichtlich Nachhaltigkeitsthemen und andere sogenannte *Soft Skills*. Hier können lediglich Ersatztatbestände gemessen werden, die durch entsprechende Kennzahlen abgebildet werden. Diese Ersatztatbestände müssen sorgfältig ausgewählt werden, um vorhandenen Kausalitäten Rechnung zu tragen. Beispielsweise ließe die vermehrte Nutzung des Öffentlichen Personenverkehrs zunächst auf eine zunehmende Umweltverantwortung der Belegschaft schließen; die Veränderung könnte aber auch durch andere Faktoren wie etwa steigende Treibstoffpreise, eine bessere Busanbindung oder eine veränderte Belegschaftsstruktur bedingt sein.

- Vollständigkeit: Um Kennzahlen zielgerichtet einsetzen zu können, muss ein Kennzahlensystem das System, das es modellieren soll, vollständig abbilden. Es ist also zu gewährleisten, dass über das System alle wesentlichen Nachhaltigkeitsaspekte, Austauschbeziehungen zwischen Unternehmensebenen und -funktionsbereichen abgebildet werden. Darüber hinaus ist ein Kennzahlensystem vollständig, wenn es in der Lage ist, alle angestrebten Ziele abzubilden und deren Erreichung zu kontrollieren. Das bedeutet, dass es mit den Unternehmenszielen korreliert. Dabei ist zu beachten, dass es i.d.R. nicht ausreicht, eher abstrakte Oberziele zu definieren. Auf die Formulierung operationalisierter Subziele und der zugehörigen Kennzahlen kann an dieser Stelle nicht verzichtet werden.

- Wesentlichkeit/Relevanz und Wirtschaftlichkeit: Nur Kennzahlen, die hinsichtlich der Funktionen, die sie erfüllen sollen, relevant und nützlich sind, können einen Beitrag zur Zielerreichung leisten. Dabei darf der Aufwand den Nutzen des Kennzahlensystems nicht übersteigen. Um die Praktikabilität des Kennzahlensystems zu erhalten, sollte es sich auf wenige aussagekräftige Kennzahlen beschränken (oftmals sogenannte „Kernkennzahlen" oder *„Key Performance Indicators"*), Zahlenfriedhöfe müssen vermieden werden. Für strategische und bewertende Anwendungen ist die Zuschreibung eines quantitativen Wertes unerlässlich. Dies kann die Auswahl und Verwen-

Marginalien:
Anforderungen der Theorie an Kennzahlensysteme

Quantifizierbarkeit

Vollständigkeit

Wesentlichkeit/ Relevanz und Wirtschaftlichkeit

dung von Kennzahlen wesentlich beeinflussen, insbesondere wenn ein Referenz- oder Zielwert – beispielsweise ein spezifischer Emissionsfaktor seitens der Politik – vorgegeben wird.

Vergleichbarkeit und Kontinuität

- Vergleichbarkeit und Kontinuität: Als eines der wichtigsten Merkmale von Kennzahlen gilt die Vergleichbarkeit. Im Kontext der Bewertung der erbrachten Leistung spielen kennzahlenbezogene Ansätze, anhand derer die unterschiedlichsten Arten von Vergleichen durchgeführt werden, eine zunehmend wichtige Rolle. Voraussetzung eines zwischenbetrieblichen Vergleichs ist die Vergleichbarkeit der Kennzahlen sowohl in materieller als auch formeller Hinsicht. Materiell müssen hinter den Kennzahlenbezeichnungen gleiche Inhalte stehen, formell sind bei der Gewinnung und Aufbereitung des Zahlenmaterials die gleichen Methoden (z.B. gleiches Mess- und Rechenverfahren) anzuwenden. Um vergleichende Aussagen zu ermöglichen, müssen die Kennzahlen nach den gleichen Erfassungskriterien aufgestellt werden und sich auf vergleichbare Zeiträume beziehen (s. BMU und UBA 1997).

Flexibilität

- Flexibilität: Das Kennzahlensystem muss so gestaltet sein, dass es an veränderte Gegebenheiten angepasst werden kann, damit die eben angesprochene Vergleichbarkeit von Kennzahlen vor und nach der Änderung erhalten bleibt.

Kommunizierbarkeit

- Kommunizierbarkeit: Die Verständlichkeit von Kennzahlen trägt wesentlich zu deren Akzeptanz durch die jeweilige Zielgruppe und somit zu deren Effektivität bei. Kernkennzahlen, die einen gewichtigen Teil der betrieblichen Nachhaltigkeitsleistung repräsentieren sollen, sind in der Regel stärker an ihrer gesamten Kommunikationswirkung gegenüber einer breiten Öffentlichkeit ausgerichtet als fachliche Detailkennzahlen, die einen einzelnen Sachverhalt valide darstellen sollen.

Zwar sind stets alle Anforderungen zu berücksichtigen, doch können je nach Ziel unterschiedliche Prioritäten gesetzt werden. Beispielsweise benötigt ein Umweltmanagementsystem hauptsächlich Kennzahlen, die sich gut zur detailbezogenen Steuerung und Kontrolle eignen, während für die Nachhaltigkeitsberichterstattung (vgl. Kapitel 18) Transparenz und breitere Kommunizierbarkeit eine größere Rolle spielen. Auch beeinflussen pragmatische Gründe (u.a. gewachsene Strukturen, fehlende Erfahrung, Zusammenarbeit der Abteilungen) oder firmenpolitische Gründe (etwa unternehmerisches Selbstverständnis oder Positionierung in der Öffentlichkeit) die Auswahl der Kennzahlen. Kennzahlenkataloge (vgl. Kapitel 14.2) stellen hier eine breit akzeptierte Grundlage für die Auswahl von Kennzahlen zur Verfügung.

14.2 Kennzahlenkataloge und darauf aufbauende Ansätze

Ein Kennzahlensystem kann auf branchenbezogene oder branchenübergreifende Kennzahlenkataloge, die hinsichtlich der an sie gestellten Anforderungen abgestimmt sind, zurückgreifen. Die folgende Tabelle gibt einen Überblick zu wichtigen betrieblichen Kennzahlensysteme und deren Anwendungen in weiterführenden Ansätzen.

14.2.1 Kennzahlen der *Global Reporting Initiative* für Umwelt, Wirtschaft und Soziales

Die *Global Reporting Initiative* (GRI) ist eine gemeinnützige Multi *Stakeholder*-Stiftung, die 1997 von CERES (*Coalition of Environmentally Responsible Economies*) und dem Umweltprogramm der Vereinten Nationen (*United Nations Environment Programme* – UNEP) in den USA gegründet wurde. Sie hat das Ziel, die Nachhaltigkeitsberichterstattung von Unternehmen methodisch zu verbessern. 2002 verlegte die GRI ihren Hauptsitz nach Amsterdam, wo sich derzeit das Sekretariat befindet. Die GRI ist mit Regionalbüros in Australien, Brasilien, China, Indien und den USA weltweit vernetzt. Die GRI-Richtlinien haben sich mittlerweile zu einem bedeutenden und verbreiteten Quasi-Standard für die Nachhaltigkeitsberichterstattung entwickelt (Deinert 2012).

Die GRI ist als gemeinnützige Stiftung organisiert, die sich durch Zuwendungen, Spenden und Mitgliedsbeiträge finanziert. Die Zuwendungen setzen sich aus finanziellen Mitteln der öffentlichen Hand (EU-Kommission, Regierungen verschiedener Mitgliedsländer) sowie von Stiftungen (u.a Charles Stewart Mott Foundation, UN Foundation, Weltbank, Ford Foundation, Bill and Melinda Gates Foundation, *United States Environment Protection Agency*, V. Kann Rasmussen Foundation, Soros Foundation) zusammen. Die Höhe der Mitgliedsbeiträge der bei der GRI registrierten sogenannten *Organizational Stakeholder* richten sich nach ihrem jeweiligen Umsatz und liegt zwischen 100€ und 10 000€ jährlich. Zusätzlich werden Einkünfte über den Vertrieb von GRI-Produkten und -Dienstleistungen erwirtschaftet, z.B. durch die Unterstützung bei der Berichterstellung, durch Trainingsprogramme sowie die Überprüfung des Berichtslevels und zertifizierte Software zur Berichterstellung (GRI 2011).

Aus Sicht der GRI ist die wesentliche Grundlage für eine klare und offene Verständigung zwischen den vielfältigen Akteuren einer nachhaltigen Entwicklung ein weltweit verbindlicher Rahmen von Konzepten und Terminologien sowie von einheitlichen Messgrößen. Die GRI will dafür die Voraussetzungen von Transparenz, Standardisierung und Vergleichbarkeit schaffen, indem sie einen glaubwürdigen und zuverlässigen Rahmen für die Nachhaltigkeitsberichterstattung für alle Größen und Arten von Organisationen kostenfrei bereitstellt. Die GRI versteht sich seit ihrer Gründung als Garant eines kontinuierlichen internationa-

Transparenz, Standardisierung und Vergleichbarkeit

Tab. 14.1 Kennzahlenkataloge und darauf aufbauende Ansätze (Quelle: eigene Darstellung).

Ansatz	Info/Quelle	Dimension		
		Umwelt	Wirtschaft	Soziales
Betriebseigene	Individuelle Erstellung, bis ca. 2005 im Umweltbereich, ab ca. 2005 für Umwelt-Wirtschaft-Soziales z.B. Pick et al. (2000)	X X	X	X
GRI	Standardisierter Satz mit internationaler Geltung und branchenbezogenen Erweiterungen; weitverbreitetes System für Berichterstattung www.globalreporting.org; vgl. Abschnitt 14.2.1	X	X	X
VDI 4070	Enger und stärker betrieblich gefasster Satz für kleine und mittlere Unternehmen in Deutschland VDI (2006)	X	X	X
EFFAS	Nachhaltigkeitsrelevante Daten für Analysten und Investoren; neben umwelt- und gesellschaftsbezogenen Kennzahlen auch solche zu „Corporate Governance" (gute Unternehmensführung) www.effas-esg.com	X		X
DNK	Kodex mit abgestimmtem kompakten Datensatz (Basis: GRI und EFFAS) von deutschen Unternehmen mit Zusammenführung in Datenbank www.deutscher-nachhaltigkeitskodex.de	X	X	X
SVA	Monetärer Zusatznutzen eines Unternehmens, der sich nach Abzug der Opportunitätskosten für die ökologischen und sozialen Ressourcen ergibt; aggregierter Gesamtwert auf Basis der Ökoeffizienz-Logik Figge, Hahn (2002) www.new-projekt.de	X	X	X
SBSC	Kontinuierlicher Verbesserungsprozess durch fokussierte und ausgewogene Zielrealisierung vgl. Kapitel 15	X	X	X
Portfolio-Darstellung	Aggregation von Detailkennzahlen mittels Referenzwerten hin zu einem Gesamtwert; grafische Darstellung spezifischer und gesamter Nachhaltigkeitsleistungen			
	• Ökoeffizienz-Analyse www.oeea.de	X	X	
	• SEEBALANCE www. oeea.de	X	X	X
	• Sustainability-Master www.henkel.de	X	X	X
	• Integrierendes Nachhaltigkeitsdreieck von Hauff und Kleine (2009)	X	X	X

Kennzahlensysteme

darauf aufbauende Ansätze

len Dialogs, der eine Vielzahl von Anspruchsgruppen in die inhaltliche Entwicklung einbezieht. An ihrer Weiterentwicklung ist die Wirtschaft ebenso aktiv beteiligt wie die Investmentbranche, sind Umwelt- und Menschenrechtsorganisationen sowie Wissenschaft und Arbeitnehmer-vertretungen aus der ganzen Welt beteiligt.

Seit 1999 wurden mehrere Fassungen der GRI-Richtlinien entwi-   GRI-Richtlinien
ckelt, in Unternehmen getestet und von zahlreichen weiteren Unterneh-men wie auch nicht-unternehmensgebundenen Experten kommentiert und fortgeschrieben. Die aktuelle GRI-Richtlinie G3.1 wurde im Okto-ber 2011 vorgestellt. Sie umfasst insgesamt 125 Kennzahlen, die sowohl das Unternehmen und dessen Leistung als auch den Bericht selbst beschreiben. Für Mai 2013 wird die weiter entwickelte G4-Vorlage erwartet.

Als „Dokumentenfamilie" („*The Family of Documents*") bezeichnet GRI die derzeit existierenden 17 Leitfäden, die aus dem Nachhaltigkeits-berichtsstandard, den Technischen Protokollen und den *Sector Supple-ments* bestehen:

1. Technische Protokolle (TP): Diese enthalten detaillierte Erläuterun-gen und Interpretationen der einzelnen Kennzahlen und setzen sich auch mit Fragen von Berichtsgrenzen auseinander. Aktuell existieren TP zu den Themenfeldern Kinderarbeit, Energieverbrauch, Energie-bilanzen und Wassernutzung.

2. Kennzahlenprotokolle (IP): Diese enthalten Definitionen, Hinweise für die Erstellung von Nachhaltigkeitsberichten und weitere Infor-mationen, mit denen die einheitliche Auslegung von Kennzahlen sichergestellt werden soll. Die Kennzahlen (im Original: „*Perfor-mance Indicators*") sind in drei Gruppen entsprechend der drei Nach-haltigkeitsdimensionen eingeteilt, in wirtschaftliche (EC: *Economics*), umweltbezogene (EN: *Environment*) und soziale Leistung (SO: *Social Aspects* / LA: *Labor* / HR: *Human Rights* / PR: *Product Responsibility*).

3. Sector Supplements: Dabei handelt es sich um Zusatzdokumente, die   *Sector Supplements*
branchenspezifische Nachhaltigkeitsthemen aufgreifen. Sie wurden bereits für Finanzdienstleister (2008), Energiesektor (2009), Lebens-mittelverarbeitung (2010), Bergbaugesellschaften (2010), Bau- und Immobilienwirtschaft (2011), Luftverkehrsbranche (2011), Öl- und Gasunternehmen sowie Medienproduktionen (2012) entwickelt. In Bearbeitung sind die *Sector Supplements* für Automobilhersteller, Logistikunternehmen und Öffentliche Verwaltungen.

4. Themenspezifische Leitlinien (GRI *Resource Documents*) bieten Hilfe-   Themenspezifische
stellungen bei themenspezifischer Berichterstattung. Das erste Doku-   Leitlinien
ment dieser Art befasste sich mit HIV/Aids, weitere sind zu den Berei-chen Vielfalt/*Diversity* und Produktivität geplant.

In Tabelle 14.2 sind alle Kernkennzahlen der GRI, nach Themenberei-chen gruppiert, aufgeführt. Branchenbezogene Kennzahlen und tech-nische Schriften ergänzen den umfassenden Leitfaden. Weitere Zusatz-indikatoren – ebenfalls durch die GRI vorgeschlagen – können hinzuge-nommen werden, wenn sie als relevant erachtet werden und verfügbar sind. Die von Unternehmen verwendeten Kennzahlen sind möglichst differenziert zu erheben und darzustellen, beispielsweise sind die sozialen Kennzahlen häufig nach Geschlecht und/oder Alter auszuweisen.

GRI-Berichterstattung: dreigliedriges Ebenensystem

Die GRI-Berichterstattung ist in ein dreigliedriges Ebenensystem (C, B, A) aufgeteilt, um den Bedürfnissen von Anfängern, Fortgeschrittenen und erfahrenen Berichterstellern gerecht zu werden. Die Anwendung der Stufe C ist als Einstiegsniveau gedacht und wird explizit für KMU empfohlen. Level C umfasst die Beantwortung von 10 Kennzahlen aus Kern- oder Zusatzset, mindestens einer aus jeder der drei Dimensionen (ökonomische, ökologische und soziale) sowie mindestens sieben aus der aktuellen Version G3.1. Wenn ein *Sector Supplement* für die eigene Branche zur Verfügung steht, können drei der 10 Mindestkennzahlen aus dem *Sector Supplement* entnommen werden.

Das Anwendungsniveau B ist für fortgeschrittene Berichtersteller: Neben den Profilangaben müssen alle wesentlichen Angaben zum Managementansatz dargestellt und mindestens 20 Kennzahlen mit je einem aus jeder Kategorie (Umwelt, Wirtschaft, Soziales: Arbeitspraktiken und menschenwürdige Arbeit, Menschenrechte, Gesellschaft und Produktverantwortung) beantwortet werden. Mindestens 14 der Kennzahlen müssen aus den beiden letzten Versionen G3 oder G3.1 stammen, ergänzend können Kennzahlen aus dem branchenspezifischen *Sector Supplement* gewählt werden.

Für die Berichterstattung entsprechend des Anwendungsniveaus A müssen alle Profilangaben sowie alle Angaben zum Managementansatz für jeden Aspekt unter Einbeziehung ihrer wesentlichen Anspruchsgruppen dargestellt sowie alle Kernkennzahlen beantwortet werden. Von der berichtenden Organisation wird erwartet, in vollem Umfang gemäß dem Motto „berichte oder erkläre Dich" („*Report or Explain*") zu informieren. Mit diesem Gebot ist eine möglichst große Transparenz sowie die Verhinderung von verzerrenden Selektivdarstellungen beabsichtigt.

Es besteht die Möglichkeit, von der GRI gegen eine Gebühr (1 750€ mit Stand April 2012) prüfen zu lassen, ob der Bericht der selbst erklärten Anwendungsebene (C, B, A) entspricht. Dabei wird explizit nicht der Wert oder die Qualität des Inhalts, sondern nur der Umfang bewertet. Darüber hinaus kann der Bericht vonseiten unabhängiger Dritter, sogenannter „*Assurance*", geprüft und dann mit einem Pluszeichen (C+, B+, A+) gekennzeichnet werden.

Das GRI-Kennzahlensystem dient auch als Grundlage für betriebsindividuelle Spezifizierungen mit Verdichtung auf Schlüsselindikatoren (s. Fallbeispiel in Abschnitt 14.3) oder für andere Kennzahlensysteme wie in Abschnitt 14.2.3 dargestellt. Zuvor führt Abschnitt 14.2.2 in eine Systematik ein, die hinsichtlich der wirtschaftlichen Aspekte von den drei Nachhaltigkeitsdimensionen abweicht.

Tab. 14.2 GRI-Kennzahlen (Quelle: eigene Darstellung gemäß Fassung G3.1 (GRI 2011).

Kernkennzahlen zur umweltbezogenen Leistung

Materialien
* Materialeinsatz → DNK
* Recyclinganteil

Energie
* direkte Primärenergieverbräuche → DNK
* indirekte Primärenergieverbräuche

Wasser
* Wasserentnahmen → DNK

Biodiversität
* Grundstücke in oder nahe Schutzgebieten oder mit hohem Biodiversitätswert
* Auswirkung auf die Biodiversität auf diesen Grundstücken

Emissionen, Abwasser, Abfall
* direkte und indirekte Treibhausgase → DNK
* andere relevante indirekte Treibhausgase
* ozonabbauende Stoffe
* Stick-, Schwefeloxide und andere Luftschadstoffe
* Abwassermengen
* Abfallmengen → DNK
* wesentliche Freisetzungen

Produkte und Dienstleistungen
* Initiativen zur Minimierung von Umweltauswirkungen
* Anteil zurückgenommener Verpackungsmaterialien

Einhaltung von Rechtsvorschriften
* Bußgelder und Strafen

Kernkennzahlen zur wirtschaftlichen Leistung

Wirtschaftliche Leistung
* Wertschöpfung (Einnahmen, Betriebskosten, Gehälter, Steuern) → DNK
* finanzielle Folgen des Klimawandels
* betriebliche soziale Zuwendungen
* öffentliche Finanzzuflüsse (Subventionen)

Marktpräsenz
* Zulieferer vor Ort
* Lokales Personal

Mittelbare wirtschaftliche Auswirkungen:
* Investitionen in Infrastruktur und Dienstleistungen

Tab. 14.2 GRI-Kennzahlen (Quelle: eigene Darstellung gemäß Fassung G3.1 (GRI 2011). (Fortsetzung)

Kernkennzahlen zur gesellschaftlich-sozialen Leistung

Arbeitspraktiken und menschenwürdige Beschäftigung
- Gesamtbelegschaft und deren Zusammensetzung
- Mitarbeiterfluktuation
- Beschäftigung nach kinderbedingter Auszeit
- Mitarbeiter unter Tarifvereinbarung
- Mitteilungsfristen zu betrieblichen Veränderungen
- Verletzungen, Berufskrankheiten, Abwesenheiten → DNK
- Unterstützung bei schweren Erkrankungen in Belegschaft und Umfeld
  → DNK Aus- und Weiterbildung → DNK
- Diversity bei Führung und Beschäftigten
  → DNK Entlohnung von Männern gegenüber Frauen

Menschenrechte
- Investitionsvereinbarungen
- geprüfte Zulieferer und Auftragnehmer
  → DNK Bildungsmaßnahmen
- Diskriminierungsvorfälle und Gegenmaßnahmen → DNK
- Gefährdungen von Vereinigungsfreiheit oder Kollektivverhandlungen
- Kinderarbeit
- Zwangs- oder Pflichtarbeit
- Überprüfungen und Bewertungen
- Beschwerden über Missstände

Gesellschaft
- Aktivitäten mit Bürgerbeteiligung
- Aktivitäten mit negativen Auswirkungen auf das Gemeinwesen
- Gegenmaßnahmen zu Aktivitäten mit negativen Auswirkungen
- Analysierte Korruptionsrisiken → DNK
- Schulungen gegen Korruption
- Maßnahmen gegen Korruption
- Einflussnahmen auf Politik (→ DNK)
- Bußgelder wegen Verstößen gegen Rechtsvorschriften → DNK

Produktverantwortung
- Untersuchungen zur Verbesserung von Gesundheit und Sicherheit
- produktbezogene Informationspflichten
- Einhaltung gesetzl. Anforderungen bei Marketing und Öffentlichkeitsarbeit
- Bußgelder

→ DNK: auch seitens des Deutschen Nachhaltigkeitskodex gefordert
(→ DNK):   Deutscher Nachhaltigkeitskodex fordert ähnliche Zusatzkennzahl (hier nicht aufgelistet)

14.2.2 ESG-Kennzahlen im Finanz- und Investitionswesen

ESG

Die als *Environmental Social Governance* (ESG) bekannte Systematik hat sich in den letzten Jahren für Investitionsentscheidungen mit nachhaltigkeitsorientierten und ethischen Zielen als Ergänzung zu bislang rein wirtschaftlich orientierten Kennzahlensystemen entwickelt. Die originär wirtschaftliche Leistungsfähigkeit bleibt dabei nach wie vor den gängigen Ansätzen zur Finanz- und Investitionsbewertung abseits der

ESG-Systematik vorbehalten. Wirtschaftliche Kennzahlen wie die der GRI sind in der ESG-Systematik somit nicht vorhanden. Das Themenfeld *„Governance"* bzw. „Unternehmensführung" soll stattdessen die institutionelle Verfasstheit und Steuerung wie auch Kontrolle des Unternehmens abbilden. Dazu gehören ein möglichst transparentes und stabiles Verhältnis mit allen *Stakeholdern* sowie ein gesetzmäßiges und ethisch korrektes Verhalten.

Viele Nachhaltigkeitsindizes (s. z.B. SAM 2012) und Nachhaltigkeitsratings (etwa *Sustainalytics* 2012) setzen die ESG-Systematik um. Der fachliche Bezug auf ESG ist jedoch vielfach unpräzise. Beispielsweise wird beim *Dow Jones Sustainability Index* (DJSI) *Governance* als vermeintlich wirtschaftliche Nachhaltigkeitsleistung interpretiert, ohne aber eine wie in den GRI-Richtlinien enthaltene originär wirtschaftliche Leistungsmessung zu berücksichtigen. *DJSI*

Die Deutsche Vereinigung für Finanzanalyse und Asset Management (DVFA) hat ein Kennzahlensystem gemäß ESG-Systematik entwickelt. *DVFA* Die DVFA verfolgt mit den vorgelegten Schlüsselkennzahlen das Ziel, dass Nachhaltigkeitsberichte und Lageberichte von Unternehmen zukünftig besser den aktuellen Anforderungen von Investoren, Finanzanalysten und Kreditgebern genügen. Dazu erarbeitete die DVFA 2007 in einer 30-köpfigen Expertengruppe aus Wirtschaft, Finanzwelt, Wissenschaft und Nichtregierungsorganisationen (NGOs) die Kennzahlen und ließ diese von 220 internationalen Finanzinstituten beurteilen. Von ursprünglich 250 Kennzahlen blieben rund 25 allgemein anerkannte Kernkennzahlen übrig, inzwischen ergänzt durch branchenspezifische Kriterien. Die Europäische Vereinigung der Finanzanalysten *(European Federation of Financial Analysts Societies* – EFFAS) bestätigte die Kenn- *EFFAS* zahlen und übernahm diese für sich. Die ESG-Kennzahlen der EFFAS finden inzwischen auch über Europas Grenzen hinaus Anwendung. Die dritte Generation der ESG-Kennzahlen beinhaltet neben den 25 Kernkennzahlen rund 100 branchenspezifische Größen.

Die ESG-Kennzahlen der EFFAS gehen als Parallelen zu den GRI-Kennzahlen in den Deutschen Nachhaltigkeitskodex (nachfolgender Abschnitt 14.2.3) ein.

14.2.3 Deutscher Nachhaltigkeitskodex (DNK)

Der Rat für Nachhaltige Entwicklung (RNE) oder Nachhaltigkeitsrat *Rat für Nachhaltige* wurde im Jahr 2001 von der Bundesregierung als beratendes Organ ein- *Entwicklung* gerichtet. Der Nachhaltigkeitsrat arbeitet gemeinsam mit Akteuren aus Politik, Wirtschaft und Gesellschaft an Zielen und Indikatoren für die *Nachhaltigkeitsrat als* Weiterentwicklung der nationalen Nachhaltigkeitsstrategie und benennt *beratendes Organ* konkrete Handlungsfelder und Projekte für das Politikfeld Nachhaltigkeit (Bundesregierung 2002). Weitere Kernaufgabe ist die Förderung des gesellschaftlichen Dialogs und des öffentlichen Verständnisses von Nachhaltigkeit, indem der RNE anregt, über Lösungsansätze zu diskutieren und sich konkret zu beteiligen: „Unternehmen und Institutionen drängt der Rat, ihr wirtschaftliches Handeln nachhaltig zu machen, sich den Herausforderungen der Nachhaltigkeit zu stellen und die Chancen der Nachhaltigkeit zu nutzen" (RNE 2012).

Im November 2011 veröffentlichte der Nachhaltigkeitsrat den Deutschen Nachhaltigkeitskodex (DNK) als freiwilliges Instrument zur transparenten Darstellung der unternehmerischen Verantwortung für eine nachhaltige Entwicklung (DNK 2011). Inhaltlich knüpft der DNK an den *UN Global Compact*, die OECD-Richtlinien für multinationale Unternehmen und die ISO 26000 an. Auf der instrumentellen Ebene beziehen sich die 20 DNK-Kennzahlen gemäß ESG-Systematik (vgl. Abschnitt 14.2.2) konkret auf Leistungskennzahlen zu umweltbezogenen und sozialen Aspekten sowie die *Governance*.

Freiwilliges Instrument

Die Kennzahlen des GRI (vgl. Abschnitt 14.2.1) und der DVFA bzw. EFFAS (vgl. Abschnitt 14.2.2) bilden die Grundlage der im DNK verwendeten Kennzahlen. In Tabelle 14.2 sind die ausgewählten GRI-Kennzahlen mit „→ DNK" markiert ersichtlich. Die ausgewählten GRI-Kernindikatoren und die EFFAS-Kennzahlen bilden hierbei zum überwiegenden Teil sich überschneidende Alternativoptionen. Die verwendeten GRI-Kennzahlen geben somit den kompakten Satz des Deutschen Nachhaltigkeitskodex wieder. Die einzige wirtschaftliche GRI-Leistungskennzahl wird hierbei als Ersatztatbestand für die gesellschaftsbezogene Fragestellung herangezogen, welchen Beitrag zum Gemeinwesen ein Unternehmen in den bewirtschafteten Regionen leistet. Damit findet die originär wirtschaftliche Nachhaltigkeitsleistung weiterhin – wie in der ESG-Systematik konzipiert – keine Berücksichtigung im DNK.

Neben Unternehmen jeder Größe empfiehlt der Nachhaltigkeitsrat „allen Organisationen, Stiftungen, Nicht-Regierungsorganisationen, Gewerkschaften, Universitäten, Wissenschaftsorganisationen und Medien", den DNK „im Sinne einer freiwilligen Selbstauskunft gegenüber der interessierten Öffentlichkeit" anzuwenden (RNE 2011). Zur Hauptzielgruppe gehören daneben explizit Akteure aus der Politik sowie die Kapitalmärkte. Der Nachhaltigkeitsrat sieht im DNK ein wichtiges politisches Signal auf dem Weg zur Gestaltung eines nachhaltigen Wirtschaftens und unterstreicht dessen Bedeutung vor allem in Hinblick auf

- die Erschließung neuer Investorengruppen für Unternehmen,
- einen erleichterten Zugang zu Nachhaltigkeitsinformationen für Mainstream-Investierende,
- die Sensibilisierung von Konsumentinnen und Konsumenten,
- die Förderung von Innovationen,
- die Definition von standardisierten Mindestanforderungen an Unternehmen,
- die Honorierung eines transparenten, verbindlichen Nachhaltigkeitsmanagements (Zwick 2011).

Die Entwicklung des DNK erfolgte in mehreren Schritten und begann unter Zusammenarbeit mit Investoren, Analysten, Unternehmensvertretern, Wissenschaftlern und Experten für *Corporate Governance* mit der Vorarbeit auf Expertenebene im Jahr 2010. Die Prüfungen und Diskussionen mündeten 2011 in einer öffentlichen Dialogveranstaltung, gefolgt von einem Expertenworkshop und einer Pilotphase der exemplarischen Anwendung. Der Nachhaltigkeitsrat arbeitet an der Einrichtung einer internationalen Transparenzplattform zur Darstellung der sogenannten „Entsprechenserklärungen" (von Unternehmen eingereichte DNK-Berichte) und der Vorbereitung eines Monitorings. Zudem sind weitere Dialogveranstaltungen zur Überprüfung des DNK und seiner Wirksamkeit vorgesehen. Als neuartig bewertet wird der Prozess, da ein politischer *Stakeholder*-Prozess ohne staatliche Mitwirkung stattgefunden habe (RNE 2011).

Der DNK gliedert sich in die vier Bereiche Strategie, Prozessmanagement, Umwelt und Gesellschaft und umfasst 20 Kriterien mit mindestens einer externen Leistungskennzahl zu Aspekten aus Ökologie, Sozialem und *Governance*. Der Nachhaltigkeitsrat „empfiehlt Politik und Wirtschaft die umfassende Anwendung als ein freiwilliges Instrument". Trotzdem soll durch die Anwendung des DNK „Verbindlichkeit in der transparenten Darstellung der unternehmerischen Verantwortung für eine nachhaltige Entwicklung" geschaffen werden (RNE 2012). Die Verbindlichkeit ist in dem Prinzip *„comply or explain"* begründet, so dass Unternehmen erklären sollen, ob und wie sie dem DNK entsprechen. 30 Entsprechenserklärungen lagen Anfang November 2012 vor (http:// datenbank.deutscher-nachhaltigkeitskodex.de).

Strategie, Prozessmanagement, Umwelt und Gesellschaft

Die DNK-Berichterstattung ist als Freitext mit maximal 500 Zeichen pro Kriterium zu beantworten. Jedes Kriterium muss beantwortet werden sowie entweder die in Tabelle 14.2 entsprechend markierten GRI-Kennzahlen oder eine ähnliche EFFAS-Kennzahl. Sollte ein Kriterium für ein Unternehmen nicht relevant sein, muss dies ausdrücklich erklärt werden (RNE 2011: 12f.).

Für die Selbstauskunft ist keine externe Prüfung notwendig, jedoch kann eine Entsprechenserklärung gemäß des DNK durch ein extern erstelltes Testat (*limited assurance*) vonseiten unabhängiger Dritter (v.a. Steuerberatung, Wirtschaftsprüfung oder Nichtregierungsorganisationen) beglaubigt werden. Umfassende Berichterstattungen nach den höchsten Berichtsstandards gemäß den GRI-Leitlinien (Level A+) oder EFFAS (Level III) entsprechen der Kodexerfüllung.

14.3 Fallstudie: Diskussion von Kennzahlen am Beispiel eines neuen Industriestandorts in China

Das Chemieunternehmen BASF stand im Rahmen seiner unternehmensstrategischen Bemühungen für ein nachhaltiges Wirtschaften vor der Frage, welche positiven und negativen Auswirkungen ein neuer Industriestandort in China haben wird. Im Kontext der nachhaltigen Entwicklung sollten der Standort an sich, das nähere Umfeld sowie die volkswirtschaftliche Bedeutung betrachtet werden.

Zur Lösung der Fragestellung wurde u.a. ein Bewertungsschema auf Grundlage der GRI-Kennzahlen konzipiert. Die Auswahl der Kennzahlen richtete sich zu einem großen Teil nach der Verfügbarkeit. Der nachfolgend dargestellte Stand gibt die erste Ausarbeitung und eigene weiterführende Überlegungen wieder, die beispielsweise für eine intensivere Beschäftigung oder eine spätere Nachhaltigkeitsbewertung nach dem Ansatz des integrierenden Nachhaltigkeitsdreiecks (von Hauff und Kleine 2009) weiterzuführen und zu finalisieren wären.

Die in Abbildung 14.1 zusammengestellten Kennzahlen bilden die Grundlage der nachfolgenden, exemplarischen Diskussion. Dabei steht der besondere Kontext eines Industriestandorts in China und die nicht immer triviale Interpretation einer thematischen Zuordnung von Nachhaltigkeitskennzahlen im Vordergrund:

Wirtschaftlich orientierte Kennzahl

• Der Umsatz steht für eine stark wirtschaftlich orientierte Kennzahl. Das zeigt sich schon daran, dass der Umsatz eine Kernkennzahl der Unternehmens- und Finanzberichterstattung ist. Dieser soll auch hier als unverzichtbar gelten.

Klassische betriebliche Umweltkennzahlen

• Kennzahlen wie Material-, Primärenergie- oder Wasserverbrauch sind klassische betriebliche Umweltkennzahlen. Das lokale Umfeld spiegelt sich in einer detaillierteren Interpretation im Rahmen nachhaltigen Wirtschaftens wider: Der ansonsten auf die Umwelt bezogene Wasserverbrauch könnte je nach Feststellung lokaler Wasserknappheit und der damit verbundenen Verwendungskonkurrenz weiter Richtung „Soziales" rücken. Bei einer weiteren Umsetzung wäre auch kritisch zu hinterfragen, ob der Wasserverbrauch dann ein Ersatztatbestand für gerechte Verteilung und somit für die soziale GRI-Kennzahl „Aktivitäten mit negativen Auswirkungen auf das Gemeinwesen" sein kann.

Stark auf Umwelt ausgerichtete Kennzahl

• Eine stark auf Umwelt ausgerichtete Kennzahl blieb zum Zeitpunkt der Studie unbenannt. Der Zustand von Flora und Fauna oder Biodiversität wären nur mit hohem Aufwand zu ermitteln und ein kausaler Zusammenhang mit dem einzelnen Unternehmen kann im vorliegenden Fall ohnehin nur schwer gezogen werden.

Weitergehende Diskussion: Im Nachgang zu den ersten Ausarbeitungen bietet sich gerade vor dem Hintergrund der globalen Klimavereinbarungen die Emission von Treibhausgasen als stark umweltbezogene Kennzahl an, da durch die Klimagase das globale ökologische Klimasystem beeinflusst wird. Die Kohlendioxidemissionen sind daher in Klammern gefasst, da sie der Zusammenfassung nachträglich hinzugefügt wurden. Die Berechnung aus betrieblich zumeist in genügender Qualität und Form vorliegenden Verbrauchsdaten sollte relativ einfach möglich sein. Die konkrete Verwendung der Treibhausgase entscheidet, ob die Kennzahl rein umweltbezogen ist oder auch soziale Aspekte mit abbildet. Beispielsweise könnte die politisch diskutierte Beziehungszahl Treibhausgas je Einwohner die faire Verteilung der Umweltinanspruchnahme (Idee: jeder Erdenbürger solle über ein CO_2-Kontingent von drei t/Jahr verfügen) abbilden und somit mitunter sozial relevant sein. Dem steht entgegen, dass die

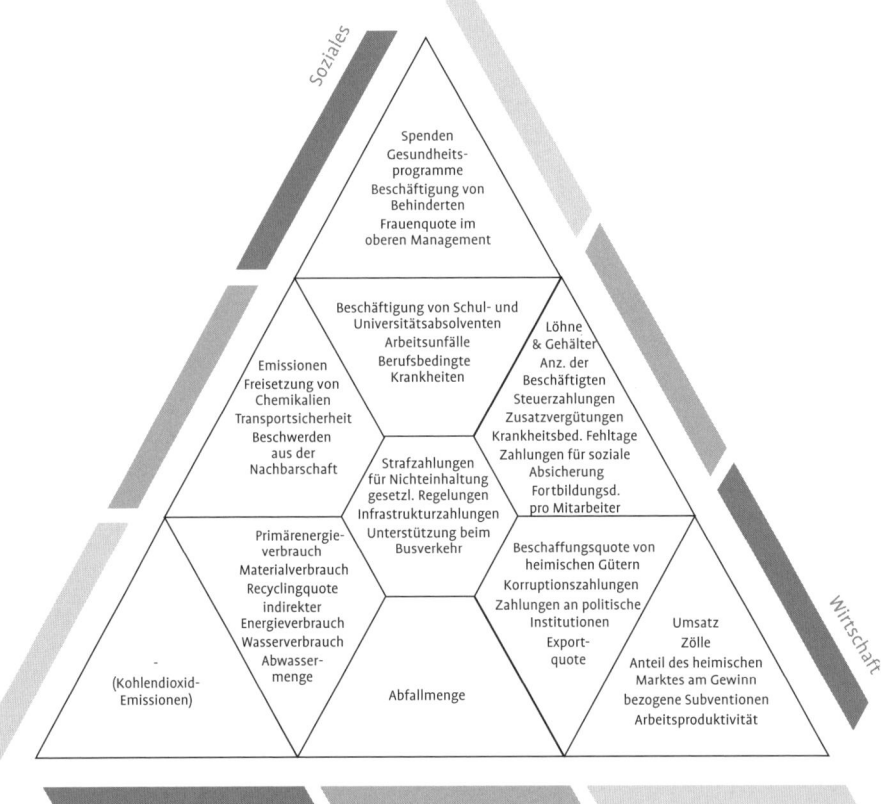

Abb. 14.1 Einordnung von Kennzahlen für einen Industriestandort in China (Quelle: in Anlehnung an Kleine et al. 2005: 61).

betriebliche Relevanz einer solchen Kennzahl gering ist, da die Gesamtemissionen eines Landes und die Einwohnerzahl nicht im Gestaltungsspielraum eines einzelnen Unternehmens liegen. Eine für betriebliche Zwecke nutzbare Beziehungszahl müsste erst noch entwickelt werden.

- Die Emissionen klassischer Schadstoffe (z.B. Stick- und Schwefeloxide) werden hier als ökologisch wie auch als sozial bedeutend verwendet, da diese Schadstoffe im dichtbesiedelten Umfeld des betrachteten Industriestandorts die Gesundheit der Bevölkerung beeinträchtigen können. Damit füllen sie hier eine Lücke in der betrieblichen Nachhaltigkeitsdiskussion, da ökologisch-soziale Kennzahlen in Literatur und Unternehmenspraxis bislang kaum beschrieben sind.

Ökologisch und sozial bedeutende Kennzahlen

- Die GRI-Richtlinie sieht keine Kennzahlen vor, die eine Brücke zwischen Umwelt und Wirtschaft spannen. Im vorliegenden Fall ist hilfs-

Kennzahlen zwischen Ökologie und Ökonomie

weise lediglich die „Abfallmenge" als eine GRI-Kernkennzahl in das ökologisch-ökonomische Feld eingegangen, weil neben der Belastung durch Entsorgungskosten v. a. die betrieblichen Transaktionskosten durch Sammlung und Verwaltung des Mülls wirtschaftlich erheblich sind.

Das etablierte Konzept der Ökoeffizienz als *Win-win*-Kombination von Umwelt und Wirtschaft könnte das bisherige Kennzahlenset für den Industriestandort ergänzen. Die Festlegung von Ökoeffizienz-Kennzahlen als Zusammenstellung zweier GRI-Kennzahlen wäre verhältnismäßig einfach und lohnend. Dabei sind folgende Kennzahlen für die Beziehungszahl zu empfehlen (Moll und Gee 1999): Im Nenner Energie-, Material- oder Wasserverbrauch, Treibhausgasemissionen sowie im Zähler der Umsatz oder eine Produkt- bzw. Dienstleistungseinheit.

Sozial ausgerichtete Kennzahlen

- Kennzahlen im sozialen Bereich, etwa „Gesundheitsprogramme" oder „Zahlungen an politische Institutionen", unterstreichen die hohe Kontextualität der sozialen Dimension. Am untersuchten Standort tragen diese Kennzahlen in einer höheren Wesentlichkeit zur Beschreibung von Nachhaltigkeitsleistung bei als etwa in Deutschland, wo eine umfassende Krankenversicherung flächendeckend etabliert und wo die Entflechtung von Wirtschaft und politischen/staatlichen Stellen weit fortgeschritten ist.

Sozial-ökonomische Kennzahlen

- Das sozial-ökonomische Feld beinhaltet v. a. solche Kennzahlen, die sowohl die sozialen und menschlichen Bedürfnisse als auch die Erfordernisse der Wirtschaft abdecken. Das Konzept des Humankapitals hat aus Sicht der Unternehmen eine besondere Relevanz, da der Mensch nicht nur als Ressource für den Produktions- und Dienstleistungsprozess gilt, sondern auch gerade seine Qualifikation im Mittelpunkt steht. Daher sind Kennzahlen wie „Weiterbildung" dem sozial-ökonomischen Feld zugeordnet.

Es geht im Sinne einer gerechten Beteiligung am Wertschöpfungsprozess und an der selbstständigen Einkommenssicherung ebenso um die Anzahl der bereitgestellten Arbeitsplätze. Die krankheitsbedingten Fehltage sind ein aufschlussreiches Beispiel für Kontextualität und notwendige Interpretationshilfen: Bedeuten weniger dieser Fehltage einen höheren Gesundheits- und Motivationsstand? Oder kann die Kennzahl nicht auch ein Zeichen für eine repressive Unternehmensführung und Furcht vor fehlender Absicherung des Arbeitsplatzes bei Fernbleiben sein?

Zentrales Feld

- Das zentrale Feld ist in den existierenden Konzepten kaum thematisiert und konkretisiert worden. Daher existieren keine Kennzahlenkataloge, aus denen direkte Vorschläge gewonnen werden könnten. Somit ist es schwierig, Kennzahlen zu finden, die sich harmonisch ins Spannungsgefüge der drei Dimensionen einfügen lassen. Insofern besteht hier allgemein noch ein wesentlicher Weiterentwicklungsbedarf. Die für das zentrale Feld gewählten Kennzahlen sollten dementsprechend als bestmögliche Kennzahlen unter den Bedingungen des gegebenen Zeitpunkts angesehen und mit den heutigen Erkenntnissen kritisch geprüft werden.

Bislang werden in der Praxis häufig Kennzahlen mit einem starken Maßnahmencharakter und guter Kommunizierbarkeit für das zentrale Feld herangezogen. Diese Kennzahlen erfüllen die Anforderungen aus Kapitel 14.1.3 nur teilweise. Wünschenswert ist es hingegen, Kennzahlen für eine möglichst objektive Zustands- und Leistungsbeschreibung zu verwenden. So ist etwa die vorgeschlagene Kennzahl zum Mitarbeitertransport im Hinblick auf eine nachhaltigkeitskonforme Ausgestaltung zu konkretisieren, damit überprüfbare Aussagen möglich werden. Hierfür wären u.a. die folgenden Fragen zu klären: Wie groß sind Effekte auf Mitarbeiterzufriedenheit und Pünktlichkeit? Wie stark sind die vermiedenen Verkehrsströme? Wie dauerhaft ist die Maßnahme angelegt und verankert?

Die Zusammenstellung der Kennzahlen soll ein möglichst umfassendes Bild von den nachhaltigkeitsbezogenen Auswirkungen geben. Wesentlich wäre im Anschluss die methodische und faktische Prüfung, ob eine valide Datenerhebung möglich ist, gefolgt von der kritisch-konstruktiven Weiterentwicklung des Kennzahlensatzes. Danach wäre die Implementierung einschließlich ihrer transparenten Kommunikation wichtig. Wünschenswert ist auch eine zeitliche Darstellung der Entwicklung, verbunden mit Ziel- oder Referenzwerten als Grundlage einer langfristig angelegten Nachhaltigkeitsbewertung und eines kontinuierlichen Verbesserungsprozesses. Insofern hängt die Effektivität der angewandten Nachhaltigkeitskennzahlen stark davon ab, wie sie „gelebt werden".

14.4 Übungsfragen

1. Wodurch sind Nachhaltigkeitskennzahlen definiert und wozu werden sie gebraucht?
2. Was ist der Unterschied zwischen Kennzahlen und Indikatoren?
3. Welche Arten von Kennzahlen gibt es und wie lassen sie sich systematisieren?
4. Welcher Unterschied besteht zwischen relativen und absoluten Kennzahlen? Wie hängt dies mit der betrieblichen Praxis zusammen?
5. Nennen Sie drei Anforderungen an Nachhaltigkeitskennzahlen und erläutern Sie diese.
   Welche besonderen Anforderungen bestehen hinsichtlich der Nachhaltigkeitsberichterstattung?
6. Wodurch wird ein Kennzahlensystem charakterisiert?
7. Welche Rolle spielt die Umweltorientierung in neueren Nachhaltigkeitskennzahlensystemen?
8. Wodurch unterscheidet sich die ESG-Systematik von Nachhaltigkeitskennzahlensystemen wie dem der *Global Reporting Initiative*?

14.5 Weiterführende Literatur

Bundesumweltministerium (BMU), econsense, Centre for Sustainability Management (CSM) (Hrsg.) (2007): Nachhaltigkeitsmanagement in Unternehmen. Von der Idee zur Praxis, 3. Aufl., Berlin, Lüneburg.

Hauff, M. von und Kleine, A. (2009): Nachhaltige Entwicklung – Grundlagen und Umsetzung, München.

Seidel, E.; Clausen, J. und Seifert, E. K. (1998): Umweltkennzahlen, München.

15 Nachhaltigkeitsorientierte *Balanced Scorecard*

von Mahammad Mahammadzadeh

Kapitelausblick

Der kurzen Einleitung in die Thematik schließt sich eine Darstellung des konventionellen (klassischen) Konzepts der *Balanced Scorecard* (BSC) an. Der Fokus dieser Analyse liegt auf wesentlichen Konzeptelementen wie Kerngedanken und der Grundstruktur der *Balanced Scorecard* sowie derselben als strategischem Handlungsrahmen. In dem darauffolgenden Abschnitt wird zuerst deren Eignung für das Nachhaltigkeitsmanagement diskutiert. Darauf aufbauend werden grundsätzliche Ansatzpunkte für die Integration von Nachhaltigkeitsaspekten in eine *Balanced Scorecard* aufgezeigt. Anschließend wird anhand von zwei Fallbeispielen diskutiert, wie sich eine um Nachhaltigkeitsaspekte erweiterte *Balanced Scorecard* konzeptionell entwickeln lässt. Abschließend wird ein Überblick über relevante Einflussfaktoren gegeben, die im Entwicklungs- und Implementierungsprozess der nachhaltigkeitsorientierten *Balanced Scorecard* (NBSC) eine hemmende oder unterstützende Rolle spielen.

Lernziele

1. Hintergrund, Aufbau und Struktur der konventionellen *Balanced Scorecard* verstehen.
2. Die Eignung der *Balanced Scorecard* für ein integriertes Nachhaltigkeitsmanagement beurteilen können.
3. Grundsätzliche Varianten der Integration von Nachhaltigkeitsaspekten in die *Balanced Scorecard* kennen lernen.
4. Mögliche hemmende und fördernde Einflussfaktoren bei der Entwicklung einer nachhaltigkeitsorientierten *Balanced Scorecard* erkennen.

15.1 Einführung

In den letzten Jahren lassen sich „Nachhaltigkeitsorientierung" und „Strategieorientierung" als zwei Themen erkennen, die in der Forschung und Praxis des Umweltmanagements zunehmend an Bedeutung gewonnen haben. Der erste Schwerpunkt zeigt sich insbesondere in der Perspektivenerweiterung vom Umwelt- zum Nachhaltigkeitsmanagement. Fragestellungen zur Nachhaltigkeit bleiben sogar in der Wirtschafts- und Finanzkrise ein wichtiges Thema auf der Agenda der Wirtschaft. Nach einer Studie von PricewaterhouseCoopers (PwC) und dem *Center for Sustainability Management* (CSM) an der Leuphana Universität Lüneburg (siehe zur Studie PricewaterhouseCoopers und *Center for Sustainability Management* 2010) haben rund 62 % der befragten Unternehmen ihre Aktivitäten im Bereich des Nachhaltigkeitsmanagements nicht reduziert. Jedes vierte Unternehmen hat sein Nachhaltigkeitsengagement ausgeweitet. Die Bedeutung der Nachhaltigkeit ist den Ergebnissen der Studie zufolge sogar in jedem dritten Unternehmen gestiegen. Nachhaltigkeit ist bereits heute ein Bestandteil der Leitbilder in vielen deutschen Unternehmen. Dieser Aussage stimmen 83 % der 106 befragten Umweltexperten aus Unternehmen in einer Expertenbefragung des Instituts der deutschen Wirtschaft Köln im März/April 2012 zu. Von gut 60 % der Unternehmen werden konkrete Nachhaltigkeitsziele formuliert und bei mehr als der Hälfte erfolgt zugleich eine regelmäßige Kontrolle der Zielerfüllung (s. Mahammadzadeh 2012). Der zweite Trend resultiert vor allem aus einem „strategischem Defizit" in den gängigen Umweltmanagementsystemen (s. auch Dyllick und Hamschmidt 2000). Die Umweltmanagementsysteme sind weitgehend an detaillierten Vorgaben auf operativer Ebene orientiert. Um die Strategiedimension in die Gestaltung des betrieblichen Umwelt- und Nachhaltigkeitsmanagements einzubeziehen, bieten sich insbesondere moderne strategische Managementsysteme wie *Balanced Scorecard* an. Dies geht vor allem – wie im Folgenden zu zeigen sein wird – auf den Grundgedanken und die Grundstruktur sowie den strategischen Handlungsrahmen der *Balanced Scorecard* zurück.

Aufgrund dieser konzeptionellen Besonderheiten und Vorzüge wird das *Balanced Scorecard*-Konzept (BSC-Konzept) in der betriebswirtschaftlichen Forschung nicht nur mit Blick auf die Integration der Nachhaltigkeit, sondern auch zunehmend im Zusammenhang mit weiteren betriebswirtschaftlichen Funktionen und Ansätzen, wie beispielsweise Logistik, Controlling und *Supply Chain Management*, thematisiert. Das BSC-Konzept ist heute ein fester Bestandteil zahlreicher Abhandlungen im Rahmen der speziellen und allgemeinen Betriebswirtschaftslehre (s. beispielsweise Schierenbeck und Wöhle 2008; Thommen und Achleitner 2009; Jung 2010; Wannenwetsch 2005; Arndt 2008; Werner 2008; Schulte 2009).

Unter Einbeziehung des Nachhaltigkeitsgedankens in das klassische BSC-Konzept entstanden in jüngster Zeit viele konzeptionelle Ansätze, die unter dem Titel *Sustainability Balanced Scorecard* (SBSC) bzw. nach-

Perspektivenerweiterung vom Umwelt- zum Nachhaltigkeitsmanagement haltigkeitsorientierte *Balanced Scorecard* (NBSC) bekannt wurden. Die *Sustainability Balanced Scorecard* ist „ein viel versprechendes Instrument zur besseren Integration von ökologischen, sozialen und ökonomischen Aspekten betrieblicher Nachhaltigkeit sowie von deren Messung und Management" (Schaltegger und Wagner 2006). Die Anwendung der klassischen *Balanced Scorecard* im Rahmen des Nachhaltigkeitsmanagements und deren Nutzung für die Implementierung von Nachhaltigkeitsstrategien erfordert jedoch eine entsprechende konzeptionelle Modifikation der klassischen *Balanced Scorecard*, welche in unterschiedlicher Art und Weise vorgenommen werden kann. Erste Praxiserfahrungen und die daraus gewonnenen Erkenntnisse bei der Entwicklung und Umsetzung von SBSC-Konzepten zeigen, dass aufgrund der verschiedenen unternehmensinternen und -externen Einflussgrößen der Integrationsprozess der Nachhaltigkeit in die *Balanced Scorecard* vielseitig gestaltet werden kann. Viele unterschiedliche Einflussfaktoren können den Prozess der Entwicklung und Umsetzung einer *Sustainability Balanced Scorecard* fördern oder hemmen. Im Folgenden wird auf diese Aspekte näher eingegangen.

Unternehmensinterne und -externe Einflussgrößen

15.2 Kerngedanken der *Balanced Scorecard*

Die englische Bezeichnung „*Balanced Scorecard*" hat sich inzwischen im deutschsprachigen Raum fest etabliert. Das BSC-Konzept wurde Anfang der neunziger Jahre entwickelt. Es ist das Ergebnis eines Forschungsprojekts zum Thema „*Performance Measurement* in Unternehmungen der Zukunft". Diese Studie wurde unter der Leitung von Robert S. Kaplan (Harvard Business School) und David P. Norton (ehemaliger *Chief Executive Officer* des Nolan Norton Institutes) unter Beteiligung von 12 US-amerikanischen Großunternehmen durchgeführt. Dieses Forschungsprojekt zielte darauf ab, ein innovatives und über monetäre Leistungsmessgrößen hinausgehendes Modell zu entwickeln. Der Hintergrund hierfür war vor allem die zunehmende Kritik an der Eindimensionalität und Kurzfristigkeit der vorhandenen finanziellen Kennzahlensysteme sowie der einseitigen Finanz- und Vergangenheitsorientierung der etablierten Praxiskonzepte zur Leistungsmessung. Damit sollte die Aussagefähigkeit des Leistungsmessungssystems der beteiligten Unternehmen durch die Einbeziehung nichtmonetärer Größen (Kennzahlen) erhöht werden. Der Grundgedanke des Konzepts ist primär darin zu sehen, dass es Unternehmen ermöglicht wird, ihre finanziellen Ziele in enger Verbindung mit verschiedenen Leistungsperspektiven zu betrachten. Die Leistungen im Ganzen können als Gleichgewicht (*Balance*) zwischen verschiedenen Perspektiven auf einer überschaubaren und transparenten Anzeigetafel (*Scorecard*) abgebildet werden. So ist auch der Name „*Balanced Scorecard*" zu verstehen. Wenngleich die ursprüngliche Zielsetzung des BSC-Konzepts eine Weiterentwicklung und Verbesserung von traditionellen Kennzahlensystemen war, so wurde deren Potenzial in den folgenden Jahren als strategisches und ganzheitliches Manage-

Kritik an der Eindimensionalität und Kurzfristigkeit der vorhandenen finanziellen Kennzahlensysteme

Ganzheitliches
Managementsystem

mentsystem erkannt. Sie erhebt den Anspruch, ein ganzheitliches Managementsystem bzw. ein umfassendes Steuerungskonzept zu sein (s. hierzu Kaufmann 1997; Horváth und Kaufmann 1998; Weber und Schäfer 2000; Schaltegger und Dyllick 2002; Mahammadzadeh 2003).

15.3 Grundstruktur der *Balanced Scorecard*

Die Grundstruktur des ursprünglichen BSC-Konzepts fußt auf vier miteinander verknüpften Perspektiven: einer finanziellen, einer internen Prozess-, einer Kunden- sowie einer Lern- und Entwicklungsperspektive. Diese vier Perspektiven ermöglichen nach Kaplan und Norton vor allem die Ausgewogenheit zwischen kurz- und langfristigen Unternehmenszielen und zwischen Messgrößen und den gewünschten Resultaten. Innerhalb dieser Perspektiven sollen Vision und Strategie auf allen Ebenen der Unternehmensführung durch Ziele, Kennzahlen, Vorgaben und konkrete Maßnahmen kommuniziert, operationalisiert und implementiert werden. Damit soll die Verknüpfung aller Perspektiven einer *Balanced Scorecard* nicht nur untereinander, sondern auch mit der Vision und Strategie des Unternehmens gewährleistet werden. Zur Sicherstellung von Übersichtlichkeit und Ausgewogenheit der Perspektiven sind in jeder Perspektive möglichst wenige (etwa vier bis sieben) Kennzahlen zu erfassen, und zwar in gleicher Anzahl. Somit ist es möglich, die Betrachtung auf die wesentlichen Schlüsselgrößen zu fokussieren. Diese Perspektiven lassen sich kurz wie folgt charakterisieren (s. hierzu: Kaplan und Norton 1997; Weber und Schäfer 2000; Schaltegger und Dyllick 2002; Horváth & Partners 2007; Jung 2010):

Finanzielle Perspektive

• Die finanzielle Perspektive: Diese Perspektive zeigt, wie Unternehmensergebnisse durch die erfolgreiche Umsetzung einer Strategie verbessert werden können. Sie beinhaltet diejenigen Ziele und Messgrößen, die das Ergebnis der Strategieumsetzung messen. Die finanziellen Kennzahlen (z.B. *Cash Flow*, Eigenkapitalrendite, Wachstum oder Unternehmenswert) definieren zum einen die von einer Strategie zu erwartende finanzielle Leistung. Als Endziele fungieren sie zum anderen für weitere BSC-Perspektiven. Die im Zusammenhang mit den anderen BSC-Perspektiven formulierten Kennzahlen sollten über „Ursachen-Wirkungs-Beziehungen" mit den finanziellen Zielen verbunden sein. Von daher rangieren die finanziellen Kennzahlen an oberster Stelle der klassischen *Balanced Scorecard*.

Kundenperspektive

• Die Kundenperspektive: Die wettbewerbsrelevanten Kunden- und Marktsegmente sind für diese Perspektive zu identifizieren. Sie bilden die wesentliche Grundlage zur Realisierung der finanzwirtschaftlichen Ziele des Unternehmens. Die Ermittlung der Kunden- und Marktsegmente soll durch die Entwicklung von kundenspezifischen Kennzahlen, Zielvorgaben und Maßnahmen vorgenommen werden. Hierbei sind sowohl Grundkennzahlen wie z. B. Marktanteil, Kundentreue und Kundenzufriedenheit als auch die Leistungstreiber wie etwa Qualität, Preis, Service, Kundenbeziehungen sowie Image und Reputation in die *Balanced Scorecard* einzubeziehen.

* Die interne Prozessperspektive: Der primäre Zweck der internen Prozessperspektive ist die Abbildung der Kernprozesse, die zur erfolgreichen Realisierung der Ziele der Finanz- und Kundenperspektive von Bedeutung sind. Daraus sollen Ziele und Kennzahlen von Strategien zur Erfüllung der Erwartungen der Anteilseigner und Kunden abgeleitet werden. Hierbei sind sowohl der aktuelle Betriebs- als auch der Innovationsprozess sowie der über den Betriebsprozess hinausgehende Kundendienstprozess zu erfassen. Die Identifikation von kritischen Prozessen und ihre Verbesserung gewinnt im Hinblick auf die Implementierung der Gesamtstrategie eine zunehmende Bedeutung. Als mögliche Kennzahlen für diese Perspektive sind beispielsweise die interne Durchlaufzeit, Bearbeitungszeit, Prozessqualität und Fehlerquote zu nennen.

Interne Prozessperspektive

* Die Lern- und Entwicklungsperspektive: Im Rahmen der Lern- und Entwicklungsperspektive werden Ziele und Kennzahlen erarbeitet, die erforderlich sind, um eine lernende und wachsende Organisation zu entwickeln und zu unterstützen. Die Kennzahlen beschreiben die notwendige Infrastruktur eines Unternehmens zur Erreichung der Ziele der ersten drei Perspektiven. Als wesentliche Ansatzpunkte sind Mitarbeiterqualifikation und -motivation sowie Leistungsfähigkeit der Informationssysteme zu berücksichtigen. Als relevante mitarbeiterbezogene Kennzahlen sind beispielsweise Mitarbeiterzufriedenheit, -treue und -produktivität zu nennen.

Lern- und Entwicklungsperspektive

15.4 Die *Balanced Scorecard* als strategischer Handlungsrahmen

Die *Balanced Scorecard* stellt ein strategisches Managementsystem (Kaplan und Norton 1997) und Steuerungsinstrument dar, dessen Stärke und großer Vorzug insbesondere in der Strategieumsetzung liegt. Die *Balanced Scorecard* ist „in erster Linie ein Mechanismus zur Strategieumsetzung, nicht zur Strategieformulierung" (Kaplan und Norton 1997). In der Praxis können zwischen der Formulierung und Implementierung einer Strategie Diskrepanzen auftreten. Kaplan und Norton sprechen von spezifischen Hindernissen, die die Umsetzung einer Strategie verhindern können (Kaplan und Norton 1997). Insbesondere folgende Hindernisse zählen hierzu:

Strategisches Managementsystem

* Formulierte Vision und Unternehmensstrategie sind häufig nicht implementierbar.
* Es besteht keine Verbindung zwischen der Strategie und den Zielvorgaben der Unternehmensbereiche, zwischen den Mitarbeitenden und der Ressourcenallokation.
* Es gibt einen Mangel an strategischem Feedback darüber, wie eine Strategie implementiert wird und ob sie auch funktioniert.

Strategischer Handlungsrahmen der *Balanced Scorecard*

Zur Überwindung dieser Hindernisse und Defizite soll durch den BSC-Einsatz vor allem der strategische Führungsprozess in Unternehmen unterstützt werden. So kann auch die Kluft zwischen der Strategiefindung und -umsetzung verringert werden. In diesem Kontext formulierten Kaplan und Norton mit den vier folgenden Schritten den strategischen Handlungsrahmen der *Balanced Scorecard* (vgl. Abb. 15.1; Kaplan und Norton 1997):

- Klärung, Operationalisierung und Umsetzung von Vision und Strategie,
- Kommunikation und Verbindung von strategischen Zielen und Maßnahmen,
- Planung und Festlegung von Zielen und Abstimmung strategischer Initiativen,
- Strategisches Feedback und Lernen.

Aufgrund dieses zyklischen Prozesses und der beschriebenen Struktur und Perspektiven stellt die *Balanced Scorecard* einen geeigneten Rahmen zur Verfügung, um die Strategiefindung zu unterstützen und insbesondere die langfristige Umsetzung der Unternehmensstrategie zu gewährleisten. Durch die Entwicklung und Umsetzung einer unterneh-

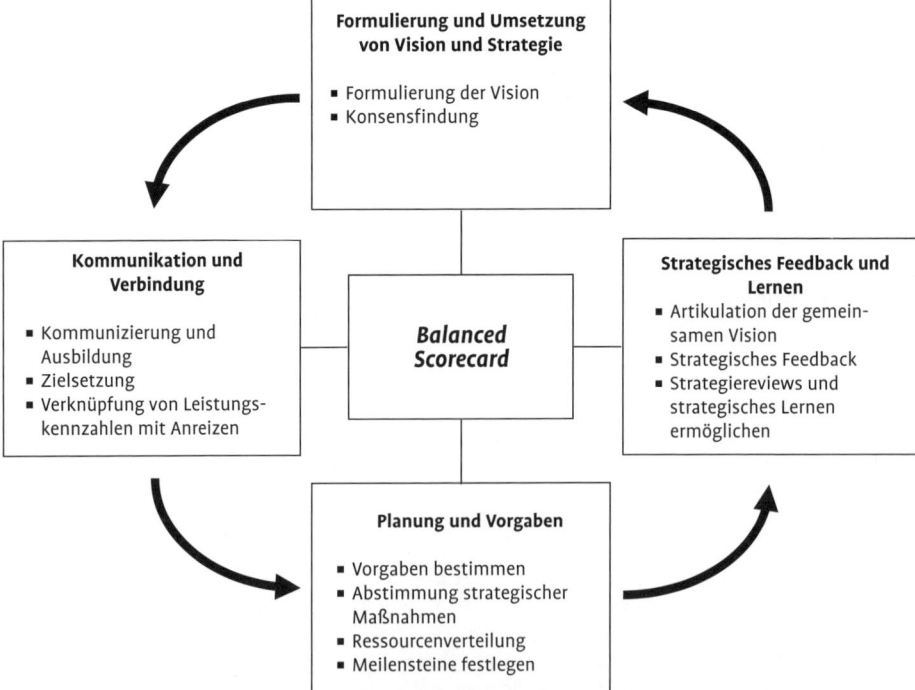

Abb. 15.1 *Balanced Scorecard* als strategischer Handlungsrahmen (Quelle: Kaplan und Norton 1997, S. 10).

mensspezifischen *Balanced Scorecard* soll ein kontinuierlicher Verbesserungsprozess vorangetrieben werden und zum Unternehmenserfolg beitragen.

Mit Blick auf die Integration von Nachhaltigkeitsaspekten in die vorhandenen betriebswirtschaftlichen Konzepte und Instrumente stellt sich nun die Frage, ob und inwiefern sich diese Aspekte in das klassische BSC-Konzept integrieren lassen und welche Modifikationen hierzu nötig sind.

15.5 Eignung der *Balanced Scorecard* für ein integriertes Nachhaltigkeitsmanagement

Mit der Nachhaltigkeit und den daraus erwachsenden Anforderungen ergibt sich für die Unternehmen die wesentliche Aufgabe, ein unternehmensspezifisches Nachhaltigkeitsmanagement aufzubauen und es in bestehende Managementstrukturen zu integrieren. Aktuelle Bestrebungen in Forschung und Praxis zielen darauf ab, anstelle einer isolierten Betrachtung von Einzelaspekten die Nachhaltigkeit integrativ in ihrer ökonomischen, ökologischen und sozialen Dimension zu erfassen und in betriebliche Entscheidungen und Handlungen einzubeziehen. Die integrative und ausgewogene Berücksichtigung der drei Dimensionen im Rahmen eines Managementkonzepts stellt eine große Herausforderung für die Unternehmen dar. Trotz der Operationalisierungs- und Konkretisierungsprobleme hat sich diese dreidimensionale Sichtweise der Nachhaltigkeit in der Praxis zunehmend etabliert. Das Management, d.h. die Planung, Durchführung, Steuerung und Kontrolle aller unternehmerischen Aktivitäten, die auf die Verwirklichung dieser Intention abzielen, lässt sich mit dem Begriff des betrieblichen Nachhaltigkeitsmanagements beschreiben. Mit der Gestaltung eines Nachhaltigkeitsmanagements soll eine gleichzeitige Erreichung ökologischer, ökonomischer und sozialer Ziele im Unternehmen unterstützt werden.

Dreidimensionale Sichtweise der Nachhaltigkeit

Um die Entstehung von parallelen Managementsystemen im selben Unternehmen zu vermeiden, die Schnittstellenproblematik zu reduzieren und die damit einhergehenden hohen Koordinations- und Abstimmungskosten zu verringern, ist ein integriertes Managementsystem unabdingbar. Zur Realisierung dieser Intention stellt das Konzept der *Balanced Scorecard* einen geeigneten Rahmen zur Verfügung. Für die Eignung der *Balanced Scorecard* als Unterstützung eines integrierten Nachhaltigkeitsmanagement sprechen insbesondere zwei Punkte (s. hierzu Schaltegger und Dyllick 2002; Mahammadzadeh 2003): zum einen die Strategiefokussierung der *Balanced Scorecard* (insbesondere als Instrument der Strategieumsetzung) und zum anderen die Tatsache, dass das Grundkonzept der *Balanced Scorecard* einige zentrale Bestandteile wie Visionen, Ziele und Strategien beinhaltet, die gerade für nachhaltigkeitsorientierte Entscheidungen und Handlungen einen konstitutiven Charakter aufweisen. Hinzu kommt, dass die für die Nachhaltigkeitsorientierung relevanten Umwelt- und Sozialaspekte häufig qualitativer Natur sind und oft über nicht-marktliche Mechanismen auf Unternehmen einwirken. Im Rahmen einer *Balanced Scorecard* können neben monetären auch nicht-monetäre Faktoren, und somit auch die umwelt- und sozialrelevanten Aspekte berücksichtigt werden. Ferner können Umwelt- und Sozialaspekte über Ursachen-Wirkungsketten auf die Strategieumsetzung und damit den langfristigen Unternehmenserfolg ausgerichtet werden. Somit können diese Aspekte in das allgemeine Managementsystem einbezogen werden. Des Weiteren lassen die Offenheit der Grundstruktur und die Mehrdimensionalität der *Balanced Scorecard* unternehmensspezifische Erweiterungen und Modifikationen zu.

Einsatz der *Balanced Scorecard*

Der Einsatz der *Balanced Scorecard* im Rahmen des Nachhaltigkeitsmanagements und deren Nutzung für die Implementierung von Nachhaltigkeitsstrategien erfordert jedoch eine Anpassung und Modifikation des klassischen Konzepts. Vor dem Hintergrund der inhaltlichen und strukturellen Offenheit und der Mehrdimensionalität des BSC-Konzepts ist eine unternehmensspezifische BSC-Modifikation sowie Entwicklung und Implementierung einer unternehmensspezifischen nachhaltigkeitsorientierten *Balanced Scorecard* ohne weiteres möglich.

Aus den vorangegangenen Ausführungen lässt sich die grundsätzliche Eignung der *Balanced Scorecard* für das Nachhaltigkeitsmanagement ableiten und die „Ob-Frage" bezüglich der Integrationsmöglichkeit positiv beantworten. Damit stellt sich allerdings die Frage nach einem geeigneten Integrationsweg. Inwiefern die Integration der Nachhaltigkeit in die *Balanced Scorecard* erfolgen kann, wird nun im Folgenden dargestellt.

15.6 Integration der Nachhaltigkeit in die *Balanced Scorecard*

Mit Blick auf die Integration ökologischer und sozialer Aspekte in die klassische *Balanced Scorecard* wird grundsätzlich zwischen drei Integrationsvarianten unterschieden (s. Hahn et al. 2002 und die dort angegebenen Quellen), die sich nicht unbedingt gegenseitig ausschließen, sondern beim Aufbau einer nachhaltigkeitsorientierten *Balanced Scorecard* gleichzeitig Anwendung finden können.

Integration ökologischer und sozialer Aspekte in die klassischen vier BSC-Perspektiven

Diese Integrationsform ist insbesondere dann geeignet, wenn Umwelt- und Sozialaspekte bereits heute einen besonderen Stellenwert für das Unternehmen haben und in das Marktsystem integriert sind. Das ist beispielsweise dann der Fall, wenn ein Unternehmen etwa auf ein ökologieorientiertes Kundensegment abzielt. Hierbei hat die Ergebniskennzahl „Marktanteil" eine ökologieorientierte Ausprägung wie z.B. „Marktanteil im ökologischen Kundensegment" (s. Hahn et al. 2002).

Die Einbeziehung der ökologischen und sozialen Aspekte in die klassischen vier BSC-Perspektiven wurde beispielsweise vor einiger Zeit im Rahmen einer vom Bundesministerium für Bildung und Forschung (BMBF) geförderten Fördermaßnahme „Ina – Betriebliche Instrumente für nachhaltiges Wirtschaften" vorgenommen und in den beteiligten Partnerunternehmen erprobt (s. zu dieser Fördermaßnahme Institut der deutschen Wirtschaft Köln 2004). Im Rahmen der geförderten BSC-Projekte wurde beispielsweise durch die Projektgruppe der Unaxis Balzers AG (ein Unternehmen für Anlagebau im Bereich der Informationstechnologie) in Kooperation mit dem Forschungsteam des Instituts für Wirtschaft und Ökologie der Universität St. Gallen eine Umwelt-*Balanced Scorecard* für die „Division *Display*" entwickelt und erprobt (s. hierzu Bieker et al. 2002b): In einem Workshop unter der Beteiligung von Business Excellence Managern der Division und des Konzernbeauftragten für Umwelt, Gesundheit und Sicherheit wurden relevante Umweltziele wie etwa die „Verlängerung der Lebensdauer der Produktionsanlagen", „Verbrauchsreduzierung" und „Verstärkung der Mitarbeitersensibilisierung bezüglich des ökologischen Handels" formuliert. Den einzelnen Zielen wurden dann konkrete Kennzahlen zugeordnet. So wurde die Kennzahl „Grad der Mitarbeitersensibilisierung für Umweltbelange" oder „verbrauchte Energie pro Mitarbeiter" dem Ziel „Verstärkung der Mitarbeitersensibilisierung" zugeordnet. Anschließend wurde eine „*Strategy Map*" erarbeitet und die formulierten Umweltziele wurden den vier Perspektiven der *Balanced Scorecard* (Finanzen, Kunden, interne Prozesse, Lernen und Entwicklung) zugeordnet. So ordnete man beispielsweise die Ziele „Verlängerung der Lebensdauer der Produktionsanlagen" der Kundenperspektive zu, da Kunden an dieser Stelle die Einhaltung gewisser Mindeststandards erwarten. Das Ziel der „Reduktion der Transportkilometer" und der „Verbrauchsmengenreduzierung" wurde ebenfalls unter der Prozessperspektive erfasst. Die Mitarbeitersensibilisierung wurde als Teil der Lern- und Entwicklungsperspektive verstanden.

Diese Integrationsform ist insbesondere dann geeignet, wenn die strategisch relevanten Umwelt- und Sozialaspekte nicht über das Marktsystem wirksam werden; dies kann vor allem in sehr umwelt- und sozialsensiblen Branchen (wie z.B. Chemie-, Nahrungsmittel- und Textilbranche) zutreffen. Die umwelt- und sozialrelevanten Aspekte aus dem nicht-marktlichen Umfeld (z.B. aufgrund des politisch-rechtlichen und gesellschaftlichen Drucks seitens der relevanten *Stakeholder*) können in allen klassischen Perspektiven wirksam werden. Beispielsweise können die Strafzahlung über die klassische Finanzperspektive oder der Kundenboykott über die Kundenperspektive wirksam werden. Die Erweiterung der vier klassischen Perspektiven um eine zusätzliche Nicht-Markt-Perspektive stellt daher „einen Rahmen oder Hintergrund dar, der alle konventionellen, ökonomisch orientierten Perspektiven einschließt" (Hahn et al. 2002). Wird beispielsweise von einem Textilunternehmen ein „sozialverträgliches Image" als strategische Dimension in der Kundenperspektive identifiziert, dann ist der „Sozialaspekt der Kinderarbeit" der zentrale nicht-marktliche Erfolgsfaktor. Dieses Unternehmen kann sich als Anbieter „kinderarbeitsfreier" Produkte positionieren und Wettbewerbsvorteile erzielen. In diesem Fall stellt die „Qualitätskontrolle im Einkauf" einen zentralen Leistungstreiber

Erweiterung der klassischen vier BSC-Perspektiven um eine Nicht-Markt-Perspektive

Ableitung einer
Umwelt- und/oder
Sozial-*Scorecard*

zur Vermeidung von Kinderarbeit dar (s. hierzu Hahn und Wagner 2001, S. 13f.).

Diese Integrationsvariante erweist sich dann als geeignet, wenn beispielsweise in einem Unternehmen eine Umwelt- und/oder Sozialabteilung mit der Koordination diesbezüglicher Aufgaben bereits organisatorisch beauftragt ist. Bei dieser Integrationsform wird eine spezielle bzw. eigene Umwelt- und Sozial-*Scorecard* formuliert. Es handelt sich dabei jedoch „um keine eigenständige Alternative der Integration von Umwelt- und Sozialaspekten in die *Balanced Scorecard*, sondern vielmehr um eine Erweiterung der beiden anderen Ansätze" (Hahn et al. 2002). Für diese Einheit wird dann gemäß dieser Integrationsform eine spezielle *Scorecard* formuliert und die relevanten Ziele, Kennzahlen und Maßnahmen werden in der formulierten *Scorecard* zusammengefasst. Durch die Ableitung einer *Balanced Scorecard* für diese Abteilungen sollen die Verhältnisse dieser Abteilungen zu den strategischen Geschäftseinheiten und den entsprechenden *Scorecards* geregelt werden. Beispielsweise wurde im Anschluss an die Entwicklung einer Top Level-*Scorecard* für das Druckhaus Spandau des Axel Springer Verlags (siehe das Fallbeispiel 1 im folgenden Abschnitt) eine spezifische Umwelt-*Scorecard* aus der formulierten *Scorecard* abgeleitet, da nach Ansicht des Projektteams nicht alle Umweltaspekte des Druckhauses in der entwickelten *Scorecard* abgebildet waren. Des Weiteren sollte mit der Umwelt-*Scorecard* ein strategieorientiertes Instrument für das Umweltmanagement des Druckhauses entwickelt werden (s. Bieder et al. 2002): Das oberste Ziel der Umwelt-*Scorecard* war einerseits standortbezogen etwa auf die Verringerung der technischen Kosten pro Output und die Verbesserung der Ökoeffizienz, andererseits konzernbezogen auf den positiven Beitrag zum Umweltimage des Unternehmens ausgerichtet. Entsprechend dieser Zielsetzung wurde von der Projektgruppe die Strategie „Wir senken die Umwelteinwirkungen pro produzierte Einheit" formuliert (Bieder et al. 2002). Zur Formulierung einer Umwelt-*Scorecard* wurden fünf Perspektiven (Ökoeffizienz-, Kunden-, Konzern-, Dienstleistungs- und Erfolgsperspektive) definiert, die relevanten Kennzahlen zur Messung der Zielerreichung gebildet und zielorientierte Maßnahmen formuliert. So wurden beispielsweise für die Ökoeffizienzperspektive die „Senkung der Umwelteinwirkungen pro Output" als oberstes Ziel und der „Energieverbrauch in kWh pro 1 000 bedruckte vierseitige Bögen" als eine mögliche Kennzahl definiert. Als ein relevantes Ziel aus der Konzernperspektive sind z.B. „eine regelmäßige Validierung des Umweltmanagements am Standort" zu nennen, als entsprechende Kennzahl etwa die „erfolgreiche Revalidierung des Umweltmanagements nach EMAS" (s. Bieder et al. 2002).

15.7 Fallbeispiel 1: Das Konzept „*Sustainability Balanced Scorecard*"

Wie bereits oben erwähnt, entstanden im Rahmen des BMBF-Förderschwerpunkts „Betriebliche Instrumente für nachhaltiges Wirtschaften" durch die Einbeziehung der Nachhaltigkeitsaspekte in die *Balanced Scorecard* verschiedene integrative Konzepte, die in den Pilotunternehmen und bei den Praxispartnern erprobt wurden. Diese Konzepte zeichnen sich zum einen durch ihre konzeptionell-theoretische Fundierung aus, die insbesondere auf die Beteiligung renommierter Forschungsinstitute bei der Entwicklung zurückgehen. Zum anderen weisen sie einen starken Praxisbezug auf, der aus der Mitwirkung vieler Pilotunternehmen im Entwicklungs- und Erprobungsprozess resultiert. Im Folgenden werden zwei dieser Konzepte und Ansätze vorgestellt (s. zu weiteren nachhaltigkeitsorientierten Konzepten Mahammadzadeh 2003).

Dem Konzept „*Sustainability Balanced Scorecard*" (s. Hahn et al. 2002) liegt ein wertorientiertes Nachhaltigkeitsmanagement zugrunde. Neben dieser Wertorientierung stellt ein dreidimensionales (ökonomisches, ökologisches und soziales) Verständnis der Nachhaltigkeit ein elementares Merkmal des Konzepts dar. Durch ein wertorientiertes Nachhaltigkeitsmanagement soll eine simultane Erreichung ökologischer, sozialer und ökonomischer Ziele im Unternehmen sichergestellt werden. In Zusammenarbeit mit dem Centrum für Nachhaltigkeitsmanagement der Universität Lüneburg wurde im Druckhaus Spandau des Axel Springer Verlags eine *Sustainability Balanced Scorecard* entwickelt und erprobt.

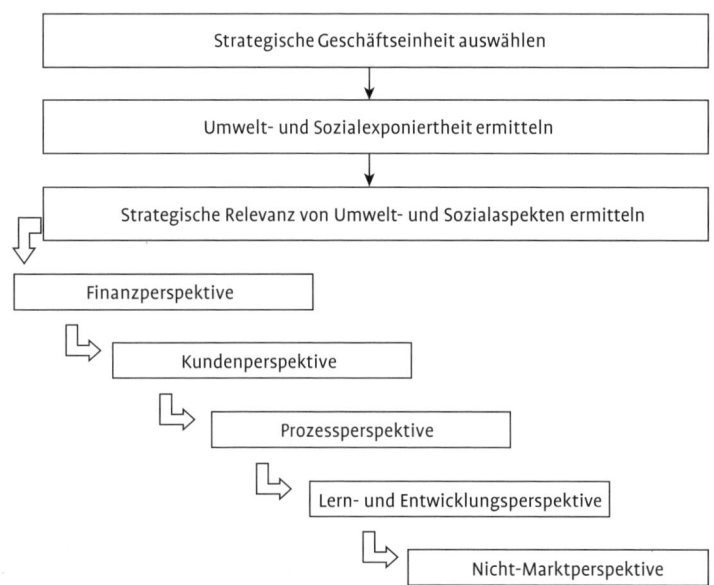

Abb. 15.2 Vorgehensweise bei der Ausgestaltung einer *Sustainability Balanced Scorecard* für ein wertorientiertes Nachhaltigkeitsmanagement (Quelle: Hahn et al. 2002, S. 70).

Zum Aufbau einer *Sustainability Balanced Scorecard* wurde eine systematische Vorgehensweise vorgeschlagen, die drei aufeinander folgende Schritte umfasst (zur detaillierten Konzeptentwicklung siehe Bieder et al., 2002):

Auswahl der strategischen Geschäftseinheit

1. Schritt: Auswahl der strategischen Geschäftseinheit

Im ersten Schritt wurde zunächst eine strategische Geschäftseinheit (SGE) ausgewählt, für die eine *Sustainability Balanced Scorecard* zu formulieren ist. Nach einer Bewertung der zur Wahl stehenden Alternativen wurde von der Projektgruppe zum Projektstart die strategische Geschäftseinheit „Druckhaus Spandau" als Pilotbereich für die Entwicklung einer *Sustainability Balanced Scorecard* ausgewählt. Für diese Entscheidung waren ausschlaggebende Auswahlkriterien insbesondere „Umwelt- und Sozialrelevanz" des Druckhauses (z. B. wegen des hohen Papier- und Farbenbedarfs sowie der hohen Mitarbeiterzahl), „Akzeptanz der Beteiligten" (aufgrund der bereits existierenden konventionellen *Balanced Scorecard*) und „Abdeckung der vier Perspektiven der *Balanced Scorecard* durch die ausgewählte Geschäftseinheit „Druckhaus Spandau". Nach der Auswahl der strategischen Geschäftseinheit wurde eine vorhandene Strategie der ausgewählten Geschäftseinheit – wie zum Beispiel: „wir wollen uns als Druckhaus mit hohen Qualitätsansprüchen für interne und externe Kunden etablieren" – näher erklärt und die allgemeinen Ziele und Strategien für die verschiedenen BSC-Perspektiven wurden strukturiert. So wurde beispielsweise die Steigerung der Umsatzrendite für die Finanzperspektive und hohe Produktqualität sowie pünktliche Lieferung für die Kundenperspektive gewählt. Die formulierten Strategien und Ziele der Geschäftseinheit gelten dann als Ausgangspunkt für die Formulierung der *Sustainability Balanced Scorecard*.

Ermittlung der Umwelt- und Sozialexponiertheit

2. Schritt: Ermittlung der Umwelt- und Sozialexponiertheit

Die Ermittlung der Umwelt- und Sozialexponiertheit der ausgewählten Strategie stellt den nächsten Schritt dar. Es werden möglichst alle für diese Geschäftseinheit relevanten Umwelt- und Sozialaspekte systematisch identifiziert. Diese Identifikation gilt als Basis für die Formulierung von umwelt- und sozialbezogenen Ursachen- und Wirkungsketten in der *Sustainability Balanced Scorecard*. Die Umweltexponiertheit konnte auf der Datengrundlage des Umweltcontrollings mit Hilfe eines Umweltkontenplans ermittelt werden. Dabei wurden jene Umweltdaten ausgewählt, die wegen des hohen Verbrauchs als umweltrelevant galten. Bei dieser Ermittlung wurde angesichts der Prozessorientierung des Druckhauses eine Orientierung am „Input" (z. B. Papier, Farbe, Wasser, usw.), am „Output" (z. B. Abfälle aus Druckfarben und Chemikalien) und an „sonstigen Faktoren" (z. B. Lärmemissionen in die Nachbarschaft) vorgenommen. Um die Sozialexponiertheit des Druckhauses zu erfassen, ermittelte man zunächst die verschiedenen direkten (z. B. Vorstand, Mitarbeitende, Lieferanten, Entsorger und Stadt Berlin) und indirekten Anspruchsgruppen des Druckhauses (z.B. Aktionäre, Leserinnen, Nachbarn und NGOs). Anschließend wurden die spezifischen Ansprüche der einzelnen *Stakeholder* (z.B. im Fall der Nachbarn wenig Lärm und Emissionen oder im Fall der Lieferanten und Entsorger die Sicherung der Einnahmenquelle) gegenüber dem Standort erarbeitet.

3. Schritt: Ermittlung der strategischen Relevanz der Umwelt- und Sozialaspekte

Ermittlung der strategischen Relevanz der Umwelt- und Sozialaspekte

In diesem Schritt werden die zuvor identifizierten Umwelt- und Sozialaspekte anhand einer differenzierten Matrix auf ihre strategische Relevanz in den BSC-Perspektiven hin überprüft. Hier wird zusätzlich zu den klassischen vier Perspektiven noch eine „Nichtmarktperspektive" als „SBSC-typischer Zusatz" in die Vorgehensweise einbezogen. Diesem Schritt kommt beim Aufbau einer *Sustainability Balanced Scorecard* eine entscheidende Rolle zu. Im Falle „Druckhaus Spandau" folgte auf die Ermittlung der Umwelt- und Sozialexponiertheit des Standortes im nächsten Schritt die Überprüfung aller Umwelt- und Sozialaspekte bezüglich ihres Einflusses auf die Erreichung der strategischen Unternehmensziele. Hierbei stand die Frage im Vordergrund, inwiefern eine Kausalbeziehung zwischen den Umwelt- und Sozialaspekten einerseits und den strategischen Zielen der Druckerei andererseits besteht und welchen Beitrag sie zur Realisierung der strategischen Ziele leisten. So war es dem Projektteam möglich, die „strategische Relevanz der Umwelt- und Sozialaspekte" zu bestimmen. Entsprechend ihrer strategischen Relevanz für die Gesamtdruckerei erfolgt dann die Integration der Umwelt- und Sozialaspekte in die BSC-Struktur. Für alle fünf Perspektiven werden adäquate Ergebniskennzahlen definiert und die Leistungstreiber bestimmt, durch die die Ergebnisse erreicht werden sollen. Zudem wird die Formulierung von Zielen und Kennzahlen vorgenommen. Sie sollen für jede Perspektive erklären, wie die Ziele und Kennzahlen der übergeordneten Perspektiven kausal erreicht werden. So bildete die „Reduzierung der technischen Kosten je produzierter Einheit" aus finanzieller Perspektive das oberste Ziel, welches sich durch die Erhöhung des Outputs oder die Senkung der Kosten realisieren lässt. Hierfür wurden „technische Kosten pro 1 000 vierseitige Bögen" als mögliche Kennzahl definiert. Für die BSC-Kundenperspektive wurden „Neukundengewinnung", „Kundenzufriedenheit" und „pünktliche Lieferung" als Hauptziele sowie „Anzahl verspäteter Lieferungen" und „Kundenreklamationen" als entsprechende Kennzahlen festgelegt. Umweltaspekte konnten insbesondere in die Prozessperspektive integriert werden. Die „Erhöhung der Energie-, Wasser- und Materialeffizienz" zielt direkt auf die „Senkung der Produktionskosten" und wurde daher als ökologischer Leistungstreiber aufgenommen. Diesem Ziel wurde „Material in kg", die notwendige „Energie in kWh" und das verbrauchte „Wasser in Kubikmeter" pro 1 000 vierseitige Bögen als mittelfristige Kennzahl zugeordnet.

Unter dem sozialen Aspekt finden sich die Interessen und Ansprüche der unterschiedlichen *Stakeholder* an verschiedenen Stellen wieder. So standen in der Lern- und Entwicklungsperspektive das Mitarbeiterpotenzial und damit auch die Interessen der Mitarbeiter im Zentrum. Als relevante Ziele für diese Perspektive wurden beispielsweise „hohe Leistungsfähigkeit und -bereitschaft" sowie „effektives Vorschlagswesen" angenommen. Als mögliche Kennzahlen sind „Krankenquote" und „Anzahl der Verbesserungsvorschläge pro Mitarbeiter" zu nennen.

15.8 Fallbeispiel 2: Das Konzept der „*Sustainable Balanced Scorecard*"

Der Ausdruck „*Sustainable*" als Bestandteil des Konzepttitels (statt wie bisher „*Sustainability*") wurde von den Urhebern des Konzepts (Arnold et al. 2001) gewählt. Von daher wurde auch hier die Abkürzung SBS verwendet, um dies von dem erst genannten Konzept SBSC abzugrenzen. Im Rahmen dieses integrativen Konzepts wurde ebenso eine systematische Integration von Nachhaltigkeitsaspekten in die klassische *Balanced Scorecard* vorgenommen, wobei ein wesentlicher Schwerpunkt

Anwendbarkeit in KMU

des Konzepts auf der Anwendbarkeit in KMU unter Berücksichtigung ihrer Besonderheiten (z.B. Fehlen von formulierten Unternehmensstrategien, flache Unternehmenshierarchie oder Vorzug und Arbeit mit einer geringen Anzahl von Kennzahlen) liegt. Das Rahmenkonzept (s. hierzu Arnold et al. 2003 und Arnold et. al. 2004) geht von einem integrativen Ansatz aus, wonach wie bei der oben genannten 1. Integrationsvariante eine systematische Erweiterung aller vier ursprünglichen Perspektiven der *Balanced Scorecard* um jeweils die ökonomische, ökologische und soziale Dimension der Nachhaltigkeit erfolgt. Die Nachhaltigkeitsaspekte werden in jede der vier klassischen BSC-Perspektiven einbezogen. Im Vergleich zu einem „additiven Ansatz" (Erweiterung des Grundmodells um eine fünfte Perspektive) wird hier akzentuiert, dass alle Nachhaltigkeitsdimensionen in jeder der vier Perspektiven strategische Relevanz haben können. Vor diesem Hintergrund wird auch keine Perspektivenerweiterung vorgenommen. Aus der Zusammenfügung der „vier Perspektiven der BSC" mit den „drei Dimensionen der Nachhaltigkeit" ergibt sich dann eine „SBS-Nachhaltigkeitsmatrix", die zwölf Felder mit ökonomischen, ökologischen und sozialen Kennzahlen umfasst.

Damit ist auch ein Minimum von zwölf strategisch relevanten Kennzahlen oder Indikatoren erforderlich. Diese Indikatoren sollen neben der Planungs- und Kontrollfunktion (zum Beispiel die Konkretisierung der Nachhaltigkeitsziele) auch die Kommunikationsfunktion (Ermittlung von Informationen) erfüllen. Die vorgeschlagene SBS-Nachhaltigkeitsmatrix stellt eine geeignete formale Grundstruktur zur Integration der Nachhaltigkeitsaspekte in die strategische Unternehmensführung zur Verfügung.

Bei diesem Integrationskonzept wird zur Berücksichtigung der Besonderheiten von KMU der Umfang der *Sustainable Balanced Scorecard* (SBS) in möglichst engem Rahmen gehalten. Des Weiteren wird durch den Verzicht auf eine Perspektivenerweiterung die Verbesserung der Anschlussfähigkeit des Konzepts an den praktisch eingeführten BSC-Ansatz beabsichtigt (s. Arnold et al. 2002). Das hier vorgestellte Konzept wurde in den am Projekt beteiligten Pilotunternehmen exemplarisch eingeführt und getestet. Im Rahmen des Projekts waren Unternehmen wie Aschenbrenner GmbH (Werkzeug- und Maschinenbau), Wagner & Co Solartechnik GmbH (ökologische Haustechnik), Seibel Plastiko AG (Hersteller von Kunststoff, Gummi- und Silikonteilen), Holzapfel Metallveredelung GmbH (Oberflächenbeschichtung) und Kremer-Kautschuk-Kunststoff GmbH & Co (Zulieferer von Kunststoff-, Gummi- und Silikonteilen) beteiligt (s. hierzu Mahammadzadeh 2003 und zu Merkmalen der beteiligten Unternehmen siehe Arnold et al. 2003). Bei diesen Unternehmen wurden die einzelnen Umsetzungsschritte einer *Sustainable Balanced Scorecard* von den SBS-Experten und dem RKW Hessen (Rationalisierungs- und Innovationszentrum der Wirtschaft e.V.) in betriebsinternen Workshopreihen betreut. So wurde zunächst geprüft, „ob und inwieweit in den betreuten Unternehmen ein Leitbild mit darin verankerten nachhaltigkeitsorientierten Ansätzen bereits vorhanden war" (Arnold et al. 2003). Da bei der Mehrzahl der beteiligten Unternehmen keine schriftlich ausformulierte Strategie vorlag, konzentrierten sich die Beratungen zu Beginn unter Beteiligung der Unternehmensführung auf die Strategieerarbeitung. In zwei Pilotunternehmen wurden für vier BSC-Perspektiven (Finanz-, Kunden-, Prozess- sowie Lern- und Entwicklungsperspektiven) strategische Ziele formu-

Tab. 15.1 SBS-Nachhaltigkeitsmatrix mit ausgewählten Indikatoren (Quelle: in Anlehnung an Arnold et al. 2002, S.70).

BSC-Perspektive / Nachhaltigkeits-dimension	Finanz-perspektive	Kunden-perspektive	Prozess-perspektive	Lern- und Entwicklungs-perspektive
Ökonomische Nachhaltigkeit	• Rentabilität • Cash-Flow • Unternehmens-wert	• Kundenzufrie-denheit • Kundenbindung	• Produktivität • Durchlaufzeit • Materialfluss • Kapazitätsaus-lastung	• Innovations-fähigkeit • Mitarbeiterzufrie-denheit
Soziale Nachhaltigkeit	• Freiwillige Sozialleistungen • Gewinnbeteili-gung	• Produktsicher-heit • Produktbezogene Informations-politik	• Humanisierung der Arbeit • Arbeitsunfälle	• Aufwendungen für Aus- und Weiterbildung • Partizipations-grad
Ökologische Nachhaltigkeit	• Umweltschutz-ausgaben • Ressourcenkosten	• Produktverant-wortung • Recyclebarkeit	• Ressourcen- und Energieeffizienz • Stoffströme • Flächennutzung	• Umwelt-F&E • Öko-Verbesse-rungsvorschläge

liert. Beispielhaft sind für die formulierten strategischen Ziele zu nennen: „Wirtschaftlichkeit erhöhen" (Finanzperspektive), „Neukunden gewinnen" und „Verbesserung der Betreuungsqualität" (Kundenperspektive), „Durchlaufzeit reduzieren" (Prozessperspektive) und „Umweltbewusstsein der Mitarbeitenden stärken" (Lern- und Entwicklungsperspektive). Des Weiteren wurden unternehmensspezifisch zu jedem Ziel geeignete Messgrößen (Kennzahlen) ausgewählt. Beispielsweise wurde „Kundenzufriedenheit" als eine mögliche Kennzahl zur Messung der „Verbesserung der Betreuungsqualität" herangezogen. Anschließend erfolgte die Bestimmung von Zielwerten (Vorgaben) und von entsprechenden Maßnahmen (z.b. Weiterbildung und Qualifikation von Mitarbeitenden) zur Realisierung der Ziele.

15.9 Fördernde und hemmende Einflussfaktoren

Obgleich der Einsatz der klassischen *Balanced Scorecard* einen erheblichen „Beitrag zur effektiven und effizienten Unternehmenssteuerung" leistet, soll jedoch auch auf die Grenzen ihrer Anwendung in der Praxis hingewiesen werden (zu Möglichkeiten und Grenzen der klassischen *Balanced Scorecard* siehe Ahn 2005). Bezogen auf die nachhaltigkeitsorientierte *Balanced Scorecard* haben die vorangegangenen Ausführungen und Fallbeispiele gezeigt, dass diese ein geeignetes Instrument des strategischen Nachhaltigkeitsmanagements zur Konkretisierung, Kommunikation, Weiterentwicklung und Implementierung einer Nachhaltigkeitsstrategie sein kann. Die ersten praktischen Erfahrungen und Erkenntnisse aus den verschiedenen Projekten lassen jedoch erkennen,

Integrationsprozess der Nachhaltigkeit in das klassische BSC-Konzept

dass der Integrationsprozess der Nachhaltigkeit in das klassische BSC-Konzept vielseitig gestaltet werden kann. Hierbei spielen, zahlreiche unternehmensinterne und -externe Einflussgrößen eine Rolle. Diese Einflussfaktoren können den Entwicklungs- und Umsetzungsprozess einer nachhaltigkeitsorientierten *Balanced Scorecard* fördern, aber auch hemmen (zur detaillierten Analyse dieser Einflussgrößen siehe Bieker et al. 2002a; Arnold et al. 2003; Mahammadzadeh 2003; Mahammadzadeh 2006). Als wichtige Einflussfaktoren sind zu nennen:

Wichtige Einflussfaktoren

- Offenheit des Unternehmens für strategische, strukturelle und organisatorische Veränderungen und Erneuerungen
- Strategieorientierung und langfristiger Planungshorizont im Unternehmen
- Analytische, konzeptionelle und integrative Denk- und Sichtweise im Unternehmen
- Stellenwert der Nachhaltigkeit im Ziel- und Strategiesystem des Unternehmens angesichts des konstitutiven Charakters der Ziele und Strategien für die unternehmerischen Entscheidungen und das betriebliche Handeln
- Vorhandensein einer explizit formulierten Unternehmens- und Nachhaltigkeitsstrategie

- Existenz eines institutionalisierten Managementsystems im Unternehmen
- Existenz einer klassischen *Balanced Scorecard* und erste Erfahrungen bei ihrer Entwicklung und Umsetzung
- Existenz von Abteilungen mit ökologischen und sozialen Schwerpunkten und ihre Verankerungsform in der Aufbauorganisation des Unternehmens
- Akzeptanz der *Sustainability Balanced Scorecard* durch die Unternehmensführung und die Mitarbeiter als ein strategisches Managementsystem
- Unterstützung des Entwicklungs- und Implementierungsprozesses der *Sustainability Balanced Scorecard* durch die Unternehmensführung
- Engagement und Motivation der Mitarbeiter sowie Akzeptanz der Nachhaltigkeitsstrategie des Unternehmens durch die Belegschaft
- Konstitutive Diskussions-, Kritik- und Lernbereitschaft und Teamarbeit auf Unternehmensebene
- Ausgeprägte interne und externe Kommunikation im Unternehmen
- Organisationales Lernen im Unternehmen
- Ressourcenausstattung insbesondere in finanzieller und personeller Hinsicht bei KMU
- Zeitaufwand und Kosten für die Entwicklung, Umsetzung, Weiterentwicklung und künftige Anpassung einer unternehmensspezifischen *Sustainability Balanced Scorecard*
- Erkennbarkeit des mit der *Sustainability Balanced Scorecard* einhergehenden Nutzens für das Unternehmen

15.10 Ausblick

Die Wahl einer geeigneten Integrationsvariante und der Methodik kann angesichts der erwähnten fördernden und hemmenden Einflussfaktoren im Entwicklungs- und Umsetzungsprozess einer nachhaltigkeitsorientierten *Balanced Scorecard* nur unternehmensspezifisch erfolgen. Die Grundstruktur, Offenheit und Mehrdimensionalität der klassischen *Balanced Scorecard* gestatten diesbezüglich viele Modifikationsoptionen. Der Erfolg der nachhaltigkeitsorientierten *Balanced Scorecard* in der Praxis hängt maßgeblich von ihrem Beitrag zum Unternehmenserfolg ab. Für die Umsetzung ist daher entscheidend, ob es dem Konzept oder Instrument letztendlich gelingt, die damit verbundenen Chancen und den dadurch zu erzielenden Nutzen für das betreffende Unternehmen aufzuzeigen sowie ihre Fähigkeiten und Potenziale zur Problemlösung und Risikominderung zu vermitteln. In diesem Kontext ist vor allem auf die Schwierigkeiten bei der Analyse der „Kosten-Nutzen-Relation" hinzuweisen (s. hierzu Mahammadzadeh 2003): Während sich die mit der Entwicklung, Umsetzung und Kontrolle einer nachhaltigkeitsorientierten *Balanced Scorecard* einhergehenden Kosten (wie etwa Personal-, Beratungs- und Workshopkosten) leichter quantifizieren lassen, gestaltet sich die Quantifizierung der Nutzenkomponenten (wie beispielsweise bessere Kommunikation, verbessertes Image, Mitarbeitermotivation, Kundenbindung sowie erhöhte Legitimation und Akzeptanz bei den *Stakeholdern*) in monetären Größen – vor allem in kurzfristiger Hinsicht – problematisch. Die ersten Projekterfahrungen zeigten, dass Kosten und Nutzen einer nachhaltigkeitsorientierten *Balanced Scorecard* situativ unterschiedlich sein können und deren Ermittlung nur unternehmensspezifisch vorgenommen werden kann. Die exemplarisch dargestellten Konzepte und Praxisbeispiele lassen die berechtigte Hoffnung bestehen, dass es einer nachhaltigkeitsorientierten *Balanced Scorecard* gelingen kann, unter Berücksichtigung der spezifischen Rahmenbedingungen und Einflussfaktoren ein „Instrument des strategischen Nachhaltigkeitsmanagements" (Schaltegger und Dyllick 2002, S. 37) in der Unternehmenspraxis zu werden. Den Ergebnissen der Unternehmensbefragung von PricewaterhouseCoopers (PwC) und dem *Center for Sustainability Management* (CSM) im Jahre 2009/2010 zufolge gehört allerdings gegenwärtig die *Sustainability Balanced Scorecard* nicht zu den Top 10 der bekannten und angewendeten Methoden des Nachhaltigkeitsmanagements in der der Praxis. Die traditionellen Methoden des Nachhaltigkeitsmanagements wie Umwelt- und Nachhaltigkeitskennzahlen oder der Nachhaltigkeitsbericht sind noch bekannter als die nachhaltigkeitsorientierte *Balanced Scorecard*.

15.11 Übungsfragen

1. Wie ist die klassische *Balanced Scorecard* entstanden?
2. Was ist die Grundidee der *Balanced Scorecard*?
3. Wie lassen sich die „vier klassischen Perspektiven" und der „strategische Handlungsrahmen" der *Balanced Scorecard* beschreiben?
4. Wie lässt sich die Eignung der *Balanced Scorecard* für ein integriertes Nachhaltigkeitsmanagement beurteilen?
5. Wie können Nachhaltigkeitsaspekte Eingang in die klassische *Balanced Scorecard* finden und welche grundsätzlichen Integrationsformen kennen Sie?
6. Welche Unterschiede und Gemeinsamkeiten lassen sich anhand der zwei beschriebenen Fallbeispiele zwischen Ansätzen der *Sustainability Balanced Scorecard* und der *Sustainable Balanced Scorecard* erkennen?
7. Welches sind die wesentlichen Einflussfaktoren, die den Entwicklungsprozess einer nachhaltigkeitsorientierten BSC hemmen oder fördern können?

15.12 Weiterführende Literatur

Friedag, H. R. (2005): Die Balanced Scorecard als ein universelles Managementinstrument, Hamburg.

Horváth, P. & Partners (Hrsg.) (2007): Balanced Scorecard umsetzen, 4. Aufl., Stuttgart 2007.

Laurinkevičiūtė, A.; Kinderytė, L. und Stasiškienė, Ž. (2008): Corporate Decision-Making in Furniture Industry: Weight of EMA and a Sustainability Balanced Scorecard, in: Environmental Research, Engineering and Management, 2008. No.1 (43), p. 69–79.

Mahammadzadeh, M. (2003): Nachhaltige Balanced Scorecard. Konzeptionen und Erfahrungen. IW-Umweltservice-Themen, 2003, 1, hrsg. vom Institut der deutschen Wirtschaft Köln, Köln.

Schäfer, H. und Langer, G. (2005): Sustainability Balanced Scorecard als Managementsystem im Kontext des Nachhaltigkeits-Ansatzes – aktueller Stand und Perspektiven, in: Controlling, 17. Jg., H. 1, 2005, S. 5–14.

Schaltegger, S. und Dyllick, T. (2002) (Hrsg.): Nachhaltigkeit managen mit der Balanced Scorecard. Konzept und Fallstudien, Wiesbaden.

Waniczek, M. und Werderits, E. (2006): Sustainability Balanced Scorecard. Nachhaltigkeit in der Praxis erfolgreich managen – mit umfangreichem Fallbeispiel, Wien.

Zeitlhofer, M. (2006): Management unternehmerischer Nachhaltigkeit mit Hilfe der Sustainability Balanced Scorecard, Wien.

16 Footprinting – vom *Product Carbon Footprint* zur nachhaltigkeitsorientierten *Balanced Scorecard* von Produkten

von Jens Pape

Kapitelausblick

Im folgenden Kapitel wird das Erstellen von unternehmens- bzw. produktbezogenen ökologischen Fußabdrücken – das *Footprinting* – thematisiert. Ausgangspunkt für das verstärkte Interesse am Thema *Footprinting* ist der Wunsch, unternehmens-, aber auch produktbezogene Bewertungsinstrumente zur Messung von umwelt- bzw. nachhaltigkeitsrelevanten Sachverhalten als Entscheidungsgrundlage für die Unterstützung einer nachhaltigen Wirtschaftsweise zu nutzen. *Footprints* ermöglichen die eindimensionale – da „lediglich" eine Fragestellung bzw. ein Umweltmedium betrachtend – Auseinandersetzung mit einer betrieblichen bzw. produktbezogenen Fragestellung. Die Motivation hierfür kann dabei betriebliches Interesse (z.B. Erhöhung der Ressourceneffizienz, Suche nach Optimierungspotenzialen in der Wertschöpfungskette, Kosteneinsparungen) oder extern motiviert sein (z.B. Informationsbedarfe unterschiedlicher Anspruchsgruppen). So ist z.B. der Klimawandel fester Bestandteil der Agenda der gesellschaftlichen Diskussionen geworden und Unternehmen sind aufgefordert, Aussagen zur Klimarelevanz ihres Wirtschaftens zu treffen bzw. auf Nachfrage treffen zu können. So kann der in diesem Kapitel vorgestellte CO_{2e}-Fußabdruck einen Beitrag hierzu leisten, um im Rahmen des betrieblichen Nachhaltigkeitsmanagements etwa Reduktionsziele bezogen auf klimawirksame Emissionen zu formulieren und mit sinnvollen Maßnahmen zu untersetzen. Basis für diese Vorgehensweise ist die in Kapitel 12 bereits vorgestellte Ökobilanzierung, jedoch im Gegensatz zu dieser die eindimensionale Betrachtung eben „nur" eines umweltrelevanten Aspektes – hier der Klimarelevanz. Für den CO_{2e}-Fußabdruck von Produkten oder auch *Product Carbon Footprint* (PCF), ist die Entwicklung eines Verfahrens, auch im Bereich der Normung, bereits am weitesten fortgeschritten. PCF werden bereits heute von zahlreichen Unternehmen berechnet, weshalb dieses Thema im Rahmen des Praxisteils bzw. -beispiels des Kapitels thematisiert wird.

Außerdem wird dieser Ansatz auf andere umwelt- bzw. nachhaltigkeitsorientierte Fragestellungen übertragen, die in diesem Kapitel adressiert werden: Auf Unternehmen, insbesondere in Industrieländern, kommt eine wachsende Verantwortung dahingehend zu, Wasserverbräuche zu optimieren, wo möglich zu reduzieren, was als Entscheidungsgrundlage für effektive Maßnahmen wiederum die Bilanzierung von Wasserverbräuchen entlang der Wertschöpfungskette der Produkte notwendig macht. Einige Unternehmen stellen sich daher der Herausforderung – analog zum PCF – und bilanzieren produktspezifische Wasserfußabdrücke (*Product Water Footprint* – PWF) – auch dies wird im vorliegenden Kapitel thematisiert. Weitere Anwendungsbereiche des *Footprint*-Ansatzes wie etwa der Einfluss der unternehmerischen Aktivität auf Biodiversität oder neben Wasser ebenfalls knapper werdende Ressourcen zeichnen sich ab.

Lernziele

1. Das Konzept des ökologischen Fußabdrucks erklären können.
2. Vorgehensweise der Erstellung produktbezogener Fußabdrücke am Beispiel des *Product Carbon Footprints* (PCF) erläutern können.
3. Aussagekraft und Ergebnisse der Berechnung von produktbezogenen Klimabilanzen, den *Product Carbon Footprint* (PCF) reflektieren.

16.1 Klimabilanzen von Produkten – der *Product Carbon Footprint*

Der PCF ist der CO_{2e}-Fußabdruck eines Produkts. Das sog. „Treibhausgaspotenzial" – häufig wird auch der englische Begriff des „*Global Warming Potential*" (GWP) verwendet – ist dabei die zentrale Größe zur Berechnung eines PCF. Eine vom Weltklimarat (IPCC) veröffentlichte Zusammenstellung weist hierfür feste Werte für Treibhausgase und deren CO_2-Äquivalente (CO_{2e}) aus; diese spiegeln den aktuellen Stand der Klimaforschung wider. Der CO_{2e}-Fußabdruck fasst somit alle klimarelevanten Gase, i.d.R. die sechs Kyotogase

Der PCF ist der CO_{2e}-Fußabdruck eines Produkts

- Kohlendioxid (CO_2),
- Methan (CH_4 – hat eine 25 mal höhere Treibhauswirkung als CO2),
- Distickstoffoxit (N_2O – hat eine 298 mal höhere Treibhauswirkung als CO_2),
- Fluorkohlenwasserstoff (HFC),
- Sulphurhexaflouride (SF_6),
- Fluorkohlenstoffverbindungen (PFC)

in einer Wirkungskategorie, dem Treibhausgaspotenzial in CO_2-Äquivalente zusammen (IPCC 2007).

Erstellung des PCF

Dabei wird bei der Erstellung des PCF die Entstehung klimarelevanter Gase in der gesamten Wertschöpfungskette betrachtet, die auf dem Weg von der Erzeugung der Rohstoffe, bei deren Weiterverarbeitung sowie der Nutzung durch den Konsumenten bis hin zur Entsorgung der Verpackung und des Produkts (nach der Nutzungsphase z.B. im Falle von ausrangierten Gebrauchsgegenständen) entstehen (vgl. Abb. 16.1).

Ein PCF ist somit als Bilanz zu verstehen, in der die Treibhausgasemissionen entlang eines Lebenszyklus aufsummiert werden; BMU/BDI (2010) definieren den PCF wie folgt: „Der *Product Carbon Footprint* bezeichnet die Menge der Treibhausgasemissionen entlang des gesamten Lebenszyklus eines Produkts in einer definierten Anwendung und bezogen auf eine definierte Nutzeinheit". Die konkrete Vorgehensweise wird in Abschnitt 16.4 – dem Praxisbeispiel – näher erläutert.

Product Carbon Footprint bezeichnet die Menge der Treibhausgasemissionen entlang des gesamten Lebenszyklus eines Produkts

Mit dem PCF werden in der öffentlichen Diskussion unterschiedliche Ziele verfolgt: So kann zum einen die quantitative Ermittlung des CO_{2e}-Wertes für ein CO_{2e}-Label im Vordergrund stehen oder der Vergleich unterschiedlicher Produkte in einem Handelssortiment (Grießhammer und Hochfeld 2009). PCF können für Unternehmen einen wichtigen Beitrag leisten, Reduktionspotenziale entlang der Wertschöpfungskette in den einzelnen Produktlebensphasen zu identifizieren. Ziel kann neben der Quantifizierung auch die Kommunikation der Klimaintensität sein.

Für Unternehmen kann nach BMU/BDI (2010) die Ermittlung eines PCF dazu dienen,

- Transparenz in der Wertschöpfungskette im Hinblick auf die vor- und nachgelagerten Prozesse und beteiligten Akteure zu schaffen,
- Bewusstsein für die Treibhausgasemissionen entlang der Wertschöpfungskette zu schaffen und besonders emissionsreiche Phasen zu identifizieren,
- Potenziale zu identifizieren, wie Emissionen reduziert werden können,

Abb. 16.1 Systemgrenzen nach PAS 2050 (Quelle: eigene Darstellung in Anlehnung an PAS 2050 (2008)).

Rohstoffe	Verarbeitung	Distribution	Gebrauch	Entsorgung
• Alle Inputs, Produktions- und Distributionsschritte von der Primärproduktion bis zum für die Verarbeitung fertigen Produkt • Hierzu zählen: – Abbau und Extraktion von fossilen Rohstoffen – Düngerherstellung – …	• Alle Produktions- und Distributionsschritte vom Einkauf der Rohstoffe bis zum fertigen Produkt • Hierzu zählen: – Produktionsprozesse – Transport, Lagerung – Anlagenbezogene Emissionen • Alle produzierten Outputs	• Alle Transport- und Lagerungsschritte vom Verlassen der Verarbeitung bis zur Ladentheke	• Energiebedarf während des Gebrauchs • Alle Schritte von der Ladentheke bis zur Entsorgung	• Alle Schritte der Entsorgung bzw. des Recyclings – Energiebedarf – Direkte Emissionen

- Impulse für die (Weiter-) Entwicklung der eigenen Klimastrategie zu gewinnen,
- die Relevanz von Treibhausgasemissionen im Vergleich zu anderen Umweltwirkungen eines Produkts zu analysieren und zu bewerten.

16.1.1 Standardisierungsbemühungen

Eine internationale Norm zur Erstellung von PCF fehlt bisher. Bereits seit 2008 gibt es jedoch parallele Initiativen, die sich die Entwicklung eines wissenschaftlich fundierten und international harmonisierten Standards zur Erstellung und Kommunikation von PCF zur Aufgabe gemacht haben:

1. Für die Internationale Standardisierungsorganisation (ISO) erarbeitet das *Technical Committee* (TC) 207 „Environmental Management" im Subcommittee 7 die internationale Norm *Carbon Footprints of Products* (ISO/NP 14067). In Deutschland gibt es in den entsprechenden Spiegelgremien (NA 172) im Deutschen Institut für Normung e.V. (DIN) Aktivitäten mit gemeinsamen Arbeitskreisen mehrerer Ausschüsse, die den nationalen Beitrag zur Norm liefern. Grundlage sind die bereits existierenden Standards zur Ökobilanzierung (ISO 14040 und ISO 14044). Die Norm wird aus zwei Teilen bestehen: Ein Teil wird sich mit der Erfassung von PCF, ein weiterer Teil mit deren Kommunikation befassen. Der Zeitplan zur Erarbeitung sieht vor, dass die Arbeiten zur Norm ISO 14067 im ersten Quartal 2013 abgeschlossen sind.
2. Im Dialog mit internationalen Experten aus Wissenschaft, Wirtschaft und Umweltverbänden begannen der *World Business Council for Sustainable Development* (WBCSD) und das *World Resources Institute* (WRI) im Rahmen der GHG-Protokoll-Initiative ihre Arbeit, um bis zum Sommer 2010 den *Product and Supply Chain Accounting and Reporting Standard* zu entwickeln.
3. Die PAS 2050 (*Public Available Specification* 2050) geht auf Aktivitäten zur Standardisierung der PCF-Methodik in Großbritannien zurück: Als Reaktion auf den IPCC-Bericht und die Klimadebatte wurde in Großbritannien – initiiert durch den *Carbon Trust* und DEFRA (*Department for Environment, Food and Rural Affairs*) – von BSI *Standards Solutions* eine standardisierte Methodik zur Abschätzung produktbezogener Treibhausgasemissionen entwickelt. Der erste Entwurf wurde bereits 2008 als „PAS 2050 Specification for the measurement of the embodied greenhouse gas emissions in products and services" veröffentlicht. Auch die PAS 2050 bezieht sich stark auf die bereits existierenden Standards zur Ökobilanzierung (ISO 14040 und ISO 14044).

Die PAS 2050 ist damit das früheste und weitestgehende Papier und beeinflusst die Standardisierungsbemühungen auf ISO-Ebene. Ziel der PAS ist es, für Unternehmen Anreize zu schaffen, Produkte zu bilanzie-

Internationale Norm zur Erstellung von PCF

Parallele Initiativen

Carbon Footprints of Products (ISO/NP 14067)

Product and Supply Chain Accounting and Reporting Standard

PAS 2050

PAS 2050 ist das früheste und weitestgehende Papier

ren und folglich Treibhausgasemissionen zu verringern. Dabei soll die Erhebung und Analyse produktbezogener Treibhausgasbilanzen den Unternehmen helfen, die komplexen Wertschöpfungsketten hinsichtlich der Treibhausgasemissionen zu optimieren. Diese können ihr Engagement für den Klimaschutz dann mit einem so genannten „Carbon-Label" auf ihren Produkten kommunizieren. Die Produktkennzeichnung soll dem Konsumenten einerseits als Entscheidungskriterium zur Verfügung stehen. Andererseits soll sie das Bewusstsein dafür wecken, welche Art von Produkten CO_{2e}-„intensiv" sind. Der Konsument wird damit in die Lage versetzt, sein Konsumverhalten bewusst ändern zu können. Voraussetzung für eine Vergleichbarkeit einer solchen Kennzeichnung ist jedoch, dass ein einheitlicher Bilanzierungsrahmen und eine einheitliche Methodik verwendet werden.

Die Methodik des PAS 2050

Die Methodik des PAS 2050 wurde bereits in Pilotprojekten z.B. von Tesco, der größten Supermarktkette Großbritanniens eingesetzt. Klimabilanzen von zahlreichen Produkten der Hausmarke wurden mit der Methode PAS ermittelt und mit dem „Carbon-Label" gekennzeichnet (Tesco 2007). Auch das in Abschnitt 16.4 vorgestellte Praxisbeispiel basiert auf der PAS 2050.

Mit Blick auf die Quantifizierung steht somit mit den internationalen Normen ISO 14040 und 14044 (ISO 2006a und b) eine wichtige Basis der Lebenszyklusanalyse (vgl. Kap. 12) zur Verfügung; sie stellen die zentralen Grundlagen auch mit Blick auf die Standardisierungsbemühungen hinsichtlich des *Carbon Footprint* dar (vgl. hierzu auch Kap. 12).

Die Ökobilanz als Basismethode für den PFC

Grahl (2010) begründet die Ökobilanz als Basismethode für den PCF wie folgt:

• Das LCA *Steering Committee der Society of Environmental Toxicology and Chemistry* (SETAC) hat empfohlen, die Methodik des PCF eng an ISO-Normen 14040/44 anzulehnen.

• Der vom *British Standard Institute* (BSI) im Herbst 2008 veröffentlichte PAS 2050 (vgl. Abb. 16.2) bezieht sich in zahlreichen Punkten auf die Ökobilanznormen OSO 14040/44.

• Die Veröffentlichung „*Product Life Cycle Accounting and Reporting*" des WBCSD und WRI und der „*Greenhouse Gas Protocol Initiative*" gehen auf die ISO 14040/44 zurück.

• Auf ISO-Ebene wird – wie dargestellt – an einer internationalen Norm zum PCF, der ISO 14067 gearbeitet, die auf den Ökobilanznormen basiert.

Vorgaben der Norm zur Ökobilanzierung ISO 14040 und die PAS 2050 weichen in einigen Bereichen voneinander ab

Die Vorgaben der Norm zur Ökobilanzierung ISO 14040 und die PAS 2050 weichen in einigen Bereichen voneinander ab. Diese Divergenzen sind im Rahmen der laufenden Standardisierungs- und Harmonisierungsprozesse zu klären. Von zentraler Bedeutung sind im Kontext für vergleichende CO_{2e}-Bilanzen eine Konvention für die Berechnung des PCF sowie „Auslegungsregeln" (Buser et al. 2008). In einer ersten Stufe muss daher die Entwicklung und Festlegung von sog. *Product Category Rules* (PCR) erfolgen. Nur so kann gewährleistet werden, dass Produkte bzw. Produktgruppen vergleichbar bilanziert werden. In einer zweiten

Stufe ist ein produktgruppenübergreifendes *Scoping* (Grießhammer und Hochfeld 2009), d.h. es sind eine Definition der Rahmensetzung mit Blick auf gleiche Zielsetzungen, gleiche Systemgrenzen und Bilanzierungsregeln sowie eine vergleichbare Datenqualität und -tiefe zu erarbeiten.

16.1.2 Erste Praxiserfahrung mit dem *Product Carbon Footprint*

Das in Deutschland initiierte PCF-Pilotprojekt führte im November 2008 unter der Trägerschaft von WWF, Öko-Institut, Potsdam-Institut für Klimafolgenforschung (PIK) und Thema 1 Unternehmen zusammen, um branchenübergreifend für ausgewählte Produkte PCF zu ermitteln (PCF-Pilotprojekt 2009). Das bis heute aktive Projekt versteht sich als offene Plattform, die im direkten Dialog mit nationalen und internationalen Akteuren sowie *Stakeholdern* aus Wissenschaft, Wirtschaft, Politik und Gesellschaft steht (www.pcf-projekt.de). Gemeinsam wird an der internationalen Harmonisierung einer einheitlichen Erfassungsmethodik gearbeitet. In diesem Zusammenhang wird diskutiert, ob und gegebenenfalls wie eine klimabezogene Produktkennzeichnung z.B. in Form eines Labels erfolgen kann bzw. soll. Durch intensives praktisches Arbeiten an einzelnen Fallstudien konnten im Rahmen dieses Projekts erste Beiträge zur Vereinheitlichung der methodischen Grundlagen geleistet und Empfehlungen für deren Weiterentwicklung ausgesprochen werden (Thema 1 2009).

Im November 2009 veröffentlichte das deutsche Öko-Institut Ergebnisse eines BMU/UBA-Projekts in einem „Memorandum Product Carbon Footprint". Das Memorandum intendiert, hinsichtlich der offenen und strittigen Fragen zur Methodik klare Empfehlungen abzugeben, die künftig in den internationalen Standardisierungsprozess einfließen sollen (Grießhammer und Hochfeld 2009). Für die praktische Umsetzung innerhalb der Übergangszeit bis 2013, d.h. bis zur Veröffentlichung der ISO-Norm, werden Vorschläge gemacht. Darüber hinaus formuliert das Memorandum Anforderungen an eine gute und erfolgreiche klimabezogene Produktkennzeichnung und beinhaltet Einschätzungen zu den bestehenden CO_{2e}-Labels.

PCF-Pilotprojekt

16.2 Wasserfußabdruck

Wasserfußabdruck

Neben der Klimarelevanz von Produktion und Produkten rücken in jüngster Zeit weitere Themen in den Fokus des betrieblichen Nachhaltigkeitsmanagements. Neben der grundsätzlichen Herausforderung der Verbesserung der Ressourceneffizienz oder der Messung oder der Erhaltung der Biodiversität, wird Wasser zum zunehmend wichtigen ökologisch, ökonomisch aber auch gesellschaftlich relevanten Faktor: Zwischen den Jahren 1930 und 2000 stieg der weltweite Wasserverbrauch etwa auf das Sechsfache (s. UNESCO 2003; UNESCO 2009). Dies wird

Wasser wird zum zunehmend wichtigen ökologisch, ökonomisch aber auch gesellschaftlich relevanten Faktor

zum einen mit der Verdreifachung der Weltbevölkerung und zum anderen mit der Verdoppelung des durchschnittlichen Wasserverbrauchs pro Kopf begründet. Vor allem in den Industriestaaten ist der Wasserverbrauch in den letzten Jahrzehnten deutlich gestiegen, dabei können – weltweit betrachtet – ca. 70 % des Frischwassers dem Agrarsektor, 20 % der Industrie und der Energieproduktion und 10 % dem häuslichen Bereich zugeordnet werden. In Nordamerika und in Europa liegt der Anteil der Industrie an der Wasserentnahme deutlich höher (s. ebenda).

Neben der steigenden Entnahme werden die Süßwasservorkommen zusätzlich durch Klimawandel und Verschmutzung weiter reduziert. Unter der Annahme, dass ein Liter Abwasser etwa acht Liter Süßwasser verunreinigen kann, könnte sich die aktuelle Abwasserbelastung auf täglich bis zu 12 000 Kubikkilometer weltweit belaufen (s. ebenda). Gleichzeitig gelangen in den sich ökonomisch entwickelnden Staaten nach Angaben der UNESCO mehr als 80 % des Abwassers unbehandelt in Flüsse, Seen und Meere (s. ebenda). Mangel an Süßwasser wird zunehmend zu einem ökologischen, aber auch ökonomischen Problem (WWF und DEG 2011). So wurde im Weltwasserentwicklungsbericht der Vereinten Nationen bereits 2003 von einer ernsthaften Wasserkrise gesprochen: „Alle Anzeichen weisen darauf hin, dass sie sich zunehmend verschärft und diese Entwicklung noch weiter anhalten wird, wenn keine Gegenmaßnahmen ergriffen werden" (s. UNESCO 2003). Dabei kommt gerade den nicht direkt von einem akuten Wassermangel betroffenen Industriestaaten eine besondere Verantwortung zu, Instrumente zu entwickeln, die eine Bilanzierung von Wasserverbräuchen in der gesamten Wertschöpfungskette der Produktion und damit eine Identifizierung von Einsparpotenzialen ermöglichen.

Virtuelles Wasser   Seit Veröffentlichung des Deutschen Wasserfußabdrucks durch den WWF (Sonnenberg et al. 2009) hat vor allem der Verbrauch von virtuellem Wasser für öffentliche Diskussionen gesorgt. Unter virtuellem Wasser wird die gesamte Wassermenge subsummiert, die bei der Herstellung eines Produkts über alle Herstellungsstufen hinweg verbraucht und verschmutzt wird oder dabei verdunstet. Die Weiterentwicklung des virtuellen Wasserkonzepts, das 1993 von John Anthony Allan entwickelt wurde, ist der Wasserfußabdruck mit der Kategorisierung von Wasser in drei Sorten (Hoekstra et al. 2009):

Grünes Wasser
- Grünes Wasser: Niederschlagswasser, welches Pflanzen während der gesamten Wachstumszeit durch Speicherung und Verdunstung verbrauchen.

Blaues Wasser
- Blaues Wasser: Teil des Niederschlags, der als Oberflächenwasser abfließt, temporär als Grundwasser gespeichert und zum Teil z.B. von den Wasserbetrieben aufbereitet als leitungsgebundenes Wasser zu den Verbraucherinnen und Verbrauchern transportiert wird. Das blaue Wasser wird direkt in der Produktion eingesetzt, z.B. zur Reinigung von Anlagen.

Graues Wasser
- Graues Wasser bezeichnet die rechnerische Wassermenge, die zur Verdünnung von verschmutztem Wasser auf einen erlaubten Qualitätsstandard benötigt wird. In der Produktherstellung können solche

Verunreinigungen beispielsweise durch Düngemittelauswaschung oder Reinigungsabwässer hervorgerufen werden.

Der Wasserfußabdruck kann sowohl für Einzelpersonen wie auch für Unternehmen oder eine ganze Nationen berechnet werden. Er beinhaltet die direkt verbrauchte Wassermenge sowie das im Rahmen der Herstellung von Produkten verbrauchte Wasser.

Werden Produkte importiert, so wird bei der Berechnung ihres Wasserfußabdrucks der Wasserverbrauch (der ggf. zum Großteil im Ausland stattfand, wie dies etwa bei der Bewässerung von Baumwolle, Kaffee- oder Kakaopflanzen der Fall ist) den Produkten und damit den Konsumierenden in den Staaten zugeordnet, in die diese Waren und Dienstleistungen importiert werden und wo die Produkte konsumiert werden. So lag der direkte personenbezogene Verbrauch 2009 in Deutschland bei 122 Litern pro Einwohner/-in und Tag (BDEW 2010). Wird jedoch der virtuelle Wasserfußabdruck berücksichtigt, so liegt dieser mit mehr als 4 000 Liter pro Tag um den Faktor 33 höher (WFN 2011). Wasserfußabdrücke sagen dabei zunächst jedoch nichts über die Folgen des Wasserverbrauchs aus, da diese räumlich gebunden sind. Die intensive landwirtschaftliche Produktion in wasserreichen Gebieten ist gegebenenfalls weniger problematisch als beispielsweise die wasserintensive Baumwollproduktion, die häufig vor allem in wasserarmen Regionen der Erde stattfindet.

Einige Unternehmen stellen sich inzwischen der neuen Herausforderung einer Bilanzierung von produktspezifischen Wasserfußabdrücken (*Product Water Footprint* – PWF), die den Verbrauch von virtuellem Wasser abbilden, also auch den für die Produktion in anderen Ländern angefallenen Wassers. Analog zur produktbezogenen Bilanzierung von Treibhausgasen wird bei der Berechnung eines produktspezifischen Wasserfußabdrucks (PWF) entlang der gesamten Wertschöpfungskette bilanziert.

Product Water Footprint – PWF

Wasserfußabdruck entlang der Wertschöpfungskette

Wie eingangs erwähnt, können etwa 70 % des weltweiten Wasserverbrauchs ausschließlich der Landwirtschaft zugeschrieben werden (UNESCO 2003). Deshalb erfolgen die nachstehenden Erläuterungen – insbesondere der Begriffe grünes, blaues und graues Wasser – am Beispiel der Lebensmittelherstellung. Bei der Lebensmittelerzeugung spielt die Wasserverfügbarkeit in der landwirtschaftlichen Produktion von Nahrungs-, Futter- und Rohstoffpflanzen, die von den Klimaverhältnissen abhängig ist – vor allem von der Höhe, der zeitlichen und räumlichen Verteilung der Niederschläge sowie vom Wasserspeichervermögen des Bodens – naturgemäß eine zentrale Rolle. Der Wasserbedarf ist dabei je nach angebauter Kultur unterschiedlich hoch.

Länder, die wie Deutschland in einer gemäßigten Klimazone liegen, sind durch natürliche Standortfaktoren vergleichsweise begünstigt. Hier sorgt eine – wenn auch nicht gleichmäßige – Verteilung der Niederschläge über das gesamte Jahr für eine ausreichende Wasserzufuhr (grünes Wasser). In der ökologischen Landwirtschaft kann – aufgrund der erhöhten Speicherfähigkeit des Bodens durch Anreicherung mit organischen Materialien – gegenüber der konventionellen Landwirtschaft von einer Einsparung an blauem Wasser ausgegangen werden. Da der Bewässerungslandbau in Deutschland eine untergeordnete Rolle spielt, ist der Anteil an blauem Wasser in der deutschen Landwirtschaft gering.

Der Anteil an grauem Wasser im ökologischen Landbau ist aufgrund des Verzichts auf chemische Düngemittel und Pestizide zugunsten eines Einsatzes von organischem Kompost gegenüber demjenigen im konventionellen Landbau geringer.

Was sich für die Landwirtschaft schon relativ komplex für einzelne Kulturen abbilden lässt, muss in den Folgebetrachtungen für die verschiedenen Verfahrensprozesse in der Verarbeitung abgebildet werden. Auch hier spielen virtuelle Wassermengen eine wichtige Rolle: Verdünnungsrechnungen für Abwässer (graues Wasser) sowie die wasserverbrauchenden Herstellungsprozesse von Nebenprodukten (blaues Wasser) stellen hier eine große Herausforderung für die Bilanzierung dar.

Betrachtet man die einzelnen Stufen in der Wertschöpfungskette, lassen sich die Verdünnungsrechnungen für Auswaschungen und Abwässer (graues Wasser) als immer wiederkehrende zentrale Größen identifizieren, die sich durch den gesamten Produktlebensweg ziehen: von der Düngemittelausbringung in der Landwirtschaft über die Reinigung der Produktionsanlagen bis hin zur Reinigung der Transportfahrzeuge, die die Produkte in die Verkaufsstellen liefern. Auch die am Ende des Lebensweges stehende Entsorgung oder das Recycling von Produkten oder Verpackungsmaterialien sind Bestandteil des Wasserfußabdrucks.

Durch die Ökobilanzierungen (vgl. Kap. 12) in den Unternehmen lassen sich tatsächliche Wasserverbrauchsdaten messen und dokumentieren, dies ist jedoch bisher nicht in allen Unternehmen der Fall. Auf anderen Prozessstufen muss zunächst ebenfalls überwiegend auf schlüssige Annahmen und Berechnungsfaktoren zurückgegriffen werden.

Es gibt nach aktuellem Stand weder einen einheitlichen vergleichbaren Standard, nach dem bilanziert und zertifiziert wird, noch ein Label, das einen Wasserfußabdruck abbildet. Derzeit werden verschiedene Standards mit entsprechender Kommunikation etabliert. Als ein Beispiel kann hier die Bemühung der österreichischen Hofer AG zusammen mit dem FiBL genannt werden (FiBL 2010). Hier werden unter Anwendung von Modelrechnungen zur Quantifizierung des Wasserfußabdrucks (Hoekstra et al. 2009) sowie unter erstmaliger Berücksichtigung von Wasserbeeinträchtigungen im vorgelagerten Wirtschaftsbereich (graues Wasser) Bilanzen erstellt und Ergebnisse kommuniziert.

Wichtig für die Glaubwürdigkeit von Angaben zu Wasserfußabdrücken von Produkten ist – wie auch bei Ökobilanzen oder dem PCF – die Transparenz der Bilanzierung und eine Überprüfung durch unabhängige Dritte.

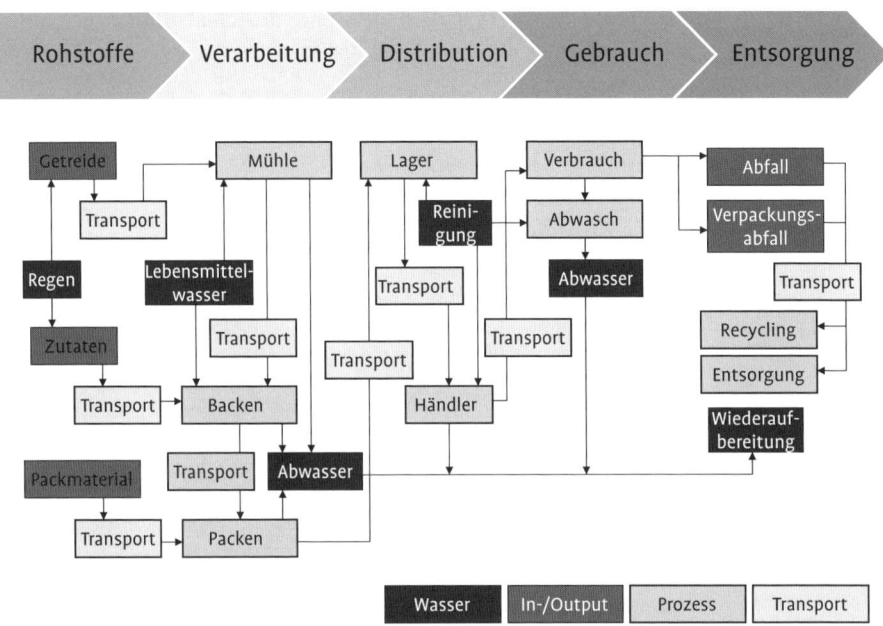

Abb. 16.2 Prozesslandkarte Wasserfußabdruck am Beispiel einer Bäckerei (Quelle: Deinert et al. 2012).

16.3 Ausblick: Nachhaltigkeitsorientierte *Balanced Scorecard* von Produkten

Wenngleich produktbezogene Bilanzen bzw. Fußabdrücke wie etwa der PCF oder PWF wichtige Erkenntnisse zur Transparenz und Optimierung von Prozessen und somit Implikationen für eine kontinuierlich Verbesserung der Wirtschaftsweise liefern, da sie Themenfelder einer nachhaltigen Wirtschaftsweise adressieren und darüber hinaus in der internen und externen Kommunikation wichtige Beiträge leisten können, muss stets bedacht werden, dass sich produktbezogene Fußabdrücke jeweils „nur" mit einer Dimension, einem Umweltaspekt befassen. Dessen „Verbesserung" kann zur „Verschlechterung" einer anderen Dimension führen. So kann etwa eine Intensivierung der Landwirtschaft eine Verbesserung des PCF (kg CO_{2e}/dt Getreide) bewirken, gleichzeitig aber zu einer Verringerung der Artenvielfalt und damit zu einer „Verschlechterung" des „Biodiversitäts-Fußabdrucks" führen. Um diese Eindimensionalität der einzelnen Fußabdrücke aufzulösen, könnte eine produktbezogene *Balanced Scorecard* entwickelt werden, die diese Zusammenhänge darstellt und im Sinne eines Controlling-Instruments nutzbar macht.

Wie in Kapitel 15 dargestellt, wurde das Konzept der *Balanced Scorecard* (BSC) vor dem Hintergrund der zunehmenden Kritik an der Eindi-

Nachhaltigkeitsorientierte *Balanced Scorecard* von Produkten

mensionalität und Kurzfristigkeit der vorhandenen finanziellen Kenn-zahlensysteme sowie der einseitigen Finanz- und Vergangenheitsorien-tierung der etablierten Praxiskonzepte zur Leistungsmessung in Unternehmen entwickelt.

Übertragen auf die Produktebene könnte das Konzept des BSC-Ansatzes als Leistungsmessungssystem für Nachhaltigkeitskriterien ein-gesetzt werden, denn auch hier spiegeln eindimensionale Kriterien wie etwa der *Product Carbon Footprint* (PCF) nur eine relevante Perspektive (hier Klimarelevanz) wider. So können Produkte des ökologischen Landbaus aufgrund von Standortbedingungen und niedrigeren Erträgen durchaus schlechter abschneiden als konventionelle Produkte (s. Dei-nert und Pape 2011). Ein umfassendes Bild kann jedoch nur gezeichnet werden, wenn Stellgrößen für betriebliche Entscheidungen entlang des Produktlebensweges anhand mehrerer Leistungskenngrößen betrachtet werden. Diese weiteren Stellgrößen oder Perspektiven einer produktbe-zogenen BSC könnten neben dem PCF eines Produkts etwa auch dessen PWF, also das Themenfeld Wasser oder weitergehend auch die Biodiver-sität (PBF – *Product Biodiversity Footprint*) sein.

Produktbezogene Balanced Scorecard

Eine produktbezogene *Balanced Scorecard* (PBSC) könnte helfen, die Lücke zwischen strategischer und operativer Ebene weitestgehend zu schließen, indem die Umsetzung der Vision des Unternehmens in Stra-tegien, qualitative und quantitative Ziele und die zu ihrer Erreichung erforderlichen Maßnahmen erfolgt. So können etwa die Ergebnisse des entlang der Wertschöpfungskette entwickelten CO_{2e}-Fußabdrucks (PCF) und eines Wasserfussabdrucks (PWF) für die BSC nutzbar gemacht werden. Innerhalb dieser unterschiedlichen Produktperspekti-ven können Vision und Strategie auf allen Ebenen der Unternehmens-führung durch Ziele, Kennzahlen, Vorgaben und konkrete Maßnahmen kommuniziert, operationalisiert und implementiert werden.

16.4 Praxisbeispiel: *Product Carbon Footprint*-Erstellung bei Märkisches Landbrot

Product Carbon Footprint-Erstellung bei Märkisches Landbrot

Als eines der Vorreiterunternehmen hat die Berliner Biobäckerei Märki-sches Landbrot GmbH bereits im Jahr 2008 mit der Erstellung von PCF begonnen und dabei die PAS 2050 zugrunde gelegt (Deinert und Pape 2011). Die PAS 2050 schlägt fünf Schritte zur Berechnung des PCF vor: Zunächst ist eine Prozessübersicht zu erstellen, die Systemgrenzen sind festzulegen und eine Priorisierung ist vorzunehmen. Letzteres macht gegebenenfalls eine Überarbeitung der Prozesslandkarte notwendig. Es folgen die Datenerhebung, die Berechnung des PCF und schließlich die Bewertung der Ergebnisse.

Prozesslandkarte

Im Rahmen des Projekts wurde eine Prozesslandkarte erstellt, der eine *Business-to-Consumer-* (B2C)-Betrachtung zugrunde liegt (PAS 2050 2008: 10). Sie beinhaltet somit die Produktlebensstufen Rohstofferzeu-gung, Verarbeitung (Mühle und Bäckerei), Distribution (Auslieferung zu den Läden), Gebrauch (Einkauf, Aufbewahrung, Verarbeitung und

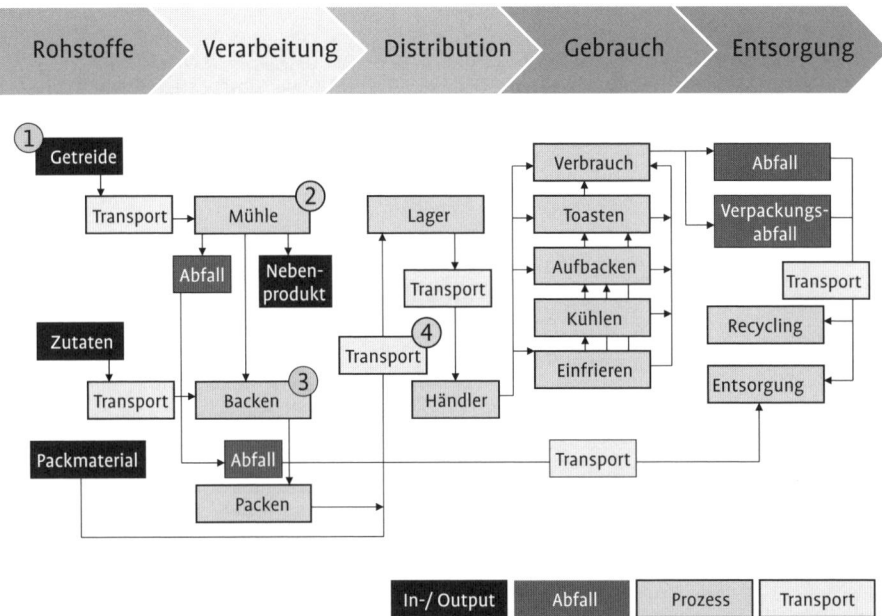

Abb. 16.3 PCF-Prozesslandkarte (Quelle: eigene Darstellung in Anlehnung an PAS 2050 (2008)).

Konsum) und Entsorgung (Brotreste und Papier- bzw. Plastiktüte). Bei einer *Business-to-Business* (B2B)-Betrachtung im Sinne des PAS 2050 (2008) hingegen werden die beiden letzten Schritte nicht betrachtet. Die Berücksichtigung der Prozessstufen „Gebrauch" und „Entsorgung" machen die Berechnung entsprechend komplex.

Für die Herstellung eines Sonnenblumenbrotes der Bäckerei wurde in Anlehnung an PAS 2050 (2008) folgende Prozesslandkarte entwickelt (vgl. Abb. 16.3):

Die Prozesslandkarte stellt die einzelnen Produktlebensstufen, In- und Outputs, Prozesse, Transport und Reststoffe übersichtlich in ihrer chronologischen Abfolge dar. Für die Berechnung des PCF wurden die einzelnen Schritte kalkuliert (im Folgenden exemplarisch für die in Abbildung 16.4 dargestellten Aspekte „Getreide" (1), „Mühle" (2), „Backen" (3) und „Transport zu den Läden" (4), vgl. Abb. 16.5 bis 16.8).

Im zweiten Schritt wurden die Systemgrenzen definiert. Die zentrale Frage an dieser Stelle ist, welche In- und Outputs in die Bewertung aufgenommen werden. PAS 2050 gibt hier folgende Hinweise (vgl. Tab. 16.1).

Die Prozesslandkarte stellt die einzelnen Produktlebensstufen, In- und Outputs, Prozesse, Transport und Reststoffe übersichtlich in ihrer chronologischen Abfolge dar

Tab. 16.1 Systemgrenzen (Quelle: eigene Darstellung).

Nach PAS 2050 sind *nicht* in den Systemgrenzen enthalten:	Umgang im PCF-Projekt bei MÄRKISCHES LANDBROT
temporäre Kohlenstoff-Speicherung im Boden, hervorgerufen durch technische Maßnahmen oder Umstellung auf den Öko-Landbau	berücksichtigt; kann optional bei der interaktiven PCF-Berechnung auf der Website deaktiviert werden
menschliche / tierische Arbeitskräfte (z.B. Anfahrt der Mitarbeiter)	nicht berücksichtigt;Verbräuche in der Produktion berücksichtigt (z.B. Nutzung sanitärer Anlagen)
Bezug Ökostrom	berücksichtigt; kann optional bei der interaktiven PCF-Berechnung auf der Website deaktiviert werden
CO_2-Kompensationsprojekte nicht berücksichtigt	CO_2-Kompensation durch Urwaldaufforstung berücksichtigt; kann optional bei der interaktiven PCF-Berechnung auf der Website deaktiviert werden
Anfahrt der Konsumenten zum Einzelhändler	Kundendurchschnitt berücksichtigt; kann optional bei der interaktiven PCF-Berechnung auf der Website deaktiviert werden oder auf die eigenen Konsumgewohnheiten geändert werden
Investitionsgüter nicht berücksichtigt (z.B. Maschinen, Gebäude)	für alle Produktlebensstufen nicht berücksichtigt

Definition der Systemgrenzen

Für die Definition der Systemgrenzen wäre es – wie bereits dargestellt – erforderlich, auf entsprechende *Product Category Rules* (PCR) zurückgreifen zu können. Diese liegen jedoch für den Fall der bilanzierten Backwaren jedoch (noch) nicht vor.

Von zentraler Bedeutung ist, dass alle „wesentlichen" Beiträge Beachtung finden. Als „wesentlich" wird ein Beitrag nach PAS 2050 angesehen, wenn seine Emissionen mehr als 1 % der gesamten (erwarteten) Emissionen des Produktlebenszyklus betragen (Fleck 2008). Die Summe der unwesentlichen Beiträge darf maximal 5 % des gesamten PCF betragen. Anhand klar umrissener Systemgrenzen wird die PCF-Analyse durchgeführt.

Das bei Märkisches Landbrot durchgeführte PCF-Projekt hat bereits im Ansatz eine Besonderheit: Auf Basis der dargestellten Systemgrenzen erfolgt die Berechnung der PCF aller Backwaren durch eine Verknüpfung der betrieblichen Stoff- und Energieflussdaten (Märkisches Landbrot 2009) mit den Rezepturen und mit der Verkaufsstatistik. Somit können nicht nur einzelne PCF in einer statischen Momentaufnahme generiert werden. Vielmehr werden PCF für sämtliche Produkte erstellt, wobei eine jährliche Aktualisierung unter Verwendung der Stoff- und

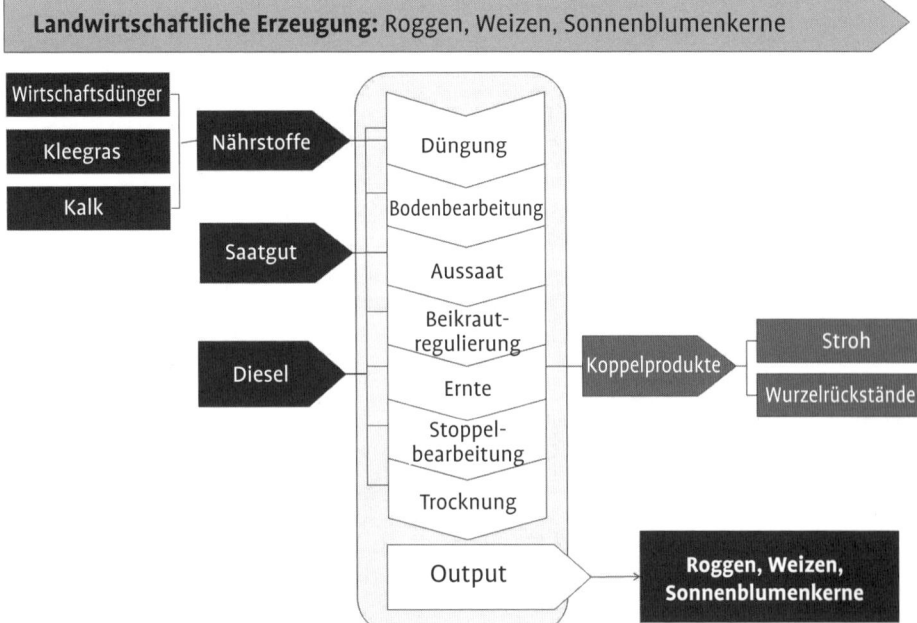

Abb. 16.4 Prozesslandkarte der landwirtschaftlichen Erzeugung (Quelle: eigene Darstellung in Anlehnung an PAS 2050 (2008)).

Energieflussdaten erfolgt, welche im Rahmen der Ökobilanzierung erhoben werden.

Im Folgenden soll exemplarisch der Rechengang für die in der Prozesslandkarte nummerierten Aspekte (vgl. Abb. 16.3) dargestellt werden. Für die landwirtschaftliche Getreideerzeugung wurde eine Prozessanalyse bei einem Zulieferbetrieb durchgeführt und ein auf Sekundärdaten beruhender Musterbetrieb kalkuliert (Gollnow 2008). Zugrunde gelegt wurden hierfür die oben genannten Systemgrenzen sowie der Ablauf, der in der folgenden Prozesskarte (Abb. 16.4) abgebildet ist.

In Anlehnung an PAS 2050 schließt sich (Schritt 4, *„Calculating the Footprint"*) folgender Rechengang für die einzelnen Rohstoffe und Zutaten an – dargestellt am Beispiel vom Weizen eines Sonnenblumenbrotes:

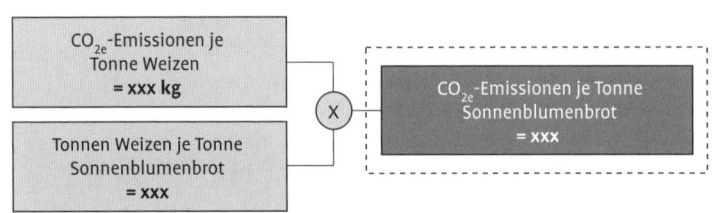

Abb. 16.5 Prozess Landwirtschaft (Quelle: eigene Darstellung in Anlehnung an PAS 2050 2008: 22).

Analog lassen sich die Rechengänge für diejenigen Prozesse darstellen, die innerhalb der Bäckerei stattfinden (hier Mühle (Abb. 16.6) und Backen (Abb. 16.7)):

Abb. 16.6 Prozess Mühle (Quelle: eigene Darstellung in Anlehnung an PAS 2050 (2008)).

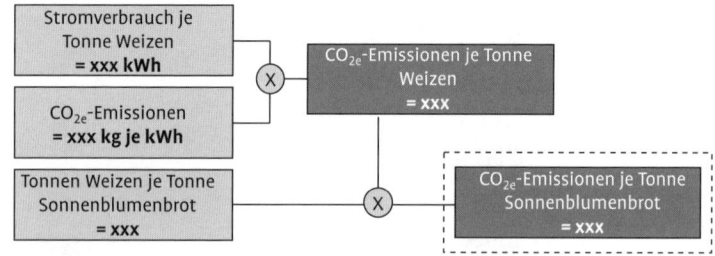

Abb. 16.7 Prozess Backen (Quelle: eigene Darstellung in Anlehnung an PAS 2050 (2008)).

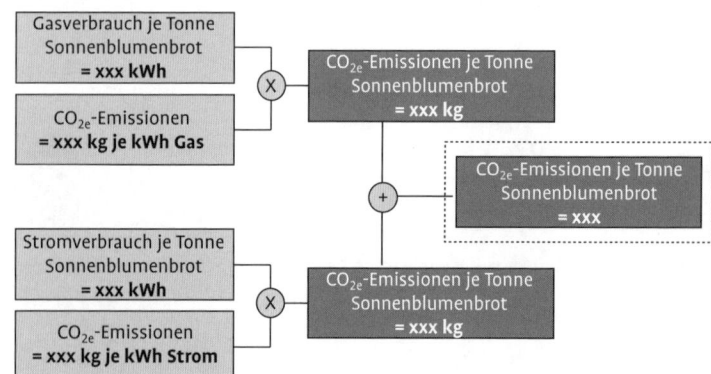

Abb. 16.8 Prozess Transport (Quelle: eigene Darstellung in Anlehnung an PAS 2050 (2008)).

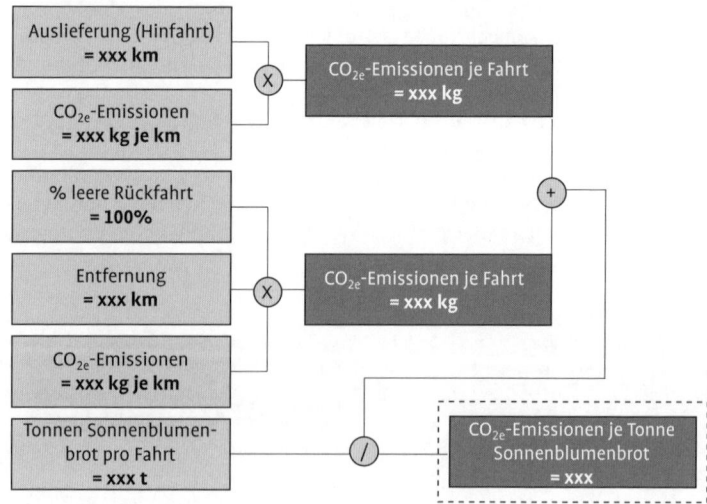

Die Berechnung stellt sich in der Praxis komplizierter dar, als in den Grafiken der PAS 2050 abgebildet. So wird etwa der Weizen in Chargen von unterschiedlichen landwirtschaftlichen Betrieben mit ungleichen Standortbedingungen und damit nicht identischem Energiebedarf geliefert. Auch die Verarbeitung setzt sich aus einzelnen Arbeitsgängen zusammen, die einen unterschiedlichen Energieaufwand verursachen und mit sich verändernden Materialmengen durchlaufen werden. In der Rezeptur können unterschiedliche Weizenverarbeitungsstufen verwendet werden, die jeweils andere Verbrauchswerte aufweisen. Natürlich werden viele unterschiedliche Brote und Handelswaren gleichzeitig transportiert und an die Kunden ausgeliefert. Um möglichst effiziente Transportwege zu gewährleisten, wurden deshalb verschiedene, unterschiedlich lange Touren eingerichtet. In der Praxis müssen diese Besonderheiten erfasst, bewertet und in ein Berechnungssystem integriert werden, das eine einfache Handhabung und auch eine Kontrolle zulässt.

Durch die Verknüpfung der Stoff- und Energieflussdaten (Ökobilanz) mit den Rezepturen und der Verkaufsstatistik (über Kontrollrechnungen) wird gewährleistet, dass alle im Rahmen der Backwarenproduktion relevanten In- und Outputs Beachtung finden.

PAS 2050 räumt – wie auch die ISO 14044 für die Ökobilanzierung – für den Fall der Veröffentlichung neben einem *Critical Review* („kritische Prüfung") die Möglichkeit einer *Self-Verification* („Selbstüberprüfung") ein. In der allgemeinen Diskussion wird vielfach gefordert, die „kritische Prüfung" im Sinne der ISO 14044 beizubehalten. Sie sollte danach mindestens durch unabhängige externe Sachverständige, bei Produktvergleichen durch ein Gremium interessierter Kreise (*Critical Review by Panel of Interested Parties*) durchgeführt werden.

Die praktizierte Verifizierung der Vorgehensweise beruht auf einer Überprüfung der Methodik, d.h. der Berechnungsmethode für PCF und somit nicht auf einer Betrachtung einzelner PCF. Vorgesehen ist, das Verfahren in die EMAS-Validierung des Unternehmens einzubinden. Auch die betriebliche Stoff- und Energieflussanalyse wird im Rahmen der Validierung überprüft.

Da – wie bereits dargestellt – die nationale und internationale Standardisierung und Harmonisierung zur Erstellung von PCF bisher nicht abgeschlossen ist, sind Vergleiche von Produkten unterschiedlicher Hersteller derzeit und vielleicht auch in absehbarer Zukunft nicht sinnvoll. Das Unternehmen sieht daher bewusst von Produktvergleichen und von einer Gegenüberstellung der Ergebnisse unterschiedlicher (Pilot-)Projekte ab.

16.5 Resümee aus Theorie und Praxis

Die Berechnung der einzelnen PCF aller Backwaren der demeter-Bäckerei dient der CO_{2e}-Bilanzierung der erzeugten Produkte. Die Einbeziehung des gesamten Produktlebenszyklus in die Berechnung ermöglicht eine Betrachtung der einzelnen Stufen und wird nicht zuletzt auch den

Konsumenten für das Thema CO_{2e}-Bilanz sensibilisieren. Eine Produktkennzeichnung war und ist nie Ziel der Aktivitäten gewesen. Vielmehr sollen durch die Bereitstellung des PCF-Tools im Internet (www.landbrot.de) die Akteure entlang der Wertschöpfungskette – vom Landwirt bis zum Konsumenten – die Möglichkeit erhalten, die jeweilige Bedeutung „ihres" Beitrags zum PCF zu erfassen. Sie sollen befähigt werden, Vermeidungsstrategien zu prüfen und umzusetzen. Hauptziel ist somit – neben Information und Sensibilisierung – die Identifizierung effizienter Emissionsreduktionsmöglichkeiten.

Mit Blick auf die Vergleichbarkeit der unterschiedlichen PCF von Produkten ist die Verifizierung der angewandten Methode von zentraler Bedeutung. Die Vorgehensweise bzw. Methode der PCF-Anwendung in der Bäckerei ist deshalb von einer Zertifizierungsgesellschaft untersucht und verifiziert worden. Nur wenn Annahmen, Datenquellen und Systemgrenzen gleich sind, können etwa ein Sonnenblumenbrot oder ein Weizenbrot der Bäckerei miteinander verglichen werden. Aufgrund der Methode ist dies systemimmanent, da durch die Verknüpfung der Stoff- und Energieflussdaten mit den Rezepturen und mit der Verkaufsstatistik eine entsprechende Absicherung gewährleistet ist.

Die Herausforderung bei der Realisierung des Projekts bestand darin, die Rahmensetzungen, d.h. die Systemgrenzen und die Datenermittlung schlüssig umzusetzen. Sollen PCF überbetrieblich vergleichbar sein, sind im Rahmen des Standardisierungsprozesses die Entwicklung von *Product Category Rules* notwendig. Schließlich sollte es möglich sein, die Rahmenbedingungen einzelner Produktgruppen gegenüberzustellen. Dies erfordert ein produktgruppenübergreifendes *Scoping*, d.h. gleiche Zielsetzungen, gleiche Systemgrenzen, gleiche Bilanzierungsregeln sowie vergleichbare Datenqualität und -tiefe (Grießhammer und Hochfeld 2009). So wurde mit PAS 2050 zwar eine erste Methodik veröffentlicht, die entsprechenden Rahmensetzungen fehlen aber nach wie vor. Buser et al. (2008) verweisen in diesem Kontext etwa auf die Problematik der Datenbeschaffung und der damit verbundenen unterschiedlich limitierten Herangehensweisen. Neben den Daten der Lebenszyklusstufe „Produktion" bzw. „Verarbeitung", die im Idealfall umfassend als Primärdaten aus Stoff- und Energieflussbilanzen entnommen werden können, muss für andere Stufen des Produktlebenszyklus oftmals auf Sekundärdaten zurückgegriffen werden. Diesen liegen möglicherweise unterschiedlichste Datenquellen zugrunde (z.B. GEMIS vom Ökoinstitut, ProBas des UBA oder Softwareprogramme wie umberto (ifu Hamburg) oder GaBi (PE International)). Dadurch wird die Berechnung vergleichbarer PCF erschwert (Buser et. al 2008). Ein weiterer Punkt: Einkaufsfahrten der Konsumenten sind derzeit nach PAS 2050 nicht zu berücksichtigen. Gleichzeitig können diese aber einen hohen Einfluss auf die Gesamtbilanz des Produkts haben. Grießhammer und Hochfeld (2009) fordern daher, Einkaufsfahrten in die Bilanz einzubeziehen und getrennt auszuweisen.

Klärungsbedarf besteht auch beim Thema funktionelle Äquivalenz. PAS 2050 greift üblicherweise auf eine Mengen- oder Volumenbasis

---

Marginalien:

Hauptziel ist Information und Sensibilisierung

Identifizierung effizienter Emissionsreduktionsmöglichkeiten

zurück. Endet die PCF-Berechnung an der Ladentheke, so sind „zubereitete oder weiterverarbeitete Produkte gegenüber nicht verarbeiteten Produkten systematisch benachteiligt: das fertig gebackene Brot gegenüber der Backmischung [...]" (Grießhammer und Hochfeld 2009). Analog gilt dies für unterschiedliche Nutzungs- und Verarbeitungsmöglichkeiten. Neben Datenverfügbarkeit und Datenqualität, funktioneller Einheit, Produktsystem und Systemgrenzen sind weitere Fragen hinsichtlich der Allokation auf Prozess- und Systemebene mit erheblichem Konkretisierungsbedarf verbunden (etwa in PCR). Weitere zu diskutierende Punkte sind die Berücksichtigung von Ökostrom oder offene Fragen bezüglich der Kohlenstoffspeicherung in der Landwirtschaft.

Schließlich sollte man sich immer wieder bewusst machen, dass mit dem PCF „lediglich eine" Umweltkategorie betrachtet wird: Weitere Kategorien wie etwa Eutrophierung, Ressourcenbedarf oder Artenvielfalt bleiben hierbei außen vor. Die Eindimensionalität des *Carbon Footprint*-Ansatzes darf somit nicht dazu verleiten, andere mit einem Produkt verbundenen Umweltbelastungen oder auch positive Umweltleistungen zu ignorieren.

Insbesondere der Ökolandbau leistet in den genannten weiteren Umweltkategorien wichtige Beiträge. Gleichzeitig kann dieser aber – aufgrund spezifischer Standortbedingungen oder geringerer Erträge im Vergleich etwa zu Produkten aus konventioneller Landwirtschaft mit höheren Erträgen – beim PCF teilweise „schlechter abschneiden". Bei der Ableitung von Verbesserungsmaßnahmen kann es somit zu Fehlentscheidungen kommen, wenn lediglich eine Umweltkategorie betrachtet wird (Grießhammer und Hochfeld 2009). Ein *Screening* weiterer Umweltkategorien ist daher für die Praxis von zentraler Bedeutung.

16.6 Übungsfragen

1. Erläutern Sie, was unter einem ökologischen Fußabdruck zu verstehen ist.
2. Skizzieren Sie die Vorgehensweise bei der Erstellung eines *Product Carbon Footprints*.
3. Erklären Sie die Begriffe „blaues", „grünes" und „graues" Wasser, die im Rahmen der Erstellung eines Wasserfußabdrucks verwendet werden. Warum ist diese Differenzierung relevant?
4. Erläutern Sie Stärken und Grenzen des *Footprintings*.
5. Geben Sie konkrete Beispiele, wie Unternehmen das Konzept des *Footprintings* anwenden können.

16.7 Weiterführende Literatur

Deinert, C. und Pape, J. (Hrsg.) (2011): Der Product Carbon Footprint – Die Methode bei Märkisches Landbrot, München.

Grothe, A. (Hrsg.) (2012): Nachhaltiges Wirtschaften für KMU – Ansätze zur Implementierung von Nachhaltigkeitsaspekten, München.

KNU/BBU – Koordinierungsbüro Normungsarbeit der Umweltverbände/ Bundesverband Bürgerinitiativen Umweltschutz e.V. (Hrsg.) (2010): Carbon-Footprint. Ansätze, Perspektiven und Grenzen eines neuen Instruments zur Beurteilung der Klimarelevanz von Produkten, Berlin.

Schmidt, M. und Walter, S. (2008): Carbon Footprints und Carbon Label – eine echte Entscheidungshilfe bei der Kaufentscheidung?, in: Umweltwirtschaftsforum, 16. Jg. Heft 3, Heidelberg.

Teil VI: Nachhaltigkeitsmarketing und -kommunikation

17 Nachhaltigkeitsmarketing

von Martin Kupp

Kapitelausblick

Der Fokus des VI. Teils des vorliegenden Buches zum Themenfeld Nachhaltigkeitsmarketing und -kommunikation liegt auf der Schnittstelle zwischen Unternehmen und Markt, den Kundinnen und Kunden sowie den Wettbewerbern. Diese Schnittstelle ist zentral für das Nachhaltigkeitsmanagement. Denn letztlich müssen sich nachhaltige Produkte und Dienstleistungen an den spezifischen Erfordernissen und Ansprüchen der Kundschaft orientieren, damit sie sich am Absatzmarkt gegen andere Angebote durchsetzen können und so zum Unternehmenserfolg beitragen. Daher ist es besonders wichtig, dass die Leistungen des Unternehmens den Abnehmenden klar und schlüssig kommuniziert werden, damit Kundin und Kunde den Vorteil der Produkte und Dienstleistungen wahrnehmen können. Hierbei kommt dem strategischen und operativen Nachhaltigkeitsmarketing eine Schlüsselrolle zu.

Ziel dieses Kapitels ist es daher, einen Überblick über Ziele, Aufgaben und Instrumente des Nachhaltigkeitsmarketings zu geben. Hierzu soll zunächst ein einheitliches Begriffsverständnis geschaffen werden, um anschließend die wesentlichen Aufgaben des Nachhaltigkeitsmarketings darzustellen. Abgeschlossen wird das Kapitel durch ein Fallbeispiel.

Lernziele

1. Einen Überblick über Ziele und Aufgaben des Nachhaltigkeitsmarketings gewinnen.
2. Instrumente des operativen Nachhaltigkeitsmarketings kennen lernen.
3. Ein Verständnis für die Schnittstellenfunktion des Nachhaltigkeitsmarketings entwickeln.
4. Einen vertieften Einblick in die Besonderheiten des mehrstufigen Marketings für nachhaltige Produkte und Dienstleistungen erlangen.

17.1 Einführung

Ziel jedes Unternehmens, sei es im Konsumgüter-, im Investitionsgüter- oder im Dienstleistungsbereich, ist der Verkauf der erstellten Leistungen. Dem Marketing kommt dabei als Schnittstelle zwischen Markt und Unternehmen eine zentrale Rolle zu. Unter Marketing versteht man im Allgemeinen die Planung, Steuerung und Kontrolle aller absatzgerichteten Aktivitäten eines Unternehmens (s. Homburg und Krohmer 2003).

Traditionelles Marketing

Das traditionelle Marketing steht dabei mehr und mehr unter Verdacht, bei der Verfolgung des Absatzziels die falschen Prioritäten zu setzen und damit direkt oder indirekt für ökologische und soziale Probleme mitverantwortlich zu sein. Durch eine einseitige Fokussierung auf Absatzmaximierung habe das Marketing zu einer Überfluss- und Wegwerfgesellschaft und damit schwerwiegenden Umweltproblemen beigetragen. Gleichzeitig habe es die ungleiche Verteilung von Produkten, Dienstleistungsangeboten und letztlich auch Wohlstand gefördert und damit zu sozialen Ungerechtigkeiten beigetragen.

Entsprechend haben sich spätestens in den 1990er Jahren neue Ansätze des Marketings herausgebildet, die versucht haben, diese Fehlentwicklungen zu korrigieren. Hierbei stand zunächst die stärkere Einbeziehung einer erweiterten Unternehmensumwelt im Fokus. Insbesondere Unternehmen, die umweltfreundliche und sozialverträgliche Produkte herstellten oder sich bei der Herstellung ihrer Produkte umweltfreundlicher und sozialverträglicher Prozesse bedienten, dachten über neue Wege des Marketings nach. Es wurden Konzepte entwickelt, die es Unternehmen erleichterten, bei der Entwicklung, Herstellung und Vermarktung ihrer Produkte nicht nur den Absatzmarkt im engeren Sinne zu berücksichtigen, sondern auch die Folgen für Gesellschaft und Umwelt abzuschätzen.

Eine weitere Entwicklung des Marketings fokussiert auf die Beziehung zwischen Unternehmen und ihren Kunden. Hier wurde dem traditionellen Marketing vorgeworfen, zu stark auf Produkte fokussiert zu sein und diese eher kurzfristig und in Form einer einmaligen Transaktion abzusetzen. Auch hieraus haben sich eine Vielzahl ökologischer und sozialer Probleme ergeben. Um diese zu überwinden, setzten neue Ideen des Beziehungsmarketings stärker auf die langfristig ausgelegten Beziehungen zwischen Unternehmen und ihrer Kundschaft.

Abbildung 17.1 stellt die beiden zentralen Zielrichtungen von marktgerichteten Aktivitäten, die Kundinnen und Kunden und die Unternehmensumwelt sowie die jeweils primäre Zielrichtung verschiedener Marketingkonzeptionen dar. Aufgabe des Nachhaltigkeitsmarketings ist die Vermeidung und/oder Verringerung ökologischer und sozialer Probleme bei dauerhafter Befriedigung der Bedürfnisse aktueller und potenzieller Kundinnen und Kunden. In diesem Sinne sind die Aktivitäten des Nachhaltigkeitsmarketings daher auf langfristige Kundenbeziehungen unter Berücksichtigung eines sehr breit verstandenen Unternehmensumfelds auszurichten.

Unternehmensumwelt

	eng (Markt)	**weit** (Markt, Gesellschaft, Ökologie)
Beziehung	Beziehungs- marketing	Nachhaltigkeits- marketing
Transaktion	Traditionelles Marketing	Umweltorientiertes Marketing

Fokus

Abb. 17.1 Abgrenzung des Nachhaltigkeitsmarketings (Quelle: in Anlehnung an Belz und Peatti 2010, S. 9).

Grundsätzlich sind nur solche Leistungen, Prozesse und Instrumente auszuwählen, die zu einer langfristigen Kundenbeziehung beitragen. So richtig diese Aussage im Kern ist, führt sie doch in vielen Fällen und besonders im Falle der Berücksichtigung ökologischer und sozialer Aspekte häufig zu schwierigen Entscheidungsproblemen. Hierzu einige Beispiele:

*   Sind Konsumentinnen und Konsumenten bereit, für nachhaltige Alternativen einen Aufpreis zu zahlen? Wie kann diese Zahlungsbereitschaft beeinflusst werden?
*   Lohnt die Aufnahme eines besonders ökologischen/sozialverträglichen Produkts in das Produktportfolio, obwohl es eventuell unter Herstellkosten angeboten werden muss?
*   Wie können die „allen zu Gute kommenden" Vorteile nachhaltiger Produkte individualisiert werden?

Bei der Beantwortung dieser und ähnlicher Fragen kommt dem Nachhaltigkeitsmarketing eine besondere Rolle zu. Dessen Ziele und Aufgaben sollen daher im Folgenden beschrieben werden.

17.2 Ziele und Aufgaben des Nachhaltigkeitsmarketings

Unter Nachhaltigkeitsmarketing versteht man allgemein die Planung, Koordination, Durchsetzung und Kontrolle aller markt- und nichtmarktbezogenen Transaktionsaktivitäten zur Vermeidung und/oder Verringerung ökologischer und sozialer Probleme, um über eine dauerhafte Befriedigung der Bedürfnisse aktueller und potenzieller Kundinnen und Kunden, unter Ausnutzung von Wettbewerbsvorteilen und bei Sicherung der gesellschaftlichen Legitimität die angestrebten Unternehmensziele zu erreichen.

Nachhaltigkeitsmarketing stellt demnach eine spezifische Ausrichtung des Marketingansatzes am normativen Leitbild der nachhaltigen Entwicklung dar. Nachhaltigkeitsmarketing wird auch als Weiterentwicklung des Ökomarketings verstanden, setzt aber neben der Einbeziehung ökologischer auch die Berücksichtigung sozialer Ziele bei der

Gestaltung von Markttransaktionen voraus. Dabei können nachhaltige Aspekte auf vielfältige Weise Berücksichtigung finden. So kommt dem Nachhaltigkeitsmarketing in erster Linie die Aufgabe zu, geeignete nachhaltigkeitsorientierte Marketinginstrumente zur Verfügung zu stellen. Dies kann zum einen die Entwicklung neuer oder die Erweiterung klassischer Marketinginstrumente um nachhaltige Aspekte sein. Grundsätzlich kann dabei zwischen strategischem und operativem Nachhaltigkeitsmarketing unterschieden werden.

Strategisches und operatives Nachhaltigkeitsmarketing

Ziel des strategischen Nachhaltigkeitsmarketings ist es, dauerhafte Wettbewerbsvorteile zu generieren. Konkrete, strategisch nachhaltige Marketingziele sind vor allem die Schaffung einer glaubwürdigen Identität durch Interaktion mit Mitarbeitenden und Marktakteuren sowie die Generierung nachhaltiger Produkt- oder Lösungsinnovationen (s. Schrader und Diehl 2010).

Ziel des operativen Nachhaltigkeitsmarketings ist die Umsetzung der vom strategischen Nachhaltigkeitsmarketing festgelegten Ziele in konkrete Maßnahmen mithilfe spezifischer Instrumente. Dies könnten z.B. Werbemaßnahmen zur Verbesserung des Images nachhaltiger Produkte sein (Kommunikationspolitik). Des Weiteren könnten in der Beschaffung zur Verbesserung der ökologischen Qualität der eigenen Produkte Primärrohstoffe durch Sekundärrohstoffe (Produktpolitik) ersetzt werden und für die Herstellung (Produktpolitik) oder den Vertrieb nachhaltiger Produkte (Distributionspolitik) könnte ein Label etabliert werden, das zu einem Standard werden kann und dazu führen kann, die Zahlungsbereitschaft beim Kunden zu erhöhen (Preispolitik).

17.3 Aufgaben des strategischen Nachhaltigkeitsmarketings

Insbesondere dem strategischen Nachhaltigkeitsmarketing wird im Rahmen der nachhaltigen Unternehmensführung eine wichtige Rolle beigemessen, denn die perspektivische Berücksichtigung ökologischer, sozialer und ökonomischer Aspekte setzt eine starke Langfristorientierung voraus. Darüber hinaus erfordert sie die Konzentration auf Erfolgspotenziale, die häufig erst in der langfristig angelegten Beziehung zu Kundschaft und Mitarbeitenden Früchte tragen.

Die Kommunikation sozialer und ökologischer Vorteile, die von den Kundinnen und Kunden oft weder vor noch nach dem Kauf wahrgenommen und geprüft werden können, setzt eine hohe Glaubwürdigkeit voraus. Die wichtigste Aufgabe des strategischen Nachhaltigkeitsmarketings stellt daher die Etablierung einer glaubwürdigen Identität dar (s. Schrader und Diehl 2010). Hier kommt der *Corporate Social Responsibility* (CSR) eine zentrale Rolle zu (vgl. Kapitel 6).

Corporate Social Responsibility

Damit das Nachhaltigkeitsmarketing zu einer gesamtwirtschaftlich nachhaltigen Entwicklung beitragen kann, muss es darüber hinaus die Rahmenbedingungen für die Entwicklung von Innovationen fördern. Denn nur innovative Produkte und Dienstleistungen, die sich am Markt etablieren, einen signifikanten Marktanteil erobern und nachhaltige Effekte erzielen, schaffen die Voraussetzungen für einen nachhaltigen Wandel.

17.3.1 CSR-Initiativen zur Förderung der Glaubwürdigkeit

Eine der zentralen Aufgaben des strategischen Nachhaltigkeitsmarketings ist es, eine glaubwürdige Identität in der Interaktion mit der Kundschaft, den Mitarbeitenden und allen anderen *Stakeholdern* wie der Politik, Interessensverbänden, NGOs etc. zu etablieren. Ein wichtiges Element ist hierbei die CSR-Strategie. Allgemein gefasst bezeichnet CSR den aktiven Umgang des Unternehmens mit seinen *Stakeholdern* über das unmittelbare Gewinnstreben hinaus (Wan-Jan 2006).

Für die konkrete Ausgestaltung des strategischen Nachhaltigkeitsmanagements ist es wichtig zu wissen, unter welchen Bedingungen CSR wie und warum funktioniert. Hierfür haben Sen und Bhattacharya (2004) ein Modell entwickelt und empirisch getestet, das drei zentrale Erkenntnisse liefert: Zunächst einmal konnte festgestellt werden, dass verschiedene Kundensegmente sehr unterschiedlich auf CSR reagieren. Was für ein Kundensegment gut ist, mag für ein anderes Kundensegment nicht gut sein. Wesentliche moderierende Effekte sind hierbei die grundsätzliche Einstellung des jeweiligen Kundensegments zum Thema Nachhaltigkeit sowie der wahrgenommene Zusammenhang zwischen dem Produkt / der Leistung und dem jeweiligen CSR-Thema. Grundsätzlich reagierten diejenigen Kundinnen und Kunden, die die Produktqualität als hoch einschätzten, positiver auf CSR-Aktivitäten als diejenigen, die von der Produktqualität nicht überzeugt waren (Sen und Bhattacharya 2004).

Darüber hinaus konnte gezeigt werden, dass die Wirkung auf das Bewusstsein, die Einstellungen und die Zuschreibungen der Kundschaft durchweg größer waren als auf das direkt beobachtbare Verhalten (Kaufverhalten, Mund-zu-Mund Werbung). Dies ist auch der Grund, warum CSR kein Element der Kommunikationspolitik, sondern – dieser vorgelagert – Teil des strategischen Nachhaltigkeitsmarketings ist. Denn hier kann CSR dazu dienen, die Grundlage für erfolgreiche, auf Kaufverhalten ausgerichtete, kommunikationspolitische Maßnahmen zu schaffen, indem die Glaubwürdigkeit des Unternehmens gestärkt wird.

Als Drittes konnte nachgewiesen werden, dass CSR-Maßnahmen sich nicht nur positiv auf Unternehmen auswirken, sondern auch die Kundschaft und das jeweilige Thema von CSR-Maßnahmen profitieren. Es werden also ganz im Sinne der Nachhaltigkeit Effekte erzielt, die weit über direkte ökonomische und ökologische Effekte hinausgehen und soziale (die Kundinnen und Kunden sowie die Gesellschaft betreffende) Aspekte mit einschließen.

Abb. 17.2 *Stakeholder-Integration als Voraussetzung zur Erzielung von Wettbewerbsvorteilen (Quelle: in Anlehnung an Schrader und Diehl 2010, S. 19).*

17.3.2 Nachhaltige Innovationen fördern

Wesentliche Aufgabe des strategischen Nachhaltigkeitsmanagements ist es, Bedingungen für die Entwicklung von innovativen, kundenorientierten und nachhaltigen Produkten, Dienstleistungen und Lösungen zu schaffen. Hierfür bietet der Grundgedanke der Nachhaltigkeit einen geeigneten Rahmen, denn wie bereits in Abbildung 17.1 dargestellt, geht es beim Nachhaltigkeitsmarketing – unter Berücksichtigung eines erweiterten Unternehmensumfeldes – vor allem um die langfristig angelegte Kundenbeziehung.

Es ist insbesondere die angestrebte enge und langfristige Beziehung mit allen *Stakeholdern*, die dabei eine wichtige Voraussetzung für Innovationen darstellen kann. So können durch eine nachhaltigkeitsorientierte Interaktion mit sogenannten *Lead Users* sehr innovative Lösungen entwickelt werden (s. von Hippel 2005 sowie Schrader und Diehl 2010). *Lead User* sind solche Nutzerinnen und Nutzer, deren Bedürfnisse den Anforderungen des Massenmarkts vorauseilen und die sich von einer innovativen Problemlösung einen besonders hohen Nutzen versprechen. In der Regel handelt es sich um anspruchsvolle potenzielle Nutzer, die an den technischen, ökologischen und sozialen Aspekten der Lösung interessiert sind. Darüber hinaus kann die Integration Nicht-Nutzer dabei helfen, Bedürfnisse zu identifizieren, die bisher in traditionellen Methoden der Marktforschung keine Berücksichtigung fanden. Durch die Integration weiterer *Stakeholder*, z.B. Umweltschutzorganisationen wie dem WWF, können frühzeitig mögliche Marktreaktionen abgebildet und eine erste Umweltanalyse kann durchgeführt werden (s. Schrader und Diehl 2010).

Abbildung 17.2 zeigt die Zusammenhänge zwischen der *Stakeholder*-Integration und dem potentiellen Markterfolg in Form eines Wettbewerbsvorteils.

17.4 Instrumente des operativen Nachhaltigkeits- marketings

Ausgehend von der nachhaltigkeitsorientierten Zielsetzung und der durch die Anwendung der Instrumente des strategischen Marketings generierten Informationen und Ideen ist in einem weiteren Schritt der Einsatz der Instrumente des operativen Nachhaltigkeitsmarketings abzustimmen. Wesentliche Instrumente sind die nachhaltigkeitsorientierte Produkt-, Distributions-, Preis- und Kommunikationspolitik. Die Gesamtheit dieser verschiedenen Instrumente und Maßnahmen bezeichnet man als Marketing-Mix.

17.4.1 Produktpolitik

Produktpolitische Entscheidungen betreffen die grundsätzlich marktgerechte Gestaltung des Leistungsprogramms eines Unternehmens. Maßnahmen beinhalten vor allem die Entwicklung innovativer, nachhaltiger Produkte sowie die Verbesserung, Erweiterung und Eliminierung vorhandener Produkte im Sinne nachhaltiger Erfordernisse. Wesentliche Elemente der Produktpolitik sind die Produkt- und Verpackungsgestaltung sowie die Markierung des Produkts bzw. der Leistung durch ein Markenzeichen, einen Markennamen oder das Markendesign.

Ziel der nachhaltigkeitsorientierten Produktgestaltung muss die Berücksichtigung der Umwelt- und Sozialverträglichkeit der Produkte im gesamten Wertschöpfungskreislauf sein, also in der Beschaffungs-, Produktions-, Absatz- sowie der Gebrauchs-, Verbrauchs- und Entsorgungsphase. Entsprechend der Philosophie „von der Wiege bis zur Bahre" muss der Gesamteinfluss der Produkte auf die Umwelt minimiert werden. Dies wiederum bedeutet, bereits in den frühen Phasen der Produktentwicklung ökologische Folgen späterer Phasen abzuschätzen. Nach neueren Untersuchungen werden ca. 80 % des Schadschöpfungspotenzials eines Produkts schon während der Entwicklungsphase beeinflusst.

Mögliche Maßnahmen sind die Ersetzung von Primär- durch Sekundärrohstoffe, die Reduzierung der Vielzahl sowie der Menge der Rohstoffe und des Ressourcenverbrauchs zur Gewinnung der Rohstoffe, die Verringerung der Teilevielfalt, die konsequente Beachtung der Gesundheitsverträglichkeit aller Stoffe, der Einsatz modularer Bauweisen, die Verlängerung der Nutzungsdauer und -effizienz, die Etablierung interner Kreislaufsysteme und vieles mehr. Abbildung 17.3 zeigt einige produktpolitische Ansatzpunkte im Wertschöpfungskreislauf.

Auch und gerade bei der Verpackungsgestaltung gilt es besondere Anforderungen zu berücksichtigen. Dies sind vor allem ein möglichst geringer Rohstoff- und Energieverbrauch, eine möglichst geringe Luft- und Wasserbelastung, ein möglichst geringes Gewicht, eine optimale Nutzung der Raumkapazität, die Berücksichtigung des Landschaftsverschmutzungsproblems (Es gibt Möglichkeiten, Produkte so zu gestalten,

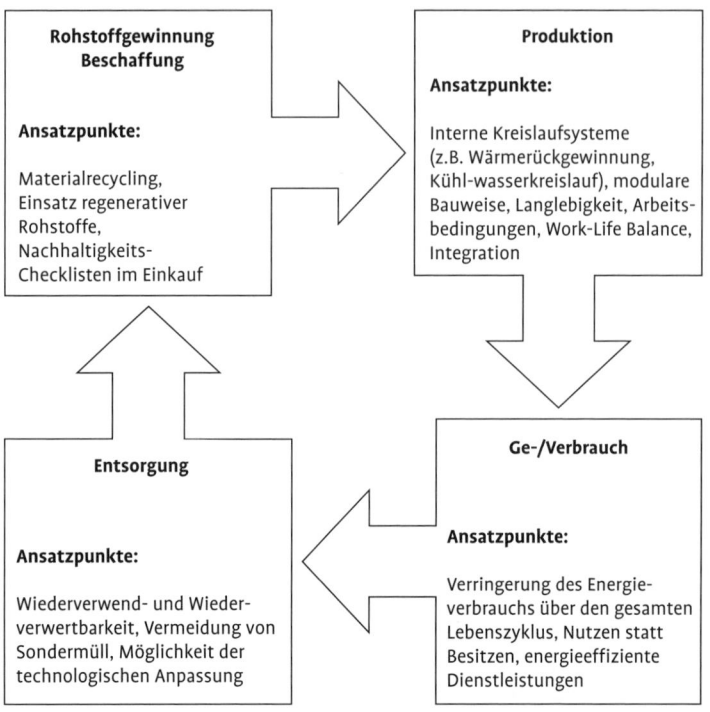

Abb. 17.3 Ansatzpunkte zur Berücksichtigung nachhaltiger Aspekte bei der Produktpolitik (Quelle: eigene Darstellung).

dass sie nicht zur Landschaftsverschmutzung beitragen, z.B. durch Mehrwegsysteme oder sich selbst zersetzende Verpackungsmaterialien.) sowie Wiederverwendbarkeit, Verwertbarkeit und unproblematische Entsorgung (s. Meffert und Kirchgeorg 1993). Dabei muss selbstverständlich zu jeder Zeit die Funktionserfüllung der Verpackung gewährleistet sein. Dies kann zum Beispiel der Transportschutz, die Dimensionierung, die Verkaufsförderung oder die Markierung sein.

Nicht zuletzt können Unternehmen Chancen nur dann langfristig nutzen, wenn sie systematisch in allen Unternehmensfunktionen Nachhaltigkeitsaspekte identifizieren und mögliche Maßnahmen auf ihre Ansatzpunkte zur Verbesserung der Wertschöpfung bzw. Gewinnspanne hin analysieren. Abbildung 17.4 zeigt schematisch eine solche systematische Wertkettenanalyse.

Die Abbildung zeigt, dass sich nachhaltigkeitsorientierte Maßnahmen grundsätzlich für jeden Funktionsbereich der Unternehmung (Beschaffung, Produktion, Marketing, Logistik und Entsorgung) realisieren lassen. Die Vorteile der Verwendung eines solchen Analyseinstruments wie der nachhaltigkeitsorientierten Wertkettenanalyse liegen zunächst in der systematischen Offenlegung kostenreduzierender und/oder ertragssteigernder Maßnahmen. Darüber hinaus kann das Instrument im Rahmen eines offensiven Nachhaltigkeitsmarketings zur Schaf-

Abb. 17.4 Nachhaltigkeitsorientierte Wertkettenanalyse (Quelle: in Anlehnung an Meffert und Kirchgeorg 1998, S. 110).

Beschaffung	Produktion	Marketing	Logistik	Entsorgung
▪ Lieferantenauswahl anhand sozialer & ökologischer Kriterien ▪ Nutzung von Umwelt- und Abfallbörsen ▪ Schaffung von Transparenz in Lieferketten auch über die direkten Schnittstellen hinaus	▪ End of Pipe Umweltschutztechnologien ▪ Recyclingtechnologien ▪ Integrierte Umweltschutztechnologien ▪ Verwendung modularer Bauweisen ▪ Berücksichtigung von Sozialstandards	▪ Eliminierung umweltschädlicher Produkte ▪ Einbeziehung sozialer und ökologischer Argumente in die Werbung ▪ Erschließung neuer Absatzkanäle ▪ Beantragung und Verwendung eines Nachhaltigkeits-Labels	▪ Umstellung von Logistik-Konzepten (z.B. Just-in-Time) ▪ Verlagerung des Transports von Straße auf Schiene oder Wasser ▪ Bündelung von Transporten und Vermeidung von Leerfahrten	▪ Installation von Recycling-Kreisläufen ▪ Thermische Verwertung von Abfällen ▪ Ermöglichung der einfachen Rückgabe

fung von Wettbewerbsvorteilen eingesetzt werden. Nicht zuletzt wird die durch die Verknüpfung der Aktivitäten zwischen einzelnen Funktionsbereichen die Wirkungsanalyse ermöglicht (s. Meffert und Kirchgeorg 1998).

17.4.2 Distributionspolitik

Entscheidungen im Rahmen einer nachhaltigen Distributionspolitik betreffen vor allem die Wahl der geeigneten Absatzwege, die Logistik, die nötig ist, um die Produkte in den geforderten Mengen und zum geforderten Zeitpunkt an den richtigen Ort zu befördern sowie in zunehmendem Maße die Wahl geeigneter Kanäle für deren Entsorgung.

Bei der Wahl der Absatzwege ist aus ökologischer Sicht die Möglichkeit des Wiedereinsammelns (Retro-Distribution) zu prüfen. Ein intelligentes Retro-Distributionssystem bietet die Möglichkeit, ausgediente Produkte und Verpackungen zu erfassen, zu recyceln und für den Produktionsprozess wieder aufzubereiten bzw. weiterzuverwenden, um damit zur Umwelt- und Ressourcenschonung beizutragen. Aus sozialer Sicht ist vor allem die Sozialverträglichkeit der geplanten Maßnahmen zu prüfen, z.B. die Arbeitsbedingungen bei entsprechenden Partnerunternehmen oder *Outsourcern*.

Bei der Planung der Logistik können ökologische Kriterien wie zum Beispiel der Energieverbrauch, die Abgas- und Lärmentwicklung der Transportmaßnahmen, die Unfallträchtigkeit und die damit zusammenhängenden Umweltgefahren beim Transport umweltschädlicher Substanzen berücksichtigt werden. Hier gilt es also neben Kostenfaktoren und Kundenwünschen auch ressourcen- und emissionsbezogene Faktoren zu berücksichtigen. Dies kann beispielsweise durch Checklisten oder Umweltsimulationen der einzelnen Transportmöglichkeiten geschehen.

17.4.3 Preispolitik

Nachhaltigkeitsrelevante preispolitische Entscheidungen beziehen sich auf die erstmalige Festlegung eines Preises bei umweltgerechten und sozialverträglichen Neuprodukten, auf Preisänderungen, die aus Nachfrage- und Kostenänderungen bzw. Konkurrenzdruck resultieren sowie auf die Ermittlung des optimalen Preisverhältnisses zwischen umweltgerechten bzw. sozialverträglichen und anderen, weniger umweltgerechten und sozialverträglichen Produktvarianten derselben Produktlinie, welche hinsichtlich der Preise und/oder Kosten miteinander verbunden sind (s. Meffert und Kirchgeorg 1998). Wichtige Einflussfaktoren der Herstellungskosten ökologischer und sozialverträglicher Produkte sind die Materialkosten, die häufig höher sind als bei herkömmlichen Produkten, sowie die produzierte Stückzahl, da es bei großen Stückzahlen zu Kostendegressionseffekten kommt. Da umweltfreundliche und sozialverträgliche Produkte jedoch häufig nicht für den Massenmarkt, sondern nur für eine Nische hergestellt werden, können insbesondere Kostendegressionseffekte nicht genutzt werden.

Eine wichtige Aufgabe im Rahmen der Preispolitik stellt die Feststellung der Preisbereitschaft der umwelt- und sozialbewussten Kundinnen und Kunden dar. Denn aus der genauen Kenntnis dieser Preisbereitschaft ergeben sich direkt die preispolitischen Möglichkeiten, wie zum Beispiel die Anwendung einer Mischkalkulation zugunsten umwelt- bzw. sozialverträglicher Produkte, um so die Preisdifferenz zwischen herkömmlichen und umweltfreundlichen bzw. sozialverträglichen Produkten möglichst gering zu halten oder bei der Kundschaft die Abschöpfung einer hohen Preisbereitschaft zu ermöglichen.

17.4.4 Kommunikationspolitik

Im Rahmen einer nachhaltigkeitsorientierten Kommunikationspolitik kommen grundsätzlich die klassischen kommunikationspolitischen Instrumente (wie etwa Werbung, Verkaufsförderung, Öffentlichkeitsarbeit, persönlicher Verkauf) zum Einsatz. Ziel ist es, dem eigenen Unternehmen, welches mit nachhaltigkeitsbezogenen Forderungen konfrontiert wird oder das aktiv eine ökologische und soziale Positionierung anstrebt, eine mit ökologischen und sozialen Grundsätzen vereinbare Identität zu geben.

Werbebotschaften mit einer ökologischen und sozialen Komponente müssen besonders glaubwürdig sein. Die umwelt- und sozialbezogene Leistung sollte für den Käufer bzw. die Käuferin überzeugend dargelegt werden und nachvollziehbar sein. Dies umso mehr, als es sich bei Umweltfreundlichkeit und Sozialverträglichkeit in der Regel um Vertrauenseigenschaften handelt, also um Eigenschaften, die von der Käuferin oder vom Käufer vor dem Kauf nicht objektiv geprüft werden können und häufig sogar bei Ge- oder Verbrauch nicht nachweisbar sind. So sieht ein Apfel aus ökologischer Landwirtschaft nicht nur gleich oder zumindest einem herkömmlichen Apfel sehr ähnlich, er wird in der Regel auch ähnlich schmecken, so dass der Konsument auf die Angaben des Herstellers bzw. Verkäufers vertrauen muss. Hier gilt es demnach durch kommunikative Maßnahmen die Glaubwürdigkeit zu stärken, wenn möglich unterstützt durch Dritte (z.B. durch gemeinsame Aktionen mit Umweltschutzgruppen). In der Kommunikationspolitik kommt Nachhaltigkeits-Labeln, die von externer Stelle vergeben werden, daher eine besondere Rolle zu.

17.5 Mehrstufiges Nachhaltigkeitsmarketing

Die dargestellten Instrumente des operativen Nachhaltigkeitsmarketings beziehen sich in der Regel auf die nächstgelagerte Absatzstufe. Dabei ist zu bedenken, dass Leistungen, vor allem bei nachhaltigen Vorprodukten, oftmals mehrere Weiterverarbeitungsstufen durchlaufen, bevor sie zum Endverbraucher gelangen. Für den Anbieter kann es daher in gewissen Situationen sinnvoll sein, die Marktaktivitäten nicht nur auf die unmittelbar nachfolgende Stufe, sondern auch auf weitere Stufen der Wertschöpfungskette auszurichten, d.h. ein mehrstufiges Nachhaltigkeitsmarketing zu betreiben (s. hierzu Voeth, Herbst und Kupp 2007).

Im Gegensatz zur sogenannten *Push*-Strategie, die sich ausschließlich an die nächste Marktstufe richtet, wird bei diesem als mehrstufigem Marketing bezeichneten Ansatz versucht, einen Nachfragesog (*Pull*-Effekt) zu erzeugen, der den Absatz an den unmittelbaren Abnehmer fördern soll. Die beiden verschiedenen Wirkungsrichtungen sind in Abbildung 17.5 dargestellt.

Wie die Wirkungsrichtung der *Pull*-Strategie verdeutlicht, dient das mehrstufige Marketing primär dem Ziel, auf nachgelagerten Produktionsstufen die Präferenzen für die eigenen Produkte zu steigern, um die Substituierbarkeit der eigenen Leistungen zu mindern und die Unabhängigkeit des Zulieferers in der Produktions- und Distributionskette sicherzustellen. Gleichzeitig soll ein Wettbewerbsvorteil gegenüber der Konkurrenz aufgebaut werden. Die Notwendigkeit, mehrstufige Marketingstrategien zu verfolgen, ist in den vergangenen Jahren bedeutend angestiegen. Als Gründe hierfür sind u.a. der zunehmende Aufwand für Forschung und Entwicklung bei einer gleichzeitigen Verkürzung der Produktlebenszyklen zu nennen, die ansteigenden Standardisierungstendenzen mit der einhergehenden Schwierigkeit der Produktdifferenzierung sowie der anwachsende Konkurrenzdruck durch Vorwärtsintegrationen anderer Zulieferunternehmen. Dennoch sollten mehrstufige Marketingstrategien nicht für jede Art von Produkten verfolgt werden, sondern vielmehr dort zum Einsatz gelangen, wo

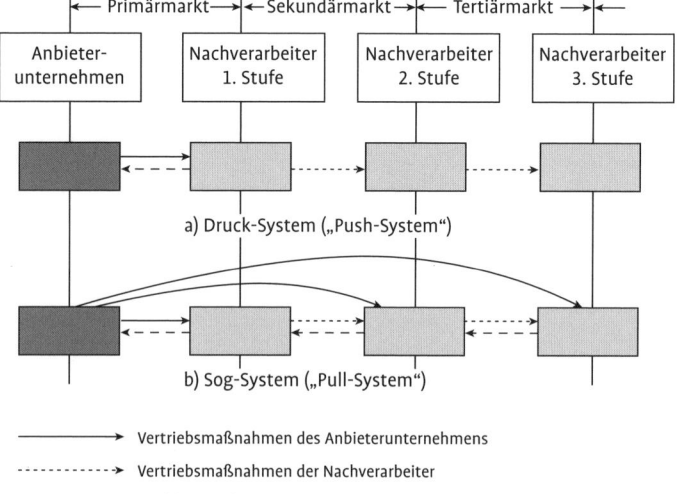

• die Vorleistung eine wesentliche Bedeutung für die Qualität des Gesamtprodukts hat (dies ist sicherlich bei umweltfreundlichen, biologischen oder sozialverträglichen Vorprodukten, z.B. in der Lebensmittelproduktion oder der textilen Kette der wesentliche Grund) oder

• die Produkte der vorgelagerten Marktstufe physisch in die Erzeugnisse der nachgelagerten Stufe eingehen, d.h. für die Abnehmer identifizierbar sind.

Bei der Entwicklung einer mehrstufigen Marketingstrategie sind die folgenden Schritte von besonderer Relevanz:

• So sind zunächst die einzelnen Marktstufen zu analysieren und es ist zu klären, welche Stufe(n) im Rahmen des mehrstufigen Marketings angesprochen werden soll(en).

• Es ist zu entscheiden, inwiefern die mehrstufige Marketingstrategie allein oder in Kooperation mit anderen vor- oder nachgelagerten Anbietern bzw. Verarbeitern realisiert werden soll. Diese Entscheidung ist insbesondere davon abhängig, ob es sich bereits um ein in den Markt eingeführtes oder um ein neues Produkt handelt. Im letzteren Fall ist der *Pull*-Effekt augenscheinlich nur autonom zu realisieren.

• Bei der Zusammenstellung des Marketing-Mix muss bedacht werden, dass die Identifizierbarkeit der Komponente im Folgeprodukt eine wesentliche Wirksam-keitsvoraussetzung für das mehrstufige Marketing darstellt. Im Rahmen des mehrstufigen Marketings kommt daher der Kommunikationspolitik eine zentrale Bedeutung zu. Dies gilt deshalb, da Zulieferern unter dem Stichwort des *Ingredient Branding*, also dem Markieren einer Zutat oder Komponente, wie z.B. „Intel Inside", ein Austritt aus der Anonymität sowie Mittel gegen Substituierbarkeit zur Verfügung gestellt wird.

Letztendlich muss bedacht werden, dass das mehrstufige Marketing immer nur eine Ergänzung zur einstufigen Marktbearbeitung darstellt.

17.6 Fallbeispiel Switcher und der *Respect Code*

1981 gründet Robin Cornelius noch als Student die Marke Switcher (aus *sweatshirt* und *switch*). Seine ersten Produkte waren einfarbige T-Shirts, Poloshirts und Sweatshirts ohne Schriftzüge, entgegen dem damaligen Trend zu großformatigen Aufdrucken. Schon früh entdeckte Switcher das Thema nachhaltige Entwicklung für sich und befasste sich mit den ökonomischen, ökologischen und sozialen Folgen des eigenen Handelns. Zentrale Handlungsfelder sah das Managementteam von Switcher zum einen in der Sicherstellung ökologischer und sozialer Standards entlang der gesamten textilen Wertschöpfungskette und zum zweiten in der Schaffung von Transparenz gegenüber der Kundschaft und damit auch einer Aufklärung der Kundinnen und Kunden.

Insbesondere das Thema Verantwortung für und Transparenz in die textile Kette zu bringen, wurde früh als zentral erkannt. Denn häufig durchläuft ein Textil bis zu zehn Wertschöpfungsstufen, bis es bei Switcher ankommt. Und dabei werden nicht alle Arbeiten an den Bekleidungsstücken (Herstellen der Garne, Färben, Weben, Nähen, Bedrucken usw.) von industriellen Zulieferern übernommen, sondern durchaus von einzelnen Familien sowie kleinen und mittelständischen Betrieben. Dies kann die Beschaffung standardisierter und geprüfter Informationen erschweren, wenn nicht gar unmöglich machen. Um hier mehr Transparenz zu schaffen, hat sich Switcher dem Projekt *„Respect Code"* angeschlossen. Hier erhält jedes Kleidungsstück einen Code, den die Konsumentin bzw. der Konsument im Internet auf der Seite www.respect-code.org eingeben kann und sich dort über jeden einzelnen Produktionsschritt informieren kann. Seit Gründung im Jahre 2006 hat *Respect Code* mehr als 24 Millionen *Codes* vergeben.

Wichtig ist den Switcher-Machern aber nicht das eigene nachhaltigkeitsorientierte Handeln, sondern auch, die Konsumentinnen und Konsumenten so transparent zu informieren, dass diese aufgrund der zur Verfügung gestellten Informationen Entscheidungen zugunsten nachhaltiger Produkte und Prozesse treffen können. So werden auf der Homepage von Switcher nicht nur alle Normen und Zertifizierungen (Öko-Tex Standard 100, UV Standard, *Respect Code*) aufgeführt, sondern auch ausführlich erklärt und beschrieben. Darüber hinaus werden alle Lieferanten anhand von Kriterien des nachhaltigen Wirtschaftens evaluiert, welche ebenfalls detailliert aufgeführt sind. So prüft Switcher zum Beispiel, dass die Arbeit freiwillig ausgewählt ist, keine Diskriminierung (ILO, Konv. 100 und 111) und keine Kinderausbeutung (ILO, Konv. 138) vorkommen, Vereinsfreiheit und kollektive Verhandlungsfreiheit respektiert werden (ILO, Konv. 87 und 98), genügend Lohn gezahlt wird, keine übertriebenen Arbeitszeiten gefordert werden, annehmbare Arbeitsbedingungen (Hygiene, Gesundheit, usw.) herrschen und überhaupt feste Arbeitsverhältnisse vorhanden sind. Darüber hinaus muss sich jedes Unternehmen, das mit Switcher zusammenarbeitet, verpflichten, zu akzeptieren, dass eine unabhängige Institution, in welche die Arbeiterinnen und Arbeiter Vertrauen haben, eine Kontrolle des Kodex durchführt.

17.7 Übungsfragen

1. Was versteht man unter Nachhaltigkeitsmarketing?
2. Was sind die wichtigsten Aufgaben des strategischen Nachhaltigkeitsmarketings?
3. Welche Instrumente des operativen Nachhaltigkeitsmarketings gibt es?
4. In welchen Fällen erscheint die besondere Berücksichtigung mehrerer nachgelagerter Absatzstufen erfolgsversprechend bzw. notwendig?

17.8 Weiterführende Literatur

Balderjahn, I. (2003): Nachhaltiges Marketing-Management, Stuttgart.

Belz, F.-M. und Bilharz, M. (2005): Nachhaltigkeits-Marketing in Theorie und Praxis, Wiesbaden.

Belz, F.-M. und Peattie, K. (2009): Sustainability Marketing: A Global Perspective, Chichester.

Kaas, K. P. (1990): Marketing als Bewältigung von Informations- und Unsicherheitsproblemen im Markt, in: Die Betriebswirtschaft, 50. Jg., S. 539–548.

Kreikebaum, H. (1988): Kehrtwende zur Zukunft, Neuhausen – Stuttgart 1988.

Meffert, H. und Kirchgeorg, M. (1998): Marktorientiertes Umweltmanagement, 2. Aufl., Stuttgart.

Sen, S. und Bhattacharya, C. B. (2004): Doing better at doing good: When, why and how consumers respond to corporate social initiatives, in: California Management Review, Vol. 47, No. 1 (Fall), S. 9–24.

18 Betriebliche Nachhaltigkeits-berichterstattung

von Christian Herzig und Mathias Pianowski

Kapitelausblick

Dieses Kapitel widmet sich der betrieblichen Nachhaltigkeitsberichter-stattung in Form von Printberichten und internetgestützter Kommuni-kation mit Anspruchsgruppen von Organisationen (*Stakeholdern*). Ins-besondere große, in jüngster Zeit zunehmend auch kleine und mittlere Unternehmen haben ihre Unternehmensberichterstattung fortlaufend erweitert, um unternehmensinterne und unternehmensexterne *Stake-holder* auch über die ökologische und soziale Unternehmensleistung zu informieren. Sukzessive wurde so die Berichterstattung einiger Unternehmen in den letzten Jahrzehnten hin zu einer Nachhaltigkeits-berichterstattung ausgebaut (s. Herzig und Schaltegger 2011).

Im ersten Abschnitt des Kapitels (18.1) werden die grundlegenden Begrifflichkeiten erläutert und einige Instrumente der betrieblichen Nachhaltigkeitsberichterstattung vorgestellt. Im Mittelpunkt des zweiten Abschnitts (18.2) stehen theoretisch-konzeptionelle Perspek-tiven, welche die Auseinandersetzung von Unternehmen mit der Nachhaltigkeitsberichterstattung zu erklären versuchen. Im Abschnitt 18.3 wird die historische Entwicklung der Nachhaltigkeitsberichter-stattung aufgezeigt und wesentliche Entwicklungsstufen der letzten Jahrzehnte werden erläutert. Der historische Rückblick endet mit den aktuellen Entwicklungen in der internetgestützten Nachhaltigkeits-berichterstattung (Abschnitt 18.4).

Obwohl für Nachhaltigkeitsberichte kein festgelegtes Schema existiert und die Inhalte auf die Interessen der *Stakeholder* abgestimmt sein sollten und zur Kommunikationsstrategie des Unternehmens passen sollten, können einige Berichtsprinzipien und Inhalte mittlerweile als Standard angesehen werden. Sie bilden oftmals die Basis für Rankings und Ratings. In den Abschnitten 18.5 und 18.6 werden daher zunächst Grundsätze einer ordnungsmäßigen Nachhaltigkeitsberichterstattung erläutert. Daran anschließend wird eine typische Struktur eines Nach-haltigkeitsberichts vorgestellt. Das Kapitel endet mit dem Fallbeispiel der Nachhaltigkeitsberichterstattung von Henkel KGaA, die als ein *Good Practice*-Beispiel verstanden wird (Abschnitt 18.7).

Lernziele

1. Die grundlegenden Begriffe und Instrumente der betrieblichen Nachhaltigkeitsberichterstattung kennen lernen.
2. Die Beweggründe für die Unternehmensberichterstattung über Nachhaltigkeit verstehen lernen.
3. Einen Überblick über die Entwicklungsgeschichte der Nachhaltigkeitsberichterstattung erhalten.
4. Die Grundsätze ordnungsmäßiger Nachhaltigkeitsberichterstattung kennen lernen.
5. Einen Einblick in die inhaltliche Ausgestaltung von Nachhaltigkeitsberichten gewinnen.
6. Ein aktuelles Good Practice-Beispiel der betrieblichen Nachhaltigkeitsberichterstattung kennen lernen.

Grundlagen der
betrieblichen
Nachhaltigkeits-
berichterstattung

18.1 Grundlagen der betrieblichen Nachhaltigkeitsberichterstattung

Die betriebliche Nachhaltigkeitsberichterstattung umfasst die Bereitstellung von Informationen über die nachhaltigkeitsbezogene Lage eines Unternehmens an interne und externe *Stakeholder*. Sie ist sowohl vergangenheits- als auch zukunftsorientiert und umfasst wirtschaftliche, ökologische und gesellschaftliche/soziale Aspekte sowie deren Wechselwirkungen (s. zur Definition des Umweltschutz-Reporting Lange et al. 2001). In den letzten Jahrzehnten hat die Zahl von Unternehmen, die über die ökonomischen, ökologischen und sozialen Aspekte ihrer unternehmerischen Tätigkeit berichten, stetig zugenommen (z. B. KPMG 2011 und Abschnitt 18.3). Für diese Form der Unternehmensberichterstattung finden sich oft Begriffe wie *Corporate Sustainability Reporting, Corporate (Social) Responsibility Reporting, Social and Environmental Reporting, Triple Bottom Line Reporting* oder *Extra-/Non-Financial Reporting* (s. BMU et al. 2007).

In der Unternehmenspraxis werden Informationen modular, zweckorientiert und adressatengerecht durch unterschiedliche Instrumente bereitgestellt. Zur Nachhaltigkeitsberichterstattung zählen somit auch Fachveröffentlichungen, Pressemitteilungen oder Mitarbeiterzeitungen. Je nach Kommunikationszweck und der erforderlichen Informationstiefe und -aktualität können diese zielführender sein als Nachhaltigkeitsberichte. Der Nachhaltigkeitsbericht ist ein in regelmäßigen Abständen (oft im Ein- bis Zweijahresturnus) publizierter Bericht, der im Idealfall integriert und in ausgewogener Weise über alle Wirkungsdimensionen unternehmerischen Handelns informiert. Integration als ein dem Nachhaltigkeitskonzept inhärentes Ziel erfordert eine Berichterstattung, die auch die Wechselwirkungen, also Synergien und Zielkonflikte zwischen den Teilbereichen Ökonomie, Umwelt und Soziales beschreibt sowie die entsprechenden Verbesserungsmaßnahmen darstellt. Diesem Anspruch folgend sollte ein Nachhaltigkeitsbericht mehr als die Summe ausgewählter Inhalte aus Geschäfts-, Umwelt- und Sozialberichten sein.

Eine andere Form der integrierten Berichterstattung über Nachhaltigkeit ist der um Nachhaltigkeitsaspekte erweiterte Geschäftsbericht, der *Stakeholdern* wie z. B. Finanzanalysten und Investoren nachhaltigkeitsbezogene Informationen zur Verfügung stellt. Dieser Entwicklungspfad hat zuletzt durch den *International Integrated Reporting Council* (IIRC) erhöhte Aufmerksamkeit erhalten (http://www.theiirc.org), der die Veröffentlichung eines einzigen, integrierten Berichts verfolgt. *Integrierte Berichterstattung*

Ein übergeordnetes Ziel der Nachhaltigkeitsberichterstattung ist es, den Dialog über Nachhaltigkeitsfragen zwischen Unternehmen und *Stakeholdern* zu unterstützen. Die betriebliche Umwelt- bzw. Nachhaltigkeitskommunikation kann als der dialogorientierte Prozess der Verständigung und des Austauschs von Informationen mit Bezug zur natürlichen und gesellschaftlichen Umwelt innerhalb eines Unternehmens sowie zwischen Unternehmen und seinen *Stakeholdern* verstanden werden (s. hierzu auch Godemann und Michelsen 2011). Aufgabe der betrieblichen Nachhaltigkeitskommunikation ist es, durch einen aktiven Dialog mit internen und externen *Stakeholdern* gesellschaftliche Herausforderungen besser verstehen, Verständigungs- sowie Vertrauenspotenziale aufbauen und Akzeptanz für das unternehmerische Handeln herstellen zu können, um langfristig den unternehmerischen Handlungsspielraum zu sichern bzw. zu erweitern (s. Godemann et al. 2007). Somit spielt die Nachhaltigkeitsberichterstattung bei der kommunikativen Weiterentwicklung des betrieblichen Umwelt- bzw. Nachhaltigkeitsmanagements eine besondere Rolle und trägt der gesellschaftlichen Einbettung von Unternehmen (s. z. B. Dyllick 1989; Schaltegger und Sturm 1990) sowie der tragenden Bedeutung von Partizipation für eine nachhaltige Entwicklung Rechnung. Die unternehmensspezifische Wahrnehmung der gesellschaftlichen Verantwortung sollte dabei lokale, nationale und globale Entwicklungsaspekte berücksichtigen. *Aktiver Dialog mit internen und externen Stakeholdern*

Besondere Aufmerksamkeit hat in den letzten Jahren die Verknüpfung der Nachhaltigkeitsberichterstattung mit internen Prozessen der Informationsgenerierung und -nutzung sowie des organisatorischen Wandels erfahren. Hierzu zählen zum Beispiel Fragen der Implementierung und Nutzung von Methoden des Umwelt- bzw. Nachhaltigkeitsrechnungswesens, die eine quantitative Beschreibung des aktuellen Stands sowie der Ziele des Nachhaltigkeitsmanagements ermöglichen können. Die mit diesen Managementansätzen gewonnenen Informationen finden sich oft in Nachhaltigkeitsberichten wieder, dennoch werden sie in diesem Beitrag nicht näher behandelt. Stattdessen wird auf die entsprechenden Buchkapitel (z. B. Nachhaltigkeitscontrolling oder Ökobilanzierung) verwiesen. Den Managementansätzen zur nachhaltigkeitsbezogenen *Performance*- und *Impact*-Messung ist gemein, dass insbesondere hinsichtlich der Integration der sozialen Dimension noch Forschungs- und Entwicklungsbedarf besteht. Dies wirkt zurück auf die *Verknüpfung der Nachhaltigkeitsberichterstattung mit internen Prozessen der Informationsgenerierung und -nutzung*

aktuelle Berichterstattung und kann die Integration sozialer Aspekte in die Nachhaltigkeitsberichterstattung sowie die Realisierung einer ganzheitlichen Nachhaltigkeitsberichterstattung beeinträchtigen. Ein weiteres Beispiel ist die Einflussnahme der Nachhaltigkeitsberichterstattung auf organisatorische Lernprozesse. Anstelle einer adaptiven Gestaltung von Nachhaltigkeitsberichten und vorwiegenden Reaktion auf externe Informationsbedürfnisse steht hierbei die Frage im Mittelpunkt, wie die Generierung von Berichtsinformationen im Unternehmen für organisatorische Lern- und Reflexionsprozesse genutzt (Gond und Herrbach 2006) und z. B. für die Formulierung und Weiterentwicklung von Nachhaltigkeitsstrategien mobilisiert werden kann (Gond et al. 2012).

18.2 Theoretisch-konzeptionelle Perspektiven der Nachhaltigkeitsberichterstattung

Erklärungsmuster für die Nutzung und Entwicklung der Nachhaltigkeitsberichterstattung

Es existieren mehrere Erklärungsmuster für die Nutzung und Entwicklung der Nachhaltigkeitsberichterstattung. Sie umfassen unter anderem Informationsökonomie, Legitimitätstheorie, den *Business Case* und demokratisch orientierte Ansätze, die die gesellschaftliche Verpflichtung zur Rechenschaftslegung (*„Social Accountability"*) in den Mittelpunkt stellen. Im Folgenden werden einige dieser, z. T. nicht überschneidungsfreien, Perspektiven vorgestellt.

Die Informationsökonomik kann, der Argumentation von Matten und Wagner (1999) folgend, einen nützlichen Beitrag zur Beschreibung, Erklärung und Gestaltung der Handlungs- und Entscheidungsparameter sowie zu Problemstellungen der Nachhaltigkeitsberichterstattung leisten. Nachhaltigkeitsinformationen über ein Unternehmen sind für *Stakeholder* oftmals nicht oder nur schwer zugänglich, deren Beschaffung kann mit hohen Kosten in Form von Zeit und Geld verbunden sein, was zu einer Informationsasymmetrie zwischen dem Unternehmen und sei-

Informationsasymmetrie zwischen dem Unternehmen und seinen *Stakeholdern*

nen *Stakeholdern* führt (Schaltegger 1997). Bei der Analyse von Informationsasymmetrien unter Marktteilnehmern (hier übertragen auf Unternehmen und *Stakeholder*; Staehle und Nork 1992) und deren Unsicherheit im Wissen über Umweltzustände legt die Informationsökonomik daher ein besonderes Augenmerk auf das Informationsverhalten der beteiligten Akteure sowie auf Instrumente zur Überwindung asymmetrischer Informationsverteilungen. Sie liefert ein besseres Verständnis des eigentlichen Informationsprozesses und versteht Transaktionen als informationsgewinnende, -verarbeitende und -austauschende Prozesse (s. Kiener 1990). Aus dieser Perspektive ermöglicht ein Nachhaltigkeitsbericht Individuen, weitergehende Kenntnise über die faktischen und potenziellen Gefährdungen bzw. positiven Unternehmensbeiträge zu einer nachhaltigen Entwicklung zu erwerben und somit Informationsasymmetrien abzubauen (Matten und Wagner 1999). Er ist eine Quelle für das *Screening* (Informationssuche bzw. -aufnahme) durch die weniger informierte Seite (hier: *Stakeholder*). Des Weiteren kann ein Unternehmen zur Überwindung der Informationsasymmetrie Signale senden, die einen Rückschluss auf die signalisierte Eigenschaft erlauben und dem Eindruck entgegenwirken, die Informationen entsprächen nicht der Wahrheit. Signale in der Nachhaltigkeitsberichterstattung können unterschiedlich stark sein und reichen von einer Testierung der Berichtsinhalte über Auszeichnungen für Nachhaltigkeitsberichte bis hin zu weniger formalen Selbstbindungen, wie z. B. der Signalisierung der Bereitschaft zum Dialog.

Eine andere Theorie zur Erklärung der Nachhaltigkeitsberichterstattung nimmt an, dass die Bereitstellung von Nachhaltigkeitsinformationen der Erzielung, Erhaltung oder Wiederherstellung unternehmerischer Legitimität dient (Deegan 2002; Beddewela und Herzig 2013). Die Legitimitätstheorie ist eine der am häufigsten genutzten Theorien in Arbeiten zur Nachhaltigkeitsberichterstattung. Die Rechenschaftslegung gegenüber *Stakeholdern* wird hier als die Sicherstellung unternehmensrelevanter Ressourcen und der sogenannten „*Licence to operate*" verstanden. Durch die Erhöhung der Transparenz der unternehmerischen Aktivitäten versucht das Unternehmen, Vertrauen darin aufzubauen, dass es im Einklang mit den gesellschaftlichen Erwartungen handelt („*Social Contract*"), um so seine Existenz zu sichern. Eine wesentliche Voraussetzung hierfür ist eine möglichst glaubwürdige Berichterstattung sowie eine hohe Konsistenz in der gesamten Nachhaltigkeitskommunikation. Ohne diese und ohne eine Übereinstimmung zwischen Handeln und Kommunikation können Unternehmen in eine Glaubwürdigkeitsfalle geraten (vgl. auch Abschnitt 18.5).

(Randnotiz: Unternehmerische Legitimität)

In jüngerer Zeit wurde die Nachhaltigkeitsberichterstattung auch aus Sicht des Risiko- und Reputationsmanagements betrachtet (z. B. Bebbington et al. 2008). Demnach dient die betriebliche Nachhaltigkeitsberichterstattung dem langfristigen Reputationsaufbau und kann dem Risiko von Imageschäden entgegenwirken. Angenommen wird, dass eine hohe Reputation in Folge der Wahrnehmung als ein Unternehmen, das sich erfolgreich mit ökologischen und gesellschaftlichen/sozialen Themen auseinandersetzt, die Beziehungen zu Lieferanten, Kunden, Kapitalgebern, Behörden und weiteren *Stakeholdern* verbessern kann. Auf diese Weise können sich Unternehmen einen Wettbewerbsvorteil gegenüber Konkurrenten verschaffen, die ein solches Engagement vernachlässigen. Rankings und Auszeichnungen von Nachhaltigkeitsberichten haben dabei eine unterstützende Wirkung.

(Randnotiz: Risiko- und Reputationsmanagment)

Neben Reputations- und Risikomanagement sowie verbessertem *Stakeholder*-Management werden in verschiedenen Studien (z. B. Spence und Gray 2007) Effizienz, Stärkung der Mitarbeitermotivation und Wettbewerbssituation, Benchmarking und verbessertes internes Controlling als weitere Nutzenkategorien und Treiber der Nachhaltigkeitsberichterstattung identifiziert. Diese Motive können als Teile eines übergeordneten *Business Case* verstanden werden, der oftmals die Diskussion über den Nutzen der Nachhaltigkeitsberichterstattung dominiert (s. z. B. Brown und Fraser 2006). Neben seiner Dominanz wird er dafür kritisiert, dass er in der Berücksichtigung von *Stakeholdern* („Konsultieren" von *Stakeholdern* anstelle einer echten Einbindung) sowie in der Sicherstellung

(Randnotiz: Stärkung der Wettbewerbssituation)

einer demokratischen Kontrolle von Unternehmen limitiert ist (Brown und Fraser 2006; Unerman et al. 2007). Kritiker der *Business Case*-Perspektive verlangen daher üblicherweise eine stärkere gesetzliche Regulierung der Nachhaltigkeitsberichterstattung in der Annahme, dass nur diese eine gesellschaftliche Rechenschaftslegung (*Social Accountability*) ermöglicht. Anderenfalls würden Unternehmen die Nachhaltigkeitsberichterstattung zum *„Green Washing"* oder *„Blue Washing"* missbrauchen (d. h. sich möglichst umweltfreundlich oder nachhaltig präsentieren, obwohl dies nicht der tatsächlichen Unternehmensleistung entspricht) oder sich nicht an der Nachhaltigkeitsberichterstattung beteiligen, wenn es nicht zu ihrem Wohlergehen beiträgt. Die vermehrten *Corporate Governance* Skandale und die Finanzkrise haben in den letzten Jahren den Ruf nach einer erweiterten Berichterstattungspflicht verstärkt (Herzig und Moon 2013) bzw. die Bedeutung der Nachhaltigkeitsberichterstattung für die Glaubwürdigkeit von und das Vertrauen in Unternehmen hervorgehoben (Herzig et al. 2012).

Es gibt noch weitere theoretisch-konzeptionelle Perspektiven der betrieblichen Nachhaltigkeitsberichterstattung, z. B. die *„Critical Theory"*: Selbst durch eine gesetzlich regulierte Nachhaltigkeitsberichterstattung sei keine objektive und vollständige Rechenschaftslegung von Unternehmen möglich, da sich Unternehmenseliten ohne substantielle Veränderungen im derzeitigen (Wirtschafts-)System und Machtgefüge stets Vorteile verschaffen würden (Brown und Fraser 2006). Auf diese und weitere Perspektiven (z. B. Institutionentheorie, Medien- oder Informationssystemtheorien) wird hier nicht weiter eingegangen. Gemein ist diesen theoretisch-konzeptionellen Perspektiven, dass sie eng miteinander verwoben werden können, um die je nach Unternehmen unterschiedlichen Beweggründe für die Erstellung von Nachhaltigkeitsberichten besser verstehen zu können. Im nächsten Abschnitt wird die Entwicklung der betrieblichen Nachhaltigkeitsberichterstattung seit den 1970er Jahren beschrieben.

Critical Theory

18.3 Entwicklung der betrieblichen Nachhaltigkeits-berichterstattung

Entwicklung der betrieblichen Nachhaltigkeitsbericht-erstattung

Geschäfts- bzw. Finanzberichter-stattung

Die Entwicklung der betrieblichen Nachhaltigkeitsberichterstattung kann als Reaktion auf die gesellschaftlich relevanten Themen der letzten Jahrzehnte beschrieben werden (s. hierzu ausführlich Herzig und Schaltegger 2011). Im Folgenden wird nicht im Detail auf die an rein wirtschaftlichen Grundsätzen ausgerichtete Geschäfts- bzw. Finanzberichterstattung eingegangen, bei der z. B. im obligatorischen Teil des Jahresabschlusses und des Lageberichts sowie durch zusätzliche freiwillige Angaben vielfältige Informationen primär über die Vermögens-, Finanz- und Ertragslage veröffentlicht werden. Durch die historisch gewachsene handelsrechtliche Pflicht der Rechenschaftslegung ist sie zwar die älteste und am weitesten entwickelte Form unternehmerischer Berichterstattungssysteme. Im Mittelpunkt der folgenden Ausführungen

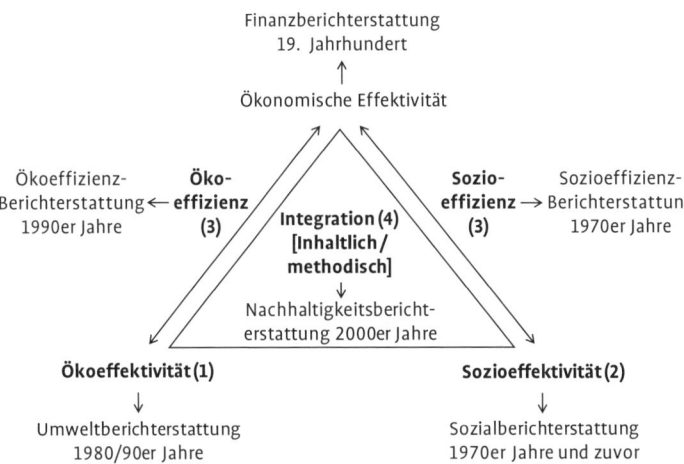

Abb. 18.1 Entwicklung der betrieblichen Nachhaltigkeitsberichterstattung im Kontext unternehmerischer Nachhaltigkeitsherausforderungen (Quelle: basierend auf Herzig und Schaltegger 2011).

steht jedoch vielmehr die Frage, wie sich die Berichterstattung (insbesondere in Europa) im Laufe der letzten Jahrzehnte aus der Perspektive der zentralen unternehmerischen Nachhaltigkeitsherausforderungen (s. BMU et al. 2007) weiterentwickelt hat. Hierzu zählen die Sozial- und Umweltberichterstattung, die Integration von Ökoeffizienz- und Sozioeffizienzbetrachtungen in die Berichterstattung sowie verschiedene integrative Formen der Nachhaltigkeitsberichterstattung wie z. B. Nachhaltigkeitsberichte und um ökologische und soziale Aspekte erweiterte Geschäftsberichte (vgl. Abb. 18.1).

18.3.1 Sozialberichterstattung

Generell dient die Sozialberichterstattung der Unterrichtung von *Stakeholdern*, wie sozial effektiv das Unternehmen wirtschaftet (Sozioeffektivität, vgl. Abb. 18.1), d. h. inwieweit negative gesellschaftliche/soziale Wirkungen reduziert bzw. vermieden und positive Wirkungen gefördert werden (BMU et al. 2007). Die Diskussion um die Erfassung sozialer Aspekte in der betrieblichen Rechnungslegung reicht weit in die 1970er Jahre zurück. Die STEAG AG legte für das Geschäftsjahr 1971/72 neben der Handelsbilanz und dem Geschäftsbericht eine sogenannte Sozialbilanz vor und begegnete auf diese Weise als erstes deutsches Unternehmen den Konflikten jener Zeit. Ungefähr dreißig größere deutsche Unternehmen folgten diesem Beispiel bis Anfang der 1980er Jahre. Der 1976 gegründete Arbeitskreis „Sozialbilanz-Praxis" formulierte 1977 eine Rahmenempfehlung über die inhaltliche und formale Ausgestaltung von Sozialbilanzen, die aus den drei Elementen Sozialbericht, Wertschöpfungsrechnung und Sozialrechnung bestehen sollte (s. auch zu Folgendem Wysocki 1981). Die Sozialbilanz stellt ein Konzept zur

Sozialberichterstattung

systematischen und regelmäßigen Erfassung und Dokumentation der gesellschaftlichen Auswirkungen von Unternehmensaktivitäten dar. Der Sozialbericht ist dabei die mit statistischem Material angereicherte verbale Darstellung der Ziele, Maßnahmen, Leistungen und – soweit darstellbar – der durch die Leistungen erzielten Wirkungen gesellschaftsbezogener Unternehmensaktivitäten. Mit dem Instrument der Wertschöpfungsrechnung wird versucht, den durch das Unternehmen in einer bestimmten Periode geschaffenen, monetär bewerteten Nutzen für die Gesellschaft zu bestimmen. Die Sozialrechnung gibt die zahlenmäßige Darstellung aller quantifizierbaren, gesellschaftsbezogenen Aufwendungen eines Unternehmens im Berichtszeitraum sowie der betriebsindividuellen, direkt erfassbaren gesellschaftsbezogenen Erträge wider.

Die hier skizzierte Sozialberichterstattung wird oftmals als Ursprung des *Extra-/ Non-Financial Reportings* angesehen, obwohl Unternehmen bereits seit mehreren Jahrzehnten einzelne Mitarbeiter- und Gemeinwesenaspekte in Unternehmensberichten veröffentlichten (Guthrie und Parker 1989). Interessant ist außerdem, dass die oben vorgestellte Form der Sozialberichterstattung in den 1980er Jahren wieder weitestgehend verschwand. Ihr Scheitern wird auf mehrere Gründen zurückgeführt (s. Hemmer 1996). So fehlten zum Beispiel einheitliche Standards, was u. a. dazu führte, dass die freiwillige Sozialberichterstattung von einigen Unternehmen als PR-Instrument genutzt wurde, um nur über Erfolge, nicht jedoch über Misserfolge zu berichten. Sozialbilanzen wurden außerdem von der allgemeinen Öffentlichkeit und den Mitarbeitern kaum zur Kenntnis genommen. Lediglich Vertreter aus Wirtschaft, Verbandspolitik und Wissenschaft zeigten Interesse, was auch zu Enttäuschungen in den Unternehmen führte. Es entwickelte sich eine Gegenbewegung zur Sozialbilanzierung, die sich beispielsweise in einem Aufruf des Deutschen Gewerkschaftsbundes zur Nichtbeteiligung der Gewerkschaften und der Betriebsräte an der betrieblichen Sozialbilanzierung manifestierte (s. Deutscher Gewerkschaftsbund 1979 in Wysocki 1981). Die gewerkschaftliche Kritik an der Sozialbilanzierung erreichte in der Erstellung einer sogenannten Antibilanz (s. IG CPK 1976) durch die damalige Industriegewerkschaft Chemie-Papier-Keramik ihren Höhepunkt. Außerdem änderten sich in den 1980er Jahren die Werthaltungen in der Bevölkerung, und die Rolle und Verdienste von Unternehmen für die Gesellschaft wurden – vor dem Hintergrund des Konjunkturrückgangs – weitgehend unkritisch akzeptiert. Obwohl die Versuche zur gesellschaftsbezogenen Rechnungslegung scheiterten, liegt ihr Verdienst insbesondere darin, dass im Rahmen der Arbeiten zur Wertschöpfungsrechnung und der Sozialbilanz erstmalig Verknüpfungen von Unternehmens- und Gesellschaftsebene diskutiert wurden. Interessanterweise hat ein Teil der Sozialberichterstattung der 1970er Jahre, die Wertschöpfungsrechnung, in den Geschäftsberichten einiger deutscher Unternehmen überlebt und ist zum Bestandteil des *Global Reporting Initiative*-Leitfadens geworden (siehe unten) und infolgedessen in zahlreichen Nachhaltigkeitsberichten wiederzufinden.

18.3.2 Umweltberichterstattung

Die Ursprünge der Umweltberichterstattung gehen auf die Zunahme der Umweltkatastrophen und Umweltverschmutzung Ende der 1980er und Anfang der 1990er Jahre zurück. Betriebliche Unfälle (z. B. Hoechst AG (Deutschland), Icmesa Ltd. (Italien), Sandoz (Schweiz)) führten in der Öffentlichkeit zu einer erhöhten Aufmerksamkeit für Umweltprobleme. Insbesondere Unternehmen aus umweltrelevanten Sektoren wurden als Hauptverursacher der Umweltprobleme wahrgenommen und begannen daher, im Rahmen von Umweltberichten darzulegen, wie und in welchem Umfang sie die vom Unternehmen und seinen Produkten und Dienstleistungen ausgehenden Umweltauswirkungen managen und reduzieren (ökologische Effektivität, vgl. Abb. 18.1).

Umweltberichterstattung kann definiert werden als die fallweise und/oder regelmäßige Bereitstellung von Informationen über die (vergangenheits- und zukunftsorientierte) umweltbezogene Lage eines Unternehmens an interne und externe *Stakeholder* (s. Lange et al. 2001). Die Informationsbereitstellung über die ökologische Lage erfolgt – neben umweltbezogenen Informationsbereitstellungen aufgrund zwingender umweltrechtlicher Vorschriften – vor allem mit den beiden Instrumenten „freiwilliger Umweltbericht" und „Umwelterklärung".

1990 gab es weltweit weniger als zehn selbständige, umfassende Umweltberichte. Während zu Beginn umweltbezogene Berichte noch vielfach den Charakter von einmalig oder unregelmäßig veröffentlichten Werbebroschüren hatten (*„Green Glossies"* bzw. *„One-Offs"*), hat ihre Verbreitung und Qualität seitdem erheblich zugenommen. Umweltberichte wurden Ende der 1990er Jahre von rund 250 Unternehmen in Deutschland veröffentlicht (vgl. Clausen et al. 1998) und machten noch bis etwa Mitte des letzten Jahrzehnts den weltweit größten Teil der damals etwa 1 500 *Extra-/Non-Financial Reports* aus (ACCA und CorporateRegister 2004).

In Deutschland und einigen weiteren europäischen Ländern (insbesondere Italien und Spanien) spielen sogenannte Umwelterklärungen eine besondere Rolle für die Umweltberichterstattung. Umwelterklärungen sind spezifische Umweltberichte, die von allen Organisationen verfasst werden müssen, die nach der *Eco-Management and Audit Scheme* (EMAS)-Verordnung registriert sind (vgl. Kapitel 4). So werden die Öffentlichkeit und weitere interessierte Kreise regelmäßig über die umweltrelevanten Aktivitäten und Auswirkungen informiert. Die Teilnahme an EMAS ist freiwillig, und wenngleich die Anzahl von Umwelterklärungen insgesamt niedrig erscheint, so verzeichnet sie doch einen stetigen Anstieg und motiviert vor allem kleine und mittlere Unternehmen zur umweltbezogenen Berichterstattung. Insgesamt sind derzeit über 4 500 Organisationen nach der EMAS-Verordnung registriert und veröffentlichen Umwelterklärungen (die überwiegende Mehrheit davon sind Unternehmen; vgl. European Commission 2011).

18.3.3 Ökoeffizienz- und Sozioeffizienz-Berichterstattung

Ökoeffizienz-Ansatz

Parallel zur zunehmenden Operationalisierung und Verbreitung des Ökoeffizienz-Ansatzes (Schaltegger und Sturm 1990, Schmidheiny 1992) wurden seit Mitte der 1990er Jahre auch in der Unternehmensberichterstattung die Zusammenhänge zwischen ökonomischem Output und ökologischem Input verstärkt thematisiert. Unternehmen informieren darüber, welchen Beitrag das Umweltmanagement zur Steigerung des Unternehmenswerts leistet bzw. inwieweit es die Rentabilität erhöht oder möglichst kostengünstig sein kann (s. BMU et al. 2007). Entsprechend der Empfehlung des *World Business Council for Sustainable Development* (s. WBCSD 1999) wurde die ökonomisch-ökologische Effizienzbewertung von Unternehmen, Produkten und Dienstleistungen aber nicht in separaten Ökoeffizienzberichten dargestellt, sondern in die Umwelt- bzw. Geschäftsberichte integriert.

Ökonomisch-soziale Effizienz

Aus der Perspektive der ökonomischen Nachhaltigkeitsherausforderung wird aber die ökonomische Effizienz als das Entscheidungskriterium für ein optimales Kosten-Nutzen-Verhältnis nicht nur um die ökonomisch-ökologische Effizienz (Ökoeffizienz), sondern auch um die ökonomisch-soziale Effizienz (Sozioeffizienz) erweitert (vgl. Abbildung 18.1 und s. BMU et al. 2007). Die zuvor beschriebene Sozialbilanzierung der 1970er Jahre war ein erster Schritt in diese Richtung (s. Wysocki 1981). Die gleichzeitige Betrachtung ökonomisch-sozialer Zusammenhänge steht jedoch im Unterschied zu der seit mehreren Jahren immer stärker verbreiteten Ökoeffizienz-Berichterstattung noch am Anfang.

18.3.4 Nachhaltigkeitsberichterstattung

Inhaltliche Integrationsherausforderung

Über die im vorherigen Abschnitt beschriebene Teilintegration (Öko- bzw. Sozioeffizienz) hinausgehend stehen Unternehmen im Rahmen ihrer Nachhaltigkeitsberichterstattung vor der Aufgabe, allen zuvor beschriebenen Herausforderungen simultan zu begegnen (inhaltliche Integrationsherausforderung, vgl. Abb. 18.1). Mit einer solchen integrierten Darstellung ist der Anspruch verbunden, *Stakeholder* in geeigneter Weise darüber zu unterrichten, auf welche Weise Unternehmen die verschiedenen Nachhaltigkeitsherausforderungen miteinander verbinden und aufgreifen. Dabei kommt insbesondere den Zielkonflikten und Synergien zwischen den verschiedenen Aspekten unternehmerischer Nachhaltigkeit sowie den Interessensabwägungen, Entscheidungsprozessen und Prioritätensetzungen eine besondere Bedeutung zu (s. Herzig und Schaltegger 2011). Obwohl in dieser integrierten Darstellung ein besonderer Mehrwert der Nachhaltigkeitsberichterstattung liegt, wird sie in der Unternehmenspraxis bislang nur unzureichend umgesetzt (s. von Ahsen et al. 2006, *SustainAbility* und UNEP 2002). Um Zielkonflikte, Problemsituationen und Synergien in der Berichterstattung glaubwürdiger und offener anzusprechen, bedarf es im Nachhaltigkeitsmanagement der Bereitschaft, sich offensiv mit den Berührungspunkten der verschiedenen Nachhaltigkeitsaspekte auseinanderzusetzen (s. Schaltegger und Herzig 2007).

Eine zentrale Frage der Integrationsherausforderung betrifft auch die Art und Weise, wie die Nachhaltigkeitsaspekte in den verschiedenen Kommunikationskanälen und -medien miteinander verknüpft werden (methodische Integrationsherausforderung, vgl. Abb. 18.1). Betrachtet man nur die printbezogene Nachhaltigkeitsberichterstattung können drei Integrationsformen unterschieden werden (s. Herzig und Schaltegger 2011): | Methodische Integrationsherausforderung

1. Einzelne Unternehmen entscheiden sich bewusst für die Veröffentlichung separater Berichtstypen, die sich an spezifische *Stakeholder* richten und vorwiegend über einzelne Dimensionen einer nachhaltigen Entwicklung informieren (z. B. Umweltbericht, Sozialbericht, Personalbericht, Finanzbericht etc.). Eine Verknüpfung kann hier durch die Thematisierung von Zusammenhängen im Bericht und durch Querverweise zwischen den Berichtstypen erfolgen. Zwar ermöglicht diese Form eine stärker themen- und zielgruppenspezifische Berichterstattung, sie bleibt in ihren Integrationsmöglichkeiten jedoch beschränkt. | Separate Berichtstypen

2. Aufgrund der zunehmenden finanziellen Bedeutung von ökologischen und sozialen Aspekten und aufgrund des Bilanzrechtsreformgesetzes (Bundestag 2004) werden vermehrt Umwelt- und Sozialaspekte in die Geschäftsberichterstattung integriert. In Deutschland müssen umweltbezogene Informationen, die für die Beurteilung und Erläuterung der „voraussichtlichen Entwicklung mit ihren wesentlichen Chancen und Risiken" (§ 289 Abs. 1 Satz 4 und § 315 Abs. 1 Satz 5 HGB) relevant sind, im Lagebericht offengelegt werden, sofern diese nach HGB erstellt werden. Allerdings sollten – entsprechend der Informationsfunktion der handelsrechtlichen Rechnungslegung – ausschließlich die Interdependenzen zwischen Umweltschutz, Mitarbeitern und der wirtschaftlichen Lage eines Unternehmens dargestellt werden. | Erweiterter Geschäftsbericht

3. Als weitere Form integrativer Berichterstattung findet der Nachhaltigkeitsbericht immer größere Verbreitung, der ggf. zusätzlich zum Geschäftsbericht herausgegeben wird. Einer der ersten Nachhaltigkeitsberichte, der bereits im Namen auf die Dreidimensionalität der Berichterstattung hinweist, war der so genannte „Triple P-Report" (People, Planet and Profits) von Shell (s. Shell 1999). | Nachhaltigkeitsbericht

Insgesamt ist nach Angaben von CorporateRegister (2011) die Anzahl der verschiedenen Formen von *Extra-/Non-Financial Reports* weltweit mittlerweile auf über 5 300 gestiegen. Dabei haben Nachhaltigkeitsberichte Umweltberichte als häufigste vorzufindende Form abgelöst.

Vergleicht man die aktuelle Nachhaltigkeitsberichterstattung mit den Anfängen der nicht-finanziellen Berichterstattung der 1970er Jahre, zeigt sich, dass die aktuelle Berichterstattung einem weitergehenden Verständnis sozialer Nachhaltigkeitsherausforderung Rechnung trägt.

Hierunter fallen stärker auch globale und moralisch-ethische Fragestellungen wie z. B. Kinderarbeit in der Zulieferkette, Menschenrechte, Genderaspekte oder Handelsbeziehungen.

Gleichfalls versucht man heutzutage, Fehler der historischen Sozialberichterstattung zu vermeiden und die Glaubwürdigkeit der Berichterstattung durch das Aufstellen und Anwenden allgemein akzeptierter Standards sowie weiterer Maßnahmen (z. B. gesetzliche Regulierungen, Zertifizierungen) zu erhöhen. Standards wie z. B. der *AccountAbility*-Standard (AA) 1000 (s. *AccountAbility* 2008) formulieren Anforderungen an die gesellschaftliche Verantwortung von Unternehmen und machen diese überprüf- und vergleichbar (s. Kap. 4).

Impulse für die Nachhaltigkeitsberichterstattung in Deutschland

Neue Impulse für die Nachhaltigkeitsberichterstattung in Deutschland werden auch von der Initiative zum Deutschen Nachhaltigkeitskodex erwartet (Rat für Nachhaltige Entwicklung 2011). Zur Nachhaltigkeitsberichterstattung im Rahmen der Geschäftsberichterstattung vergleiche Lange und Pianowski (2008) und die dort angegebene Literatur (etwa IDW 1998).

18.4 Internetgestützte Nachhaltigkeitsberichterstattung

Vorteile des Internets

Um den Beschränkungen von Printberichten zu begegnen, können Unternehmen auf die medienspezifischen Vorteile des Internets zurückgreifen (Herzig und Godemann 2010, Godemann und Herzig 2011). Eine internetgestützte Berichterstattung über ökonomische, ökologische und soziale Aspekte unternehmerischen Handelns ermöglicht eine erweiterte Informationsbereitstellung und kann die Zugänglichkeit und Verständlichkeit von Informationen erhöhen. Darüber hinaus ermöglicht sie einen interaktiven Informationsaustausch und unterstützt den Dialog zwischen Unternehmen und ihren *Stakeholdern* sowie zwischen den *Stakeholdern*. Im Rahmen dieser Dialogprozesse können Unternehmen wiederum mehr über die Informationsbedürfnisse ihrer *Stakeholder* erfahren und so die zielgruppengerechte Bereitstellung und Zugänglichkeit von Informationen verbessern. Weiterhin dienen diese Kommunikationsprozesse der Verständigung und Klärung von Sachverhalten. Die Zusammenhänge dieser Berichterstattungsaspekte und medienspezifischen Vorteile des Internets gegenüber einer printbasierten Berichterstattung sind in Abbildung 18.2 dargestellt und werden im Folgenden kurz erläutert.

Informationsbereitstellung

Insbesondere im Kontext der Nachhaltigkeitsberichterstattung stehen Unternehmen vor der Herausforderung, vielfältige Informationsbedürfnisse von zahlreichen *Stakeholdern* des Unternehmens zu befriedigen. In einem Nachhaltigkeitsbericht mit begrenztem Seitenumfang ist dies nur eingeschränkt möglich. Auch Informationen aus vergangenen Berichtsperioden können aufgrund des limitierten Umfangs von Printberichten nur teilweise abgebildet werden (z. B. in Form von Zeitreihen im Datenteil). Dadurch wird unter anderem die Vergleichbarkeit der

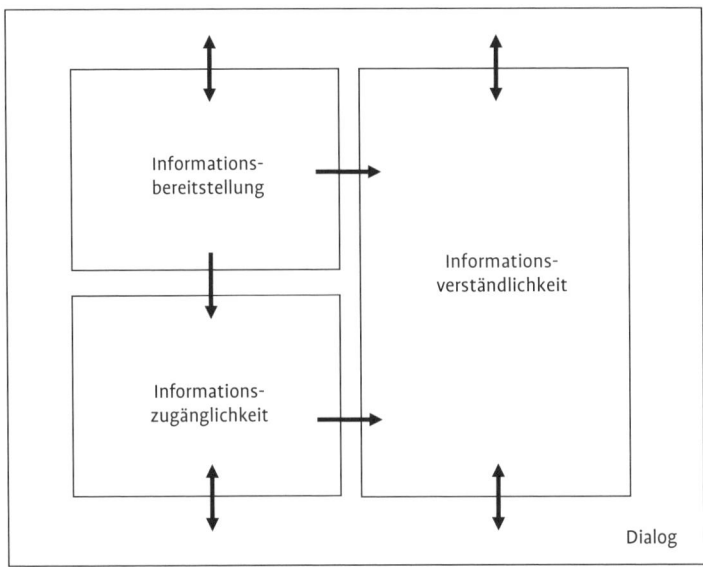

Abb. 18.2 Framework zur Darstellung der medienspezifischen Vorteile des Internets in der Nachhaltigkeitsberichterstattung (Quelle: basierend auf Herzig und Godemann 2010).

Nachhaltigkeitsleistung von Unternehmen erschwert. Weiterhin sind Nachhaltigkeitsberichte als eine Momentaufnahme der Organisation (,*Snapshot*') in ihrer Aktualität naturgemäß beschränkt, denn sie dienen dazu, gegenüber den *Stakeholdern* zu einem bestimmten Zeitpunkt Rechenschaft über Ziele, Aktivitäten und Leistung im Hinblick auf eine nachhaltige Entwicklung abzulegen.

Das Internet bietet hingegen nahezu unbegrenzte Möglichkeiten, Daten in digitalisierter Form anzubieten. Es macht Informationen zugänglich, die im Printbericht keinen Platz finden. Durch die erweiterte Informationsbereitstellung – sei es in Form von weiterführenden, ergänzenden oder aktuellen Informationen – können Unternehmen ein vollständigeres und ganzheitlicheres Bild ihrer Nachhaltigkeitsleistung kommunizieren. Das Internet erlaubt außerdem eine Kommunikation über zeitliche sowie räumliche Grenzen hinweg. So ermöglicht es Millionen von Internetnutzern weltweit, zur gleichen Zeit auf dieselben Informationen zuzugreifen, sieht man von Aspekten wie z. B. dem Phänomen der digitalen Kluft (z. B. UNCTAD 2005), d. h. der ungleichen Verteilung von Chancen zur Internetnutzung ab.

Je mehr Informationen im Internet zur Verfügung gestellt werden, desto mehr gewinnen Ansätze an Bedeutung, die den mit der Informationssuche verbundenen Aufwand gering halten, d. h. die Informationen leicht zugänglich machen. In Nachhaltigkeitsberichten entstehen Schwierigkeiten bei der Informationssuche vor allem durch die Vielfältigkeit der nachhaltigkeitsbezogenen Sachverhalte und eine additive Behandlung ökologischer, ökonomischer und sozialer Aspekte, die zu sehr komplexen, umfangreichen und unübersichtlichen Printberichten

Informationszugänglichkeit

führen können (*„Carpet Bombing Syndrom"*, *SustainAbility* und UNEP 2002). Das Problem einer nicht überschaubaren Informationsfülle bleibt jedoch bestehen, wenn Informationen des Printberichts lediglich 1:1 in das Internet „verlagert" werden. Diese Informationsfülle kann sogar verstärkt werden, wenn zusätzliche Informationen, die über den Printbericht hinausgehen, im Internet bereitgestellt werden. Analog zur Printberichterstattung (z. B. Inhaltsverzeichnisse oder Stichwortverzeichnisse) existieren auch in der internetgestützten Nachhaltigkeitsberichterstattung Ansätze, die das Auffinden von Informationen erleichtern. Der Vorteil dieser Ansätze liegt in der Hypertextualität des World Wide Webs. Direkte und konkrete Verweise (in Form von Hyperlinks) auf die entsprechenden Stellen im Nachhaltigkeitsbereich der Unternehmenshomepage, Suchfunktionen, Sitemaps sowie Navigationsalternativen (z. B. in Form von verlinkten Indizes) erhöhen die Zugänglichkeit der Informationen.

Informationsverständlichkeit Abgesehen von ihrer Zugänglichkeit müssen bereitgestellte Informationen verständlich sein. Im Fall der Nachhaltigkeitsberichterstattung stellt dies eine besondere Herausforderung für Unternehmen dar, denn die Kommunikation über Nachhaltigkeitsthemen ist komplex und schwierig (Godemann und Michelsen 2011). Um Printberichte nutzerfreundlich und übersichtlich zu gestalten, werden in Leitfäden zur Nachhaltigkeitsberichterstattung z. B. Vorschläge zur Berichtsgliederung sowie Hinweise zu grafischen Darstellungen gegeben oder Erläuterungen von Begrifflichkeiten z. B. in Form von Glossaren empfohlen. Oftmals wird zur zielgruppengerechten Berichterstattung die Ausrichtung an einer beschränkten Anzahl von *Stakeholdern* empfohlen, unterstützt durch thematische Schwerpunktsetzungen und dem Verfolgen unterschiedlicher Strategien bei der Berichtsform (z. B. separate Umwelt-, Sozial-, *Corporate Citizenship*-Berichte etc. oder integrierte Formen wie Nachhaltigkeitsberichte oder erweiterte Geschäftsberichte; siehe Abschnitt 18.3).

Auch für die internetbasierte Nachhaltigkeitsberichterstattung bestehen entsprechende Anforderungen an die Text- und Internetseitengestaltung (z. B. in Form von Absätzen, Überschriften oder Hervorhebungen). Darüber hinaus kann die Verständlichkeit der Informationen durch nicht-lineare Verknüpfungen von Informationen in Form von Hyperlinks erhöht werden. Sie erlauben den Nutzern ein individuelles, assoziatives bzw. intuitives Informationsverhalten (z. B. Burkhart 2002) und ermöglichen es, Zusammenhänge verständlicher darzustellen. **Zusammenhänge verständlicher darstellen** Durch entsprechende Verlinkungen gewinnen Ansätze, die in Printberichten zum Einsatz kommen (wie z. B. Glossare), an Nützlichkeit. Internetspezifische Ansätze sind zum einen die mediale Informationsaufbereitung, die sowohl die Aufmerksamkeit erhöhen als auch komplexe Gegenstände verständlich vermitteln hilft (z. B. in Form von Audio-, Video- oder interaktiven Tools). Zum anderen stellt die Individualisierung des Informationsangebots eine besondere Form der Einbeziehung von *Stakeholdern* dar, bei der diese den Bericht bzw. Teile davon quasi selbst gestalten, d. h. die für sie relevanten Inhalte aus einer Fülle an

Informationen selektieren und den Umfang sowie Detaillierungsgrad bestimmen können. Die benutzerspezifische Gestaltung und interaktive Auswahl und Kommunikation von Informationen (z. B. in Form von individuell zusammenstellbaren und auswertbaren Datenreihen sowie passwortgeschützten Bereichen) wird auch als *Customised Reporting* bezeichnet (Isenmann und Marx-Gomez 2008; von Ahsen et al. 2005).

Einer der wesentlichsten Unterschiede zwischen einer rein printbasierten und einer internetgestützten Nachhaltigkeitsberichterstattung besteht in den Kommunikationsmöglichkeiten zwischen den Unternehmen und den *Stakeholdern*. Der Dialog mit *Stakeholdern* spielt zwar auch für die printbasierte Berichterstattung eine große Rolle, um ihre Informationsbedürfnisse, Einstellungen und Erwartungen ermitteln und bei der Gestaltung des Berichts berücksichtigen zu können. Die Einbeziehung von *Stakeholdern* dient jedoch vor allem der Berichterstellung und findet zumeist zeitlich vorgelagert statt. Ergebnisse von *Stakeholder*-Dialogen sowie Kommentare einzelner *Stakeholder* können anschließend in Nachhaltigkeitsberichten abgebildet werden, um den Dialog mit den *Stakeholdern* zu dokumentieren. Darüber hinaus beschränken sich die Möglichkeiten, mit Hilfe des Nachhaltigkeitsberichts einen *Stakeholder*-Dialog zu initiieren, weitestgehend auf die Nennung von Kontaktmöglichkeiten oder die Bitte, ein Feedback zum Nachhaltigkeitsbericht oder zur Nachhaltigkeits-*Performance* des Unternehmens abzugeben (z. B. in Form von beigefügten Postkarten). Dialog

Das Kommunikationsspektrum der internetgestützten Nachhaltigkeitsberichterstattung geht weit darüber hinaus. Eine dialogorientierte *„Online Relation"* (Wehmeier 2002) kann z. B. eine Reihe wechselseitiger, asynchroner Dialogformen umfassen, bei denen entweder die Abgabe eines Feedbacks (z. B. *Mail to*-Funktionen, Gästebücher, Onlineumfragen) oder längerfristige und kontinuierliche Dialoge (z. B. Diskussionsforen, *Bulletin Boards*) im Vordergrund stehen. Auch wechselseitige, synchrone Dialogmöglichkeiten mit dem höchsten Grad an Spontaneität sind bei der Nachhaltigkeitsberichterstattung im Internet möglich (z. B. Chats, Audio- und Videokonferenzen). Dabei bietet das Internet nicht nur Möglichkeiten zum Dialog zwischen dem Unternehmen und seinen *Stakeholdern*, sondern auch zwischen den *Stakeholdern* untereinander.

Diese vielfältigen Dialogmöglichkeiten stellen einen Grund dar, warum das Internet bezüglich der Informationsbereitstellung, -zugänglichkeit und -verständlichkeit über besondere Stärken verfügt. Die Onlinedialoge können zum einen hilfreiche Kenntnisse über die Einstellungen und Informationsbedürfnisse der *Stakeholder* liefern und zu einer zielgruppengerechten Informationsbereitstellung beitragen (wobei das Internet andere *Stakeholder*-Dialoge wie z. B. *Roundtables* nicht ersetzt, sondern vielmehr ergänzt). Zum anderen kann durch den Dialog ein Verständigungsprozess über Nachhaltigkeitsfragen unterstützt werden.

Insgesamt unterscheidet sich die internetgestützte Nachhaltigkeitsberichterstattung von der printbasierten Berichterstattung dahingehend, dass die *Stakeholder* stärker in den Berichterstattungsprozess eingebunden werden und eine aktivere Rolle bei der Verständigung über unternehmensrelevante Nachhaltigkeitsaspekte einnehmen.

Für die Verständigung über unternehmensrelevante Nachhaltigkeitsaspekte haben auch sogenannte Grundsätze ordnungsmäßiger Nachhaltigkeitsberichterstattung (GoN) eine hohe Bedeutung. Sie werden im Folgenden erläutert.

18.5 Grundsätze ordnungsmäßiger Nachhaltigkeitsberichterstattung

Glaubwürdigkeit
vermitteln

Um langfristig Erfolg zu haben, müssen insbesondere freiwillige Formen der Berichterstattung ihren Adressaten Glaubwürdigkeit vermitteln. Überprüfbare Nachhaltigkeitsziele, Maßnahmen und Kennzahlen, die offene Berichterstattung über Misserfolge und deren Ursachen und Konsequenzen sowie Stellungnahmen von *Stakeholdern* können die Glaubwürdigkeit erhöhen. Aktuelle Probleme und offene Fragen sollten in einem Nachhaltigkeitsbericht ebenso angesprochen werden wie noch nicht erreichte Ziele. Kombiniert werden kann dies mit Begründungen und Beschreibungen weiterer Anstrengungen. Stellungnahmen von Betriebsräten, Betroffenen oder Kritikern können den Willen des Unternehmens unterstreichen, sich Herausforderungen ehrlich und im offenen Dialog zu stellen. Der Inhalt von Nachhaltigkeitsberichten kann zudem extern, etwa durch die *Global Reporting Initiative* (GRI, www. globalreporting.org), durch Wirtschaftsprüferinnen und Wirtschaftsprüfer, durch Wissenschaftlerinnen und Wissenschaftler oder durch NGOs unabhängig geprüft bzw. bewertet werden.

Eine Möglichkeit zur Erhöhung der Glaubwürdigkeit ist die Berücksichtigung von Grundsätzen ordnungsmäßiger Nachhaltigkeitsberichterstattung. Sie bauen auf Systemen von Grundsätzen ordnungsmäßiger Umweltberichterstattung (GoU) auf (s. für eine Übersicht Lange und Daldrup 2002).

Leitlinien für die Nachhaltigkeitsberichterstattung

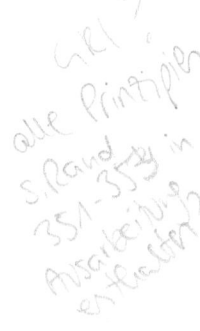

Im Folgenden werden die Prinzipien der GRI für die Bestimmung des Berichtsinhalte und der Berichterstattung zur Qualitätssicherung vorgestellt (vgl. Abb. 18.3), welche als GoN angesehen werden können. Die Prinzipien sind dem Leitfaden der GRI zur Nachhaltigkeitsberichterstattung in der Version 3.1 entnommen, welcher mittlerweile als ein weltweit anerkannter Standard angesehen wird (für ein Update des im Mai 2013 publizierten G4 Leitfadens siehe www.globalreporting.org). Die GRI ist eine 1997 von der *Coalition for Environmentally Responsible Economies* (CERES) in Zusammenarbeit mit dem Umweltprogramm der Vereinten Nationen (UNEP) gegründete Organisation. Ihr Ziel ist es, einen weltweit anwendbaren und akzeptierten Leitfaden für die Erstellung und Prüfung von Nachhaltigkeitsberichten zu entwickeln und zu verbreiten, um den globalen Prozess der nachhaltigen Entwicklung zu

Prinzipien für die Bestimmung des Berichtsinhalts	Prinzipien zur Qualitätssicherung
• Wesentlichkeit • Einbeziehung von Stakeholdern • Nachhaltigkeitskontext • Vollständigkeit	• Ausgewogenheit • Klarheit • Genauigkeit • Aktualität • Vergleichbarkeit • Zuverlässigkeit

Abb. 18.3 Prinzipien der Nachhaltigkeitsberichterstattung der *Global Reporting Initiative* (Quelle: GRI 2011; eigene Darstellung).

unterstützen. In den Entwicklungsprozess des Leitfadens wurden und werden unter anderem Wissenschaft, unternehmerische Praxis, Behörden und (Nichtregierungs-)Organisationen eingebunden.

Zu den Prinzipien für die Bestimmung des Berichtsinhalts zählen (s. GRI 2011):

Prinzipien für die Bestimmung des Berichtsinhalts

Die Angaben sollen Themen behandeln und Indikatoren enthalten, die bedeutende ökonomische, ökologische und gesellschaftliche/soziale Einflüsse eines Unternehmens abbilden oder maßgeblichen Einfluss auf die Entscheidungen von *Stakeholdern* haben können. In der Finanzberichterstattung beziehen sich die Informationen ausschließlich (wenn auch z. T. indirekt) auf wirtschaftliche Aspekte des Unternehmens. Die Wesentlichkeit stellt dabei auf wirtschaftliche Entscheidungen von Investoren und Kreditgebern ab. Im Rahmen der Nachhaltigkeitsberichterstattung jedoch ist der Kreis der *Stakeholder* größer, und als wesentlich sind auch Informationen anzusehen, die erhebliche gesellschaftliche und ökologische Auswirkungen haben. Derartige Auswirkungen müssen also nicht zwingend das berichtende Unternehmen betreffen.

Wesentlichkeit (*Materiality*)

Nachhaltigkeitsberichte sind adressatengerecht auszugestalten, indem sie sich an den Informationsbedürfnissen der *Stakeholder* orientieren. Das gilt für den Inhalt des Berichts, die Wahl der Schwerpunkte, aber auch für den Sprachstil, den Umfang des Berichts und die Verfügbarkeit weiterer Informationen. Durch die Einbindung der *Stakeholder* in den Berichterstellungsprozess – z. B. bei der Identifizierung von Berichtsfeldern und der Indikatorenauswahl – kann die Qualität des Berichts kontinuierlich verbessert werden. Die umfassende Einbindung der *Stakeholder* stellt eine Besonderheit gegenüber anderen Instrumenten der Berichterstattung (wie etwa der Finanzberichterstattung) dar. Der *Stakeholder*-Dialog kann zur Erhöhung der Glaubwürdigkeit beitragen. Das berichtende Unternehmen sollte seine *Stakeholder* angeben und im Bericht erläutern, inwiefern es auf deren Erwartungen und Interessen eingegangen ist.

Einbeziehung der *Stakeholder* (*Stakeholder Inclusiveness*)

Der Bericht sollte Unternehmensleistung im Kontext einer nachhaltigen Entwicklung darstellen. Die ökonomischen, ökologischen und gesellschaftlichen/sozialen Leistungen sollen in einen lokalen, regiona-

Darstellung im Kontext einer nachhaltigen Entwicklung (*Sustainability Context*)

len und globalen Kontext gesetzt werden. Hierzu zählen z. B. das Nachhaltigkeitsverständnis von Unternehmen, die Bezugnahme auf aktuelle und wichtige Themen sowie Informationen über Zulieferer.

Vollständigkeit (Completeness)

In einem Nachhaltigkeitsbericht sollten möglichst alle Informationen über die ökonomischen, ökologischen und gesellschaftlichen/sozialen Aktivitäten/Maßnahmen des berichtenden Unternehmens bereitgestellt werden, die zur Beurteilung der nachhaltigkeitsbezogenen Leistung notwendig sind. Vollständig im Sinne dieses Prinzips ist ein Bericht, der den *Stakeholdern* Informationen in hinreichender Weise ("*in sufficient detail*") – bezogen auf die festgelegten Berichtsgrenzen, den Berichtsumfang und den Berichtszeitraum – zur Verfügung stellt.

Prinzipien der Berichterstattung zur Qualitätssicherung

Die Prinzipien der Berichterstattung zur Qualitätssicherung umfassen (s. GRI 2011):

Ausgewogenheit (Balance)

Damit eine korrekte Beurteilung der nachhaltigkeitsbezogenen Gesamtleistung eines Unternehmens überhaupt möglich ist, sollte die Berichterstattung ausgewogen sein. Ausgewogenheit wird gewährleistet, wenn sowohl über positive als auch negative Aspekte der Unternehmensleistung informiert wird. Insbesondere sollen den *Stakeholdern* relevante negative Ergebnisse nicht vorenthalten werden.

Vergleichbarkeit (Comparability)

Die Informationen im Bericht sollten so dargestellt werden, dass die *Stakeholder* in der Lage sind, Veränderungen in der Unternehmensleistung im zeitlichen Verlauf zu analysieren. Hier ist darauf zu achten, dass insbesondere die Daten im Zeitablauf miteinander vergleichbar sind. Dies wird vor allem durch eine Kontinuität bei den Erhebungs- bzw. Messmethoden ermöglicht. Im Falle von Veränderungen der Berichtsgrenzen, des Berichtsumfangs, der Berichtsperiode oder des Inhalts (einschließlich des Aufbaus, der Definitionen und der Kennzahlen) sollten die berichtenden Unternehmen die Veränderungen erläutern sowie – sofern möglich und sinnvoll – aktuelle und historische Daten einander gegenüberstellen. Die Informationen sollen ebenfalls Vergleiche mit anderen Unternehmen ermöglichen. Hierzu gehören z. B. Vergleiche innerhalb einer Branche sowie mit *Good Practice*-Beispielen.

Genauigkeit (Accuracy)

Die in einem Nachhaltigkeitsbericht dargestellten Informationen können in ihrer Art sehr heterogen sein (z. B. verbale Kommentierungen, monetäre Größen). Informationen sollten hinreichend genau sein, so dass *Stakeholder* die Leistung des berichtenden Unternehmens bewerten können. Die Anforderungen an die Genauigkeit sind je nach Art der Informationen sowie je nach dem jeweiligen Nutzer derselben unterschiedlich. So hängt die Genauigkeit der qualitativen Informationen beispielsweise von der Klarheit, der Detailliertheit und der Ausgewogenheit der Darstellung innerhalb geeigneter Berichtsgrenzen ab. Die Genauigkeit quantitativer Informationen wird etwa von den Methoden der Datenerfassung und der Datenanalyse bestimmt.

Aktualität (Timeliness)

Die Berichterstattung sollte regelmäßig erfolgen, um einen sinnvollen Zeitvergleich zu ermöglichen. Der Berichterstattungszyklus hängt von der Art der Informationen und den Bedürfnissen der Adressaten ab. Zweckentsprechend kann etwa eine jährliche Veröffentlichung des Nachhaltigkeitsberichts (i. e. S.) sein, welche durch weiterführende

Informationen, etwa im Internet, ergänzt und aktualisiert wird (vgl. auch Abschnitt 18.4).

Die Informationen sollten für *Stakeholder* verständlich, nachvollziehbar und nützlich sein. Bei der Interpretation des Grundsatzes der Klarheit ist von grundlegender Bedeutung, dass Nachhaltigkeitsberichte sich auch an nicht-fachkundige Adressaten, wie z. B. an Kundinnen und Kunden sowie Mitarbeitende richten können. Um die Informationsbereitstellung verständlich auszugestalten, können bei der Darstellung komplexer Sachverhalte z. B. Tabellen, Grafiken sowie Glossare für technische und wissenschaftliche Begriffe verwendet werden (vgl. auch Abschnitt 18.4). Klarheit (*Clarity*)

Die Qualität und die Wesentlichkeit von Informationen sollten erläutert werden und überprüfbar sein. Um dies zu gewährleisten, sind insbesondere Erhebungs- und Analyseverfahren zu dokumentieren und offenzulegen. Für Dritte nachvollziehbar sollten auch die Entscheidungen über die Bestimmung des Berichtsinhalts, der Berichtsgrenzen und die Einbeziehung von *Stakeholdern* sein. Zuverlässigkeit (*Reliability*)

18.6 Berichtsinhalte

Teil 2 des GRI-Leitfadens enthält Vorgaben für Berichtsinhalte, sogenannte Standardangaben (s. GRI 2011). Die vorgeschlagene Gliederung der GRI wird im Folgenden skizziert. Sie hat sich etabliert und ist weitestgehend konform mit anderen Leitfäden, die im deutschsprachigen Raum entwickelt wurden und in denen ebenfalls Strukturierungshinweise für Umwelt- und Nachhaltigkeitsberichte gegeben werden (s. z. B. IÖW und imug 2001; UVM 2002; BMLFUW 2004; BMU 2007). Darüber hinaus geben viele Leitfäden, wie z. B. der Leitfaden *„Reporting about Sustainability*. In 7 Schritten zum Nachhaltigkeitsbericht" (ÖIN 2003), eine schrittweise Anleitung zur Erstellung von Nachhaltigkeitsberichten.

Das Leitbild der nachhaltigen Entwicklung und die Bedeutung der unternehmerischen Verantwortung werden kontrovers diskutiert. Daher ist es wichtig, dass jedes berichtende Unternehmen sein Verständnis von Nachhaltigkeit sowie dessen strategische Bedeutung im Unternehmen erläutert. Es sollte bei der Berichterstattung z. B. auf die *Corporate Governance* (Führung des Unternehmens), auf strategische Prioritäten und Kernthemen, eingehaltene Standards, übergreifende (volkswirtschaftliche und politische) Entwicklungen, unternehmerische Zielerreichungsgrade, nachhaltigkeitsbezogene Chancen und Risiken sowie auf wichtige nachhaltigkeitsbezogene Herausforderungen eingegangen werden. Strategie und Analyse

Anzugeben sind hier Informationen wie etwa Marken und Produkte, Betriebsstätten und Märkte, in denen das Unternehmen tätig ist, aufgeschlüsselt nach Regionen. Angaben über Vermögen, Umsatzerlöse und Anzahl der Mitarbeitenden geben Aufschluss über die Marktmacht. Gefordert sind ebenfalls Informationen über *Outsourcing*-Aktivitäten. Organisationsprofil

Der Zweck dieser Informationen ist es, den Adressaten Aufschluss darüber zu geben, in welchen Regionen das Unternehmen durch seine unternehmerische Tätigkeit faktisch (nicht nur formal) Einfluss auf nachhaltigkeitsbezogene Aspekte nimmt.

Berichtsparameter

Das zu erläuternde sogenannte Berichtsprofil umfasst den Berichtszeitraum (Geschäfts-/Kalenderjahr), den Berichtszyklus und die Ansprechpartner. Des Weiteren sind Informationen zum Berichtsumfang und zu den Berichtsgrenzen zu geben. Hierbei sind die Wesentlichkeit der Informationen, die Auswahl und Priorisierung von Themen, die Relevanz der *Stakeholder* sowie die Erhebungs- und Berechnungsmethoden zu erläutern und zu begründen.

Corporate Governance, Verpflichtungen und Engagement

Anzugeben sind detaillierte Informationen zur *Corporate Governance*, zu Verpflichtungen des Unternehmens gegenüber externen Initiativen sowie zur Einbeziehung der *Stakeholdern* (Engagement) in den Prozess der Berichterstellung. Bei der Erläuterung der *Corporate Governance* sollte insbesondere auf Verantwortlichkeiten bei der Entwicklung der unternehmerischen Strategie sowie auf Kontrollmechanismen eingegangen werden. Bei den eingegangenen Verpflichtungen des Unternehmens wird insbesondere das Vorsorgeprinzip genannt. Die bei der Erstellung des Berichts einbezogenen *Stakeholder* sollten genannt und deren Auswahl begründet werden.

Managementansatz und Leistungsindikatoren

Indikatoren bzw. Kennzahlen sind wichtige Standardisierungen und ermöglichen einen besseren Vergleich der Unternehmensleistung etwa mit anderen Unternehmen oder mit der Branche. Die Angaben zu den Leistungsindikatoren sollten gemäß den Vorgaben der GRI in die Kategorien Ökonomie, Ökologie und Gesellschaft/ Soziales gegliedert werden. Arbeitspraktiken, Menschenrechte, Gesellschaft und Produktverantwortung sollten dabei Gruppen für die gesellschaftlichen/ sozialen Indikatoren bilden. Jede Kategorie sollte Angaben zum Managementansatz sowie Kern- und Zusatzindikatoren enthalten. Die Angaben zum Managementansatz schaffen dabei den Kontext für das Verständnis der Leistungsindikatoren.

Im Folgenden wird abschließend die Nachhaltigkeitsberichterstattung der Henkel KGaA als ein *Good Practice*-Beispiel vorgestellt.

18.7 Fallbeispiel Henkel

Das Fallbeispiel Henkel skizziert die Nachhaltigkeitsberichterstattung der Henkel KGaA, welche über die Homepage an die *Stakeholder* des Unternehmens adressiert wird. Es werden sowohl der „Nachhaltigkeitsbericht 2010" als auch die Besonderheiten der internetgestützten Berichterstattung von Henkel vorgestellt.

18.7.1 Nachhaltigkeitsbericht 2010 der Henkel KGaA

Der Nachhaltigkeitsbericht kann online gelesen oder im PDF-Format heruntergeladen werden (http://www.henkel.de/nachhaltigkeit.htm). Die nachstehende Vorstellung der Berichtsinhalte folgt der Gliederung im Bericht.

Nachhaltigkeitsbericht 2010 der Henkel KGaA

Das Vorwort ist von Kasper Rorsted, dem Vorstandsvorsitzenden, formuliert worden. Dies signalisiert, dass der unternehmerischen Nachhaltigkeit eine große Bedeutung zukommt. Henkel ist „davon überzeugt, dass sich Nachhaltigkeit und wirtschaftlicher Erfolg gegenseitig bedingen" (Henkel 2010, S. 1). Im Vorwort werden die globalen Herausforderungen benannt, welche für das Geschäft von Henkel relevant sind: Bevölkerungswachstum und steigender Ressourcenverbrauch. Die strategische Antwort von Henkel darauf lautet: „Der Verzicht auf Konsum und die damit verbundene Lebensqualität ist allerdings keine realistische Lösung. Daher kommt innovativen Produkten und Prozessen eine Schlüsselrolle zu, wenn wir einen nachhaltigen Konsum ermöglichen wollen" (ebd.).

Vorwort

Einführend werden nach weltweiten Regionen differenziert Angaben zu Umsatz, Mitarbeitenden, Produktionsstandorten, Audits, prozentualem Anteil am Einkaufsvolumen, Aufwendungen für Forschung und Entwicklung und ehrenamtlichen Mitarbeiterprojekten gemacht, und die globale Wertschöpfungsrechnung wird aufgestellt.

Henkel weltweit

Nachhaltigkeit wird bei Henkel als die Balance zwischen wirtschaftlichem Erfolg, Schutz der Umwelt und gesellschaftlicher Verantwortung aufgefasst, welche langfristig und in Kooperation mit Mitarbeitenden, Industriekunden, Handelspartnern sowie Verbraucherinnen und Verbrauchern entlang der gesamten Wertschöpfungskette verfolgt wird. Die Fokusfelder sind „Energie und Klima", „Wasser und Abwasser", „Materialien und Abfall", „Sicherheit und Gesundheit" sowie „gesellschaftlicher und sozialer Fortschritt". Unternehmerische Nachhaltigkeit soll zur erfolgreichen Umsetzung der strategischen Prioritäten und damit zum langfristigen Wachstum und Erfolg des Unternehmens beitragen. Den Kundinnen und Kunden sollen zukunftsfähige Lösungen angeboten werden, die Identifikation der Mitarbeitenden mit dem Unternehmen und ihre Motivation sollen gestärkt werden und durch Ressourceneffizienz und Wirtschaftlichkeit sollen finanzielle Ziele erreicht werden. Unternehmerische Nachhaltigkeit in diesem Sinn ist Mittel zum Zweck. Sie braucht *Business Cases* (vgl. auch Abschnitt 18.2). Offenbar wird angenommen – so lässt die Wortwahl vermuten –, dass Lebensqualität und Konsum stark korrelieren: Der „Verzicht auf Lebensqualität und Konsum" wird als keine realistische Lösung angesehen.

Werte und Nachhaltigkeitsstrategie

Vision und Werte zum nachhaltigen Wirtschaften müssen in Entscheidungen umgesetzt und im täglichen Geschäft gelebt werden. Dies geschieht bei Henkel zum einen über verbindliche Verhaltensregeln wie dem *Code of Conduct* mit allgemeinen Unternehmens- und Handlungsgrundsetzen, dem *Code of Teamwork and Leadership*, dem *Code of Corporate Sustainability* sowie über ergänzende Standards und Leitlinien,

Standards und Management

etwa hinsichtlich Sicherheit, Gesundheit, Interessenkonflikten und Einkauf. Weiterentwicklung und Einhaltung werden vom *Chief Compliance Officer* kontrolliert. Er wird unterstützt vom *Compliance and Risk Committee*, der internen Revision sowie lokalen *Compliance*-Beauftragten. Neu eingeführt wurde 2010 der Standard *„Representation of Interests in Public Affairs"*. Hinter den Standards stehen integrierte Managementsysteme. Die Gesamtverantwortung für die Nachhaltigkeitsstrategie trägt der Vorstand. Die Aktivitäten werden vom *Sustainability Council* gesteuert. Ein wichtiger Baustein für die Umsetzung sind die regelmäßigen Audits an den Produktions- und Verwaltungsstandorten sowie bei den Lohnherstellern und Logistikzentren.

Einkauf und Lieferantenmanagement

Das *Sustainable Supply Chain Management* ist eines der wichtigsten Handlungsfelder für viele Unternehmen, denn hier entstehen meist die größten Umweltwirkungen und sozialen Auswirkungen. Henkel berücksichtigt bei der Auswahl der Lieferanten und Vertragspartner deren nachhaltigkeitsbezogene *Performance*. Neue Lieferanten müssen sich einem Nachhaltigkeitscheck unterziehen. Instrumente der Bewertung sind der Lieferanten-*Code of Conduct* des deutschen Bundesverbandes Materialwirtschaft, Einkauf und Logistik. Zusätzlich erfolgt eine Bewertung auf Basis branchenspezifischer Fragebögen. Bei Audits, Risikobewertungen, Qualifizierung und Weiterbildung in der Zusammenarbeit mit Lieferanten bilden die strategischen Lieferanten und Risikomärkte Schwerpunkte. Ein aktuelles Thema ist der Einkauf von Palmöl und Palmkernöl. 2015 soll der gesamte Bezug zertifiziert sein.

Produktion und Logistik

In Produktion und Logistik wird die kontinuierliche Verbesserung der Öko- und Sozialeffizienz (vgl. auch Abschnitt 3) durch Prozessoptimierungen und Produktion in geographischer Nähe zu den Kundinnen und Kunden angestrebt. Die Standards für Sicherheit, Gesundheit und Umwelt (*Safety, Health and the Environment* – SHE) gelten weltweit und werden in der Umsetzung durch Audits und Schulungen vorangetrieben. Aktuelles Thema ist etwa der *Carbon Footprint*. Im Zeitvergleich ab 2006 stellt Henkel außerdem umfangreiche Umweltkennzahlen zur Verfügung.

Umfassende Produktverantwortung

In der Produktverantwortung besteht das Ziel, Produkte entlang des gesamten Lebenszyklus zu verbessern. Innovationen durch Forschung und Entwicklung werden als die Grundlage für wirtschaftlichen Erfolg sowie für eine nachhaltige Entwicklung angesehen. Handlungsfelder sind die Produktsicherheit und -qualität, die Verwendung von nachwachsenden Rohstoffen und Verbesserungen bei Verpackung und Entsorgung. Aktuelles Thema ist der Schutz von Wäldern und Biodiversität. Henkel illustriert die Fortschritte ausführlich auf den folgenden Seiten des Berichts bei den Produktgruppen Wasch-/ Reinigungsmittel, Kosmetik/ Körperpflege und *„Adhesive Technologies"*.

Mitarbeitende

Henkel ist ein global agierendes Unternehmen, und so fordern Internationalität und Vielfalt bei den Mitarbeitenden eine gemeinsame Vision, die Einbeziehung aller und aktiv gelebter Werte, um gemeinsam erfolgreich zu sein. Dies soll durch festgeschriebene Werte, aktualisierte und an internationalen Normen ausgerichtete Sozialstandards (ILO,

Global Compact, OECD-Richtlinien für multinationale Unternehmen, SA 8000) sowie durch Veranstaltungen erreicht werden, bei denen die Mitarbeitenden in den Dialog miteinander treten. In der Vergütung von Führungskräften wird ein global gültiges und transparentes Bewertungs- und Feedbacksystem eingesetzt. Auch mit externen Gruppen wird der internationale Austausch gepflegt. Gesellschaftliches Engagement der Mitarbeitenden wird gefördert. 2011 wurde die Fritz Henkel Stiftung gegründet, welche die Aktivitäten zukünftig bündelt. Henkel stellt im Bericht schließlich Maßnahmen zur Gesundheit und Sicherheit am Arbeitsplatz vor sowie – im Zeitvergleich ab 2008 – umfangreiche Sozialkennzahlen zur Verfügung.

Der kontinuierliche Dialog mit den *Stakeholdern* ist eine Notwendigkeit, um zukunftsfähige Lösungen zu entwickeln. Henkel sucht den Austausch mit allen *Stakeholdern*. Dazu gehören Kunden, Verbraucher, Lieferanten, Mitarbeiter, Aktionäre, Nachbarn, Behörden, Verbände und NGOs sowie die Politik und die Wissenschaft. Henkel unterstützt viele Initiativen und verweist hier auf das Internet. Priorität haben zum Beispiel Projekte zur „Bildung für eine nachhaltige Entwicklung". *Stakeholder*-Dialog

Henkel erreichte sehr gute Plätze in zahlreichen externen Bewertungen. Dazu zählen Ratings und die Aufnahme bzw. der Verbleib in Nachhaltigkeitsindizes sowie Preise und Rankings, die im Internet nachgeschlagen werden können. Externe Bewertung

Im Nachhaltigkeitsbericht werden umfangreiche personenbezogene Kontaktmöglichkeiten (Telefon, Fax, E-Mail) angegeben. Für die Bereiche „*Corporate Communications*", „*Sustainability Management*" sowie „*Investor Relations*" stehen Ansprechpersonen zur Verfügung. Internetadressen verweisen auf weitere Websites, es gibt umfangreiche Downloadmöglichkeiten (z. B. *Code of Conduct, Code of Corporate Sustainability*, SHE-Standards) sowie *Social Media*-Angebote. Kontakte, Impressum und weitere Publikationen

18.7.2 Internetgestützte Nachhaltigkeitsberichterstattung der Henkel KGaA

Die Henkel KGaA hat nicht nur eine lange Tradition in der printbasierten Nachhaltigkeitsberichterstattung. Das Unternehmen war darüber hinaus auch eines der ersten in Deutschland, welches das Internet für seine Nachhaltigkeitsberichterstattung genutzt hat (s. Bergmann und Zak 2008). Die langjährige Erfahrung spiegelt sich in einer gelungenen integrativen Nachhaltigkeitsberichterstattung wider, die sowohl durch eine sinnvolle Verbindung des gedruckten Nachhaltigkeitsberichts mit der Nachhaltigkeitsberichterstattung im Internet als auch durch eine Verknüpfung des *Investor Relations*-Bereichs mit den Nachhaltigkeitsinternetseiten gekennzeichnet ist. Die sehr gute Zugänglichkeit von Nachhaltigkeitsinformationen im Internet zeigt sich auch darin, dass der Bereich „Nachhaltigkeit bei Henkel" von der Startseite des Unternehmens aus mit einem Klick zu erreichen ist. Das Unternehmen signalisiert auf diese Gelungene integrative Nachhaltigkeitsberichterstattung

Weise, dass es dem Thema Nachhaltigkeit einen hohen Stellenwert zuweist.

Weitere internetspezifische Instrumente, welche die Erreichbarkeit und Zugänglichkeit (*Accessibility*) von Nachhaltigkeitsinformationen erleichtern, sind eine auf den Nachhaltigkeitsbereich beschränkte Suchfunktion und ein GRI-Index, der auf die Berichtsthemen und die Indikatoren der GRI im aktuellen Nachhaltigkeits- und Geschäftsbericht und im Internet verweist. Durch die Hyperlinkstruktur des Internets ist ein schneller Zugriff auf diese Informationen möglich.

Gelungene Bereitstellung von Nachhaltigkeitsinformationen

Der Internetauftritt der Henkel KGaA zeichnet sich weiterhin durch eine im Vergleich zu anderen DAX30-Unternehmen überdurchschnittlich gelungene Bereitstellung von Nachhaltigkeitsinformationen aus (s. Blanke et al. 2007). Positiv hervorzuheben ist das umfangreiche Archiv, das alle seit 1992 veröffentlichten Berichte (z. B. Umweltreports, Nachhaltigkeitsberichte) als Download zur Verfügung stellt und einen Rückgriff auf unternehmensbezogene Neuigkeiten zum Thema Nachhaltigkeit seit 2000 möglich macht. Im News-Bereich finden sich aktuelle Meldungen zu den Nachhaltigkeitsaktivitäten von Henkel. Die internetgestützte Nachhaltigkeitsberichterstattung von Henkel ergänzt auf diese Weise das Informationsangebot des gedruckten Berichts.

Möglichkeit der individuellen Gestaltung von Datenreihen und Kennzahlen

Vorbildlich ist gleichermaßen die Möglichkeit der individuellen Gestaltung von Datenreihen und Kennzahlen. Die Adaptierbarkeit von Informationen wird immer noch nur von wenigen DAX30 Unternehmen ermöglicht (Giese et al. 2012). Auf der Henkel-Website können Daten und Kennzahlen interaktiv generiert und adressatengerecht in unterschiedlichen Ausgabeformaten dargestellt werden. Ein solches *Customised Reporting* erhöht die Wahrnehmung und Verarbeitung von Informationen. Auch werden internetspezifische Funktionen zum besseren Verständnis und zur Informationsverarbeitung genutzt. Hierzu zählt der Einsatz von Multimedia-Elementen, z. B. in Form eines Videos, das in das Thema Umweltschutz und Nachhaltigkeit einführt. Weiterhin erläutert ein Glossar, das von jeder Seite aus direkt zu erreichen ist, relevante Begriffe im Kontext einer nachhaltigen Entwicklung. Diese Form der Internetnutzung unterstützt insgesamt die Verständlichkeit der Nachhaltigkeitsberichterstattung von Henkel.

Dialogangebote

Dialogangebote, die zur besseren Verständigung über Nachhaltigkeitsthemen einen Austausch sowohl zwischen den *Stakeholdern* und Unternehmen als auch zwischen den *Stakeholdern* untereinander ermöglichen, stellten lange Zeit einen Schwachpunkt in der internetgestützten Nachhaltigkeitsberichterstattung des DAX30 dar (Herzig und Godemann 2010). Hier bildete die Henkel KGaA keine Ausnahme, obwohl die Kontaktaufnahme mit Ansprechpersonen zum Thema Nachhaltigkeit bei der Henkel KGaA stets unterstützt wurde. So werden zum Beispiel verschiedene Ansprechpersonen für Nachhaltigkeitsthemen namentlich genannt und mit Foto abgebildet. Seit Kurzem werden Instrumente zur Unterstützung eines Nachhaltigkeitsdialogs im Internet eingesetzt. So bietet Henkel zum Beispiel Links zu eigenen Kommunikationsforen auf Facebook und Twitter an. Allerdings spielen Diskussionsforen, Blogs oder Chats auf der unternehmenseigenen Website weiterhin keine große Rolle für die internetgestützte Nachhaltigkeitskommunikation mit den *Stakeholdern*.

18.8 Übungsfragen

1. Was kann unter dem Begriff der Nachhaltigkeitsberichterstattung verstanden werden und welche Beweggründe gibt es für die Nachhaltigkeitsberichterstattung?
2. Diskutieren Sie die historische Entwicklung der Nachhaltigkeitsberichterstattung.
3. Welche Vor- und Nachteile sind mit einer internetgestützten Nachhaltigkeitsberichterstattung verbunden?
4. Erläutern Sie die „Grundsätze ordnungsmäßiger Nachhaltigkeitsberichterstattung" der *Global Reporting Initiative*. Wozu sollen diese Grundsätze dienen?
5. Nennen Sie mögliche Berichtsfelder und konkrete Inhalte von Nachhaltigkeitsberichten.
6. Diskutieren Sie mögliche Vor- und Nachteile für Unternehmen und *Stakeholder*, welche sich durch eine Nachhaltigkeitsberichterstattung ergeben.

18.9 Weiterführende Literatur

Herzig, C. und Godemann, J. (2010): Internet-supported Sustainability Reporting: Developments in Germany, in: Management Research Review 33 (11), S. 1064–1082.

Herzig, C. und Schaltegger, S. (2011): Corporate Sustainability Reporting, in: Godemann, J. und Michelsen, G. (Hrsg.): Sustainability Communication. Interdisciplinary Perspectives and Theoretical Foundation, Dordrecht, S. 151–169.

Isenmann, R. und Marx Gómez, J. (Hrsg.) (2008): Internetbasierte Nachhaltigkeitsberichterstattung. Maßgeschneiderte Stakeholder-Kommunikation mit IT, Berlin.

Teil VII: Auf dem Weg zu einem umfassenden Nachhaltigkeitsmanagement – Stand und Perspektiven

19 Perspektive Nachhaltigkeit – Effizienz, Konsistenz und Suffizienz als Unternehmensstrategien

von Annett Baumast

Kapitelausblick

Die vorangehenden Kapitel haben Wege aufgezeigt, wie Unternehmen das Thema Nachhaltigkeit konkret im eigenen Betrieb umsetzen und auch vorleben können. Denn schon lange wird eine nachhaltige Entwicklung nicht mehr nur auf politischer und gesellschaftlicher Ebene diskutiert, auch die Wirtschaft sieht sich heute in der Pflicht, ihren Teil beizutragen. Das abschließende Kapitel greift nochmals auf den Anfang des Lehrbuchs zurück und erläutert, wie die drei Nachhaltigkeitsstrategien – Effizienz, Konsistenz und Suffizienz – auf betrieblicher Ebene derzeit bereits umgesetzt werden können. Drei erfolgreiche Praxisbeispiele zeigen auf, dass es schon heute nicht mehr nur bei der Theorie bleiben muss, sondern die Auseinandersetzung mit Effizienz, Konsistenz und sogar Suffizienz auch im Unternehmen mit Erfolg umgesetzt werden kann. Das Hinterfragen etablierter Muster sowohl in der Gesellschaft als auch im Unternehmen spielt dabei eine wichtige Rolle. Nicht unberücksichtigt bleiben dürfen dabei die drei Säulen der Nachhaltigkeit: Ökologie, Ökonomie und Soziales. Ein Ausblick in die Zukunft des betrieblichen Nachhaltigkeitsmanagements rundet dieses Kapitel und gleichzeitig auch das vorliegende Lehrbuch ab.

Lernziele

1. Die Herausforderung einer nachhaltigen Entwicklung auch auf Unternehmensebene verstehen.
2. Die Nachhaltigkeitsstrategien Effizienz, Konsistenz und Suffizienz auf der betrieblichen Ebene kennenlernen.
3. Durch Beispiele zu Effizienz, Konsistenz und Suffizienz die heutigen Möglichkeiten für eine Umsetzung erfahren.

19.1 Nachhaltigkeit – ein nachhaltiges Thema

Innerhalb weniger Jahre hat die Verbreitung des Begriffs „Nachhaltigkeit" explosionsartig zugenommen. Fand man im Februar 2001 bei einer Internetsuche unter www.google.de lediglich 40 000 Einträge zu diesem Schlagwort, waren es knapp zwei Jahre später im Dezember 2002 bereits 170 000 Treffer (s. Baumast 2001 und 2003). Im September 2007 war die Anzahl Treffer zu „Nachhaltigkeit" bereits auf 6,6 Millionen angewachsen (Baumast 2009). Aktuell – im Januar 2013 – finden sich bei www.google.de mittlerweile ca. 15 Millionen Einträge zu „Nachhaltigkeit". Die Zahl hat sich in den letzten fünf Jahren somit mehr als verdoppelt. Nach wie vor kann der Begriff mit „Fußball" (165 Millionen Einträge, 2007: 41,2 Millionen) nicht mithalten und ist auch von „Formel 1" (21,8 Millionen Einträge, 2007: 2,2 Millionen) deutlich überholt worden. Im englischen Sprachraum lässt sich eine ähnliche Entwicklung beobachten. Von immerhin einer halben Million Treffer zu *„Sustainability"* im Februar 2001 über bereits anderthalb Millionen Einträge im Dezember 2002 und 43 Millionen Treffer im September 2007 (s. Baumast 2001; Baumast 2003; Baumast 2009) hat sich der Stand auf 92 Millionen Einträge erhöht. *„Formula 1"* mit 86.9 Millionen Treffern fährt dem Thema Nachhaltigkeit noch immer hinterher (2007: 13.2 Millionen), doch *„Football"* ist inzwischen mit über 1.38 Milliarden Einträgen vertreten (2007: 238 Millionen) und somit zehnmal so häufig im Internet zu finden als *„Sustainability"*.

Natürlich sagen diese Ergebnisse weder etwas über das Verständnis der Begriffe „Nachhaltigkeit" und *„Sustainability"* aus noch ist transparent, welche Art von Internetseiten tatsächlich hinter diesen Einträgen stehen und wie die Treffer generiert werden. Es wird aber mehr als deutlich, dass beide Begriffe als solche wesentlich weiter verbreitet sind, als dies noch zu Beginn des neuen Jahrtausends der Fall war.

Das Jahr 2012 wurde nicht nur von der UNO zum „Jahr der erneuerbaren Energien für alle" erklärt, es jährten sich auch zwei wichtige Ereignisse: Zum einen feiert der Bericht an den *Club of Rome* „Die Grenzen des Wachstums" (vgl. Kapitel 1), der erstmals die Endlichkeit der natürlichen Ressourcen aufzeigte, seinen 40. Geburtstag. Das 1972 entwickelte Modell wurde im Laufe der Jahre angepasst (vgl. www.grenzendeswachstums.de/) und hat nichts von seiner Bedeutung und Aussagekraft verloren. Zum anderen jährt sich ein weiteres wichtiges Datum: Mit Rio+20 fand zum 20-jährigen Jubiläum des „Erdgipfels" von 1992, der „Nachhaltige Entwicklung" als Begriff geprägt und auf die weltweite Agenda gesetzt hat (vgl. Kapitel 1), wiederum eine Konferenz der Vereinten Nationen über nachhaltige Entwicklung in Rio de Janeiro statt (www.uncsd2012.org/). Ziele von Rio+20 waren die Erneuerung des politischen Engagements für eine nachhaltige Entwicklung, die Analyse der bisher getroffenen Maßnahmen, vor allem bezüglich Problemen bei der Umsetzung, und das Angehen neuer Themen und Herausforderungen.

Die Grenzen des Wachstums

Rio+20

Nachhaltigkeit und nachhaltige Entwicklung sind in der gesellschaftlichen Diskussion angekommen und sorgen zum Teil sogar bereits für erste Ermüdungserscheinungen. Es gibt heute nur noch wenige Unternehmen, die sich nicht auf die eine oder andere Weise zum Thema Nachhaltigkeit positionieren. Druck seitens verschiedener Anspruchsgruppen spielt dabei eine wichtige Rolle. Ohne das Engagement der Wirtschaft kann das Ziel einer nachhaltigen Entwicklung nicht erreicht werden.

Effizienz, Konsistenz und Suffizienz

Als Einstieg für Unternehmen hat dieses Buch verschiedene Ansatzpunkte für die Umsetzung einer nachhaltigen Unternehmensführung vorgestellt. Im Folgenden soll auf die bereits in Kapitel 1 vorgestellten Nachhaltigkeitsstrategien Effizienz, Konsistenz und Suffizienz zurückgegriffen (vgl. 1.4.3), diese mit konkreten Umsetzungsmöglichkeiten unterfüttert und so Beispiele aufgezeigt werden, wie Unternehmen einen Beitrag zu einer nachhaltigen Entwicklung leisten können. Denn dabei ist nicht nur die Integration der drei Säulen der Nachhaltigkeit – Ökologie, Ökonomie und Soziales – von großer Bedeutung, sondern ebenso der komplementäre Einsatz von Effizienz-, Konsistenz- und Suffizienzmaßnahmen.

19.2 Effizienz – höher, schneller, weiter

Effizienzstrategie

Von den drei Nachhaltigkeitsstrategien ist die Effizienzstrategie die bislang wohl geläufigste und diejenige, die von Unternehmen am häufigsten ein- und umgesetzt wird.

19.2.1 Ressourcen sparen durch Effizienzmaßnahmen

Nicht zuletzt vor dem Hintergrund immer weiter steigender Preise für Ressourcen in den letzten Jahren steht ein effizienter Umgang vor allem mit nicht erneuerbaren Ressourcen bei vielen Unternehmen im Fokus. Es geht darum, ein Produkt möglichst effizient herzustellen bzw. eine Dienstleistung zu erbringen, d. h. entweder mit weniger Ressourceneinsatz das gleiche oder mit dem gleichen Ressourceneinsatz mehr zu erstellen.

Tabelle 19.1 gibt einen Überblick über verschiedene Ansatzpunkte sowie Optionen für die Steigerung von Ressourceneffizienz.

Der Überblick macht deutlich, dass Effizienzstrategien schon heute häufig an das Thema Konsistenz gekoppelt sind, wie im Folgenden Abschnitt zu sehen sein wird. In Kapitel 1 wurden auch bereits die Problembereiche einer reinen Effizienzstrategie angesprochen: Obwohl viele Unternehmen in den letzten Jahren und Jahrzehnten deutliche Effizienzsteigerungen erzielen konnten, wurden diese durch weiter gesteigerten Konsum bzw. den sogenannten *Rebound*-Effekt wieder nivelliert.

Indirekter *Rebound*-Effekt

Sorell (2007) unterscheidet hier zwischen dem indirekten *Rebound*-Effekt, bei dem aufgrund von Preissenkungen, die durch Effizienzge-

Tab. 19.1 Optionen zur Ressourceneffizienzsteigerung im Überblick (Quelle: Hennicke et al., 2010, S. 79).

Optionen zur Ressourceneffizienzsteigerung		
Ansatzpunkt Produktlebenszyklus	Ansatzpunkt Wertschöpfungskette	Ansatzpunkt Veränderung in den Köpfen
Ressourceneffizienzoptimierte Produktgestaltung: Produktdesign und Produkt-Dienstleistungs-Systeme	Ressourceneffizienzorientierte Gestaltung von Wertschöpfungsketten	Veränderung der Produktionsmuster
Rohstoff- und Werkstoffauswahl / neue Werkstoffe und nachwachsende Rohstoffe	Ressourceneffizienzoptimierte Infrastrukturlösungen	Ressourceneffizienzorientierte ganzheitliche Managementsysteme (inkl. Informationssysteme)
Ressourceneffizienzoptimierte Produktionssysteme / Querschnittstechnologien		Forschung & Entwicklung / Forschungstransfer / Lernprozesse
Ressourceneffizienzoptimierte Produktnutzungsphase / Langlebige Produkte		
Weiter-/Wieder-/Umnutzung in Kaskadennutzungssystemen / Recycling		Veränderung der Konsummuster

winne möglich werden, das gesparte Geld in andere Konsumgüter investiert wird und so beispielsweise Energieeffizienzgewinne wieder verloren gehen, und dem direkten *Rebound*-Effekt, bei dem aufgrund der geringeren Kosten mehr Einheiten vom gleichen Gut erworben werden. Einsparungen aufgrund von Effizienzmaßnahmen z.b. beim Energieverbrauch eines Gutes verpuffen so wieder durch den gesteigerten Konsum.

Direkter *Rebound*-Effekt

Vor allem in Teil IV des Lehrbuchs finden sich weitere Ausführungen zum Thema Effizienz im Allgemeinen bzw. zur Ressourceneffizienz im Besonderen. Hier soll daher anhand eines kurzen Praxisbeispiels illustriert werden, was unter Effizienz im betrieblichen Bereich verstanden wird.

19.2.2 Energieeffizienz in der Unterhaltungsindustrie – der *Green Club Index*

2011 wurde von der *Green Music Initiative* in Berlin ein Projekt ins Leben gerufen, das sich im deutschen Sprachraum erstmals dem Thema Energieeffizienz im Clubbereich widmet: der *Green Club Index*. Angesprochen sind Musikclubs bzw. Diskotheken, denn auch in Clubs wird Energie verbraucht – im Durchschnitt etwa 120 000 kWh elektrische Energie jährlich, was ungefähr dem Verbrauch von 30 Drei-Personen-Haushalten entspricht (vgl. hierzu und im Folgenden www.greenclubindex.de/

label). Das Pilotprojekt in Nordrhein-Westfalen (NRW), das im März 2011 startete, hat gezeigt, dass sich fast immer 10–20 % an Strom durch Effizienzmaßnahmen einsparen lassen und zum Teil Einsparungen von bis zu 50 % möglich sind. Am Pilotprojekt in NRW beteiligten sich während eines Zeitraums von 12 Monaten insgesamt sechs Clubs. Mit Hilfe von Energieberatungen vor Ort wurden Effizienzmaßnahmen abgeleitet und erfolgreich umgesetzt. Alle sechs Clubs zusammen konnten bis Ende 2012 Einsparungen von 83 000 kWh elektrische Energie und 19 000 kWh Wärme erzielen, was ca. 63 Tonnen CO_2-Emissionen entspricht. Gleichzeitig konnten Kostenreduktionen um insgesamt 26 000 € erreicht werden. Rechnet man die Werte auf die über 5 500 Clubs, die es in Deutschland gibt um, so wird deutlich, dass hier ein großes Energieeffizienzpotenzial vorhanden ist. Denn die Unterhaltungsbranche nähert sich erst langsam dem großen Themenkomplex der Nachhaltigkeit an.

19.3 Konsistenz – dasselbe in grün

Konsistenzstrategie

Die Konsistenzstrategie, die ihren Namen vor allem erhalten hat, damit die drei Ansätze ähnlich klingen, lässt sich tatsächlich schlicht mit „dasselbe in grün" zusammenfassen. Denn es geht bei dieser Strategie darum, Kreisläufe zu schließen und auf diese Weise Produkte herzustellen, die wesentlich umweltfreundlicher sind als ihre heute auf dem Markt befindlichen Pendants.

19.3.1 Ein Konzept als Beispiel: *Cradle-to-Cradle*

Cradle-to-Cradle- Konzept

Als eine konkrete Anwendung dieses Ansatzes soll hier das *Cradle-to-Cradle*-Konzept (C2C) vorgestellt werden, das der deutsche Chemiker Michael Braungart und der US-amerikanische Architekt William McDonough 2002 entwickelt haben. Die Bezeichnung des Konzepts lehnt sich an den Begriff *„Cradle-to-Grave"* an, der ursprünglich aus dem Marketing kommt und sich u.a. als Synonym für Analysen von Produktlebenszyklen im Sinne von Ökobilanzen (vgl. Kapitel 12) durchgesetzt hat. Die Basis ist die Betrachtung des Produktlebenswegs „von der Wiege bis zur Bahre". Für ein Produkt oder eine Dienstleistung werden dabei alle relevanten Umweltaspekte von der Designphase über die Herstellung bis hin zur Gebrauchsphase und schließlich der Entsorgung analysiert. Die gewonnenen Erkenntnisse können somit bereits während der Entwicklung eines Produkts dazu beitragen, dass eine umweltfreundlichere und/oder sozialverträglichere Variante ausgewählt werden kann.

Während sich der Begriff „von der Wiege bis zur Bahre" im deutschsprachigen Raum durchgesetzt hat, ist „von der Wiege bis zur Wiege" (*Cradle-to-Cradle*) noch weitestgehend unbekannt. Durch die Schließung von Materialkreisläufen will das C2C-Konzept von Braungart und McDonough einerseits verhindern, dass ein Produkt tatsächlich „auf der

Bahre" getragen und entsorgt werden muss. Sprich: die Produktion von Abfall, der sozusagen als Endprodukt des Konsums entsteht, soll durch entsprechendes Produktdesign vermieden werden. Stattdessen sollen entweder Bestandteile eines Produkts immer wieder verwendet werden oder sie sollen als Nährstoff in den natürlichen Kreislauf eingehen (z.b. durch Kompostierung). So werden technische und biologische Materialkreisläufe geschlossen und keine natürlichen Ressourcen gehen mehr durch Entsorgung verloren. Zentral ist dabei, dass keine Stoffe in die Produkte Eingang finden, die für Umwelt und Gesundheit eine Gefahr darstellen. Ansonsten wäre es nicht möglich, Produkte zu kompostieren, damit sie wieder Eingang in den biologischen Kreislauf finden.

Die Ausführungen machen deutlich, dass die Umstellung auf das C2C-Konzept eine umfassende Neugestaltung des Produktionsprozesses eines Unternehmens nach sich ziehen kann. Wird beispielsweise ein Bürostuhl so konzipiert, dass er am Ende der Gebrauchsphase in seine Einzelteile zerlegt werden kann, und werden diese Einzelteile im Anschluss für einen neuen Bürostuhl wiederverwendet, so verschiebt sich der Fokus des Unternehmens zunehmend auf Serviceleistungen rund um den Bürostuhl. Diese Annahme lässt sich auch für andere Produkte treffen.

Seit 2010 ist es möglich, Produkte nach einem C2C-Standard zertifizieren zu lassen. Die Zertifizierung vergibt das *Cradle to Cradle Products Innovation Institute* in den USA (www.c2ccertified.org) in fünf verschiedenen Kategorien (*Material Health, Material Reutilization, Renewable Energy and Carbon Management, Water Stewardship* und *Social Fairness*) und auf fünf verschiedenen Stufen (Basic, Bronze, Silber, Gold und Platin). Ein Zertifizierungsbeispiel ist in Abbildung 19.1 dargestellt.

Im Internet ist einsehbar, welche Produkte bereits durch den C2C-Standard zertifiziert sind (www.c2ccertified.org/products/registry). Bislang sind Produkte aus den Kategorien Baumaterialien, Innendesign, Körper- und Raumpflege, Papier und Verpackung, Textilien und Stoffe

	CERTIFICATION LEVEL				
Program Category	BASIC	BRONZE	SILVER	GOLD	PLATINUM
Material Health			✔		
Material Reutilization			✔		
Renewable Energy and Carbon Management			✔		
Water Stewardship				✔	
Social Fairness					✔
OVERALL CERTIFICATION LEVEL			✔		

Abb. 19.1 Zertifizierungsstufen nach *Cradle-to-Cradle* (Quelle: http://c2ccertified.org/product_certification/c2ccertified_product_standard).

sowie Sonstige (z.B. Werkstoffe oder Farben) vertreten. Es werden nicht (nur) einzelne Produkte, sondern auch ganze Produktlinien zertifiziert, wie das Praxisbeispiel aus Deutschland zeigen wird. Auch wenn der Schwerpunkt auf ökologischen Themen liegt, findet die zweite Säule der Nachhaltigkeit – Soziales – ebenfalls Eingang in das C2C-Konzept, in dem in der Kategorie *Social Fairness* der verantwortungsvolle Umgang mit allen am Produktionsprozess beteiligten Personen in die Bewertung eingeht. Die Entwickler des Konzepts gehen des Weiteren davon aus, dass Unternehmen, die sich heute ernsthaft mit der Schließung von Materialkreisläufen auseinandersetzen, zukünftig einen Wettbewerbsvorteil aufgrund der sich kontinuierlich verschärfenden Ressourcensituation haben werden. Damit ist auch die dritte Säule der Nachhaltigkeit – die Ökonomie – im C2C-Konzept berücksichtigt. Insgesamt ist das C2C-Konzept für Unternehmen eine gute Möglichkeit, die eigenen Produktionsabläufe zu beleuchten und das *Cradle-to-Grave*-Konzept, das heute nach wie vor dominiert, im Kontext der eigenen Produktion zu hinterfragen.

Obwohl das C2C-Konzept schon seit einiger Zeit existiert, ist es weit davon entfernt, sich durchgesetzt zu haben. Auch ist es nicht ohne Kritik geblieben. Zweifel bestehen unter anderem an der ubiquitären Umsetzbarkeit des C2C-Standards. So schätzt zwar beispielsweise Friedrich Schmidt-Bleek die nach dem C2C-Standard entworfenen „essbaren" Sitzbezüge eines Airbus, fügt jedoch gleichzeitig an: „Ich warte aber noch immer auf den detaillierten Vorschlag, die anderen 99,99 % des Airbusses A380 nach seinen Prinzipien zu gestalten" (Unfried, 2009). Ebenfalls kritisiert wird der Umstand, dass die Gebrauchsphase, in der oft die größten Umweltauswirkungen eines Produkts entstehen, beim C2C-Ansatz nicht berücksichtigt wird. Es bleibt zudem festzuhalten, dass es bei Cradle-to-Cradle nicht zwingend darum geht, weniger Produkte zu nutzen, sondern die gleichen Produkte bzw. Bestandteile immer und immer wieder zu verwenden bzw. in den natürlichen Kreislauf eingehen zu lassen und das bei gleichzeitig höherer Umwelt- und Gesundheitsverträglichkeit der Inhaltsstoffe. Eben dasselbe in grün.

19.3.2 Kompostierbare T-Shirts – ein Praxisbeispiel

Eines der wenigen deutschen Unternehmen, die bislang Produkte mit einer C2C-Zertifizierung vorweisen können, ist Trigema, der laut eigener Aussage größte Hersteller von Sport- und Freizeitbekleidung Deutschlands. 1919 gegründet, produziert das Unternehmen ausschließlich in Deutschland und nach dem Umweltstandard Öko-Tex 100 (zu Standards vgl. auch Kap. 4).

Gemeinsam mit dem Beratungsunternehmen von Michael Braungart hat Trigema eine Produktlinie (Trigema Change) entwickelt, die nach dem C2C-Standard auf der Stufe Silber zertifiziert ist (vgl. auch im Folgenden www.trigemachange.com). Es wurden somit Kleidungsstücke entwickelt, „die:

- kreislauffähig sind,
- Ressourcen nicht ver- sondern gebrauchen,
- zu 100 % aus förderlichen, unkritischen Substanzen bestehen,
- von besonders hoher Qualität sind,
- nie zu Abfall werden,
- auch in der Herstellung keine unverwertbaren oder giftigen Substanzen erzeugen,
- deren Inhaltsstoffe für Hautkontakt konzipiert sind,
- deren Materialien ökologisch erzeugt werden,
- deren eingesetzte Ressourcen sich am Lebensende des Produkts wieder in einen Nährstoffkreislauf einfügen." (http://www.trigemachange.com/trigemachange/about/uber-unsere-produkte).

Das Ausgangsmaterial für die Textilien ist Biobaumwolle, aus der auch das verwendete Garn besteht. Ökotoxikologisch bedenklich Stoffe wurden aus den verwendeten Chemikalien entfernt und durch umweltfreundliche und gesundheitsverträgliche Stoffe ersetzt, die den Menschen beim Tragen bzw. Umwelt beim Kompostieren der Produkte bei bzw. nach dem Gebrauch nicht belasten. So ist es tatsächlich möglich, die T-Shirts, Sweatshirt und andere zertifizierte Produkte wieder in den natürlichen Kreislauf einzubringen, ohne Schäden zu verursachen.
Trigema stellt den Weg von der Wiege bis zur Wiege wie folgt dar:

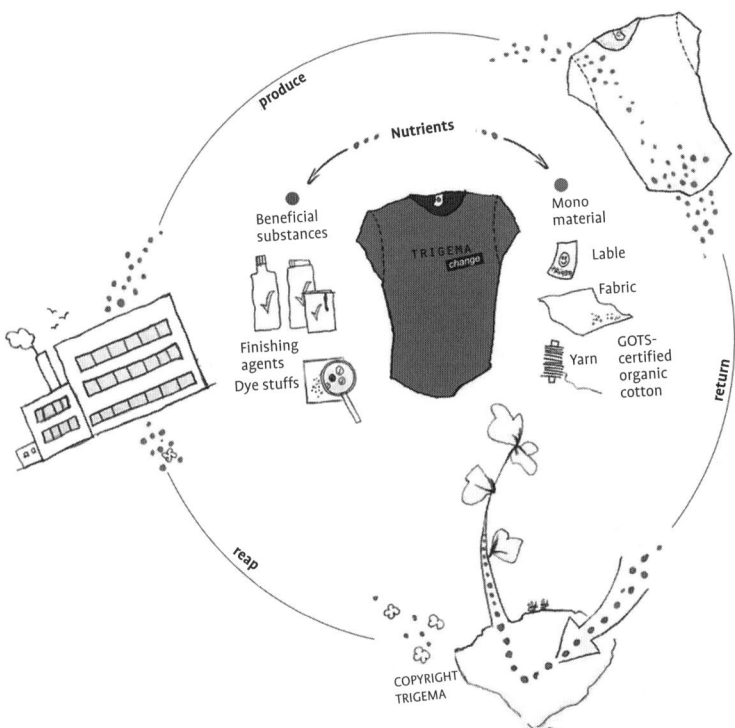

Abb. 19.2 Trigema-C2C-Produkte – von der Wiege bis zur Wiege (Quelle: Trigema 2013).

19.4 Suffizienz – weniger, langsamer, regionaler

Obwohl das C2C-Konzept nicht konkret auf Suffizienz ausgerichtet ist, enthält es doch auch Elemente einer Suffizienz-Strategie. Denn wenn es gelingt, Materialkreisläufe zu schließen und beispielsweise einen Bürostuhl tatsächlich nur einmal herzustellen, um ihn dann quasi unendlich zu nutzen, muss eine große Zahl von Bürostühlen gar nicht erst neu hergestellt werden. Es gelingt also, die Produktion als solche zu reduzieren. Und genau das ist einer der Kernpunkte von Suffizienz. Die ebenfalls bereits im ersten Kapitel dieses Buches erwähnten Suffizienzstrategien ergänzen die vorgestellten Effizienz- und Konsistenzstrategien von Unternehmen. Unter dem Titel „Suffizienz als Business Case" haben Schneidewind und Palzkill (2011) konkrete Ansatz- und Umsetzungsmöglichkeiten für Unternehmen entwickelt, die im Folgenden näher erläutert werden.

Suffizienzstrategien

19.4.1 Suffizienz als Business Case

Schneidewind und Palzkill (2011) verstehen unter Suffizienzstrategien ein „Weniger", „Langsamer" und „Regionaler", was sie anhand der sogenannten 4 „E"s (Entrümpelung, Entschleunigung, Entkommerzialisierung, Entflechtung) von Wolfgang Sachs (1993) illustrieren und jeweils auf den *Business Case*-Gehalt hin untersuchen (s. im Folgenden Schneidewind und Palzkill, 2010).

4 „E"s

Entrümpelung (Reduktionsstrategien)
Entrümpelung bzw. Reduktionsstrategien stehen für das „Weniger". Was zunächst im Hinblick auf meist ausschließlich auf Wachstum ausgerichtete Unternehmensstrategien mit einem erfolgreichen *Business Case* nicht viel gemein zu haben scheint, wird bei näherer Betrachtung zu einem Erfolgskonzept. Indem sich ein Unternehmen selber die Frage stellt, ob die gesamte Produktpalette noch einen Mehrwert generiert bzw. das Nutzenversprechen tatsächlich noch den Gegebenheiten entspricht, kann es zu einer „Bereinigung des Produktspektrums" gelangen und sich so wieder auf die eigene Kernkompetenz besinnen. Resultat sind eine „langfristige Stabilität und ökologische Entlastung in zunehmend gesättigten Märkten". Auch die Abnehmenden (Verbraucherinnen und Verbraucher, aber auch Unternehmen) fragen vermehrt nach einfacheren, puristischen Produkten, die Langlebigkeit versprechen. Ein Beispiel für eine Reduktionsstrategie ist die Richard Henkel GmbH (www. richard-henkel.de), die sich auf Stahlrohrmöbel für den Garten- und Schwimmbad- bzw. Wellnessbereich spezialisiert hat und das mit einer überschaubaren Produktpalette. So können Abnehmer auch nach Jahren ihre Möbel zur Neubespannung geben und müssen keine Produktinkompatibilitäten befürchten. Schneidewind und Palzkill führen außerdem das sogenannte Einspar-*Contracting* im Energiebereich als Beispiel für eine Reduktionsstrategie an. Dabei geht es darum, Investiti-

Entrümpelung

onen in eine bessere Energiebilanz an einen *Contracting*-Nehmer zu vergeben, der die Maßnahmen durch die erzielten Einsparungen finanziert.

Entschleunigung

Entschleunigung

Zu Entschleunigungsstrategien – dem „Langsamer" – zählt unter anderem die Verlängerung des Produktlebenszyklus. Indem Waren hochwertiger produziert und länger genutzt werden, müssen weniger Ressourcen verbraucht werden, was die Umwelt entlastet. Ein hochrelevantes Beispiel wäre hier die verlängerte Nutzung von Mobiltelefonen, die sehr oft jährlich ausgetauscht werden, was von vielen Mobilfunkanbietern durch entsprechende Angebote und Vergünstigungen noch unterstützt wird. Eine entsprechende Umgestaltung von Tarifverträgen (z.B. das Angebot von Rabatten bei der Ablehnung eines neuen Mobiltelefons) kann sich auch für Telekommunikationsunternehmen lohnen, indem sie ihre Kundinnen und Kunden noch fester an sich binden. Dass sich hier offenbar ein Trend entwickelt, wird an Bewegungen wie *Slow Food* (www.slowfood.de) deutlich.

Entkommerzialisierung

Entkommerzialisierung

Als *Business Case* eignet sich das „E" der Entkommerzialisierung vor allem im Dienstleistungsbereich. Durch die Stärkung einer Subsistenzwirtschaft, also den Auf- und Ausbau von Eigenleistungen zur Bedürfnisbefriedigung, sind neue Fähigkeiten gefragt (z.B. Gartenbau oder Programmierung). Hier werden neuartige Bildungsangebote nachgefragt, die nicht nur neuen Bedürfnissen entsprechen, sondern auch neue Geschäftsfelder eröffnen. Denn der Trend geht dahin, nicht mehr Dienstleistende für verschiedene Tätigkeiten zu beauftragen, sondern die Dienstleistungen (z.B. den Gemüsegarten bestellen, die Homepage für den Verein aufbauen) selber zu übernehmen. Und dafür werden Fachkenntnisse benötigt.

Entflechtung (Regionalisierungsstrategien)

Entflechtung

Mit der Entflechtung wird das „Regionaler" von Suffizienz angesprochen. Die heute hochgradig global vernetzte Wirtschaft verursacht durch umfangreiche Transportvolumen massive Umweltauswirkungen. Ein weiterer Aspekt der globalisierten Fertigung sind Unwägbarkeiten bezüglich der sozialen Bedingungen, unter denen Produkte hergestellt werden. Indem Unternehmen auf regionale Partner umstellen, können sie nicht nur die ökologischen Auswirkungen verringern, sondern auch sicherstellen, dass auch unter sozialen Gesichtspunkten nach eigenen Standards produziert wird. Dabei bieten Regionalisierungsstrategien nicht nur kleineren Unternehmen die Möglichkeit, ihre Zulieferbetriebe besser im Auge zu behalten, sondern auch internationalen Konzernen. So treibt beispielsweise McDonald's, ein weltweiter Konzern, den man nicht zwingend als Erstes mit dem Thema Nachhaltigkeit verbindet, auch aus strategischen die Regionalisierung deutlich voran und bezieht inzwischen in den Standortländern einen Großteil der Produkte. Damit werden nicht nur Transportwege verkürzt, sondern es wird auch die

Umwelt entlastet. Natürlich lässt sich dies entsprechend auch in der Außendarstellung nutzen.

Auch wenn sie noch keine der Effizienz entsprechende Verbreitung gefunden haben, sind auch Suffizienzstrategien heute bereits Gegenstand unternehmerischer Anstrengungen. Das folgende Praxisbeispiel unterstreicht die Praxiskompatibilität von Suffizienzstrategien.

19.4.2 Praxisbeispiel Suffizienz – die *Common Threads Initiative* von Patagonia

Patagonia, das in den 1970er Jahren gegründete, US-amerikanische Unternehmen für Outdoor-Ausrüstung mit Sitz im kalifornischen Ventura, ist bekannt für seine umfassenden Umweltinitiativen. Dazu zählen zum Beispiel die *Footprint Chronicles*, die Offenlegung der Lieferkette mit dem Ziel, die eigenen, negativen ökologischen und sozialen Auswirkungen zu minimieren (www.patagonia.com/eu/deDE/footprint) oder auch die Kampagne *Our Common Waters*, die sich dem sorgsamen Umgang mit Wasser widmet (www.patagonia.com/eu/deDE/patagonia.go?assetid=35662).

2011 lancierte Patagonia die *Common Threads Initiative* (vgl. im Folgenden www.patagonia.com/eu/deDE/common-threads), die das „Weniger" von Suffizienz deutlich illustriert. Die Anzeigenkampagne im Rahmen der Initiative rief Verbraucherinnen und Verbraucher dazu auf, die gezeigte Jacke **nicht** zu kaufen (*Don't Buy This Jacket*, vgl. Abb. 19.3).

Mit dieser Anzeige bringt Patagonia nicht nur das Thema Suffizienz in Bezug auf die eigenen Produkte auf den Punkt („Kaufen Sie unsere Produkte nicht, wenn Sie sie nicht wirklich brauchen."), sondern weist auf den konkreten Inhalt der *Common Threads Initiative* hin, den das Unternehmen mit den Schlagworten Reduzieren, Reparieren, Weiterverwenden, Recyceln und Umdenken umschreibt:

Abb. 19.3 Werbekampagne von Patagonia zum suffizienten Umgang mit Outdoor-Bekleidung (Quelle: Patagonia).

Reduzieren
* WIR schaffen zweckmäßige Ausrüstung.
* SIE kaufen nur das, was Sie wirklich brauchen.

Reparieren
* WIR reparieren Ihre beschädigte Patagonia-Ausrüstung.
* SIE geben schadhafte Produkte zur Reparatur.

Weiterverwenden:
* WIR spenden Restposten zu wohltätigen Zwecken.
* SIE verkaufen ungenützte Kleidung oder geben sie an andere weiter.

Recyceln:
* WIR nehmen Ihre ausgedienten Patagonia-Produkte zurück.
* SIE sorgen dafür, dass Ihre Ausrüstung nicht auf dem Müll landet.

Umdenken:
* GEMEINSAM umdenken für eine nachhaltige Welt, in der wir nur so viel nehmen, wie die Natur ersetzen kann."

Diese als Partnervereinbarung zwischen Patagonia und den Kundinnen und Kunden des Unternehmens ausgestaltete Initiative wurde bis Anfang 2013 von über 56 000 Personen im Internet unterzeichnet. Das Unternehmen gibt außerdem an, mehr als 13 000 Artikel zwischen Januar und September 2012 repariert und seit 2004 insgesamt über 41 Tonnen abgetragener Patagonia-Produkte recycelt zu haben. Damit setzt Patagonia um, was der Gründer als Unternehmensstrategie festgehalten hat: „Wir wollen nicht grenzenlos expandieren, sondern schlank und beweglich bleiben. Wir wollen die bestmögliche Kleidung herstellen – und die haltbarste. Es geht uns darum, höchste Qualität zu schaffen, damit unsere Kunden weniger konsumieren und dafür besser leben. Bei jeder Entscheidung muss man ihre ökologische Auswirkung berücksichtigen" (Chouinard und Gallagher, 2004).

Ähnlich wie im vorangegangenen Beispiel mit dem immer wieder neu verwendeten Bürostuhl eröffnet sich in der Konsequenz auch bei Patagonia ein neuer Angebotsbereich. Zwar werden vielleicht wirklich weniger Jacken verkauft, gleichzeitig aber wächst der Bereich der Reparaturen, die von Patagonia nicht zwingend kostenlos durchgeführt werden. Hier ist also auch die Nachhaltigkeitssäule der Ökonomie berücksichtigt. Mit diesem neuen Geschäftsfeld bindet Patagonia aber auch die Kundschaft enger an sich. Denn die häufig nicht ganz günstige Outdoor-Ausrüstung, die sich vielleicht schon über Jahre bewährt und an die man sich gewöhnt hat, kann nach einer Reparatur weiterverwendet werden.

Auch wenn die *Common Threads Initiative* einen Fokus auf die Säule der Ökologie legt, stehen auch soziale Themen bei Patagonia auf der Agenda Neben der Untersuchung sozialer Aspekte in der Lieferkette (s.o.) hat sich Unternehmensgründer Chouinard intensiv mit der guten Behandlung der eigenen Mitarbeitenden auseinandergesetzt (s. Chouinard 2009).

19.5 Fazit

Die Ausführungen zu betrieblichen Effizienz-, Konsistenz- und Suffizienzstrategien mit den jeweiligen Praxisbeispielen haben gezeigt, dass selbst herausfordernde und nicht auf den ersten Blick auf der Hand liegende Wege von Unternehmen gegangen werden (können), um einen Beitrag zu einer nachhaltigen Entwicklung zu leisten. Selbst zunächst ungewöhnlich oder sogar unpopulär erscheinende Maßnahmen und Strategien können von Unternehmen erfolgreich in der Praxis ein- und umgesetzt werden. Die vorgestellten Praxisbeispiele entstammen denn auch nicht ökologischen oder ökonomischen Eintagsfliegen, sondern aus Unternehmen, die sich schon über einen längeren Zeitraum am Markt behauptet haben.

Die in den vorangegangenen Kapiteln dieses Lehrbuchs vorgestellten Ansätze und Maßnahmen tragen in unterschiedlichem Ausmaß zur Umsetzung von einer, zwei oder drei der Strategien bei. Sie sind nicht immer zwingend auch trennscharf, häufig findet es sich, dass zwei oder sogar drei Strategien gleichzeitig in einer Maßnahme zum Tragen kommen. Wichtig ist, dass sie komplementär zum Einsatz kommen und ein Unternehmen nicht ausschließlich auf eine der drei Strategien setzt, denn nur so kann tatsächlich ein Beitrag zu einer nachhaltigen Entwicklung geleistet werden.

19.6 Ausblick

Viele Unternehmen stehen auch heute noch am Anfang ihrer Bestrebungen das Thema Nachhaltigkeit in den eigenen Betrieb zu integrieren. Es gibt aber nur noch wenige Unternehmen, die sich überhaupt nicht mit dem Thema Nachhaltigkeit auseinandersetzen. Dies hat sich in den letzten Jahren und Jahrzehnten deutlich geändert. Die Ausführungen in diesem Lehrbuch haben gezeigt, dass nächste Schritte nicht nur notwendig, sondern auch möglich sind. Es liegt heute eine Fülle an Umsetzungsmöglichkeiten vor, für die dieses Lehrbuch eine Orientierungshilfe sein will. Diese Strategie-, Instrumenten- und Maßnahmenfülle ist aber auch gleichzeitig eine Verpflichtung für Unternehmen stets die Weiterentwicklung zu suchen und sich nicht auf dem bereits Erreichten auszuruhen. Die Herausforderungen im Nachhaltigkeitskontext wachsen stetig und stellen auch Unternehmen immer wieder vor neue Situation, die Reaktion und Anpassung erfordern. Die Grundbausteine für eine nachhaltige Zukunft, die Schließung von Kreisläufen, der möglichst geringe Einsatz von nicht-erneuerbaren Ressourcen und die sozialverträgliche Erstellung von Produkten, müssen für die Wirtschaft insgesamt selbstverständlich werden, um eine nachhaltige und damit lebensfähige Wirtschaftsweise zu erreichen. Gleichzeitig ist jedoch ein Umdenken aller notwendig, denn nur wenn das Konzept der Nachhaltigkeit verstanden wird und weitreichende Unterstützung aller Seiten erhält, ist es umsetzbar und das Ziel einer nachhaltigen Entwicklung zu erreichen.

Die nächsten Jahre werden entscheidend sein auf dem Weg zu einer nachhaltigen Wirtschaftsweise und die Zukunft wird zeigen, ob die Wirtschaft ihr Möglichstes getan hat, um den negativen Auswirkungen verursachter Umweltschäden und sozialer Missstände entgegenzuwirken.

19.7 Übungsfragen

1. Wie lässt sich die Entwicklung in Richtung Nachhaltigkeit bis heute beschreiben?
2. Was verstehen Sie unter Effizienz-, Konsistenz- und Suffizienzstrategien? Erläutern Sie diese und entwickeln Sie jeweils ein eigenes Praxisbeispiel.
3. Welchen Kriterien muss Ihrer Meinung nach ein „nachhaltiges Unternehmen" genügen? Entwickeln Sie ein fiktives Fallbeispiel.
4. Entwerfen Sie ein Nachhaltigkeitsszenario für die Lebensmittelbranche im Jahr 2030. Welche Chance bestehen aus heutiger Sicht für eine nachhaltige Entwicklung? Welche Entwicklungen halten Sie persönlich für möglich, wenn Sie sich über wahrgenommene Einschränkungen hinwegsetzen? Wie können Effizienz-, Konsistenz- und Suffizienzstrategien in diesem Kontext aussehen?

19.8 Weiterführende Literatur

Braungart, M. (2001): Einfach intelligent produzieren: Cradle to cradle: Die Natur zeigt, wie wir die Dinge besser machen können. Gebrauchsanweisungen für das 21. Jahrhundert, Berlin.

Jackson, T. (2011): Wohlstand ohne Wachstum. Leben und Wirtschaften in einer endlichen Welt, hrsg. von der Heinrich-Böll-Stiftung, München.

Schneidewind, U. (2012): Nachhaltiges Ressourcenmanagement als Gegenstand einer transdisziplinären Betriebswirtschaftlehre – Suffizienz als Business Case, in: Corsten, H.; Roth, S. (Hrsg.): Nachhaltigkeit – Unternehmerisches Handeln in globaler Verantwortung, Wiesbaden, S. 67–92.

Welzer, H. und Wiegandt, K. (2011): Perspektiven einer nachhaltigen Entwicklung: Wie sieht die Welt im Jahr 2050 aus?, Frankfurt/Main.

20 Das Doktoranden-Netzwerk Nachhaltiges Wirtschaften e.V. (DNW)

von Gerrit Mumm, Ramona Trommer und Steffen Wellge

20.1 Netzwerk

Das DNW versteht sich als ein Netzwerk von jungen Wissenschaftlerinnen und Wissenschaftlern, die sich mit dem Themengebiet nachhaltiges Wirtschaften auseinandersetzen. Es ist eine Plattform für den interdisziplinären Austausch und unterstützt Nachwuchswissenschaftlerinnen und -wissenschaftler aktiv bei ihrer wissenschaftlichen Arbeit.

Die Gründung des Netzwerks ist eng mit der Verabschiedung der EG-Ökoaudit-Verordnung (die heutige EMAS-Verordnung) im Jahr 1993 verbunden. Der innovative Regelungscharakter der Verordnung stieß in der Fachöffentlichkeit auf reges Interesse. Da die Themenfelder Umweltmanagement und Ökoaudit-Schnittstellen zu verschiedenen (umwelt-) wissenschaftlichen Fachrichtungen bieten, führte die Diskussion rasch zu einem multidisziplinären Dialog, der insbesondere Nachwuchswissenschaftler begeisterte. Aus der Vielzahl an Fachrichtungen und Fragestellungen resultierte das Bedürfnis, sich auszutauschen und Synergien zu erschließen. Dem Aufruf einer kleinen Gruppe engagierter Doktoranden schlossen sich schnell Mitstreiter an. 1996 folgt die Eintragung als gemeinnütziger Verein.

Mit den Jahren wuchs sowohl die Zahl der Mitglieder als auch die der Frage- und Themenstellungen, mit denen sich die Mitglieder auseinandersetzen. Derzeit besteht das Netzwerk aus 89 Personen, die sich mit dem Themengebiet nachhaltiges Wirtschaften auf vielfältige Weise auseinandersetzen. An den Zielen hingegen hat sich seit jeher nichts verändert: Förderung von Nachwuchswissenschaftlerinnen und -wissenschaftlern sowie ihrer Vernetzung, inter- und transdisziplinärer Austausch und gemeinsamer Erkenntnisgewinn. Durch Theorie-Praxis-Dialoge, Doktorandenseminare und eigene Veröffentlichungen bietet das Netzwerk Räume für die praktische Umsetzung.

20.2 Struktur

Der Vorstand koordiniert die gesamte Arbeit des Vereins. Ihm obliegen die Organisations- und Arbeitsstrukturen des Netzwerks, Mitgliederbetreuung, Einberufung von ordentlichen Versammlungen, Buchführung

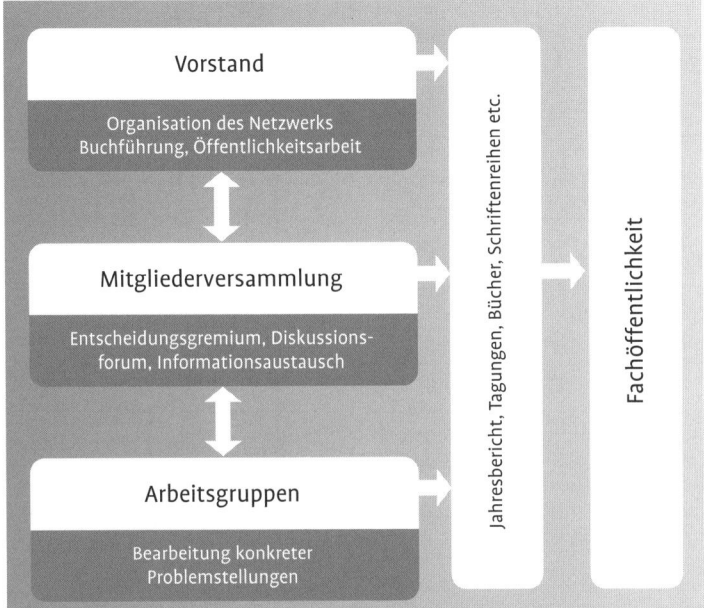

Abb. 20.1 Struktur des DNW (Quelle: eigene Darstellung).

und Öffentlichkeitsarbeit. Er besteht aus vier Personen, die von der Mitgliederversammlung jeweils für die Dauer von einem Jahr gewählt werden. Die Vorstandsmitglieder erfüllen sämtliche Aufgaben ehrenamtlich und weitestgehend gemeinschaftlich.

Daneben ist die Mitgliederversammlung das Gremium zur Ausrichtung und Organisation des Vereins. Sie nimmt vom Vorstand den Bericht über das zurückliegende Geschäftsjahr entgegen, entlastet den Vorstand und fasst Beschlüsse über die grundsätzliche Geschäftspolitik.

Die Arbeitsgruppen werden je nach Bedarf und Interesse von den Netzwerkmitgliedern selbst gebildet. Die Gruppen beschäftigen sich mit wichtigen Einzelaspekten und publizieren ihre Ergebnisse in der Schriftenreihe des DNW oder in Zeitschriften und Buchaufsätzen. Die Arbeitsgruppensitzungen finden sowohl im Zusammenhang mit den Versammlungen als auch selbstorganisiert statt.

20.3 Mitglieder

Im DNW können Doktoranden und Habilitanden Mitglied werden, die sich in ihren wissenschaftlichen Arbeiten mit dem Themengebiet nachhaltiges Wirtschaften befassen. Gestartet mit 27 Nachwuchswissenschaftlerinnen und Nachwuchswissenschaftlern, besteht das Netzwerk inzwischen aus aktiven Doktorandinnen/en, Doktorinnen/en, Habilitandinnen/en und Professorinnen/en. Ihre akademische Herkunft liegt unter anderem in den Wirtschaftswissenschaften, Rechtswissenschaften, Wirtschaftsingenieurwesen, Bauingenieurwesen, Maschinenbau, Geographie, Chemie, Biologie, Agrarwissenschaften, Gartenbau, Landschafts- und Freiraumplanung. Insgesamt sind über 20 Disziplinen im DNW vertreten. Um die vielfältigen Kompetenzen der Mitglieder systematisch zu erfassen, werden diese zu vier wesentlichen Kompetenzfeldern zusammengefasst:

Kompetenzfeld A: Nachhaltigkeit im Unternehmen
Schwerpunkt dieses Kompetenzfeldes bildet die strategische wie operative Umsetzung des Nachhaltigkeitsgedankens innerhalb der Unternehmen. Unternehmenspolitische, technische und an der täglichen Arbeit orientierte Elemente bzw. Tools stehen im Zentrum der Betrachtung.

Kompetenzfeld B: Klima und Energie
Das Kompetenzfeld „Klima und Energie" beschäftigt sich u. a. mit den Kosten des Klimawandels und Fragen der Versorgungssicherheit. Instrumente wie Stoffstrommanagement tragen zum effizienten Umgang mit Ressourcen bei und auch der Emissions-Zertifikate-Handel steht im Fokus.

Kompetenzfeld C: *Corporate Social Responsibility* (CSR) und *Corporate Citizenship* (CC)
Schwerpunkt dieses Kompetenzfeldes bildet die wissenschaftlich-theoretische sowie praxisbezogene Betrachtung der gesellschaftlich-bürgerschaftlichen Verantwortung der Unternehmen entlang der *Triple-Bottom-Line*. Bezüge bestehen insbesondere hinsichtlich des Kompetenzfeldes „Nachhaltigkeit im Unternehmen".

Kompetenzfeld D: Umweltökonomie & ökologische Ökonomie
Die Umweltökonomie befasst sich mit der Bewertung und Möglichkeiten der Internalisierung von Umweltschäden sowie geeigneten ökonomischen Maßnahmen. Modelle beziehen nachfolgende Generationen mit ein.

20.4 Aktivitäten

Das DNW setzt seine Ziele anhand vielfältiger Aktivitäten um. Die halbjährlich in wechselnden Städten in ganz Deutschland stattfindenden Netzwerktreffen dienen in erster Linie dazu, sich kennenzulernen, wiederzusehen, mit internen und externen Referierenden über aktuelle Entwicklungen zu diskutieren, praktische Hilfestellung im Rahmen der Promotion zu leisten und den Mitgliedern die Möglichkeit zu bieten, einzelne Passagen ihrer Dissertationen oder aktueller Forschungsprojekte zur Diskussion zu stellen. Neben dem fachlichen Teil bieten kulturelle Events wie Führungen oder Besichtigungen und der gemeinsame

Austausch in geselliger Atmosphäre die Möglichkeit zum gegenseitigen Kennenlernen und zum Knüpfen von netzwerksinternen Kontakten. Neu ist die Vergabe eines Wissenschaftspreises, der einmal jährlich die besten wissenschaftlichen Arbeiten des Netzwerks auszeichnet.

Neben den regelmäßigen netzwerkinternen Treffen wurde eine Reihe von Tagungen organisiert:

* Mit Unterstützung der Deutschen Bahn AG wurde im Oktober 1999 in Berlin das Symposium „Nachhaltige (Fehl-)Entwicklungen? Umweltmanagementsysteme mit Zertifikat" durchgeführt, auf dem mehr als 100 Teilnehmende mit namhaften Referentinnen und Referenten Kernfragen des Umweltmanagements diskutieren konnten.

* Zum zehnjährigen Bestehen des Netzwerks veranstaltete das DNW im Jahr 2007 zusammen mit dem *Centre for Sustainability Management* (CSM) in Lüneburg die Konferenz „Meeting-the-Future" mit zahlreichen Organisationen und über 200 Gästen.

Das DNW hat bereits mehrere Publikationen herausgegeben und eine eigene Schriftenreihe gegründet. Darüber hinaus wurden zahlreiche Beiträge in Fachzeitschriften, Sammelbänden etc. veröffentlicht. Das vorliegende Buch „Betriebliches Nachhaltigkeitsmanagement" ist ein besonderes Aushängeschild, weil es, als Nachfolger des Lehrbuches „Betriebliches Umweltmanagement", das zwischen 2001 und 2011 in 4 Auflagen vertrieben wurde, zu einem Standardwerk in diesem Bereich zählt und einen Querschnitt der Expertise der Mitglieder des DNW liefert.

Darüber hinaus wurden von den DNW-Mitgliedern Dozenturen an Hochschulen übernommen, in nicht unbeträchtlichem Umfang Gremienarbeit (etwa im DIN-NAGUS, UGA, VDI und IdU) geleistet, verschiedene Gutachten verfasst sowie ein Antrag zur Normung von Umwelterklärungen erarbeitet und beim DIN eingereicht. Über diese und weitere Aktivitäten informiert das DNW regelmäßig und ausführlich in seinen Jahresberichten.

Zum informellen und formellen Austausch der Netzwerkenden trägt insbesondere auch ein interner E-Mail-Verteiler bei, über den Informationen ausgetauscht werden und in dem auf aktuelle Veranstaltungen, Ausschreibungen und Tagungen hingewiesen wird. Weiterhin haben die Mitglieder einen exklusiven Zugang zu Gruppen auf Facebook und XING, in denen ein unmittelbarer und persönlicher Austausch stattfindet.

Gegenwärtig engagiert sich das DNW als Mit-Initiator der deutschlandweiten Hochschultage „Ökosoziale Marktwirtschaft und Nachhaltigkeit". Ziel ist die allgemeine Verankerung von Nachhaltigkeit in den Curricula, um damit die Umsetzung des Beschlusses der Hochschulrektorenkonferenz und der Deutschen UNESCO für eine Bildung für nachhaltige Entwicklung zu beschleunigen.

20.5 Ausblick

Nachhaltigem Wirtschaften wird eine Schlüsselrolle in der gesamtwirtschaftlichen Entwicklung der nächsten Jahre und Jahrzehnte zuteil. Entsprechende Kompetenzen sind zunehmend gefragt. Dies spiegelt sich im hohen Interesse am Tätigkeitsspektrum des DNW und in stetig wachsenden Mitgliederzahlen wider. Das Netzwerk liefert einen wichtigen Beitrag zur Unterstützung von Nachwuchswissenschaftlerinnen und -wissenschaftlern sowie zum interdisziplinären Austausch. Über Veröffentlichungen, Konferenzen und die Kooperation mit externen Partnern wird die Expertise gebündelt und zur aktiven Mitgestaltung der wirtschaftlichen und gesellschaftlichen Entwicklung eingesetzt.

Interessierte können sich auf der Homepage www.doktorandennetzwerk.de weitergehend über das DNW, seine Mitglieder und seine aktuellen Aktivitäten informieren und Kontakt aufnehmen. Insbesondere sind Promovierende und Habilitierende, die sich mit dem Themengebiet des nachhaltigen Wirtschaftens befassen, herzlich eingeladen, sich um die Mitgliedschaft im DNW zu bewerben.

Autorenverzeichnis

Dr. Julia Ackermann

Jahrgang 1978. 1997–2002 Studium der Wirtschaftswissenschaften an der Universität Oldenburg sowie der University of Northern Colorado, USA (Abschluss: Diplom-Ökonomin). 2002–2004 wissenschaftliche Mitarbeiterin bei Prof. Dr. Uwe Schneidewind, Lehrstuhl für Produktion und Umwelt der Universität Oldenburg. Seit 2004 bei der Volkswagen AG. 2004–2006 tätig in der Konzernforschung – Bereich Umweltschutz. 2005 Promotion zum Dr. rer. pol.; Thema: „Nachhaltigkeit im Beschaffungsmanagement". 2006–2008 zuständig für Umweltschutz und Nachhaltigkeit in der Konzernbeschaffung. 2008–2010 Leiterin der Volkswagen Beschaffungsakademie. Seit 2011 in Peking verantwortlich für das Thema Personalentwicklung der Volkswagen Group China. Arbeitsschwerpunkte: nachhaltige Entwicklung, Beschaffungs- und Lieferantenmanagement, Supply Chain Management, Personalentwicklung.

Prof. Dr. Anette von Ahsen

Jahrgang 1966. Studium der Wirtschaftswissenschaft an der Universität Bremen (Abschluss: Diplom-Ökonomin). Promotion zur Dr. oec. ebenfalls an der Universität Bremen mit einer Arbeit über das „Total Quality Management. Komponenten und organisatorische Umsetzung einer unternehmensweiten Qualitätskonzeption". Habilitation an der Universität Duisburg-Essen – Thema der Habilitationsschrift: „Integriertes Qualitäts- und Umweltmanagement. Mehrdimensionale Modellierung und Anwendung in der deutschen Automobilindustrie". Zunächst Gastprofessorin und inzwischen außerplanmäßige Professorin an der Technischen Universität Darmstadt.

Dr. Annett Baumast

Jahrgang 1971. Studium der Wirtschaftswissenschaften an der Universität Hannover sowie ESC Rouen, Frankreich (Abschluss: Diplom-Ökonomin). Doktorstudium an der Universität St. Gallen, Schweiz und Forschungsaufenthalt an der London School of Economics, Großbritannien. Promotion zur Dr. oec. an der Universität St. Gallen (HSG) mit einer Arbeit über Umweltmanagementsysteme und kulturelle Unterschiede in

Deutschland, Großbritannien und Schweden. Ehemalige Projektmitarbeiterin und Assistentin an den Universitäten Hannover und St. Gallen. Nach langjähriger Tätigkeit als Nachhaltigkeitsanalystin einer Schweizer Bank seit 2011 selbstständige Expertin, Beraterin, Projektleiterin, Dozentin und Autorin an der Schnittstelle zwischen Kultur und Nachhaltigkeit.

Nicole Dickebohm

Jahrgang 1979. 2002–2006 Studium der Wirtschaftswissenschaften an der Universität Oldenburg sowie der University College Cork, Irland (Abschluss: Diplom-Ökonomin). 2005 wissenschaftliche Mitarbeiterin bei PD Martin Müller, Lehrstuhl für Produktion und Umwelt der Universität Oldenburg. Seit 2007 bei der Volkswagen AG. 2007–2009 tätig in der Konzernbeschaffung im Doktorandenprogramm mit dem Thema: „Umsetzung von Nachhaltigkeitskonzepten in internationalen Lieferantenbeziehungen – Eine Wirkungsanalyse". Seit 2010 tätig in der Konzernbeschaffung. Zuständig für Umweltschutz und Nachhaltigkeit in der Konzernbeschaffung. Arbeitsschwerpunkte: nachhaltige Entwicklung, Beschaffungs- und Lieferantenmanagement, Supply Chain Management, Veranstaltungsmanagement.

Dr. Ines Freier

Jahrgang 1970. Studium der Lateinamerikawissenschaften/Ökonomie an der Universität Rostock (1990–1995). Postgraduale Ausbildung in Entwicklungspolitik am DIE in Berlin (1996/1997) mit einer Studie zum Ressourcenmanagement in Nepal. Promotion an der Hochschule Vechta (Abschluss 08/2005) mit Auslandsaufenthalten in Frankreich und Dänemark. Seit 1995 Beraterin in der internationalen und europäischen Umweltpolitik und Entwicklungspolitik, seit 2001 Dozentin an Hochschulen. Durchführung und Leitung von Evaluationen sowie Forschungs- und Politikberatungsprojekten. 2003–2005 Vorstandsmitglied des Doktoranden-Netzwerks Nachhaltiges Wirtschaften (DNW) e.V.

Prof. Dr. Rüdiger Hahn

Jahrgang 1978. Studium der Betriebswirtschaftslehre an der Heinrich-Heine-Universität Düsseldorf mit Auslandsaufenthalten an der UCLA (USA) sowie an der University of Otago (Neuseeland). Zuvor zwei Jahre in einer internationalen Werbeagentur tätig. Zwischenzeitlich Projekttätigkeit als Mitarbeiter einer NGO in Neu Delhi (Indien). Promotion zum Dr. rer. pol. im Jahr 2009, Habilitation im Jahr 2012. 2010–2012 Juniorprofessor für BWL, insbes. Sustainability und Corporate Responsibility an der Heinrich-Heine-Universität Düsseldorf. Seit 2012 Professor für

ABWL, insbes. nachhaltige Unternehmensführung an der Universität Kassel. Zudem verschiedene Lehraufträge und Beratungstätigkeiten im Bereich Nachhaltigkeitsmanagement und Unternehmensverantwortung.

Dr. Christian Herzig

Jahrgang 1974. Studium der Betriebswirtschaftslehre und Umweltwissenschaften an der Universität Lüneburg. Promotion in den Wirtschafts- und Sozialwissenschaften. Research Fellowships am Centre for Accounting, Governance and Sustainability, University of South Australia und am International Centre for Corporate Social Responsibility, University of Nottingham, UK. Forschungsassistent von Prof. Dr. Stefan Schaltegger am Lehrstuhl für BWL der Leuphana Universität Lüneburg, insbes. Nachhaltigkeitsmanagement. Assistenzprofessor in Sustainability Accounting and Reporting sowie Studiengangsleiter des Masterprogramms Corporate Social Responsibility an der Nottingham University Business School, UK. Seit 2013 Professor of Business and Sustainability an der Nottingham Trent University, UK. Lehre in führenden MBA- und Masterprogrammen zu CSR und Nachhaltigkeitsmanagement in Deutschland und England, verschiedenen Executive Programmen sowie Gastdozenturen an der Freien Universität Berlin und der Marmara Universität, Istanbul.

Prof. Dr. Helga Kanning

Jahrgang 1959. 1991 Diplom Landschafts- und Freiraumplanung an der Universität Hannover. 1992 Dipl.-Ing. in Planungsbüro. 1992–2004 wiss. Mitarbeiterin, Assistentin am Institut für Landesplanung und Raumforschung. 2004–2006 wiss. Oberassistentin am Institut für Umweltplanung der Leibniz Universität Hannover (LUH). 2000 Promotion, 2004 Habilitation. Seit 2006 Geschäftsführerin der AGiP beim niedersächsischen Ministerium für Wissenschaft und Kultur an der Hochschule. Seit 2008 apl. Professorin an der LUH Hannover. Gründungs- und 1997/1998 Vorstandsmitglied des Doktoranden-Netzwerks Nachhaltiges Wirtschaften (DNW) e.V. Schwerpunkte u.a.: nachhaltige (Raum-) Entwicklung, erneuerbare Energien, Planungsinstrumente, Umweltpolitik, Ökologische Ökonomie, Projekte u.a. bei der DFG, DBU.

Dr. Alexandro Kleine

Jahrgang 1977. 2003 Diplomabschluss im Wirtschaftsingenieurwesen (Maschinenbau) an der TU Kaiserslautern, Schwerpunkte in Energietechnik, Umwelt- und Nachhaltigkeitsmanagement. Diplomarbeit zur „Ökoeffizienz als unternehmenspolitisches Ziel". 2003–2009 Projektmitarbeiter an der TU Kaiserslautern. Arbeitsschwerpunkte: Ökoeffizienz, Nachhaltigkeitsstrategien und -management. 2008 Promotion zum Dr. rer. pol. – Thema: „Operationalisierung einer Nachhaltigkeitsstrategie". Seit 2004 Mitglied im Doktoranden-Netzwerk Nachhaltiges Wirtschaften (DNW) e.V., 2007–2010 im Vorstand. Seit 2010 Referent für die Entwicklung und Umsetzung innovativer Produkte (stromerzeugende Heizung) bei der RWE Effizienz GmbH.

Dr. Martin Kupp

Jahrgang 1970. 1991–1997 BWL-Studium an der Universität zu Köln. Promotion am Lehrstuhl von Prof. Dr. Dr. h.c. Beuermann über das Thema „Markt-strukturveränderungen durch Kooperationen zwischen Umweltschutzorganisationen und Unternehmen". Von November 2001 bis Juli 2003 als Dozent und Seminarma-nager am Universitätsseminar der Wirtschaft (USW). Ab Juli 2003 Programmdirektor und ab 2007 Mitglied der Fakultät der European School of Management and Technology (ESMT), Berlin. Seit 2012 Associate Professor for Entrepreneurship an der ESCP Europe, Paris. Gründungsmitglied der Studierendeninitiative oikos Köln. 2000–2001 Vorstandsmitglied des Doktoranden-Netzwerks Nachhaltiges Wirtschaften (DNW) e.V.

Dr. Mahammad Mahammadzadeh

Jahrgang 1957. Studium der Landmaschinentechnik im Iran, Studium der Betriebswirtschaftslehre und Promotion an der Universität zu Köln. 1997–2002 wissenschaftlicher Mitarbeiter am Seminar für ABWL und OR. 2000–2002 Propädeutikbeauftragter der WISO-Fakultät an der Universität zu Köln, seit 2002 im Institut der deutschen Wirtschaft Köln, Forschungsstelle Ökonomie/Ökologie innerhalb des Wissenschaftsbereichs Wirtschaftspolitik und Sozialpolitik. 2002–2004 Lehrbeauftragter an der Universität zu Köln und seit September 2004 Lehrbeauftragter an der Rheinischen Fachhochschule Köln.

Silke Mollenhauer

Jahrgang 1979. 2008 Abschluss als Diplomingenieur mit Fachrichtung Wirtschaftsingenieurwesen (Maschinenbau) an der TU Berlin mit den technischen Schwerpunkten Maschinenlehre und Logistik. Studienarbeit zum Thema „Wirtschaftliche Abwärmenutzungsmöglichkeiten von Biogasanlagen im lokalen Umfeld"; Diplomarbeit zur „Potenzialanalyse logistischer Strategien und Methoden zur prozessorientierten Risikobeeinflussung produzierender Unternehmen". Während des Studiums achtmonatige Tätigkeit für das EU-Projekt Polysmart am Fraunhofer ISE. Seit 2009 Mitarbeit am Stiftungslehrstuhl Nachhaltiges Wirtschaften der Universität Ulm mit dem Forschungsschwerpunkt nachhaltiges Supply Chain Management und Ökobilanzierung.

Prof. Dr. Romy Morana

Jahrgang 1964. Gelernte Groß- und Außenhandelskauffrau für Sanitär- und Heizungstechnik, danach Studium der Betriebswirtschaftslehre an der TU Berlin. Es folgte ein interdisziplinäres Aufbaustudium Umwelt- wissenschaften an der FU, HU und TU Berlin. 2005 Promotion zum Thema „Closed-loop Supply Chain Management" an der Universität Oldenburg. Seit 2008 Professorin an der Hochschule für Technik und Wirtschaft mit dem Aufgabengebiet Betriebliches Umweltmanagement.

Prof. Dr. Dr. Alexander Moutchnik

Jahrgang 1976. Studium der Volkswirtschaftslehre (Abschluss: Diplom- Volkswirt) sowie Mittlerer, Neuerer und Osteuropäischer Geschichte (Abschluss: Magister Artium) an der Universität Heidelberg. Promotion in Geschichte (2005). Promotion in Volkswirtschaftslehre (2007) zum Thema „Standardization of Corporate Environmental Management. Business case: Multinational Cement Corporation". Anschließend Assis- tent am Lehrstuhl für Betriebswirtschaftslehre im Alfred Weber Institut in Heidelberg. Seit 2008 Leiter des Studiengangs „Medien- und Kommu- nikationsmanagement" an der Mediadesign Hochschule für Design und Informatik, München.

Gerrit Mumm

Jahrgang 1980. Staatlich anerkannter Sozial-Assistent. 2003–2007 Stu- dium der Wirtschafts- und Sozialwissenschaften an der Leuphana Uni- versität Lüneburg (Abschluss: Diplom-Ökonom). 2007 Lehrpreis für innovative Hochschullehre für das Seminar „Innovationspotenziale nachhaltiger Finanzdienstleistungen". Seit August 2008 Promotion am Forschungszentrum für Umweltpolitik (ffu) an der FU Berlin: „Nachhal- tigkeit bewerten". 2009–2011 federführender Referent zur Entwicklung von Nachhaltigkeits-Ratings in der InvestitionsBank des Landes Bran- denburg. Seit Mai 2010 erster Vorsitzender des Doktoranden-Netzwerks Nachhaltiges Wirtschaften (DNW) e.V.

Prof. Dr. Martin Müller

Jahrgang 1969. Bis 1995 Studium der Betriebswirtschaftslehre an der Universität Frankfurt am Main. 1995–2000 Promotion am Lehrstuhl für Betriebliches Umweltmanagement der Martin-Luther-Universität Halle-

Wittenberg. Anschließend 2000–2005 Habilitation bei Prof. Dr. Schneidewind an der Universität Oldenburg. Dort von 2005–2008 Vertretung des Lehrstuhls Produktionswirtschaft und Umwelt. Seit 2008 Inhaber des Stiftungslehrstuhls Nachhaltiges Wirtschaften an der Universität Ulm. Arbeitsschwerpunkte: Sustainable Supply Chain Management, Umwelt- und Sozialstandards, CSR. 1998–2000 Vorstandsmitglied des Doktoranden-Netzwerks Nachhaltiges Wirtschaften (DNW) e.V.

Prof. Dr. Jens Pape

Jahrgang 1968. 1989–1995 Studium der Agrarwissenschaften an der Justus-Liebig-Universität Gießen und der Universität Hohenheim (Stuttgart). 1995 Qualifizierung zum Umweltbetriebsprüfer. 2002 Promotion an der Universität Hohenheim mit einer Arbeit zur Umweltleistungsbewertung. Seit 2008 Professor für Nachhaltige Unternehmensführung in der Agrar- und Ernährungswirtschaft an der Hochschule für nachhaltige Entwicklung Eberswalde (FH). Gründungsmitglied des Doktoranden-Netzwerks Nachhaltiges Wirtschaften (DNW) e.V., von 1996 bis 1998 Vorstandsmitglied. Seit 1999 Mitglied im Umweltgutachterausschuss beim Bundesumweltministerium sowie Mitarbeiter im Normenausschuss Grundlagen des Umweltschutzes beim DIN.

Mathias Pianowski

Jahrgang 1976. 1997–2002 Studium der Wirtschaftswissenschaften an der Universität Duisburg-Essen mit den Schwerpunkten Finanzwirtschaft und Banken, Umweltwirtschaft und Controlling, Betriebliche Steuerlehre sowie Wirtschaftsprüfung (Diplom-Kaufmann). Wissenschaftlicher Mitarbeiter am dortigen Lehrstuhl für BWL, insbes. Umweltwirtschaft und Controlling. Forschung- und Beratungsprojekte sowie Dozententätigkeit zur Nachhaltigkeit in der modernen Daseinsvorsorge (insbes. Wasserwirtschaft), zum CSR-Management, zur Unternehmensberichterstattung (Sustainability R., Value R., Integrated R.) und zur Bewertung von öffentlichen Gütern unter Einbeziehung von Stakeholdern. 2004/2005 Vorsitzender des Doktoranden-Netzwerks Nachhaltiges Wirtschaften (DNW) e.V. Zwischenzeitlich Unternehmensberater in Berlin. Heute Management Consultant für Unternehmerische Nachhaltigkeit und Reporting in Frankfurt am Main. Schwerpunkte seiner Tätigkeit sind das Integrierte Reporting, die Entwicklung und Umsetzung von klimabewussten Geschäftsstrategien in der Low-Carbon-Society und von CSR/CC-Konzepten.

Dr. Kerstin Pichel

Jahrgang 1966. 1987–1993 Studium der Wirtschaftswissenschaften an der Universität Paderborn und der TU Berlin. Studienschwerpunkte: Umweltökonomie, Arbeitspsychologie. 1990–1992 wissenschaftliche Mitarbeiterin am Lehrstuhl für Umweltökonomie an der TU Berlin. 1994–1996 Leiterin des Studienreformprojekts „Ökologische Aspekte der Betriebswirtschaftslehre" (ÖBWL). 2004 Dissertation an der TU Berlin: „Ecopreneurship durch Umweltmanagement-systeme? – Eine empirische Analyse von Bedingungen umweltbewussten Arbeitsverhaltens"; gefördert durch die Deutsche Bundesstiftung Umwelt. 2002–2004 Projektleiterin Strategie- & Organisationsentwicklung, Migros- Genossenschafts-Bund, Zürich. 2004–2007 Lehrbeauftragte an der Universität St. Gallen und der Fachhochschule Chur. 2006–2007 Partnerin der Unternehmensberatung E2 Management Consulting, nachhaltige Strategieentwicklung. Seit 2007 Dozentin für Strategisches Management, Zürcher Hochschule für angewandte Wissenschaften, ZHAW.

Erich Pick

Studium der Energietechnik und Philosophie in Essen und València, Spanien. 1998–2003 wissenschaftlicher Mitarbeiter an der Universität Essen und an der Ruhr-Universität Bochum mit Beteiligung an Forschungsprojekten zur Technikfolgenabschätzung und Ökobilanzierung von Energietechniken und Energieszenarien der BRD. 2001–2007 Studium der freien Kunst an der HFBK Hamburg. 2002–2010 in der Projektentwicklung erneuerbarer Energien tätig. Arbeitsschwerpunkte: Projekt- und Unternehmensfinanzierung. 2005–2010 Referent der Geschäftsführung bei Planet Energy / Greenpeace Energy. Seit 2009 künstlerisch-wissenschaftliches Promotionsvorhaben zu Biopolitik und organizistischer Architektur sowie zu modernistischen Architekturutopien und aktuellen Stadtentwicklungen in Istanbul. Seit 2010 wissenschaftlicher Mitarbeiter an der HFBK Hamburg. 1999–2000 Vorstandsmitglied des Doktoranden-Netzwerks Nachhaltiges Wirtschaften (DNW) e.V.

Prof. Dr. Stefan A. Seuring

Jahrgang 1967. Studium der BWL und Chemie sowie des Umweltmanagements in Deutschland und England, Promotion (2001) und Habilitation (2004) in Betriebswirtschaftslehre an der Carl von Ossietzky-Universität Oldenburg. 2004 Visiting Professor im Department of Operations Management der Copenhagen Business School, Dänemark. 2006–2007 Associate Professor an der Waikato Management School, The University of Waikato, Hamilton, Neuseeland. 2007–2011 Professor für Internationales Management an den Fachbereichen Ökologische

Agrarwissenschaften und Wirtschaftswissenschaften der Universität Kassel. Seit 2011 Inhaber des Lehrstuhls für Supply Chain Management am Fachbereich Wirtschaftswissenschaften der Universität Kassel. Forschung zu Nachhaltigkeit und Supply Chain Management. Gründungsmitglied des Doktoranden-Netzwerks Nachhaltiges Wirtschaften (DNW) e.V.

Enrico Thomas

Jahrgang 1979. Studium des Diplom-Bauwesens mit dem Schwerpunkt Umweltmanagement an der Universität Leipzig. 2006–2011 wissenschaftlicher Mitarbeiter am Institut für Infrastruktur und Ressourcenmanagement der Universität Leipzig mit dem Tätigkeitsfeld betriebliches Umweltmanagement und Nachhaltigkeit in der Wasserwirtschaft. Thema der Dissertation: „Beratungsprogramme zum betrieblichen Umweltmanagement". Seit 2011 Senior Expert Lead Quality Management Auditor für Kunden-, Lieferanten- und interne Audits zur ISO 9001 und ISO 14001 bei der Q-Cells SE in Bitterfeld-Wolfen, einem international agierenden Unternehmen der Photovoltaikbranche.

Dr. Heinrich Tschochohei

Jahrgang 1977. Studium der Wirtschafts-, Sozial- und Umweltwissenschaften an der Hamburger Universität für Wirtschaft & Politik, der Rijksuniversiteit Groningen (NL) und der Leuphana Universität Lüneburg (Abschluss: Diplom-Volkswirt, Diplom-Ökonom). 2003–2007 Forschungsarbeiten zur quantitativen Nachhaltigkeitsanalyse, zu Nachhaltigkeitsmanagement und Energieökonomik am Wuppertal Institut für Klima, Umwelt und Energie, dem UN Hauptquartier in New York, der Boston University und dem Centre for Sustainability Management (CSM) der Leuphana Universität. Projektleiter der DNW-Jubiläumskonferenz 2006 „Meeting the Future". Research Fellow am CSM und Associate der Stiftung Neue Verantwortung (Berlin). Leiter Energie- und CO_2-Managament in der EWE ENERGIE AG.

Ramona Trommer

Jahrgang 1981. 1999–2002 Studium der Verwaltungswirtschaft an der Fachhochschule des Bundes in Mannheim (Abschluss: Diplom-Verwaltungswirtin). 2002–2007 Studium der Betriebswirtschaftslehre an der Friedrich-Schiller-Universität Jena (Abschluss: Diplom-Kauffrau). Seit 2007 Doktorandin und wissenschaftliche Mitarbeiterin am Lehrstuhl für Wirtschaftsprüfung und Controlling der Universität Augsburg. Seit 2009 Stipendiatin nach dem Bayerischen Eliteförderungsgesetz (BayEFG). Dissertation zum Thema: „Zahlt sich Umweltschutz für die

Unternehmen aus?". Seit Mai 2010 Schatzmeisterin des Doktoranden-Netzwerks Nachhaltiges Wirtschaften (DNW) e.V.

Dr. Steffen Wellge

Jahrgang 1980. 1998–2003 Diplomstudium der Wasserwirtschaft sowie 2003–2005 Masterstudium der Ingenieurökologie an der Hochschule Magdeburg Stendal (FH). Promotion 2009 mit dem Thema „Evaluation von betrieblichen Umweltmanagementsystemen" an der Technischen Universität Darmstadt bei Frau Prof. Dr. Schebek. Die Promotion erfolgte berufsbegleitend im Doktorandenprogramm der Volkswagen AG. Seit 2009 Mitarbeiter der Volkswagen Konzernforschung im Bereich Umwelt. Wesentliche Arbeitsschwerpunkte sind die Bewertung von Umweltauswirkungen sowie der Aufbau und die Auditierung von nationalen und internationalen Umwelt- und Energiemanagementsystemen.

Alle Autorinnen und Autoren sind Mitglied des Doktoranden-Netzwerks Nachhaltiges Wirtschaften e.V.

www.doktoranden-netzwerk.de

Ein Lehrbuch „lebt" – genauso wie betriebliches Nachhaltigkeitsmanagement – von der Anwenderfreundlichkeit und Praxistauglichkeit, von interner und externer Kommunikation, vom Austausch der beteiligten Akteure, vom Feedback der angesprochenen Zielgruppen.

Haben Sie Anregungen und Kritik, ist Ihnen ein Fehler aufgefallen oder haben Sie Hinweise, die zur „kontinuierlichen Verbesserung" des Lehrbuchs beitragen? Möchten Sie Kontakt zu einer der Autorinnen oder einem der Autoren aufnehmen? Dann schreiben Sie uns:

Lehrbuch@doktoranden-netzwerk.de

Wir freuen uns auf Ihre Nachricht!

Annett Baumast und Jens Pape
Lenzburg und Berlin, im August 2013

Literaturverzeichnis

AccountAbility (2008): AA1000 Accountability Principles Standard 2008, London, Washington.

Ahn, H. (2005): Möglichkeiten und Grenzen der Balanced Scorecard, in: WirtschaftsWissenschaftliches Studium (WiSt), 34. Jg. 2005, H. 3, S. 122–127.

Ahsen, A. von (2006): Integriertes Qualitäts- und Umweltmanagement. Mehrdimensionale Modellierung und Umsetzung in der deutschen Automobilindustrie, Wiesbaden.

Ahsen, A. von (2008): Cost-oriented failure mode and effects analysis, in: International Journal of Quality & Reliability Management, 25. Jg., S. 466–476.

Ahsen, A. von (2013): The Integration of Quality, Environmental & Health and Safety Management by Car Manufacturers – a Long-Term Empirical Study, in: Business Strategy and the Environment, Vol. 22, in Druck.

Ahsen, A. von und Funck, D. (2001): Integrated Management Systems – Opportunities and Risks for Corporate Environmental Protection, in: Corporate Environmental Strategy, Vol. 8, S. 165–176.

Ahsen, A. von; Herzig, C. und Pianowski, M. (2006): Nachhaltigkeitsberichterstattung der DAX 30 Unternehmen im Internet, in: Umweltwirtschaftsforum 14 (1), S. 30–35.

Ahsen, A. von und Lange, C. (2004): Mehrdimensionale Fehlermöglichkeits- und -einflussanalyse als Instrument des Integrierten Qualitätsmanagements, in: Zeitschrift für Betriebswirtschaft, 74. Jg., S. 441–460.

Allianz (2011): Zukunftswerkstatt: wer wird eines Tages in Deutschland arbeiten? www. allianz.com/de/presse/news/unternehmensnews/personalthemen/news_2011-10-28. html (letzter Abruf am 07.10.2011).

Altmann, J. (1999): Starthilfe BWL. Stuttgart, Leipzig.

Amacher, C. und Kuhn-Spogat, I. (2010): Kampf um die Quote, in: Bilanz 13, S. 52–61.

Ancona, D. G. und Caldwell, D. F. (1992): Demography and design: Predictors of new product team performance, in: Organization Science, 3 (3), S. 321–341.

AngloGold Ashanti (2008): Report to Society 2008: Case studies: Brazil: Serra Grande introduces FMEA to improve safety performance, www.anglogold.co.za/subwebs/InformationForInvestors/Reports08/MSG-FMEA.htm (letzter Abruf am 02.02.2011).

Anleitung zum Nachhaltigen Wirtschaften; VDI-Richtlinie 4070 (VDI-Handbuch Umwelttechnik / VDI-Handbuch-Betriebstechnik), Blatt 1, Berlin.

Antonakis, J. und House, R. J. (2002): The full-range leadership theory: The way forward, in: Avolio, B. J. und Yammarino, F. J. (Hrsg.), Transformational and charismatic leadership: The road ahead, Amsterdam, S. 3–33.

Arbeitsstelle Umweltschutz (2006): Der grüne Hahn. Kirchliches Umweltmanagement. Haus kirchlicher Dienste der Evangelisch-lutherischen Landeskirche Hannovers, Hannover.

Aretz, H.-J. und Hansen, K. (2003): Erfolgreiches Management von Diversity, in: Zeitschrift für Personalforschung 17, S. 9–36.

Argenti, P. A. (2004): Collaborating with Activits: How Starbucks works with NGOs, in: California Management Review, Vol. 47, No. 1, S. 91–116.

Arndt, H. (2008): Supply Chain Management. Optimierung logistischer Prozesse, 4. Auflage, Wiesbaden.

Arnold, W.; Freimann, J. und Kurz, R. (2001): Vorüberlegungen zur Entwicklung einer Sustainable Balanced Scorecard für KMU, in: UWF – Umwelt-Wirtschafts-Forum, 9. Jg., Heft 4, S. 74–79.

Arnold, W.; Freimann, J. und Kurz, R. (2002): Grundlagen und Bausteine einer Sustainable

Balanced Scorecard. RKW-Forschungsprojekt, „Sustainable Balanced Scorecard (SBS)", Hessen.

Arnold, W.; Freimann, J. und Kurz, R. (2003): Exemplarische Umsetzung der Sustainable Balanced Scorecard in mittelständischen Unternehmen, Werksreihe Betriebliche Umweltpolitik, hrsg. von Jürgen Freimann, Band 21, Kassel.

Arnold, W.; Freimann, J. und Kurz, R. (2004): Nachhaltigkeit strategisch verankern. Erfahrungen mit der „Sustainable Balanced Scorecard in mittelständischen Unternehmen", in: UWF – Umwelt-Wirtschafts-Forum, 12. Jg., Heft 2, S. 54–60.

Asif, M.; de Bruijn, E. J. und Fischer, O. A. M. (2010): Meta-management of integration of management systems, in: The TQM Journal, Vol. 22, S. 570–582.

Association of Chartered Certified Accountants (ACCA) und CorporateRegister (2004): Towards transparency: progress on global sustainability reporting 2004, London.

Atmatzidis, E.; Behrendt, S.; Helm, C.; Knoll, M.; Kreibich, R. und Nolte, R. (1995): Das Leitbild der nachhaltigen Entwicklung in der wissenschaftlichen und politischen Diskussion, Berlin (= UBA-Texte, 43).

Backhaus, K. und Voeth, M. (2010): Industriegütermarketing, 9. Aufl., München.

Bage, G. und Samson, R. (2003): The Econo-Environmental Return (EER). A Link between Environmental Impacts and Economic Aspects in a Life Cycle Thinking Perspective, in: International Journal of Life Cycle Assessment, Vol. 8, S. 246–251.

Bantel, K. A. und Jackson, S. E. (1989): Top management and innovations in banking: Does the composition of the top team make a difference?, in: Strategic Management Journal, 10 (Special Issue Summer 1989), S. 107–124.

Bass, B. M. und Avolio, B. J. (1994): Introduction, in: Bass, B. M. und Avolio, B. J. (Hrsg.): Improving organizational effectiveness through transformational leadership, Thousand Oaks, CA, S. 1–9.

Baumast, A. (2001): Betriebliches Umweltmanagement im Jahr 2022 – ein Ausblick, in: Baumast, A. und Pape, J. (Hrsg.): Betriebli-

ches Umweltmanagement, 2. Aufl., Stuttgart, S. 240–253.

Baumast, A. (2003): Betriebliches Umweltmanagement im Jahr 2022 – ein Ausblick, in: Baumast, A. und Pape, J. (Hrsg.): Betriebliches Umweltmanagement, 3. Aufl., Stuttgart, S. 255–267.

Baumast, A. (2009): Betriebliches Umweltmanagement im Jahr 2022 – ein Ausblick, in: Baumast, A. und Pape, J. (Hrsg.): Betriebliches Umweltmanagement, 4. aktual. und überarb. Aufl., Stuttgart, S. 255–263.

Baumast, A. (2012): Finanzmarkt und CSR, in: Schneider, A. und Schmidpeter, R. (Hrsg.): Corporate Social Responsibility: Verantwortungsvolle Unternehmensführung in Theorie und Praxis. Berlin, Heidelberg, S. 635–649.

Baumast, A. und Busch, T. (2005): Kapitalmärkte – Motoren einer Nachhaltigen Entwicklung?, in: UmweltWirtschaftsForum, 4/05, 13. Jg. S. 67–72.

Bayer Health Care (o. J.): Unsere Mission. http://www.scheringpg.de/scripts/unternehmen-mission.php (letzter Abruf am 19.03.2012).

BDEW (2010): Wasserstatistik. [http://www.bdew.de] (letzter Abruf am 28.08.2011).

Bebbington, J.; Larrinaga, C. und Moneva, J. M. (2008): Corporate social reporting and reputation risk management, in: Accounting, Auditing and Accountability Journal 21, S. 337–361.

Becker, D. und Ostrom, E. (1995): Human ecology and resource sustainability: the importance of institutional diversity, in: Annual Review of Ecology and Systematics, 26, 1995, S. 113–133.

Beddewela, E. und Herzig, C. (2013): Corporate Social Reporting by MNCs' subsidiaries in Sri Lanka, Accounting Forum, http://dx.doi.org/10.1016/j.accfor.2012.09.001.

Behr, G. und Schäfer, D. (Hrsg.) (2002): Praxis der Unternehmensfinanzierung, Zürich.

Bell, S. T. (2007): Deep-level composition variables as predictors of team performance: A meta-analysis, in: Journal of Applied Psychology, 92, S. 595–615.

Belz, F.-M.; Karg, G. und Witt, D. (Hrsg.) (2007): Nachhaltiger Konsum und Verbraucherpolitik im 21. Jahrhundert, Marburg.

Belz, F. M.; Meyer, A. und Pichel, K. (1999): Zukunftswerkstätten zur Initiierung ökologischer Wandlungsprozesse in der Lebensmittel- und Textilbranche, in: Gaia 8 (1999), No. 1, S. 48–61.

Bergh, J. van den (2000): Ecological Economics: Themes, Approaches, and Differences with Environmental Economics, Amsterdam = Tinbergen Institute Discussion Paper, TI 2000–080/3.

Bergmann, U. und Zak, M. (2008): Einbindung des Internets in die Nachhaltigkeitskommunikation von Henkel, in: Isenmann, R. und Marx Gómez, J. (Hrsg.): Internetgestützte Nachhaltigkeitsberichterstattung. Stakeholder, Trends, Technologien, neue Medien, Berlin, S. 175–184.

Bernardo, M., Casadesús, M., Karapetrovic, S. und Heras, I. (2009): How integrated are environmental, quality and other standardized management systems? An empirical study, in: Journal of Cleaner Production, Vol. 17, S. 742–750.

Berninger, B. (1992): Methodik der betrieblichen Stofflußanalyse am Beispiel der Lackherstellung, Berlin.

Bernstein, S. und Cashore, B. (2007): Can non-state global governance be legitimate? An analytical framework, in: Regulation & Governance, Bd. 1, Nr. 4, S. 347–371.

Bertalannfy, L. v. (1968): General System Theory: Foundations, development, applications, New York.

Betsch, O.; Groh, A. und Lohmann, L. (2000): Corporate Finance: Unternehmensbewertung, M & A und innovative Kapitalmarktfinanzierung, 2. Auflage, München.

Beywl, W. (2006): Evaluationsmodelle und qualitative Methoden, in: Flick, U. (Hrsg.): Qualitative Evaluationsforschung, Konzepte-Methoden-Umsetzung, Hamburg, S. 92–116.

Beywl, W.; Kehr, J.; Mäder, S.; Niestroj, M. (2008): Evaluation Schritt für Schritt: Planung von Evaluationen, 2. Auflage, hiba Weiterbildung, Band 20/26.

BfW – Brot für die Welt, Bund für Umwelt und Naturschutz Deutschland, Evangelischer Entwicklungsdienst e.V. (Hrsg.) (2009): Wegmarken für einen Kurswechsel – Eine Zusammenfassung der Studie „Zukunftsfähiges Deutschland in einer globalisierten Welt" des Wuppertal Instituts für Klima, Umwelt, Energie, Bonn, Berlin, Stuttgart.

Bieder, T.; Friese, A. und Hahn, T.: (2002): Axel Springer Verlag: Nachhaltigkeitsmanagement am Druckstandort, in: Schaltegger, S. und Dyllick, T. (Hrsg.): Nachhaltig managen mit der Balanced Scorecard – Konzept und Fallstudien, Wiesbaden, S. 167–197.

Bieker, T.; Dyllick, T.; Figge, F.; Gminder, C.-U.; Hahn, T.; Schaltegger, S. und Wagner, M. (2002a): Erfahrungen und Schlussfolgerungen, in: Schaltegger, S. und Dyllick, T. (Hrsg.): Nachhaltig managen mit der Balanced Scorecard – Konzept und Fallstudien, Wiesbaden, S. 346–371.

Bieker, T.; Wyss, H.-R. und Hollenstein, M. (2002b): Divisions- und Standort-SBSC bei der Unaxis Balzers AG, in: Schaltegger, S. und Dyllick, T. (Hrsg.): Nachhaltig managen mit der Balanced Scorecard – Konzept und Fallstudien, Wiesbaden, S. 284–314.

Biesecker, A. und Hofmeister, S. (2010): Im Fokus: Das (Re)Produktive. Die Neubestimmung des Ökonomischen mithilfe der Kategorie (Re)Produktivität, in: Bauhard C.; Caglar G. (Hrsg.): Gender and Economics. Feministische Kritik der Politischen Ökonomie, Wiesbaden.

Biesecker, A. und Schmid, B. (2001): Vom Wert der Vielfalt – Folgerungen für den Umgang mit Vielfalt in Ökonomie und Ökologie, in: Spehl, H. und Held, M. (2001): Vom Wert der Vielfalt, Berlin, S. 263–273 (= Zeitschrift für angewandte Umweltforschung, Sonderheft 13).

Blake, R. R. und Mouton, J. (1964): The Managerial Grid: The Key to Leadership Excellence, Houston.

Blanke, M.; Godemann, J. und Herzig, C. (2007): Internetgestützte Nachhaltigkeitsberichterstattung. Eine empirische Untersuchung der Unternehmen des DAX30, Institut für Umweltkommunikation und Centre for Sustainability Management, Lüneburg.

Bloom, B. S. (1956): Taxonomy of educational objectives, Handbook I, New York.

BlueValue AG (2007): Ethikanalyse von KMU. Das Konzept der BlueValue AG. Download unter http://www.rfu.at/download/KMU_Rating_BlueValue_9-2007.pdf (letzter Abruf am 18.01.2012).

BMLFUW – Bundesministerium für Land- und Forstwirtschaft, Umwelt und Wasserwirtschaft (2004): Leitfaden zur EMAS-Umwelterklärung, Wien.

BMU – Bundesministerium für Umwelt, Naturschutz und Reaktorsicherheit (BMU); Econsense & Centre for Sustainability Management (CSM) (2007): Nachhaltigkeitsmanagement in Unternehmen. Von der Idee zur Praxis: Managementansätze zur Umsetzung von Corporate Social Responsibility und Corporate Sustainability, 3. vollständig überarbeitete Auflage, Berlin, Lüneburg.

BMU – Bundesministerium für Umwelt, Naturschutz und Reaktorsicherheit (2007): EMAS. Von der Umwelterklärung zum Nachhaltigkeitsbericht, Berlin.

BMU – Bundesministerium für Umwelt, Naturschutz und Reaktorsicherheit (2009): Was Investoren wollen. Nachhaltigkeit in der Lageberichterstattung, Berlin.

BMU – Bundesministerium für Umwelt, Naturschutz und Reaktorsicherheit (Hrsg.) (o. J.): Konferenz der Vereinten Nationen für Umwelt und Entwicklung im Juni 1992 in Rio de Janeiro – Dokumente – Agenda 21, Bonn.

BMU und UBA – Bundesministerium für Umwelt, Naturschutz und Reaktorsicherheit und Umweltbundesamt (1997): Leitfaden Betriebliche Umweltkennzahlen, Bonn, Berlin.

BMU und UBA – Bundesumweltministerium / Umweltbundesamt (2005): Umweltmanagementansätze in Deutschland, Berlin.

BR – Bundesregierung (1997): Auf dem Weg zu einer nachhaltigen Entwicklung in Deutschland. Bericht der Bundesregierung anläßlich der VN-Sondergeneralversammlung über Umwelt und Entwicklung 1997 in New York, (Hrsg.: Bundesministerium für Umwelt, Naturschutz und Reaktorsicherheit (BMU)), Bonn.

BR – Bundesregierung (2002): Perspektiven für Deutschland. Unsere Strategie für eine nachhaltige Entwicklung.

BR – Bundesregierung (2002a): Perspektiven für Deutschland. Unsere Strategie für eine nachhaltige Entwicklung, Berlin.

BR – Bundesregierung (2002b): Perspektiven für Deutschland. Unsere Strategie für eine nachhaltige Entwicklung, Kurzfassung, Berlin.

BR – Bundesregierung (2008): Fortschrittsbericht 2008 zur nationalen Nachhaltigkeitsstrategie, Zusammenfassung, Berlin.

Brand, K.-W. (2000): Nachhaltigkeitsforschung – Besonderheiten, Probleme und Erfordernisse eines neuen Forschungstypus, in: Brand, K.-W. (Hrsg.): Nachhaltige Entwicklung und Transdisziplinarität, Berlin, S. 9–28 (= Angewandte Umweltforschung, 16).

Brauweiler, J. (2010): Umweltmanagementsysteme nach ISO 14001 und EMAS, in: Kramer, M. (Hrsg.) Integratives Umweltmanagement, Wiesbaden, S. 279–299.

Brown, J. und Fraser, M. (2006): Approaches and perspectives in social and environmental accounting: an overview of the conceptual landscape, in: Business Strategy and the Environment 15 (2), S. 103–117.

Bruckner, B. (2006): Nachhaltigkeit und finanzielle Performance: Ein empirischer Vergleich ausgewählter Indizes und Unternehmen, in: Bruckner, B. und Paulesich, R. (Hrsg.): Nachhaltigkeit und Unternehmensfinanzierung: Beiträge zur aktuellen Diskussion und empirische Befunde, Hamburg, S. 32–95.

BUND – Bund für Umwelt und Naturschutz Deutschland, Brot für die Welt, Evangelischer Entwicklungsdienst e.V. (Hrsg.) (2008): Zukunftsfähiges Deutschland in einer globalisierten Welt. Ein Anstoß zur gesellschaftlichen Debatte. Eine Studie des Wuppertal Instituts für Klima, Umwelt, Energie, Frankfurt/Main.

BUND, Misereor (Hrsg.) (1996): Zukunftsfähiges Deutschland. Ein Beitrag zu einer global nachhaltigen Entwicklung, Basel u. a.

Bunderson, J. S. und Sutcliffe, K. M. (2002): Comparing alternative conceptualizations of functional diversity in management teams: Process and performance effects, in: Academy of Management Journal, 45, S. 875–893.

Bundestag (2004): Gesetz zur Einführung internationaler Rechnungslegungsstandards und zur Sicherung der Qualität der Abschlussprüfung (Bilanzrechtsreformgesetz-BilReG) vom 4. Dezember 2004, in: Bundesgesetzblatt 2004, Teil 1, Nr. 65.

Burkart, R. (2002): Kommunikationswissenschaft, Wien.

Burns, J. M. (1978): Leadership, New York.

Busch-Lüty, C. (2000): Natur und Ökonomie aus Sicht der Ökologischen Ökonomie, in: Bartmann, H. und John, K. D. (Hrsg.): Natur und Umwelt – Beiträge zum 9. und 10. Mainzer Umweltsymposium, Aachen, S. 55–82.

Buser, J.; Lieback, J.-U.; Gnebner, D. und Schumacher, S. (2008): Der Product Carbon Footprint (PCF). CO2e-Bilanzierung für Produkte, in: Der Umweltbeauftragte, 16. Jg., November, S. 5f.

Caracelli, V. (2004): Methodology: Building Bridges to Knowledge, in: Stockmann, R. (Hrsg.) (2004): Evaluationsforschung – Grundlagen und ausgewählte Forschungsfelder, 2.Auflage, Opladen, S. 175–204.

Carroll, A. (1991): The pyramid of corporate social responsibility: Toward the moral management of organizational stakeholders, in: Business Horizons, Bd. 34, Nr. 4, S. 39–48.

Certo, S. T.; Lester, R. H.; Dalton, C. M. und Dalton, D. R. (2006): Top management teams, strategy and financial performance: A meta-analytic examination, in: Journal of Management Studies, 43(4), S. 813–839.

Chatman, J. A. und Flynn, F. J. (2001): The influence of demographic heterogeneity on the emergence and consequences of cooperative norms in work teams, in: Academy of Management Journal, 44, S. 956–974.

Chatman, J. A. und Spataro, S. E. (2005): Using self-categorization theory to understand relational demography-based variations in peoples' responsiveness to organizational culture, in: Academy of Management Journal, 48, S. 321–331.

Chouinard, Y. (2006): Let my people go surfing. The education of a reluctant businessman, New York.

Chouinard, Y. (2009): Lass die Mitarbeiter surfen gehen: Die Erfolgsgeschichte eines eigenwilligen Unternehmens, München.

Chouinard, Y. und Gallagher, N. (2004): Kaufen Sie dieses Hemd nur, wenn Sie es wirklich brauchen, http://www.patagonia.com/eu/deDE/patagonia.go?assetid=35713 (letzter Abruf am 19.01.2013).

Clausen, J.; Fichter, K. und Alpers, A. (1998): Umweltberichte und Umwelterklärungen. Ranking 1998. Zusammenfassung der Ergebnisse und Trends, Institut für ökologische Wirtschaftsforschung, Berlin.

Clausen, J.; Keil, M.; Jungwirth, M. (2002): The State of EMAS in the EU. Eco-Management as a Tool for Sustainable Development. Literature Study, in: Conference Reader: The EU Eco-Management and Audit Scheme. Benefits and Challenges of EMAS II. Brüssel 26.–27. Juni 2002. Im Internet veröffentlicht unter: europa.eu.int/comm/environment/emas/pdf/general/literature_study_020506.pdf.

CorporateRegister (2011): Statistics. Internet: http://www.corporateregister.com.

Costanza, R.; Cumberland, J.; Daly, H.; Goodland, R. und Norgaard, R. (2001): Einführung in die Ökologische Ökonomik, Stuttgart (englische Originalfassung 1998).

Costanza, R.; Daly, H. E. und Bartholomew, J. A. (1991): Goals, Agenda, and Policy Recommendations for Ecological Economics, in: Costanza, R., 1991: Ecological economics: the science and management of sustainability, New York.

Courville (2010). ISEAL Newsletter December 2010.

Cox, T.; Lobel, S. und McLeod, P. (1991): Effects of ethnic group cultural differences on cooperative and competitive behaviour on a group task, in: Academy of Management Journal, 34(4), S. 827–847.

Cragg, W. (2010): Business and human rights: A principle and value-based analysis, in: Brenkert, G. und Beauchamp, T. (Hrsg.): The Oxford Handbook of Business Ethics, Oxford, S. 267–304.

Crane, A.; Matten, D. und Moon, J. (2008a): Corporations and citizenship: Business, responsibility and society, New York et al.

Crane, A.; Matten, D. und Spence, L. (2008b): Corporate social responsibility: In a global context, in: Crane, A.; Matten, D. und Spence, L. (Hrsg.): Corporate social responsibility – Readings and cases in a global context, New York, S. 3–20.

Cross, E. (2000): Managing diversity – the courage to lead, Westport.

Curran, M. A. und Young, S. (1996): Report from the EPA conference on streamlining LCA, in: International Journal of LCA, Vol. 1, No. 1 (1996), S. 57–60.

Daly, H. E. (1990): Towards some operational principles of sustainable development. Ecological Economics (2), S. 1–6.

Daly, H. E. (1991): Elements of Environmental Macroeconomics, in: Costanza, R. (ed.) Ecological Economics, New York, S. 32–46.

Daly, H. E. (1994): Ökologische Ökonomie: Konzepte, Fragen, Folgerungen, in: Altner, G.; Mettler-Meibom, B.; Simonis, U. E.; Weizsäcker, E. U. von (Hrsg.): Jahrbuch Ökologie 1995, München, S. 147–161.

De Bono, E. (1999): Six Thinking Hats, New York.

Deegan, C. (2002): The legitimising effect of social and environmental disclosures: A theoretical foundation, in: Accounting, Auditing and Accountability Journal 15, S. 282–311.

Deinert, C.; Pampel, K. und Pape, J. (2012): Ökologische Aspekte des Nachhaltigkeitsdialogs in der Wertschöpfungskette – dargestellt am Beispiel Märkisches Landbrot, in: Grothe, A. (Hrsg.): Nachhaltiges Wirtschaften für KMU – Ansätze zur Implementierung von Nachhaltigkeitsaspekten, München, S. 220–246.

Deinert, C. und Pape, J. (2011): Der Product Carbon Footprint – Die Methode bei Märkisches Landbrot, München.

Deinert, S. (2012): Sozialrechtliche Anforderungen an Nachhaltigkeit und Standards zur Umsetzung in KMU, in: Grothe, A. (2012): Nachhaltiges Wirtschaften für KMU.

Deiser, R. (2009): Designing the Smart Organization, Oxford.

Deutsche Bank (2009): Nachhaltigkeits-Management-System zieht Investoren an, http://www.banking-on-green.com/de/content/news_1361.html (letzter Abruf am 14.03.2012).

Deutsche Gesellschaft für Qualität (DGQ) (2008): FMEA – Fehlermöglichkeits- und Einflussanalyse, DGQ-Band 13-11, 4. Aufl., Frankfurt/Main.

Deutsche Post DHL 2010. Bericht zur Unternehmensverantwortung 2009/10 – Gesellschaft. o.O.

Dieren, W. van (Hrsg.) (1995): Mit der Natur rechnen. Der neue Club-of-Rome-Bericht: Vom Bruttosozialprodukt zum Ökosozialprodukt, Basel.

DIN EN ISO 9001 (2008): Deutsches Institut für Normung e. V.: Qualitätsmanagementsysteme – Anforderungen, Berlin.

DIN EN ISO 14001 (2009): Deutsches Institut für Normung e. V.: Umweltmanagementsysteme – Anforderungen mit Anleitung zur Anwendung, Berlin.

DIN EN 16001 (2009): Energiemanagementsysteme – Anforderungen mit Anleitung zur Anwendung, Berlin.

DIN ISO 26000 (2011): Leitfaden gesellschaftlicher Verantwortung, Berlin.

Doluschitz, R.; Morath, C. und Pape, J. (2011): Agrarmanagement: Unternehmensführung in Landwirtschaft und Agribusiness, Stuttgart.

Doppelt, B. (2003): Leading change toward sustainability – A change-management guide for business, government and civil society, Sheffield.

Duckworth, H. A. und Moore, R. A. (2010): Social Responsibility. Failure Mode Effects and Analysis, Boca Raton.

Dyllick, T. (1989): Management der Umweltbeziehungen: öffentliche Auseinandersetzung als Herausforderung, Wiesbaden.

Dyllick, T. und Hamschmidt, J. (2000): Wirksamkeit und Leistung von Umweltmanagementsystemen: eine Untersuchung von ISO 14001-zertifizierten Unternehmen in der Schweiz, Zürich.

Eberhardt, D.; Winistörfer, H. und Merz, R. (2005): Erfolgsfaktoren: Nachhaltigkeit und soziale Verantwortung, in: HR Today, 11/2005, http://www.hrtoday.ch/hrtoday/de/themen/archiv/101798/Erfolgsfaktoren_Nachhaltigkeit_und_soziale_Verantwortung (letzter Abruf am 07.10.2011).

Eccles, R. E.; Ioannou, I. und Serafeim, G. (2011): The Impact of a Corporate Culture of Sustainability on Corporate Behaviour and Performance. Harvard Business School Working Paper 12-03.5, November 2011.

Effizienz-Agentur NRW (2012): Fakten zum PIUS-Check. Online verfügbar unter http://www.efanrw.de/index.php?id=42&L=http%25253A%25252Fwww.gomaloka.com%25252Fcmd.doc%25253Frobots.txt (letzter Abruf am 21.08.2012).

Ehrenfeld, J. und Gertler, N. (1997): Industrial Ecology in Practice: The evolution of interdependence at Kalundborg, in: Journal of Industrial Ecology, Vol. 1, No. 1, S. 67–79.

Ehrig, S.; Klemm, W. und Schönherr, S. (2008): Qualitätsverbund umweltbewusster Betriebe – QuB – Erste Erfahrungen in Sachsen, Dresden.

Eichhorn, P. und Greiling, D. (2003): Das Krankenhaus als Unternehmen, in: Arnold, M.; Klauber, J.; Schellschmidt, H. (2003): Krankenhausreport 2002, Stuttgart.

EK – Enquete-Kommission: „Schutz des Menschen und der Umwelt" des Deutschen Bundestages (Hrsg.) (1994): Die Industriegesellschaft gestalten – Perspektiven für einen nachhaltigen Umgang mit Stoff- und Materialströmen, Bonn.

EK – Enquête-Kommission „Schutz des Menschen und der Umwelt" des 13. Deutschen Bundestages (Hrsg.) (1997): Konzept Nachhaltigkeit: Fundamente für die Gesellschaft von morgen – Zwischenbericht, Bonn (= Zur Sache, 1).

EK – Enquête-Kommission „Schutz des Menschen und der Umwelt" – Ziele und Rahmenbedingungen einer nachhaltig zukunftsverträglichen Entwicklung" des 13. Deutschen Bundestages (Hrsg.) (1998): Konzept Nachhaltigkeit: Vom Leitbild zur Umsetzung – Abschlußbericht der Enquête-Kommission des 13. Bundestages, Bonn (= Zur Sache, 4).

Elkington, J. (1999): Cannibals with forks – The triple bottom line of 21st century business, Oxford.

EMAS-VO (2009): Verordnung (EG) Nr. 1221/2009 des europäischen Parlaments und des Rates vom 25. November 2009 über die freiwillige Teilnahme von Organisationen an einem Gemeinschaftssystem für Umweltmanagement und Umweltbetriebsprüfung und zur Aufhebung der Verordnung (EG) Nr. 761/2001, sowie der Beschlüsse der Kommission 2001/681/EG und 2006/193/EG, in: ABlEG Nr. L 342 vom 22.12.2009.

Emmelhainz, M. and Adams, R. J. (1999): The Apparel Industry Response to „Sweatshop" Concerns: A Review and Analysis of Codes of Conduct, in: Journal of Supply Chain Management, Vol. 35, No. 3, S. 51–57.

EnBW (2010): Energie ist Vielfalt – Werte, Ziele, Strategie, in: Geschäftsbericht 2010, http://geschaeftsbericht.enbw.com/fileadmin/GB10/PDF_DE/EnBWag_GB10_werte_ziele_strategie.pdf (letzter Abruf am 12.04.2011).

Environmental Management – Life Cycle Assessment – Principles and Framework, Genf.

Environmental Management – Life Cycle Assessment – Requirements and Guidelines, Genf.

European Commission (2011): EMAS –The European Eco-Management and Audit Scheme. Internet: http://ec.europa.eu/environment/emas.

Eurosif – European Sustainable Investment Forum (2012): European SRI Study, Paris. http://www.eurosif.org/images/stories/pdf/Research/Eurosif_2010_SRI_Study.pdf (letzter Abruf am 13.01.2012).

FAZ (2007): Basic stoppt Einstieg von Lidl, http://www.faz.net/s/RubD16E1F-55D21144C4AE3F9DDF52B6E1D9/Doc~E71 5BC43036EA47DE8A408A85E9AD1A2C~AT pl~Ecommon~Scontent.html?rss_aktuell (letzter Abruf am 01.12.2007).

Feldenkirchen, W. (2003): Siemens – Von der Werkstatt zum Weltunternehmen 1847–2003, München.

Ferdig, M. A. (2007): Sustainability Leadership: Co-creating a Sustainable Future, in: Journal of Change Management, Volume 7, Issue 1, 2007, S. 25–35.

FiBL (2010): Ökologische Nachhaltigkeitsbewertung – CO2, Wasser, Biodiversität. [http://www.fibl.org/fileadmin/documents/de/news/2010/Praesentation_FiBL_Niggli_Pressekonferenz_101020.pdf] (letzter Abruf am 28.08.2011).

Figge, F. und Hahn, T. (2002): Sustainable Value Added – Measuring Corporate Sustainable Performance beyond Eco-Efficiency, Lüneburg.

Fischer-Kowalski, M. (1997): Society's Metabolism. On Childhood and Adolescence of a Rising Conceptional Star, Wien (= IFF-Schriftenreihe Soziale Ökologie, 46).

Fleck, M. (2008): Carbon Footprints in the Supply Chain. Studienarbeit. Reinhold-Würth-Hochschule, Norderstedt.

Flick, U. (2006): Qualitative Evaluationsforschung zwischen Methodik und Pragmatik – Einleitung und Überblick, in: Flick, U. (Hrsg.): Qualitative Evaluationsforschung, Konzepte-Methoden-Umsetzung, Hamburg, S. 9–29.

FNG – Forum Nachhaltige Geldanlagen e.V. (2012): Marktbericht Nachhaltige Geldanlagen 2012. Deutschland, Österreich und die Schweiz, Berlin.

Ford Werke AG (2001): Ford-Umweltschutz, Köln.

Forrester, J. W. (1958): Industrial Dynamics: A Major Breakthrough for Decision Makers, Harvard Business Review, 36 (4), S. 37–66.

Förstl, K.; Reuter, C.; Hartmann, E. (2009): Grün und sozial einkaufen: Nur so tun als ob?, in: Beschaffung aktuell, Nr. 9, S. 22–24.

Frankental, P. (2002): The UN universal declaration of human rights as a corporate code of conduct, in: Business Ethics: A European Review, Bd. 11, Nr. 2, S. 129–133.

Frese, M. und Fay, D. (2000): Entwicklung von Eigeninitiative: Neue Herausforderung für Mitarbeiter und Manage, in: Welge, M. K.; Häring, K. und Voss, A. (Hrsg): Management Development, Stuttgart, S. 63–79.

Friedman, M. (1970): The social responsibility of business is to increase its profits, in: The New York Times Magazine (13. September 1970), S. 32–33 und 122–126.

Friends of the Earth Netherland (Milieu Defensie) (1994): Sustainable Netherlands – Aktionsplan für eine nachhaltige Entwicklung der Niederlande, (Hrsg.: Institut für Sozial-ökologische Forschung) Frankfurt/Main.

Frings, E.; Heistermann, M.; Hitzler, L.; Rüdel, O. und Walther, G. (o. J.): Zukunftsfähiges Wirtschaften. Ein Leitfaden zur Nachhaltigkeitsberichterstattung von Unternehmen, (Hrsg.: Umwelt- und Verkehrsministerium Baden-Württemberg), Stuttgart.

Funtowicz, S. O. und Ravetz, J. R. (1993): Science for the post-normal age. Futures 27, 9, S. 739–755.

Fürst, D. (2001): Regional governance – ein neues Paradigma der Regionalwissenschaften?, in: Raumforschung und Raumordnung 59, S. 370–80.

Gabler, T. (Hrsg.) (1998): Gabler Wirtschaftslexikon, Wiesbaden (CD-ROM-Fassung).

Gardberg, N. und Fombrun, C. (2006). Corporate citizenship: Creating intangible assets across institutional environments, in: Academy of Management Review, Bd. 31, Nr. 2, S. 329–346.

Gardenswartz, L. und Rowe, A. (1993): Managing Diversity: a complex desk reference and planning guide, New York.

Gawel, E. (1996): Neoklassische Umweltökonomie in der Krise? Kritik und Gegenkritik, in: Köhn, J. und Welfens, M. J. (Hrsg.): Neue Ansätze in der Umweltökonomie, Marburg, S. 45–88.

Gebert, D.; Boerner, S. und Kearney, E. (2006): Cross-functionality and innovation in new product development teams. A dilemmatic structure and its consequences for the management of diversity, in: Journal of Work and Organizational Psychology 15(4), S. 431–458.

Giese, N.; Godemann, J.; Herzig, C; Hetze, K. (2012): Internetgestützte Nachhaltigkeitsberichterstattung. Ein Update zu Trends in der Berichterstattung von Unternehmen des DAX30, Lüneburg.

Gilbert, D. U. (2001): SocialAccountability 8000 – Ein praktikables Instrument zur Implementierung von Unternehmensethik in internationaltätigen Unternehmen?, in: zfwu, 2/2, S. 123–148.

Gleich, A. von; Hofmeister, S. und Huber, J. (1999): Wege nach Ökotopia – Kann nachhaltiges Wirtschaften ohne Sparsamkeit erreicht werden? Politische Ökologie, Heft 62, S. 8–12.

Global Reporting Initiative (GRI) (2011): Sustainability Reporting Guidelines, Amsterdam.

Global Reporting Initiative (GRI) (2011): Sustainability Reporting Guidelines 3.1, www.globalreporting.org (letzter Abruf am 05.10.2012).

Godemann, J.; Herzig, C. und Blanke, M. (2007): Dialogorientierte Nachhaltigkeitsberichterstattung im Internet. Untersuchung der DAX 30 Unternehmen, in: Isenmann, R. und Marx Gómez, J. (Hrsg.): Internetgestützte Nachhaltigkeitsberichterstattung. Stakeholder, Trends, Technologien, neue Medien, Berlin, S. 371–403.

Godemann J. und Herzig, C. (2011): nachhaltigkeitskommunikation.de – Das Internet als Medium der unternehmerischen Nachhaltigkeitskommunikation in Deutschland, in: Umweltwirtschaftsforum 19 (4), DOI 10.1007/s00550-011-0224-x.

Godemann, J. und Michelsen, G. (Hrsg.) (2011): Sustainability Communication. Interdisciplinary Perspectives and Theoretical Foundation, Dordrecht.

Godt, C. (1997): Haftung für ökologische Schäden. Verantwortung für Beeinträchtigungen des Allgemeingutes Umwelt durch individualisierbare Verletzungshandlungen, Berlin.

Gold, S.; Seuring, S. und Beske, P. (2010): Sustainable supply chain management and inter-organizational resources: a literature review, in: Corporate Social Responsibility & Environmental Management, 17(4), S. 230–245.

Goldbach, M.; Seuring, S. und Back, S. (2003): Coordinating Sustainable Cotton Chains for the Mass Market – The Case of the German Mail Order Business Otto, in: Greener Management International, Issue 43, S. 65–78.

Gollnow, S. (2008): Einfluss der landwirtschaftlichen Erzeugung auf die CO2e-Bilanz eines Brotes – dargestellt am Beispiel MÄRKISCHES LANDBROT GmbH. Bachelorarbeit, Hochschule für nachhaltige Entwicklung Eberswalde (FH), 2008.

Gómez, R.; Donner, F. und Helming, S. (2005): Nachhaltige Entwicklung, Eschborn.

Gond, J.-P. und Herrbach, O. (2006) Social reporting as an organizational learning tool? A theoretical framework, in: Journal of Business Ethics 65, S. 359–371.

Grahl, B. (2010): Carbon-Footprint für Produkte: Aktivitäten und Fragestellungen – Methodische Vorgehensweise, in: Nibbe, J. und Grahl, B. (Hrsg.): Carbon-Footprint – Ansätze, Perspektiven und Grenzen eines neuen Instruments zur Beurteilung der Klimarelevanz von Produkten. Koordinierungsbüro Normungsarbeit der Umweltverbände (KNU) und BBU-AG „Umweltmanagement und Normung", Berlin.

Grießhammer, R.; Buchert, M.; Gensch, C.; Hochfeld, C.; Manhart, A. und Rüdenauer, I. (2007): PROSA – Product Sustainability Assessment. Beschreibung der Methode, Freiburg.

GTZ (2011): Nachhaltiges Management in Schwellenländern. Eine Analyse deutscher Unternehmenaktivitäten in Indien, Frankfurt/Main.

Grießhammer, R. und Hochfeld, C. (2009): Memorandum Product Carbon Footprint – Positionen zur Erfassung und Kommunikation des Product Carbon Footprint für die internationale Standardisierung und Harmonisierung, Berlin.

Gunn, C. (2004): Third-sector development – Making up for the market, Ithaca/NY et al.

Günther, E. und Manthey, C. (2009): Environmental Life Cycle Costing, in: WISU, Heft 7/09, S. 936f.

Haasis, H.-D. (2001): Unternehmensführung und Nachhaltiges Wirtschaften, in: Fischer, H. (Hrsg.): Unternehmensführung im Spannungsfeld zwischen Finanz- und Kulturtechnik: Handlungsspielräume und Gestaltungszwänge, Hamburg.

Habisch, A. (2003): Corporate Citizenship – Gesellschaftliches Engagement von Unternehmen in Deutschland, Berlin.

Hahn, R. (2009a): Multinationale Unternehmen an der Base of the Pyramid, Wiesbaden.

Hahn, R. (2009b): The Ethical Rational of Business for the Poor – Integrating the Concepts Bottom of the Pyramid, Sustainable Development, and Corporate Citizenship, in: Journal of Business Ethics, Bd. 84, Nr. 3, S. 313–324.

Hahn, R. (2011): Internationale Standardfindung und Global Governance: Zur Legitimität des Entstehungsprozesses der Leitlinie ISO 26000, in: Die Betriebswirtschaft, Jg. 71, Nr. 2, S. 121–137.

Hahn, R. (2012): Inclusive Business, Human Rights and the Dignity of the Poor: A Glance beyond Economic Impacts of Adapted Business Models, in: Business Ethics: A European Review, Bd. 21, Nr. 1, S. 47–63.

Hahn, T.; Scheermesser, M. (2004): Nicht überall, wo Nachhaltigkeit draufsteht, ist auch Nachhaltigkeit drin – Ergebnisse einer Online Befragung zum Nachhaltigkeitsengagement deutscher Unternehmen. Arbeitsbericht Nr. 12, Institut für Zukunftsstudien und Technologiebewertung, S. 1–13. Im Internet veröffentlicht unter: http://www.izt.de/veroeffentlichungen/weitere-informationen/pub/197/.

Hahn, T. und Wagner, M. (2001): Sustainability Balanced Scorecard. Von der Theorie zur Umsetzung, Lüneburg.

Hahn, T.; Wagner, M.; Figge, F. und Schaltegger, S. (2002): Wertorientiertes Nachhaltigkeitsmanagement mit einer Sustainability Balanced Scorecard, in: Schaltegger, S. und Dyllick, T. (Hrsg.) (2002): Nachhaltigkeit managen mit der Balanced Scorecard. Konzept und Fallstudien, Wiesbaden, S. 45–94.

Handfield, R. B. und Nichols, E. L. (1999): Introduction to Supply Chain Management, Prentice Hall, Upper Saddle River.

Hargreaves, A. und Fink, D. (2003): Sustaining Leadership, in: Phi Delta Kappan 84 (9), May 2003, S. 693–700.

Hargreaves, A. und Fink, D. (2006): Sustainable Leadership, San Francisco, CA.

Hauff, M. von und Kleine, A. (2009): Nachhaltige Entwicklung – Grundlagen und Umsetzung, München.

Hauff, V. (Hrsg.) (1987): Unsere gemeinsame Zukunft, Bericht der Weltkommission für Umwelt und Entwicklung, deutsche Fassung, Greven.

HBS – Heinrich-Böll Stiftung (Hrsg.) (2002): Das Jo'burg Memo Kompakt, Berlin.

Heid, J. (2006): Soziale Verantwortung in der Bekleidungsindustrie – Chancen und Probleme von Sozialstandards, Saarbrücken.

Heidrick & Struggles Inc. (2011): European Corporate Governance Report 2011.

Heifetz, R. und Linsky, M. (2002): Leadership on the Line: Staying Alive through the Dangers of Leading, Cambridge, MA.

Hemmer, E. (1996): Sozialbilanzen. Das Scheitern einer gescheiterten Idee, in: Arbeitgeber 23 (48), S. 796–800.

Henkel (2007): Externe Bewertungen. Internet (zuletzt abgerufen am 23.07.2011): http://www.henkel.de/nachhaltigkeit/externe-bewertungen-26687.htm.

Henkel AG & Co. KGaA (2009): Code of Conduct, Düsseldorf.

Henkel (2010): Nachhaltigkeitsbericht 2010, Düsseldorf.

Hennicke, P.; Kristof, K. und Dorner, U. (2010): Ressourceneffizienz als Motor einer zukunftsfähigen Industrie- und Dienstleistungsstrategie, in: Hagemann, H. und Hauff, M. von (Hrsg.): Nachhaltige Entwicklung. Das neue Paradigma in der Ökonomie, Marburg, S. 62–91.

Hergenhan, B. (2008): Wandel der Mitarbeiterführung bei regionalen und kommunalen Energieversorgungsunternehmen als Konsequenz der Veränderung energiewirtschaftlicher Rahmenbedingungen, Diplomarbeit Wissenschaftliche Hochschule Lahr, Studiengang Wirtschaftspädagogik.

Herrmann, C. (2010): Ganzheitliches Life Cycle Management. Nachhaltigkeit und Lebenszyklusorientierung in Unternehmen, Berlin, Heidelberg.

Hersey, P. und Blanchard, K. H. (1969): Life cycle theory of leadership, in: Training and Development Journal, 23 (5), S. 26–34.

Hertin J.; Berkhout F.; Wagner M.; Tyteca D. (2008): Are EMS environmentally effective? The link between environmental management systems and environmental performance in European companies, in: Journal of Environmental Planning and Management, 51 (2), S. 255–280.

Herzig, C.; Giese, N.; Hetze, K. und Godemann, J. (2012): Sustainability reporting in the German banking sector during the financial crisis, in: International Journal of Innovation and Sustainable Development 6 (2), S. 184–218.

Herzig, C. und Moon, J. (2013): Discourses on Corporate Social Ir/Responsibility in the Financial Sector, Journal of Business Research, 10.1016/j.jbusres.2013.02.008.

Herzig, C. und Schaltegger, S. (2009): Wie managen deutsche Unternehmen Nachhaltigkeit? Bekanntheit und Anwendung von Methoden des Nachhaltigkeitsmanagements in den 120 größten Unternehmen Deutschlands Centrum für Nachhaltigkeitsmanagement (CNM) e.V., Leuphana Universität Lüneburg.

HNE – Hochschule für nachhaltige Entwicklung Eberswalde (2009): Umwelterklärung 2009, Eberswalde. Auch online verfügbar unter http://www.hnee.de/Portraet/Umweltmanagement/Dokumente/Dokumente-K2931.htm (letzter Abruf am 21.08.2012).

HNE – Hochschule für nachhaltige Entwicklung Eberswalde (2011): Aktualisierte Umwelterklärung 2011, Eberswalde. Auch online verfügbar unter http://www.hnee.de/Portraet/

Umweltmanagement/Dokumente/Dokumente-K2931.htm (letzter Abruf am 21.08.2012).

HNE – Hochschule für nachhaltige Entwicklung Eberswalde (FH) (2012): Leitbild der Hochschule für nachhaltige Entwicklung Eberswalde (FH). Internet: http://www.hnee.de/Portraet/Leitbild/Leitbild-der-Hochschule-K296.htm (letzter Abruf am 19.01.2013).

Hoekstra, A.; Chapagain, A.; Aldaya, M. and Mekonnen, M. (2009): Water Footprint Manual. [http://www.waterfootprint.org/downloads/WaterFootprintManual2009.pdf] (letzter Abruf am 28.08.2011).

Höffe, O. (2006): Einführung in Rawls' Theorie der Gerechtigkeit, in: Höffe, O. (Hrsg.): John Rawls – Eine Theorie der Gerechtigkeit, 2. Auflage, Berlin, S. 3–26.

Homburg, C. und Krohmer, H. (2003): Marketingmanagement, Wiesbaden.

Hopfenbeck, W.; Jasch, C. und Jasch, A. (1996): Lexikon des Umweltmanagements, Landsberg.

Horváth, P. und Kaufmann, L. (1998): Balanced Scorecard – ein Werkzeug zur Umsetzung von Strategien, in: Harvard Business Manager, 20. Jg. 1998, Nr.5, S. 39–48.

Horváth, P. & Partners (Hrsg.) (2004): Balanced Scorecard umsetzen, 4. Aufl., Stuttgart.

Hsieh, N. (2004): The obligations of transnational corporations: Rawlsian justice and the duty of assistance, in: Business Ethics Quarterly, Bd. 14, Nr. 4, S. 643–661.

Hubbertz, H. (2006): Corporate Citizenship und die Absorption von Unsicherheit, in: Sozialwissenschaften und Berufspraxis, Jg. 29, Nr. 2, S. 298–314.

Huber, J. (1996): Nachhaltigkeit: Ein Entwicklungskonzept entwickelt sich. GAiA, Ecological Perspectives in Science, Humanities and Economics, Heft 5, S. 63–65.

Hunkeler, D.; Saur, K.; Stranddorf, H.; Rebitzer, G.; Schmidt, W. P.; Jensen, A. A. und Christiansen, K. (2003): Life Cycle Management, SETAC, Brüssel.

ICC: ICC guidance on supply chain responsibility, Document 141-75 rev6 FINAL, 10 October 2007, S. 1–3.

IDW – Institut der Wirtschaftsprüfer in Deutschland e.V. (2006): Grundsätze ordnungsmäßiger Beurteilung von Verkaufsprospekten über öffentlich angebotene Vermögensanlagen (IDW S4), Düsseldorf.

IDW RS HFA 1/98 (1998): IDW Rechnungslegungsstandard: Aufstellung des Lageberichts (IDW RS HFA 1; Stand: 26.6.1998), in: Die Wirtschaftsprüfung 51, S. 653–662.

Immler, H. (1989): Vom Wert der Natur. Zur ökologischen Reform von Wirtschaft und Gesellschaft, Opladen.

Immler, H. und Hofmeister, S. (1998): Natur als Grundlage und Ziel der Wirtschaft. Grundzüge einer Ökonomie der Reproduktion, Opladen.

Industriegewerkschaft Chemie-Papier-Keramik (IG CPK) (1976): Die Antibilanz der IG Chemie-Papier-Keramik.

Institut der deutschen Wirtschaft Köln (Hrsg.) (2004): Betriebliche Instrumente für nachhaltiges Wirtschaften – Konzepte für die Praxis, Köln.

Institut für Ökologisches Wirtschaften (IÖW) und Institut für Markt, Umwelt und Gesellschaft (imug) (2001): Der Nachhaltigkeitsbericht. Ein Leitfaden zur Praxis glaubwürdiger Kommunikation für zukunftsfähige Unternehmen, Berlin.

IPCC (2007): Climate Change 2007: Synthesis Report. Contribution of Working Groups I, II and III to the Fourth Assessment Report of the Intergovernmental Panel on Climate Change [Core Writing Team, Pachauri, R. K and Reisinger, A. (eds.)], Genf.

IPCC (2006): IPCC Guidelines for National Greenhouse Gas Inventories, Prepared by the National Greenhouse Gas Inventories Programme. Eggleston H. S.; Buendia L.; Miwa K.; Ngara T. and Tanabe K. (eds.), Japan.

Isenmann, R. (2003): Natur als Vorbild. Plädoyer für ein differenziertes und erweitertes Verständnis der Natur in der Ökonomie, Marburg.

Isenmann, R. und Marx Gómez, J. (2008): Einführung in die internetgestützte Nachhaltigkeitsberichterstattung, in: Isenmann, R. und Marx Gómez, J. (Hrsg.): Internetbasierte Nachhaltigkeitsberichterstattung. Maßgeschneiderte Stakeholder-Kommunikation mit IT, Berlin, S. 13–34.

ISO 14040 (2006), November 2009: Ökobilanz – Grundsätze und Rahmenbedingungen, Berlin.

ISO 14044 (2006): Umweltmanagement-Ökobilanz-Anforderungen und Anleitungen, Berlin.

ISO – International Organization for Standardization (2006a): ISO 14040:2006.

ISO – International Organization for Standardization (2006b): ISO 14044:2006.

ISO – International Organization for Standardization (2008): The integrated use of management system standards, Genf.

ISO 14005:2010 (2010): Environmental management systems – Guidelines for the phased implementation of an environmental management system, including the use of environmental performance evaluation, Genf.

ISO 26000 (2010): Guidance on Social Responsibility, Genf.

Jahns, P. und Menssen, I. (2010): Ressourceneffizienz in produzierenden Unternehmen – Erfahrungen aus Beratungsprogrammen in NRW, in: UmweltWirtschaftsForum (3/4), S. 165–170.

Jehn, K. A.; Chadwick, C. und Thatcher, S. M. B. (1997): To agree or not to agree: The effects of value congruence, individual demography dissimilarity, and conflict on workgroup outcome, in: International Journal of Conflict Management, 8, S. 287–305.

Jensen, M. C. (2001): Value Maximisation, Stakeholder Theory and the Corporate Objective Function, in: European Financial Management, 7. Jg., S. 297–317.

Jonas, H. (1984): Das Prinzip Verantwortung, Frankfurt/Main.

Jørgensen, T. H. (2008): Towards more sustainable management systems: through life cycle management and integration, in: Journal of Cleaner Production, Vol. 16, S. 1071–1080.

Jüdes, U. (1997): Nachhaltige Sprachverwirrung. Auf der Suche nach einer Theorie des Sustainable Development. Politische Ökologie, Heft 52, S. 26–29.

Jung, H. (2010): Allgemeine Betriebswirtschaftslehre, 12. Aufl., München.

Jung, R.; Schäfer, H. und Seibel, F. (1994): Vielfalt gestalten – Managing Diversity, Frankfurt/Main.

Jung, W.; Loske, R.; Rapf, O. und Hinzen, A. (1997): Zukunftsfähiges Wirtschaften im Raum Aachen. Bausteine für eine nachhaltige Regionalwirtschaft, Aachen.

Jungk, R. und Müllert, N. R. (1989): Zukunftswerkstätten. Mit Phantasie gegen Routine und Resignation, München.

Kahlenborn, W. und Freier, I. (2006): Environmental magement approaches. Preliminary results of two projects financed by the German Environmental Ministry for the Environment / German Agency for Environmental Protection. Report to the ISO TC 207 Committee for environmental management for SMEs.

Kanning, H. (1998): „Sustainable Development" als Leitbild der EG-Öko-Audit-Verordnung, in: Doktoranden-Netzwerk Öko-Audit e.V. (Hrsg.): Umweltmanagementsysteme – zwischen Anspruch und Wirklichkeit. Eine interdisziplinäre Auseinandersetzung mit der EG-Öko-Audit-Verordnung und der DIN EN ISO 14001, Heidelberg, S. 11–32.

Kanning, H. (2005): Brücken zwischen Ökologie und Ökonomie, München.

Kanning, H. (2008): Bedeutung des Nachhaltigkeitsleitbildes für das betriebliche Management, in: Baumast, A. und Pape, J. (Hrsg.): Betriebliches Umweltmanagement – Theoretische Grundlagen, Praxisbeispiele, Stuttgart, 3. aktualisierte und bearbeitete Neuauflage, S. 17–31.

Kant, I. (1945): Grundlegung zur Metaphysik der Sitten, unveränderter Neudruck der 3. Auflage, Leipzig.

Kaplan, R. S. und Norton, D. P. (1997): Balanced Scorecard, Stuttgart.

Kardoff, E. von (2006): Zur gesellschaftlichen Bedeutung und Entwicklung (qualitativer) Evaluationsforschung, in: Flick, U. (Hrsg.): Qualitative Evaluationsforschung, Konzepte-Methoden-Umsetzung, Hamburg, S. 63–91.

Kark, R.; Shamir, B. und Chen, G. (2003): The two faces of transformational leadership: Empowerment and dependency, in: Journal of Applied Psychology, 88 (2), S. 246–255.

KATE – Kontaktstelle für Umwelt und Entwicklung (Hrsg. 2011): Einrichtungen und Kirchengemeinden mit Umwelt- bzw. Nachhaltigkeitsmanagementsystemen. Stand 23.05.2011. Online verfügbar unter http://www.kate-stuttgart.org/zmskate/content/e2/ e3806/e5632/ZertifizierteEinrichtungenundGemeinden-Stand23.05.11_ger.pdf (letzter Abruf am 23.05.2011).

Kaufmann, F.-X. (1992): Der Ruf der Verantwortung – Risiko und Ethik in einer unüberschaubaren Welt, Freiburg.

Kaufmann, L. (1997): ZP-Stichwort: Balanced Scorecard, in: Zeitschrift für Planung, o. Jg., H. 8, S. 421–428.

Kearney, E. und Gebert, D. (2009): Managing diversity and enhancing team outcomes: The promise of transformational leadership, in: Journal of Applied Psychology, Vol 94 (1), Jan 2009, S. 77–89.

Kienbaum Management Consultants (2010): Sustainable HR, Zur Rolle der Personalarbeit in einer nachhaltigen Unternehmensführung, Kienbaum Diskussionsbeiträge zum Personalmanagement, Berlin 2010.

Kiener, S. (1990): Die Principal-Agent-Theorie aus informationsökonomischer Sicht, Heidelberg.

Klein, E. (1997): Menschenrechte – Stille Revolution des Völkerrechts und Auswirkungen auf die innerstaatliche Rechtsanwendung, Baden-Baden.

Kleine, A.; Kurz, S. und Schmidkonz, C. (2005): Application of the Sustainability Triangle for BYC, in: Kurz, S. und Schmidkonz, C. (Hrsg.) (2005): The impact of direct investment of BASF in Nanjing, China on the sustainable development of the region, Nanjing, S. 55–62.

Kleinfeld, A. (2011): Gesellschaftliche Verantwortung von Organisationen und Unternehmen: Fragen und Antworten zur ISO 26000, Berlin.

Kline, J. (2003): Political activities by transnational corporations: Bright lines versus grey boundaries. Transnational Corporation, Bd. 12 Nr. 1, S. 1–25.

Klöpffer, W. und Grahl, B. (2009): Ökobilanz (LCA) – Ein Leitfaden für Ausbildung und Beruf, Weinheim.

Knippenberg, D. van und Schippers, M. C. (2007): Work group diversity, in: Annual Review of Psychology, 58 (1), S. 515–541.

Kopfmüller, J.; Brandl, V.; Jörissen, J.; Paetau, M.; Banse, G.; Coenen, R. und Grunwald, A.

(2001): Nachhaltige Entwicklung integrativ betrachtet, Berlin.

Koplin, J. (2006): Nachhaltigkeit im Beschaffungsmanagement – Ein Konzept zur Integration von Umwelt- und Sozialstandards, Wiesbaden.

KPMG (2011): KPMG International Corporate Responsibility Reporting Survey 2011, Amstelveen.

Krehahn, P.; Neumann, N.; und Weichbrodt, R. (2008): Ökologische Beurteilung von Polyesterkreisläufen für ein exemplarisches Produkt eines Outdoor –Textilienherstellers, Abschlussbericht, Fachhochschule für Wirtschaft und Technik, Berlin.

Künkel, P.; Gerlach, S.; Frieg, V. (2010): Working with Stakeholder Dialogues: Key Concepts and Competencies for Achieving Common Goals – a practical guide for change agents from public sector, private sector and civil society, Norderstedt.

Landeshauptstadt München (Hrsg. 2008): ÖKO-PROFIT Deutschland 1998–2008. Online verfügbar unter http://www.wirtschaft-muenchen.de/portal/raw_publikationen.html (letzter Abruf am 21.08.2012).

Lange, C.; Ahsen, A. von und Daldrup, H. (2001): Umweltschutz-Reporting. Umwelterklärungen und -berichte als Module eines Reportingsystems, München, Wien.

Lange, C. und Daldrup, H. (2002): Grundsätze ordnungsmäßiger Umweltschutz-Publizität – Vertrauenswürdige Berichterstattung über die ökologische Lage in Umwelterklärungen und Umweltberichten, in: Die Wirtschaftsprüfung 55, S. 657–668.

Lange, C. und Martensen, O. (2004): Environmental Management Accounting: Von der Umweltkostenrechnung zu einem integrierenden Kostenmanagement. Beiträge zur Umweltwirtschaft und zum Controlling Nr. 30, LSt. BWL, insb. Umweltwirtschaft und Controlling, Universität Duisburg-Essen.

Lange, C. und Pianowski, M. (2008): Nachhaltigkeitsberichterstattung und Integriertes Controlling, in: Isenmann, R. und Marx Gómez, J. (Hrsg.): Internetbasierte Nachhaltigkeitsberichterstattung. Maßgeschneiderte Stakeholder-Kommunikation mit IT, Berlin, S. 141–155.

Lee, H. L.; Padmanabhan, V. und Whang, S. (1997): The Bullwhip Effect in Supply Chains, in: Sloan Management Review, 38 (3), S. 93–102.

Leipprand, T.; Mansour, J.; Penndorf, K.; Peter, I.; Strasser, C.; Topf, D.; Tschochohei, H.; Raggamby, A. von und Zelli, F. (2010): Mit Engagement zur Nachhaltigkeit – die Zivilgesellschaft als Treiber einer neuen Nachhaltigkeitsagenda, Policy Paper 01/2010. Berlin: Stiftung Neue Verantwortung.

Leopoulos, V.; Voulgaridou, D.; Bellos, E. und Kirytopoulos, K. (2010): Integrated management systems: moving from function to organization/decision view, in: The TQM Journal, Vol. 22, S. 594–628.

Lerch, A. und Nutzinger, H. G. (1998): Nachhaltigkeit. Methodische Probleme der Wirtschaftsethik. Zeitschrift für Evangelische Ethik, Jg. 42, S. 208–223.

Likert, R. (1967): The human organization: its management and values. New York.

Loew, T.; Ankele, K.; Braun, S. und Clausen, J. (2004): Bedeutung der internationalen CSR-Diskussion für Nachhaltigkeit und die sich daraus ergebenden Anforderungen an Unternehmen mit Fokus Berichterstattung. Endbericht an das Bundesministerium für Umwelt, Naturschutz und Reaktorsicherheit, Münster et al.

Luks, F. (2007): Den Brundtland-Bericht überwinden. Jenseits des Ökonomischen das Nachhaltige suchen. Ökologisches Wirtschaften 1 (Schwerpunkt: 20 Jahre Brundtlandbericht), S. 27–29.

Mahammadzadeh, M. (2003): Nachhaltige Balanced Scorecard. Konzeptionen und Erfahrungen. IW-Umweltservice-Themen, 2003, 1, hrsg. vom Institut der deutschen Wirtschaft Köln, Köln 2003.

Mahammadzadeh, M. (2006): Forschungs- und praxisrelevante Themen und Herausforderungen im Kontext des betrieblichen Umweltmanagements, in: Lin-Hi, N. und Mahammadzadeh, M. (Hrsg.): Dimensionen und Herausforderungen der Nachhaltigkeit. Meeting the Future – Nachwuchsforschung zum Nachhalti-

gen Wirtschaften. Zum 10jährigen Jubiläum des Doktoranden Netzwerks Nachhaltigen Wirtschaftens e.V. (DNW), Leipzig, Köln, S. 3–13.

Mahammadzadeh, M. (2009): Sustainability Balanced Scorecard, in: Baumast, A. und Pape, J. (Hrsg.): Betriebliches Umweltmanagement – Nachhaltiges Wirtschaften im Unternehmen, 4. Aufl., Stuttgart, S. 177–190.

Mahammadzadeh, M. (2012): Unternehmen und Nachhaltigkeitsmanagement, in: Institut der deutschen Wirtschaft Köln (Hrsg.): Auf dem Weg zur mehr Nachhaltigkeit. Erfolge und Herausforderungen 25 Jahre nach dem Brundtland-Bericht, IW-Analysen Nr. 82, Köln, S. 99–113.

Majer, H. (1999): Wachstum aus Sicht der ökologischen Ökonomie, in: Beckenbach, F.; Hampicke, U.; Leipert, C.; Meran, G.; Minsch, J.; Nutzinger, H. G.; Pfriem, R.; Weimann, J.; Wirl, F. und Witt, U. (Hrsg.): Zwei Sichtweisen auf das Umweltproblem: Neoklassische Umweltökonomik versus Ökologische Ökonomik, Marburg, S. 319–348 (= Jahrbuch Ökologische Ökonomie, Bd. 1).

Maletz, M.; Nohria, N. und Herman, K. (2007): Siemens – Developing Tomorrow's Leaders, in: Harvard Business School, N1-408-032, Boston.

Märkisches Landbrot (2009b): Ökobilanz 2008, Berlin.

Marshall, T. (1950): Citizenship and social class – And other essays, Cambridge et al.

Matten, D. und Crane, A. (2005): Corporate citizenship: Toward an extended theoretical conceptualization, in: Academy of Management Review, Bd. 30, Nr. 1, S. 166–179.

Matten, D.; Crane, A. und Chapple, W. (2003): Behind the mask – Revealing the true face of corporate citizenship, in: Journal of Business Ethics, Bd. 45, Nr. 1/2, S. 109–120.

Matten, D. und Palazzo, G. (2008): Unternehmensethik als Gegenstand betriebswirtschaftlicher Forschung und Lehre – Eine Bestandsaufnahme aus internationaler Perspektive, in: Scherer, A. G. und Picot, A. (Hrsg.): Unternehmensethik und Corporate Social Responsibility – Herausforderung an die Betriebswirtschaftslehre, ZfbF-Sonderheft 58/08, S. 50–71.

Matten, D. und Wagner, G. R. (1999): Zur institutionenökonomischen Fundierung der Betriebswirtschaftlichen Umweltökonomie, in: Zeitschrift für Umweltpolitik und Umweltrecht 22, S. 471–506.

Mayring, P. (1996): Einführung in die qualitative Sozialforschung: Eine Anleitung zum qualitativen Denken, 3., überarbeitete Auflage, Weinheim.

McGrath, R. G.; MacMillan, L. G. und Venkatraman, S. (1995): Defining and developing competence: A strategic process paradigm, in: Strategic Management Journal, 16, S. 251–275.

McGregor, D. (1966): From Leadership and Motivation, in: Bennis, W. G. und Schein, E. H. (Hrsg.): Essays of Douglas McGregor, Cambridge: Massachusetts Institute of Technology, S. 3–20.

Meadows, D. L. (1972): The Limits to Growth, Stuttgart.

Meffert, H. und Kirchgeorg, M. (1998): Marktorientiertes Umweltmanagement, 2. Aufl., Stuttgart.

Mentzer, J. T.; DeWitt, W.; Keebler, J. S.; Min, S.; Nix, N. W.; Smith, C. D. und Zacharia, Z. (2001): Defining Supply Chain Management, in: Journal of Business Logistics, 22 (2), S. 1–26.

Meyer, C. (1994): Betriebswirtschaftliche Kennzahlen und Kennzahlen-Systeme, 2. Aufl., Stuttgart.

Milliken, F. J. und Martins, L. L. (1996): Searching for common threads: Understanding the multiple effects of diversity in organizational groups, in: Academy of Management Review, 21 (2), S. 402–433.

Ministerium für Umwelt und Verkehr Baden-Württemberg (UVM) (2002): Zukunftsfähiges Wirtschaften. Ein Leitfaden zur Nachhaltigkeitsberichterstattung von Unternehmen, Stuttgart.

Moll, S. und Gee, D. (1999): Making Sustainability accountable – Eco-efficiency, resource productivity and innovation (hrsg. von der European Environment Agency).

Moon, J.; Crane, A. und Matten, D. (2005): Can corporations be citizens? Corporate citizenship as a metaphor for business participation in society, in: Business Ethics Quarterly, Bd. 15, Nr. 3, S. 427–451.

Moon, J.; Gond, J.-P.; Grubnic, S. und Herzig, C. (2011): Management Control for Sustainability Strategy, Chartered Institute of Management Accountants, London.

Mosner, M. (2010): Führung – eine Herzensangelegenheit, ein Interview mit Patrick D. Cowden, Vice President & General Manager der Hitachi Data Systems GmbH Germany, in: Weissenrieder, J. und Kosel, M. (2010): Nachhaltiges Personalmanagement in der Praxis, mit Erfolgsbeispielen mittelständischer Unternehmen, Wiesbaden, S. 53–59.

Moutchnik, A. (2012): Verästelungen der Umwelt-, Nachhaltigkeits- und CSR-Kommunikation von Unternehmen, in: UmweltWirtschaftsForum, Vol. 19, Nr. 3, S. 123–134.

Müller, K. (1996): Allgemeine Systemtheorie. Geschichte, Methodologie und sozialwissenschaftliche Heuristik eines Wissenschaftsprogramms, Wiesbaden.

Müller, M.; Gomes dos Santos, V. und Seuring, S. (2009): The contribution of environmental and social standards towards ensuring legitimacy in supply chain governance, in: Journal of Business Ethics, Vol. 89, No. 4, S. 509–523.

Müller, M. und Nofz, K. (2008): Umwelt- und Sozialstandards am Scheideweg – eine empirische Untersuchung bei NGOs, in: Zeitschrift für Umweltpolitik und Umweltrecht, Heft 2, S. 245–271.

Müller, M. und Seuring, S. (2007): Legitimität durch Umwelt- und Sozialstandards gegenüber Stakeholdern – eine vergleichende Analyse, in: Zeitschrift für Umweltpolitik und Umweltrecht, Heft 3, S. 257–285.

Müller-Känel, O. (2009): Mezzanine Finance. Neue Perspektiven in der Unternehmensfinanzierung, 3. Auflage, Bern.

Müssig, S. und Kretzer, B. (2008): EMASeasy & OHRIS-Konvoiprojekt für KMU in Mainfranken, Würzburg, 11.03.2008.

MUV – Ministerium für Umwelt und Verkehr Baden-Württemberg (Hrsg.) (o.J.): Umweltplan Baden-Württemberg, Stuttgart.

Néron, P. und Norman, W. (2008): Citizenship, Inc. – Do we really want businesses to be good corporate citizens?, in: Business Ethics Quarterly, Bd. 18, Nr. 1, S. 1–26.

Nestlé (2010). Unternehmensgrundsätze, http://www.nestle.de/Documents/Nestle_Unternehmensgrundsaetze_2010.pdf (letzter Abruf am 19.03.2012).

Neumann, A. (2008): Integrative Managementsysteme, Heidelberg.

New Value (2011) Geschäftsbericht 2010/2011, Zürich.

New Value (o. J.): Ethisch investieren. Download unter http://www.newvalue.ch/fileadmin/userupload/dokumente/ethik.pdf (letzter Abruf am 18.01.2012).

Nidumolo, R.; Pralahad, C. K. und Ragaswami, M. R. (2009): Why Sustainability Is Now the Key Driver of Innovation, in: Harvard Business Review 87, September, S. 56–64.

Nielsen, S. (2010): Top Management Team Diversity: A Review of Theories and Methodologies, in: International Journal of Management Reviews, 12, S. 301–316.

Norgaard, R. B. (1994): Development betrayed: The end of progress and a coevolutionary revisioning of the future, London.

Nutzinger, H. G. und Radke, V. (1995): Wege zur Nachhaltigkeit, in: Nutzinger, H. G. (Hrsg.): Nachhaltige Wirtschaftsweise und Energieversorgung, Marburg, S. 225–256.

o. V. (1994): Grundsätze produktbezogener Ökobilanzen, in: DIN-Mitteilungen, Nr. 3, S. 208–212.

o. V. (2010): Mangelnde Sicherheit: englische Firma verklagt, in: Arbeitssicherheit.de vom 13.10.2010, Abruf unter http://www.arbeits-sicherheit.de/de/html/nachrichten/anzeigen/436/Firma-verklagt/ (letzter Abruf am 10.11.2011).

OECD (2006): Good Practices (http://www.oecd.org/dataoecd/58/ 42/36655769.pdf (Stand April 2011).

OECD (2007): Development co-operation report 2006 – Statistical annex. o. O.

OECD und UNDP (2002): Sustainable Development Strategies – A Resource Book, Oxford.

OHSAS 18001 (2007): Arbeits- und Gesundheitsschutz – Managementsysteme – Anforderungen, Berlin.

Öko-Profit NRW (2012): Ökoprofit Netz Nordrhein-Westfalen. http://www.oekoprofit-nrw.de (letzter Abruf am 21.08.2012).

Österreichisches Institut für Nachhaltige Entwicklung (ÖIN) (2003): Reporting about Sustainability. In 7 Schritten zum Nachhaltigkeitsbericht, Wien.

Paech, N. (2009): Die Postwachstumsökonomie – ein Vademecum. Zeitschrift für Sozialökonomie (ZfSÖ) 46/160–161, S. 28–31.

Pape, J. (2001): Umweltkennzahlen und ökologische Benchmarks als Erfolgsindikatoren für das Umweltmanagement in Unternehmen der Milchwirtschaft. Teil 1: Konzeptionelle Grundlagen der Umweltleistungsbewertung. Hohenheimer Beiträge zur Agrarinformatik und Unternehmensführung, Bd. 4, Universität Hohenheim, Stuttgart.

PAS 2050 (2008): Specification for the assessment of the life cycle greenhouse gas emissions of goods and services. BSI British Standards Institution, London.

PCF-Pilotprojekt (2009): Ergebnisbericht. Product Carbon Footprinting – Ein geeigneter Weg zu klimaverträglichen Produkten und deren Konsum? Erfahrungen, Erkenntnisse und Empfehlungen aus dem Product Carbon Footprint Projekt Deutschland, Berlin.

Peelle, H. E. (2006): Appreciative Inquiry and Creative Problem Solving in Cross-Functional Teams, in: The Journal of Applied Behavioral Science December 2006, 42, S. 447–467.

Petersen, H. und Schaltegger, S. (2002): Ecopreneurship fördern. Ökologisches Wirtschaften, Nr. 1, S. 27–28.

Petschow, U. (2007): Harmonische Konflikte um die Zukunft des Wirtschaftens. Ökologisches Wirtschaften 1 (Schwerpunkt: 20 Jahre Brundtlandbericht), S. 25–26.

Pfeifer, T. und Greshake, T. (2004): Präventum. Strategien zur lebenszyklusweiten umweltgerechten Produkt- und Prozessbetrachtung, in: Umwelt-WirtschaftsForum, 12. Jg., Nr. 1, S. 71–75.

Pföstl, G. von (2006): Nachhaltigkeit und finanzielle Leistungsfähigkeit von Unternehmen. Theoretische Aspekte und empirische Befunde, in: Bruckner, B. und Paulesich, R. (Hrsg.): Nachhaltigkeit und Unternehmensfinanzierung: Beiträge zur aktuellen Diskussion und empirische Befunde, Hamburg, S. 32–95.

Pick, E.; Pape, J. und Goebels, T. (2000): Der Hermeneutische Umweltleistungszirkel zur Identifizierung und Bewertung relevanter Umweltaspekte im Rahmen der Umweltleistungsbewertung, in: Umweltwirtschaftsforum, 8. Jg., H. 4, S. 50–56.

Polzer, J. T.; Milton, L. P. und Swann, W. B. (Jr.) (2002): Capitalizing on diversity: Interpersonal congruence in small work groups, in: Administrative Science Quarterly, 47, S. 296–324.

Porter, M. E. und Kramer, M. R. (2006): Strategy and Society: The Link Between Competitive Advantage and Corporate Social Responsibility, in: Harvard Business Review, December 2006, S. 78–92.

Prahalad, C. K. und Hart, S. L. (2002): The Fortune at the Bottom of the Pyramid, in: Strategy+Business 26, S. 54–67.

PricewaterhouseCoopers (PWC) (2010): Private Equity Trend Report 2010. Navigating the rocky road to recovery, http://www.pwc.de/de/finanzinvestoren/assets/Pr_Equity_Trend_Report_2010.pdf (letzter Abruf am 21.5.2011).

PricewaterhouseCoopers und Center for Sustainability Management (Hrsg.) (2010): Corporate Sustainability Barometer. Wie nachhaltig agieren Unternehmen in Deutschland?, Frankfurt/Main.

Quick, R.; Lorson, P. und Wurl, H.-J. (2011): Grundlagen des Controlling, Weinheim.

Radermacher, F. J. (2004): Die Zukunft der Wirtschaft – Nachhaltigkeitskonformes Wachstum, sozialer Ausgleich, kulturelle Balance und Ökologie, in: Dietzfelbringer, D.; Thurn, R. (Hrsg.): Nachhaltige Entwicklung – Grundlage einer neuen Wirtschaftsethik, München, S. 29–51.

Rastetter, D. (2006): Managing Diversity in Teams – Erkenntnisse aus der Gruppenforschung, in: Krell, G.; Wächter, H. (2006): Diversity Management, Impulse aus der Personalforschung, München, S. 81–108.

Rauberger, R. und Wagner, B. (1997): Sachstandsanalyse Betriebliche Umweltkennzahlen, UBA-Texte 56/97, Berlin.

Rawls J. (1975): Eine Theorie der Gerechtigkeit, Frankfurt/Main.

Rawls, J. (2002): Das Recht der Völker, Berlin.

Rees, W. E. und Wackernagel, M. (1992): Ecological footprints and appropriated carrying capacity: Measuring the natural capital requirements of the human economy (revised draft). Contribution to the Second Meeting, Stockholm.

Renn, O. und Kastenholz, H. G. (1996): Ein regionales Konzept nachhaltiger Entwicklung. GAiA, Ecological Perspektives in Science, Humanities and Economics, Heft 5, S. 86–102.

Repetto, R. (2001): Assessment of Sustainability in Growth and Development, in: Bartelmus, P. (2001): Wohlstand entschleiern. Über Geld, Lebensqualität und Zukunftsfähigkeit. Stuttgart, S. 111–117.

REWE (2010): Gemeinsam für ein besseres Leben, http://www.rewe-group.com/presse/pressemeldungen/pressemeldung-detail/article/gemeinsam-fuer-ein-besseres-leben-2/ (letzter Abruf am 19.03.2012).

RNE – Rat für Nachhaltige Entwicklung (2008): Welche Ampeln stehen auf Rot? Stand der 21 Indikatoren der nationalen Nachhaltigkeitsstrategie – auf der Grundlage des Indikatorenberichts 2006 des Statistischen Bundesamtes, Texte, 22.

RNE – Rat für Nachhaltige Entwicklung (2011): Dialog „Deutscher Nachhaltigkeitskodex". Internet http://www.nachhaltigkeitsrat.de/projekte/eigene-projekte/deutscher-nachhaltigkeitskodex/ (letzter Abruf am 30.07.2011).

RNE – Rat für Nachhaltige Entwicklung (2011): Rat für Nachhaltige Entwicklung, 53. Sitzung, 12./13.Oktober 2011, Beschluss Empfehlung Deutscher Nachhaltigkeitskodex.

RNE – Rat für Nachhaltige Entwicklung (2012): Der Deutsche Nachhaltigkeitskodex (DNK) – Empfehlungen des Rates für Nachhaltige Entwicklung und Dokumentation des Multistakeholderforums am 26.09.2011, Texte 41.

Rocha, M.; Searcy, C. und Karapetrovic, S. (2007): Integrating sustainable development into existing management systems, in: Total Quality Management, Vol. 18, S. 83–92.

Roheim C. A. (2003): Early Indications of Market Impacts from the Marine Stewardship Council's Ecolabeling of Seafood, in: Marine Resource Economics, Band 18, S. 95–104.

Roloff, J. (2006): Sozialer Wandel durch deliberative Prozesse – Die Einführung von Sozialstandards in marokkanischen Textilunternehmen, Marburg.

Rosero, S. J. (2006): Implementation of Social and Environmental Standards: Continuity in Use Based on Benefits and Costs – A Case Study: The Flower Label Program in Ecuador, Georg-August-University in Göttingen.

Rudolph, B. (1999): Finanzmärkte, in: Korff, W. (Hrsg.): Handbuch der Wirtschaftsethik , Bd. 3: Ethik des wirtschaftlichen Handelns, Gütersloh, S. 274–292.

Ruggie, J. (2008): Protect, Respect and Remedy: A Framework for Business and Human Rights, Report of the Special Representative of the Secretary-General on the issue of human rights and transnational corporations, New York.

RWE (2011): VoRWEg gehen – Wir glauben, dass auch Energieversorger erneuerbar sein sollten, http://www.genderdax.de/index. php?cid=firmgundfid=44 (letzter Abruf am 12.04.11).

Sachs, J. D. (2005): The end of poverty – Economic possibilities for our time, New York.

Sachs, W. (1993): Die vier Es. Merkposten für einen maßvollen Wirtschaftsstil, in: Politische Ökologie, Jg. 11, Nr. 33, S. 69–72.

Sachs, W.; Santarius, T.; Aßmann, D.; Brouns, B.; Linz, M.; Moll, S.; Ott, H.; Pastowski, A.; Petersen, R; Scherhorn, G.; Sterk, W. und Supersberger, N. (2005): Fair Future – Begrenzte Ressourcen und globale Gerechtigkeit, München.

Sand, A. und Hunold, G. (1995): Goldene Regel, in: Kasper, W.; Baumgardner, K.; Bürkle, H.; Ganzer, K.; Kertelge, K.; Korff, W. und Walter, P. (Hrsg.): Lexikon für Theologie und Kirche, 3. Auflage, Band 4, Freiburg, S. 821–823.

Schaltegger, S. (1997): Information Costs, Quality of Information and Stakeholder Involvement, in: Eco-Management and Auditing 4 (3), S. 87–97.

Schaltegger, S. und Dyllick, T. (2002): Einführung, in: Schaltegger, S. und Dyllick, T. (Hrsg.): Nachhaltigkeit managen mit der Balanced Scorecard. Konzept und Fallstudien, Wiesbaden, S. 19–39.

Schaltegger, S. und Herzig, C. (2007): Berichterstattung im Lichte zentraler Herausforderungen unternehmerischer Nachhaltigkeit, in: Isenmann, R. und Marx Gómez, J. (Hrsg.): Internetgestützte Nachhaltigkeitsberichterstat-

tung. Stakeholder, Trends, Technologien, neue Medien, Berlin, S. 51–64.

Schaltegger, S. und Sturm, A. (1990): Ökologische Rationalität, in: Die Unternehmung 44 (4), S. 273–290.

Schaltegger, S. und Wagner, M. (2006): Management unternehmerischer Nachhaltigkeitsleistungen. Die Sustainability Balanced Scorecard zur Integration wirtschaftlicher, ökologischer und sozialer Verantwortung, in: Göllinger, T. (Hrsg.): Bausteine einer nachhaltigkeitsorientierten Betriebswirtschaftslehre, Marburg, S. 157–176.

Scherer, A. G. und Picot, A. (2008): Unternehmensethik und Corporate Social Responsibility – Herausforderungen an die Betriebswirtschaftslehre, in: Scherer, A. G. und Picot, A. (Hrsg.), Unternehmensethik und Corporate Social Responsibility – Herausforderungen an die Betriebswirtschaftslehre, ZfbF-Sonderheft 58/08, S. 1–25.

Scherhorn, G. und Weber, C. (Hrsg.) (2002): Nachhaltiger Konsum. Auf dem Weg zur gesellschaftlichen Verankerung, München.

Schierenbeck, H. und Wöhle, C. B. (2008): Grundzüge der Betriebswirtschaftslehre, 17. Auflage, München, Wien.

Schindler, J. (2005): Syndromansatz. Ein praktisches Instrument für die Geographiedidaktik.

Schmidheiny, S. (1992): Changing Course. A Global Business Perspective on Development and the Environment, Cambridge.

Schmidt, M. und Schorb, A. (1996): Ökobilanzen – Zahlenbasen für den betrieblichen Umweltschutz, in: Spektrum der Wissenschaft, Mai 1996, S. 94–101.

Schmidt-Bleek, F. (1994): Wieviel Umwelt braucht der Mensch? MIPS – Das Maß für ökologisches Wirtschaften, Berlin.

Schmiedeknecht, M. (2011): Die Governance von Multistakeholder-Dialogen. Standardsetzung zur gesellschaftlichen Verantwortung von Organisationen: Der ISO 26000-Prozess, Weimar bei Marburg.

Schmitt, R. und Pfeifer, T. (2010): Qualitätsmanagement. Strategien – Methoden – Techniken, 4. Aufl., München, Wien.

Schneidewind, U.; Goldbach, M.; Fischer, D. und Seuring, S. (Hrsg.) (2003): Symbole und Substanzen – Perspektiven eines interpretativen Stoffstrommanagements, Marburg.

Schneidewind, U. und Palzkill, A. (2010): Suffizienz als Business Case, hrsg. vom Wuppertal Institut, Wuppertal, Download unter: http://wupperinst.org/uploads/tx_wupperinst/Impulse2.pdf.

Schrader, U. (2003): Corporate Citizenship – Die Unternehmung als guter Bürger?, Berlin.

Schrader, U. und Diehl, B. (2010): Nachhaltigkeitsmarketing durch Interaktion, in: Marketing Review St. Gallen, Vol. 27 (5), S. 16–21.

Schrader, U. und Hansen, U. (Hrsg.) (2001): Nachhaltiger Konsum, Frankfurt/Main.

Schulte, C. (2009): Logistik. Wege zur Optimierung der Supply Chain, 5. Aufl., München.

Schweiger, D. M.; Sandberg, W. R. und Ragan, Y. W. (1986), Group Approaches for Improving Strategic Decision Making: A Comparative Analysis of Dialectical Inquiry, Devils Advocacy, and Consensus, in: Academy of Management Journal, 29 (1), S. 51–71.

Schwendt, S. und Funck, D. (2002): Integrierte Managementsysteme, Konzepte, Werkzeuge und Erfahrungen, Heidelberg.

Seidl, I. und Zahrnt, A. (Hrsg.) (2010): Postwachstumsgesellschaft: Neue Konzepte für die Zukunft, Marburg.

Sen, S. and Bhattacharya, C. B. (2004): Doing better at doing good: When, why and how consumers respond to corporate social initiatives, in: *California Management Review, Vol. 47*, No. 1 (Fall), S. 9–24.

SETAC (1993): Guidelines for Life-Cycle Assessment: A „Code of Practice", Brüssel.

Seuring, S. (2001): Supply Chain Costing – Kostenmanagement in Wertschöpfungsketten mit Target Costing und Prozesskostenrechnung, München.

Seuring, S. (2004a): Integrated Chain Management and Supply Chain Management – Comparative Analysis and Illustrative Cases, in: Journal of Cleaner Production, Vol. 12, No. 8–10, S. 1059–1071.

Seuring, S. (2004b): Industrial Ecology, Life Cycles, Supply Chains – Differences and Interrelations, in: Business Strategy and the Environment, Vol. 13., No. 5, S. 306–319.

Seuring, S. (2011): Supply Chain Management for Sustainable Products – Insights from research applying mixed-methodologies, in: Business Strategy and the Environment, DOI: 10.1002/bse.702.

Seuring, S. und Goldbach, M. (2006): Managing Sustainability Performance in the Textile Chain, in: Schaltegger, S.; Wagner, M. (Hrsg.): Sustainable Performance and Business Competitiveness, Sheffield, S. 466–477.

Seuring, S. und Müller, M. (2007): Integrated Chain Management in Germany – Identifying Schools of Thought Based on a Literature Review, in: Journal of Cleaner Production, Vol. 15, No. 7, pp. 699–710.

Seuring, S. und Müller, M. (2008a): From a Literature Review to a Conceptual Framework for Sustainable Supply Chain Management, in: Journal of Cleaner Production, 16(15), S. 1699–1710.

Seuring, S. und Müller, M. (2008b): Core Issues in Sustainable Supply Chain Management – A Delphi Study, in: Business Strategy and the Environment, 17(8), S. 455–466.

Shamir, B.; House, R. J. und Arthur, M. B. (1993): The motivational effects of charismatic leadership: A self-concept based theory, in: Organization Science, 4 (4), S. 577–594.

Shaw, P. (2002): Changing Conversations in Organizations: A Complexity Approach to Change, London.

Shell (1999): The Shell Report 1999: People, planet & profits: An act of commitment, London.

Shin, S. J. und Zhou, J. (2007): When is educational specialization heterogeneity related to creativity in research and development teams? Transformational leadership as a moderator, in: Journal of Applied Psychology, 92 (6), S. 1709–1721.

Siemens (2009): Business Conduct Guidelines, München.

Siemens (2010a): One Siemens – unser Weg zur nachhaltigen Wertsteigerung, Dokument A19100-F-P166, München.

Siemens (2010b): Siemens auf einen Blick, München.

Siemens (2010c): Siemens trägt Verantwortung – Nachhaltigkeitsbericht 2009, München.

Sigma Project (2003): The Sigma Guidelines-Toolkit, Sustainability Accounting Guide, London.

Sonnenberg, A.; Chapagain, A.; Geiger, M. und August, D. (2009): Der Wasserfußabdruck Deutschlands. WWF Deutschland, Frankfurt/Main [http://www.wwf.de/ fileadmin/fm-wwf/pdf_neu/wwf_ studie_wasserfussabdruck.pdf] (letzter Abruf am 28.08.2011).

Sorell, S. (2007): The Rebound Effect: an assessment of the evidence for economy-wide energy savings from improved energy efficiency, London.

Spangenberg, J. H. (1996): Welche Indikatoren braucht eine nachhaltige Entwicklung?, in: Köhn, J.; Welfens, M. J. (Hrsg.): Neue Ansätze in der Umweltökonomie, Marburg, S. 203–226.

Spehl, H. (2005): Nachhaltige Raumentwicklung, in: Akademie für Raumforschung und Landesplanung (ARL) (Hrsg.): Handwörterbuch der Raumordnung, Hannover, S. 679–685.

Spence, C. und Gray, R. H. (2007): Social and Environmental Reporting and the Business Case. Research Report 98, Association of Chartered Certified Accountants, London.

Spengler, T. (1998): Industrielles Stoffstrommanagement – Betriebswirtschaftliche Planung und Steuerung von Stoff- und Energieströmen in Produktionsunternehmen, Berlin.

SRU – Der Rat von Sachverständigen für Umweltfragen (1994) Umweltgutachten 1994. Für eine dauerhaft-umweltgerechte Entwicklung, Stuttgart.

SRU – Der Rat von Sachverständigen für Umweltfragen (1996): Umweltgutachten 1996. Zur Umsetzung einer dauerhaft-umweltgerechten Entwicklung, Stuttgart.

SRU – Der Rat von Sachverständigen für Umweltfragen (1998): Umweltgutachten 1998. Umweltschutz: Erreichtes sichern – neue Wege gehen, Stuttgart.

SRU – Der Rat von Sachverständigen für Umweltfragen (2002): Umweltgutachten 2002: Für eine Vorreiterrolle, Berlin.

Stacey, R. D. (2002): Strategic Management and Organizational Dynamic: The Challenge of Complexity Essex, UK.

Stadt Neumarkt (2004): Stadtleitbild Neumarkt i. d. OPf. – Zukunftsfähiges Neumarkt, Neumarkt.

Staehle, W. H. und Nork, M. E. (1992): Umweltschutz und Theorie der Unternehmung, in:

Steger, U. (Hrsg.): Handbuch des Umweltmanagements. Anforderungen und Leistungsprofile von Unternehmen und Gesellschaft, München, S. 67–82.

Stahlmann, V. (2006): Vorwort. In: Neumarkter Lammsbräu: Nachhaltigkeitsbericht 2006, Neumarkt, S. 5–6.

Stark, W. (2008): Gesellschaftliche Verantwortung in Unternehmen – zwischen Legitimation und Innovation, in: Heidbrink, L.; Hirsch, A. (Hrsg.): Verantwortung als marktwirtschaftliches Prinzip – Zum Verhältnis Moral und Ökonomie, Frankfurt/Main, New York, S. 339–350.

Steinkirchner, P.; Biskamp, S.; Busch, A.; Klesse, H.-J.; Ramthun, C.; Salz, J.; Schnaas, D.; Schumacher, H.; Schuster, H. (2007): Die Macht des Guten, in: Wirtschaftswoche, Nr. 38, 17.09.2007, S. 56–76.

Stiftung Neue Verantwortung (2011): Dr. Achim Wolter über Nachhaltigkeit und Führung, www.stiftung-nv.de, zuletzt aufgerufen am 23.11.2011.

Stiftung Weltethos (2009): Global Economic Ethic – Consequences for Global Businesses, New York.

Strebel, H. und Schwarz, E. J. (Hrsg.) (1998): Kreislauforientierte Unternehmenskooperationen – Stoffstrommanagement durch innovative Verwertungsnetze, München.

Strohschneider, S. (Hrsg.) (2003): Entscheiden in kritischen Situationen, Frankfurt/Main.

SustainAbility & UNEP (2002): Trust Us. The Global Reporters. 2002 Survey of Corporate Sustainability Reporting. Executive Summary, London.

SustainAbility (2011): Signed, Sealed... Delivered? Eco-labels, trust and behavior change across the value chain, Phase One White Paper, London.

Sustainable Asset Management (SAM) (2012): The Dow Jones Sustainability World Index Guide, www.sustainability-index.com, (letzter Abruf am 02.11.2012).

Sustainable Leadership Forum (2011): Transformational Leadership for Sustainability, http://sustainableleadershipforum.org/?page_id=134 (letzter Abruf am 07.11.2011).

Sustainalytics (2012): Die Nachhaltigkeitsleistungen deutscher Großunternehmen – Ergebnisse des fünften vergleichenden Nachhaltig-keitsratings der DAX 30 Unternehmen 2011, http://www.sustainalytics.de (letzter Abruf am 02.11.2012).

Teevs, C. (2010): Das schäbige Geschäft der Preis-drücker. Spiegel Online vom 04.08.2010, http://www.spiegel.de/kultur/tv/0,1518,709922,00.html (letzter Abruf am 03.11.2011).

Tesco (2007): What does a lable show? URL: http://www.tesco.com/greenerliving/cutting_carbon_footprints/carbon_labelling.page?#2 (letzter Abruf am 21.05.2008).

The World Bank (2010): World Development Report 2010 – Development and Climate Change, Washington D. C.

Thema 1 (2009): Ergebnisbericht, Product Carbon Footprinting – Ein geeigneter Weg zu klimaver-träglichen Produkten und deren Konsum. Erfahrungen, Erkenntnisse und Empfehlungen aus dem PCF Pilotprojekt Deutschland. http://www.pcf-projekt.de/files/1241099725/ergeb-nisbericht_2009.pdf (letzter Abruf am 05.04.2010).

Thomas, E. (2011): Der Umweltberatungsmarkt in Deutschland, in: Manager 6 (2), S. 171–199.

Thommen, J.-P. und Achleitner, A.-K. (2009): All-gemeine Betriebswirtschaftslehre. Umfas-sende Einführung aus managementorientier-ter Sicht, 6. Auflage, Wiesbaden.

Transparency International, Fallstudie zu Schä-den durch Korruption, http://www.transpa-rency.de/Fallstudie-zu-Schaeden-durch-K.1187.0.html (letzter Abruf am 22.11.2011).

Triandis, H. C.; Kurowski, L. L. und Gelfand, M. J. (1994): Workplace diversity, in: Triandis, H. C.; Dunnette, M. D. und Hough, L. M. (Hrsg.), Handbook of industrial and organizational psychology, Bd. 4, 2. Aufl., Palo Alto, CA, S. 769–827.

Trigema (2013): Change Produkte. http://www.trigemachange.com/trigemachange/about/uber-unsere-produkte (letzter Abruf am 19.01.2013).

UBA – Umweltbundesamt (1992): Ökobilanzen für Produkte: Bedeutung – Sachstand – Pers-pektiven, UBA-Texte 38/92, Berlin.

UBA – Umweltbundesamt (Hrsg.) (1995): Ökobi-lanz für Getränkeverpackungen, UBA-Texte 52/95, Berlin.

UBA – Umweltbundesamt (1997): Nachhaltiges Deutschland. Wege zu einer dauerhaft umweltgerechten Entwicklung – Bericht der Arbeitsgruppe „Agenda 21/Nachhaltige Ent-wicklung" im Umweltbundesamt, Berlin.

UBA – Umweltbundesamt (Hrsg.) (2003): Leitfa-den „Die Lokale Agenda 21 zeigt Profil – Pro-jektbausteine an der Schnittstelle Lokale Agenda 21/Betriebliche Umweltmanagement-systeme", Berlin.

UBA – Umweltbundesamt und Öko-Institut (2007): Prozessorientierte Basisdaten für Umweltmanagement-Instrumente (Probas), Online DB, http://www.probas.umweltbun-desamt.de (http://www.probas.umweltbun-desamt.deletzter Abruf am 17. 05. 2011).

Ulrich, P. (2008): Integrative Wirtschaftsethik – Grundlage einer lebensdienlichen Ökonomie, 4. Auflage, Bern.

UN (1948): Universal declaration of human rights, Resolution 217 A (III) vom 10.12.1948, Deutsche Version, New York.

UNCTAD (2005): World Investment Report 2005 – Transnational corporations and the interna-tionalization of R&D, Genf.

UNCTAD – United Nations Conference on Trade and Development (2005): The Digital Divide Report: ICT Diffusion Index 2005, Genf.

UNCTAD (2010): World Investment Report 2010 – Investing in a Low-Carbon Economy, Genf.

UNDP (1998): Integrating human rights with sus-tainable human development – A UNDP policy document, New York.

Unerman, J.; Bebbington, J. und O'Dwyer, B. (Hrsg.) (2007): Sustainability Accounting and Accountability, London.

UNESCO (2003): The United Nations World Water Development Report 1.

UNESCO (2007): UNESCO-Biosphärenreservate: Modellregionen von Weltrang. UNESCO heute, 2, Themenheft.

UNESCO (2009): The United Nations World Water Development Report 3.

Unfried, P. (2009): Der Umweltretter Michael Braungart, taz.de vom 07.03.2009, http://www.taz.de/!31442/ (letzter Abruf am 19.01.2013).

Unilever (o. J.): Unsere Vision. http://www.uni-lever.ch/ueberuns/unserevision/ (letzter Abruf am 19.03.2012).

Utopia (2013): Grünes Hochschulranking-Deutschlands grünste Hochschule. Online verfügbar unter http://www.utopia.de/magazin/ergebnis-deutschlands-gruenste-hochschulenranking (letzter Abruf am 20.01.2013).

Vahs, D. und Schäfer-Kunz, J. (2007): Einführung in die Betriebswirtschaftslehre, Stuttgart.

VDI 2006: Nachhaltiges Wirtschaften in kleinen und mittelständischen Unternehmen –

VDI 4600: VDI-Richtlinie „Kumulierter Energieaufwand – Begriffe, Definitionen, Berechnungsmethoden", 1997.

Verband Deutscher Ingenieure (VDI) (2006): Nachhaltiges Wirtschaften in kleinen und mittelständischen Unternehmen – Anleitung zum Nachhaltigen Wirtschaften; VDI-Richtlinie 4070, Blatt , Berlin.

Voeth, M.; Herbst, U. und Kupp, M. (2007): Marketing, in: Busse von Colbe, W.; Coenenberg, A.; Kajüter, P.; Linnhoff, U. und Pellens, B. (Hrsg.): Betriebswirtschaft für Führungskräfte, 3. Aufl., Stuttgart.

Vogt, J. (2010): Strategische Steuerung von Sicherheit, in: Controlling – Zeitschrift für erfolgsorientierte Unternehmensführung, 22. Jg., S. 130–131.

Vollmuth, H. (1998): Kennzahlen, Planegg.

Wageman, R. (2001): How leaders foster self-managing team effectiveness: Design choices versus hands-on coaching, in: Organization Science, 12, S. 559–577.

Wall, F. (2009): Stakeholder-orientiertes Controlling als Koordination bei mehrfacher Zielsetzung, in: Wall, F. und Schröder, R. W. (Hrsg.): Controlling zwischen Shareholder Value und Stakeholder Value. Neue Anforderungen, Konzepte und Instrumente, München, S. 345–364.

Wall, F. und Schröder, R. W. (2009): Zwischen Shareholder Value und Stakeholder Value: Neue Herausforderungen für das Controlling?!, in: Wall, F.; Schröder, R. W. (Hrsg.): Controlling zwischen Shareholder Value und Stakeholder Value. Neue Anforderungen, Konzepte und Instrumente, München , S. 3–18.

Wan-Jan, W. (2006): Defining corporate social responsibility, in: Journal of Public Affairs, Vol. 6 (3–4), S. 176–184.

Wannenwetsch, H. (2005): Vernetztes Supply Chain Management – SCM-Integration über die gesamte Wertschöpfungskette, Berlin et al.

WBCSD – World Business Council for Sustainable Development (1999): Eco-Efficiency Indicators. A Tool for Better Decision-Making. Executive Brief (August).

WCED – UN World Commission on Environment Development (Hrsg.) (1987): Our Common Future, Oxford u. a.

Webber, S. S. und Donahue, L. M. (2001): Impact of highly and less job-related Diversity on work group cohesion and performance: A meta-analysis, in: Journal of Management, 27, S. 141–162.

Weber, J.; Georg, J. und Janke, R. (2010): Nachhaltigkeit: Relevant für das Controlling?, in: ZfCM – Controlling & Management, 54. Jg., S. 395–400.

Weber, J. und Schäfer, U. (2000): Balanced Scorecard & Controlling. Implementierung – Nutzen für Manager und Controller – Erfahrungen in deutschen Unternehmen, 3. Aufl., Wiesbaden.

Weber, J. und Schäffer, U. (2011): Einführung in das Controlling, 13. Aufl., Stuttgart.

Weber, M. (2008): Corporate Social Responsibility: Konzeptionelle Gemeinsamkeiten und Unterschiede zur Nachhaltigkeits- und Corporate Citizenship-Diskussion, in: Müller, M. und Schaltegger, S. (Hrsg.): Corporate Social Responsibility – Trend oder Modeerscheinung, München, S. 39–51.

Wehmeier, S. (2002): Online Relations – Ein neues Verfahren der Öffentlichkeitsarbeit und seine Problemfelder (Loseblattwerk), in: Bentele, G.; Piwinger, M. und Schönborn, G. (Hrsg.): Kommunikationsmanagement. Wissen, Strategien und Lösungen für eine erfolgreiche Kommunikation, Kriftel, S. 1–32.

Weiß, T. und Stahlmann, V. (2009): Nachhaltigkeitsbericht – 18. Öko-Controllingbericht 2009, Neumarkt.

Weissenrieder, J. und Kosel, M. (2010): Nachhaltiges Personalmanagement in der Praxis, mit Erfolgsbeispielen mittelständischer Unternehmen, Wiesbaden.

Weissman, R. (2010): Boycott BP: Oil Spill is Unforgivable. http://www.opposingviews.com/i/boycott-bp-oil-spill-is-unforgivable, 24.05.2011 (letzter Abruf am 03.11.2011).

Weitz, K. A.; Todd, J. A.; Curran, M. A. und Malkin, M. J. (1996): Streamlining Life Cycle

Assessment: considerations and a report on the state of practice, in: International Journal of Life Cycle Assessment, Vol. 1, No. 2 (1996), S. 79–85.

Welzel, E. (2008): Corporate Social Responsibility oder Corporate Citizenship? Interdisziplinäre theoretische Konzepte als Grundlage der Begriffsabgrenzung der CSR, in: Müller, M. und Schaltegger, S. (Hrsg.): Corporate Social Responsibility – Trend oder Modeerscheinung, München, S. 53–75.

Wense, W. von der (1999): Der UN-Menschenrechtsausschuß und sein Beitrag zum universellen Schutz der Menschenrechte, Berlin.

Werner, H. (2007): Mezzanine-Kapital: mit Mezzanine-Finanzierung die Eigenkapitalquote erhöhen, 2. Auflage, Köln.

Werner, H. (2008): Supply Chain Management – Grundlagen, Strategien, Instrumente und Controlling, 3. Auflage, Wiesbaden.

Wertpapierprospektgesetz – WpPG (2005): http://www.gesetze-im-internet.de/wppg/index.html.

Wertpapier-Verkaufsprospektgesetz (Verkaufsprospektgesetz – VerkaufsprospektG) (2007): http://www.gesetze-im-internet.de/verkaufsprospektg/index.html.

Wettstein, F. (2009): Multinational Corporations and Global Justice – Human Rights Obligations of a Quasi-Governmental Institution, Stanford.

WFN (2011): Water Footprint Network [http://waterfootprint.org] (letzter Abruf am 28.08.2011).

Wheatley, M. J. (2001): Leadership and the new science: Discovering order in a chaotic world revised, San Francisco.

Wietschel, M. (2002): Stoffstrommanagement, Frankfurt/Main.

Williams, K. Y. und O'Reilly, C. A. (1998): Demography and diversity in organizations: A review of 40 years of research, in: Organizational Behavior, 20, S. 77–140.

Winterstein, F. (2007): Corporate Responsibility im Einkauf – Verantwortung für Lieferanten, in: Beschaffung aktuell, Mai, S. 26–27.

Wissenschaftlicher Beirat Globale Umweltveränderungen (1993): Welt im Wandel – Grundstruktur globaler Mensch-Umwelt-Beziehungen, Bonn.

World Resources Institute (2010): Global Ecolabel Monitor.

WWF (2010): Living Planet Report 2010 – Biodiversity, biocapacity and development, Gland.

WWF und DEG (2011): Assessing Water Risk – A Practical Approach for Financial Institutions. [http://www.wwf.de/downloads/publikationsdatenbank/] (letzter Abruf am 28.08.2011).

Wysocki, K. von (1981): Sozialbilanzen. Inhalt und Form gesellschaftsgezogener Berichterstattung. Stuttgart, New York.

Yesckson, S. E.; Brett, J. F.; Sessa, V. I.; Cooper, D. M.; Julin, J. A. und Peyronnin, K. (1991): Some differences do make a difference: Individual dissimilarity and group homogeneity as correlates of recruitment, promotions, and turnover, in: Journal of Applied Psychology, 75, S. 675–689.

Zaugg, R. J. (2009): Nachhaltiges Personalmanagement, Wiesbaden.

Zeng, S. X.; Xie, X. M.; Tam, C. M. and Shen, L. Y. (2011): An empirical examination of benefits from implementing integrated management systems (IMS), in: Total Quality Management, Vol. 22, S. 173–186.

Zwick, Y. (2011): Präsentation auf dem IÖW future Ranking 2011, Ergebnisworkshop, RNE.

Sachregister

Solides Grundwissen
über den Klimawandel

Allen, die sich im Rahmen ihrer universitären Ausbildung mit dem Klima-
problem beschäftigen - Studenten der Geographie, Geologie, Meteorologie,
Ozeanographie, Physik, Mathematik und Studenten verwandter Fächer -
bietet dieses Buch ein solides wissenschaftliches Fundament. Es definiert die
wesentlichen Begriffe der Klimaforschung. Weiter beschreibt es die Grundzüge der Klimadynamik, die auf den verschiedenen Zeitskalen wesentlichen
Rückkopplungsprozesse, die Physik des Klimawandels und auch neuere
Entwicklungen wie etwa den Einfluss der Meeresversauerung.

Klimawandel und Klimadynamik. M. Latif. 2009. 220 S., 100 Farbzeichn., kart.
ISBN 978-3-8252-3178-1.

 **www.utb.de**